中 国 国 家 标 准 汇 编

2008 年修订-100

中国标准出版社　编

中 国 标 准 出 版 社

北 京

图书在版编目（CIP）数据

中国国家标准汇编：2008 年修订．100/中国标准出版社编．—北京：中国标准出版社，2009

ISBN 978-7-5066-5590-3

Ⅰ．中…　Ⅱ．中…　Ⅲ．国家标准-汇编-中国-2008

Ⅳ．T-652.1

中国版本图书馆 CIP 数据核字（2009）第 204240 号

中国标准出版社出版发行
北京复兴门外三里河北街 16 号
邮政编码:100045
网址 www.spc.net.cn
电话:68523946　68517548
中国标准出版社秦皇岛印刷厂印刷
各地新华书店经销

*

开本 880×1230　1/16　印张 38　字数 1 113 千字
2009 年 12 月第一版　2009 年 12 月第一次印刷

*

定价 200.00 元

ISBN 978-7-5066-5590-3

出 版 说 明

1.《中国国家标准汇编》是一部大型综合性国家标准全集。自1983年起，按国家标准顺序号以精装本、平装本两种装帧形式陆续分册汇编出版。它在一定程度上反映了我国建国以来标准化事业发展的基本情况和主要成就，是各级标准化管理机构，工矿企事业单位，农林牧副渔系统，科研、设计、教学等部门必不可少的工具书。

2.《中国国家标准汇编》收入我国每年正式发布的全部国家标准，分为"制定"卷和"修订"卷两种编辑版本。

"制定"卷收入上年度我国发布的、新制定的国家标准，顺延前年度标准编号分成若干分册，封面和书脊上注明"20××年制定"字样及分册号，分册号一直连续。各分册中的标准是按照标准编号顺序连续排列的，如有标准顺序号缺号的，除特殊情况注明外，暂为空号。

"修订"卷收入上年度我国发布的、被修订的国家标准，视篇幅分设若干分册，但与"制定"卷分册号无关联，仅在封面和书脊上注明"20××年修订-1,-2,-3,……"字样。"修订"卷各分册中的标准，仍按标准编号顺序排列(但不连续)；如有遗漏的，均在当年最后一分册中补齐。需提请读者注意的是，个别非顺延前年度标准编号的新制定的国家标准没有收入在"制定"卷中，而是收入在"修订"卷中。

读者配套购买《中国国家标准汇编》"制定"卷和"修订"卷则可收齐上一年度我国制定和修订的全部国家标准。

3. 由于读者需求的变化，自1996年起，《中国国家标准汇编》仅出版精装本。

4. 2008年制修订国家标准共5946项。本分册为"2008年修订-100"，收入新制修订的国家标准59项。

中国标准出版社

2009年10月

目　录

ICS 91.100.99
Q 18

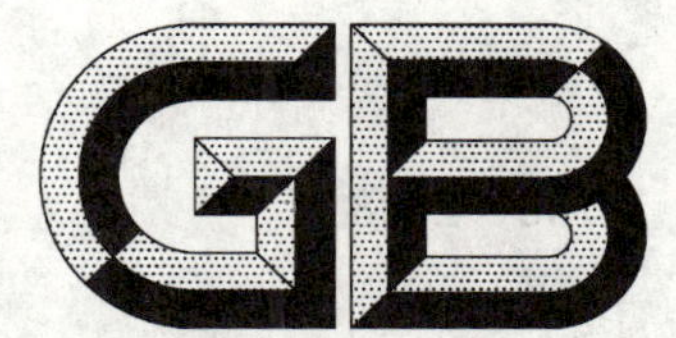

中华人民共和国国家标准

GB/T 17748—2008
代替 GB/T 17748—1999

建筑幕墙用铝塑复合板

Aluminium-plastic composite panel for curtain wall

2008-05-12 发布　　2008-11-01 实施

中华人民共和国国家质量监督检验检疫总局
中国国家标准化管理委员会　发布

前　言

本标准代替GB/T 17748—1999《铝塑复合板》。

本标准与GB/T 17748—1999标准相比主要技术内容改变如下：

——本标准的名称更改为《建筑幕墙用铝塑复合板》；

——取消了原标准中的内墙板部分的内容(原标准的4.1、4.3、5.1、5.2和5.6),内墙板部分以《普通装饰用铝塑板》为名称另行制订标准；

——取消了原标准中的分级要求(原标准的4.3、5.5)、面密度和耐洗刷性的要求及试验方法(原标准中的5.6、6.11.3、6.14)；

——增加了阻燃型产品的分类、代号、要求和试验方法(本标准的4.1、4.2、6.1.4、7.7.21)；

——增加了铝材厚度、耐硝酸性能要求和试验方法(本标准的6.1.3、6.1.4、7.5、7.7.9)；

——修改了涂层厚度、耐沾污性、光泽度偏差、耐碱性、耐人工气候老化、耐盐雾性、剥离强度、贯穿阻力、剪切强度、耐温差性、热变形温度的技术指标(原标准的5.6、本标准的6.1.4)；

——修改了耐碱性、耐溶剂性、剥离强度、耐温差性试验方法(原标准的6.11.1、6.11.2、6.17、6.18,本标准的7.7.8、7.7.10、7.7.16、7.7.17)；

——修改了耐冲击性、弯曲强度和弯曲弹性模量、热变形温度试验方法的描述(原标准的6.9、6.15、6.20,本标准的7.7.5、7.7.14、7.7.19)。

本标准的附录A、附录B、附录C为资料性附录。

本标准由中国建筑材料联合会提出。

本标准由全国轻质与装饰装修建筑材料标准化技术委员会(SAC/TC 195)归口。

本标准负责起草单位：中国建筑材料检验认证中心、国家建筑材料测试中心、建筑材料工业技术监督研究中心。

本标准参加起草单位：江西泓泰企业集团有限公司、上海华源复合新材料有限公司、上海加铝复合板有限公司、浙江墙煌建材有限公司、杜邦中国集团有限公司、常州中化勤丰塑料有限公司、东阿蓝天七色建材有限公司、东莞华尔泰装饰材料有限公司、湖南华天铝业有限公司、江阴利泰装饰材料有限公司、深圳方大意德新材料有限公司、云南金盛新型材料有限公司、张家港泰普奇装饰材料有限公司、华阳化工(深圳)有限公司、佛山市高明高丽塑铝板有限公司、富而盛化工(东莞)有限公司、广东利凯尔实业有限公司、广州市未来之窗建筑材料限公司、泓泰机械制造(江阴)有限公司、江阴华泓建材工业有限公司、隆标集团有限公司、上海雅泰实业集团有限公司、江阴天虹板业有限公司、宁波市红杉高新板业有限公司、北京盛安建材工业有限公司、海宁市中大塑业有限公司、苏州多彩铝业责任有限公司、佛山市雅达利装饰材料有限公司、中国吉祥集团、中国建筑材料联合会铝塑复合材料分会。

本标准主要起草人：胡云林、武庆涛、蒋荃、高锐、刘婷婷、徐晓鹏、刘玉军、乔亚铃、穆秀君、刘武强。

本标准委托中国建筑材料检验认证中心负责解释。

本标准于1999年首次发布。

建筑幕墙用铝塑复合板

1 范围

本标准规定了建筑幕墙用铝塑复合板(以下简称幕墙板)的术语和定义、分类、规格尺寸及标记、材料、要求、试验方法、检验规则、标志、包装、运输、贮存及随行文件。

标准主要适用于建筑幕墙用的铝塑复合板,其他用途的铝塑复合板也可参照本标准。

2 规范性引用文件

下列文件中的条款通过本标准的引用而成为本标准的条款。凡是注日期的引用文件,其随后所有的修改单(不包括勘误的内容)或修订版均不适用于本标准,然而,鼓励根据本标准达成协议的各方研究是否可使用这些文件的最新版本。凡是不注日期的引用文件,其最新版本适用于本标准。

GB/T 191 包装储运图示标志(GB/T 191—2000,EQV ISO 780:1997)

GB/T 1634.2 塑料 负荷变形温度的测定 第2部分:塑料、硬橡胶和长纤维增强复合材料(GB/T 1634.2—2004,IDT ISO 75-2:2003)

GB/T 1720 漆膜附着力测定法

GB/T 1732 漆膜耐冲击性测定法

GB/T 1740 漆膜耐湿热测定法

GB/T 1766—1995 色漆和清漆 涂层老化的评级方法(NEQ ISO 4628-1:1980)

GB/T 1771 色漆和清漆 耐中性盐雾性能的测定(GB/T 1771—2007, IDT ISO 7253:1996)

GB/T 2918 塑料试样状态调节和试验的标准环境(GB/T 2918—1998,IDT ISO 291:1997)

GB/T 3880.2 一般工业用铝及铝合金板、带材 第2部分:力学性能

GB/T 4957 非磁性金属基体上非导电覆盖层厚度测量 涡流法(GB/T 4957—2003,IDT ISO 2360:1982)

GB/T 6388 运输包装收发货标志

GB/T 6739 色漆和清漆 铅笔法测定漆膜硬度(GB/T 6739—2006,IDT ISO 15184:1998)

GB 8624 建筑材料及制品燃烧性能分级

GB/T 9286 色漆和清漆 漆膜的划格试验(GB/T 9286—1998,EQV ISO 2409:1992)

GB/T 9754 色漆和清漆 不含金属颜料的色漆漆膜的20°、60°和85°镜面光泽的测定(GB/T 9754—2007,IDT ISO 2813:1994)

GB/T 9780 建筑涂料涂层耐沾污性试验方法

GB 11115 低密度聚乙烯树脂

GB 11116 高密度聚乙烯树脂

GB/T 11942 彩色建筑材料色度测量方法

GB/T 15182 线型低密度聚乙烯树脂

GB/T 16259 彩色建筑材料人工气候加速颜色老化试验方法

3 术语和定义

下列术语和定义适用于本标准。

3.1

铝塑复合板 aluminium-plastic composite panel

简称铝塑板,是指以塑料为芯层,两面为铝材的三层复合板材,并在产品表面覆以装饰性和保护性的涂层或薄膜(若无特别注明则通称为涂层)作为产品的装饰面。

3.2

建筑幕墙用铝塑复合板 aluminium-plastic composite panel for curtain wall

用作建筑幕墙材料的铝塑复合板。

3.3

波纹 wave

产品装饰面上非装饰性的波浪形纹路或凹凸。

3.4

疵点 spot

产品装饰面层的局部缺陷。

3.5

鼓泡 bubble

产品铝材或装饰面层的局部凸起。

4 分类、规格尺寸及标记

4.1 分类

按幕墙板的燃烧性能分为普通型和阻燃型。

4.2 规格尺寸

幕墙板的常见规格尺寸如下:

长度:2 000、2 440、3 000、3 200 等,单位为 mm。

宽度:1 220、1 250、1 500 等,单位为 mm。

最小厚度:4,单位为 mm。

幕墙板的长度和宽度也可由供需双方商定。

4.3 标记

4.3.1 代号

普通型,代号为 G;

阻燃型,代号为 FR;

氟碳树脂涂层装饰面,代号为 FC。

4.3.2 标记方法

按幕墙板的产品名称、分类、装饰面、规格尺寸、铝材厚度以及标准编号顺序进行标记。

4.3.3 标记示例

规格为 2 440 mm×1 220 mm×4 mm、铝材厚度为 0.50 mm、表面为氟碳树脂涂层的阻燃型幕墙板,其标记为:

示例 建筑幕墙用铝塑复合板 FR FC 2 440×1 220×4 0.50 GB/T 17748—2008

5 材料

5.1 铝材

幕墙板应采用材质性能应符合 GB/T 3880.2 要求的 3×××系列、5×××系列或耐腐蚀性及力学性能更好的其他系列铝合金。

铝材应经过清洗和化学预处理,以清除铝材表面的油污、脏物和因与空气接触而自然形成的松散的氧化层,并形成一层化学转化膜,以利于铝材与涂层和芯层的牢固粘接。

5.2 涂层

幕墙板涂层材质宜采用耐候性能优异的氟碳树脂,也可采用其他性能相当或更优异的材质。

注 1:目前最广泛采用的是耐候性优异的聚偏二氟乙烯氟碳树脂(PVDF),但纯 PVDF 树脂不宜在铝材上直接涂装,而要适当加入一些其他材料,以改变其涂装性能,即构成通常所称的 70%氟碳树脂。

注 2:70%氟碳树脂,是指生产铝塑板涂层所用油漆的各种原材料中,PVDF 占树脂原料质量分数的 70%。由于油漆中还有颜料等成分以及氟碳树脂涂层下通常有一层非氟碳树脂材质的底涂,因此铝塑板总涂层中 PVDF 的最终含量(质量分数)大约为 25%~45%。

5.3 芯材

普通型幕墙板芯材所用原料的材质性能应符合 GB 11115、GB 11116、GB/T 15182 或其他相应的国家或行业标准要求。芯材与铝材之间的复合用粘结膜可参考附录 A。

注 1:芯材原料的品质与铝塑板的产品质量密切相关。劣质废旧塑料中往往含有大量有害杂质及严重老化的塑料,对铝塑板的质量是极为不利的。

注 2:聚氯乙烯通常被认为不宜用作芯材,因为其在高温下易分解产生强烈的有毒和腐蚀性的物质。

6 要求

6.1 外观质量

幕墙板外观应整洁,非装饰面无影响产品使用的损伤,装饰面外观质量应符合表 1 的要求。

表 1 外观质量

缺陷名称[a]	技术要求
压痕	不允许
印痕	不允许
凹凸	不允许
正反面塑料外露	不允许
漏涂	不允许
波纹	不允许
鼓泡	不允许
疵点	最大尺寸≤3 mm 不超过 3 个/m²
划伤	不允许
擦伤	不允许
色差[b]	目测不明显,仲裁时色差 $\Delta E \leqslant 2$

[a] 对于表中未涉及到的表面缺陷,本着不影响需方使用要求为原则由供需双方商定。

[b] 装饰性的花纹和色彩除外。

6.2 尺寸允许偏差

幕墙板的尺寸允许偏差应符合表 2 的要求,特殊规格的尺寸允许偏差可由供需双方商定。

表 2 尺寸允许偏差

项目	技术要求
长度/mm	±3
宽度/mm	±2
厚度/mm	±0.2
对角线差/mm	≤5
边直度/(mm/m)	≤1
翘曲度/(mm/m)	≤5

6.3 铝材厚度及涂层厚度

幕墙板的铝材厚度及涂层厚度应符合表3的要求。

表3 铝材厚度及涂层厚度

项目			技术要求
铝材厚度/mm	平均值		≥0.50
	最小值		≥0.48
涂层厚度[a]/μm	二涂	平均值	≥25
		最小值	≥23
	三涂	平均值	≥32
		最小值	≥30

[a] 幕墙板涂层多数为底涂加面涂的二涂工艺，底涂厚度一般为5 μm，面涂厚度一般不小于18 μm，一些特殊涂层品种还要增加罩面保护层，以提高涂层的耐化学腐蚀能力和阻隔紫外线的能力，即采用底涂加面涂加罩面的三涂工艺。

6.4 性能

幕墙板的性能应符合表4的要求。

表4 性能

项目		技术要求
表面铅笔硬度		≥HB
涂层光泽度偏差		≤10
涂层柔韧性/T		≤2
涂层附着力[a]/级	划格法	0
	划圈法	1
耐冲击性/(kg·cm)		≥50
涂层耐磨耗性/(L/μm)		≥5
涂层耐盐酸性		无变化
涂层耐油性		无变化
涂层耐碱性		无鼓泡、凸起、粉化等异常，色差 $\Delta E \leqslant 2$
涂层耐硝酸性		无鼓泡、凸起、粉化等异常，色差 $\Delta E \leqslant 5$
涂层耐溶剂性		不露底
涂层耐沾污性/%		≤5
耐人工气候老化	色差 ΔE	≤4.0
	失光等级/级	不次于2
	其他老化性能/级	0
耐盐雾性/级		不次于1
弯曲强度/MPa		≥100

表 4（续）

项 目			技术要求
弯曲弹性模量/MPa			≥2.0×10^{4}
贯穿阻力/kN			≥7.0
剪切强度/MPa			≥22.0
剥离强度/(N·mm/mm)	平均值		≥130
	最小值		≥120
耐温差性	剥离强度下降率/%		≤10
	涂层附着力[a]/级	划格法	0
		划圈法	1
	外观		无变化
热膨胀系数/$℃^{-1}$			≤4.00×10^{-5}
热变形温度/℃			≥95
耐热水性			无异常
燃烧性能[b]/级			不低于 C

[a] 划圈法为仲裁方法。

[b] 燃烧性能仅针对阻燃型铝塑板。

7 试验方法

7.1 试验环境

试验前，试样应在 GB/T 2918 规定的标准环境下放置 24 h。除特殊规定外，试验也应在该条件下进行。

7.2 试件的制备

制备试件时应考虑到产品装饰面性能在纵、横方向上要求具有一致性，除装饰面性能外产品在纵、横方向和正背面上的其他要求也具有一致性。试件的制取位置应在距产品边部 50 mm 以里的区域内，试件的尺寸及数量见表 5。

表 5 试件尺寸及数量

试验项目	试件尺寸/mm		试件数量/块
	纵向	横向	
外观质量	整张板		3
尺寸允许偏差	整张板		3
铝材厚度	100×100		3
涂层厚度	500×500		3
表面铅笔硬度	50×75		3
涂层光泽度偏差	500×500		3
涂层柔韧性	25	200	3
	200	25	3

表 5（续）

<table>
<tr><th colspan="2" rowspan="2">试验项目</th><th colspan="2">试件尺寸/
mm</th><th rowspan="2">试件数量/
块</th></tr>
<tr><th>纵向</th><th>横向</th></tr>
<tr><td rowspan="2">涂层附着力</td><td>划格法</td><td colspan="2">50×75</td><td>3</td></tr>
<tr><td>划圈法</td><td colspan="2">50×75</td><td>3</td></tr>
<tr><td colspan="2">耐冲击性</td><td colspan="2">50×75</td><td>3</td></tr>
<tr><td colspan="2">涂层耐磨耗性</td><td colspan="2">100×200</td><td>3</td></tr>
<tr><td colspan="2">涂层耐盐酸</td><td colspan="2">100×100</td><td>3</td></tr>
<tr><td colspan="2">涂层耐油性</td><td colspan="2">100×100</td><td>3</td></tr>
<tr><td colspan="2">涂层耐碱性</td><td colspan="2">100×100</td><td>3</td></tr>
<tr><td colspan="2">涂层耐硝酸</td><td colspan="2">100×100</td><td>3</td></tr>
<tr><td colspan="2">涂层耐溶剂性</td><td colspan="2">100×430</td><td>2</td></tr>
<tr><td colspan="2">涂层耐沾污性</td><td colspan="2">100×200</td><td>3</td></tr>
<tr><td colspan="2">耐人工气候老化</td><td colspan="2">100×100</td><td>3</td></tr>
<tr><td colspan="2">耐盐雾性</td><td colspan="2">100×100</td><td>3</td></tr>
<tr><td colspan="2" rowspan="2">弯曲强度</td><td>50</td><td>200</td><td>12</td></tr>
<tr><td>200</td><td>50</td><td>12</td></tr>
<tr><td colspan="2" rowspan="2">弯曲弹性模量</td><td>50</td><td>200</td><td>12</td></tr>
<tr><td>200</td><td>50</td><td>12</td></tr>
<tr><td colspan="2">贯穿阻力</td><td colspan="2">50×50</td><td>6</td></tr>
<tr><td colspan="2">剪切强度</td><td colspan="2">50×50</td><td>6</td></tr>
<tr><td colspan="2" rowspan="2">剥离强度</td><td>25</td><td>350</td><td>12</td></tr>
<tr><td>350</td><td>25</td><td>12</td></tr>
<tr><td colspan="2">耐温差性</td><td colspan="2">350×350</td><td>4</td></tr>
<tr><td colspan="2">热膨胀系数</td><td colspan="2">200×200</td><td>3</td></tr>
<tr><td colspan="2" rowspan="2">热变形温度</td><td>25</td><td>120</td><td>12</td></tr>
<tr><td>120</td><td>25</td><td>12</td></tr>
<tr><td colspan="2">耐热水性</td><td colspan="2">200×200</td><td>3</td></tr>
<tr><td colspan="2" rowspan="2">燃烧性能</td><td colspan="2">1 500×1 000</td><td>5</td></tr>
<tr><td colspan="2">1 500×500</td><td>5</td></tr>
</table>

7.3 外观质量

目测试验应在非阳光直射的自然光条件下进行。

将板按同一生产方向并排侧立拼成一面，板与水平面夹角为 70°±10°，距拼成的板面中心 3 m 处目测。

对目测到的各种缺陷，使用最小分度值为 1 mm 的直尺测量其最大尺寸，该最大尺寸不得超过表 1 中缺陷规定的上限。抽取和摆放试样者不参与目测试验。

当对色差的目测结果有争议时，色差仲裁试验按 GB/T 11942 的方法进行，试验中应保持试件生产方向的一致性。

7.4 尺寸允许偏差

7.4.1 厚度

用最小分度值为0.01 mm的厚度测量器具，测量从板边向内至少20 mm处的厚度，这些测量点至少应包括四角部位和四边中点部位在内的多处的厚度。以全部测量值与标称值之间的极限值误差作为试验结果。

7.4.2 长度(宽度)

长度在板宽的两边，宽度在板长的两边用最小分度值为1 mm的钢卷尺测量。以长度(宽度)的全部测量值与标称值之间的极限值误差作为试验结果。

7.4.3 对角线差

用最小分度值为1 mm的钢卷尺测量并计算同一张板上两对角线长度之差值。以测得的全部差值中的最大值作为试验结果。

7.4.4 边直度

将板平放于水平台上，用1 000 mm长的钢直尺的侧边与板边相靠，再用塞尺测量板的边沿与钢直尺的侧边之间的最大间隙。以各边全部测量值中的最大值作为试验结果。

7.4.5 翘曲度

将板凹面向上平放于水平台上，用1 000 mm长的钢直尺侧立于板上面，再用一最小分度值为0.5 mm的直尺测量钢直尺与板之间的最大缝隙高度。以全部测量值中的最大值作为试验结果。

7.5 铝材厚度

将从试样上取下的铝材作为试件。用最小分度值为0.001 mm的厚度测量器具测量铝材的厚度(不应包含涂层等的厚度)。测量应在足够多的地方进行，但在每块试件上至少要测量四角和中心五个部位。以全部测量值的最小值和算术平均值作为试验结果。

7.6 涂层厚度

涂层厚度是指涂层的总厚度，按照GB/T 4957的规定在试件上足够多的地方进行试验，但在每块试件上至少要测量四角和中心五个部位。以全部测量值的最小值和算术平均值作为试验结果。

7.7 性能

7.7.1 表面铅笔硬度

按照GB/T 6739的规定进行，试验后试件表面应无犁沟和划伤。取全部测量值中的最小值作为试验结果。

7.7.2 涂层光泽度偏差

按照GB/T 9754的规定在试件上足够多的地方测量光泽度值，但在每块试件上至少要测量四角和中心五个部位。试验中应保持试件生产方向的一致性。以全部测量值中的极大值与极小值之差值作为试验结果。

7.7.3 涂层柔韧性

7.7.3.1 方法概述

涂层柔韧性是指把涂层铝材的涂层面朝外绕自身紧贴裹卷进行180°弯曲，测定涂层无开裂或脱落等破坏现象时的最小裹卷次数。

7.7.3.2 试验过程

将从试样上取下的涂层铝材作为试件，一端留出13 mm～20 mm的距离便于夹持，使试件涂层面朝外绕自身紧贴裹卷进行180°弯曲。首先弯曲超过90°，再用带有光滑钳口套的台钳夹紧成180°，中间不留空隙，称为0T。检查涂层(可用5～10倍的低倍放大镜)有无开裂或脱落，如有，再继续紧贴试件前次所裹卷部分再裹卷弯曲180°，中间不留空隙，称为1T，重复0T的步骤检查涂层。如此进行2T、3T……，直到涂层首次不产生开裂或脱落等破坏现象为止。T弯过程如图1所示。以全部试验值中T值最大者为试验结果。

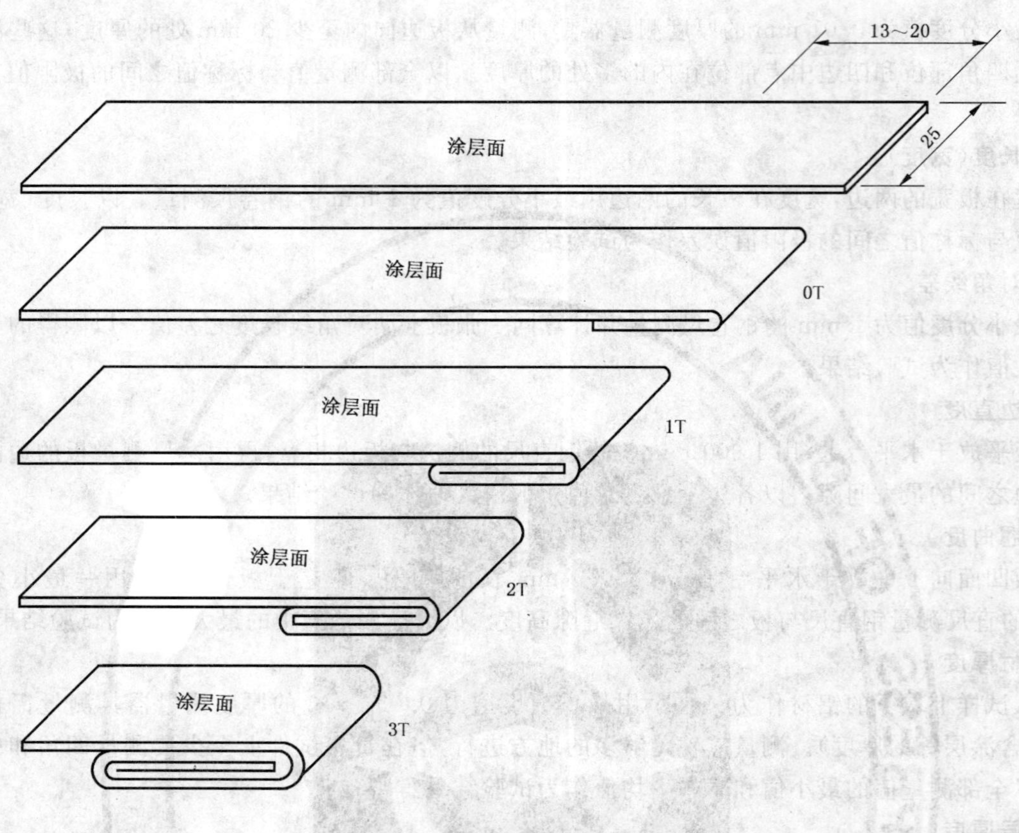

图 1　T 弯过程示意图

7.7.4　涂层附着力

划格法试验按 GB/T 9286 的规定进行；划圈法试验按 GB/T 1720 的规定进行。仲裁时，按 GB/T 1720的规定进行试验。以全部试验值中的最小值作为试验结果。

7.7.5　耐冲击性

按 GB/T 1732 的规定进行试验，冲击锤的重量为 1 kg，冲头直径为 12.7 mm，试件装饰面朝上，通过调节不同的冲击高度，测量冲击后试件涂层既无开裂或脱落、正反面铝材也无明显裂纹的最大冲击高度，以该高度值乘以冲锤重量作为试验值。以全部试验值中的最低值作为试验结果。

7.7.6　涂层耐磨耗性

7.7.6.1　方法概述

耐磨耗性能是指用落砂冲刷磨损涂层的方法试验涂层的耐磨耗性能。通过导管将符合规定要求的试验用砂从规定的高度落到试件涂层上冲刷涂层，直至磨穿涂层并露出规定大小尺寸的铝材为止。以磨掉单位涂层厚度所用砂量作为该涂层的耐磨耗性。

7.7.6.2　试验用砂

应采用符合表 6 级配要求的石英砂。

表 6　石英砂级配

方孔筛孔径/mm	累计筛余量/%
0.65	＜3
0.40	40±5
0.25	＞94

7.7.6.3 **仪器要求**

仪器结构示意图如图 2 所示。导管内径 19 mm，长 914 mm，竖直放稳。试件与导管成 45°角，管口到试件表面的最近点距离为 25 mm。落砂流量为 7 L/min±0.5 L/min。

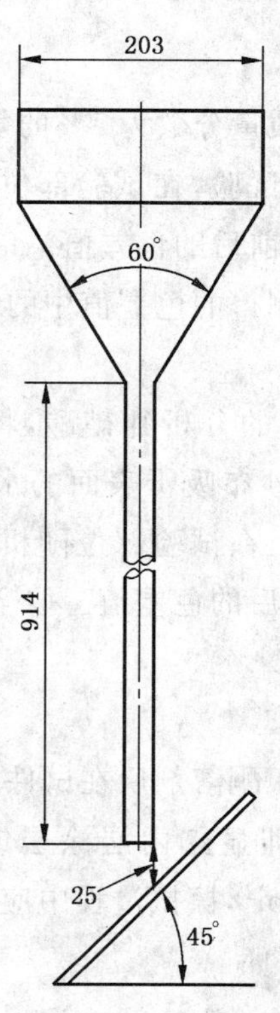

图 2 耐磨耗性仪器示意图

7.7.6.4 **试验过程**

在每个试件表面划出三个直径 25 mm 的圆形区域作为待试验部位，按照 GB/T 4957 在每个区域内多次（至少三次）测量涂层厚度并求出算术平均值作为该区域的涂层厚度。

将试件安放到耐磨耗试验机上，使其中一个圆形区域的中心正好位于导管的正下方。在漏斗中不断加入试验用砂，通过导管中的落砂连续冲刷试件表面涂层，直至磨到露出直径为 4 mm 圆点的铝材为止，并计算总的用砂量。依次冲刷其余圆形区域。注意试件上的各圆形区域之间应有足够距离，以保证各区域之间的试验值不会产生相互影响。

7.7.6.5 **计算**

耐磨耗性按(1)式计算：

$$A = \frac{V}{T} \qquad \cdots\cdots(1)$$

式中：

A——耐磨耗性，单位为升每微米（L/μm）；

V——总的用砂量，单位为升（L）；

T——圆形区域内的涂层厚度，单位为微米（μm）。

取全部耐磨耗性试验值的平均值作为试验结果。

7.7.7 **涂层耐盐酸性、耐油性**

将内径不小于 50 mm 的玻璃管的一端置于试件涂层表面，用不被所用化学试剂侵蚀且不腐蚀试件的密封材料将该端与涂层表面之间密封固定好，将化学试剂倒入管内，使试剂液面高度为 20 mm±5 mm。

盖住管上端，使化学试剂不受挥发和空气的影响。静置到规定的时间后取下试件并用水冲去表面的化学试剂，目测试验处涂层有无变色、凸起、起泡、粉化等异常的外观变化。

化学试剂分别采用体积分数为5%的盐酸、20# 机油，静置时间24 h。以全部试件中外观异常变化最严重者作为试验结果。

7.7.8 涂层耐碱性

按7.7.7的试验方法，化学试剂采用质量分数为5%的氢氧化钠，静置24 h后，目测涂层有无凸起、起泡、粉化等异常的外观变化；对于色差的试验，在试验部位随机选取两点按GB/T 11942的规定测量在同一位置和角度条件下试件经耐碱试验前后的色差值。以全部试件中外观异常变化最严重者作为试验结果，其中色差试验结果取全部试件所测得的色差值中的最大值。

7.7.9 涂层耐硝酸性

在200 mL的广口瓶中装入100 mL的分析纯硝酸，将试件的涂层面向下扣在广口瓶的瓶口上30 min，取下试件在流水中冲洗1 min，用纱布吸干表面的水分放置24 h，目测涂层有无凸起、起泡、粉化等异常的外观变化。对轻微变色的检验，在试验部位随机选取两点按GB/T 11942的规定测量在同一位置和角度条件下试件经耐硝酸试验前后的色差值。取全部试件所测得的色差值中的最大值作为试验结果。

7.7.10 涂层耐溶剂性

用一柔性擦头裹四层医用纱布，吸饱丁酮溶剂后在试件涂层表面同一地方以1 000 g±10 g的压力来回擦拭200次，目测擦拭处有无露底(即显露内层涂层或铝材)现象。擦拭行程100 mm，频率为100次/min，擦头与试件的接触面积为2 cm^2，擦拭过程中应使纱布保持丁酮浸润。以全部试件中耐溶剂性最差者作为试验结果。

7.7.11 涂层耐沾污性

按照GB/T 9780的规定进行。取全部试件测试值的算术平均值作为试验结果。

7.7.12 耐人工气候老化

老化时间为4 000 h，累积总辐射能不小于8 000 MJ/m^2。黑板温度为55℃±3℃，相对湿度为65%±5%。其余按GB/T 16259的规定进行。

试验后试件不得有开胶现象。按GB/T 11942、GB/T 9754和GB/T 1766—1995测量试件相同位置相同方向涂层老化前后的色差、失光等级以及其他老化性能。色差和失光等级以全部试件试验值的算术平均值作为试验结果，其他老化性能以全部试件中的最差者为试验结果。

7.7.13 耐盐雾性

耐盐雾时间为4 000 h，按GB/T 1771的规定进行盐雾试验。试验后试件不得有开胶现象。按GB/T 1740的评级方法进行评级，以全部试件中性能最差者作为试验结果。

7.7.14 弯曲强度、弯曲弹性模量

7.7.14.1 材料试验机

能以恒定速率加载，示值相对误差不大于±1%、试验的最大荷载应在试验机示值的15%～90%之间。

7.7.14.2 试验过程

用游标卡尺测量试件中部的宽度和厚度，将试件居中放在弯曲装置上，按图3所示的三点弯曲方法进行加载直至达到最大载荷值，同时记录载荷-挠度曲线。跨距为170 mm，加载速度为7 mm/min，压辊及支辊的直径为10 mm。

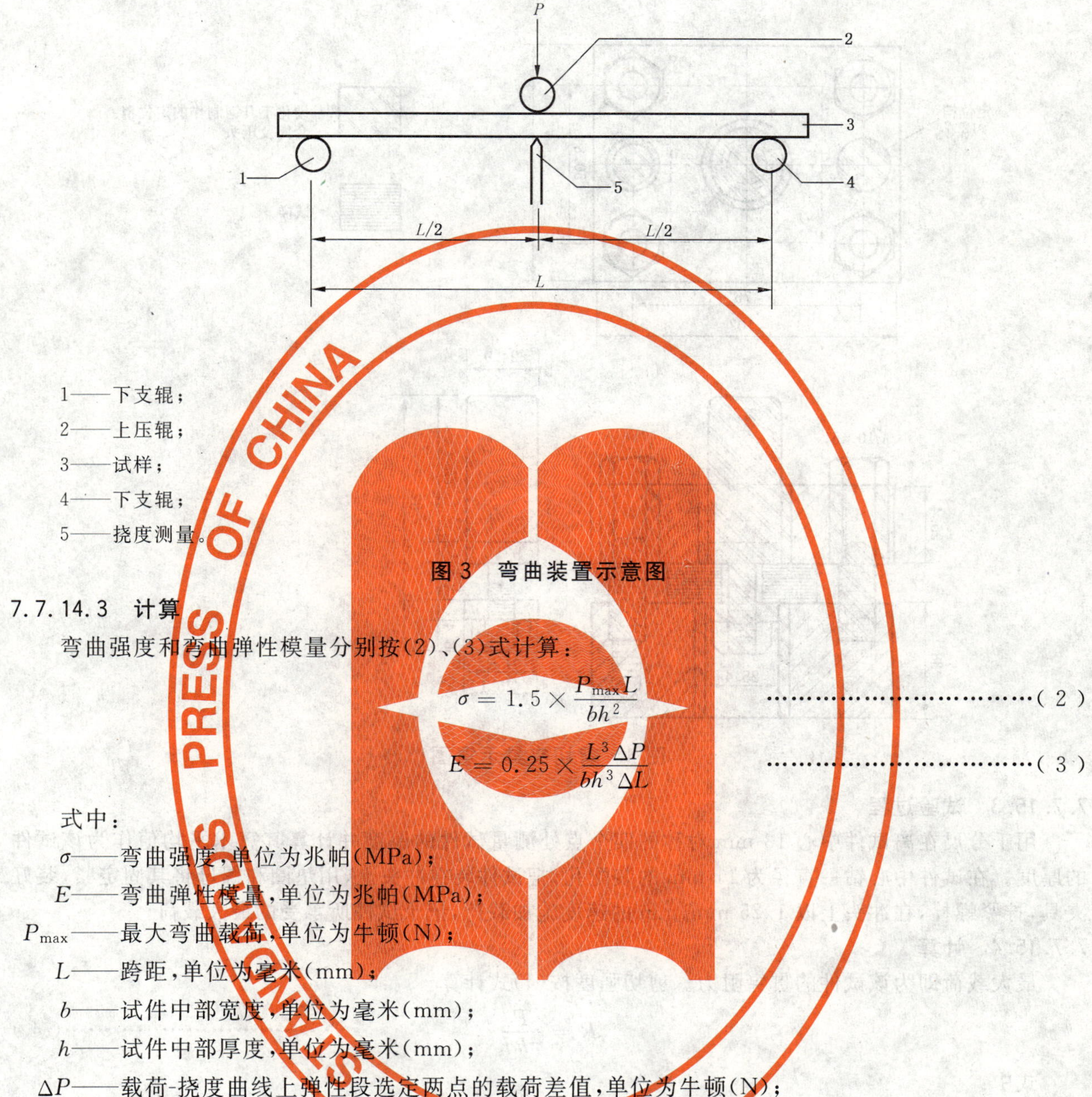

1——下支辊；

2——上压辊；

3——试样；

4——下支辊；

5——挠度测量。

图 3　弯曲装置示意图

7.7.14.3　计算

弯曲强度和弯曲弹性模量分别按(2)、(3)式计算：

$$\sigma = 1.5 \times \frac{P_{\max} L}{bh^2} \quad \cdots\cdots(2)$$

$$E = 0.25 \times \frac{L^3 \Delta P}{bh^3 \Delta L} \quad \cdots\cdots(3)$$

式中：

σ——弯曲强度，单位为兆帕(MPa)；

E——弯曲弹性模量，单位为兆帕(MPa)；

$P_{\max}$——最大弯曲载荷，单位为牛顿(N)；

L——跨距，单位为毫米(mm)；

b——试件中部宽度，单位为毫米(mm)；

h——试件中部厚度，单位为毫米(mm)；

ΔP——载荷-挠度曲线上弹性段选定两点的载荷差值，单位为牛顿(N)；

ΔL——载荷-挠度曲线上与 ΔP 对应的挠度差值，单位为毫米(mm)。

以六个试件为一组，测量正面向上纵向、正面向上横向、背面向上纵向、背面向上横向各组试件的弯曲强度和弯曲弹性模量，分别以各组试件的测量值的算术平均值作为该组的试验结果。

7.7.15　贯穿阻力、剪切强度

7.7.15.1　材料试验机

能以恒定速率加载，示值相对误差不大于±1%，试验的最大荷载应在试验机示值的 15%～90% 之间。

7.7.15.2　剪切夹具

为冲孔剪切夹具，其构造能使试件卡紧在不动模块和可动模块之间，使得测试时试件不发生偏斜，如图 4 所示。

单位为毫米

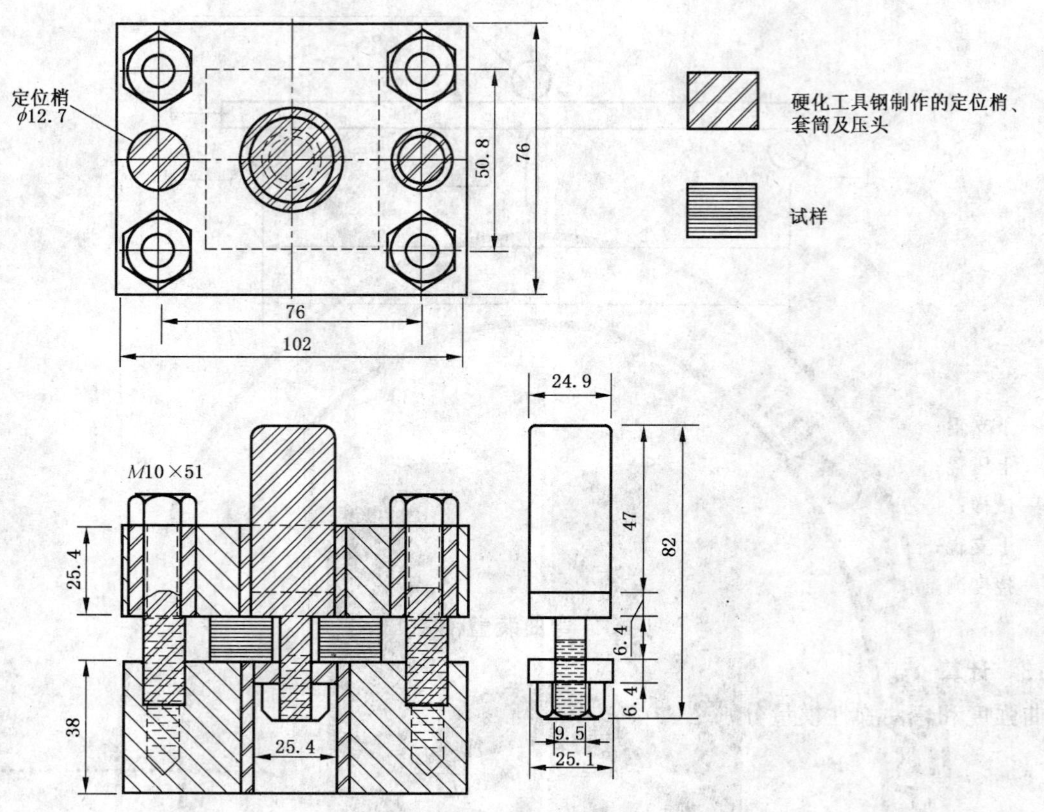

图 4 剪切夹具示意图

7.7.15.3 试验过程

用千分尺在离试件中心 13 mm 对称的四个点处测量试件的厚度并计算其算术平均值作为该试件的厚度。在试件中心钻一直径为 11 mm 的装配孔，把试件装在冲头上，用垫圈和螺母将其固定紧，装好夹具，拧紧螺栓，在冲头上以 1.25 mm/min 的速度施加载荷，记录试件所承受的最大载荷。

7.7.15.4 计算

最大载荷即为该试件的贯穿阻力。剪切强度按(4)式计算。

$$R = \frac{P}{\pi hd} \quad \cdots\cdots(4)$$

式中：

R——剪切强度，单位为兆帕(MPa)；

P——最大载荷，单位为牛顿(N)；

h——试件厚度，单位为毫米(mm)；

d——冲孔直径，单位为毫米(mm)。

以全部试件试验值的算术平均值作为试验结果。

7.7.16 剥离强度

7.7.16.1 材料试验机

能以恒定速率加载，示值相对误差不大于±1%，试验的最大荷载应在试验机示值的 15%～90%之间。

7.7.16.2 滚筒装置

如图 5 所示，滚筒装置主要由滚筒、试件夹、试件夹的平衡配重、柔性加载带以及上下夹板所组成。滚筒中间段外径为 100 mm，滚筒两头缠绕加载带的凸缘的外径加上加载带的厚度应比滚筒中间段外径大 25 mm。

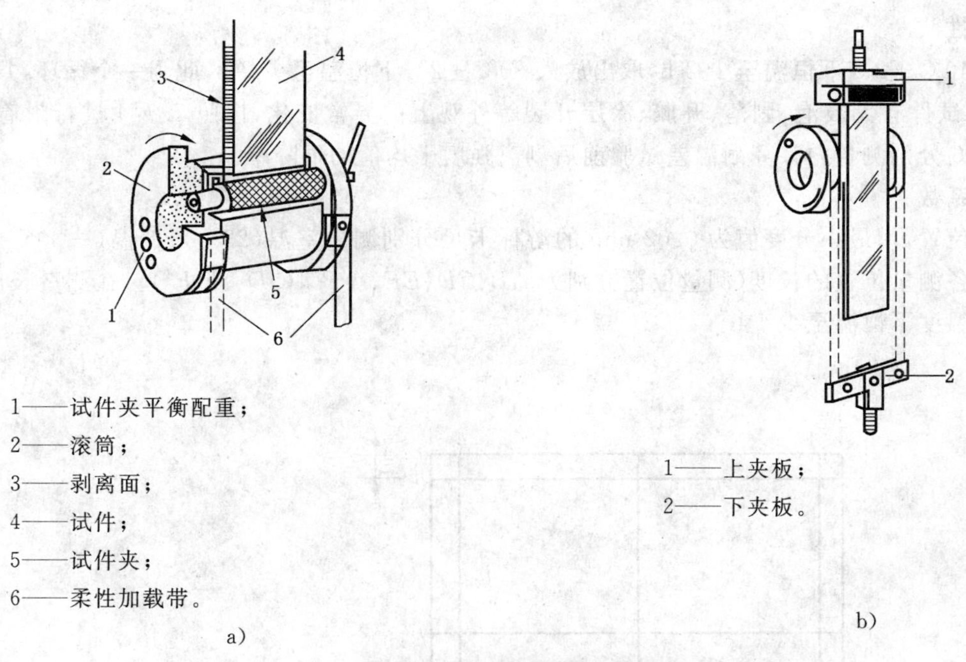

1——试件夹平衡配重；
2——滚筒；
3——剥离面；
4——试件；
5——试件夹；
6——柔性加载带。

a)

1——上夹板；
2——下夹板。

b)

图 5 剥离强度示意图

7.7.16.3 试验过程

在试件两端将待剥离面的铝材剥开一小段，其中一端剥开铝材后将后面的芯材和铝材截去，把留下的铝材夹在上夹板上并与试验机的上夹头相连；把另一端剥开的铝材用试件夹夹在滚筒上。使试件的长度轴线与滚筒的中心轴线垂直，试验机载荷清零，然后把下夹板与试验机的下夹头相连。

用游标卡尺测量试件的宽度，试验机以 25 mm/min 的速度进行拉伸，滚筒向上旋转爬升，铝材被剥离开并缠绕在滚筒上，直至试件剥开至少 150 mm，同时记录载荷—剥离距离曲线。使试验机返回直到滚筒回到剥离前的初始位置，重复试验机拉伸动作并运动同样的距离，同时记录拉伸载荷—拉伸距离曲线。根据所记录的曲线计算试件剥开 25 mm～150 mm 范围内对应的平均剥离载荷、最小剥离载荷和平均拉伸载荷。

7.7.16.4 计算

剥离强度的计算按式(5)、式(6)进行：

$$\overline{T} = \frac{(r_0 - r_i)(F_p - F_0)}{b} \qquad \cdots\cdots(5)$$

$$T_{min} = \frac{(r_0 - r_i)(F_{min} - F_0)}{b} \qquad \cdots\cdots(6)$$

式中：

$\overline{T}$——平均剥离强度，单位为牛顿毫米每毫米(N·mm/mm)；

T_{min}——最小剥离强度，单位为牛顿毫米每毫米(N·mm/mm)；

r_0——滚筒凸缘半径加上加载带厚度的一半，单位为毫米(mm)；

r_i——滚筒中间段半径加上被剥离层厚度的一半，单位为毫米(mm)；

F_0——按等距离方法计算的平均拉伸载荷，单位为牛顿(N)；

F_p——按等距离方法计算的平均剥离载荷，单位为牛顿(N)；

F_{min}——最小剥离载荷，单位为牛顿(N)；

b——试件宽度，单位为毫米(mm)。

以六个试件为一组，分别测量正面纵向、正面横向、背面纵向、背面横向各组试件中每个试件的平均剥离强度和最小剥离强度。分别以各组试件的平均剥离强度的算术平均值和最小剥离强度中的最小值作为该组的试验结果。

7.7.17 耐温差性

将试件在$-40℃\pm2℃$下恒温至少 2 h，取出放入 $80℃\pm2℃$下恒温至少 2 h，此为一个循环，共进行 50 次循环。目测试件有无鼓泡、剥落、开胶、涂层开裂等外观上的异常变化，按照 7.7.4 进行附着力的试验；按照 7.7.16 分别测量并计算耐温差试验前后剥离强度平均值的下降率。

7.7.18 热膨胀系数

按图 6 所示位置，用最小分度值为 0.02 mm 的游标卡尺分别测量室温（23℃）、低温（$-30℃$）和高温（70℃）下试件各测量位置的长度（测量位置分别为 AB、CD、EF、$A'B'$、$C'D'$、$E'F'$）。在测量长度前，试件应在相应的温度下恒温至少 1 h。

单位为毫米

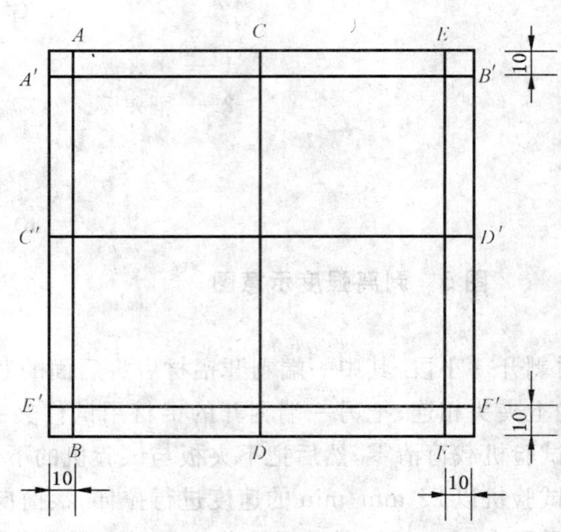

图 6 热膨胀系数测量位置示意图

按（7）式分别计算各测量位置的热膨胀系数：

$$\alpha = \frac{L_2 - L_1}{L_0 \cdot (T_2 - T_1)} \quad \cdots\cdots (7)$$

式中：

α——热膨胀系数，单位为每摄氏度（$℃^{-1}$）；

L_0——室温下试件长度，单位为毫米（mm）；

L_1——低温下试件长度，单位为毫米（mm）；

L_2——高温下试件长度，单位为毫米（mm）；

T_1——低温温度，单位为摄氏度（℃）；

T_2——高温温度，单位为摄氏度（℃）。

测量纵向和横向全部位置的热膨胀系数，分别以纵向和横向的测量值的算术平均值作为试验结果。

7.7.19 热变形温度

以加热前后试件中点挠度的相对变化量达到 0.25 mm 时的温度作为试件的热变形温度。试件平放，所加试验载荷应使试件的最大弯曲正应力达到 1.82 MPa，其计算方法按（8）式进行：

$$P = 1.213 \times \frac{bh^2}{L} \quad \cdots\cdots (8)$$

式中：

P——试验载荷，单位为牛顿（N）；

L——跨距，单位为毫米（mm）；

b——试件中部宽度，单位为毫米（mm）；

h——试件中部厚度，单位为毫米(mm)。

其余按 GB/T 1634.2 的规定进行试验。以六个试件为一组。分别测量正面向上纵向、正面向上横向、背面向上纵向、背面向上横向各组试件的热变形温度，分别以各组试件的测量值的算术平均值作为该组的试验结果。

7.7.20 耐热水性

将试件浸没在 98℃±2℃蒸馏水中恒温 2 h，试验中应避免试验过程中试件相互接触和窜动。然后让试件在该蒸馏水中自然冷却到室温，取出试件擦干，目测试件有无鼓泡、开胶、剥落、开裂及涂层变色等外观上的异常变化；按照 7.7.4 进行附着力的试验。以全部试件中性能最差的试验值作为试验结果。距离试件边缘不超过 10 mm 内的铝材与芯材的开胶可忽略不计。

7.7.21 燃烧性能

按 GB 8624 的规定进行。

8 检验规则

8.1 出厂检验

每批产品均应进行出厂检验。检验项目包括：规格尺寸允许偏差、外观质量、涂层厚度、光泽度偏差、表面铅笔硬度、涂层柔韧性、附着力、耐冲击性、耐溶剂性、剥离强度、耐热水性、耐酸性、耐碱性。

8.2 型式检验

型式检验项目包括第 6 章规定的全部技术要求。

有下列情形之一者，必须进行型式检验：

a) 新产品或老产品转厂的试制定型鉴定；

b) 正常生产时，每年进行一次型式检验，其中耐人工气候老化和耐盐雾性能的检验可以每两年进行一次；

c) 产品的原料改变、工艺有较大变化，可能影响产品性能时；

d) 产品停产半年后恢复生产时；

e) 出厂检验结果与上次型式检验有较大差异时；

f) 国家质量监督机构提出进行型式检验要求时。

8.3 组批与抽样规则

8.3.1 组批

8.3.1.1 出厂检验

以同一品种、同一规格、同一颜色的产品 3 000 m^2 为一批，不足 3 000 m^2 的按一批计算。

8.3.1.2 型式检验

以出厂检验合格的同一品种、同一规格、同一颜色的产品 3 000 m^2 为一批，不足 3 000 m^2 的按一批计算。

8.3.2 抽样

8.3.2.1 出厂检验

外观质量的检验可在生产线上连续进行，规格尺寸允许偏差的检验从同一检验批中随机抽取 3 张板进行，其余出厂检验项目按所检验项目的尺寸和数量要求随机抽取。

8.3.2.2 型式检验

从同一检验批中随机抽取三张板进行外观质量和尺寸偏差的检验，其余按各项目要求的尺寸和数量随机裁取。

8.4 判定规则

检验结果全部符合标准的指标要求时，判该批产品合格。若有不合格项，可再从该批产品中抽取双倍样品对不合格的项目进行一次复查，复查结果全部达到标准要求时判定该批产品合格，否则判定该批产品不合格。

9 标志、包装、运输、贮存及随行文件

9.1 标志

9.1.1 每张产品均应标明产品标记、颜色、生产或安装方向、厂名厂址、商标、批号、生产日期及质量检验合格标志。

9.1.2 产品若采用包装箱包装，其包装标志应符合 GB/T 191 及 GB/T 6388 的规定。在包装箱的明显部位应有如下标志：

a) 企业名称；
b) 产品名称；
c) 生产批号；
d) 内装数量；
e) 产品规格；
f) 执行标准。

9.2 包装

9.2.1 产品装饰面应覆有保护膜，保护膜的要求可参考附录 B。

9.2.2 包装箱应有足够的强度，以保证运输、搬运及堆垛过程中不会损坏，应避免产品在箱中窜动。

9.2.3 包装箱内应有产品合格证及装箱单。

合格证上应有如下内容：

a) 企业名称；
b) 检验结果；
c) 检验部门或人员标记；
d) 产品颜色。

装箱单应有如下内容：

a) 企业名称；
b) 产品名称、颜色；
c) 产品标记；
d) 生产批号；
e) 产品数量；
f) 包装日期。

9.3 运输

运输和搬运时应轻拿轻放，严禁摔扔，防止产品损伤。

9.4 贮存

产品应贮存在干燥通风处，避免高温及日晒雨淋，应按品种、规格、颜色分别堆放，并防止表面损伤。

9.5 随行文件

供方应向需方提供指导正确使用产品的应用指南，应用指南可参考附录 C。

随行文件宜包括：产品合格证、装箱单及产品应用指南。

附 录 A
（资料性附录）
铝塑复合板生产用粘结膜

A.1 术语和定义

下列术语和定义适用于本附录。

A.1.1 铝塑复合板生产复合用粘接薄膜（简称高分子膜） adhesive film

在铝塑复合板生产过程中用于塑料芯材和铝材之间起粘接作用的、由特种高分子材料（简称高分子料）和聚乙烯所生产的单层膜或多层共挤薄膜，其中特种高分子材料一般至少占50%。通常膜的两面在功能上有区分，一面为与塑料芯材的粘接面，一面为与铝材的粘接面。

A.1.2 高温粘接薄膜（简称高温膜） high temp. adhesive film

是铝塑复合板生产复合用粘接薄膜的一种。因其中特种高分子材料熔点较高，所生产的铝塑复合板的高温性能较好，但对铝塑复合板的复合工艺要求较高。

A.1.3 低温粘接薄膜（简称低温膜） low temp. adhesive film

是铝塑复合板生产复合用粘接薄膜的一种。因其中特种高分子材料熔点相对较低，所生产的铝塑复合板的高温性能相对较差，但对铝塑复合板的复合工艺要求相对较低。

A.2 技术要求

A.2.1 外观

高分子膜一般为缠绕在管芯上成卷供应，膜卷的长度、宽度和厚度规格由供需双方商定，但长度不应为负偏差，膜卷端面错位不大于 2 mm，管芯两端与膜卷端面基本相平，与铝材粘结面的标记明显。其余外观质量要求见表 A.1。

表 A.1 外观质量

项目		技术要求
“水纹”和“云雾”状缺陷		不影响使用
条纹		不影响使用
气泡，针孔及破裂		无
表面划痕及污染		无
“鱼眼”和“僵块”	＞1 mm	无
	0.5 mm～1 mm/(个/m^2)	≤20
	分散度/(个/dm^2)	≤8
杂质	＞0.5 mm	无
	0.3 mm～0.5 mm/(个/m^2)	≤5
	分散度/(个/dm^2)	≤3
平整度		表面无明显皱褶
暴筋		轻微
卷芯端部		无径向凹陷，缺口轻微

A.2.2 尺寸偏差

宽度及厚度尺寸偏差要求见表A.2。

表A.2 宽度及厚度尺寸偏差

单位为毫米

项目		技术要求
宽度		±5
厚度	0.030	0.000～+0.005
	0.035	
	0.040	
	0.045	
	0.050	±0.005
	0.060	
	0.070	
	0.080	
注：幕墙板生产宜采用厚度规格不小于0.050 mm的高分子膜。		

A.2.3 物理力学性能

高分子膜的物理力学性能要求见表A.3。

表A.3 物理力学性能

项目			技术要求
拉伸强度/MPa		纵向	≥10
		横向	
断裂伸长率/%		纵向	≥250
		横向	≥300
直角撕裂强度/N/mm		纵向	≥35
		横向	
剥离强度	滚筒剥离/(N·mm/mm)	平均值	≥130
		最小值	≥120
	180°剥离/(N/mm)	平均值	≥4.0
		最小值	≥3.0

A.3 试验方法

A.3.1 取样

至少去掉膜卷表面三层，再裁取2 m作为试验样品。

A.3.2 试验环境

试验前，试样应在GB/T 2918规定的标准环境下放置24 h。除特殊规定外，试验也应在该条件下进行。

A.3.3 外观

膜卷端面错位采用最小分度值为1 mm的量具进行测量。其余外观质量的试验在非阳光直射的自然光条件下目测，对目测到的缺陷用小分度值为0.02 mm的量具测量其最大尺寸。

A.3.4 尺寸偏差

A.3.4.1 长度和宽度

按 GB/T 6673 的规定进行。

A.3.4.2 厚度

按 GB/T 6672 的规定进行。

A.3.5 物理力学性能

A.3.5.1 拉伸强度及断裂伸长率

按 GB/T 13022 的规定进行。

A.3.5.2 直角撕裂强度

按 GB/T 11999 的规定进行。

A.3.5.3 剥离强度

A.3.5.3.1 材料

待检薄膜:尺寸 350 mm×350 mm,数量二块;

铝材:尺寸 350 mm×350 mm 厚度和材质与铝塑板生产实际采用的铝材相同,数量二块,表面平整无氧化层,用丙酮洗净;

低密度聚乙烯塑料板:尺寸 350 mm×350 mm×3 mm,数量一块,压延法制造,表面平整,用丙酮洗净。

A.3.5.3.2 制样及试验

将上述材料按铝塑板生产的结构方式正确叠合放置,先将其在 165℃条件下(高温膜)或 135℃条件下(低温膜)热压 3 min,同时保持压缩后的厚度为 3 mm 加两层铝材的厚度,然后用 50 N/cm² 的压力定型冷却至室温。

A.3.5.3.3 试验

按 7.7.16 的规定进行滚筒剥离强度试验或按 GB/T 2790 的规定进行 180°剥离强度试验。

附 录 B
（资料性附录）
保 护 膜

B.1 术语和定义

下列术语和定义适用于本附录。

保护膜 protecting film

在铝塑板产品的表面覆盖的一层压敏粘性的起保护作用的膜。

B.2 技术要求

保护膜的性能要求见表 B.1：

表 B.1 保护膜性能

项目		技术要求
厚度/mm	建筑幕墙板用	≥0.08
	普通装饰板用	由供需双方商定
剥离强度/(N/mm)		0.15～0.50
拉伸强度/MPa		≥10
直角撕裂强度/(N/mm)		≥35
遗胶性/%		≤5
耐老化性[a]	外观	无异常
	色差 ΔE	≤2
	剥离强度/(N/mm)	0.15～0.50
	遗胶性/%	≤5
耐低温性	外观	无异常
	剥离强度/(N/mm)	0.15～0.50
	遗胶性/%	≤5
耐高温性	外观	无异常
	剥离强度/(N/mm)	0.15～0.50
	遗胶性/%	≤5

[a] 仅针对幕墙板及室外用铝塑板所用的保护膜。

B.3 试验方法

B.3.1 厚度

按 GB/T 6672 的规定进行。

B.3.2 剥离强度

取一块尺寸为 350 mm×350 mm 的实际要保护的铝塑板，用丙酮洗净，加热到(80±5)℃，以 10 N/cm的压力用橡胶辊将一块同样尺寸的保护膜碾压贴到铝塑板表面，自然冷却到室温，然后按 GB/T 2790的规定进行 180°剥离强度的试验，剥离中保护膜应无断裂。

B.3.3 拉伸强度

按 GB/T 13022 的规定进行。

B.3.4 直角撕裂强度

按 GB/T 11999 的规定进行。

B.3.5 遗胶性

取四块尺寸为 100 mm×200 mm 的实际要保护的铝塑板，一块留作参照板，其余三块按 B.3.2 粘贴好保护膜后自然冷却到室温，撕去保护膜，对比参照板按 GB/T 9780 的规定进行贴保护膜前后铝塑板的耐沾污性的对比，按下式计算遗胶性。

$$R = 100 \times \frac{f_0 - f_1}{f_0} \quad \cdots\cdots\cdots\cdots (B.1)$$

式中：

R——遗胶性，%；

f_0——未贴保护膜部分的反射系数；

f_1——贴过保护膜部分的反射系数。

取三块试件测试值的算术平均值作为试验结果。

B.3.6 耐老化性

取四块尺寸为 100 mm×100 mm 的实际要保护的铝塑板，一块留作参照板，其余三块按 B.3.2 的方法粘贴好保护膜进行老化试验。将贴保护膜的一面朝向紫外线光源，按 7.7.12 的方法进行 168 h 的老化试验。取出自然放置到室温，观察距离板边 10 mm 以里的保护膜有无鼓泡、剥落、脱落等异常；按 GB/T 2790 的规定测量剥离强度，剥离中保护膜应无断裂；撕去保护膜后对比参照板测量经老化试验前后铝塑板的色差及遗胶性，色差测量按 GB/T 11942 进行；遗胶性测量按 B.3.5 的方法进行。

B.3.7 耐低温性

取四块尺寸为 300 mm×300 mm 的实际要保护的铝塑板，一块留作参照板，其余三块按 B.3.2 的方法粘贴好保护膜，放置在(−35±2)℃下恒温 168 h。取出自然放置到室温，观察距离板边 10 mm 以里的保护膜有无鼓泡、剥落、脱落等异常；按 GB/T 2790 的规定测量剥离强度，剥离中保护膜应无断裂；撕去保护膜后按 B.3.5 的方法测量遗胶性。

B.3.8 耐高温性

取四块尺寸为 300 mm×300 mm 的实际要保护的铝塑板，一块留作参照板，其余三块按 B.3.2 的方法粘贴好保护膜，放置在(70±2)℃下恒温 168 h，取出自然放置到室温。观察距离板边 10 mm 以里的保护膜有无鼓泡、剥落、脱落等异常；按 GB/T 2790 的规定测量剥离强度，剥离中保护膜应无断裂；撕去保护膜后按 B.3.5 的方法测量遗胶性。

附 录 C
（资料性附录）
铝塑板应用指南

C.1 开槽

铝塑板在折边施工时，应在折边处开槽，根据折边要求，一般可开 V 型槽、U 型槽等，几种典型的开槽方式如图 C.1 所示。应使用铝塑板专用开槽机械，保证开槽深度不伤及对面铝材，并留有 0.3 mm 厚的塑料层。在开槽处可根据需要采用加边肋等加固措施。

单位为毫米

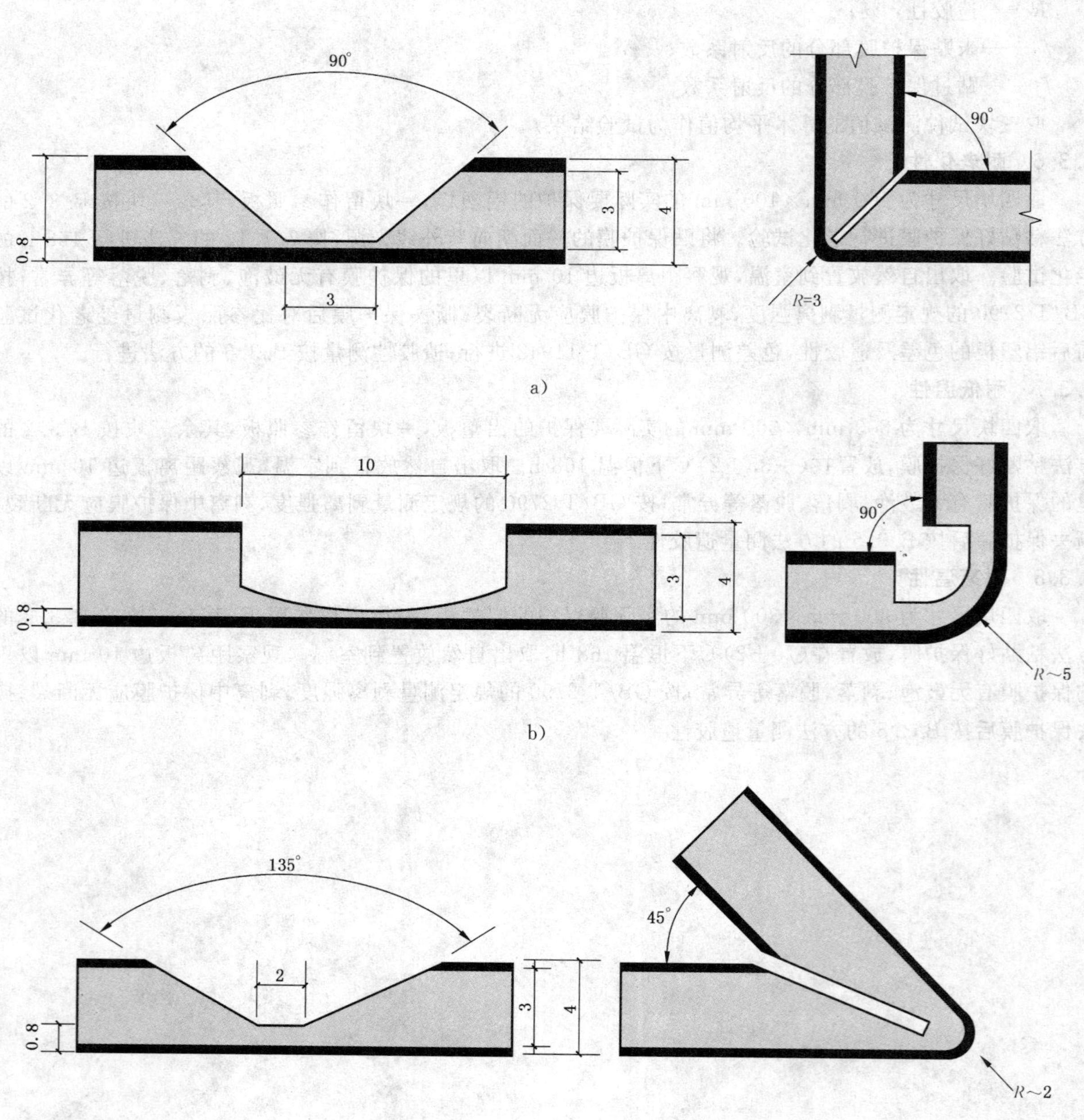

图 C.1 几种典型的加工开槽示意图

C.2 撕膜

铝塑板安装完毕后应及时撕掉保护膜，以减小因保护膜的老化而造成撕膜困难、严重遗胶或严重污染铝塑表面等的可能性。

C.3 表面漆膜的保护

应避免损伤表面漆膜。

C.4 安装方向

由于一般铝塑板表面的漆膜是用滚涂工艺生产的，涂层的颜色可能有一定方向性(特别是金属色)，从不同的角度观察，铝塑板的感观颜色可能会有一定差异，为避免这种差异，铝塑板应按同一生产方向安装。

C.5 清洗养护

铝塑复合板至少每年应进行一次清洗养护，去除表面污渍和有害物质，以保持板面整洁、保证产品正常使用寿命。宜采用中性清洗剂进行柔性清洗，清洗前应考虑清洗剂对铝塑板涂层有否不良影响。

C.6 储存条件

铝塑板应储存在干燥、阴凉、通风和平整处，储存温度不应超过 70℃。

C.7 折边与弯曲

对需要开槽折边应用的铝塑板应事先考虑好折边程序，不能进行反复折边；对需要进行不开槽而直接弯曲应用的铝塑板，其最小弯曲半径不宜小于 30 cm。

C.8 配套密封材料

铝塑板所用的密封材料应具有良好的耐候性并与铝塑板有良好的相容性。密封材料还应符合相应的国家或行业标准要求。由于劣质密封材料容易污染甚至腐蚀铝塑板，因此事先对所用密封材料与铝塑板的相容性进行试验是必要的。

C.9 设计安装

铝塑板的设计安装应执行有关设计安装规范，并充分考虑热胀冷缩的可能，以避免对工程和板面平整度产生不良的影响。

C.10 运输

铝塑板在搬运和运输过程中应码放平整、整齐、稳固，避免窜动、拖拉、划伤表面、冲撞及局部压伤。

参 考 文 献

[1] GB/T 2790—1995 胶粘剂180°剥离强度试验方法 挠性材料对刚性材料

[2] GB/T 6672—2001 塑料薄膜和薄片厚度的测定 机械测量法

[3] GB/T 6673—2001 塑料薄膜与片材长度和宽度的测定

[4] GB/T 11999—1989 塑料和薄片耐撕裂性能试验方法 埃莱门多夫法

[5] GB/T 13022—1991 塑料薄膜拉伸性能试验方法

[6] AAMA 2605—2005 铝型材及铝板上超级性能有机涂层的自愿申明、性能要求及试验方法

[7] ASTM D 732—02 冲孔法测量塑料剪切强度试验方法

[8] ASTM D 968—05e1 用落砂法测量有机涂层耐磨耗性能试验方法

[9] ASTM D 1781—1998(2004) 胶粘剂滚筒剥离试验方法标准

ICS 17.180.20
A 26

中华人民共和国国家标准

GB/T 17749—2008
代替 GB/T 17749—1999

白度的表示方法

Methods of whiteness specification

2008-05-04 发布　　　　2008-10-01 实施

中华人民共和国国家质量监督检验检疫总局
中国国家标准化管理委员会　发布

前　言

本标准代替 GB/T 17749—1999《白度的表示方法》。

本标准与 GB/T 17749—1999 相比，主要内容变化如下：

——白度的计算方法按照 CIE 2004 的公式来进行。

本标准的附录 A 是资料性附录。

本标准由全国白度标准样品标准化技术工作组提出并归口。

本标准起草单位：建筑材料工业技术监督研究中心、北京康光仪器有限公司、中国计量科学研究院、山东省平度市滑石矿业有限公司、北京光学仪器厂、桂林桂广滑石开发有限公司、山东省平度市滑石矿业有限公司、辽宁艾海滑石矿业有限公司、龙岩高岭土有限公司、辽宁省仪表研究所有限责任公司、北京兴光测色仪器公司、柯尼卡美能达公司、上海劲佳科学仪器有限公司、大连建筑科学研究设计院股份有限公司、中核华原钛白股份有限公司、北京兴光测色仪器公司、大连市金州区建筑工程质量监督站。

本标准主要起草人：王桓、马煜、王峰、于忠章、齐颖、卢德云、尹泰安、李文生、李继红、吴新涛、王国发、于勇、陈东华。

本标准所代替标准的历次版本发布情况为：

——GB/T 17749—1999。

白度的表示方法

1 范围

本标准规定了物体色白度的表示方法。

本标准适用于白色和近“白”的物体色的表示。

2 规范性引用文件

下列文件中的条款通过本标准的引用而成为本标准的条款。凡是注日期的引用文件，其随后所有的修改单（不包括勘误的内容）或修订版均不适用于本标准，然而，鼓励根据本标准达成协议的各方研究是否可使用这些文件的最新版本。凡是不注日期的引用文件，其最新版本适用于本标准。

GB/T 3979 物体色的测量方法

GB/T 5698 颜色术语

GB/T 9340 荧光样品色的相对测量方法

3 术语和定义

GB/T 5698 确立的以及下列术语和定义适用于本标准。

3.1

白度 whiteness

表征物体色的白的程度，用符号 W 或 W_{10} 表示。白度值越大，则白的程度越大。

完全反射漫射体的白度是 100。

3.2

淡色调指数 tint

表征白色中淡色调的程度，用符号 T_W 或 T_{W10} 表示。淡色调指数为正时，其值越大偏绿的程度越大；反之，淡色调指数为负时，其绝对值越大偏红的程度越大。

完全反射漫射体的淡色调指数为 0。

4 颜色的测量方法

4.1 非荧光色

非荧光色的光谱测量按照 GB/T 3979 的规定进行，并计算出三刺激值 X、Y、Z 或 X_{10}、Y_{10}、Z_{10}。

非荧光色的三刺激值直读法测量按 GB/T 3979 的规定进行，直接测得三刺激值 X、Y、Z 或 X_{10}、Y_{10}、Z_{10}。

4.2 荧光色

荧光色光谱测量和三刺激值直读（色度计）法测量按 GB/T 9340 的规定进行。

5 白度的测量方法

5.1 非荧光色

非荧光色的白度测量，按 4.1 的规定测量三刺激值 X、Y、Z 或 X_{10}、Y_{10}、Z_{10}，按照第 6 章的规定计算出 W 或 W_{10} 和淡色调指数 T_W 或 T_{W10}。

5.2 荧光色

荧光色的白度测量，按 4.2 的规定测量三刺激值 X、Y、Z 或 X_{10}、Y_{10}、Z_{10}，按照第 6 章的规定计算出

W 或 W_{10} 和淡色调指数 T_W 或 T_{W10}。

6 白度和淡色调指数的计算方法

6.1 白度的计算方法

白度 W 或 W_{10} 分别按照下列式(1)或式(2)计算：

$$W = Y + 800(x_n - x) + 1\,700(y_n - y) \quad \cdots\cdots(1)$$

$$W_{10} = Y_{10} + 800(x_{n,10} - x_{10}) + 1\,700(y_{n,10} - y_{10}) \quad \cdots\cdots(2)$$

式中：

W——样品在 XYZ 色度学系统的白度；

Y——样品在 XYZ 色度学系统的三刺激值中的 Y 值；

x、y——样品在 XYZ 色度学系统的三色坐标中的 x、y 值；

x_n、y_n——完全反射漫射体在 XYZ 色度学系统的三色坐标中 x_n、y_n 值(见表 1)；

W_{10}——样品在 X_{10}、Y_{10}、Z_{10} 色度学系统的白度；

Y_{10}——样品在 X_{10}、Y_{10}、Z_{10} 色度学系统的三色坐标中 Y_{10} 值；

x_{10}、y_{10}——样品在 X_{10}、Y_{10}、Z_{10} 色度学系统的三色坐标中 x_{10}、y_{10} 值；

$x_{n,10}$、$y_{n,10}$——完全反射漫射体在 X_{10}、Y_{10}、Z_{10} 色度学系统的三色坐标中 $x_{n,10}$、$y_{n,10}$ 值(见表 1)。

其他主要白度计算公式见附录 A。

6.2 淡色调指数的计算方法

淡色调指数 T_W 或 $T_{W,10}$ 分别按下列式(3)或式(4)计算：

$$T_W = 1\,000(x_n - x) - 650(y_n - y) \quad \cdots\cdots(3)$$

$$T_{W,10} = 900(x_{n,10} - x_{10}) - 650(y_{n,10} - y_{10}) \quad \cdots\cdots(4)$$

式中：

T_W——样品在 XYZ 色度学系统的淡色调指数；

x、y——样品在 XYZ 色度学系统的三色坐标中的 x、y 值；

x_n、y_n——完全反射漫射体在 XYZ 色度学系统的三色坐标中 x_n、y_n 值(表 1)；

$T_{W,10}$——样品在 X_{10}、Y_{10}、Z_{10} 色度学系统的淡色调指数；

x_{10}、y_{10}——样品在 X_{10}、Y_{10}、Z_{10} 色度学系统的三色坐标中 x_{10}、y_{10} 值；

$x_{n,10}$、$y_{n,10}$——完全反射漫射体在 X_{10}、Y_{10}、Z_{10} 色度学系统的三色坐标中 $x_{n,10}$、$y_{n,10}$ 值(见表 1)。

表 1 完全反射漫射体在 D65 标准照明体下的三刺激值和三色坐标

项　目		5 nm	10 nm
XYZ 色度学系统	X_n	95.04	95.02
	Y_n	100.00	100.00
	Z_n	108.88	108.81
	x_n	0.312 7	0.312 7
	y_n	0.329 0	0.329 0
	$X_{n,10}$	94.81	94.83
	$Y_{n,10}$	100.00	100.00
	$Z_{n,10}$	107.32	107.38
	$x_{n,10}$	0.313 8	0.313 8
	$y_{n,10}$	0.331 0	0.330 9

6.3 白度和淡色调指数的适用范围

本标准为 CIE(2004)推荐的中性白的评价公式，淡色调公式建立的实验基础如图 1 所示，淡色调线是近乎于主波长为 466 nm 的平行线。白度公式不适用于彩色样品。公式(1)～(4)中的白度 W 及

W_{10}，淡色调指数 T_W 及 $T_{W,10}$ 分别适用于下列范围的样品：

$40 < W < (5Y - 280)$ 或 $40 < W_{10} < (5Y_{10} - 280)$ $-3.0 < T_W < +3.0$ 或 $-3.0 < T_{W,10} < +3.0$。

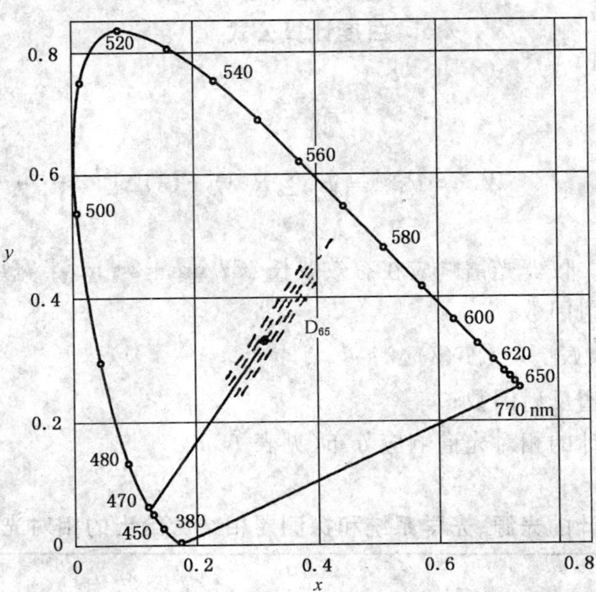

图 1　白色的主波长 466 nm

7　白度的表示方法

7.1　白度的表示

白度用按照第 6 章规定计算出的 W 和 W_{10}，或 W_{10} 和 $T_{W,10}$ 数值表示。数字修约到小数点后一位。

7.2　附加记录

测定值的附加记录有：测量用的仪器、测量方法、照明观测条件等。

附　录　A
（资料性附录）
白度计算公式

A.1　蓝光白度公式

$$W_b = R_{457} = K_b \sum R(\lambda)\,F(\lambda)\Delta\lambda \qquad \text{(A.1)}$$

式中：

W_b、R_{457}——蓝光白度。仪器光谱响应在有效波长 457 nm±2 nm，半宽度为 44 nm 的蓝光条件下测定的反射因数；

K_b——归化系数，$K_b = \sum F(\lambda)\Delta\lambda$；

$R(\lambda)$——样品的光谱反射因数；

$F(\lambda)$——蓝光白度计的相对光谱响应分布（见表 A.1）；

λ——波长。

表 A.1　蓝光白度计的光源、光学系统和探测器相结合给出的相对光谱响应分布 $F(\lambda)$

波长 λ/nm	F(λ)	波长 λ/nm	F(λ)
395	0.0	460	100.0
400	1.0	465	99.3
405	2.9	470	88.7
410	6.7	475	72.5
415	12.1	480	53.1
420	18.2	485	34.0
425	25.8	490	20.3
430	34.5	495	11.1
435	44.9	500	5.6
440	57.6	505	2.2
445	70.0	510	0.3
450	82.5	515	0.0
455	94.1		

A.2　亨特(Hunter)白度公式

$$W_H = 100 - [(100 - L)^2 + a^2 + b^2]^{\frac{1}{2}} \qquad \text{(A.2)}$$

$$W_H = L - 3b \qquad \text{(A.3)}$$

式中：

W_H——亨特白度；

L——亨特明度；

a、b——亨特色品指数。

(1)当白度测量时采用 2°视场，标准照明体 C 时，式中：

$$L = 10Y^{\frac{1}{2}}$$

$$a = \frac{17.2(1.02X - Y)}{Y^{\frac{1}{2}}}$$

$$b=\frac{7.0(Y-0.847Z)}{Y^{\frac{1}{2}}}$$

式中：

X、Y、Z——样品在 XYZ 色度学系统的三刺激值。

(2)当白度测量时采用 10°视场，标准照明体 D_{65} 时，式中：

$$L=10Y_{10}^{\frac{1}{2}}$$

$$a=\frac{17.2(1.055X_{10}-Y_{10})}{Y_{10}^{\frac{1}{2}}}$$

$$b=\frac{6.7(Y_{10}-0.932Z_{10})}{Y_{10}^{\frac{1}{2}}}$$

式中：

X_{10}、Y_{10}、Z_{10}——样品在 X_{10}、Y_{10}、Z_{10} 色度学系统的三刺激值。

A.3 Z 白度公式

2° 视场，标准照明体 C；$W_Z=0.847\ Z$ ……………………（A.4）

10° 视场，标准照明体 D_{65}；$W_{Z,10}=0.932\ Z_{10}$ ……………（A.5）

式中：

W_Z、$W_{Z,10}$——Z 白度；

Z、Z_{10}——样品的三刺激值之一 Z 值。

A.4 甘茨(Ganz)线性白度公式

$$W=DY+Px=Qy+C \quad \text{(A.6)}$$

式中：

Y——样品的三刺激值之一 Y 值；

x、y——样品的色品坐标 x、y 值；

D、P、Q、C——根据样品白度需要所确定的系数。

ICS 13.300
A 80

中华人民共和国国家标准

GB/T 17764—2008/ISO 387:1977
代替 GB/T 17764—1999

密度计的结构和校准原则

Hydrometers—Principles of construction and adjustment

(ISO 387:1977,IDT)

2008-09-18 发布　　2009-05-01 实施

中华人民共和国国家质量监督检验检疫总局
中国国家标准化管理委员会　发布

前言

本标准对应于ISO 387:1977《密度计——结构和校准原则》,与ISO 387的一致性程度为等同。

本标准代替GB/T 17764—1999《玻璃浮计式密度计的结构和校准原则》。

本标准与GB/T 17764—1999相比主要变化如下:

——本标准增加了"相对密度"(见3.2)的解释;

——本标准增加表面张力影响密度计使用的技术内容(见第5章和附录A);

——本标准增加了密度计基本刻度的说明(见附录B)。

本标准的附录A为规范性附录,附录B为资料性附录。

本标准由全国玻璃仪器标准化技术委员会(SAC/TC 178)归口。

本标准起草单位:中华人民共和国广东出入境检验检疫局,国家轻工业玻璃产品质量监督检测中心。

本标准主要起草人:宋武元、陈强、袁春梅、萧达辉、李政军、周明辉、刘健斌、梁叶、梁美琼、岳大磊、刘莹峰。

本标准所代替标准的历次版本发布情况为:

——GB/T 17764—1999。

密度计的结构和校准原则

1 范围

本标准规定了各种用于测量液体密度的玻璃密度计的结构和校准原则。

本标准所用密度计为不带温度计的玻璃密度计。

本标准适用于各种用于测量液体密度的玻璃密度计。

2 规范性引用文件

下列文件中的条款通过本标准的引用而成为本标准的条款。凡是注日期的引用文件，其随后所有的修改单(不包括勘误的内容)或修订版均不适用于本标准，然而，鼓励根据本标准达成协议的各方研究是否可使用这些文件的最新版本。凡是不注日期的引用文件，其最新版本适用于本标准。

ISO 1768 玻璃密度计——体积膨胀系数的常规数值(用于制定液体测量表)

3 术语和定义

3.1

刻度的基准 basis of scale

3.1.1 刻度应以千克每立方米(kg/m^3)为单位指示密度(单位体积的质量)。克每立方厘米(g/cm^3)是其中一种可以接受的国际单位制(SI)单位。

注：附录B解释了用密度作为密度计基本刻度的优越性。

3.1.2 不推荐使用不是基于密度的刻度。但允许使用基于相对于水的相对密度作为刻度，这是因为这种相对密度刻度单位在各国贸易中广泛采用。

3.2

相对密度 relative density

相对密度(d)是在规定条件下，液体密度 ρ_1 与参考物质纯水密度 ρ_2 之比。即：

$$d = \rho_1/\rho_2$$

式中：

ρ_1——在给定温度 T_1 条件下液体密度；

ρ_2——在给定温度 T_2 条件下纯水密度。

3.3

参考温度 reference temperature

3.3.1 密度计的标准参考温度规定应为20 ℃。

注：在特定环境条件下，密度计的标准温度也可以选择15 ℃或27 ℃。如热带地区，周围环境温度总是高于20 ℃，此时密度计的标准温度推荐选择27 ℃。

3.3.2 若采用相对密度刻度，按3.2的定义，本标准要求相对密度参考温度 T_1 和 T_2 应该都是15.56 ℃(60 °F)。

3.4

表面张力 surface tension

3.4.1 根据表面张力来校准密度计，除非要求高精度，否则应使用附录A给出的表面张力标准分类来选择所使用的密度计。

3.4.2 对于准备在某些特定液体(如醇类液体)中使用的高精度密度计,应当使用适于清洁该类液体表面并且与密度计的实际指示相符的表面张力值(见第7章c))。

4 校准和读数基准

4.1 校准

在半透明液体中使用密度计测量密度时,读数应读取在水平液面位置上的刻度数据。如果在不透明媒体中使用密度计测量密度时,读数应该读取在液体与标尺干管相接的弯月面上缘,但读数结果要适当修正到水平液面位置。为了避免作这样的修正,用于不透明液体的密度计可直接进行弯月面上缘读数的校准。如果密度计是按这种方式校准的,在密度计的刻度上应清楚标明该校准方式(见第7章d))。

4.2 读数基准

读数时以刻度线厚度的中心作为刻度定位的读数基准。

5 校准条件

密度计应在以下条件下校准使用:

a) 除了在非常靠近弯月面边缘的地方,密度计标尺干管上其他地方不要有液体痕迹;

b) 当密度计稍微偏移在液体中的平衡位置时,密度计穿过液体时不要引起弯月面形状的显著变化。

6 技术要求

6.1 材料和工艺

6.1.1 密度计的躯体和干管所用材料应尽可能选用耐压和不易变形的透明玻璃制造,其体膨胀系数为$(25\pm2)\times10^{-6}$ ℃$^{-1}$。

注:有些测量表和温度修正表用此膨胀系数值作校准,明确此系数的值是为了在使用不同的测量表和温度修正表时不出现测量结果偏差。

6.1.2 压载室里的材料封装在密度计的底部,当密度计在水平放置的条件下处于80 ℃温度下加热1 h,然后在同样的位置冷却到室温时,密度计要仍然能满足6.2.4的要求。

6.1.3 如果密度计有可能在高于70 ℃的情况下使用,这种测试就要在高于80 ℃的温度环境下进行。压载室里的材料在使用过程中要求不能变质。汞不能用作压载室里的材料。

6.1.4 密度计压载室内不能有松散物。

6.1.5 刻度线和注字最好是黑色的,而且要永久清晰地标记出来。

6.1.6 刻度和注字标记要表面光滑。标记不能有炭化迹象,要能承受在70 ℃或者适当的高温下曝露1 h而不褪色或者扭曲变形。

6.2 形状和结构要求

6.2.1 外表面要相对主轴对称。

6.2.2 横断面不能有突变,最好采用如图1所示的锥形设计。

6.2.3 玻璃密度计是用于测量液体密度、相对密度的仪器,其结构如图1所示。上部干管1为一顶端密封,直径均匀的细长圆管,管内紧贴有按密度、相对密度标记的标尺2。躯体3是底部呈圆锥形或半球形(以避免附着气泡)的空心圆柱体,其下部是用玻璃隔板制成的压载室4,内填满小铅丸等作压载物。

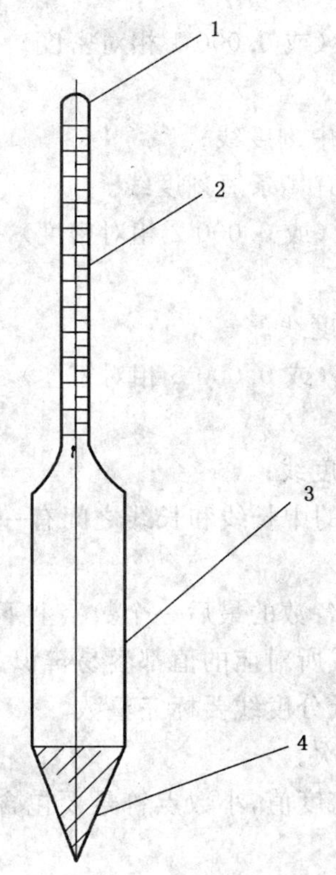

1——干管；
2——标尺；
3——躯体；
4——压载室。

图 1　玻璃密度计

6.2.4　密度计要求垂直地漂浮在液体中，其倾斜度最大允许偏差不能超过 1.5°。

6.2.5　要保持干管的横截面在刻度最低分度线以下至少 5 mm 长不改变。

6.2.6　干管要超出最高刻度分度线至少 15 mm。

6.3　刻度要求

6.3.1　刻度和刻字的标记不受使用温度和液体环境变化，一直固紧在适当的位置(见 6.1.6)。

6.3.2　如果刻度发生了偏移，该密度计就不能再用了。

6.3.3　密度计的密度刻度或相对密度刻度都可以作为密度计的刻度标尺，如果密度计带有重复的同型刻度，两个刻度上的示值不能相差太大。

6.4　分度线要求

6.4.1　分度线要清晰，线宽一致且不超过相邻两线中心距离的五分之一。

6.4.2　分度线间隙内没有明显的不规则。

6.4.3　分度线处于密度计垂直方向水平正交位置。

6.4.4　刻度要直，没有扭曲。

6.4.5　允许标尺上有一条线垫在刻度下面，该线平行于密度计的轴，指示刻度的开端。

6.4.6　指示刻度的标定限度的分度线应为长线(见 6.5.1a)，6.5.2a)和 6.5.3a))。

6.4.7　短刻度线至少为干管周长的五分之一，中刻度线至少三分之一，而长刻度线至少为周长的一半。

6.4.8　相邻分度线中心距离要超过 0.8 mm，但不超过 3.0 mm，且最好不少于 1.2 mm 或 大于 2.0 mm。

6.4.9　刻度两端要延长至超出它的标定限度起码两个分度线。

6.5 分度线的顺序

6.5.1 在刻度最小分度为 0.1 kg/m^3(或 0.000 1 相对密度),或此类十进分数的密度计上:

a) 每第 10 个分度为长刻度线;

b) 连续两长刻度线之间有一条中刻度线;

c) 连续的中刻度线和长线之间有 4 条短刻度线。

6.5.2 在刻度最小分度为 0.2 kg/m^3(或 0.000 2 相对密度),或此类十进分数的密度计上:

a) 每第 5 个分度为长刻度线;

b) 连续两长线之间有 4 条短刻度线。

6.5.3 在刻度最小分度为 0.5 kg/m^3(或 0.000 5 相对密度),或此类十进分数的密度计上:

a) 每第 10 个分度为长刻度线;

b) 连续两长线之间有 4 条中刻度线;

c) 连续的两中长线之间及连续的中长线和长线之间有一条短刻度线。

6.6 分度线的标数要求

6.6.1 刻度上应只标有一组数,并且各数的最后一个数字上下对齐。

6.6.2 刻度的标数要使得任意分度线所对应的值都容易辨识。

6.6.3 标定限度的最高分度线和最低分度线要标完整数。

6.6.4 至少每 10 条分度线要标注一次。

6.6.5 对于以克每立方厘米表达的密度值,小数点符号要包含在完整表达的标数上,但可以从缩写的标数中略去。

7 标志

下列产品标志应耐久、清楚地标在每个密度计的表面:

a) 基本刻度的单位,比如"kg/m^3";

b) 密度计的标准参考温度,比如"20 ℃";

c) 以毫牛顿每米表达的特定表面张力(比如"55 mN/m");

或者,如在附录 A 定义的表面张力类别(比如"低 S.T.");

或者,如果密度计是为了用于某种特定液体而校准的,则标注该液体的名称;

d) 密度计是否在弯月面的上缘校准(例如,在不透明液体中使用);

e) 制造商和/或销售商的名称,或者易识辨的商标;

f) 密度计的标识号码;

g) 本标准的标准号或者相应其他标准的标准号。

附 录 A
（规范性附录）
密度计表面张力的标准分类

本标准所选用的密度计按表 A.1 的表面张力标准分类，用以作为校准和验证的依据，保证所选择的密度计测量液体密度时获得合适的准确度。表中所给的表面张力分类并不排除使用其他表面张力作为密度计校准的基础，只要那些表面张力在密度计标尺上以毫牛顿每米为单位标注便可。

标准文本中(见第 7 章中 c))提到，密度计可以标注可用于测定液体的名称，而不是表面张力的类别或者精确的表面张力数值。

表 A.1 密度计表面张力的标准分类

类别	密度/(kg/m³)	表面张力/(mN/m)	应用举例
低	密度增加	0 20 40 60 80	通用的有机液体(包括醚类、石油馏分，煤馏分)和所有油类
	600	15 16 17 18 19	
	700	20 21 22 23 24	
	800	25 26 27 28 29	
	900	30 31 32 33 34	
	1 000～1 300	35	醋酸溶液，需用溢出法测试，溶液表面不需要特别清洁
中	600～940	也可以考虑为"低"类	甲醇或乙醇的水溶液，但不包括醋酸溶液。溶液表面不需要特别清洁
	960	35	
	970	40	
	980	45	
	990	50	
	1 000 ～ 2 000	55	密度大于 1 300 kg/m³ 的硝酸溶液。表面是否特别清洁都可以
高	1 000 ～ 2 000	75	水溶液，表面要求特别清洁。但密度大于 1 300 kg/m³ 的硝酸溶液和醋酸溶液[a]除外

[a] 由于清洁表面的醋酸溶液的表面张力特别不稳定，所以醋酸溶液不能列入该类别中。

附　录　B
（资料性附录）
关于建议采用密度作为密度计的基本刻度的说明

建议采用密度作为密度计的基本刻度，是出于以下原因的考虑：

一个漂浮的密度计的静止平衡条件是液面与干管相交使密度计排开的那部分液体的质量与密度计的质量相等[1)]。因此平衡位置，亦即刻度的示值，可以通过每单位体积的液体质量，即密度直接决定。因此，密度是密度计最简单最符合逻辑的基本刻度。

以下四点总结了密度计的大多数用途：

a)　为了表示物质的质量；

b)　为了跟踪某种操作过程，比如发酵；

c)　用作评估某种液体成分或者制备的已知成分的液体；

d)　用作求解某种已知体积的液体的质量或者求解某种已知质量的液体体积。

对于用途 a)和 b)，以密度标示的密度计和任何其他密度计相似。至于 c)，因为不可能总在相同的温度下进行观察，使用密度计展示成分百分比时需要用到详细校正表。

一旦需要借助校正表，密度计的优越性就显示出来了。这是因为，有了这些校正表，它可以适用于任何液体。这些表不仅可以和密度计一起使用，也可以和其他方法一起来确定密度。密度计也可以和非常简单的表格联合起来用于用途 d)，测量批量液体。

因此密度计对所有这些用途都适用。他们明显比那些使用任意刻度的密度计合适得多；后者之所以会出现，是因为具有等间距标示排列刻度的密度计容易复制和生产，但是这种优势在今天已经不明显了。密度刻度相比合成刻度的优势在前面已经提过，相对密度刻度也具有这些优势，然而相对密度的概念是与不同温度下的水关联的，因此不如密度更基本，而且经常会造成概念不清，它有时候用质量（即经过空气浮力校正）的比率，有时候却用表观质量（未经空气浮力校正）的比率。而简单地基于每单位体积质量的密度计，则不会引起这些不定因素和误差。

---

1)　此处忽略毛细现象的细微作用力以及作用在干管上的空气浮力，因为它们与主要参数无关。

ICS 65.080
G 20

中华人民共和国国家标准

GB/T 17767.1—2008
代替 GB/T 17767.1—1999

有机-无机复混肥料的测定方法 第1部分:总氮含量

Determination of organic-inorganic compound fertilizers—
Part 1: Total nitrogen content

2008-06-17 发布 2008-09-01 实施

中华人民共和国国家质量监督检验检疫总局
中国国家标准化管理委员会 发布

前言

GB/T 17767《有机-无机复混肥料的测定方法》分为三个部分：

——第1部分：总氮含量；

——第2部分：总磷含量；

——第3部分：总钾含量。

本部分是GB/T 17767的第1部分。

本部分与美国公职分析家协会分析方法手册(AOAC)(1984)中2.061“肥料中总氮含量的测定方法——改进的综合定氮法”、前苏联国家标准ГОСТ 26715:1985《有机肥料总氮含量的测定方法》的一致性程度为非等效。

本部分代替GB/T 17767.1—1999《有机-无机复混肥料中总氮含量的测定》。

本版与GB/T 17767.1—1999的主要差异是：

——氢氧化钠标准滴定溶液的浓度由0.1 mol/L改为0.5 mol/L；

——将总氮含量的计算公式进行了改写。

本部分由中国石油和化学工业协会提出。

本部分由全国肥料和土壤调理剂标准化技术委员会(SAC/TC 105)归口并负责解释。

本部分起草单位：国家化肥质量监督检验中心(上海)。

本部分主要起草人：范宾、刘婉卿、杨一。

本部分所代替标准的历次版本发布情况为：

——GB/T 17767.1—1999。

有机-无机复混肥料的测定方法
第1部分:总氮含量

1 范围

GB/T 17767的本部分规定了有机-无机复混肥料中总氮含量的测定方法。

本部分适用于由各种有机肥料与化学肥料组成的固体有机-无机复混肥料,也适用于各种固体有机肥料的总氮含量的测定。

2 规范性引用文件

下列文件中的条款通过GB/T 17767的本部分的引用而成为本部分的条款。凡是注日期的引用文件,其随后所有的修改单(不包括勘误的内容)或修订版均不适用于本部分,然而,鼓励根据本部分达成协议的各方研究是否可使用这些文件的最新版本。凡是不注日期的引用文件,其最新版本适用于本部分。

GB/T 8571 复混肥料 实验室样品制备

GB/T 8572 复混肥料中总氮含量的测定 蒸馏后滴定法

HG/T 2843 化肥产品 化学分析常用标准滴定溶液、标准溶液、试剂溶液和指示剂溶液

3 原理

在酸性介质中将硝酸盐还原为铵盐,在混合催化剂或过氧化氢的存在下,用浓硫酸消化,将氮转化为硫酸铵。从碱性溶液中蒸馏出氨,并吸收在过量的硫酸标准滴定溶液中,在甲基红-亚甲基蓝混合指示液存在下,用氢氧化钠标准滴定溶液返滴定。

4 试剂和材料

警告——试剂中的过氧化氢具有腐蚀性和氧化性,硫酸及其溶液、盐酸和氢氧化钠溶液具有腐蚀性,相关操作应在通风橱内进行。本部分并未指出所有可能的安全问题,使用者有责任采取适当的安全和健康措施,并保证符合国家有关法规规定的条件。

本部分中所用试剂、溶液和水,在未注明规格和配制方法时,均应符合HG/T 2843的规定。

4.1 铬粉:细度小于250 μm;

4.2 硫酸钾;

4.3 五水硫酸铜;

4.4 混合催化剂制备:将1 000 g硫酸钾和50 g五水硫酸铜充分混合,并仔细研磨;

4.5 硫酸;

4.6 盐酸;

4.7 过氧化氢;

4.8 氢氧化钠溶液:400 g/L;

4.9 硫酸溶液:$c(\frac{1}{2}H_2SO_4)=0.5$ mol/L 或 $c(\frac{1}{2}H_2SO_4)=1$ mol/L;

4.10 氢氧化钠标准滴定溶液:$c(NaOH)=0.5$ mol/L;

4.11 甲基红-亚甲基蓝混合指示液;

4.12 广泛pH试纸;

4.13 硅脂。

5 仪器、设备

5.1 通常实验室用仪器；

5.2 消化仪器：1 000 mL 圆底蒸馏烧瓶(与蒸馏仪器配套)和梨形玻璃漏斗；

5.3 蒸馏仪器：如 GB/T 8572 配备；

5.4 防爆沸颗粒或防爆沸装置：后者由一根长约 100 mm，直径约 5 mm 玻璃棒连接在一根长约 25 mm 聚乙烯管上；

5.5 消化加热装置：置于通风橱内的 1 500 W 电炉，或能在 7 min～8 min 内使 250 mL 水从常温至剧烈沸腾的其他形式热源；

5.6 蒸馏加热装置：1 000 W～1 500 W 电炉，置于升降台架上，可自由调节高度。也可使用调温电炉或能够调节供热强度的其他形式热源。

6 分析步骤

做两份试料的平行测定。

6.1 试样

按 GB/T 8571 规定制备实验室样品。试样制备时样品研磨至通过 1 mm 试验筛，若样品很难粉碎，可研磨至通过 2 mm 试验筛。

从试样中称取总氮含量不大于 235 mg，硝酸态氮含量不大于 60 mg 的试料 0.5 g～2 g(称准至 0.000 2 g)于蒸馏烧瓶中。

6.2 分解

可选用下面的硫酸-混合催化剂法和硫酸-过氧化氢法之一。

6.2.1 硫酸-混合催化剂法

6.2.1.1 还原(如果试样中含硝酸态氮时，必须采用此步骤)

于蒸馏烧瓶中加入 35 mL 水，摇动使试料溶解，加入铬粉 1.2 g，盐酸 7 mL，静置 5 min～10 min，插上梨形玻璃漏斗。置蒸馏烧瓶于通风橱内的加热装置(5.5)上，加热至沸腾并泛起泡沫后 1 min，冷却至室温。

6.2.1.2 消化

置蒸馏烧瓶于通风橱内的加热装置(5.5)上，加入 22 g 混合催化剂，小心加入 30 mL 硫酸(4.5)，加热。

如泡沫很多，减少供热强度至泡沫消失，继续加热，直到烧瓶底部清晰，再消化 75 min，冷却烧瓶至室温，小心地加入 400 mL 水，冷却。

6.2.2 硫酸-过氧化氢氧化法

向盛有试样的烧瓶中加入 20 mL 硫酸和 5 mL 过氧化氢，放置过夜(约 15 h)。

向烧瓶再加入 5 mL 过氧化氢，瓶口插上梨形玻璃漏斗。在通风橱内的加热装置上加热 30 min(若泡沫过多，暂停加热至泡沫消失为止，再继续加热)。若溶液呈现深色，稍冷后再加入 5 mL 同样的过氧化氢，继续加热 10 min，重复此步骤至溶液无色或浅色为止。冷却烧瓶至室温，小心加入 400 mL 水，冷却。

6.3 蒸馏

按 GB/T 8572 进行。

6.4 滴定

按 GB/T 8572 进行。

6.5 空白试验

除不加试料外，须与试样测定采用完全相同的试剂、用量和分析步骤，进行平行操作。

7 分析结果的表述

总氮(N)含量，以氮(N)的质量分数 w 计，数值以%表示，按式(1)计算：

$$w=\frac{c(V_2-V_1)\times 14.01}{m\times 1\ 000}\times 100 \qquad \cdots\cdots(1)$$

式中：

c——测定及空白试验时，使用氢氧化钠标准滴定溶液的浓度的准确数值，单位为摩尔每升(mol/L)；

V_2——空白试验时，使用氢氧化钠标准滴定溶液的体积的数值，单位为毫升(mL)；

V_1——测定时，使用氢氧化钠标准滴定溶液的体积的数值，单位为毫升(mL)；

14.01——氮的摩尔质量的数值，单位为克每摩尔(g/mol)；

m——试料质量的数值，单位为克(g)。

计算结果表示到小数点后两位，取平行测定结果的算术平均值作为测定结果。

8 允许差

平行测定结果的绝对差值不大于0.30%；

不同实验室测定结果的绝对差值不大于0.50%。

ICS 91.140.30
Y 61

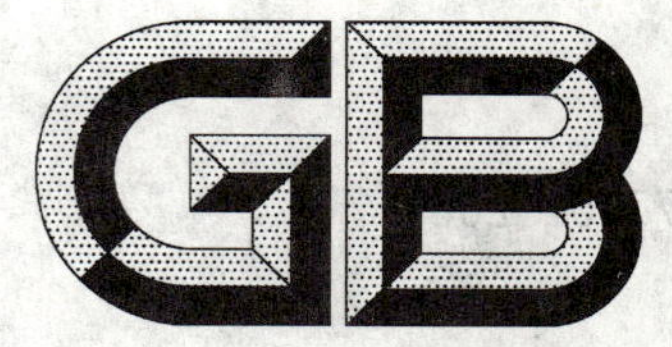

中华人民共和国国家标准

GB 17790—2008
代替 GB 17790—1999

家用和类似用途空调器安装规范

Installation specifications for household and similar air-conditioning

2008-12-15 发布　　　　2010-01-01 实施

中华人民共和国国家质量监督检验检疫总局
中国国家标准化管理委员会　发布

前　言

本标准的6.1、6.4、7.5、第9章以及附录A.3.1、A.6为推荐性，其余为强制性。

本标准代替GB 17790—1999《房间空气调节器安装规范》。

本标准与GB 17790—1999的主要差异如下：

——标准名称改为《家用和类似用途空调器安装规范》；

——第1章中，将本标准适用的空调器定义为“采用直接对室内空气进行冷却或加热的家用和类似用途空调器”；

——第3章中，增加了家用中央空调器及相关附件的定义；

——第4章中，修改(增加)了安装面、安全带等安装附件的要求；

——第5章中，增加了配管走管弯曲半径角度的规定、安全用电检查等；

——第6章中，增加了预约服务、无尘安装、加长管的安装操作、安装后的回访等要求，并且增加了制冷剂排空操作方法；

——将原标准的6.3单独列入到了第7章中，并修改了安装检查要求；

——增加了适用于家用中央空调器安装的规范性附录A。

本标准的附录A为规范性附录。

本标准由中国轻工业联合会提出。

本标准由全国家用电器标准化技术委员会(SAC/TC 46)归口。

本标准主要起草单位：海尔集团公司。

本标准参加起草单位：珠海格力电器股份有限公司、美的集团有限公司、中国家用电器研究院、江苏春兰制冷设备股份有限公司、宁波民丰电器有限公司、宁波奥克斯空调有限公司、广州松下空调器有限公司、长虹集团电器股份有限公司、常州市新科商用空调有限公司。

本标准主要起草人：马德军、王袭、王瑞生、李一、高保华、郑守磊、毛国定、段子龙、卢国华、张世昌、栾爱东、秦振宇、费跃、白韦、魏树棠、郭彬。

本标准所代替标准的历次版本发布情况为：

——GB 17790—1999。

家用和类似用途空调器安装规范

1 范围

本标准规定了家用和类似用途空调器产品出厂后，为用户安装时所涉及的人身和财产安全、周围环境、实现产品预定功能以及安装要求、安装操作、检查和试运行、检验方法、安装人员资格确认等。

本标准适用于采用直接对室内空气进行冷却或加热的家用和类似用途空调器安装。

注1：家用和类似用途空调器用后的再次安装(如移地安装、维护性拆装等)可参照本标准执行。

注2：附录A适用于家用中央空调器的安装规范。

2 规范性引用文件

下列文件中的条款通过本标准的引用而成为本标准的条款。凡是注日期的引用文件，其随后所有的修改单(不包括勘误的内容)或修订版均不适用于本标准，然而，鼓励根据本标准达成协议的各方研究是否可使用这些文件的最新版本。凡是不注日期的引用文件，其最新版本适用于本标准。

GB/T 700　碳素结构钢(GB/T 700—2006，ISO 630：1995，NEQ)

GB 1002　家用和类似用途单相插头插座　型式、基本参数和尺寸

GB 2099.1　家用和类似用途单相插头插座　第1部分：通用要求(GB 2099.1—2008，IEC 60884-1：2006，MOD)

GB 4706.32　家用和类似用途电器的安全　热泵、空调器和除湿机的特殊要求(GB 4706.32—2004，IEC 60335-2-40：1995，IDT)

GB 5296.2　消费者使用说明　第2部分：家用和类似用途电器

GB 6095　安全带

GB/T 7725　房间空气调节器(GB/T 7725—2004，ISO 5151：1994，NEQ)

GB 14093.1　机械产品环境技术要求　湿热环境用

GB 50019　采暖通风与空气调节设计规范

GB 50169　电气装置安装工程接地装置施工及验收规范

GB 50243　通风与空调工程施工质量验收规范

3 术语和定义

下列术语和定义适用于本标准。

3.1

家用中央空调器　household central air-conditioning

主要用于家用和类似用途场所，且带有集中冷热源的空调器。

3.2

空调器安装　air-conditioning installation

专业安装人员应根据用户的实际环境情况以及合理的安装要求，将空调器固定在合理的位置并进行正确的组合、连接、调试，以达到空调器应有的使用功能和完整性。

3.3

安装面　installation surface

支撑和固定空调器的受力面，多指建筑物的墙面、地面和顶面。

3.4

安装架 installation rack

一种能使空调器可靠地固定在安装面上的构件。

3.5

分歧管 manifold pipe

一个用于将制冷剂按规定的流量进行分配的装置。

3.6

专业安装人员 qualified installation person

熟练掌握安装工艺操作流程，具有一定的制冷专业基础知识、电气安全基础知识、技术经验和空调器安装从业资格证书，并被授权以安全的方式完成空调器安装任务的人员。

3.7

用户 user

使用空调器产品和接受空调器安装服务的个人、家庭或社会团体。

3.8

安装寿命 service life of installation

经检验合格的空调器通过正确的安装和用户正常使用，所应达到的期限，一般以"年"为单位。

4 房间空调器安装附件要求

4.1 空调器

待装空调器应具有适用于其预定用途和型式的安装结构和功能性接线简图，并至少附有生产厂产品合格证、保修卡和安全认证标志。

4.2 安装附件

用于空调器安装的附件，应符合相应标准的规定或符合安装说明书的要求，附件清单应齐全、完好无损。

4.2.1 配管

4.2.1.1 连接管

连接空调器室内机与室外机的连接管应具有一定的强度和韧性，并应符合安装说明书的要求。

4.2.1.2 连接件

连接管的连接应选用锻铜螺母的圆锥形管接头连接或其他等效的连接方法，连接管选用的锻铜螺母不应出现裂纹、沟痕等质量问题。

连接管和连接件一般作为空调器附件由生产厂提供，若销售商作为配件提供者时，必须符合生产厂要求。

4.2.1.3 配管护套

连接管的汽、液管路应分别进行良好隔热，按产品说明书要求选用独立发泡的隔热材料及适宜厚度和发泡密度且耐老化的护套，并应对配管护套和电气配线进行正确、合理包覆。

4.2.2 电气配线

空调器的电源线、室内机和室外机的连机信号线和电气控制线连接应符合 GB 4706.32 的有关要求，其互连电缆线和控制电缆线的接线端子应有清晰明了的颜色和字符对应标识（可用颜色、字符或结构等进行标识），电源线、信号线与控制线相互间不应交叉、缠绕。

4.2.3 电子控制器

空调器的电子控制器应符合相应的国家标准、行业标准和产品说明书的要求，保证实现空调器的良好使用功能。

4.3 安装件

空调器安装所用的零部件和(或)构件，其选用、制作应能保证空调器安全正常的运行并符合其相应的国家标准要求。

用于湿热或特殊地区的安装件，必要时应根据所受环境因素影响的情况，按 GB 14093.1 选择试验项目并通过有关试验的考核。

4.3.1 安装架

4.3.1.1 安装架的设计和加工制作应充分考虑材料及结构的承重强度、抗锈蚀及安装维修的方便。

4.3.1.2 钢制构件应牢固焊接或连接并须经防锈处理。钢制安装架的材质应选用不低于 GB/T 700 中 Q235A 性能要求的结构型钢材，并符合 GB 4706.32 的相关要求，如果使用其他材质应具有足够强度和抗锈蚀能力。以确保空调器安装稳定、牢固、可靠。

4.3.1.3 在对空调器设计具有固定室外机的安装平台进行安装时，应对室外机底脚进行固定，并预留出室外机通风散热和维修的位置。

4.3.1.4 采用外购支架时，必须确保有生产厂家的说明书和检测报告，确认无误后方可投入使用。

4.3.2 紧固件

空调器安装时，用于承载、耐受剪切力的固定或连接螺栓应符合相应国家标准和安装说明书的要求；用于在混凝土等安装面上安装固定的膨胀螺栓(一种特殊的螺纹联接件，由沉头螺栓、胀管、垫圈、螺母等组成)，应根据安装面材质坚硬程度确定安装孔直径和深度，并选择适用的膨胀螺栓规格。空调器安装面的固定点不应少于安装说明书的规定并应有防止松动的措施，以确保安装稳定、牢固、可靠。

4.3.3 安装面

a) 空调器的安装面应坚固结实，具有足够的承重强度，其承重强度不应低于实际所承载的重量(机组重量的 4 倍以上，且至少不低于 200 kg)，并应充分考虑空调器安装后的通风空间、噪声及市容、物业管理等要求，且其结构、材质应符合建筑规范的有关要求。

b) 墙体为砖混材料时，可采用水泥钢钉(或用塑料膨胀螺栓固定)来安装挂壁式室内机挂墙板，室外机支架采用膨胀螺栓固定。

c) 墙体为钢筋混凝土时，可采用塑料膨胀螺钉固定来安装挂壁式室内机挂墙板，室外机支架采用膨胀螺栓固定。

d) 墙体为空心砖材料时，应采用加长螺丝杆穿透墙体加固垫片，对室内机和室外机支架进行固定，空调器室外机和落地式室内机固定在地面或顶面时，应对室外机底脚和落地式室内机的防倒零件进行固定。

e) 当安装面强度不足时应采取相应的加固、支撑和减震措施，以防影响空调器的正常运行或导致危险。

4.4 说明书

空调器的产品说明书除应符合 GB 4706.32、GB 5296.2 和 GB/T 7725 的有关规定外，还应包括空调器安装和试运行等有关内容。安装说明也可单独编辑成册。

4.5 安全带

4.5.1 使用的安全带应符合 GB 6095 的要求，并有完整、清晰的标志。

4.5.2 在使用安全带前应仔细检查有无破损，各部件有无松动、脱落等不良现象，如有则不能使用。

4.5.3 安全绳应高挂低用，防止摆动，不能打结，防止碰撞，3 m 以上的安全绳应加缓冲器。在空调器的安装过程中，不准将安全绳打结使用，应挂在连接环上使用。

4.6 安全绳

安全绳应高挂低用，防止摆动，不能打结，防止碰撞，3 m 以上的安全绳应加缓冲器。在空调器的安装过程中，不准将安全绳打结使用，应挂在连接环上使用。

5 房间空调器安装要求

5.1 一般要求

空调器的安装必须由受过专门培训的专业安装人员来完成，其安装附件的制作和空调器安装应符合本标准要求和安全技术规定的一般原则，并应符合国家和地方政府颁布的有关电气、建筑、环境保护等法律法规、标准以及产品安装说明书的要求。

5.2 使用空间

空调器的制冷(热)量应与房间面积的大小、高度、保温隔热效果(如：玻璃门窗大小，单层，双层隔热)地区区域以及使用环境要求相适宜。

5.3 噪声和振动

在空调器的使用过程中，应检查内、外机各部件的运转情况、观察有无产生异常噪音的地方。空调器的噪声应符合 GB/T 7725 的要求。安装后的空调器不得因安装附件的制作和空调器安装不良使其产生异常噪声和振动。

5.4 室内机排水

空调器室内机的接水盘、排水管无异物堵塞和排水不畅现象。

5.5 排水管保护

在安装空调器时，冷凝水排水管应有适当的保护措施，避免摆动。冷凝水排水管应该具有相应的避免老化措施，达到适当延长排水管使用寿命的目的。

5.6 冷凝水排除

空调器冷凝水的排放不得妨碍他人的正常生活、工作。在道路和公共通道两侧建筑物安装的空调器，不宜将其冷凝水排放到建筑物墙面上和室外路面上。

5.7 制冷剂

空调器安装过程中如需要对空调加注制冷剂应按照产品说明书的要求进行。

5.8 安装位置

5.8.1 房间空调器应根据用户的环境状况并综合考虑下述因素定位安装：

a) 避开易燃气体发生泄漏的地方或有强烈腐蚀气体的环境；

b) 避开人工强电、磁场直接作用的地方；

c) 避开易产生噪声、振动的地点；

d) 避开自然条件恶劣(如油烟重、风沙大、阳光直射或有高温热源)的地方；

e) 避开儿童易触及的地方；

f) 缩短室内机和室外机连接的长度；

g) 选择便于维护、检修方便和通风的地方进行安装。

5.8.2 空调器室内机组的安装应充分考虑室内空间位置和布局，使气流组织合理、通畅。空调器室外机组的安装应考虑环保、市容的有关要求，特别是在名优建筑物和古建筑物、城市主要街道两侧建筑物上安装空调器，应遵守城市市容的有关规定。

5.8.3 建筑物内部的过道、楼梯、出口等公用地方不应安装空调器的室外机。

5.8.4 空调器的室外机组安装

5.8.4.1 空调器的室外机组不应占用公用人行道，沿道路两侧建筑物安装的空调器其安装架底部(安装架不影响公共通道时可按水平安装面)距地面的距离应大于 2.5 m。

5.8.4.2 空调器的室外机组应尽可能地远离相邻方的门窗和绿色植物，与对方门窗距离不得小于下述值：

a) 空调器额定制冷量不大于 4.5 kW 的为 3 m；

b) 空调器额定制冷量大于 4.5 kW 的为 4 m。

注：确因条件所限达不到要求时，应与相关方进行协商解决或采取相应的保护措施。

5.8.5 通过建筑物内自由空间的空调器连接管线，其安装高度距地面不宜低于 2.5 m，除非该管线是贴着天花板安装或采取防护措施的其他合理位置或经过有关部门的认可。

5.8.6 空调器的管线通过砖、混凝土结构时应有套管或其他安全防护措施，并应采取适当的绝缘和支撑措施，以防止受到振动、应力或腐蚀带来的损害。

5.8.7 采用柔性软管时，应对其进行良好的防护以防受到机械损坏。

5.8.8 空调器的配管和配线应连接正确、牢固，走向与弯曲度合理。配管的弯管处应留有一定弧度的弯曲半径，避免管路弯瘪。分体式机组的安装高度差、连接管长度、制冷剂补充等应符合产品说明书的要求。

5.8.9 当空调器室外机安装高于说明书的要求时，应对连接管路设置回油弯，防止压缩机内的润滑油减少，降低压缩机的使用寿命。

5.9 电气安全

5.9.1 使用电源

空调器所用电源一般应为频率 50 Hz、电压在额定电压值的 90%～110%范围以内的单相 220 V 或(和)三相 380 V 交流电源。

用户应具备与待装空调器铭牌标示一致的合格电源，如电源容量足够、接地可靠和便于安装等。

5.9.2 电磁干扰

空调器的室外机安装位置应远离强烈电磁干扰源，室内机的安装应尽可能地避开电视机、音响等电气器具以防电磁干扰。

5.9.3 空调器的电气连接一般应用专用分支电路，其容量应大于空调器最大电流值的 1.5 倍，其接户电线和进户电线的线径(或横截面积)应按用户使用电量的最大值选取。

5.9.4 电源线路应安装漏电保护器或空气开关等保护装置，空调器与房间内电气布线应可靠地接地，不得随意更改电源线及其末端。动力电源线不应随意调整电源相序。

5.9.5 不宜随意驳接电源线、连机线、信号线，电源连接和外部软线应符合 GB 4706.32 要求。

5.9.6 用户电源安有插座时，应为带地线且固定的专用插座并应靠近空调器随机电源插头所及之处。其插座结构应与待装空调器电源插头相匹配并符合 GB 2099.1 和 GB 1002 要求。

5.9.7 集中安装多台空调器时，要注意三相电源的负载平衡，避免多台机组装到三相电源的同一相中。

5.9.8 空调器的接地

5.9.8.1 空调器的安装应有良好的接地，接地线与接地端子或接地终端应紧固连接和妥善锁紧，不用工具就不能松开，并符合 GB 4706.32 的要求。建筑物无接地线时，安装人员有权拒绝安装，或与用户协商采取正确、有效的接地措施或可靠的安全措施后方可安装，其接地应符合 GB 50169 的要求。

5.9.8.2 黄绿双色线只能用于接地线，并与接地体连接牢固、可靠，不可移作它用。

5.9.8.3 接地端子或接地触点与可触及空调器金属外壳应是低电阻的(＜0.1 Ω)，接地装置的接地电阻一般应小于 4 Ω，必要时可按 8.3.2 进行检查。

5.9.8.4 不可采用可重接的插头连接电源。对于最大工作电流大于 16 A 的空调器，应用漏电保护器或空气开关进行与电源的连接，且空调器的电源线及保护器或开关容量均应符合空调器供电容量的要求，以消除不安全用电隐患。

5.9.9 安全用电检查

5.9.9.1 检查空调器室内机、室外机电器元件和其他元器件(包括接线排、电源线、插座、连机线等)有无老化，插头松动的现象，用兆欧表检测绝缘电阻是否在 10 MΩ 以上。

5.9.9.2 对空调器的电源供电线路应提供专用电源线路或开关、插座，电源线路材料、容量、绝缘强度、耐压等级应符合空调器设计要求。

5.9.9.3 检查电源线零线与相线之间有无短路。

5.9.9.4 检查电源线的电源线径,供电容量,线路布线合理安全性,电源线材料老化情况。

5.9.9.5 检查电源开关,并用测电仪检测电源插座,确保电源火线、零线、接地线正确连接以及容量选择符合安全使用要求,空调器的使用条件(环境)必须满足可靠接地。

5.10 机械强度

5.10.1 承重

空调器安装架的承载能力应不低于空调器机组自重的4倍,室外机组安装架承载能力至少不低于200 kg,空调器室外机组不应直接在材质较松的安装面上(如旧式房屋砖墙、空心砖墙等)进行挂壁式安装;因安装条件所限须采用挂壁式安装时,应充分考虑安装面的材质强度和承载耐受力即同一安装面安装空调器的数量等因素,必要时采取必要的加固或防护措施,以确保空调器的安全运行和人身安全。

5.10.2 防松

空调器安装时,其安装面与安装架、安装架与机组之间的连接应牢固、稳定、可靠,确保安装后的空调器不倾斜、滑脱、翻倒或跌落。固定室外机支架的膨胀螺栓紧固后的外漏螺栓长度不应过长,固定在墙体内的膨胀螺栓不应向下倾斜。

5.10.3 防锈

钢制安装架和钢制紧固件应进行防锈处理,经过防锈处理后的安装件应符合GB/T 7725的要求。

5.11 安装寿命

空调器的安装寿命应不低于产品的使用年限。空调器安装后,不应由于安装不良影响空调器的正常运行及使用性能。空调器安装使用后,用户应根据使用情况经常进行检查和进行必要的维护并定期向有关部门报验,以确保空调器正常、安全、可靠地运行。

6 房间空调器安装操作

6.1 安装准备

6.1.1 服务人员接到用户的空调安装信息后,在约定的上门时间内到达安装地点。

6.1.2 安装人员应备齐空调器安装工具、安装材料以及必要的计量合格的检验仪器仪表。

6.1.3 检查空调器是否完好、随机文件和附件是否齐全。

6.1.4 仔细阅读产品安装、使用说明书,了解待装空调器的功能、使用方法、安装要求及安装方法。

6.1.5 检查用户的电源质量是否符合要求。

6.1.6 协助用户选定空调器的安装位置,询问用户(必要时)安装空调器是否已取得物业管理、房产管理或市政管理部门的同意。

6.1.7 检查安装位置、安装面和安装架是否符合待装空调器的安装和使用要求、安全要求及环境保护要求等。

6.1.8 对于未经装修的毛坯房可根据施工情况处理,对已装修好的房屋应采用防水塑料布将打墙孔的周围和下部用胶带向墙面粘贴牢固打孔。

6.1.9 服务人员在用电钻打墙孔或用水泥钢钉挂墙板前向用户了解和检查打孔位置预埋电源线防止触电危险。

6.2 安装操作

6.2.1 空调器的安装应使用随机附件,安装人员不应随意更换、省略和改制;如需安装人员现场配制,则应按照本标准和安装说明书的要求制作,必要时需经专业技术人员审核批准,检验合格后方可使用。

6.2.2 根据空调器的具体型式选择合理的安装方法,并将安装架与安装面牢固连接,施工时应注意不得破坏建筑物的安全保证结构,必要时采取相应措施保证自身和他人不受危害。

6.2.3 按照空调器的安装说明书将空调器机械固定,安装后的空调器应安全、稳固、可靠并通风良好。

6.2.4 对于使用安全带进行空调器安装的情况,需要执行以下操作:

6.2.4.1 将安全带的金属自锁钩一端固定在用户家的固定端,注意固定端要坚固可靠,不能固定在固定强度不够的固定物上，确保金属卡头牢固可靠，并确保金属自锁钩处于自锁状态。

6.2.4.2　将安全带的腰带和护带按安全带说明书上的操作方法固定在安装人员身上，注意要保证将卡扣卡紧，防止松脱。

6.2.5　对于分体式空调器应严格按照本标准和安装说明书的要求正确进行管、线连接和固定，不得擅自更改电源线及其接线端子，安装后必须将电气部件盖板固定良好。管、线通过建筑物墙壁时应由穿墙管保护并施以防漏雨、防水和防漏电措施。管路连接时不应带入水分、空气和尘土等杂物，并将连接管中空气排出后紧固，确保管路干燥、清洁、密封良好。

注：分体式空调器不允许在雨天和风雪天进行安装，除非已采取充分的措施来确保安装工作不受其影响。

6.2.6　正确地进行管线包扎，并妥善固定在合适的位置。

6.2.7　安装人员打墙钻孔操作时，需要采用防灰尘的工具把粉尘进行集中、密封处理，达到施工现场洁净和用户满意的效果。

6.2.8　在安装具有换气装置的空调器时，墙孔的孔心间距可以按照厂家实际的规格来进行。在新鲜空气和混浊空气两个管路的两个接口一端分别接换气装置，新鲜空气管路和混浊空气管路的另一端接口分别通过管路引入室内机的后骨架两端。此外，应将空调器室外机上的换气装置盒安装在用户安全方便保养的位置。

6.3　加长管安装操作

空调器安装过程中，当连接室内机和室外机原配连接管的长度无法满足安装的要求时，所采用加长管的操作方式，操作步骤如下：

a)　将原配连接管的一端距喇叭口端面 10 mm 处进行切管并扩杯形口；

b)　清除连接管焊点表面及接合处的油污、氧化物、毛刺等杂物，保证焊件接合面的清洁与干燥；

c)　将对接的连接管套接到位，铜管单边配合间隙为 0.05 mm～0.15 mm，如图 1 所示。图 2a)～图 2e)列出了一些不符合要求的套接方式。表 1 为连接管钎焊套接的深度规格；

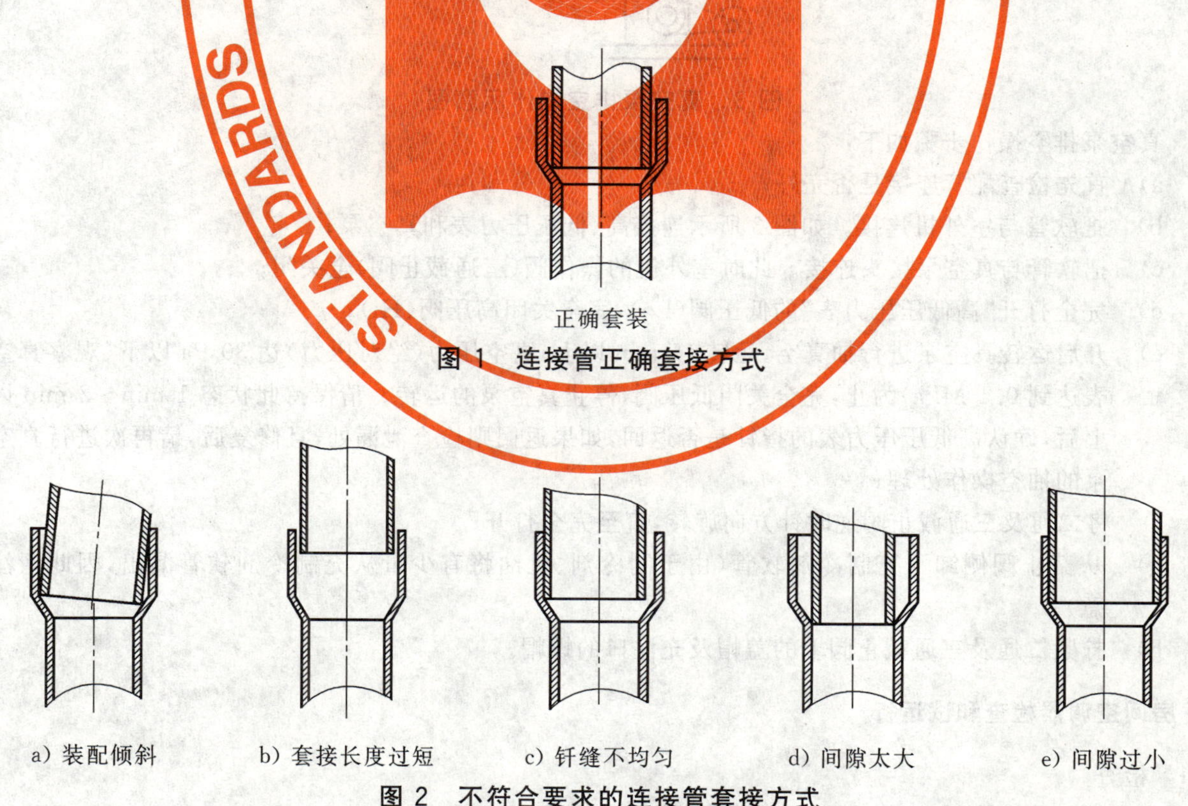

图 1　连接管正确套接方式

图 2　不符合要求的连接管套接方式

表 1 连接管钎焊套接的深度规格

铜管规格/mm	ϕ6～8	ϕ9.52～12.7	ϕ16～22
铜管套接的深度/mm	7～10	10～15	15～20

d) 调节焊接的火焰温度至 780 ℃～860 ℃中性焰,火焰沿铜管长度方向移动,保证杯形口和附近 10 mm 范围内均匀受热,当铜管和杯形口被加热到焊接温度呈暗红色时,从火焰的另一侧加入焊料;

e) 当焊口焊料充分熔化且饱满后,将火焰稍稍离开 40 mm～60 mm 范围工作,当铜管和杯形口被加热到焊接温度呈暗红色时,再从火焰的另一侧补加入焊料;

f) 加长管所需的连接管、配管护套、电气连接线应符合房间空调器安装附件要求及接线方法。

6.4 排空操作

空调器安装完毕后,应对室内机及安装管路制冷系统内进行排空操作(窗机除外),为保护环境、减少浪费、保证空调器的性能,排空应优先采用真空泵抽空的方法。图 3 为真空泵排空操作示意图。

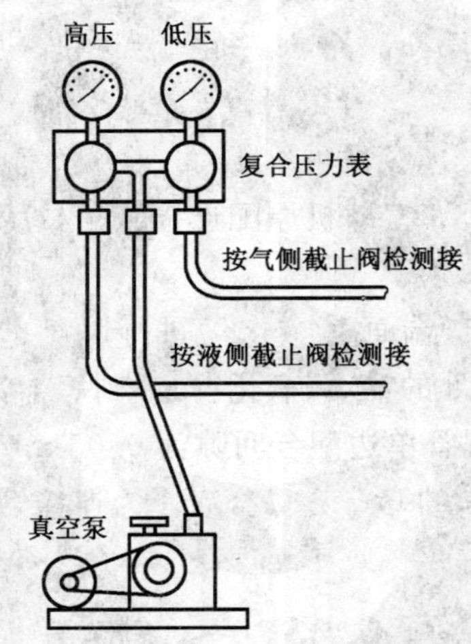

图 3 真空泵排空操作示意图

真空泵排空操作步骤如下:

a) 首先检查配管连接是否完好;

b) 把软管与室外机连接。如图 3 所示连接高、低压压力表和真空泵;

c) 把软管与真空泵接头连接。此时室外机的操作阀(三通截止阀)全关闭;

d) 完全打开"高低压压力表"的低压阀(Lo),完全关闭高压阀(Hi);

e) 开启运转真空泵进行抽真空,运转 15 min 以上,真空压力(绝对压力)达 30 Pa 以下(观察真空表达到 0.1 MPa)为止,完全关闭低压阀,停止真空泵的运转。请保持此状态 1 min～2 min 以上后,确认高低压压力表的指针是否返回,如果返回则检查泄漏处,且修复后,请再次进行真空泵的抽空操作处理;

f) 将二通及三通截止阀逆时针方向旋转,直至完全打开;

g) 从截止阀侧卸下充制冷剂软管(由于制冷剂、机油将有少量从充制冷剂软管漏出,因此请注意);

h) 拧紧二通及三通截止阀上的盖帽及充注口的螺帽。

7 房间空调器检查和试运行

7.1 检查

空调器安装完毕后,应按表 2 要求检查安装工作,特别要注意:

a) 管线连接、走向应合理;

b） 电气配置应安全、正确；

c） 机械连接应牢固、可靠；

d） 使用功能应良好实现。

表2 安装检查要求

序号	检验项目	检验内容及检验要求	检验方法
1	空调器	4.1	视检
2	安装附件	4.2	视检
3	安装件	4.3	视检
4	噪声和振动	5.3	简易噪声、振动仪或其他替代方法
5	室内机排水试验	5.4	8.5 视检
6	冷凝水排除	5.6	视检
7	制冷剂泄漏	5.7	8.4
8	安装位置	5.8	视检
9	电气安全	5.9	视检
10	绝缘电阻		8.3.1
11	接地		8.3.2
12	漏电检查		8.3.3
13	承重	5.10.1	8.1(必要时)
14	防松	5.10.2	8.1(必要时)
15	防锈检查	5.10.3	8.2(必要时)
16	运行	7.2	8.6

7.2 试运行

空调器应按照使用说明书要求和8.6的试验方法进行运行试验，其运行时间不应少于30 min。

7.3 空调器运行稳定后，应按产品说明书要求检查空调器是否良好实现使用功能，必要时可检测空调器送、回风温度，进出风口温差和运行电流及制冷系统压力，以确保空调器运行正常。

7.4 在对空调器进行移机或维修时，应打开室内机进风栅检查过滤网、空气滤清器是否被灰尘脏堵，过滤网应2周定期进行清洗，空气滤清器使用6个月材料变质呈褐色应更换。

7.5 空调器安装结束时，安装人员应：

a） 认真填写安装凭证单，经用户确认并由用户和安装人员签字备案；

b） 向用户介绍和讲解空调器的使用、维护、保养的必要知识，并向用户说明用户所具有的权利和责任；

c） 向用户了解安装后的使用效果是否正常、材料收费是否合理；

d） 安装完成后，应由上一级部门回访人向用户进行电话回访、监督、考核服务人员服务过程。

8 房间空调器安装验收

8.1 检查

承载安装件在定型、批量生产前应进行承重试验。

8.2 防锈试验

参考GB/T 7725要求进行表面涂层湿热试验和涂漆件漆膜覆着力的试验。取样大小可根据标准要求或实际情况按比例选取试样。

8.3 电气安全检验

8.3.1 绝缘电阻

空调器室内、室外组固定并进行管、线连接后，对绝缘电阻施加500 V直流电压1 min后进行测量，如有电热元件，应将其断开。

8.3.2 接地检查

安装人员通过视检和使用有效或专用接地测量装置(接地电阻仪等)，对安装固定好的空调器和用户电源的接地进行检查，并对其接地可靠性进行判定。

8.3.3 漏电检查

空调器安装后进行试运行，安装人员可用试电笔或用万用表等仪器对其外壳可能漏电部位进行检查，若有漏电现象应立即停机并进一步进行检查和判断故障原因，确属安装问题应解决后再次进行试运行，直至空调器安全、正常运行。

8.4 制冷剂泄漏检测

8.4.1 进行检漏操作时，每处检漏时间需要停留3 min以上，单冷空调器在关机状态下执行操作，冷暖空调器在制热状态下执行操作。

8.4.2 检漏的位置

检漏的位置包括：室外机三通阀连接管铜帽处、室外机二通阀连接管铜帽处、三通阀工艺口处、室外机二通与三通两个截止阀阀芯、室内机蒸发器两个管路接口处。

8.4.3 检漏方法

可用下述具体方法进行现场检查：

a) 泡沫法：将肥皂水或泡沫均匀地涂在或喷在可能发生泄漏的地方，仔细观察有无气泡出现；

b) 仪器检漏法：按检漏仪(如卤素检漏仪)说明书要求，将仪器探头对准泄漏可疑部位仔细进行检查。

注：单冷型空调器在关机状态下检漏，冷暖型空调器应尽量在制热状态下检漏，系统压力应在2.0 MPa以上进行。

8.5 室内机排(漏)水检查

试机前对室内机做排水试验检查，打开室内机进风栅，取下过滤网，可用容器将剩有的水沿室内机热交换器的上端轻轻倒入水，分别观察接水盘和室外侧的排水管口，应排水流畅，排水管无堵塞存水现象。

8.6 运行检查

空调器运行稳定后，在距室内侧出风口50 mm～150 mm处用温度检测仪的感温头测量空调器的出风和回风温度，用钳形电流表等测量空调器电源线进线部分的电流值。

必要时，在制冷系统高、低压侧安装压力表，观察压力变化并记录压力数值。

9 房间空调器安装人员资质要求

从事空调器安装工作的人员，必须经过专门培训，并获得相关资质方可上岗。

附 录 A
（规范性附录）
家用中央空调器安装规范

A.1 家用中央空调器安装附件要求

A.1.1 家用中央空调器

家用中央空调器（以下简称中央空调器）应符合相关国家标准并经检验合格，应具有适用于其额定用途和型式的安装结构，并至少附有安装使用说明书、产品合格证、保修卡和安全认证标志或生产许可证。

A.1.2 安装附件

用于中央空调器的安装附件，应符合相应标准的规定以及符合安装说明书的要求。

A.1.2.1 制冷剂配管

连接中央空调器室内机与室外机的制冷剂配管应具有一定的强度和韧性，与器具使用的制冷剂类型相适应。其材质应符合国家标准要求。配管管径和厚度应符合安装说明书的要求。

A.1.2.2 分歧管

分歧管应选择空调器生产厂家规定的型号，各分歧管型号的确定方法按照安装说明书的要求进行。

A.1.2.3 保温材料

连接管的气、液管路以及排水管应进行良好保温和防凝露措施，气、液管路以及排水管不应有凝露，阻燃级别 B1 或以上级别。

A.1.2.4 排水管

室内机排水管应使用符合国家标准的 PVC、PPR、镀锌管等。排水管要保温，表面不得产生凝露。

A.1.2.5 安装基础、支架（吊杆）

室外机混凝土基础达到养护强度，表面平整，位置、尺寸、标高、预留孔洞及预埋件等均符合设计要求。安装支架（吊杆）的设计和加工制作应充分考虑材料及设备的承重强度、抗锈蚀及安装维修的方便。

A.1.2.6 漏电保护器

中央空调器安装时必须配置符合安装说明书规定的漏电保护器，漏电保护器应符合国家标准要求并经检验合格。

A.1.2.7 电源线

空调器的电源线、电缆及电气附件应符合国家标准的要求，并经检验合格。电源线的种类、规格的选择按照设备安装说明书的要求进行。

A.1.2.8 控制线（信号线）

空调器的控制线的种类、规格的选择按照设备安装说明书的要求进行。对于通讯电压低于安全电压的控制线，要与电源线隔离，避免信号干扰。

A.2 中央空调器安装要求

A.2.1 一般要求

中央空调器安装附件的制作和空调器安装应符合本标准要求和安全技术规定，并应符合国家和地方政府颁布的有关电气、建筑、环境保护等法律法规、标准以及产品安装说明书的要求。

A.2.2 按图施工

施工图纸的检查：中央空调器施工前要根据施工图纸，按照以下要点对施工现场进行确认：

a） 内外机安装位置、空间是否满足要求；

b) 电源电压是否与选择的机器相符；

c) 内外机高落差、配管长度是否满足设备的使用范围；

d) 设计的负荷是否满足要求。

在检查过程中，如发现设计文件有差错，应及时提出修改或更正建议，并经设计认可及时变更。

A.2.3 制定施工方案

施工方案的内容要简明扼要，主要围绕工程的特点，对施工中的主要工序、施工方法、时间配合和空间布置等进行合理安排，以保证施工作业正常进行。

A.2.4 安装位置

A.2.4.1 中央空调器室内机安装位置

中央空调器室内机的安装应充分考虑室内空间位置和布局，使气流组织合理、通畅，同时综合考虑下述因素定位安装：

a) 室内机安装位置应正确，并保持水平。安装时，室内机吊杆螺母必须有防松措施，保证安装安全牢固，吊杆应具有足够的承重量。在室内机电控盒及铜管接头下方，必须留有检修口，室内机安装位置必须便于安装与维修；

b) 当天花板强度不够时，则在安装室内机之前应采取措施进行加固，确保安装的可靠、安全性；

c) 室内机如安装在天花板为水泥现浇板时，则可采用埋头螺栓或膨胀螺栓等安装悬吊螺栓来吊装室内机；

d) 对于暗装形式的室内机，应留有维修口，维修口的尺寸应符合设备安装说明书要求。

A.2.4.2 中央空调器室外机的安装位置

参照正文5.8.1执行。

A.2.5 噪声和振动

安装后的空调器不得因安装附件的制作和空调器安装不良使其产生异常噪声和振动。

A.2.6 冷凝水管的安装

室内机冷凝水管排水要畅通，倾斜度不小于1%，排水管要保温，表面不得产生冷凝水。室外机化霜水以及室内机冷凝水的排放不得妨碍他人的正常生活、工作。在道路和公共通道两侧建筑物安装的空调器，不宜将其冷凝水排放到建筑物墙面上和室外路面上。

排水管固定在建筑结构上的管道支、吊架，不得影响结构的安全。排水管道穿越墙体或楼板处应设套管，管道接口不得置于套管内。

冷凝水管安装结束后，应进行通水及存水试验。

A.2.7 制冷剂配管施工

空调器内外机制冷剂配管的规格应满足安装说明书的要求，配管长度尽量短，施工中确保配管的清洁、干燥和密封，分歧管保证水平、竖直，配管不得变形。

A.2.8 电气安全

A.2.8.1 一般规定

a) 空调器电源配线要求由专业电气技术人员进行；

b) 电气设备安装施工人员，必须是经过专业培训且具有电工操作证的人员；

c) 电气设备安装使用的专用设备必须符合国家电气标准；

d) 电气设备安装中选用的导线、电缆及电气附件，必须使用经国家强制认证的产品。

A.2.8.2 使用电源

a) 电源应根据空调器设备所用的额定电压为基准，所使用的电源应为频率50 Hz。要求单相220 V或三相380 V的交流电的允许电压波动范围为±10%，三相380 V的交流电的各相间电压波动范围为±2%。用户应具备与待装空调器铭牌标示一致的合格电源，如：电源容量足够、接地可靠和便于安装等。

b) 应设置空调器专用电源，容量匹配应符合空调器设备的功率，并单独安装相应容量漏电保护器、空气开关等保护装置。

c) 连接在同一空调器机组上的室内机电源，必须共用同一电源回路，以及同一漏电保护器、空气开关。

d) 电气工程必须有可靠接地系统。

A.2.8.3 电气配线

A.2.8.3.1 遵守电气设备配线有关规定，选用的导线、电缆要考虑其安全载流量。

A.2.8.3.2 空调器电气配线必须满足室外机、室内机及辅助设备(辅助电加热器、水泵等)额定总电流值的要求，配线允许电流＝1.25×额定总电流值。

A.2.8.3.3 导线的颜色要求

敷设线路时，根据规定要求，对线路相线、零线、保护接地(接零)线应采用不同颜色的线。一般要求：

a) 单相电源宜用棕、蓝、黄绿线；

b) 三相电源的三根相线(A、B、C)应分别使用黄、绿、红颜色的线，中性线用蓝色的线，接地线用黄绿双色线。

A.2.8.3.4 接地导线的截面积不小于相线截面积。

A.2.8.4 电缆、电线穿线管的要求

A.2.8.4.1 隐蔽工程的电源线、控制线连接，不能和制冷剂管捆绑在一起布线；而必须分开穿电线管单独布置。

A.2.8.4.2 导线穿线管可根据其敷设的环境选用：

a) 金属穿线管适用于室内、室外场所，不宜用在对金属管有腐蚀的环境；

b) 硬质塑料管一般用于室内场所、有酸碱腐蚀的环境，不宜用在有机械损伤的环境。

A.2.8.4.3 导线穿线管的安装要求：

a) 穿管导线不得有接头，必须有接头时，应加装接线盒；

b) 不同电压、不同电源的导线不得穿在同一根电线管内；

c) 管内导线的总截面积(包括绝缘层)，不得超过管子有效截面积的40%；

d) 线管固定间距见表A.1。

表A.1 线管固定间距

线管公称直径/mm	线管固定最大间距/m	
	金属穿线管	硬质塑料管
15～20	1.5	1.0
25～32	2.0	1.5
40～50	2.5	2.0

A.2.8.4.4 穿墙电缆、电线应采用钢管、硬塑料管作保护套管。

A.2.8.4.5 电缆、电线与设备连接应用软质电线管，但长度不宜超过1.5 m。

A.2.8.4.6 硬质电线管口和穿线孔应加装护圈、护套等。

A.2.8.5 电气设备安装

A.2.8.5.1 要根据室内机、室外机接线盒中配对的电线编号或颜色连接电线。

A.2.8.5.2 连接电线的剥线长度不宜太长，以能完全插入接线柱为好。截面面积6 mm^2 以上的电源线必须装上接线耳，再连接到端子排上。

A.2.8.5.3 配线连到端子排后，不能有裸露部分。

A.2.8.5.4 接线端子的引出电线均要通过线夹。

A.2.8.5.5 接地线都要装上接线耳，才能接到接地螺钉上。

A.2.8.5.6 各类空调器电气附件安装，应严格按照生产单位的安装说明书操作。

A.2.8.6 **电磁干扰**

A.2.8.6.1 空调器的室外机安装位置应远离强烈电磁干扰源，室内机的安装应尽可能地避开电视机、音响等电气器具以防电磁干扰。

A.2.8.6.2 电源电缆线和控制电缆线不能捆扎在一起铺设，电源电缆线和控制电缆线之间应有适当间距。

A.2.8.6.3 控制电缆线在电磁场强的地方，应使用屏蔽线。

A.2.8.7 电源线路应安装漏电断路器，多联机每台室外机都必须设置单独的漏电断路器，空调器与房间内电气布线应可靠地接地。

A.2.8.8 空调器的安装应有良好的接地，接地线与接地端子或接地终端必须紧固连接和妥善锁紧，不用工具就不能松开，并符合 GB 4706.32 要求。建筑物无接地线时，安装人员有权拒绝安装，或与用户协商采取正确、有效的接地措施或可靠的安全措施后方可安装，其接地应符合 GB 50169 要求。

接地端子或接地触点与可触及空调器金属外壳应是低电阻的（$<0.1\ \Omega$），接地装置的接地电阻一般应小于 4 Ω。

A.2.9 **机械强度**

A.2.9.1 **承重**

对于挂壁式中央空调器，安装架的承载能力应不低于空调器机组自重的 4 倍，空调器室外机组不应在材质较松的安装面上（如旧式房屋砖墙、空心砖墙等）进行挂壁式安装；因安装条件所限须采用挂壁安装时，应充分考虑安装面的材质强度和承载耐受力，即同一安装面安装空调器的数量等因素，必要时采取加固或防护措施，以确保空调器的安全运行和人身安全。

A.2.9.2 **防松**

参照 5.10.1 执行。

A.2.9.3 **防锈**

参照 5.10.2 执行。

A.2.10 **绝热与防腐**

参照 GB 50243 相应条款执行。

A.2.11 **安装寿命**

参照 5.11 执行。

A.2.12 **其他要求**

A.2.12.1 在家用中央空调器安装施工过程中，如发现设计文件有差错，应及时提出修改或更正建议，经设计认可及时形成书面文件归档。

A.2.12.2 家用中央空调器安装工程验收应在建设单位和有关监理人员共同参与下进行。

A.2.12.3 家用中央空调器施工企业应为建设单位提供详尽准确的设计方案，并对工程提供维护保养服务。

A.3 家用中央空调器安装操作

A.3.1 安装准备

A.3.1.1 要求工具齐全、型号标准符合安装及技术要求。仪器仪表经过检测或鉴定，量程及精度满足要求。

A.3.1.2 在安装工程开始前应具备合格的图纸，并有详细的施工组织设计。

A.3.1.3 中央空调器机组安装的准备

A.3.1.3.1 根据设备装箱清单说明书、合格证、检验记录和必要的装配图和其他技术文件，核对型号、规格以及全部零件、部件、附属材料和专用工具；进口设备还必须具有检验文件。

A.3.1.3.2 设备安装前应开箱检查，并建立验收文字记录。

A.3.1.3.3 设备开箱后要认真检查机组情况，主机和零、部件等表面有无缺损和锈蚀等情况；设备充填的保护气体有无泄露，油封是否完好；开箱检查后，设备应采取保护措施，不宜过早或任意拆除，以免设备受损；如发现设备有任何损伤请保持原状，并立即通知销售厂商处理。

A.3.1.3.4 检查供电电压与机组电压是否一致，电流应能满足机组的要求。

A.3.1.3.5 在混凝土基础达到养护强度，表面平整，位置、尺寸、标高、预留孔洞及预埋件等均符合设计要求后，方可安装。

A.3.1.3.6 设备的搬运和吊装，应符合下列规定：

a) 安装前放置设备，应用衬垫把设备垫衬稳妥；

b) 吊运前应核对设备重量，吊运捆扎应稳固，主要承力点应高于设备重心；

c) 吊装具有公共底座的机组，其受力点不得使机组底座产生扭曲和变形；

d) 吊索的转折处与设备接触部位，应采用软质材料衬垫。

A.3.2 安装操作

A.3.2.1 按照A.2的要求并参照正文6.2的步骤进行中央空调器安装。

注：6.2.5、6.2.9不适用于中央空调的安装。

A.3.2.2 中央空调安装过程中涉及到的管道工程和通风管道制作参照GB 50019和GB 50243执行。

A.3.2.3 中央空调器制冷剂管道系统安装

A.3.2.3.1 一般要求

A.3.2.3.1.1 管道、管件的内外壁应清洁、干燥；铜管管道支吊架的型式、位置、间距及管道安装标高应符合设计要求。

A.3.2.3.1.2 制冷剂管道弯管的弯曲半径应大于5倍管径，配管弯曲后的短径应大于原直径的2/3。

A.3.2.3.1.3 管道穿过的外墙孔必须密封，雨水不得渗入。管道穿越墙体或楼板处应设保护套管，管道焊缝不得置于套管内。保护套管应与墙面或楼板平行，但应比地面高出20 mm，并应向室外倾斜。管道与套管的空隙应用隔热或其他不燃材料堵塞，不得将套管作为管道的支承。

A.3.2.3.1.4 制冷剂管道的支撑：水平管道应用吊架或托架来支撑，支撑间隔见表A.2，并必须考虑铜管的热胀冷缩，无论吊架还是托架，都不应将保温后的制冷剂管道夹紧。

表A.2 制冷剂管道的吊架或托架支撑间距

管道公称直径/mm	最大间隔/m
大于6小于20	1.0
20～25	
25～40	1.5
40～50	2.0
大于50小于60	2.5

A.3.2.3.2 分歧管的安装

A.3.2.3.2.1 水平安装：左右不得倾斜。

A.3.2.3.2.2 竖直安装：可以向上或者向下，但不允许偏斜。

A.3.2.3.2.3 分歧管尽量靠近室内机。分歧管的制冷剂入口端的直管长度不小于800 mm。

A.3.2.3.2.4 吊架离分歧管的焊接距离应大于300 mm。

A.3.2.3.3 制冷剂配管的连接

铜管与分歧管之间连接采用承插焊接，其套管插入深度见表A.3。

表 A.3 套管插入深度规格

铜管外径 φ/mm	插入深度/mm
6.35～9.52	≥7
9.52～12.7	≥10
12.7～15.88	≥15
15.88～22.22	≥20
25.4～38.1	≥25
38.1～50.8	≥30

A.3.2.3.4 制冷剂管吹污

A.3.2.3.4.1 吹污前准备

a) 将压力调节阀装在氮气瓶上；

b) 在室内机和室外机连接之前对配管进行吹污，气体管和液体管分别进行。吹污方向从室外侧(粗管)向室内侧(细管)吹污；

c) 每次只对一个管口吹污，其他管口焊接封住或用盲塞堵住；

d) 打开氮气瓶，再通过调节阀逐步加压至 0.6 MPa。

A.3.2.3.4.2 吹污操作

a) 手持合适的封堵材料(比如木块包白棉布)抵住铜管口；

b) 当压力增加到手无法抵住时，突然释放管口(一次吹污)，重复以上步骤进行重复吹污(进行多次吹污)；

c) 吹污先从室内机第一个分歧管(距离外机最近)的管口开始，依次向最远的室内机管口进行；

d) 目测封堵材料(比如木块包白棉布)无污物为合格；

e) 当对其中一个管口进行吹污时，与此管路相通的所有管口必须将其封堵后方可进行吹污；

f) 吹污之前制冷剂管不允许与室内机、室外机连接；

g) 吹污结束后，需要将所有与大气相通的管口封好，以免灰尘、杂物及水气再次进入。

A.3.2.3.5 气密性试验

A.3.2.3.5.1 操作步骤见表 A.4。

表 A.4 气密性试验操作步骤

步　骤	压　力	持续时间
1	0.5 MPa	3 min 以上
2	1.5 MPa	3 min 以上
3	3.0/4.2 MPa	24 h 以上
注 1：需要用氮气对系统液管和气管同时加压。 注 2：步骤 3 中的压力 4.2 MPa 适用于 R410A，其他工质参考具体要求进行。		

A.3.2.3.5.2 注意事项

a) 因为气体压力随环境温度而变化，每 1 ℃约有 0.01 MPa 的压力变化；

b) 在压力试验前，建议先用真空泵抽到内部绝对压力 50 Pa 以下(低压表压力约－0.1 MPa)，然后加入氮气，以免管道内水分凝露；

c) 气密性试验完成后，如暂不进行调试，系统仍应保持 0.5 MPa～0.8 MPa 的压力。

A.3.2.3.5.3 压力观察

a) 加压至规定值并维持 24 h，根据温度变化对压力修正后不降压为合格，若压力下降，则应查出漏点予以修补。

b) 修正方法:加压后加压气体压力随气体温度的变化而变化,根据修正后的值与加压时值相比较即可看出压力是否下降。温度变化前后气体压力按下式进行修正:

$$P_2 = P_1 \times (T_2 / T_1)$$

式中:

P_1——初始的绝对压力,即 P_1=初始表压+当地大气压,单位为 MPa;

P_2——变化后的绝对压力,即 P_2=变化后的表压+当地大气压,单位为 MPa;

T_1——初始气体的绝对温度,即 T_1= 273.15+初始温度计温度,单位 K;

T_2——变化后气体的绝对温度,即 T_2= 273.15+变化后温度计温度,单位 K。

A.3.2.3.5.4 压力降低时的检漏方法

常规检查

a) 听觉:耳听较大的漏气声;

b) 触觉:手触,感觉是否漏气;

c) 肥皂水:漏气处会冒气泡。

特殊检查

a) 将氮气放至 0.3 MPa;

b) 加制冷剂至 0.5 MPa,即氮气与制冷剂混合;

c) 利用卤素检测仪、烷烃(石油气)探测仪、电子探测仪等做检查;

d) 如果仍发现不了,继续加压到 4.0 MPa 再检查,压力不能超过 4.0 MPa。

此外,当管道过长时,应分段检查。气密性试验结束后,保留室外机液管侧的压力表,系统仍保持 3.0/4.2 MPa 的压力,目的是防止气密性受破坏。

A.3.2.3.6 抽真空

A.3.2.3.6.1 抽真空使其内的绝对压力在 50 Pa 以下(对应低压表压约-0.1 MPa)。

A.3.2.3.6.2 抽真空时间:1.5 h~2.0 h。如果真空绝对压力不能达到 50 MPa 以下,说明可能存在泄漏。将漏点修复后,应再抽 1 h~2 h 真空,然后进行漏气检查。

A.3.2.3.6.3 保真空时间:1 h。

A.3.2.3.6.4 真空泵抽真空设备如图 2 所示。

A.4 中央空调器调试、试运行

A.4.1 系统调试项目

A.4.1.1 中央空调器工程安装完毕,必须进行系统的测定和调整(简称调试)。系统调试在满负荷和最小负荷条件下分别进行。

A.4.1.2 系统调试所使用的测试仪器和仪表,性能应稳定可靠,其精度等级及最小分度值应能满足测定的要求,并符合国家有关计量法规及检定规程的规定。

A.4.1.3 系统调试应由建设单位牵头,设备提供方认可的单位负责调试。

A.4.1.4 中央空调器系统应在带冷(热)源的情况下,满负荷运转和最小负荷运转各不少于 1.5 h。

A.4.2 系统调试前的检查、确认

A.4.2.1 由安装方对施工的各项内容逐项进行确认。

A.4.2.2 具有详细的电气、控制、管路设计图纸。

A.4.2.3 不得使用临时电源。

A.4.2.4 电源电压必须在机组的正常范围以内且三相平衡度小于 2%。

A.4.2.5 空调机在调试前的通电预热时间,按照产品说明书的要求进行。

A.4.2.6 系统调试前,必须由调试方检查机组外观、管路系统是否遭到损坏,随机配件是否完好。

A.4.2.7 系统调试前，必须确认连接管的长度、制冷剂的灌注量是否符合中央空调器生产厂家的规定。

A.4.2.8 确认所有接线端子已经紧固，线路没有磨损、变形和尖角（包括漏电保护器，接线盒，交流接触器，压缩机接线盒内部端子等）。

A.4.2.9 中央空调器机组室内外机中的风机试运转，运转前检查各项安全措施；盘动叶轮，应无卡阻和碰擦现象；叶轮旋转方向必须正确；运转平稳，无异常振动与声响；电动机的电流和功率不应超过额定值。

A.4.2.10 确认内机数量、型号与实际的室内机数量、型号一致。

A.4.2.11 确认机组所有系统的制冷剂压力，仔细检查机组有无泄漏的迹象。

A.4.2.12 确认所有制冷剂回路和油路截止阀是开启的。

A.4.3 系统试运转及调试

A.4.3.1 在机组启动和运行时，要仔细观察制冷剂管道是否有振动现象存在，如果有则进行整形或加其他避振措施进行消除。

A.4.3.2 密切观察机组的节流元件（如热力膨胀阀、电子膨胀阀等）、电磁阀等的动作及控制。

A.4.3.3 中央空调器的温度、湿度，应符合设计的要求。

A.4.3.4 对所记录的运行参数进行分析确认，如果有问题可通过对机组的电控系统、制冷系统的综合调整，使机组的运行达到最佳状况。

A.4.3.5 中央空调器工程的控制和监测设备应能与系统的检测元件和执行机构正常沟通，系统的状态参数应能正确显示，设备联锁、自动调节、自动保护应能正确动作。

A.5 中央空调器安装验收

A.5.1 工程竣工后，应进行验收。

A.5.2 中央空调器安装工程竣工验收时应包括以下验收资料：

a) 图纸确认记录；

b) 主要材料、设备的出厂合格证明及进场检（试）验报告；

c) 隐蔽工程检查验收记录；

d) 制冷系统气密性检验记录；

e) 系统联合试运转与调试记录；

f) 竣工验收记录。

A.6 中央空调器安装人员资质要求

按第9章规定执行。

ICS 91.120.10
Q 25

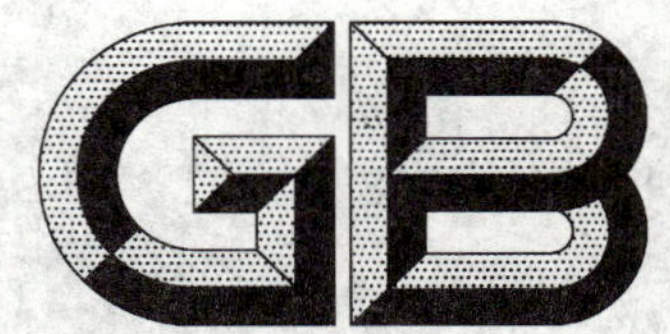

中华人民共和国国家标准

GB/T 17794—2008
代替 GB/T 17794—1999

柔性泡沫橡塑绝热制品

Preformed flexible elastomeric cellular thermal insulation

2008-06-30 发布　　　　2009-04-01 实施

中华人民共和国国家质量监督检验检疫总局
中国国家标准化管理委员会　发布

前　言

本标准代替 GB/T 17794—1999《柔性泡沫橡塑绝热制品》。

本标准与 GB/T 17794—1999 相比较，主要变化如下：

——按燃烧性能分为Ⅰ类和Ⅱ类制品，Ⅰ类制品氧指数指标不小于 32％且烟密度不大于 75；Ⅱ类制品氧指数指标不小于 26％。规定了制品用于建筑领域时其燃烧等级应不低于 GB 8624—2006 C 级；

——对表观密度的指标做了修改；

——修改了导热系数指标；

——修改了原标准中透湿系数和湿阻因子的指标；

——规定尺寸稳定性要求为板状制品长、宽、厚方向变形的平均值及管状制品长度和壁厚变形平均值不得超过标准的要求；

——取消了管状制品撕裂强度要求；

——取消了制品耐臭氧性能要求。

请注意本标准的某些内容可能涉及专利，本标准发布机构不应承担识别这些专利的责任。

本标准的附录 A～附录 D 为规范性附录。

本标准由中国建筑材料联合会提出。

本标准由全国绝热材料标准化技术委员会(SAC/TC 191)归口。

本标准负责起草单位：建筑材料工业技术监督研究中心、中国建筑材料检验认证中心。

本标准参加起草单位：阿乐斯绝热材料（广州）有限公司、江苏兆胜建材有限公司、力索兰特（苏州）绝热材料有限公司、亚罗弗保温材料（上海）有限公司、河北华美化工建材集团有限公司、廊坊开发区祁源化工建材有限公司、杜肯（武汉）绝热材料有限公司。

本标准主要起草人：金福锦、张玉辉、刘海波、陈斌、甘向晨。

本标准所代替标准的历次版本发布情况为：

——GB/T 17794—1999。

柔性泡沫橡塑绝热制品

1 范围

本标准规定了柔性泡沫橡塑绝热制品的术语和定义、分类和标记、要求、试验方法、检验规则、标志、包装、运输和贮存。

本标准适用于使用温度在－40 ℃～105 ℃的柔性泡沫橡塑绝热制品。

2 规范性引用文件

下列文件中的条款通过本标准的引用而成为本标准的条款。凡是注日期的引用文件，其随后所有的修改单(不包括勘误的内容)或修订版均不适用于本标准，然而，鼓励根据本标准达成协议的各方研究是否可使用这些文件的最新版本。凡是不注日期的引用文件，其最新版本适用于本标准。

GB/T 2406 塑料燃烧性能试验方法 氧指数法

GB/T 2918 塑料试样状态调节和试验的标准环境

GB/T 4132 绝热材料及相关术语

GB/T 6342 泡沫塑料与橡胶 线性尺寸的测定(idt ISO 1923:1981)

GB/T 6343 泡沫塑料和橡胶 表观(体积)密度的测定(neq ISO 845:1988)

GB/T 6669—2001 软质泡沫聚合材料压缩永久变形的测定

GB 8624—2006 建筑材料及制品燃烧性能分级

GB/T 8627 建筑材料燃烧或分解的烟密度试验方法

GB/T 8811 硬质泡沫塑料尺寸稳定性能试验方法(eqv ISO 2796:1986)

GB/T 10294 绝热材料稳态热阻及有关特性的测定 防护热板法

GB/T 10295 绝热材料稳态热阻及有关特性的测定 热流计法

GB/T 10296 绝热层稳态热传递特性的测定 圆管法

GB/T 16259 彩色建筑材料人工气候加速颜色老化试验方法

GB/T 17146—1997 建筑材料水蒸气透过性能试验方法

3 术语和定义

GB/T 4132 确立的以及下列术语和定义适用于本标准。

3.1

柔性泡沫橡塑绝热制品 preformed flexible elastomeric cellular thermal insulation

以天然或合成橡胶和其他有机高分子材料的共混体为基材，加各种添加剂如抗老化剂、阻燃剂、稳定剂、硫化促进剂等，经混炼、挤出、发泡和冷却定型，加工而成的具有闭孔结构的柔性绝热制品。

3.2

表观密度 apparent density

单位体积的泡沫材料在规定温度和相对湿度时的质量。

4 分类和标记

4.1 分类

4.1.1 按制品燃烧性能分为Ⅰ类和Ⅱ类(见表 3)。

4.1.2 按制品形状分为板和管。

4.2 产品标记

4.2.1 标记方法

标记顺序为:产品名称　品种　形状　宽度(内径)×厚度×长度　标准号。

板材用 B 表示,管材用 G 表示。

4.2.2 标记示例

宽度 1 000 mm、厚度 25 mm、长度 8 000 mm 的Ⅰ类板制品的标记表示为:

柔性泡沫橡塑绝热制品　Ⅰ　B 1 000×25×8 000　GB/T 17794—2008

内径 114 mm、壁厚 20 mm、长度 2 000 mm 的Ⅱ类管制品的标记表示为:

柔性泡沫橡塑绝热制品　Ⅱ　Gϕ114×20×2 000　GB/T 17794—2008

5 要求

5.1 规格尺寸和允许偏差

5.1.1 板的规格尺寸和允许偏差见表 1。

表 1　板的规格尺寸和允许偏差　　单位为毫米

Ⅰ、Ⅱ类					
长(l)		宽(w)		厚(h)	
尺寸	允许偏差	尺寸	允许偏差	尺寸	允许偏差
2 000 4 000 6 000 8 000 10 000 15 000	±10 ±10 ±15 ±20 ±25 ±30	1 000 1 500	±10	$3 \leqslant h \leqslant 15$	$^{+3}_{0}$
				$h>15$	$^{+5}_{0}$

5.1.2 管的规格尺寸和允许偏差见表 2。

表 2　管的规格尺寸和允许偏差　　单位为毫米

Ⅰ、Ⅱ类					
长(l)		内径(d)		壁厚(h)	
尺寸	允许偏差	尺寸	允许偏差	尺寸	允许偏差
1 800 2 000	±10	$6 \leqslant d \leqslant 22$	$^{+3.5}_{+1.0}$	$3 \leqslant h \leqslant 15$	$^{+3}_{0}$
		$22<d \leqslant 108$	$^{+4.0}_{+1.0}$		
		$D>108$	$^{+6.0}_{+1.0}$	$h>15$	$^{+5}_{0}$

5.1.3 其他规格由供需双方商定,但厚度(壁厚)和内径的允许偏差应符合本标准的规定。

5.2 外观质量

5.2.1 表皮

除去工厂机械切割出的断面外,所有表面均应有自然的表皮。板材可根据用户要求提供一面没有自然表皮的产品。

5.2.2 表面

产品表面平整,允许有细微、均匀的绉折,但不应有明显的起泡、裂口等可见缺陷。

5.3 物理性能

产品的物理机械性能指标应符合表 3 的规定。

表 3 物理性能指标

<table>
<tr><th colspan="2" rowspan="2">项目</th><th rowspan="2">单位</th><th colspan="2">性能指标</th></tr>
<tr><th>Ⅰ类</th><th>Ⅱ类</th></tr>
<tr><td colspan="2">表观密度</td><td>kg/m³</td><td colspan="2">≤95</td></tr>
<tr><td colspan="2" rowspan="2">燃烧性能</td><td rowspan="2">—</td><td>氧指数≥32%且烟密度≤75</td><td>氧指数≥26%</td></tr>
<tr><td colspan="2">当用于建筑领域时，制品燃烧性能应不低于 GB 8624—2006 C 级</td></tr>
<tr><td rowspan="3">导热系数</td><td>−20 ℃(平均温度)</td><td rowspan="3">W/(m·K)</td><td colspan="2">≤0.034</td></tr>
<tr><td>0 ℃(平均温度)</td><td colspan="2">≤0.036</td></tr>
<tr><td>40 ℃(平均温度)</td><td colspan="2">≤0.041</td></tr>
<tr><td rowspan="2">透湿性能</td><td>透湿系数</td><td>g/(m·s·Pa)</td><td colspan="2">≤1.3×10^{−10}</td></tr>
<tr><td>湿阻因子</td><td></td><td colspan="2">≥1.5×10³</td></tr>
<tr><td colspan="2">真空吸水率</td><td>%</td><td colspan="2">≤10</td></tr>
<tr><td colspan="2">尺寸稳定性
105 ℃±3 ℃,7 d</td><td>%</td><td colspan="2">≤10.0</td></tr>
<tr><td colspan="2">压缩回弹率
压缩率 50%，压缩时间 72 h</td><td>%</td><td colspan="2">≥70</td></tr>
<tr><td colspan="2">抗老化性
150 h</td><td>—</td><td colspan="2">轻微起皱，无裂纹，无针孔，不变形</td></tr>
</table>

6 试验方法

6.1 状态调节

试验环境和试样状态调节，除试验方法中有特殊规定外，按 GB/T 2918 进行。

6.2 试件制备

应以供货形态制备试件。当管由于其形状不适宜进行试验或制备试件时，应以同一配方、同一工艺、同期生产的板代替。

6.3 尺寸测量

按 GB/T 6342 进行。管的尺寸测量按附录 A(规范性附录)进行。

6.4 外观质量

外观质量检验目测。

6.5 表观密度

按 GB/T 6343 进行，试样的状态调节环境要求为：温度 23 ℃±2 ℃，相对湿度 50%±5%。计算管的密度时，管体积的测定按附录 A(规范性附录)进行。

6.6 燃烧性能

氧指数按 GB/T 2406 的方法进行检测、烟密度按 GB/T 8627 的方法进行检测。

当制品用于建筑领域时，按 GB 8624—2006 规定的方法试验并判定燃烧性能等级。

6.7 导热系数

按 GB/T 10294 的规定进行，也可按 GB/T 10295 或 GB/T 10296 进行，测定平均温度为−20 ℃、0 ℃、40 ℃下的导热系数。仲裁时按 GB/T 10294 进行。

6.8 透湿系数和湿阻因子

板的透湿系数测定按 GB/T 17146—1997 中的干燥剂法进行，试验工作室(或恒温恒湿箱)的温度应为 25 ℃±1 ℃，相对湿度应为 75%±2%，应持续 21 d(504 h)或更长的时间，以确保达到平衡的状态。管的透湿系数测定按附录 B(规范性附录)进行。湿阻因子计算按附录 B(规范性附录)的规定。

6.9 真空吸水率

真空吸水率试验按附录 C(规范性附录)进行。

6.10 尺寸稳定性

尺寸稳定性试验按 GB/T 8811 进行。试验温度分别为 105 ℃±3 ℃,7 d 后测量。测量结果取板状制品长、宽、厚三个方向平均值;管状制品取长度及壁厚的平均值。

6.11 压缩回弹率

按 GB/T 6669—2001 中的方法 B 测定压缩永久变形 P,测定压缩永久变形的试样状态调节的环境要求为 23 ℃±2 ℃,相对湿度应为 50%±5%。压缩时间为 72 h。

压缩回弹率 R 按公式(1)计算:

$$R = 100 - P \qquad \cdots\cdots(1)$$

式中:

R——压缩回弹率,%;

P——压缩永久变形,%。

6.12 抗老化性

抗老化性试验按 GB/T 16259 进行。试验条件:黑板温度为 45 ℃±3 ℃,相对湿度为 50%±5%,辐照密度 80 mW/cm^2,无需降雨。试件尺寸:板材为 100 mm×100 mm×20 mm,管材为内径 20 mm,长度 100 mm,壁厚 9 mm。

7 检验规则

检验分为出厂检验和型式检验。

7.1 出厂检验

7.1.1 产品出厂时须进行出厂检验。

7.1.2 出厂检验的检验项目为:尺寸及允许偏差、外观、表观密度、真空吸水率、尺寸稳定性、压缩回弹率。

7.1.3 尺寸、外观的抽样方案及判定规则见附录 D(规范性附录)的规定。

7.1.4 表观密度、真空吸水率、尺寸稳定性、压缩回弹率的检验,在符合 7.1.3 的合格的样品中,随机抽取三块(条)样品,按第 6 章规定的试验方法进行检验,检验结果应符合表 3 的规定。如有任一项指标不合格,则判该批产品不合格。

7.2 型式检验

7.2.1 有下列情况之一时,应进行型式检验:

a) 新产品定型鉴定;

b) 正式生产后,原材料、工艺有较大的改变,可能影响产品性能时;

c) 正常生产时,每年至少进行一次;

d) 出厂检验结果与上次型式检验有较大差异时;

e) 国家质量监督机构提出进行型式检验要求时。

7.2.2 型式检验的检验项目为第 5 章规定的全部项目。

7.2.3 型式检验时尺寸、外观按 7.1.3 要求检验和判定,其他物理性能按 7.1.4 检验和判定。

8 标志、标签、使用说明书

在包装箱、标签和使用说明书上应标明:

a) 产品名称、产品标记、商标;

b) 生产企业名称、详细地址;

c) 产品的种类、规格、主要性能指标;

d） 包装箱中产品的数量。

标志文字及图案应醒目清晰，易于识别，且具有一定的耐久性。

9 包装、运输及贮存

产品应按类别、规格分别堆放，避免受压，库房应保持干燥通风。产品应用塑料袋或纸箱包装。运输和贮存中应远离热源，避免日光曝晒，雨淋，并应避免长期受压和其他机械损伤。

附 录 A
（规范性附录）
管的尺寸和体积测量方法

A.1 测量工具

A.1.1 钢直尺：分度值为1 mm。

A.1.2 精密直径围尺：分度值为0.1 mm。

A.1.3 卡尺：分度值为0.05 mm。

A.2 测量程序

A.2.1 长度

用钢直尺测量外侧两端部相对的两处，长度取两次测量的算术平均值，数值修约到整数。

A.2.2 外径

用精密直径围尺在管的两端头和中部测量，管外径 d，为三处测量结果的平均值，数值修约到0.1 mm。

A.2.3 壁厚

用卡尺在管的两端头测量，壁厚为两处测量结果的平均值，数值修约到0.1 mm。

A.2.4 内径

利用A.2.2和A.2.3测得的外径和壁厚，按公式(A.1)计算管的内径，数值修约到小数点后一位数。

$$d_2 = d_1 - 2h \qquad \cdots\cdots\cdots\cdots(\text{A.1})$$

式中：

d_2——管的内径，单位为毫米(mm)；

d_1——管的外径，单位为毫米(mm)；

h——管的壁厚，单位为毫米(mm)。

A.2.5 体积

按公式(A.2)计算管的体积：

$$V = \pi(d_2 + h)hl \times 10^{-9} \qquad \cdots\cdots\cdots\cdots(\text{A.2})$$

式中：

V——管的体积，单位为米(m)；

d_2——管的内径，单位为毫米(mm)；

h——管的壁厚，单位为毫米(mm)；

l——管的长度，单位为毫米(mm)。

计算结果修约至三位有效数字。

附 录 B
（规范性附录）
管的透湿系数测定和湿阻因子计算方法

B.1 管的透湿系数测定方法

B.1.1 仪器和试剂

B.1.1.1 容器：能耐氯化钙腐蚀的容器，例：250 ml 玻璃烧杯，内径 65 mm，杯口略呈喇叭型，便于封蜡。

B.1.1.2 长度量具：卡尺分度值为 0.05 mm，钢直尺分度值为 0.5 mm。

B.1.1.3 试验工作室：符合 GB/T 17146—1997 中 5.2 的规定。

B.1.1.4 分析天平：精确到 0.000 1 g。

B.1.1.5 气压表。

B.1.1.6 铝箔两片：其大小能盖住管材试件的两个端头（包括管材内径部分和管壁截面处）。

B.1.1.7 密封蜡：由 90% 的微形晶体蜡（胺基石蜡）和 10% 的增塑剂（低分子量聚异丁烯）组成。

B.1.1.8 无水粒状氯化钙干燥剂：能充分自由流动。

B.1.1.9 调色板刀：刀刃 100 mm 长，20 mm 宽，带圆角。

B.1.2 试样

B.1.2.1 在温度为 25 ℃±1 ℃，相对湿度为 75%±2% 的环境下，调节样品 24 h。

B.1.2.2 将样品切成大约 127 mm 长的管段。

B.1.3 试验程序

B.1.3.1 用卡尺测量试件的壁厚，在相互垂直的两方向上各测一次，读数精确到 0.1 mm，求平均值。

B.1.3.2 用精密直径围尺测量试件的外径，测量三处，读数精确到 0.1 mm，求平均值。

B.1.3.3 将密封蜡加热熔化。

B.1.3.4 用调色板刀将密封蜡涂在试件的两端头上。

B.1.3.5 将铝箔盖到管的一侧端头上，盖住管内径部分，并用密封蜡封好。通常需涂五遍密封蜡。

B.1.3.6 将无水粒状氯化钙干燥剂装入以上步骤制成的铝箔封底的管筒内，干燥剂量不超过 20 g。

B.1.3.7 将另一片铝箔放在管段的另外开口的一端，并按 B.1.3.5 同样的方式将其密封好。应确保试件两端完全由密封蜡覆盖，以防水汽散失。

B.1.3.8 用钢直尺测量管壁未蜡封的试件长度，测量四处，取平均值，精确到 0.5 mm。

B.1.3.9 将试件竖立在试验工作室中，其温度和湿度设定同 B.1.2.1。

B.1.3.10 在分析天平上定期称量并记录试件的质量，按 GB/T 17146—1997 中 9.1 规定的图解方法或回归分析方法确定试验结果。

B.1.4 透湿系数计算

透湿系数按公式（B.1）计算：

$$\delta = \frac{W \cdot \ln \frac{d_1}{d_2}}{2\pi\, tLP} \times 10^3 \qquad \text{(B.1)}$$

式中：

δ——透湿系数，单位为克每米秒帕[g/(m·s·Pa)]；

W——试件质量变化，单位为克(g)；

t——观察质量变化的时间间隔，单位为秒(s)；

d_1——试件的外径,单位为毫米(mm);

d_2——试件的内径,单位为毫米(mm);

L——未蜡封试件的长度,单位为毫米(mm);

P——水蒸气压差,$P=2\ 380$ Pa。

计算结果修约至两位有效数字。

B.1.5 试验报告

试验报告应包括下列内容:

a) 说明按本标准进行试验;

b) 试样的名称或代号;

c) 试验的温度和湿度;

d) 透湿系数。

B.2 湿阻因子计算

湿阻因子按公式(B.2)计算:

$$\mu = \frac{D}{\delta} \qquad \text{(B.2)}$$

式中:

μ——产品的湿阻因子;

D——空气中水蒸气扩散系数,单位为克每米秒帕[g/(m·s·Pa)];

δ——产品的透湿系数,单位为克每米秒帕[g/(m·s·Pa)]。

计算结果 δ 值修约至两位有效数字。

空气中的水蒸气扩散系数 D 按公式(B.3)计算:

$$D = \frac{0.019\ 88}{P} \qquad \text{(B.3)}$$

式中:

P——当地大气压,单位为帕(Pa)。

附 录 C
（规范性附录）
真空吸水率测定方法

C.1 原理

闭孔材料指闭孔率达90%的材料。因此，将其浸泡在水中时，只是在表面被切开的气孔里和少部分开孔里积水，由于气孔微小，水不易充满孔隙，而在一定的真空度下，水可迅速进入孔隙，从而达到快速、准确测量的目的。

C.2 仪器设备

C.2.1 感量为0.01 g的天平。
C.2.2 真空容器。
C.2.3 真空泵。
C.2.4 蒸馏水。
C.2.5 秒表。
C.2.6 试样架。

C.3 试样

C.3.1 在温度为23 ℃±2 ℃，相对湿度为50%±5%的标准环境下，预置试样24 h。
C.3.2 在试样上切取两块试件。板的试件尺寸为100 mm×100 mm×原厚；管的试件尺寸为100 mm长。

C.4 试验程序

C.4.1 称量试件，精确到0.01 g，得到初始质量M_1。
C.4.2 在真空容器中注入适当高度的蒸馏水。
C.4.3 将试件放在试样架上，并完全浸入水中，盖上真空容器盖，打开真空泵，盖上防护罩，当真空度达到85 kPa时，开始计时，保持85 kPa真空度3 min，3 min后关闭真空泵，打开真空容器的进气孔，3 min后取出试件，用吸水纸除去试件表面(包括管内壁和两端)上的水。轻轻抹去表面水分，除去管内壁的水时，可将吸水纸卷成棒状探入管内，此项操作应在1 min内完成。
C.4.4 称量试件，精确到0.01 g，得到最终质量M_2。

C.5 真空吸水率计算

真空吸水率按公式(C.1)计算

$$\rho=\frac{M_2-M_1}{M_1}\times 100 \qquad \text{(C.1)}$$

式中：
ρ——真空吸水率，%；
M_1——试件初始质量，单位为克(g)；
M_2——试件最终质量，单位为克(g)。
计算结果修约至整数。

C.6 试验报告

试验报告应包括下列内容：

a) 说明按本标准进行试验；

b) 试样的名称或代号；

c) 试验的真空度；

d) 试样浸泡在水中的时间；

e) 真空吸水率。

附 录 D
（规范性附录）
出厂检验时尺寸和外观的抽样方案及判定规则

D.1 尺寸、外观和表观密度采用二次抽样方案，表 D.1 中批量和样本数量指板或管的件数。

表 D.1 出厂检验时尺寸和外观的抽样方案及判定规则

批量大小	样本数量		重大缺陷数				一般缺陷数			
件数	第 1 样本	总样本	第一样本		总样本		第一样本		总样本	
			接收数 A_c	拒收数 R_e	接收数 A_c	拒收数 R_e	接收数 A_c	拒收数 R_e	接收数 A_c	拒收数 R_e
1	2	3	4	5	6	7	8	9	10	11
≤250	3	6	0	2	1	2	0	3	3	4
500	5	10	0	3	3	4	1	3	4	5
900	8	16	1	3	4	5	2	5	6	7
1 500	13	26	2	5	6	7	3	6	9	10
2 800	20	40	3	6	9	10	5	9	12	13
>2 800	32	64	5	9	12	13	7	11	18	19

D.2 样本应从交验批中随机抽取，样本应能代表批量的平均质量。

D.3 样本中每个样品都应进行检验。制品的厚度和管的内径属重大缺陷，其他属一般缺陷。

D.4 按一般缺陷判定时，应计入重大缺陷不合格品数量。

D.5 判定方法：首次抽样检验，出现重大缺陷数小于或等于表 D.1 的第 4 列数值，且出现一般缺陷数小于或等于表 D.1 的第 8 列的数值，该批产品可视其他出厂检验项目的检验情况判定是否合格。若重大缺陷数等于或超过表 D.1 第 5 列数值或一般缺陷数等于或超过表 D.1 第 9 列的数值，则该批产品判为不合格。两种缺陷数量中任一种介于表 D.1 中第 4 列与第 5 列或表 D.1 第 8 列与第 9 列数值之间时，进行第二次抽样检验。检验结果总数中，二种缺陷的数量分别小于或等于表 D.1 的第 6 列和第 10 列数值时，该批产品可视其他出厂检验项目的检验情况判定是否合格。若有一种缺陷数量等于或超过表 D.1 第 7 列或第 11 列数值，则判该批产品不合格。

ICS 91.120.10
Q 25

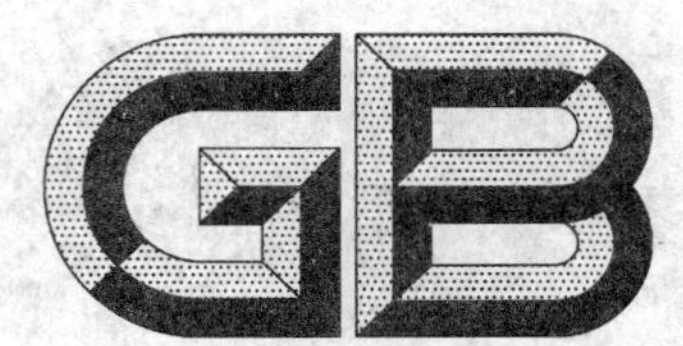

中华人民共和国国家标准

GB/T 17795—2008
代替 GB/T 17795—1999

建筑绝热用玻璃棉制品

Glass wool thermal insulating products for building

2008-06-30 发布 2009-04-01 实施

中华人民共和国国家质量监督检验检疫总局
中国国家标准化管理委员会 发布

前　言

本标准代替 GB/T 17795—1999《建筑绝热用玻璃棉制品》。

本标准与 GB/T 17795—1999 相比，主要变化如下：

——增加术语和定义“反射面外覆层”、“抗水蒸气渗透外覆层”；

——修改表 1 中毡的常用厚度、导热系数和热阻值指标；

——制品的燃烧性能等级依据 GB 8624—2006 的分类及试验方法检测；

——取消了外覆层透湿性能要求；

——增加制品甲醛释放量要求；

——增加对金属腐蚀性要求。

请注意本标准的某些内容可能涉及专利，本标准发布机构不应承担识别这些专利的责任。

本标准的附录 A 为规范性附录。

本标准由中国建筑材料联合会提出。

本标准由全国绝热材料标准化技术委员会(SAC/TC 191)归口。

本标准负责起草单位：建筑材料工业技术监督研究中心、中国建筑材料检验认证中心。

本标准参加起草单位：欧文斯科宁(中国)投资有限公司、河北华美化工建材集团有限公司、上海平板玻璃厂。

本标准主要起草人：金福锦、张玉辉、刘海波、姜涛、王稚、丁国正、高红权、甘向晨、陈斌。

本标准所代替标准的历次版本发布情况为：

——GB/T 17795—1999。

建筑绝热用玻璃棉制品

1 范围

本标准规定了建筑绝热用玻璃棉制品的术语和定义、分类及标记、一般要求、要求、试验方法、检验规则、标志、包装、运输和贮存。

本标准适用于建筑绝热用玻璃棉制品，不适用于建筑设备(如管道设备、加热设备)用玻璃棉制品，也不适用于工业设备及管道用玻璃棉制品。

2 规范性引用文件

下列文件中的条款通过本标准的引用而成为本标准的条款。凡是注日期的引用文件，其随后所有的修改单(不包括勘误的内容)或修订版均不适用于本标准，然而，鼓励根据本标准达成协议的各方研究是否可使用这些文件的最新版本。凡是不注日期的引用文件，其最新版本适用于本标准。

GB/T 191　包装储运图示标志

GB/T 4132　绝热材料及相关术语

GB/T 5480—2008　矿物棉及其制品试验方法

GB 8624—2006　建筑材料及制品燃烧性能分级

GB/T 10294　绝热材料稳态热阻及有关特性的测定　防护热板法

GB/T 10295　绝热材料稳态热阻及有关特性的测定　热流计法

GB/T 11835—2007　绝热用岩棉、矿渣棉及其制品

GB/T 13350　绝热用玻璃棉及其制品

GB/T 17393　覆盖奥氏体不锈钢用绝热材料规范

GB 18580　室内装饰装修材料　人造板及其制品中甲醛释放限量

3 术语和定义

GB/T 4132 确立的以及下列术语和定义适用于本标准。

3.1

反射面外覆层　reflective membrane covering

对外界辐射热量具有反射功能的外覆层材料，其发射率一般不大于 0.03。

3.2

抗水蒸气渗透外覆层　vapor-resistant membrane covering

具有阻隔水蒸气渗透功能的外覆层材料，其透湿系数一般不大于 5.7×10^{-11} kg/(Pa·s·m^2)。

4 分类与标记

4.1 分类

4.1.1 按包装分类

制品按包装方式不同，可划分为压缩包装制品和非压缩包装制品两类。

4.1.2 按制品形态分类

制品按形态划分为玻璃棉板和玻璃棉毡两类。

4.1.3 按外覆层分类

制品按外覆层划分为如下三类。

4.1.3.1 无外覆层制品

4.1.3.2 具有反射面的外覆层制品

这种外覆层兼有抗水蒸气渗透的性能，如铝箔及铝箔牛皮纸等。

4.1.3.3 具有非反射面的外覆层制品

这种外覆层分为如下两类：

a) 抗水蒸气渗透的外覆层，如 PVC、聚丙烯等；

b) 非抗水蒸气渗透的外覆层，如玻璃布等。

4.2 产品标记

产品标记由五部分组成：产品名称、热阻 R(外覆层)、密度、尺寸(长度×宽度×厚度)及标准号。

4.3 标记示例

示例 1：热阻 R 为 1.5($m^2 \cdot K/W$)、带铝箔外覆层、密度为 16 kg/m^3、长度×宽度×厚度为 12 000 mm×600 mm×50 mm 的玻璃棉毡，标记为：

玻璃棉毡 R1.5(铝箔) 16 K 12 000×600×50 GB/T 17795—2008

示例 2：热阻 R 为 1.3($m^2 \cdot K/W$)、无外覆层、密度为 48 kg/m^3、长度×宽度×厚度为 1 200 mm×600 mm×40 mm 的玻璃棉板，标记为：

玻璃棉板 R1.3 48 K 1 200×600×40 GB/T 17795—2008

注：热阻 R 之后无“( )”表示产品无外覆层。

5 一般要求

5.1 原棉

应符合 GB/T 13350 中 2 号棉的相应规定。

5.2 外覆层及其胶粘剂

外覆层及其胶粘剂应符合防霉要求。

6 要求

6.1 外观

制品的外观质量要求表面平整，不得有妨碍使用的伤痕、污迹、破损，外覆层与基材的粘贴应平整、牢固。

6.2 规格尺寸及允许偏差

6.2.1 制品的规格尺寸及允许偏差应符合 GB/T 13350 的规定。

6.2.2 压缩包装的卷毡，在松包并经翻转放置 4 h 后，应符合 6.2.1 的要求。

6.3 导热系数及热阻

制品的导热系数及热阻应符合表 1 的规定。其他规格的导热系数指标按标称密度以内差法确定，热阻值不得低于标称值的 95%。

表 1

产品名称	常用厚度/mm	导热系数 [试验平均温度 25℃±5℃]/[W/(m·K)] 不大于	热阻 R [试验平均温度 25℃±5℃]/[m²·K/W] 不小于	密度及允许偏差/(kg/m³)	
毡	50 75 100	0.050	0.95 1.43 1.90	10 12	不允许负偏差
	50 75 100	0.045	1.06 1.58 2.11	14 16	不允许负偏差
	25 40 50	0.043	0.55 0.88 1.10	20 24	不允许负偏差
	25 40 50	0.040	0.59 0.95 1.19	32	$^{+3}_{-2}$
	25 40 50	0.037	0.64 1.03 1.28	40	±4
	25 40 50	0.034	0.70 1.12 1.40	48	±4
板	25 40 50	0.043	0.55 0.88 1.10	24	±2
	25 40 50	0.040	0.59 0.95 1.19	32	$^{+3}_{-2}$
	25 40 50	0.037	0.64 1.03 1.28	40	±4
	25 40 50	0.034	0.70 1.12 1.40	48	±4
	25	0.033	0.72	64 80 96	±6
注：表中的导热系数及热阻的要求是针对制品，而密度是指去除外覆层的制品。					

6.4 密度及允许偏差

制品的常用密度及允许偏差见表 1。

6.5 燃烧性能

6.5.1 对于无外覆层的玻璃棉制品,其燃烧性能应不低于 GB 8624—2006 中的 A2 级。

6.5.2 对于带有外覆层的玻璃棉制品,其燃烧性能应视其使用部位,由供需双方商定。

6.6 对金属的腐蚀性

6.6.1 用于覆盖奥氏体不锈钢时,其浸出液离子含量应符合 GB/T 17393 的要求。

6.6.2 用于覆盖铝、铜、钢材时,采用 90%置信度的秩和检验法,对照样的秩和应不小于 21。

6.7 甲醛释放量

应达到 GB 18580 中的 E_1 级,甲醛释放量应不大于 1.5 mg/L。

6.8 施工性能

对于装卸、运输和安装施工,产品应有足够的强度。按规定条件试验时 1 min 不断裂。

当制品长度小于 10 m 或制品带有外覆层时对该项性能不做要求。

7 试验方法

7.1 外观检验

在光照明亮的条件下,距试样 1 m 处对其逐个进行目测检查,记录观察到的缺陷。

7.2 规格尺寸

规格尺寸的检测按 GB/T 5480—2008 进行。

7.3 导热系数及热阻

按 GB/T 10295 或 GB/T 10294 的规定进行,仲裁时按 GB/T 10294。

7.4 密度及允许偏差

密度的检测按 GB/T 5480—2008 进行,应去除外覆层。计算毡的密度时,当实测厚度大于标称厚度,以标称厚度计算;当实测厚度小于标称厚度时以实测厚度计算。计算板的密度时,以实测厚度计算。

7.5 燃烧性能

按 GB 8624—2006 的规定。

7.6 对金属的腐蚀性

按 GB/T 17393 和 GB/T 11835—2007 的附录 E 检测。

7.7 甲醛释放量

按 GB 18580 规定的(9 L～11 L)干燥器法进行检测。

7.8 施工性能

施工性能的检测按附录 A(规范性附录)进行。

8 检验规则

8.1 检验分类

检验分为出厂检验和型式检验。

8.1.1 出厂检验

产品出厂时,必须进行出厂检验。

出厂检验项目包括外观、尺寸(长度、宽度、厚度)、密度、施工性能。

8.1.2 型式检验及其检验项目

有下列情况之一时,应进行型式检验:

a) 新产品定型鉴定;

b) 正式生产后,原材料、工艺有较大的改变,可能影响产品性能时;

c) 正常生产时,每年至少进行一次;

d) 国家质量监督机构提出进行型式检验要求时。

型式检验项目包括第 6 章中规定的所有技术要求。

8.2 组批

以同一原料、同一生产工艺、同一品种、同一规格，稳定连续生产的产品为一个检查批，同一批被检制品的生产时限不超过一星期。

8.3 抽样

8.3.1 样本抽取

样本可以由一个或几个单位产品构成，每个单位产品就是一个包装箱或一卷。样本应从检查批中随机抽取。对于同一个单位产品中的每个单件产品都被认为是质量相同的。对于检验时所需要的试件可从单位产品中随机抽取。

8.3.2 抽样方案

采用接收质量限 AQL=15，抽样方案见表 2。对于出厂检验抽样方案可根据生产量(面积)和生产时限制定，取二者中的最大量。

表 2 抽样方案

型式检验			出厂检验				判定规则			
批量大小/m^2	样本大小/(包装箱或卷)		批量大小		样本大小/(包装箱或卷)		第 1 样本/(包装箱或卷)		总样本/(包装箱或卷)	
	第 1 样本	总样本	m^2	生产天数	第 1 样本	总样本	接收数 A_c	拒收数 R_e	接收数 A_c	拒收数 R_e
1	2	3	4	5	6	7	8	9	10	11
≤1 500	2	4	3 000	1	2	4	0	2	1	2
2 500	3	6	5 000	2	3	6	0	3	3	4
5 000	5	10	10 000	3	5	10	1	4	4	0
9 000	8	16	18 000	7	8	16	2	5	6	7
15 000	13	26					3	7	8	9
28 000	20	40					5	9	12	13
>28 000	32	64					7	11	18	19

8.4 判定规则

所有的性能应看作是独立的，一项性能不合格计一个缺陷。

8.4.1 出厂检验

出厂检验项目的抽样与判定应符合表 2 的规定。

对于第 1 样本数(表 2 中第 6 列)，如果检测结果中的缺陷数等于或小于第 1 样本 A_c 接收数(表 2 中第 8 列)，则该检查批合格。若在第 1 样本中，检测结果中的缺陷数等于或大于第 1 样本 R_e 拒收数(表 3 中第 9 列)，则该检查批不合格。

对于第 1 样本数，如果检测结果的缺陷数在第 1 样本接收数 A_c 和拒收数 R_e 之间(即第 8、9 列之间)，则样本数应增至总样本数(第 1 样本数与第 2 样本数累加之和)，并以总样本检测结果的总缺陷数进行判定。

对于总样本数，如果检测结果缺陷总数等于或小于总样本接收数 A_c(表 2 中第 10 列)，则判该检查批合格。如果检测结果缺陷总数等于或大于总样本拒收数 R_e(表 2 中第 11 列)，则判该检查批不合格。

8.4.2 型式检验

8.4.2.1 对于外观、尺寸及允许偏差(长度、宽度、厚度)、密度及允许偏差、施工性能，其判定规则与出厂检验的判定规则相同。

8.4.2.2 对于燃烧性能、导热系数及热阻、对金属的腐蚀性、甲醛释放量，其型式检验应在出厂检验的合格品中随机抽取样品进行检测，检测结果符合第 6 章的要求，则判该批产品合格，如有任一项不符合要求，则判该批产品不合格。

8.4.2.3 型式检验的批质量综合判定

检查批的所有性能，若同时符合 8.4.2.1 及 8.4.2.2 的合格要求，则判该检查批的型式检验合格。否则判该批型式检验不合格。

9 标志、标签、使用说明书

在包装箱、标签或使用说明书上应标明：

a) 产品名称、商标；

b) 生产企业名称、详细地址；

c) 产品标记；

d) 按 GB/T 191 规定注明“怕雨”等标志；

e) 包装箱中产品的数量。

标志文字及图案应醒目清晰，易于识别，且具有一定的耐久性。

10 包装、运输与贮存

10.1 包装

10.1.1 应采取防潮措施。

10.1.2 每一包装内应放入同一规格的产品。

10.1.3 特殊包装由供需双方商定。

10.2 运输与贮存

10.2.1 应使用干燥防雨的运输工具运输，搬运时应轻拿轻放。

10.2.2 应在干燥、通风的库房内贮存，并按品种、规格分别堆放，避免重压。

附 录 A
（规范性附录）
施工性能的测定

A.1 试件

每个样本包装取一个试件，每个试件应与原板或毡等宽，试件长应至少两倍于宽度。当长度不足时，应取整块制品。制品宽度超过 500 mm 时，应从制品上切取 500 mm 宽的试件。

A.2 试验设备

A.2.1 拉伸试验装置

如图 A.1 所示，亦可使用其他合适的加载装置。

A.2.2 夹具

可夹持试件，并使试件的整个宽度被绳索拉持，在中心加载，见图 A.1。

单位为毫米

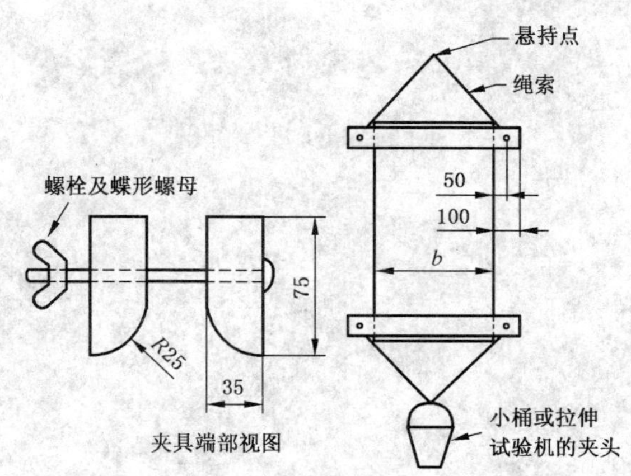

b——试件的宽度。

图 A.1 悬挂的组合件

A.2.3 加载装置

用小桶作为加载装置，由以下两部分组成：

a） 可装载约 10 kg 砂的轻质小桶；

b） 大约 10 kg 的干砂。

A.3 载荷的确定

载荷取相当于 20 m 长制品的质量。

当试件宽度小于制品宽度时，载荷应按宽度比作相应减小。

A.4 试验程序

A.4.1 用夹具各夹住试件的两端。将该组件垂直悬挂于试验装置中，将小桶装在下夹具上，小桶与地面之间留有间隙。

A.4.2 小心地向小桶中装砂，达到规定的载荷（载荷包括试件、下夹具、小桶和砂的质量）。

A.4.3 保持对组件加载不少于 1 min。

A.5 试验结果

试件如能承受相应的荷载并保持 1 min 而不出现断裂，则认为该样本的施工性能合格，否则为不合格。

ICS 65.120
B 46

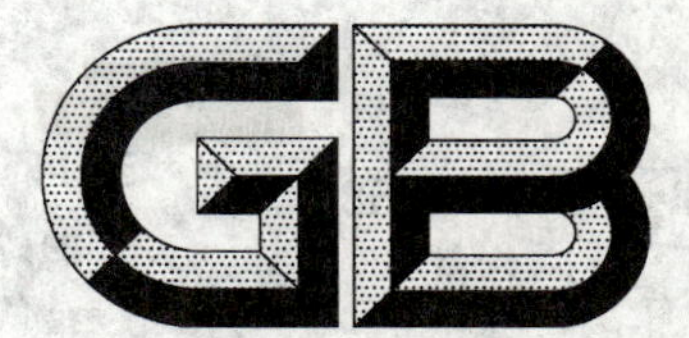

中华人民共和国国家标准

GB/T 17811—2008
代替 GB/T 17811—1999

动物性蛋白质饲料 胃蛋白酶消化率的测定 过滤法

Determination of pepsin digestibility in animal protein feeds—Filtration method

2008-04-09 发布 2008-07-01 实施

中华人民共和国国家质量监督检验检疫总局
中国国家标准化管理委员会 发布

前　言

本标准代替 GB/T 17811—1999《动物蛋白质饲料消化率的测定　胃蛋白酶法》。

本标准与 GB/T 17811—1999 相比主要差异如下：

——将原标准名称由《动物蛋白质饲料消化率的测定　胃蛋白酶法》改为《动物性蛋白质饲料胃蛋白酶消化率的测定　过滤法》；

——增加胃蛋白酶活性的测定方法(按《中华人民共和国兽药典》)；

——规定酶解时样品质量(胃蛋白酶溶液浓度和用量固定)；

——调整酶解后残渣粗蛋白质测定误差范围。

本标准由全国饲料工业标准化技术委员会提出并归口。

本标准起草单位：中国饲料工业协会、国家饲料质量监督检验中心(武汉)、大连龙源鱼粉股份有限公司。

本标准主要起草人：屈利文、钱昉、薛文莉、辛盛鹏、粟胜兰、杨海鹏。

本标准所代替标准的历次版本发布情况为：

——GB/T 17811—1999。

动物性蛋白质饲料
胃蛋白酶消化率的测定　过滤法

1　范围

本标准规定了动物性蛋白质饲料胃蛋白酶消化率的测定方法。

本标准适用于所有动物性蛋白质饲料胃蛋白酶消化率的测定，其值同体内消化率没有直接关系。

2　规范性引用文件

下列文件中的条款通过本标准的引用而成为本标准的条款。凡是注日期的引用文件，其随后所有的修改单(不包括勘误的内容)或修订版均不适用于本标准，然而，鼓励根据本标准达成协议的各方研究是否可使用这些文件的最新版本。凡是不注日期的引用文件，其最新版本适用于本标准。

GB/T 6432　饲料中粗蛋白测定方法

GB/T 6433　饲料中粗脂肪的测定(GB/T 6433—2006，ISO 6492：1999，IDT)

GB/T 6682　分析实验室用水规格和试验方法(GB/T 6682—1992，neq ISO 3696：1987)

GB/T 14699.1　饲料　采样(GB/T 14699.1—2005，ISO 6497：2002，IDT)

GB/T 20195　动物饲料　试样的制备(GB/T 20195—2006，ISO 6498：1998，IDT)

中华人民共和国兽药典　2005 年版一部

3　原理

已脱过脂的试样，用温热的胃蛋白酶溶液(酶液浓度和用量与酶解试样质量恒定)，在恒温、持续不断地振摇或搅拌下消化 16 h，过滤分离不溶性残渣，洗涤、干燥，测定残渣的粗蛋白质含量。同时测定脱脂未酶解试样的粗蛋白质含量。

4　试剂和材料

除非另有规定，在分析中仅使用确认为分析纯的试剂。实验用水应符合 GB/T 6682 中三级水的规格。

4.1　20 IU/mL 胃蛋白酶溶液(临用前配制)：将 6.1 mL 浓盐酸稀释至 1 000 mL 水中(溶液pH1～2)，加热至 42℃～45℃，加入 2 g 活性为 1：10 000 生化级胃蛋白酶(临用前按《中华人民共和国兽药典》中规定方法测定胃蛋白酶活性)，若活性不是 1：10 000，也可使用活性 1：3 000 生化级胃蛋白酶(但不可使用非生化级胃蛋白酶)，应注意胃蛋白酶溶液中胃蛋白酶浓度应为 20 IU/mL，并缓慢搅拌直至溶解。勿在加热板上加热胃蛋白酶溶液或配制时过热。

4.2　乙醚。

4.3　丙酮。

4.4　定氮试剂：按 GB/T 6432 中试剂及配制方法规定。

5　仪器与设备

5.1　恒温式平转摇床：温控范围 20℃～50℃，水浴式或空气浴式均可，转速可调(15 r/min～300 r/min)。

5.2 实验室用样品粉碎机。

5.3 索氏抽提器、脱脂设备:按 GB/T 6433 中仪器设备规定。

5.4 定氮仪器、设备:按 GB/T 6432 中仪器设备规定。

5.5 实验室常用仪器、设备。

6 试样制备

按 GB/T 14699.1 采样,按 GB/T 20195 制备试样。粉碎至全部过 0.84 mm 孔筛(20 目),混匀装于密封容器,保存备用。

7 测定步骤

7.1 脱脂

称取 3 g~4 g 试样用乙醚(4.2)脱脂(含脂肪小于 1%可不脱脂,含脂肪 1%~10%建议脱脂,含脂肪大于 10%则应脱脂)。脱脂方法可参照 GB/T 6433 中粗脂肪抽提方法进行。脱脂后的样品需在室温风干,去掉乙醚。

7.2 胃蛋白酶消化

称取已脱脂风干后的试样(7.1)1.000 g(精确至±0.010 g)于 250 mL 带盖磨口瓶中,加 150 mL 新配制的并已预热至 42℃~45℃的胃蛋白酶溶液(4.1),应确保样品完全被胃蛋白酶溶液浸湿,盖紧瓶盖,将瓶夹于恒温摇床(5.1)上,于 45℃恒定速度搅动 16 h 进行保温酶解消化。

7.3 消化残渣的处理

从搅动器上取下磨口瓶,呈 45°角放置,让残渣沉淀 15 min 以上,随后在铺有快速滤纸的布氏漏斗上抽滤,先用少量水将瓶盖上的残渣洗至滤纸,再将磨口瓶保持沉淀时的角度移至布氏漏斗上,慢慢倾出内容物,使之通过滤纸后形成连续的细流,避免任何不必要的搅动。液体通过滤纸的速度应与倾入的速度相同。

当上层液体通过滤纸后,于瓶中加入 15 mL 丙酮(4.3),用拇指盖住瓶口剧烈振摇,放开。再用拇指堵住瓶口,在滤纸上方将瓶倒置振摇,放开拇指,丙酮和残渣流到滤纸上。再用一份 15 mL 的丙酮进行洗涤,照上法振摇和倒出。检查瓶子,并用丙酮再次洗涤。当全部液体通过滤器后,用洗瓶以少量丙酮洗涤漏斗壁上残渣两次,并抽干。从布氏漏斗上小心取下载有残渣的滤纸,无损地移入凯氏烧瓶中,并将凯氏烧瓶置于 105℃烘箱内烘干。

7.4 粗蛋白质的测定

将上述已烘干的残渣(7.3)按 GB/T 6432 中方法测定粗蛋白质的质量分数(w_2),测定残渣粗蛋白质时应从每个样品残渣粗蛋白质中减去酶液的空白值。同时,称取脱脂风干的样品(7.1)若干克(精确至 0.000 2 g),直接按 GB/T 6432 方法测定脱脂未酶解的样品中粗蛋白质的质量分数(w_1)。

8 分析结果的表述

8.1 试样胃蛋白酶消化率 X,以质量分数计,数值以%表示,按式(1)计算:

$$X = \frac{w_1 - w_2}{w_1} \times 100 \qquad \cdots\cdots(1)$$

式中:

w_1——脱脂未酶解的样品中粗蛋白质的质量分数,%;

w_2——脱脂酶解后残渣中粗蛋白质的质量分数,%。

8.2 每个试样脱脂风干后取两份试料进行酶解,平行测定残渣粗蛋白质的质量分数,以其算术平均值为测定结果(保留三位有效数字),测定结果的相对偏差≤6%。

8.3 每个试样脱脂风干后取两份试料进行平行测定粗蛋白质的质量分数，以其算术平均值为测定结果（保留三位有效数字），测定结果的相对偏差应符合 GB/T 6432 中规定的相对偏差允许范围。

8.4 每个试样胃蛋白酶消化率测定结果保留三位有效数字。

ICS 65.120
B 46

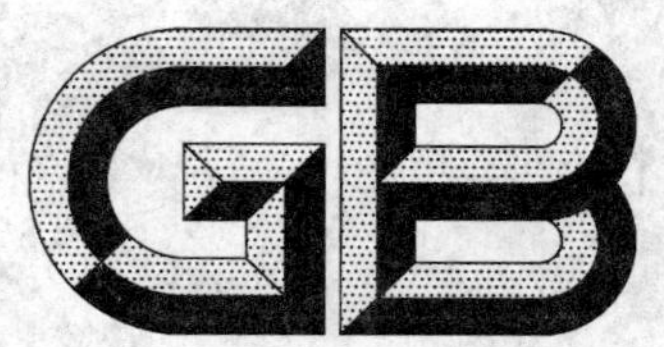

中华人民共和国国家标准

GB/T 17812—2008
代替 GB/T 17812—1999

饲料中维生素E的测定
高效液相色谱法

Determination of vitamin E in feeds—
High-performance liquid chromatography

2008-12-31 发布　　2009-05-01 实施

中华人民共和国国家质量监督检验检疫总局
中国国家标准化管理委员会　发布

前　言

本标准代替GB/T 17812—1999《饲料中维生素E的测定　高效液相色谱法》。

本标准与GB/T 17812—1999相比主要变化如下：

——原标准方法为第一法皂化提取法(仲裁法)；

——补充第二法直接提取法(快速法)，适用于维生素预混料中维生素E的测定。

本标准由全国饲料工业标准化技术委员会(SAC/TC 76)提出并归口。

本标准起草单位：中国农业科学院农业质量标准与检测技术研究所、国家饲料质量监督检验中心(北京)，北京桑普生物化学技术有限公司，广东爱保农科技有限公司，帝斯曼维生素(上海)有限公司。

本标准主要起草人：赵小阳、施文娟、虞哲高、吴革华、李俊玲、李永才、张进。

本标准所代替标准的历次版本发布情况为：

——GB/T 17812—1999。

饲料中维生素 E 的测定
高效液相色谱法

1 范围

本标准规定了饲料中维生素 E 的测定——高效液相色谱法。

本标准第一法适用于配合饲料、浓缩饲料、复合预混合饲料、维生素预混合饲料中维生素 E(*dl*-α-生育酚)的测定,定量限为 1 mg/kg。

本标准第二法适用于维生素预混合饲料中维生素 E(*dl*-α-生育酚乙酸酯)的测定,定量限为 20 mg/kg。

2 规范性引用文件

下列文件中的条款通过本标准的引用而成为本标准的条款。凡是注日期的引用文件,其随后所有的修改单(不包括勘误的内容)或修订版均不适用于本标准,然而,鼓励根据本标准达成协议的各方研究是否可使用这些文件的最新版本。凡是不注日期的引用文件,其最新版本适用于本标准。

GB/T 603 化学试剂 试验方法中所用制剂及制品的制备(GB/T 603—2002,ISO 6353-1:1982,NEQ)

GB/T 6682 分析实验室用水规格和试验方法(GB/T 6682—2008,ISO 3696:1987,MOD)

GB/T 14699.1 饲料 采样(GB/T 14699.1—2005,ISO 6497:2002,IDT)

GB/T 20195 动物饲料 试样的制备(GB/T 20195—2006,ISO 6498:1998,IDT)

3 第一法 皂化提取法(仲裁法)

3.1 原理

用碱溶液皂化试验样品,使试样中天然生育酚释放出来,添加的 *dl*-α-生育酚乙酸酯转化为游离的 *dl*-α-生育酚,乙醚提取,蒸发乙醚,用正己烷溶解残渣。试液注入高效液相色谱柱,用紫外检测器在 280 nm 处测定,外标法计算维生素 E(*dl*-α-生育酚)含量。

3.2 试剂和溶液

除特殊注明外,本标准所用试剂均为分析纯,水符合 GB/T 6682 中三级用水规定,色谱用水符合 GB/T 6682 中一级用水规定,溶液按照 GB/T 603 配制。

3.2.1 碘化钾溶液:100 g/L。

3.2.2 淀粉指示液:5 g/L。

3.2.3 硫代硫酸钠溶液:50 g/L。

3.2.4 无水乙醚:不含过氧化物。

3.2.4.1 过氧化物检查方法:用 5 mL 乙醚加 1 mL 碘化钾溶液(3.2.1),振摇 1 min,如有过氧化物则放出游离碘,水层呈黄色,或加淀粉指示液(3.2.2),水层呈蓝色。该乙醚需处理后使用。

3.2.4.2 去除过氧化物的方法:乙醚用硫代硫酸钠溶液(3.2.3)振摇,静置,分取乙醚层,再用蒸馏水振摇,洗涤两次,重蒸,弃去首尾 5%部分,收集馏出的乙醚,再检查过氧化物,应符合规定。

3.2.5 无水乙醇。

3.2.6 正己烷:色谱纯。

3.2.7 1,4-二氧六环。

3.2.8 甲醇:色谱纯。

3.2.9 2,6-二叔丁基对甲酚(BHT)。

3.2.10 无水硫酸钠。

3.2.11 氢氧化钾溶液:500 g/L。

3.2.12 L-抗坏血酸乙醇溶液:5 g/L。取 0.5 g L-抗坏血酸结晶纯品溶解于 4 mL 温热的蒸馏水中,用无水乙醇(3.2.5)稀释至 100 mL,临用前配制。

3.2.13 维生素 E(*dl*-α-生育酚)对照品:*dl*-α-生育酚含量≥99.0%。

3.2.14 *dl*-α-生育酚标准贮备液:称取 *dl*-α-生育酚对照品(3.2.13)100 mg(精确至 0.000 01 g)于 100 mL 棕色容量瓶中,用正己烷溶解并稀释至刻度,混匀,4 ℃保存。该贮备液浓度为 1.0 mg/mL。

3.2.15 *dl*-α-生育酚标准工作液:准确吸取 *dl*-α-生育酚标准贮备液(3.2.14),用正己烷(3.2.6)按 1:20 比例稀释。若用反相色谱测定,将 1.0 mL *dl*-α-生育酚标准贮备液置入 10 mL 棕色容量瓶中,用氮气吹干,用甲醇(3.2.8)稀释至刻度,混匀,再按比例稀释,配制工作液浓度为 50 μg/mL。

3.2.16 酚酞指示剂乙醇溶液:10 g/L。

3.2.17 氮气(纯度 99.9%)。

3.3 仪器和设备

3.3.1 分析天平,感量分别为 0.000 1 g、0.000 01 g。

3.3.2 圆底烧瓶,带回流冷凝器。

3.3.3 恒温水浴或电热套。

3.3.4 旋转蒸发器。

3.3.5 超纯水器。

3.3.6 高效液相色谱仪,带紫外可调波长检测器(或二极管矩阵检测器)。

3.4 采样

按照 GB/T 14699.1 的规定执行。

3.5 试样制备

按照 GB/T 20195 制备试样,磨碎,全部通过 0.28 mm 孔筛,混匀,装入密闭容器中,避光低温保存备用。

3.6 分析步骤

警告——在通风柜内操作!

3.6.1 试样溶液的制备

3.6.1.1 皂化

称取试样配合饲料或浓缩饲料 10 g,精确至 0.001 g,维生素预混料或复合预混料 1 g~5 g,精确至 0.000 1 g,置入 250 mL 圆底烧瓶中,加 50 mL L-抗坏血酸乙醇溶液(3.2.12),使试样完全分散、浸湿,置于水浴上加热直到沸点,用氮气吹洗稍冷却,加 10 mL 氢氧化钾溶液(3.2.11),混合均匀,在氮气流下沸腾皂化回流 30 min,不时振荡防止试样粘附在瓶壁上,皂化结束,分别用 5 mL 无水乙醇(3.2.5)、5 mL 水自冷凝管顶端冲洗其内部,取出烧瓶冷却至约 40 ℃。

3.6.1.2 提取

定量的转移全部皂化液于盛有 100 mL 无水乙醚(3.2.4)的 500 mL 分液漏斗中,用 30 mL~50 mL 蒸馏水分 2 次~3 次冲洗圆底烧瓶并入分液漏斗,加盖、放气,随后混合,激烈振荡 2 min,静置、分层。转移水相于第二个分液漏斗中,分次用 100 mL、60 mL 乙醚重复提取两次,弃去水相,合并三次乙醚相。用蒸馏水每次 100 mL 洗涤乙醚提取液至中性,初次水洗时轻轻旋摇,防止乳化。乙醚提取液通过无水硫酸钠(3.2.10)脱水,转移到 250 mL 棕色容量瓶中,加 100 mg BHT(3.2.9)使之溶解,用乙醚定容至刻度(V_1)。

3.6.1.3 浓缩

从乙醚提取液(V_1)中分取一定体积(V_2)(依据样品标示量、称样量和提取液量确定分取量)置于旋转蒸发器烧瓶中,在部分真空、水浴温度约 50 ℃的条件下蒸发至干或用氮气吹干。残渣用正己烷溶解(反相色谱用甲醇溶解),并稀释至 10 mL(V_3)使获得的溶液中每毫升含维生素 E(*dl*-α-生育酚)50 μg~100 μg,离心或通过 0.45 μm 过滤膜过滤,用于高效液相色谱仪分析。

3.6.2 测定

3.6.2.1 色谱条件

3.6.2.1.1 正相色谱

色谱柱:硅胶 Lichrosorb Si60,长 125 mm,内径 4.6 mm,粒度 5 μm;

流动相:正己烷+1,4-二氧六环=97+3;

流速:1.0 mL/min;

温度:室温;

进样量:20 μL;

检测器:紫外可调波长检测器(或二极管矩阵检测器),检测波长 280 nm。

3.6.2.1.2 反相色谱

色谱柱:C_{18}型柱,长 125 mm,内径 4.6 mm,粒度 5 μm;

流动相:甲醇+水=95+5;

流速:1.0 mL/min;

温度:室温;

进样量:20 μL;

检测器:紫外可调波长检测器(或二极管矩阵检测器),检测波长 280 nm。

3.6.2.2 定量测定

按高效液相色谱仪说明书调整仪器操作参数,向色谱柱注入相应的维生素 E(*dl*-α-生育酚)标准工作液(3.2.15)和试样溶液(3.6.1.3),得到色谱峰面积响应值,用外标法定量测定。

3.6.2.3 结果计算

3.6.2.3.1 试样中维生素 E 的含量(X_1),以质量分数[国际单位(或毫克)每千克(IU 或 mg/kg)]表示,按式(1)计算。

$$X_1 = \frac{P_1 \times V_1 \times V_3 \times \rho_1}{P_2 \times m_1 \times V_2 \times f_1} \qquad \cdots\cdots(1)$$

式中:

P_1——试样溶液(3.6.1.3)峰面积值;

V_1——提取液(3.6.1.2)的总体积,单位为毫升(mL);

V_3——试样溶液(3.6.1.3)最终体积,单位为毫升(mL);

ρ_1——标准工作液(3.2.15)浓度,单位为微克每毫升(μg/mL);

P_2——标准工作液(3.2.15)峰面积值;

m_1——试样质量,单位为克(g);

V_2——从提取液(V_1)中分取的溶液体积,单位为毫升(mL);

f_1——转换系数,1 IU 维生素 E 相当于 0.909 mg *dl*-α-生育酚,或 1.0 mg *dl*-α-生育酚乙酸酯。

3.6.2.3.2 平行测定结果用算术平均值表示,保留三位有效数字。

3.6.2.3.3 重复性:同一分析者对同一试样同时两次平行测定所得结果的相对偏差见表1。

表1

dl-α-生育酚含量/(mg/kg)	相对偏差/%
1～10	±20
≥10	±10

4 第二法 直接提取法(快速测定法)

4.1 原理

维生素预混料中的维生素E(*dl*-α-生育酚乙酸酯)用甲醇溶液提取,试液注入高效液相色谱柱,用紫外检测器(或二极管矩阵检测器)在285 nm处测定,外标法计算维生素E(*dl*-α-生育酚乙酸酯)含量。

4.2 试剂和溶液

除特殊注明外,本标准所用试剂均为分析纯,水符合GB/T 6682中三级用水规定,色谱用水符合GB/T 6682中一级用水规定。

4.2.1 维生素E(*dl*-α-生育酚乙酸酯)对照品:*dl*-α-生育酚乙酸酯含量≥99.0%。

4.2.2 维生素E(*dl*-α-生育酚乙酸酯)标准贮备液:称取*dl*-α-生育酚乙酸酯(4.2.1)100 mg(精确至0.000 01 g),于100 mL棕色容量瓶中,用甲醇(3.2.8)溶解并稀释至刻度,混匀,4 ℃保存。该贮备液浓度为1.0 mg/mL。

4.2.3 维生素E(*dl*-α-生育酚乙酸酯)标准工作液:准确吸取*dl*-α-生育酚乙酸酯标准贮备液(4.2.2)1.0 mL于10 mL棕色容量瓶中,用甲醇(3.2.8)稀释至刻度,混匀,配制工作液浓度为100 μg/mL。

4.3 仪器和设备

4.3.1 超声波水浴。

4.3.2 其他同3.3。

4.4 采样

同3.4。

4.5 试样制备

同3.5。

4.6 分析步骤

4.6.1 试样溶液的制备

称取试样1 g,精确至0.000 1 g,置于100 mL的棕色容量瓶中,加入约80 mL的甲醇,瓶塞不要拧紧,于60 ℃超声波水浴中超声提取30 min,冷却至室温,用甲醇稀释至刻度,充分摇匀。如果试样中维生素E(*dl*-α-生育酚乙酸酯)的标示量低于10 g/kg,则将溶液过0.45 μm滤膜,进样测定,否则需将溶液用甲醇进一步稀释,使维生素E(*dl*-α-生育酚乙酸酯)的进样浓度在10 μg/mL～120 μg/mL之间。

4.6.2 测定

4.6.2.1 色谱条件

色谱柱:C_{18}型柱,长150 mm,内径4.6 mm,粒度5 μm;

流动相:甲醇＋水＝98＋2;

流速:1.0 mL/min;

温度:室温;

进样量:20 μL;

检测器:紫外可调波长检测器(或二极管矩阵检测器),检测波长285 nm。

4.6.2.2 定量测定

按高效液相色谱仪说明书调整仪器操作参数,向色谱柱注入相应的维生素E(*dl*-α-生育酚乙酸酯)

标准工作液(4.2.3)和试样溶液(4.6.1),得到色谱峰面积响应值,用外标法定量测定。

4.6.2.3 **结果计算**

4.6.2.3.1 试样中维生素E的含量(X_2),以质量分数[国际单位(或毫克)每千克(IU或mg/kg)]表示,按式(2)计算。

$$X_2 = \frac{P_3 \times V \times \rho_2}{P_4 \times m_2 \times f_2} \quad \cdots\cdots(2)$$

式中:

P_3——试样溶液(4.6.1)峰面积值;

V——试样溶液(4.6.1)的总稀释体积,单位为毫升(mL);

ρ_2——标准工作液(4.2.3)浓度,单位为微克每毫升(μg/mL);

P_4——标准工作液(4.2.3)峰面积值;

m_2——试样质量,单位为克(g);

f_2——转换系数,1 IU维生素E相当于0.909 mg *dl*-α-生育酚,或1.0 mg *dl*-α-生育酚乙酸酯。

4.6.2.3.2 平行测定结果用算术平均值表示,保留三位有效数字。

4.6.2.3.3 重复性:同一分析者对同一试样同时两次平行测定所得结果的相对偏差不大于10%。

ICS 83.060
B 72

中华人民共和国国家标准

GB/T 17821—2008/ISO 705:1994
代替 GB/T 17821—1999

胶乳 5℃至40℃密度的测定

Rubber latex—Determination of density between 5℃ and 40℃

(ISO 705:1994,IDT)

2008-05-15 发布 2008-11-01 实施

中华人民共和国国家质量监督检验检疫总局
中国国家标准化管理委员会 发布

前　言

本标准等同采用ISO 705:1994《胶乳　5℃至40℃密度的测定》(英文版)。

在第2章规范性引用文件引用了GB/T 8290,该标准与ISO 705:1994的相应部分没有技术性差异。

为了便于使用,本标准作了如下编辑性修改:

——“本国际标准”一词改为“本标准”;

——删除国际标准的前言。

本标准代替GB/T 17821—1999《胶乳　5℃至40℃密度的测定》。

本标准与GB/T 17821—1999相比主要差异是按GB/T 1.1—2000和GB/T 20001.4—2001的要求对GB/T 17821—1999作了编辑性修改。

本标准由中国石油和化学工业协会提出。

本标准由全国橡胶与橡胶制品标准化技术委员会天然橡胶分技术委员会(SAC/TC 35/SC 8)归口。

本标准负责起草单位:中国热带农业科学院农产品加工研究所、农业部食品质量监督检验测试中心(湛江)。

本标准主要起草人:张北龙、陈成海。

本标准所代替标准的历次版本发布情况为:

——GB/T 17821—1999。

胶乳 5℃至40℃密度的测定

警告——使用本标准的人员应有正规实验室的实践经验。本标准并未指出所有可能的安全问题。使用者有责任采取适当的安全和健康措施,并保证符合国家有关法规规定的条件。

1 范围

本标准规定了在5℃～40℃温度下测定浓缩天然胶乳密度的方法。本标准是为了在不能直接称量或不能控制实验室温度的情况下利用密度测定来计算已测定体积的胶乳的质量而制定的。用于测定密度的胶乳样品中所含的空气数量应与测定体积时所含的空气数量相同。因此,在取样前应让胶乳静置至少24 h,以便能除去气泡。测定密度时的温度宜与测定体积时的温度相同,否则就应进行校正。

本标准适用于各种天然胶乳以及合成胶乳、配合胶乳和预硫化胶乳,也适用于橡胶水分散体。但7.2中所列的温度校正对这些胶乳不一定都适用。

2 规范性引用文件

下列文件中的条款通过本标准的引用而成为本标准的条款。凡是注日期的引用文件,其随后所有的修改单(不包括勘误的内容)或修订版均不适用于本标准,然而,鼓励根据本标准达成协议的各方研究是否可使用这些文件的最新版本。凡是不注日期的引用文件,其最新版本适用于本标准。

GB/T 8290 天然浓缩胶乳 取样(GB/T 8290—1987,eqv ISO 123:1985)

3 术语和定义

下列术语和定义适用于本标准。

3.1

密度 density

在标准温度下的质量除以体积。密度以兆克每立方米(Mg/m^3)表示。

3.2

浓缩天然胶乳 natural rubber latex concentrate

含氨和(或)其他保存剂并经过某种浓缩方法处理过的天然胶乳。

4 仪器

4.1 密度瓶(比重瓶)

容量为50 cm^3,具有磨口玻璃塞,塞中贯通一毛细管,并配备有一个磨口玻璃盖(见图1)。

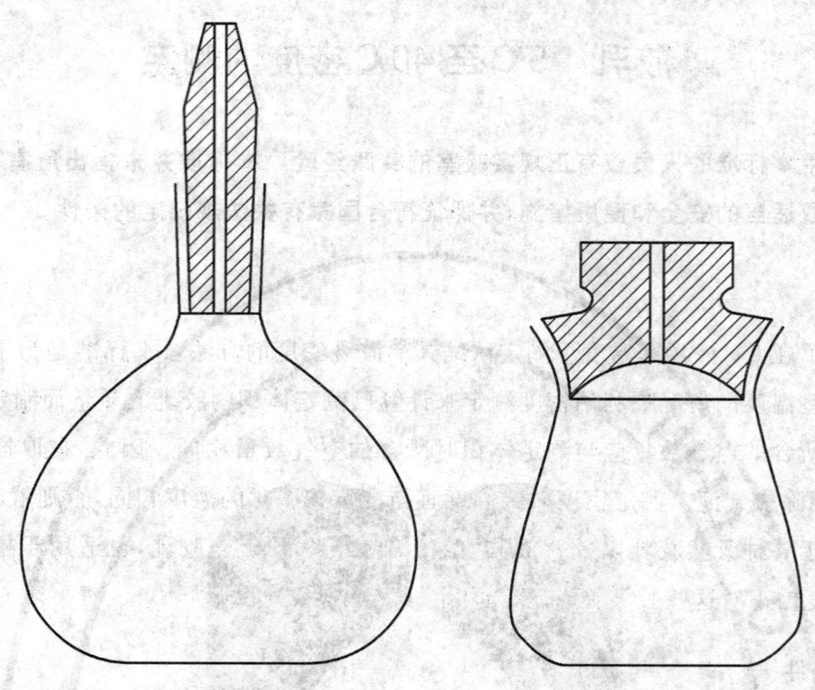

图 1　密度瓶(比重瓶)

4.2　恒温浴

精确至±0.2℃,可调节到高于或低于室温。如果没有恒温浴,则应使用水浴以保证胶乳处于已知的温度下。

4.3　天平

精度为 1 mg。

4.4　锥形烧瓶

2 个,容量至少为 200 cm^3,每个烧瓶都配备一个橡胶塞子,胶塞中有一条短的玻璃入口管,入口管在烧瓶外的一端装有一个移液球,在烧瓶内的一端则接有一条玻璃管几乎直达瓶底。

5　取样

按 GB/T 8290 规定的方法取样,注意不应混入空气,并保证盛样品的瓶要装满,胶乳品应至少静置 24 h 以除去气泡。记录下取样时胶乳的温度 θ。

6　操作程序

6.1　概述

取样后应尽快进行测定。如果没有可调节的恒温浴(4.2),则应按照 6.3 进行操作。这一操作考虑到了浓缩天然胶乳取样时控制温度的困难,以及接着需要进行温度校正。

6.2　将恒温浴的温度调到 θ(见第 5 章)。轻轻搅拌胶乳样品,不应混入气泡。在一个锥形烧瓶(4.4)中装入适量的胶乳,不应装满,再将锥形烧瓶放入恒温浴中。在另一个锥形烧瓶中装入刚制备的冷蒸馏水,也不应装满,将此瓶也放入恒温浴中。

将清洁和干燥的密度瓶(4.1)连同塞子和盖子一起称重,精确至 1 mg。将密度瓶塞上塞子并浸入恒温浴中,直达瓶颈,但不放盖子。让密度瓶和两个分别装着胶乳和水的锥形烧瓶达到恒温浴的温度,此过程至少需要 20 min。

用移液管从装胶乳的锥形烧瓶中吸出数立方厘米的胶乳并将它弃去,然后将足够数量的胶乳转移至密度瓶内将密度瓶装满。塞好塞子并立即将其顶部表面抹净(宜用薄叶纸进行),注意不应从毛细管中除去任何胶乳。从恒温浴中取出密度瓶,立刻盖好磨口玻璃盖,在尽量少动密度瓶的情况下让密度瓶的外面干燥,然后将密度瓶称重,精确至 1 mg。

倒空密度瓶,用蒸馏水洗净瓶内胶乳。如前所述,将密度瓶浸入恒温浴直至瓶颈。用鼓气法将蒸馏水从第二个锥形烧瓶中移入密度瓶,再让其在恒温浴中静置 5 min。倒空密度瓶,把它放回恒温浴中,再用同样方法把瓶装满。立即塞上塞子,把顶部表面抹干(宜用薄叶纸进行),注意不应从毛细管中除去任何蒸馏水。将密度瓶从恒温浴中取出,立刻盖好磨口玻璃盖,在尽量少动密度瓶的情况下让密度瓶的外面干燥,然后将密度瓶称重,精确至 1 mg。

6.3 如果使用不能调温的水浴,则应使水浴的温度保持恒温,并尽可能接近胶乳的温度(见第 5 章)。

记录水浴的温度 θ_1。

按 6.2 中所述的方法进行操作。在密度瓶装满胶乳之前以及密度瓶装满水之后,再检查水浴的温度。如果水浴温度变化超过 1℃,则应重新进行测定。

7 试验结果的计算

7.1 按式(1)计算胶乳在恒温浴或水浴温度下的密度 ρ,以兆克每立方米(Mg/m^3)表示:

$$\rho = \frac{m_L \times \rho_W}{m_W} \qquad \cdots\cdots (1)$$

式中:

m_L——密度瓶中胶乳的质量,单位为克(g);

m_W——密度瓶中水的质量,单位为克(g);

ρ_W——水在恒温或水浴温度下的密度,单位为兆克每立方米(Mg/m^3,见表 1)。

双份测定的结果之差不应大于 0.001 Mg/m^3。

表 1 在不同温度下水的密度

温度/℃	密度/(Mg/m^3)	温度/℃	密度/(Mg/m^3)	温度/℃	密度/(Mg/m^3)	温度/℃	密度/(Mg/m^3)
5	1.000 0	14	0.999 2	23	0.997 5	32	0.995 0
6	0.999 9	15	0.999 1	24	0.997 3	33	0.994 7
7	0.999 9	16	0.998 9	25	0.997 0	34	0.994 4
8	0.999 8	17	0.998 8	26	0.996 8	35	0.994 0
9	0.999 8	18	0.998 6	27	0.996 5	36	0.993 7
10	0.999 7	19	0.998 4	28	0.996 2	37	0.993 3
11	0.999 6	20	0.998 2	29	0.995 9	38	0.993 0
12	0.999 5	21	0.998 0	30	0.995 6	39	0.992 6
13	0.999 4	22	0.997 8	31	0.995 3	40	0.992 2

7.2 在浓缩天然胶乳的总固体含量为 55%~75%的情况下,如果密度测定时的温度 θ_1(见 6.3)与胶乳的温度不一样,则应按式(2)计算校正的密度(在 5℃~40℃的范围内进行校正):

$$\rho_0 = \rho_1[1 - 0.000\,5(\theta - \theta_1)] \qquad \cdots\cdots (2)$$

式中:

ρ_0——在温度 θ 下的校正密度,单位为兆克每立方米(Mg/m^3);

ρ_1——在温度 θ_1 下测得的密度,单位为兆克每立方米(Mg/m^3)。

8 试验报告

试验报告应包括下列各项内容:

a) 本标准号;

b） 识别样品所需的全部细节；

c） 试验结果及其单位；

d） 胶乳和恒温浴或水浴的温度；

e） 测定中观察到的异常现象；

f） 试验日期；

g） 本标准或引用文件中不包括的，而被认为可以采用的任何操作。

ICS 65.020.30
B 43

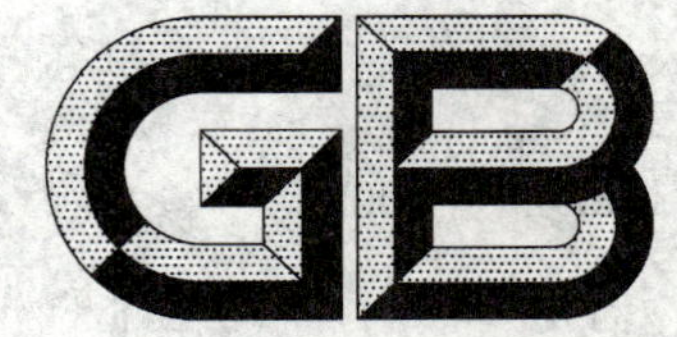

中华人民共和国国家标准

GB/T 17824.1—2008
代替 GB/T 17824.1—1999,GB/T 17824.3—1999

规模猪场建设

Construction for intensive pig farms

2008-07-31 发布　　2008-11-01 实施

中华人民共和国国家质量监督检验检疫总局
中国国家标准化管理委员会　发布

前　言

GB/T 17824 分为三个部分：

——GB/T 17824.1《规模猪场建设》；

——GB/T 17824.2《规模猪场生产技术规程》；

——GB/T 17824.3《规模猪场环境参数及环境管理》。

本部分为 GB/T 17824 的第 1 部分。

本部分代替 GB/T 17824.1—1999《中、小型集约化养猪场建设》、GB/T 17824.3—1999《中、小型集约化养猪场设备》。

本部分与 GB/T 17824.1—1999、GB/T 17824.3—1999 相比主要变化如下：

——将标准名称改为“规模猪场建设”；

——将标准主体内容改为：范围、规范性引用文件、术语和定义、饲养工艺、建设面积、场址选择、猪场布局、建设要求、水电供应以及设施设备；

——增加了饲养工艺内容，提出了参数要求；

——增加了规模猪场建设占地和建筑面积参数；

——增加了规模猪场总供水量参数；

——删除了部分设备及其性能参数；

——删除了劳动定员。

本部分由中华人民共和国农业部提出。

本部分由全国畜牧业标准化技术委员会归口。

本部分起草单位：北京市农林科学院畜牧兽医研究所。

本部分主要起草人：季海峰、单达聪、王四新、张董燕、吕利军、黄建国、王雅民、苏布敦格日乐。

本部分所代替标准的历次版本发布情况为：

——GB/T 17824.1—1999；

——GB/T 17824.3—1999。

规模猪场建设

1 范围

GB/T 17824 的本部分规定了规模猪场的饲养工艺、建设面积、场址选择、猪场布局、建设要求、水电供应以及设施设备等技术要求。

本部分适用于规模猪场的新建、改建和扩建,其他类型猪场建设亦可参照执行。

2 规范性引用文件

下列文件中的条款通过 GB/T 17824 的本部分的引用而成为本部分的条款,凡是注日期的引用文件,其随后所有的修改单(不包括勘误的内容)或修订版本均不适用于本部分,然而,鼓励根据本部分达成协议的各方研究是否可使用这些文件的最新版本。凡是不注日期的引用文件,其最新版本适用于本部分。

GB/T 701 低碳钢热轧圆盘条

GB/T 704 热轧扁钢尺寸、外形、重量及允许偏差

GB/T 708 冷轧钢板和钢带的尺寸、外形、重量及允许偏差

GB/T 912 碳素结构钢和低合金结构钢热轧薄钢板及钢带

GB/T 1800.1 极限与配合 基础 第1部分:词汇

GB/T 1800.2 极限与配合 基础 第2部分:公差、偏差和配合的基本规定

GB/T 1800.3 极限与配合 基础 第3部分:标准公差和基本偏差数值表

GB/T 1801 极限与配合 公差带和配合的选择

GB/T 1803 极限与配合 尺寸至18 mm孔、轴公差带

GB/T 1804 一般公差 未注公差的线性和角度尺寸的公差

GB/T 3091 低压流体输送用焊接钢管

GB/T 5574 工业用橡胶板

GB 5749 生活饮用水卫生标准

GB 9787 热轧等边角钢 尺寸、外形、重量及允许偏差

GB 18596 畜禽养殖业污染物排放标准

GB 50016 建筑设计防火规范

GBJ 39 村镇建筑设计防火规范

3 术语和定义

下列术语和定义适用于 GB/T 17824 的本部分。

3.1

规模猪场 intensive pig farms

采用现代养猪技术与设施设备,实行自繁自养、全年均衡生产工艺,存栏基础母猪100头以上的养猪场。

3.2

基础母猪 foundation sow

已经产出第一胎、处于正常繁殖周期的母猪。

3.3

净道　non-pollution road

场区内用于健康猪群和饲料等洁净物品转运的专用道路。

3.4

污道　pollution road

场区内用于垃圾、粪便、病死猪等非洁净物品转运的专用道路。

4　饲养工艺

4.1　猪群周转流程

猪群周转采用全进全出制；种猪每年的淘汰更新率25%～35%；后备公猪和后备母猪的饲养期16周～17周，母猪配种妊娠期17周～18周，母猪分娩前1周转入哺乳母猪舍，仔猪哺乳期4周，断奶后，母猪转入空怀妊娠母猪舍，仔猪转入保育舍，保育猪饲养期6周，然后转入生长育肥猪舍，生长育肥猪饲养14周～15周体重达到90 kg以上时出栏。

4.2　猪群结构

在均衡生产的情况下，规模猪场的猪群结构见表1，每一阶段的数量偏差应小于±10%。

表1　猪群存栏结构

单位为头

猪群类别	100头基础母猪规模	300头基础母猪规模	600头基础母猪规模
成年种公猪	4	12	24
后备公猪	1	2	4
后备母猪	12	36	72
空怀妊娠母猪	84	252	504
哺乳母猪	16	48	96
哺乳仔猪	160	480	960
保育猪	228	684	1 368
生长育肥猪	559	1 676	3 352
合计	1 064	3 190	6 380

4.3　舍内配置

4.3.1　猪舍可根据需要分成几个相对独立的单元，便于猪群全进全出制周转。

4.3.2　猪舍内配置的猪栏数、饮水器和食槽数宜按表2执行。

表2　不同猪舍配置的猪栏数

单位为个

猪舍类别	100头基础母猪规模	300头基础母猪规模	600头基础母猪规模
种公猪舍	4	12	24
后备公猪舍	1	2	4
后备母猪舍	2	6	12
空怀妊娠母猪舍	21	63	126
哺乳母猪舍	24	72	144
保育猪舍	28	84	168
生长育肥猪舍	64	192	384
合计	144	431	862

注：哺乳母猪舍每个猪栏内安装母猪、仔猪自动饮水器各一个，食槽各一个；其他猪舍每个猪栏内安装一个自动饮水器和一个食槽。

4.3.3 每个猪栏的饲养密度宜按表3执行。

表3 猪只饲养密度

猪群类别	每栏饲养猪头数	每头占床面积/(m^2/头)
种公猪	1	9.0～12.0
后备公猪	1～2	4.0～5.0
后备母猪	5～6	1.0～1.5
空怀妊娠母猪	4～5	2.5～3.0
哺乳母猪	1	4.2～5.0
保育仔猪	9～11	0.3～0.5
生长育肥猪	9～10	0.8～1.2

5 建设面积

5.1 总占地面积

不同猪场的建设用地面积不宜低于表4的数据。

表4 猪场建设占地面积　　单位为平方米(亩)

占地面积	100头基础母猪规模	300头基础母猪规模	600头基础母猪规模
建设用地面积	5 333(8)	13 333(20)	26 667(40)

5.2 猪舍建筑面积

种公猪舍、后备公猪舍、后备母猪舍、空怀妊娠母猪舍、哺乳母猪舍、保育猪舍和生长育肥猪舍的建筑面积宜按表5执行。

表5 各猪舍的建筑面积　　单位为平方米

猪舍类型	100头基础母猪规模	300头基础母猪规模	600头基础母猪规模
种公猪舍	64	192	384
后备公猪舍	12	24	48
后备母猪舍	24	72	144
空怀妊娠母猪舍	420	1 260	2 520
哺乳母猪舍	226	679	1 358
保育猪舍	160	480	960
生长育肥猪舍	768	2 304	4 608
合计	1 674	5 011	10 022
注：该数据以猪舍建筑跨度8.0 m为例。			

5.3 辅助建筑面积

饲料加工车间、人工授精室、兽医诊疗室、水塔、水泵房、锅炉房、维修间、消毒室、更衣间、办公室、食堂和宿舍等辅助建筑面积不宜低于表6的数据。

表 6 辅助建筑面积

单位为平方米

猪场辅助建筑	100 头基础母猪规模	300 头基础母猪规模	600 头基础母猪规模
更衣、淋浴、消毒室	40	80	120
兽医诊疗、化验室	30	60	100
饲料加工、检验与贮存	200	400	600
人工授精室	30	70	100
变配电室	20	30	45
办公室	30	60	90
其他建筑	100	300	500
合计	450	1 000	1 555
注：其他建筑包括值班室、食堂、宿舍、水泵房、维修间和锅炉房等。			

6 场址选择

6.1 场址应位于法律、法规明确规定的禁养区以外，地势高燥，通风良好，交通便利，水电供应稳定，隔离条件良好。

6.2 场址周围 3 km 内无大型化工厂、矿区、皮革加工厂、屠宰场、肉品加工厂和其他畜牧场，场址距离干线公路、城镇、居民区和公众聚会场所 1 km 以上。

6.3 禁止在旅游区、自然保护区、水源保护区和环境公害污染严重的地区建场。

6.4 场址应位于居民区常年主导风向的下风向或侧风向。

7 猪场布局

7.1 猪场在总体布局上应将生产区与生活管理区分开，健康猪与病猪分开，净道与污道分开。

7.2 按夏季主导风向，生活管理区应置于生产区和饲料加工区的上风向或侧风向，隔离观察区、粪污处理区和病死猪处理区应置于生产区的下风向或侧风向，各区之间用隔离带隔开，并设置专用通道和消毒设施，保障生物安全。

7.3 猪场四周设围墙，大门口设置值班室、更衣消毒室和车辆消毒通道；生产人员进出生产区要走专用通道，该通道由更衣间、淋浴间和消毒间组成；装猪台应设在猪场的下风向处。

7.4 猪舍朝向应兼顾通风与采光，猪舍纵向轴线与常年主导风向呈 30°角～60°角。

7.5 两排猪舍前后间距应大于 8 m，左右间距应大于 5 m。由上风向到下风向各类猪舍的顺序为：公猪舍、空怀妊娠母猪舍、哺乳猪舍、保育猪舍、生长育肥猪舍。

8 建设要求

8.1 猪舍建筑宜选用有窗式或开敞式，檐高 2.4 m～2.7 m。

8.2 猪舍内主通道的宽度应不低于 1.0 m。

8.3 猪舍围护结构能防止雨雪侵入，能保温隔热，能避免内表面凝结水气。

8.4 猪舍内墙表面应耐消毒液的酸碱腐蚀。

8.5 猪舍屋顶应设隔热保温层，猪舍屋顶的传热系数 k 应不大于 0.23 W/(m^2 · K)。

8.6 猪场建筑的耐火等级按照 GB 50016 和 GBJ 39 的要求设计。

9 水电供应

9.1 规模猪场供水宜采用自来水供水系统，根据猪场需水总量和 GB 5749 选定水源、储水设施和管路，供水压力应达到 1.5 kg/cm^2～2.0 kg/cm^2。

9.2 采用干清粪生产工艺的规模猪场，供水总量应不低于表 7 的数值。

表 7 规模猪场供水量

单位为吨每日

供水量	100 头基础母猪规模	300 头基础母猪规模	600 头基础母猪规模
猪场供水总量	20	60	120
猪群饮水总量	5	15	30
注：炎热和干燥地区的供水量可增加 25%。			

10 设施设备

10.1 材质与性能要求

10.1.1 猪场设备的材料应符合 GB/T 701、GB/T 704、GB/T 708、GB/T 912、GB/T 3091、GB 9787 的要求。

10.1.2 猪场设备所有加工零件的尺寸公差应符合 GB/T 1800.1、GB/T 1800.2、GB/T 1800.3、GB/T 1801、GB/T 1803 的要求；未注尺寸公差应符合 GB/T 1804 的要求。

10.1.3 猪场设备的所有铸件表面应光滑，不允许有气孔、夹砂、疏松等缺陷；所有焊合件要焊接牢固可靠，不得有虚焊、烧伤，焊缝应平整光滑；各种钣金件表面应光滑、平整，不得有起皱、裂纹、毛边；管道弯曲加工表面不得出现龟裂、皱折、起泡等，设备表面不能有任何伤害操作人员和猪只的显见粗糙点、凸起部位、锋利刃角和毛刺，表面应进行防腐处理，处理后不应产生毒性残留。

10.1.4 猪场设备的各项使用性能应符合工作可靠、操作方便、安全环保等要求。

10.1.5 猪场设备与地面、墙壁的连接要牢固、整洁；电器设备的安装要符合用电安全规定。

10.1.6 饲养设备中使用的塑料件应采用 PVC 无毒塑料，使用橡胶材料的材质应符合 GB/T 5574 的规定。

10.2 设备主要选型

10.2.1 猪栏

公猪栏、空怀妊娠母猪栏、分娩栏、保育猪栏和生长育肥猪栏均为栏栅式，其基本参数应符合表 8 的规定。

表 8 猪栏基本参数

单位为毫米

猪栏种类	栏高	栏长	栏宽	栅格间隙
公猪栏	1 200	3 000～4 000	2 700～3 200	100
配种栏	1 200	3 000～4 000	2 700～3 200	100
空怀妊娠母猪栏	1 000	3 000～3 300	2 900～3 100	90
分娩栏	1 000	2 200～2 250	600～650	310～340
保育猪栏	700	1 900～2 200	1 700～1 900	55
生长育肥猪栏	900	3 000～3 300	2 900～3 100	85
注：分娩母猪栏的栅格间隙指上下间距，其他猪栏为左右间距。				

10.2.2 食槽

食槽应限制猪只采食过程中将饲料拱出槽外，自动落料食槽应保证猪只随时采食到饲料，其基本参数应符合表 9 的规定。

表 9 猪食槽基本参数

单位为毫米

型式	适用猪群	高度	采食间隙	前缘高度
水泥定量饲喂食槽	公猪、妊娠母猪	350	300	250
铸铁半圆弧食槽	分娩母猪	500	310	250
长方体金属食槽	哺乳仔猪	100	100	70
长方型金属自动落料食槽	保育猪	700	140～150	100～120
长方型金属自动落料食槽	生长育肥猪	900	220～250	160～190

10.2.3 饮水器

猪场宜采用自动饮水器。饮水器长径应与地面平行，水流速度和安装高度应符合表 10 的规定。

表 10 自动饮水器的水流速度和安装高度

适用猪群	水流速度/(mL/min)	安装高度/mm
成年公猪、空怀妊娠母猪、哺乳母猪	2 000～2 500	600
哺乳仔猪	300～800	120
保育猪	800～1 300	280
生长育肥猪	1 300～2 000	380

10.2.4 漏粪地板

哺乳母猪、哺乳仔猪和保育猪宜采用质地良好的金属丝编织地板，生长育肥猪和成年种猪宜采用水泥漏缝地板。干清粪猪舍的漏缝地板应覆盖于排水沟上方。漏缝地板间隙应符合表 11 的规定。

表 11 不同猪栏漏缝地板间隙宽度

单位为毫米

成年种猪栏	分娩栏	保育猪栏	生长育肥猪栏
20～25	10	15	20～25

10.2.5 采暖、通风和降温设备

寒冷季节哺乳母猪舍和保育猪舍应设置供暖设施，哺乳仔猪采用电热板或红外线灯取暖；盛夏季节公猪舍宜采用湿帘机械通风方式降温，其他猪舍采用自然通风加机械通风方式降温。

10.2.6 清洁与消毒设备

水冲清洁设备宜选配高压清洗机、管路、水枪组成的可移动高压冲水系统；消毒设备宜选配手动背负式喷雾器、踏板式喷雾器和火焰消毒器。

10.2.7 粪污处理设施与设备

规模猪场宜采用干湿分离、人工清粪方式处理粪污，应配置专用的粪污处理设备，处理后粪污排放标准应符合 GB 18596 的要求。

10.2.8 运输设备

规模猪场应配备专用运输设备，包括仔猪转运车、饲料运输车和粪便运输车等。该类型运输设备宜根据猪场具体情况自行设计和定制。

10.2.9 监测仪器设备

规模猪场宜配备妊娠诊断、精液监测、称重、活体测膘等仪器设备，以及计算机和相关软件。

ICS 65.020.30
B 43

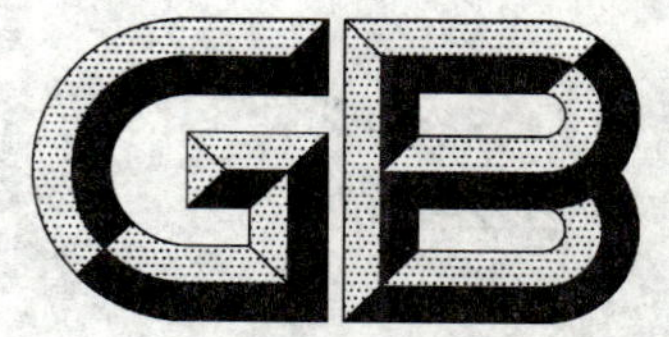

中华人民共和国国家标准

GB/T 17824.2—2008
代替 GB/T 17824.2—1999,GB/T 17824.5—1999

规模猪场生产技术规程

Technical regulations for commercial pig production for intensive pig farms

2008-07-31 发布　　　　2008-11-01 实施

中华人民共和国国家质量监督检验检疫总局
中国国家标准化管理委员会　发布

前　言

GB/T 17824 分为三个部分：

——GB/T 17824.1《规模猪场建设》；

——GB/T 17824.2《规模猪场生产技术规程》；

——GB/T 17824.3《规模猪场环境参数及环境管理》。

本部分为 GB/T 17824 的第 2 部分。

本部分代替 GB/T 17824.2—1999《中、小型集约化养猪场经济技术指标》、GB/T 17824.5—1999《中、小型集约化养猪场商品肉猪生产技术规程》。

本部分与 GB/T 17824.2—1999、GB/T 17824.5—1999 相比主要变化如下：

——将标准名称改为"规模猪场生产技术规程"；

——将标准主体内容改为：范围、规范性引用文件、术语和定义、生产工艺与环境要求、引种和留种、饲料要求、猪群管理、兽医防疫、记录；

——将"规模猪场生产技术指标"列为附录 A；

——删除了"猪群结构"；

——删除了"主要经济技术指标的计算方法"。

本部分的附录 A 为规范性附录。

本部分由中华人民共和国农业部提出。

本部分由全国畜牧业标准化技术委员会归口。

本部分起草单位：北京市农林科学院畜牧兽医研究所。

本部分主要起草人：季海峰、王四新、单达聪、黄建国、张董燕、吕利军、苏布敦格日乐、王雅民。

本部分所代替标准的历次版本发布情况为：

——GB/T 17824.2—1999；

——GB/T 17824.5—1999。

规模猪场生产技术规程

1 范围

GB/T 17824 的本部分规定了规模猪场的生产工艺和环境要求、引种和留种、饲料要求、猪群管理、兽医防疫和记录等技术要求。

本部分适用于规模猪场的生产技术管理，也可供其他类型猪场参考使用。

2 规范性引用文件

下列文件中的条款通过 GB/T 17824 的本部分的引用而成为本部分的条款。凡是注日期的引用文件，其随后所有的修改单(不包括勘误的内容)或修订版均不适用于本部分。然而，鼓励根据本部分达成协议的各方研究是否可使用这些文件的最新版本。凡是不注日期的引用文件，其最新版本适用于本部分。

GB 13078 饲料卫生标准

GB 16567 种畜禽调运检疫技术规范

GB/T 17823 中、小型集约化养猪场兽医防疫工作规程

GB/T 17824.1 规模猪场建设

GB/T 17824.3 规模猪场环境参数及环境管理

NY/T 65 猪饲养标准

3 术语和定义

下列术语和定义适用于 GB/T 17824 的本部分。

3.1

规模猪场 intensive pig farms

采用现代养猪技术与设施设备，实行自繁自养、全年均衡生产工艺，存栏基础母猪 100 头以上的养猪场。

3.2

全进全出制 all-in all-out system

同一批次猪同时进、出同一猪舍单元的饲养管理制度。

4 生产工艺和环境要求

4.1 规模猪场应根据种公猪、空怀妊娠母猪、哺乳母猪、保育猪、生长育肥猪和后备公母猪的生理特点，进行分段式饲养，形成全年连续、均衡、周期性运转的生产工艺，按照 GB/T 17824.1 的猪群周转流程组织生产。

4.2 猪场内的环境要求按照 GB/T 17824.3 执行。

5 引种和留种

5.1 制定引种计划和留种计划，内容包括：品种或品系、引种来源、引种时间、隔离方法与设施、疫病与性能检验等。

5.2 引进种猪和精液时，应从具有《种猪生产经营许可证》和《动物防疫合格证》的种猪场引进，种猪引进后应隔离观察 30 d 以上，并按 GB 16567 规定进行检疫。若从国外引种，应按照国家相关规定执行。

5.3 引进或自留的后备种猪应无临床和遗传疾病，发育正常，四肢强健有力，体型外貌符合品种特征。

5.4 不得从疫区或可疑疫区引种。

6 饲料要求

6.1 猪场应按照猪群类别饲喂对应的全价配合饲料，猪群包括：种公猪、后备公母猪、空怀妊娠母猪、哺乳母猪、哺乳仔猪、保育猪和生长育肥猪等。

6.2 配合饲料的营养水平应符合 NY/T 65 的规定。

6.3 配合饲料的卫生指标应符合 GB 13078 的规定。

6.4 配合饲料应色泽一致，无发霉变质、结块及异味。

6.5 配合饲料中不得添加国家禁止使用的药物。

6.6 配合饲料中使用药物添加剂时，应按有关规定执行休药期。

7 猪群管理

7.1 种公猪采用单栏饲养，空怀母猪和妊娠母猪采用小群栏饲养，分娩母猪和哺乳母猪采用全漏缝高床分娩栏饲养，保育猪采用全漏缝高床保育栏饲养，生长育肥猪采用小群栏饲养。

7.2 种公猪、空怀母猪、妊娠母猪、哺乳母猪及后备公母猪宜采用定量饲喂，哺乳仔猪，保育猪、生长育肥猪宜采用自由采食方式。变换饲料应逐步过渡，过渡期为 4 d～7 d。

7.3 种公猪应保持身体强壮；在 12 月龄～24 月龄时，每周配种 1 次～2 次；在 24 月龄～60 月龄时，每周配种 4 次～5 次。

7.4 空怀母猪应抓好发情配种工作，保持八成膘情；妊娠母猪应抓好保胎工作，保持环境安静、营养合理；哺乳母猪应抓好泌乳工作，保持足够的饮水、营养和采食量，在分娩前后和断奶前应适当减少饲喂量。

7.5 对出生仔猪应做好标识、称重、补铁、补锌、补硒和免疫注射工作，断奶前做好驱虫、去势和称重等工作。

7.6 哺乳仔猪、保育猪和生长猪转群时，宜采用原圈转群；在特殊情况下，应按照体重和日龄相近者并圈。

7.7 生产管理人员应爱护猪群，平时细心观察猪群的精神状况、健康状况、发情状况、采食状况和粪尿情况，及时检查照明设备、饮水装置、配合饲料、舍内温度、湿度和空气质量，发现问题及时解决。

7.8 规模猪场的生产技术指标宜达到附录 A 的水平。

8 兽医防疫

规模猪场的卫生、消毒、防疫和用药等按照 GB/T 17823 执行。

9 记录

饲料、兽药、配种、转群、接产、断奶、疾病诊断和治疗等日常工作，应有详细记录，并有专人负责，记录要定期检查和统计分析，有效记录应保存两年以上。

附 录 A
（规范性附录）
规模猪场生产技术指标

A.1 母猪繁殖性能指标见表A.1。

表A.1 母猪繁殖性能指标

指标名称	指标数值
基础母猪断奶后第一情期受胎率/%	≥85
分娩率/%	≥96
基础母猪年均产仔窝数/[窝/(年·头)]	≥2.1
基础母猪平均每窝产活仔数/(头/窝)	≥10.5
断奶日龄/天	≥28.0
哺乳仔猪成活率/%	≥92
基础母猪年提供断奶仔猪数/(头/年)	≥20.0

A.2 生长育肥期性能指标见表A.2。

表A.2 生长育肥期性能指标

<table>
<tr><th colspan="2">指标名称</th><th>指标数值</th></tr>
<tr><td colspan="2">仔猪平均断奶体重(4周龄)/(kg/头)</td><td>≥7.0</td></tr>
<tr><td rowspan="3">仔猪保育期(5周龄～10周龄)</td><td>期末体重/(kg/头)</td><td>≥20.0</td></tr>
<tr><td>料重比/(kg/kg)</td><td>≤1.8</td></tr>
<tr><td>成活率/%</td><td>≥95</td></tr>
<tr><td rowspan="3">生长育肥期(11周龄～25周龄)</td><td>成活率/%</td><td>≥98</td></tr>
<tr><td>日增重/(g/d)</td><td>≥650</td></tr>
<tr><td>料重比/(kg/kg)</td><td>≤3.0</td></tr>
<tr><td colspan="2">170日龄体重/(kg/头)</td><td>≥90</td></tr>
</table>

A.3 猪场整体生产技术指标见表A.3。

表A.3 猪场整体生产技术指标

指标名称	指标数值
基础母猪年出栏商品猪数/头	≥18
商品猪出栏率/%	≥160

ICS 65.020.30
B 43

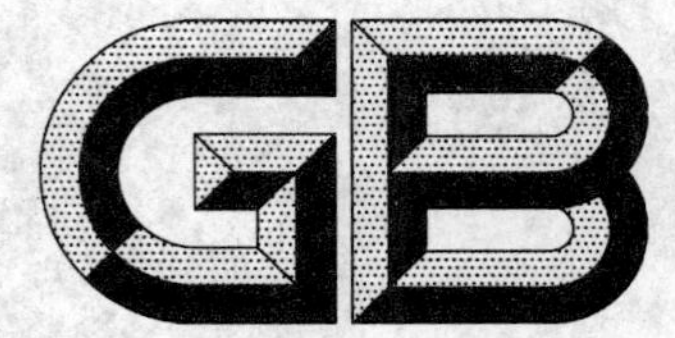

中华人民共和国国家标准

GB/T 17824.3—2008
代替 GB/T 17824.4—1999

规模猪场环境参数及环境管理

Environmental parameters and environmental management for intensive pig farms

2008-07-31 发布　　2008-11-01 实施

中华人民共和国国家质量监督检验检疫总局
中国国家标准化管理委员会　发布

前言

GB/T 17824 分为三个部分：

——GB/T 17824.1《规模猪场建设》；

——GB/T 17824.2《规模猪场生产技术规程》；

——GB/T 17824.3《规模猪场环境参数及环境管理》。

本部分为 GB/T 17824 的第 3 部分。

本部分代替 GB/T 17824.4—1999《中、小型集约化养猪场环境参数及环境管理》。

本部分与 GB/T 17824.4—1999 相比主要变化如下：

——将标准名称改为“规模猪场环境参数及环境管理”；

——将标准主体内容改为：范围、规范性引用文件、术语和定义、场区环境管理、猪舍环境参数与环境管理；

——增加了“场区环境管理”；

——删除了“群养猪组群要求”。

本部分由中华人民共和国农业部提出。

本部分由全国畜牧业标准化技术委员会归口。

本部分起草单位：北京市农林科学院畜牧兽医研究所。

本部分起草人：季海峰、张董燕、单达聪、王四新、黄建国、吕利军、王雅民、苏布敦格日乐。

本部分所代替标准的历次版本发布情况为：

——GB/T 17824.4—1999。

规模猪场环境参数及环境管理

1 范围

GB/T 17824 的本部分规定了规模猪场的场区环境和猪舍环境的相关参数及管理要求。

本部分适用于规模猪场的环境卫生管理，其他类型猪场亦可参照执行。

2 规范性引用文件

下列文件中的条款通过 GB/T 17824 的本部分的引用而成为本部分的条款。凡是注日期的引用文件，其随后所有的修改单(不包括勘误的内容)或修订版均不适用于本部分，然而，鼓励根据本部分达成协议的各方研究是否可使用这些文件的最新版本。凡是不注日期的引用文件，其最新版本适用于本部分。

GB 5749 生活饮用水卫生标准

GB 13078 饲料卫生标准

GB 16548 病害动物和病害动物产品生物安全处理规程

GB/T 17824.1 规模猪场建设

GB 18596 畜禽场养殖业污染物排放标准

3 术语和定义

下列术语和定义适用于 GB/T 17824 的本部分。

3.1

规模猪场 intensive pig farms

采用现代养猪技术与设施设备，实行自繁自养、全年均衡生产工艺，存栏基础母猪 100 头以上的养猪场。

3.2

粉尘 dust

粒径小于 75 μm、能悬浮在空气中的固体微粒。

4 场区环境管理

4.1 场区布局按照 GB/T 17824.1 执行，应保持场区内清洁卫生，定期对门口、道路和地面进行消毒，定期灭蝇、灭蚊和灭鼠。

4.2 在场区及周围空闲地上种植花、草和环保树，可以绿化环境、净化空气、改善场区小气候。

4.3 场内的饲料卫生按照 GB 13078 执行。

4.4 配合饲料宜采用氨基酸平衡日粮，添加国家主管行政部门批准的微生物制剂、酶制剂和植物提取物，以提高饲料利用率，减少粪便、臭气等污染物的排放量。

4.5 场内水量充足，饮用水水质应达到 GB 5749 的要求，应定期检修供水设施，保障水质传送过程中无污染。

4.6 猪场粪污处理宜采用干湿分离、人工清粪方式；粪便经无害化处理后还田利用，污水经净化处理后应达到 GB 18596 的要求。

4.7 病死猪及其污染物应按照 GB 16548 的规定进行生物安全处理。

4.8 应定期对场区空气和饮用水指标进行监测，以便及时掌控规模猪场的环境情况。

5 猪舍环境参数与环境管理

5.1 猪舍空气

5.1.1 温度和湿度参数

猪舍内空气的温度和相对湿度应符合表1的规定。

表1 猪舍内空气温度和相对湿度

猪舍类别	空气温度/℃			相对湿度/%		
	舒适范围	高临界	低临界	舒适范围	高临界	低临界
种公猪舍	15～20	25	13	60～70	85	50
空怀妊娠母猪舍	15～20	27	13	60～70	85	50
哺乳母猪舍	18～22	27	16	60～70	80	50
哺乳仔猪保温箱	28～32	35	27	60～70	80	50
保育猪舍	20～25	28	16	60～70	80	50
生长育肥猪舍	15～23	27	13	65～75	85	50

注1：表中哺乳仔猪保温箱的温度是仔猪1周龄以内的临界范围，2周～4周龄时的下限温度可降至26℃～24℃。表中其他数值均指猪床上0.7 m处的温度和湿度。

注2：表中的高、低临界值指生产临界范围，过高或过低都会影响猪的生产性能和健康状况。生长育肥猪舍的温度，在月份平均气温高于28℃时，允许将上限提高1℃～3℃，月份平均气温低于－5℃时，允许将下限降低1℃～5℃。

注3：在密闭式有采暖设备的猪舍，其适宜的相对湿度比上述数值要低5%～8%。

5.1.2 温度管理

5.1.2.1 哺乳母猪和哺乳仔猪需要的温度不同，应对哺乳仔猪采取保温箱单独供暖。

5.1.2.2 猪舍环境温度高于临界范围上限值时，应采取喷雾、湿帘和遮阳等降温措施，加强通风，保证清洁饮水，提高日粮营养水平。

5.1.2.3 猪舍环境温度低于临界范围下限值时，应采取供暖、保温措施，保持圈舍干燥，控制风速，防止贼风，提高日粮营养水平。

5.1.3 空气卫生

猪舍空气中的氨(NH_3)、硫化氢(H_2S)、二氧化碳(CO_2)、细菌总数和粉尘不宜超过表2的数值。

表2 猪舍空气卫生指标

猪舍类别	氨/(mg/m^3)	硫化氢/(mg/m^3)	二氧化碳/(mg/m^3)	细菌总数/(万个/m^3)	粉尘/(mg/m^3)
种公猪舍	25	10	1 500	6	1.5
空怀妊娠母猪舍	25	10	1 500	6	1.5
哺乳母猪舍	20	8	1 300	4	1.2
保育猪舍	20	8	1 300	4	1.2
生长育肥猪舍	25	10	1 500	6	1.5

5.2 猪舍通风

5.2.1 猪舍通风时，气流分布应均匀，无死角，无贼风。

5.2.2 跨度小于10 m的猪舍宜采用自然通风，并设地窗和屋顶风管；跨度大于10 m或者全密闭的猪舍宜采用机械通风。

5.2.3 猪舍通风量和风速应符合表3的规定。

表3 猪舍通风量与风速

猪舍类别	通风量/[m^3/(h·kg)]			风速/(m/s)	
	冬季	春秋季	夏季	冬季	夏季
种公猪舍	0.35	0.55	0.70	0.30	1.00
空怀妊娠母猪舍	0.30	0.45	0.60	0.30	1.00
哺乳猪舍	0.30	0.45	0.60	0.15	0.40
保育猪舍	0.30	0.45	0.60	0.20	0.60
生长育肥猪舍	0.35	0.50	0.65	0.30	1.00

注1:通风量是指每千克活猪每小时需要的空气量。

注2:风速是指猪只所在位置的夏季适宜值和冬季最大值。

注3:在月份平均温度≥28 ℃的炎热季节,应采取降温措施。

5.3 猪舍采光

5.3.1 猪舍的自然光照和人工照明应符合表4的数据要求。

表4 猪舍采光参数

猪舍类别	自然光照		人工照明	
	窗地比	辅助照明/lx	光照度/lx	光照时间/h
种公猪舍	1∶12～1∶10	50～75	50～100	10～12
空怀妊娠母猪舍	1∶15～1∶12	50～75	50～100	10～12
哺乳猪舍	1∶12～1∶10	50～75	50～100	10～12
保育猪舍	1∶10	50～75	50～100	10～12
生长育肥猪舍	1∶15～1∶12	50～75	30～50	8～12

注1:窗地比是以猪舍门窗等透光构件的有效透光面积为1,与舍内地面积之比。

注2:辅助照明是指自然光照猪舍设置人工照明以备夜晚工作照明用。

5.3.2 猪舍人工照明宜使用节能灯,光照应均匀,按照灯距3 m、高度2.1 m～2.4 m、每灯光照面积9 m^2～12 m^2 的原则布置。

5.3.3 猪舍的灯具和门窗等透光构件应保持清洁。

5.4 猪舍噪声

5.4.1 各类猪舍的生产噪声和外界传入噪声不得超过80 dB,应避免突发的强烈噪声。

5.4.2 加强猪舍周围绿化,降低外部噪声的传入。

ICS 39.060
Y 88

中华人民共和国国家标准

GB/T 17832—2008
代替 GB/T 17832—1999

银合金首饰　银含量的测定
溴化钾容量法(电位滴定法)

Silver jewellery alloys—Determination of silver—Volumetric (potentionmetric) method using potassium bromide

(ISO 11427:1993, Determination of silver in silver jewellery alloys—Volumetric (potentionmetric) method using potassium bromide, MOD)

2008-12-31 发布　　2009-07-01 实施

中华人民共和国国家质量监督检验检疫总局
中国国家标准化管理委员会
发布

前　言

本标准修改采用了国际标准 ISO 11427:1993(E)《银合金首饰中银含量的测定　溴化钾容量法(电位滴定法)》(英文版)。

本标准与 GB/T 18996—2003《银合金首饰中含银量的测定　氯化钠或氯化钾容量法(电位滴定法)》具有同等效力。

本标准根据 ISO 11427:1993 重新起草,为便于比较,在附录 A 中列出了本国家标准条款和国际标准条款的对照一览表。

根据我国首饰生产和销售的实际情况,本标准在采用国际标准时进行了修改。有关技术性差异用垂直单线标识在它们所涉及的条款的页边空白处。在附录 B 中给出了这些技术性差异及其原因的一览表以供参考。

本标准代替 GB/T 17832—1999《银合金首饰中含银量的测定　溴化钾容量法(电位滴定法)》。

本标准与 GB/T 17832—1999 的主要区别如下:

——由等效采用国际标准 ISO 11427:1993 改为修改采用。

——在前言增加了“本标准与 GB/T 18996 具有同等效力”的明示。

——适用范围和计算结果采用千分数表示,与 GB 11887 的表示方法一致。

——在第一章范围增加了“本标准被 GB 11887 指定为银首饰中银含量测定的仲裁方法”的明示。

本标准的附录 A、附录 B 为资料性附录。

本标准由中国轻工业联合会提出。

本标准由全国首饰标准化技术委员会(SAC/TC 256)归口。

本标准起草单位:国家首饰质量监督检验中心。

本标准主要起草人:李玉鹍、李素青、李武军、张代。

本标准所代替标准的历次版本发布情况为:

——GB/T 17832—1999。

银合金首饰　银含量的测定
溴化钾容量法(电位滴定法)

1 范围

本标准规定了采用溴化钾容量法(电位滴定法)测定银合金首饰中的银含量。

本标准适用于银含量800‰～999‰的银合金首饰、工艺品及其材料。

本标准被GB 11887指定为银首饰中银含量测定的仲裁方法。

注:银合金中可以含有铜、锌、镉和钯,这些元素除钯必须在滴定前先沉淀分离外,其余元素的存在不会干扰本测定方法。

2 规范性引用文件

下列文件中的条款通过本标准的引用而成为本标准的条款。凡是注日期的引用文件,其随后所有的修改单(不包括勘误的内容)或修订版均不适用于本标准,然而,鼓励根据本标准达成协议的各方研究是否可使用这些文件的最新版本。凡是不注日期的引用文件,其最新版本适用于本标准。

GB/T 9725　化学试剂　电位滴定法通则(GB/T 9725—2007,ISO 6353-1:1982,NEQ)

GB 11887　首饰　贵金属纯度的规定及命名方法(GB 11887—2008,ISO 9202:1991,MOD)

GB/T 18996　银合金首饰中含银量的测定　氯化钠或氯化钾容量法(电位滴定法)(GB/T 18996—2003,ISO 13756:1997,MOD)

3 方法原理

将样品溶解在稀硝酸中,采用预先标定过的溴化钾溶液,滴定样品溶液来测定其中的银含量,并用电位计指示终点。

注:本标准中滴定终点的判定方法参见GB/T 9725。

4 试剂和材料

除非另有说明,在分析中仅使用确认为分析纯的试剂和蒸馏水或去离子水或相当纯度的水。

4.1　硝酸(1+2),不含氯离子。

4.2　溴化钾标准溶液,$c(KBr)=0.1$ mol/L:将11.90 g在105 ℃下干燥过的溴化钾溶于水中,并稀释到1L。

4.3　丁二酮肟乙醇溶液:将10 g丁二酮肟晶体溶解于1 000 mL乙醇中。

4.4　银,纯度不小于999.9‰。

5 仪器设备

常用实验室仪器和以下仪器设备。

5.1　分析天平,感量为0.01 mg,精度等级二级。

5.2　电动活塞式滴定管,与电位计或自动滴定仪连接,接近滴定终点时可控制滴定液的增量为0.05 mL。

5.3　酸度计或电位计,具有0.02pH单位或2 mV精确度的仪器。

5.4　酸式滴定管,50 mL,精度为0.1 mL。

5.5　1 kW可调温电炉或其他可控温的加热设备。

5.6 银电极。

5.7 双盐桥式甘汞电极。

5.8 电磁搅拌器。

6 取样

在合适的取样方法标准出版前，本标准的取样方法有效。

对于有非金属覆盖层的制品来说，应当采用适当的措施将覆盖层去除后再进行检测。

7 方法步骤

7.1 称样量

用于滴定的标准银及试样，其称样量应在 300 mg～500 mg 之间，称量准确度为 0.01 mg。

7.2 溴化钾标准溶液的标定

7.2.1 标准银的准备

同时称量三份标准银的样品(4.4)，每份银在 300 mg～500 mg 之间，称量准确度为 0.01 mg，并将其分别置于三个玻璃烧杯中，每个烧杯中分别加入硝酸(4.1)5mL，于电炉上逐渐加热使银全部溶解，继续加热至氮氧化物完全挥发为止。冷却，分别用去离子水 100 mL 稀释，待用。

注：标准银的称样量应介于试样称样量±20 mg 范围内。

7.2.2 标准银溶液的滴定

用滴定管(5.2)连续滴入待标定的溴化钾标准溶液(4.2)，使连续搅拌的标准银溶液中大约有 95%的银产生沉淀，按照这种方式继续滴定溶液中剩余的银，到达终点后再滴入溴化钾标准溶液(4.2)0.5 mL。

注：终点判定见 GB/T 9725。为提高滴定精度，可采用微量滴定管或自动滴定装置。

7.2.3 溴化钾滴定度的计算

滴定终点的计算见 GB/T 9725。

溴化钾标准溶液的滴定度用 F 表示，按式(1)计算：

$$F = \frac{m}{V} \qquad \cdots\cdots(1)$$

式中：

F——溴化钾标准溶液的滴定度，单位为毫克每毫升(mg/mL)；

m——标准银的质量，单位为毫克(mg)；

V——到达滴定终点时消耗溴化钾标准溶液的体积，单位为毫升(mL)。

滴定度对于浓度大于 0.05%的溶液来说是相同的，这就是说 F 的值可以连续地用于计算之中，并可达到最大的准确度。溴化钾标准溶液的滴定度在试样分析之前就可以直接测定。

7.3 测试

7.3.1 试样溶液的准备

称量三份试样，每份试样在 300 mg～500 mg 之间，称量准确度为 0.01 mg，随后转移到三个玻璃烧杯中，每个烧杯中分别加入硝酸(4.1)5 mL，于电炉上逐渐加热使样品全部溶解，继续加热至氮氧化物完全挥发为止。冷却，分别用去离子水 100 mL 稀释。如样品中含有钯时，需加入丁二酮肟乙醇溶液(4.3)10 mL～15 mL，使钯以沉淀形式析出。

7.3.2 试样溶液的滴定

测试过程及终点判定完全按照标准银溶液的滴定(7.2.2)进行。测试前可预先测得银含量的近似值。测试过程应特别注意终点附近溴化钾标准溶液的体积。

8 结果的表示

8.1 计算方法

8.1.1 试样中银的质量 m_{Ag} 按式(2)计算：

$$m_{Ag} = F \cdot V_s \qquad \cdots\cdots(2)$$

式中：

m_{Ag}——试样中银的质量，单位为毫克(mg)；

F——溴化钾标准溶液的滴定度，单位为毫克每毫升(mg/mL)；

V_s——滴定试样时到达滴定终点所消耗溴化钾标准溶液的体积，单位为毫升(mL)。

8.1.2 试样中银的含量 W_{Ag} 按式(3)计算，以千分数来表示：

$$W_{Ag} = \frac{m_{Ag}}{m_s} \times 1\,000‰ \qquad \cdots\cdots(3)$$

式中：

m_{Ag}——试样中银的质量，单位为毫克(mg)；

m_s——试样的质量，单位为毫克(mg)。

计算结果保留到个位。

8.2 重现性

重复试验造成的结果偏差应小于1‰。如果误差大于这个值，试验应重做。

9 试验报告

试验报告应包括以下信息：

——样品的识别，包括来源、接样日期和形状；

——使用的标准(包括发布或出版年号)；

——使用的方法；

——样品中银含量的千分值，包括单个样品的值和平均值，按第7章的规定计算；

——如果必要，应有此标准方法规定的分析步骤的差异；

——测试过程中任何异常情况的记录；

——测试日期；

——完成分析的实验室签章；

——实验室负责人及操作人员签名。

附 录 A
（资料性附录）
本标准章条编号与 ISO 11427:1993 章条编号对照

表 A.1 给出了本标准章条编号与 ISO 11427:1993 章条编号对照一览表。

表 A.1 本标准章条编号与 ISO 11427:1993 章条编号对照

本标准章条编号	对应的国际标准章条编号
1	1
2	2
3	3
4	4
5.1	—
5.2	5.1
5.3	5.2
5.4	—
5.5	—
5.6	—
5.7	—
5.8	—
6	6
7.1	7.1
7.2	7.2
7.3.1	7.3.1 和 7.3.2
7.3.2	7.3.3
8.1	8.1
8.2	8.2
9	9a),c)～i)
—	9b)

附 录 B
（资料性附录）
本标准与 ISO 11427:1993 技术性差异及其原因

表 B.1 给出了本标准与 ISO 11427:1993 的技术性差异及其原因的一览表。

表 B.1 本标准与 ISO 11427:1993 技术性差异及其原因

本标准的章条编号	技术性差异	原 因
1	1)“本标准适用于银含量 800‰～999‰的银合金首饰、工艺品及其材料。”代替了“适用于 ISO 9202 所规定的范围”。 2)“GB 11887”代替了“ISO 9202”。 3) 将国际标准的第二段以注的形式表示，将国际标准的注 1 改文正文的内容。	明确测定范围便于标准的执行。 引用了采用国际标准的国家标准，而非国际标准。 符合国家标准编写规则。
2	“GB 11887”代替了“ISO 9202”。	引用了采用国际标准的国家标准，而非国际标准，符合国家标准编写规则。
3	增加了“注：本标准中滴定终点的判定方法参见 GB/T 9725。”	明确电位判定的规则，便于标准执行。
5	增加了实验设备。	根据国内实验室的设备状况增加了适用的设备。
7.2.2	增加了“注：终点判定见 GB/T 9725。为提高滴定精度，可采用微量滴定管或自动滴定装置。”	明确了滴定终点的判定规则，便于标准的执行。考虑国内实验室能力，推荐了微量滴定管和自动滴定装置。
7.2.3	增加了“滴定终点的计算见 GB/T 9725。”	明确了滴定终点的计算方法，便于标准的执行。
7.3.1	将国际标准 7.3.2 样品含钯时分离处理改在 7.3.1 中。	更加明确，易于理解执行。
9	删除了国际标准“9 b)取样方式”。	目前国内没有相关的取样标准。

ICS 13.220.10
C 84

中华人民共和国国家标准

GB 17835—2008
代替 GB 17835—1999

水系灭火剂

Water based extinguishing agent

2008-10-08 发布 2009-05-01 实施

中华人民共和国国家质量监督检验检疫总局
中国国家标准化管理委员会 发布

前　言

本标准的第5章、第7章为强制性,其余为推荐性。

本标准是对GB 17835—1999《水系灭火剂通用技术条件》的修订。

本标准代替GB 17835—1999《水系灭火剂通用技术条件》。

本标准与GB 17835—1999相比主要变化如下:

——增加了"抗冻结融化性"、"腐蚀性能"、"凝固点"、"毒性"的技术要求和试验方法;

——删掉了"流动性"、"流动点"、"沉淀物"和"稳定性"的技术要求和试验方法;

——增加了"抗醇性水系灭火剂"和"非抗醇性水系灭火剂"的定义;

——删掉了"离析"的定义;

——对第4章分类进行修订,修订后的分类与GB 4351.1—2005附录A中灭火剂代号和特定的灭火剂特征代号一致;

——第5章增加了对各项目不合格类型的划分;

——修改灭火试验程序和灭火性能要求。

本标准由中华人民共和国公安部提出。

本标准由全国消防标准化技术委员会第三分技术委员会归口。

本标准起草单位:公安部天津消防研究所。

本标准主要起草人:刘玉恒、庄爽、李姝、刘慧敏、戴桂红、孙甲斌。

本标准所代替标准的历次版本发布情况为:

——GB 17835—1999。

水 系 灭 火 剂

1 范围

本标准规定了水系灭火剂的术语和定义、要求、试验方法、检验规则、标志和运输等内容。

本标准适用于水系灭火剂。

2 规范性引用文件

下列文件中的条款通过本标准的引用而成为本标准的条款。凡是注日期的引用文件，其随后所有的修改单(不包括勘误的内容)或修订版均不适用本标准，然而，鼓励根据本标准达成协议的各方研究是否可使用这些文件的最新版本。凡是不注日期的引用文件，其最新版本适用于本标准。

GB 4351.1—2005 手提式灭火器 第1部分:性能和结构要求(ISO 7165:1999,NEQ)

GB/T 6682 分析实验室用水规格和试验方法(GB/T 6682—2008,ISO 3696:1987,MOD)

GB/T 13267—1991 水质 物质对淡水鱼(斑马鱼)急性毒性测定方法(neq ISO 7346-1～7346-3:1984)

GB 15308—2006 泡沫灭火剂(ISO 7203-1:1995,ISO 7203-2:1995,ISO 7203-3:1999,NEQ)

SH 0004—1990 橡胶工业用溶剂油

3 术语和定义

GB 15308—2006 确立的以及下列术语和定义适用于本标准。

3.1

水系灭火剂 water based extinguishing agent

由水、渗透剂、阻燃剂以及其他添加剂组成，一般以液滴或以液滴和泡沫混合的形式灭火的液体灭火剂。

3.2

抗醇性水系灭火剂 alcohol resistant water based extinguishing agent

适用于扑灭A类火灾和B类火灾(水溶性和非水溶性液体燃料)的水系灭火剂。

3.3

非抗醇性水系灭火剂 non-alcohol resistant water based extinguishing agent

适用于扑灭A类火灾或A、B类火灾(非水溶性液体燃料)的水系灭火剂。

4 分类和标记

4.1 分类

水系灭火剂按性能分为以下两类：

a) 非抗醇性水系灭火剂S;

b) 抗醇性水系灭火剂S/AR。

4.2 标记

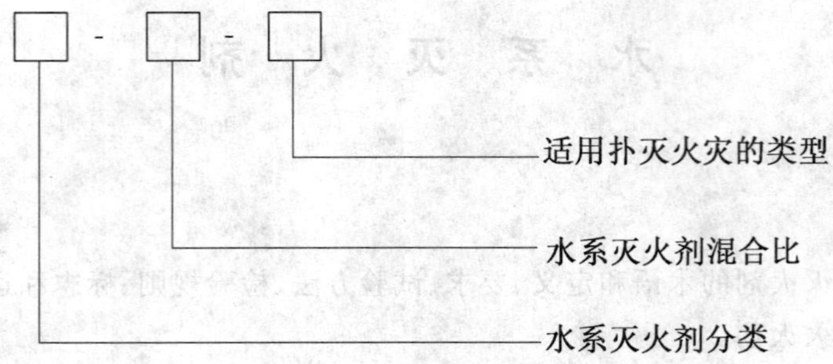

示例：S/AR-10-AB 表示混合比为 10%、具有扑灭 AB 类火灾性能的抗醇性水系灭火剂。

5 要求

水系灭火剂的技术性能应符合表 1 和表 2 的要求。

表 1 理化性能

项　目	样品状态	要　求	不合格类别
凝固点/℃	混合液	在特征值$^{+0}_{-4}$℃之内	C
抗冻结、融化性	混合液	无可见分层和非均相	B
pH 值	混合液	6.0～9.5	C
表面张力/(mN/m)	混合液	与特征值的偏差不大于±10%	C
腐蚀率/[mg/(d·dm²)]	混合液	Q235 钢片：≤15.0	C
		LF21 铝片：≤15.0	
毒性	混合液	鱼的死亡率不大于 50%	B

表 2 灭火性能

项目	燃料类别	灭火级别	不合格类型
灭 B 类火性能	橡胶工业用溶剂油	≥55B(1.73 m²)	A
	99%丙酮	≥34B(1.07 m²)	A
灭 A 类火性能	木垛	≥1A	A

注 1：委托方自带灭火器时，灭火器容积应为 6 L，喷射时间和喷射距离应符合 GB 4351.1—2005 的要求。
注 2：产品所能扑救火灾的类别，委托方自己申报。

6 试验方法

6.1 凝固点

按 GB 15308—2006 中 5.2.3 进行。

6.2 抗冻结、融化性

按 GB 15308—2006 中 5.2 进行。

6.3 pH 值

按 GB 15308—2006 中 5.5 进行。

6.4 表面张力

按 GB 15308—2006 中 5.6 进行。

6.5 腐蚀率

按 GB 15308—2006 中 5.7 进行。

6.6 毒性

6.6.1 试验生物

试验鱼种应是斑马鱼(真骨鱼总目,鲤科),体长(30±5)mm,体重(0.3±0.1)g,选自同一驯养池中规格大小一致的幼鱼。试验前该鱼群应在与试验时相同的环境条件下,在连续曝气的水中至少驯养两周。试验前 24 h 停止喂饲,每天清理粪便及食物残渣。驯养期间死亡率不得超过 10%,如果超过 10%,则该批鱼不得用作试验。试验鱼应无明显的疾病和肉眼可见的畸形。试验前两周不应对其做疾病处理。斑马鱼驯养的环境参数见 GB/T 13267—1991 附录 B。

6.6.2 试验容器

2 L 玻璃烧杯,初次使用的试验容器,用前应仔细清洗。试验后,倒空容器,以适当的手段清洗,用水冲去痕量试验物质及清洁剂,干燥后备用。试验容器临用前用标准稀释水冲洗。

6.6.3 标准稀释水

新配置的标准稀释水 pH 值为 7.8±0.2,硬度为 250 mg/L 左右(以 $CaCO_3$ 计),用符合GB/T 6682 要求的蒸馏水或去离子水,由下面 4 种溶液制备:

a) 氯化钙溶液:将 11.76 g 氯化钙($CaCl_2 \cdot 2H_2O$)溶于水中并稀释至 1 L。

b) 硫酸镁溶液:将 4.93 g 硫酸镁($MgSO_4 \cdot 7H_2O$)溶于水中并稀释至 1 L。

c) 碳酸氢钠溶液:将 2.59 g 碳酸氢钠($NaHCO_3$)溶于水中并稀释至 1 L。

d) 氯化钾溶液:将 0.23 g 氯化钾(KCl)溶于水中并稀释至 1 L。

将以上四种溶液各取 25 mL,加以混合并用蒸馏水稀释至 1 L。将配置好的稀释水曝气至溶解氧浓度达到空气饱和值,并将 pH 值稳定在 7.8±0.2。

6.6.4 试验条件

试验期间混合液温度保持在(23±2)℃,试验前 24 h 停止喂食,整个试验期间也不喂食。

6.6.5 试验步骤

按申明比例配成混合液,取 12 mL 混合液倒入烧杯内,用标准稀释水稀释至 2 000 mL。将 10 条健康的斑马鱼放入,在环境温度为(23±2)℃的条件下养 96 h,鱼的死亡率不大于 50%,即为合格。

6.7 灭火性能

6.7.1 仪器设备

秒表:分度值 0.1 s;

天平:精度 1 g;

量筒:分度值 10 mL。

MPZ/6 型手提贮压式泡沫灭火器或 MSZ/6 型手提贮压式水型灭火器。喷嘴见图 1;灭火剂充装量(6±0.2)L;充入氮气压力(表压)(1.2±0.1)MPa。

也可以使用厂家提供的 MPZ/6 型或 MSZ/6 型灭火器及喷嘴,但其喷射时间和喷射距离性能应符合 GB 4351.1—2005 的要求。

灭火剂:取经 6.7.2 样品储存试验后的灭火剂。

单位为毫米

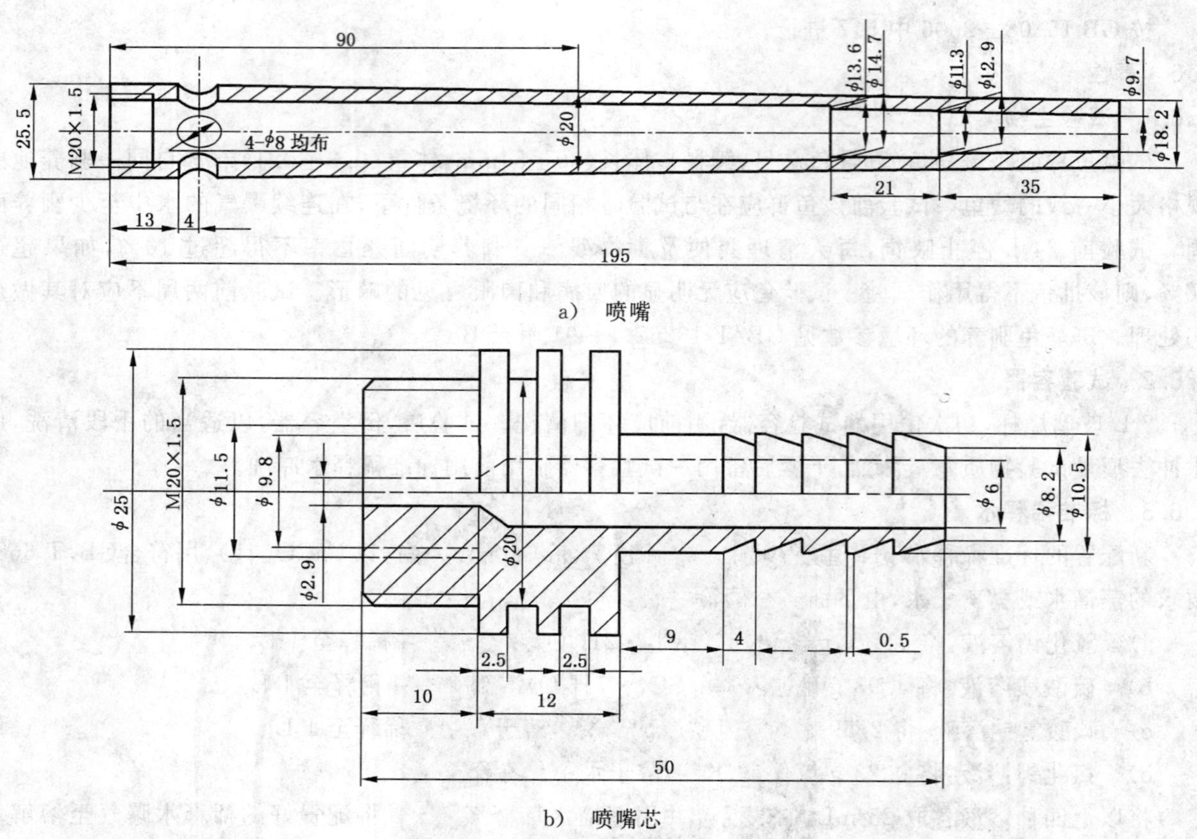

a) 喷嘴

b) 喷嘴芯

图 1 喷嘴

6.7.2 样品贮存试验

取一定量的样品，按 6.2 的规定首先进行抗冻结融化试验，然后，在(60±2)℃的环境中进行 7 天高温试验，最后在(20±5)℃的环境中放置 24 h 或以上，充装灭火器。

6.7.3 A 类火灭火试验

6.7.3.1 试验模型

A 类火试验模型由整齐堆放在金属支架上(或其他类似的支架上)的木条和正方形金属制的引燃盘构成，支架高 400 mm±10 mm。

木条应经过干燥处理，其含水率保持在 10%～14%；木材的密度在含水率 12%时应为 0.45 g/ cm^3 ～0.55 g/cm^3；木条的横截面为正方形，边长 39 mm±1 mm，木材长度 500 mm±10 mm。

木条分层堆放，上下层木条成直角排列，每层木条应间隔均匀。试验模型为正方形木垛，其边长等于木条的长度。试验模型的木条根数、层数、引燃盘尺寸和引燃油量应符合 GB 4351.1—2005 中表 11 规定。木垛的边缘木条应固定，以防止试验时被灭火剂冲散。引燃 A 类火试验模型用符合 SH 0004—1990的 120 号溶剂油。

6.7.3.2 试验条件

A 类灭火试验应在室内进行，试验室应具有足够的空间，通风条件应满足木垛自由燃烧的要求。

灭火试验可有专人操作，操作者可穿戴透明面罩和隔辐射热的防护服与手套。

6.7.3.3 试验步骤

在引燃盘内先倒入深度为 30 mm 清水，再加入燃料，将引燃盘放入木垛的正下方。

点燃燃料，当燃料烧尽，可将引燃盘从木垛下抽出，让木垛自由燃烧。当木垛燃烧至其质量减少到原质量的 53%～57%时，则预燃结束。

注：木垛燃烧时的质量损失可直接测定或采用被证明可以提供相当一致结果的其他方法测定。

预燃结束后即开始灭火。灭火应从木垛正面，距木垛不小于1.8 m处开始喷射。然后接近木垛，并向顶部、底部、侧面等喷射，但不能向木垛的背面喷射。灭火时应使灭火器保持最大开启状态并连续喷射，操作者和灭火器的任何部位不应触及模型。

6.7.3.4 **试验评定**

火焰熄灭后10 min内没有可见的火焰(但10 min内出现不连续的火焰可不计)，即为灭火成功。

灭火试验中因木垛倒塌，则此次试验无效。

灭火试验应进行3次，其中有2次灭火成功，则视为成功。若连续2次灭火成功，第3次可以免做。

6.7.4 **B类火灭火试验**

6.7.4.1 **试验模型**

B类火灭火试验模型由圆形盘内放入燃料构成，盘用钢板制成，模型尺寸应符合GB 4351.1—2005中表12的规定。燃料为符合SH 0004—1990要求的橡胶工业用溶剂油(适用于抗醇和非抗醇型)、99%丙酮(适用于抗醇型)。

6.7.4.2 **试验条件**

B类火灭火试验可在室外进行，但风速不应大于3.0 m/s。但下雨、下雪或下冰雹时不应进行试验。试验时，油盘底部应与地面齐平，当油盘底部有加强筋时，必须使油盘底部不暴露于大气中。

灭火试验可有专人操作，操作者可穿戴透明面罩和隔辐射热的防护服与手套。

6.7.4.3 **试验步骤**

橡胶工业用溶剂油火试验时，为了防止油盘变形，可加入清水，但盘内水深不应大于50 mm，不应小于15 mm。99%丙酮火试验时，不得加入清水。

点燃燃料，橡胶工业用溶剂油火预燃60 s；99%丙酮火预燃120 s。

预燃结束后即开始灭火。在灭火过程中，灭火器可以连续喷射或间歇喷射，但操作者不得踏上或踏入油盘进行灭火。

6.7.4.4 **试验评定**

火焰熄灭后1 min内不出现复燃，且盘内还有剩余燃料，则灭火成功。

灭火试验应进行3次，其中有2次灭火成功，则视为成功。若连续2次灭火成功，第3次可以免做。

每次试验均应使用新的燃料，经燃烧后熄灭的燃料不得再次使用。

7 检验规则

7.1 批、组

7.1.1 一次投料于加工设备中制得的均匀产品为一批。

7.1.2 一批或多批(不超过250 t)，并且是用相同的主要原材料和相同工艺生产的产品为一组。

7.2 取样

按GB 15308—2006中6.1进行。样品数量25 kg。

7.3 出厂检验

7.3.1 每批产品的出厂检验项目至少应包括：凝固点、pH值、表面张力。

7.3.2 每组产品的出厂检验项目至少应包括：凝固点、pH值、表面张力和灭火性能。

7.4 型式检验

本标准第5章中所列的全部技术指标为型式检验项目，有下列情况之一时应进行型式检验，并规定型式检验时被抽样的产品基数不少于2 t。

a) 新产品鉴定或老产品转厂生产时；

b) 正式生产中如原材料、工艺、配方有较大的改变时；

c) 产品停产一年以上恢复生产时；

d) 正常生产两年或间歇生产累计产量达500 t时；

e) 市场准入有要求时或国家质量监督机构提出型式检验时；

f) 出厂检验与上次型式检验有较大差异时。

7.5 检验结果判定

7.5.1 出厂检验结果判定

出厂检验结果判定，由生产厂根据检验规程自行判定。

7.5.2 型式检验结果判定

符合下列条件之一者，即判该样品合格：

——各项指标均符合第5章要求；

——只有一项B类不合格，其他项目均符合第5章要求；

——不超过两项C类不合格，其他项目均符合第5章要求；

——出现上述三个条件以外的情况，即判为该样品不合格。

8 包装、标志、运输和储存

8.1 包装

产品应密封盛装于塑料桶中或内部做防腐处理的铁桶中，最小包装25 kg。

8.2 标志

产品包装容器上必须清晰、牢固地注明：

a) 产品的名称、型号和分类；

b) 如不受冻结、融化影响，应注明“不受冻结、融化影响”，否则注明“禁止冻结”；

c) 储存温度、最低使用温度和有效期；

d) 产品的净重、生产批号、生产日期及依据标准；

e) 生产厂名称、厂址和通讯方式。

8.3 运输和储存

运输避免磕碰，防止包装受损。

产品应储存在通风、阴凉处，储存温度应低于45 ℃并高于其最低使用温度，储存期为2年。储存期内的产品，应符合本标准第5章相应要求。超过储存期的产品，每年应按本标准第5章的规定进行灭火性能检验，以确定产品的有效性。

ICS 81.040.20
Q 34

中华人民共和国国家标准

GB/T 17841—2008
代替 GB 17841—1999

半钢化玻璃

Heat strengthened glass

2008-10-15 发布　　2009-06-01 实施

中华人民共和国国家质量监督检验检疫总局
中国国家标准化管理委员会　发布

前　言

本标准与 EN 1863-1:2000《建筑用玻璃—热增强钠钙硅酸盐玻璃　第 1 部分　定义和描述》和 EN 1863-2:2004《建筑用玻璃—热增强钠钙硅酸盐玻璃　第 2 部分　一致性评价/产品标准》的一致性程度为非等效。本标准同时参考了 ASTM C 1048-04《热处理平板玻璃-热增强玻璃、镀膜和普通钢化玻璃产品规范》。

本标准代替 GB 17841—1999《幕墙用钢化玻璃与半钢化玻璃》,与 GB 17841—1999 相比主要技术差异为:

——取消了钢化玻璃的技术要求;

——取消了抗风压性能的技术要求,增加了碎片状态、弯曲强度的技术要求;

——尺寸及允许偏差项目中增加了边长大于 3 000 mm 的技术要求,增加了对圆孔的技术要求;

——外观质量项目中增加了对爆边缺陷的允许规定;

——弯曲度项目中取消了对垂直法半钢化玻璃的要求;

——增加了附录 A(规范性附录)。

本标准的附录 A 为规范性附录。

本标准由中国建筑材料联合会提出。

本标准由全国建筑玻璃标准化委员会归口。

本标准负责起草单位:中国建筑材料检验认证中心。

本标准参加起草单位:广东金刚玻璃科技股份有限公司、和合科技集团有限公司、浙江中力控股集团有限公司、江苏秀强玻璃科技股份有限公司、中国南玻集团股份有限公司、上海耀华皮尔金顿玻璃股份有限公司、北京物华天宝安全玻璃有限公司、江门银辉安全玻璃有限公司、杭州钱塘江特种玻璃技术有限公司。

本标准主要起草人:吴辉廷、石新勇、王文彪、夏卫文、吴从真、孙大海、艾发智、龙霖星、杨宏斌、陈新盛、周健、平柏战、张坚华、贾祥道、赵威、邱娟。

本标准所代替标准的历次发布情况为:

——GB 17841—1999。

半 钢 化 玻 璃

1 范围

本标准规定了经热处理工艺制成的半钢化玻璃的术语和定义、分类、技术要求、试验方法、检验规则和标志、包装、运输、贮存。

本标准适用于经热处理工艺制成的建筑用半钢化玻璃。对于建筑以外用的半钢化玻璃,可根据其产品特点参照使用本标准。

2 规范性引用文件

下列文件中的条款通过本标准的引用而成为本标准的条款。凡是注日期的引用文件,其随后所有的修改单(不包括勘误的内容)或修订版均不适用于本标准,然而,鼓励根据本部分达成协议的各方研究是否可使用这些文件的最新版本。凡是不注日期的引用文件,其最新版本适用于本部分。

GB/T 1216 外径千分尺

GB/T 8170 数值修约规则

GB 15763.2—2005 建筑用安全玻璃 第2部分:钢化玻璃

3 术语和定义

下列术语和定义适用于本标准。

3.1

半钢化玻璃 heat strengthened glass

通过控制加热和冷却过程,在玻璃表面引入永久压应力层,使玻璃的机械强度和耐热冲击性能提高,并具有特定的碎片状态的玻璃制品。

4 分类

半钢化玻璃按生产工艺分类,分为:垂直法半钢化玻璃、水平法半钢化玻璃。

5 材料

生产半钢化玻璃所使用的原片,其质量应符合相应产品标准的要求。

6 要求

半钢化玻璃的各项性能及其试验方法应符合表1相应条款的规定。

表1 技术要求及试验方法条款

项目	技术要求	试验方法
厚度偏差	6.1	7.1
尺寸及允许偏差	6.2	7.2
边部质量	6.3	7.3
外观质量	6.4	7.4
弯曲度	6.5	7.5

表 1（续）

项目	技术要求	试验方法
弯曲强度	6.6	7.6
表面应力	6.7	7.7
碎片状态	6.8	7.8
耐热冲击	6.9	7.9

6.1　厚度偏差

制品的厚度偏差应符合所使用的原片玻璃对应标准的规定。

6.2　尺寸及允许偏差

6.2.1　边长允许偏差

矩形制品的边长允许偏差应符合表 2 的规定。

表 2　边长允许偏差

单位为毫米

<table>
<tr><th rowspan="2">厚度</th><th colspan="4">边长(L)</th></tr>
<tr><th>$L\leqslant 1\,000$</th><th>$1\,000<L\leqslant 2\,000$</th><th>$2\,000<L\leqslant 3\,000$</th><th>$L>3\,000$</th></tr>
<tr><td>3、4、5、6</td><td>+1.0
−2.0</td><td colspan="2" rowspan="2">±3.0</td><td rowspan="2">±4.0</td></tr>
<tr><td>8、10、12</td><td>+2.0
−3.0</td></tr>
</table>

6.2.2　对角线差

矩形制品的对角线差应符合表 3 的规定。

表 3　对角线差允许值

单位为毫米

玻璃公称厚度	边长(L)			
	$L\leqslant 1\,000$	$1\,000<L\leqslant 2\,000$	$2\,000<L\leqslant 3\,000$	$L>3\,000$
3、4、5、6	2.0	3.0	4.0	5.0
8、10、12	3.0	4.0	5.0	6.0

6.2.3　圆孔

6.2.3.1　概述

本条款只适用于公称厚度不小于 4 mm 的制品。圆孔的边部加工质量由供需双方商定。

6.2.3.2　孔径

孔径一般不小于玻璃的公称厚度，孔径的允许偏差应符合表 4 的规定。小于玻璃的公称厚度的孔的孔径允许偏差由供需双方商定。

表 4　孔径及其允许偏差

单位为毫米

公称孔径(D)	允许偏差
$4\leqslant D\leqslant 50$	±1.0
$50<D\leqslant 100$	±2.0
$D>100$	供需双方商定

6.2.3.3　孔的位置

6.2.3.3.1　孔的边部距玻璃边部的距离 a 应不小于玻璃公称厚度的 2 倍。如图 1 所示。

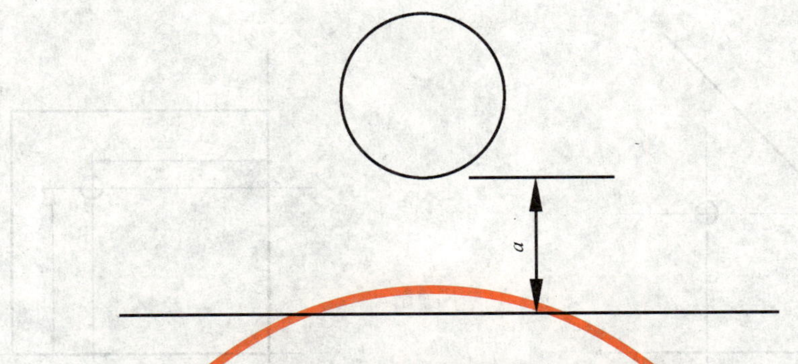

图 1　孔的边部距玻璃边部的距离示意图

6.2.3.3.2　两孔孔边之间的距离 b 应不小于玻璃公称厚度的 2 倍。如图 2 所示。

图 2　两孔孔边之间的距离示意图

6.2.3.3.3　孔的边部距玻璃角部的距离 c 应不小于玻璃公称厚度的 6 倍。如图 3 所示。

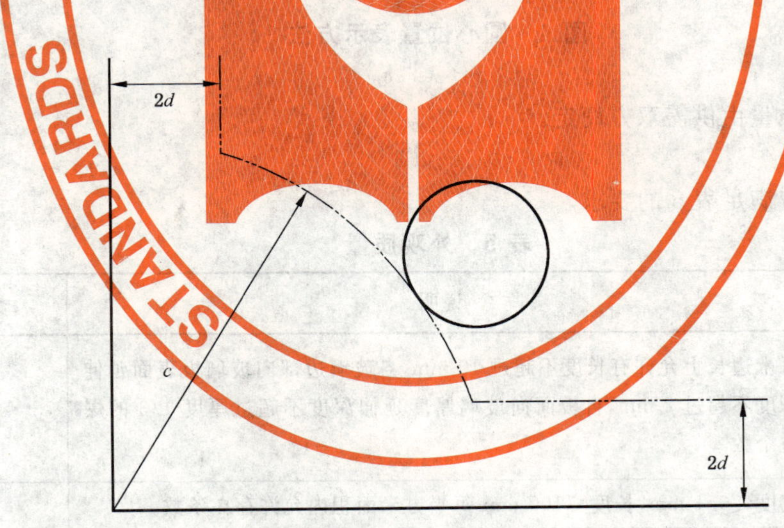

图 3　孔的边部距玻璃角部的距离示意图

注：如果某个孔的边部距玻璃边部的距离小于 35 mm，那么这个孔不应处在相对于玻璃角部对称的位置上(即圆孔的中心不能处于玻璃角部的对角线上)。具体位置由供需双方商定。

6.2.3.3.4　圆心位置表示方法及其允许偏差

圆孔圆心的位置的表达方法可参照图 4 进行。如图 4 建立坐标系，用圆孔的中心相对于玻璃的某个角或者某个虚拟的点的坐标(x,y)表达圆心的位置。

圆孔圆心的位置 x、y 的允许偏差与玻璃的边长允许偏差相同(见表 2)。

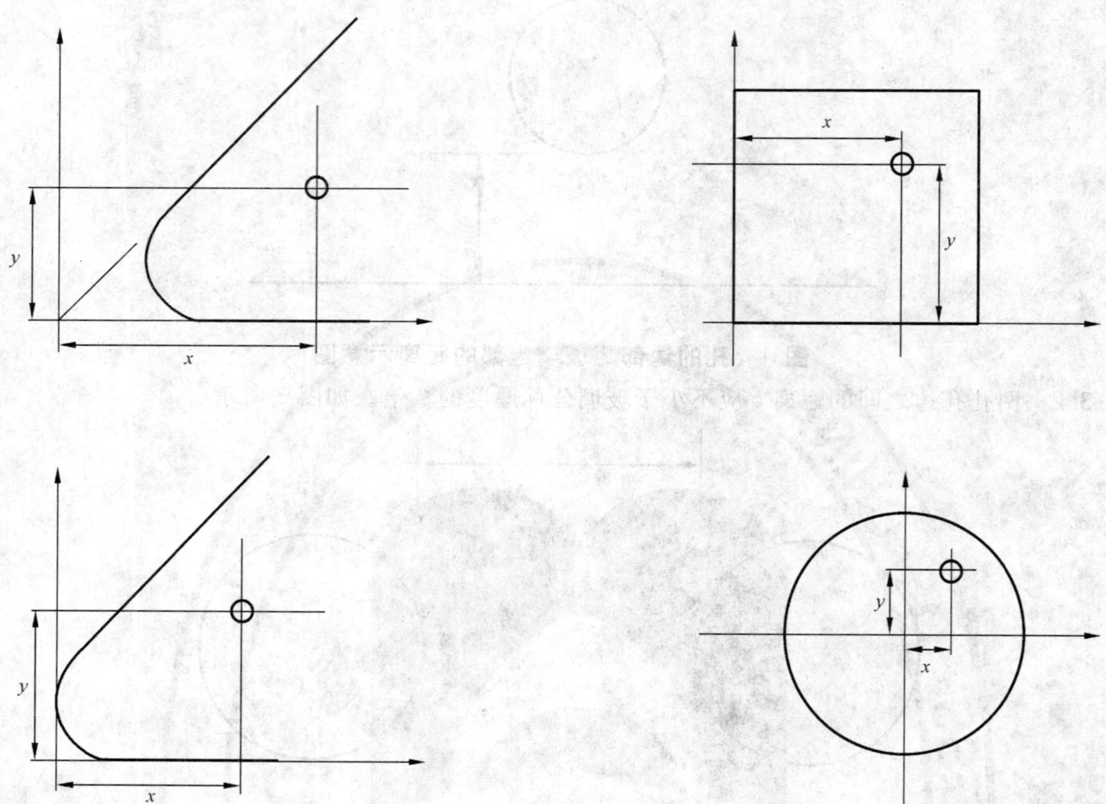

图 4 圆心位置表示方法

6.3 边部质量

边部加工形状及质量由供需双方商定。

6.4 外观质量

制品的外观质量应满足表 5 的要求。

表 5 外观质量

缺陷名称	说明	允许缺陷数
爆边	每米边长上允许有长度不超过 10 mm，自玻璃边部向玻璃板表面延伸深度不超过 2 mm，自板面向玻璃厚度延伸深度不超过厚度 1/3 的爆边个数	1 处
划伤	宽度≤0.1 mm，长度≤100 mm 每平方米面积内允许存在条数	4 条
	0.1<宽度≤0.5 mm，长度≤100 mm 每平方米面积内允许存在条数	3 条
夹钳印	夹钳印与玻璃边缘的距离≤20 mm，边部变形量≤2 mm(见图 5)	
裂纹、缺角	不允许存在	

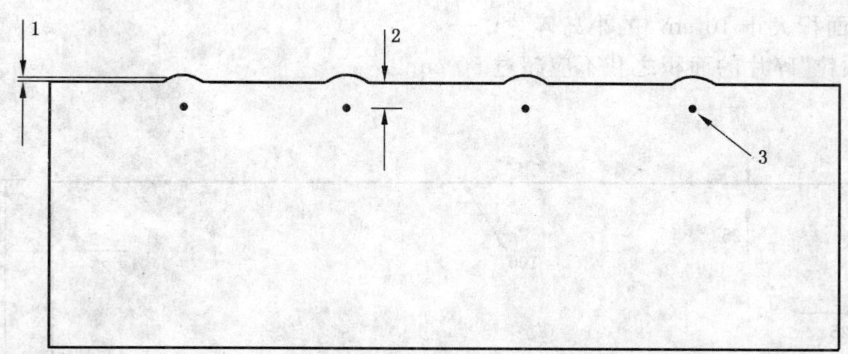

1——边部变形；

2——夹钳印与玻璃边缘的距离；

3——夹钳印。

图 5 夹钳印示意图

6.5 弯曲度

水平法生产的平型制品的弯曲度应满足表6的规定。垂直法生产的平型制品的弯曲度由供需双方商定。

表 6 弯曲度

缺陷种类	弯曲度	
	浮法玻璃	其他
弓形/(mm/mm)	0.3%	0.4%
波形/(mm/300 mm)	0.3	0.5

6.6 弯曲强度

本条款由供需双方商定采用，按7.6进行检验，以95%的置信区间，5%的破损概率弯曲强度应满足表7的要求。

表 7 弯曲强度

原片玻璃种类	弯曲强度值/MPa
浮法玻璃、镀膜玻璃	≥70
压花玻璃	≥55

6.7 表面应力

按照7.7进行检验，表面应力值应满足表8的要求。

表 8 表面应力值

原片玻璃种类	表面应力
浮法玻璃、镀膜玻璃	24 MPa≤表面应力值≤60 MPa
压花玻璃	—

6.8 碎片状态

厚度小于等于8 mm的玻璃的碎片状态，按7.8进行检验，每片试样的破碎状态应满足6.8.1的要求。厚度大于8 mm的玻璃的碎片状态由供需双方商定。

6.8.1 碎片状态要求

6.8.1.1 碎片至少有一边延伸到非检查区域。

6.8.1.2 当有碎片的任何一边不能延伸到非检查区域时，此类碎片归类为“小岛”碎片和“颗粒”碎片(见图6)。上述碎片应满足如下要求：

a) 不应有两个及两个以上小岛碎片；

b) 不应有面积大于 10 cm^2 的小岛碎片；

c) 所有"颗粒"碎片的面积之和不应超过 50 cm^2。

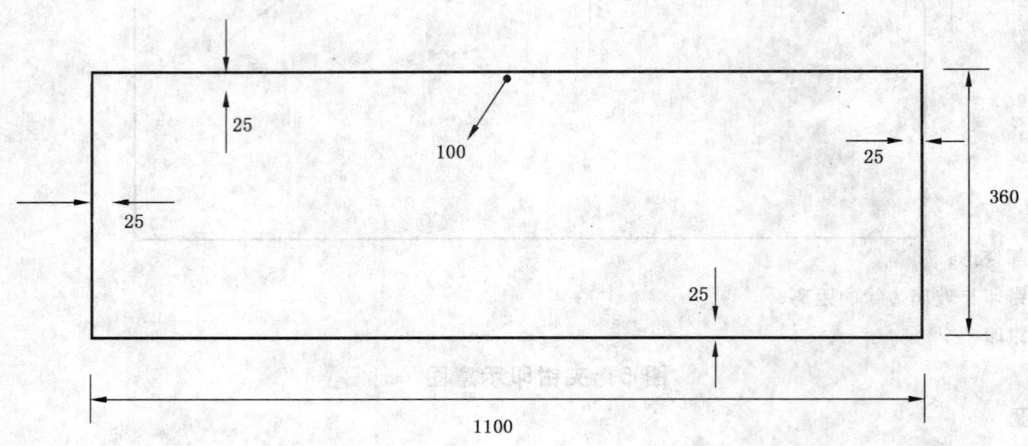

图 6 "非检查区域"示意图

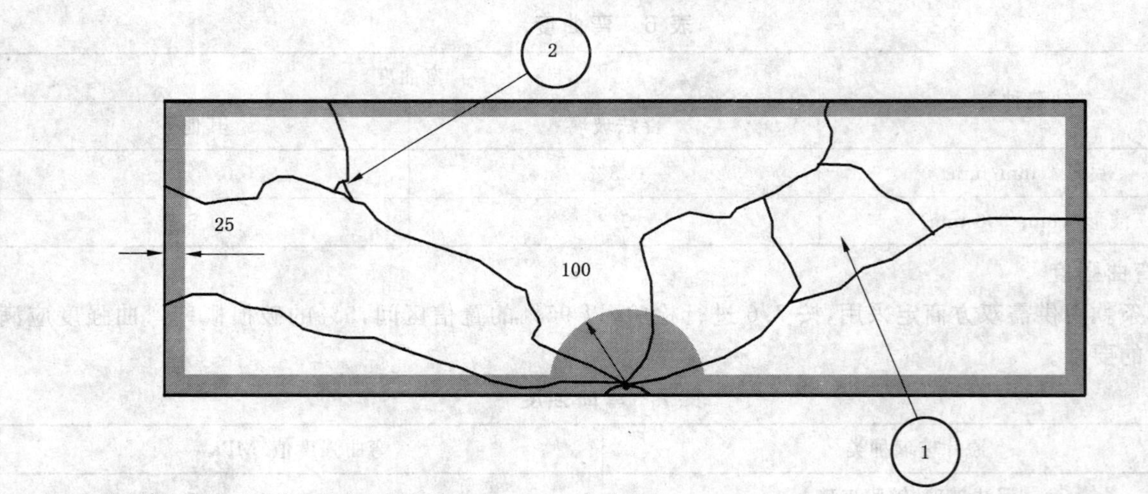

1 ——"小岛"碎片，"小岛"碎片为面积大于等于 1 cm^2 的碎片；

2 ——"颗粒"碎片，"颗粒"碎片为面积小于 1 cm^2 的碎片。

图 7 "小岛"和"颗粒"碎片示意图

6.8.2 碎片状态放行条款

6.8.2.1 碎片至少有一边延伸到非检查区域。

6.8.2.2 当有碎片的任何一边不能延伸到非检查区域时，此类碎片归类为"小岛"碎片和"颗粒"碎片。上述碎片应满足如下要求：

a) 不应有 3 个及 3 个以上"小岛"碎片。

b) 所有"小岛"碎片和"颗粒"碎片，总面积之和不应超过 500 cm^2。

6.9 耐热冲击

本条款应由供需双方商定采用。按照 7.9 进行检验，试样应耐 100 ℃温差不破坏。

7 试验方法

7.1 厚度检验

以制品为试样，使用符合 GB/T 1216 规定的外径千分尺或与此同等精度的器具，在距玻璃板边 15 mm内的四边中点测量。若有吊挂点，则应避免测量以吊挂点为中心 100 mm 半径圆区域内的边部。测量结果的算术平均值即为厚度值，并以毫米(mm)为单位按照 GB/T 8170 修约到小数点后 2 位。

7.2 尺寸及允许偏差

7.2.1 边长允许偏差检验

以制品为试样，使用最小刻度为 1 mm 的钢直尺或钢卷尺测量。

7.2.2 对角线差检验

以制品为试样，使用最小刻度为 1 mm 的钢直尺或钢卷尺测量玻璃两条对角线的长度，并求得其差值的绝对值。

7.2.3 圆孔

以制品为试样，使用最小刻度 0.02 mm 的游标卡尺或与此同等精度的器具对圆孔孔径进行测量。使用最小刻度为 1 mm 的钢直尺或钢卷尺测量圆孔的相对位置。

7.3 边部加工

以制品为试样，在良好的自然光及散射光照条件下，在距试样正面约 600 mm 处进行目视检查。

7.4 外观检验

以制品为试样，在良好的自然光及散射光照条件下，在距试样正面约 600 mm 处进行目视检查。缺陷尺寸使用放大 10 倍，精度为 0.1 mm 的读数显微镜测量；爆边、划伤、夹钳印等缺陷的长度使用最小刻度为 1 mm 的钢直尺或钢卷尺测量。

7.5 弯曲度测量

以制品为试样，将试样在室温下放置 4 h 以上，测量时把试样竖直放置，并在其长边下方的 1/4 处垫上两块垫块。用一直尺或金属线水平紧贴制品的两边或对角线方向，用塞尺测量直线边与玻璃之间的间隙，并以弧的高度与弦的长度之比的百分率表示弓形时的弯曲度。进行局部波形测量时，用一直尺或金属线沿平行玻璃边缘 25 mm 方向进行测量，测量长度 300 mm。用塞尺测得波谷或波峰的高，如图 8所示。

1——弓形变形；

2——玻璃边长或对角线长；

3——波形变形；

4——300 mm。

图 8 弓形和波形弯曲度示意图

7.6　**弯曲强度**

试验方法见附录 A。

7.7　**表面应力**

以制品为试样，取 3 块试样进行试验。试验方法和步骤按照 GB/T 15763.2—2005 中 6.8 进行。

7.8　**碎片状态试验**

7.8.1　**试样**

试样为与制品相同厚度、且与制品在同一工艺条件下制造的 5 片尺寸为 1 100 mm×360 mm 的长方形没有圆孔和开槽的平型试样。

7.8.2　**试验步骤**

7.8.2.1　将试样平放在试验台上，并用透明胶带纸或其他方式约束玻璃周边，以防止玻璃碎片溅开。

7.8.2.2　在试样的最长边中心线上距离周边 20 mm 的位置，用尖端曲率半径为 0.2 mm±0.05 mm 的小锤或冲头进行冲击，使试样破碎。

注：对垂直吊挂的玻璃冲击点不应在有吊挂钳的一边。

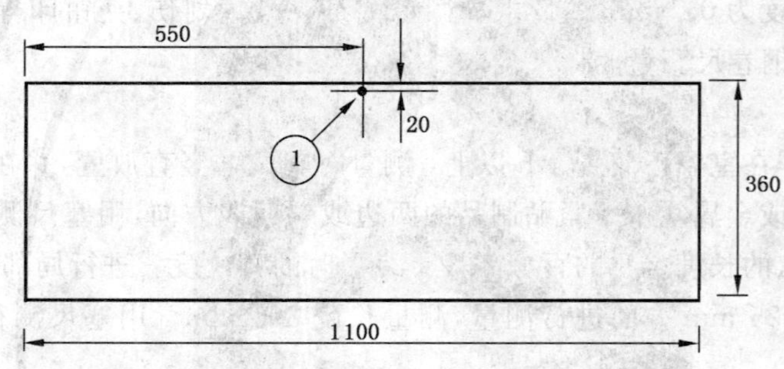

1——碎片冲击点。

图 9　冲击点示意图

7.8.2.3　破碎后 5 min 内完成曝光或拍照，“小岛”碎片和“颗粒”碎片的计数和称重也应在破碎后 5 min内结束。

7.8.2.4　检查时，应除去距离冲击点半径 100 mm 以及距玻璃边缘 25 mm 范围内的部分（以下简称“非检查区域”）。破碎后，如果有“小岛”和“颗粒”碎片，则“小岛”碎片和“颗粒”碎片的计数和称重也应在破碎后 5 min 内结束。

7.8.2.5　“小岛”和“颗粒”碎片面积的测量采用称重法。计算公式如下：

$$S=\frac{m}{d\times\rho} \qquad (1)$$

式中：

S——面积，单位为平方厘米（cm^2）；

m——质量，单位为克（g）；

d——玻璃厚度，单位为毫米（mm）；

ρ——玻璃的密度，取 2.5 g/cm^3。

7.9　**耐热冲击**

7.9.1　**试样**

试样为与制品相同厚度、且与制品在同一工艺条件下制造的 4 片尺寸为 300 mm×300 mm 的长方形没有圆孔和开槽的平型试样。

7.9.2　**试验步骤**

将试样置于 100 ℃±2 ℃的烘箱中，保温 4 h 以上，取出后立即将试样垂直浸入 0 ℃的冰水混合物中，应保证试样高度的 1/3 以上能浸入水中，5 min 后观察玻璃是否破坏。玻璃表面和边部的鱼鳞状玻璃不应视作破坏。

8 检验规则

8.1 检验项目

检验分为出厂检验和型式检验。

8.1.1 型式检验

检验项目为本标准规定的，除弯曲强度、耐热冲击外的全部技术要求。有下列情况之一时，应进行型式检验。

——新产品或老产品转厂生产的试制定型鉴定。

——试生产后，如结构、材料、工艺有较大改变，可能影响产品性能时。

——正常生产每满1年时。

——产品停产半年以上，恢复生产时。

——出厂检验结果与上次型式有较大差异时。

——质量监督部门提出进行型式检验的要求时。

8.1.2 出厂检验

外观质量、尺寸及允许偏差、弯曲度。若要求增加其他检验项目由供需双方商定。

8.2 组批抽样方法

8.2.1 产品的外观质量、尺寸及允许偏差、弯曲度按表9规定进行随机抽样。

表9 抽样表

单位为片

批量范围	样本大小	合格判定数	不合格判定数
1～8	2	0	1
9～15	3	0	1
16～25	5	1	2
26～50	8	1	2
51～90	13	2	3
91～150	20	3	4
151～280	32	5	6
281～500	50	7	8

8.2.2 对于产品所要求的其他技术性能，若用制品检验时，根据检测项目所要求的数量从该批产品中随机抽取；若用试样进行检验时，应采用同一工艺条件下制备的试样。当该批产品批量大于500块时，以每500块为1批分批抽取试样，当检验项目为非破坏性试验时可用它继续进行其他项目的检测。

8.3 判定规则

8.3.1 进行外观质量、尺寸及允许偏差、弯曲度时，如不合格品数小于或等于表9中的合格判定数，该项目合格；如不合格品数超过表9中的合格判定数，则认为该批产品的该项目不合格。

8.3.2 进行弯曲强度检验时，样品全部满足要求为合格，否则该项目不合格。

8.3.3 进行表面应力检验时，样品全部满足要求为合格，否则该项目不合格。

8.3.4 进行碎片检验时，样品全部满足6.8.1的要求，该项目合格；如有一块样品不能满足6.8.1的要求，但能满足6.8.2的要求，该项目也视为合格，否则该项目不合格。

8.3.5 进行耐热冲击检验时，样品全部满足要求为合格，否则该项目不合格。

8.3.6 全部检验项目中，如有一项不合格，则认为该批产品不合格。

9 标志、包装、运输、贮存

9.1 包装

玻璃的包装宜采用木箱或集装箱(架)包装,箱(架)应便于装卸、运输。每箱(架)宜装同一厚度、尺寸的玻璃。玻璃与玻璃之间、玻璃与箱(架)之间应采取防护措施,防止玻璃的破损和玻璃表面的划伤。

9.2 包装标志

包装标志应符合国家有关标准的规定,每个包装箱应标明“朝上、轻搬正放、小心破碎、防雨怕湿”等标志或字样。

9.3 运输

运输时,玻璃应固定牢固,防止滑动、倾倒,应有防雨措施。

9.4 贮存

产品应贮存在有防雨设施的场所。

附 录 A
（规范性附录）
弯曲强度试验方法

A.1 试验条件

环境温度：23 ℃±5 ℃，环境湿度：40%～70%。

A.2 试样

至少取12块试样进行试验。每块试样长度为1 100 mm±5 mm，宽度为360 mm±5 mm。制备试样时，切割刀口应在试样的同一表面，试样边部加工采取粗磨边的方式。

试验前24 h不得对试样进行任何加工或处理。如果试样表面贴有保护膜，应在试验前24 h去除。试验前，试样应在A.1规定的条件下放置至少4 h。

A.3 试验装置

采用材料试验机进行试验。试验机应能连续、均匀地对试样加载，且能够将由于加载产生的震动降低至最小。试验机应装有加载测量装置，并在其量程内的误差应小于±2%。支撑辊和加载辊的直径为50 mm，长度不少于365 mm。支撑辊和加载辊均能围绕各辊轴线转动。

A.4 试验程序

A.4.1 测量试样宽度及厚度

在试样的两端和长边中心线分别测量试样宽度，取其算术平均值，精确至1 mm。

测量厚度时，为避免由于测量而产生的表面破坏，测量应分别在试样的两端进行（至少应在试样的位于加载辊以外的部分进行测量）。分别测量四点，并取算术平均值，精确至0.01 mm。也可在试验后测量破碎后的试样厚度，每块试样取4块碎片测量厚度，并取算术平均值，精确至0.01 mm。

A.4.2 试样有切割刀口的表面朝上。为便于查找断裂源和防止碎片飞散，可在试样上表面粘贴薄膜。按图A.1所示放置试样。橡胶条的厚度为3 mm，硬度为（40±10）IRHD。

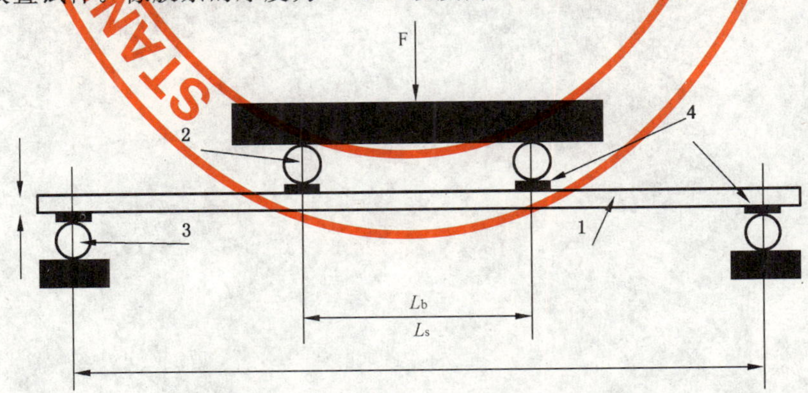

1——试样；
2——加载辊；
3——支撑辊；
4——橡胶条；
L_b＝200±1 mm；
L_s＝1 000±2 mm。

图 A.1 四点弯曲强度试验

A.4.3 加载

试验机以试样弯曲应力(2±0.4)MPa/s的递增速度对试样进行加载,直至试样破坏。记录每块试样破坏时的最大载荷、从开始加载至试样破坏的时间(精确至1s)以及试样的断裂源是否在加载辊之间。

A.4.4 数据处理

A.4.4.1 断裂源应当在加载辊之间,即L_b之间,否则应以新试样替补上重新试验,以保证每组试样原来的数量。按公式(A.1)计算试样的弯曲强度。

$$\sigma_{bG} = F_{max}\frac{3(L_s - L_b)}{2Bh^2} + \sigma_{bg} \qquad \text{(A.1)}$$

式中:

σ_{bG}——弯曲强度,单位为兆帕(MPa);

F_{max}——试样断裂时的最大载荷,单位为牛顿(N);

L_s——两支撑辊轴心之间的距离,单位为毫米(mm);

L_b——两加载辊轴心之间的距离,单位为毫米(mm);

B——试样的宽度,单位为毫米(mm);

h——试样的厚度,单位为毫米(mm);

σ_{bg}——试样由于自重产生的弯曲强度,或通过公式(A.2)计算得到,单位为兆帕;

$$\sigma_{bg} = \frac{3\rho g L_s^2}{4h} \qquad \text{(A.2)}$$

式中:

ρ——试样密度,对于普通钠钙硅玻璃$\rho = 2.5\times10^3\ kg/m^3$;

g——单位换算系数,9.8 N/kg;

L_s——两支撑辊轴心之间的距离,单位为米(m);

h——试样的厚度,单位为米(m)。

ICS 55.080
A 82

中华人民共和国国家标准

GB/T 17858.1—2008
代替 GB/T 17858.1—1999

包装袋 术语和类型 第1部分:纸袋

Packaging sacks—Vocabulary and types—Part 1: Paper sacks

(ISO 6590-1:1983, MOD)

2008-04-01 发布 2008-10-01 实施

中华人民共和国国家质量监督检验检疫总局
中国国家标准化管理委员会 发布

前 言

GB/T 17858《包装袋　术语和类型》分为两个部分：

——第 1 部分：纸袋；

——第 2 部分：热塑性软质薄膜袋。

本部分为 GB/T 17858 的第 1 部分。

本部分修改采用 ISO 6590-1：1983《包装　袋　术语和类型　第 1 部分：纸袋》。

本部分与 ISO 6590-1：1983 相比主要差异如下：

——格式按国家标准的要求修改；

——删除 ISO 标准中表 1；

——修改了伸性纸袋纸的定义，增加埋纱纸袋纸和夹筋纸袋纸的定义。

本部分代替 GB/T 17858.1—1999《包装术语　工业包装袋　纸袋》。

本部分与 GB/T 17858.1—1999 相比主要变化如下：

——标准名称改为《包装袋　术语和类型　第 1 部分：纸袋》；

——标准适用范围修改为“适用于由纸或与其他韧性材料复合加工制成的单层或多层包装袋”；

——删除原版标准中表 1；

——修改了伸性纸袋纸的定义，增加埋纱纸袋纸和夹筋纸袋纸的定义。

本部分由全国包装标准化技术委员会提出。

本部分由全国包装标准化技术委员会袋分技术委员会（SAC/TC 49/SC 2）归口。

本部分起草单位：建筑材料工业技术监督研究中心、中国建筑材料科学研究总院。

本部分主要起草人：甘向晨、江丽珍、赵婷婷、陈斌、金福锦。

本部分所代替标准的历次版本发布情况为：

——GB/T 17858.1—1999。

包装袋　术语和类型　第1部分:纸袋

1　范围

GB/T 17858 的本部分规定了纸袋的术语和类型。

本部分适用于由纸或纸与其他韧性材料复合加工制成的单层或多层包装袋,本部分不适用于零售商品包装袋。

2　一般术语

2.1

纸袋　paper sack

由一层或多层扁平纸质袋筒制成的至少有一端封闭的包装容器,也可与其他韧性材料复合以达到填装及货物流通环节所要求的性能。

2.2

层　ply

构成袋壁的一层纸或其他韧性材料,或者是这些材料的复合材料。

2.3

褶边　gusset

袋筒或袋纵向边缘向内折叠夹入的部分。

2.4

袋筒　tube

裁成规定长度的扁平筒状的层,可以是一层或多层。

2.4.1

平边袋筒　flat tube

纵向边缘无折叠夹入部分,而仅由扁平筒构成的袋筒。

2.4.2

褶边袋筒　gusseted tube

纵向边缘有向内折叠夹入部分的袋筒。

2.4.3

平切口袋筒(平边袋筒或褶边袋筒)　flush cut tube(flat or gusseted)

各层全部整齐裁成规定长度的袋筒,见图1。

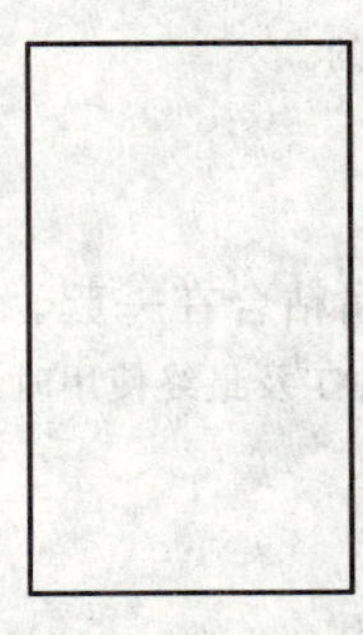

图1　平切口袋筒

2.4.4

阶梯形切口袋筒(平边袋筒或褶边袋筒)　stepped end tube(flat or gusseted)

裁成规定长度并使切口处各层依次呈阶梯排列的袋筒,见图2。

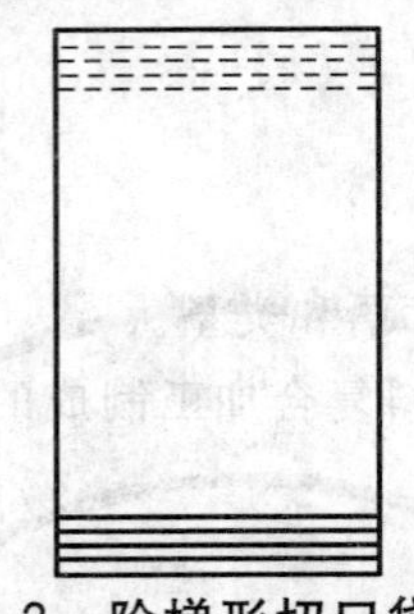

图2　阶梯形切口袋筒

2.4.5

半槽形切口袋筒(平边袋筒或褶边袋筒)　notched end tube(flat or gusseted)

各层全部整齐裁成规定长度并使一端为半槽形的袋筒,见图3。

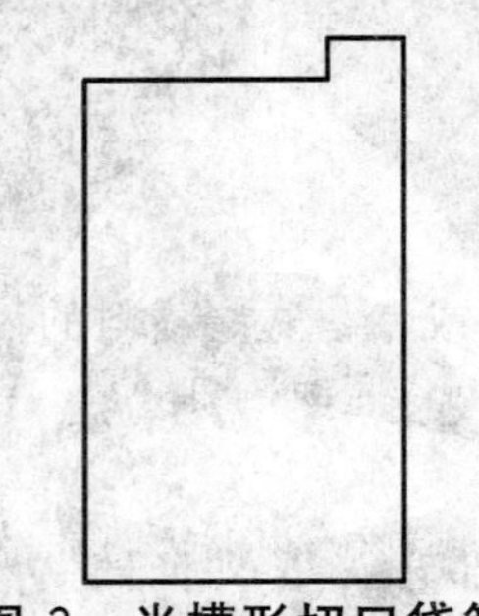

图3　半槽形切口袋筒

2.5

缝合　sewing;stitching

用线结合在一起。

注:包装袋加工中通常指的是底部缝合,即通过缝合后再使用封底带条(亦可不用)使袋筒的一端或两端封闭(见4.2.2)。

2.6

糊合　pasting

粘合　adhesive bonding

用粘合剂结合在一起。

2.6.1

纵向合缝　longitudinal seam

用粘合剂使每层的纵向搭接部分粘合在一起。

注:这种粘合可以是连续的,也可以是非连续的。

2.6.2

横向糊合　transverse pasting

袋筒的一端或两端使用粘合剂使层之间粘合在一起。

注:横向粘合有助于包装袋的正面和背面在加工及最终使用时易于打开,并能增加某些类型包装袋的强度。

2.6.3

底部糊合　bottom pasting

用粘合剂使袋筒的一端或两端糊合封闭。

注:在袋筒封闭之前,端部应折叠和(或)形成适当的形状。

2.7

热封合　heat sealing; welding

通过加热结合在一起。

2.8　**搭接　overlap**

2.8.1

纵向搭接　longitudinal overlap

每层的纵向边缘重叠的部分。

2.8.2

底部搭接　bottom overlap

底部成型后，袋筒横向边缘重叠的部分。

2.9

阀口　valve

用以填装内装物并在填装之后使内装物不易倒流的预留口，通常位于包装袋的一角。

3　袋型术语

3.1

平边袋　flat sack

以平边袋筒加工成的包装袋。

3.2

褶边袋　gusseted sack

以褶边袋筒加工成的包装袋。

3.3

缝合袋　sewn sack

缝底袋

用线连续横向缝合使一端或两端封闭的包装袋。

3.4

糊合袋　pasted sack

糊底袋

用粘合剂使一端或两端封闭的包装袋。

3.5

开口袋　open mouth sack

仅一端封闭的包装袋。

3.5.1

平边缝合开口袋　open mouth-sewn-flat sack

用线连续横向缝合，使一端封闭的平边袋，见图4。

图4　平边缝合开口袋

3.5.2

褶边缝合开口袋　open mouth-sewn-gusseted sack

用线连续横向缝合,使一端封闭的褶边袋,见图5。

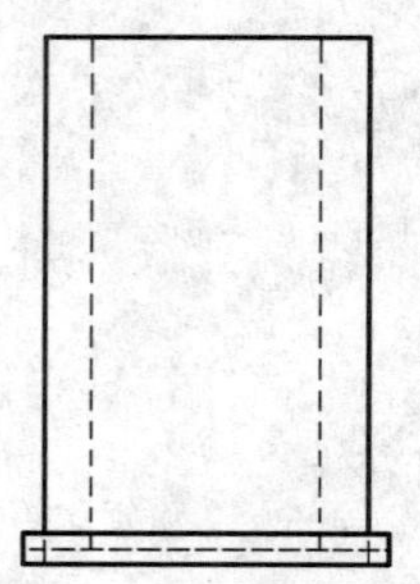

图5　褶边缝合开口袋

3.5.3

六角形底平边糊合开口袋　open mouth-pasted-flat hexagonal bottom sack

经折叠成型、糊合使一端封闭且呈六角形的平边袋,见图6。

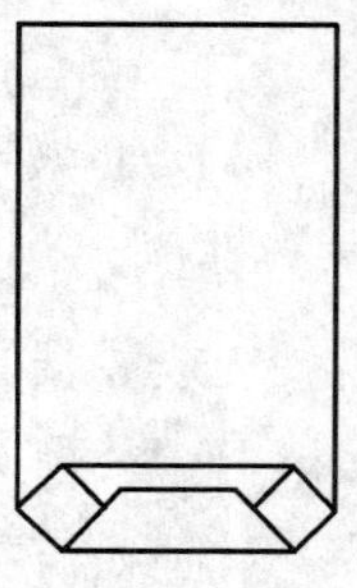

图6　六角形底平边糊合开口袋

3.5.4

翻转底平边糊合开口袋　open mouth-pasted-flat turn over bottom sack

经翻转折叠成型、糊合使一端封闭的平边袋(通常称做挤压型),见图7。

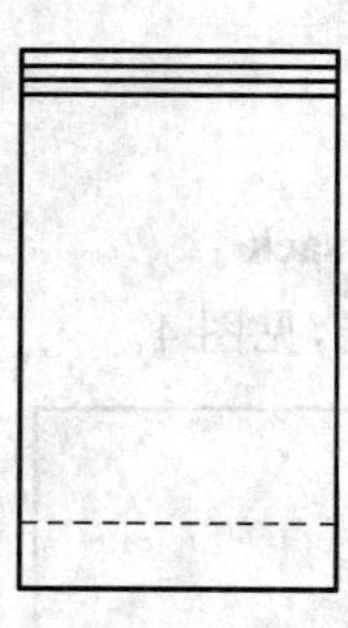

图7　翻转底平边糊合开口袋

3.5.5

矩形底褶边糊合开口袋　open mouth-pasted-gusseted rectangular bottom sack

经折叠成型、糊合使一端封闭并呈矩形底的褶边袋(通常称作自开启型),见图8。

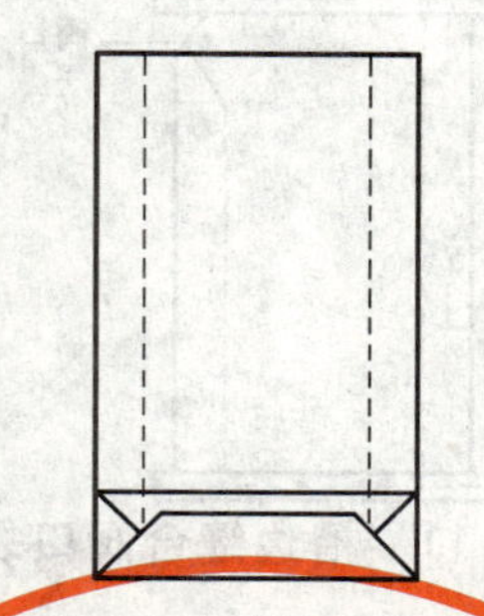

图 8　矩形底褶边糊合开口袋

3.5.6

翻转底褶边糊合开口袋　open mouth-pasted-gusseted turn over bottom sack

经翻转折叠成型、糊合使一端封闭的褶边袋(通常称做挤压型),见图 9。

图 9　翻转底褶边糊合开口袋

3.6

阀口袋　valved sack

两端封闭且其中一端配备阀口的包装袋。

3.6.1

平边缝合阀口袋　valved-sewn flat sack

用线连续横向缝合使两端封闭且其中一端配备阀口的平边袋,见图 10。

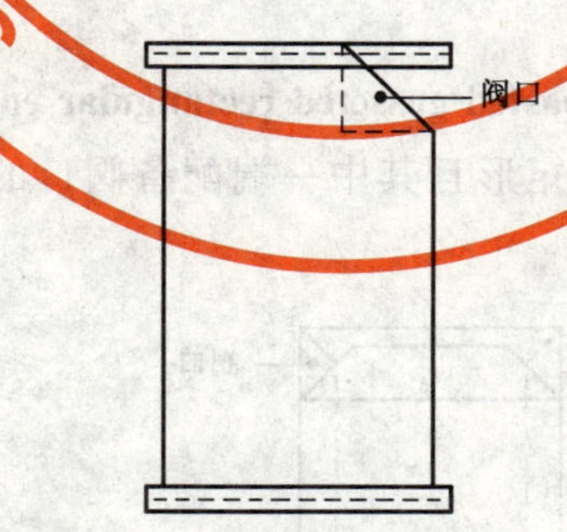

图 10　平边缝合阀口袋

3.6.2

褶边缝合阀口袋　valved-sewn-gusseted sack

用线连续横向缝合使两端封闭且其中一端配备阀口的褶边袋,见图 11。

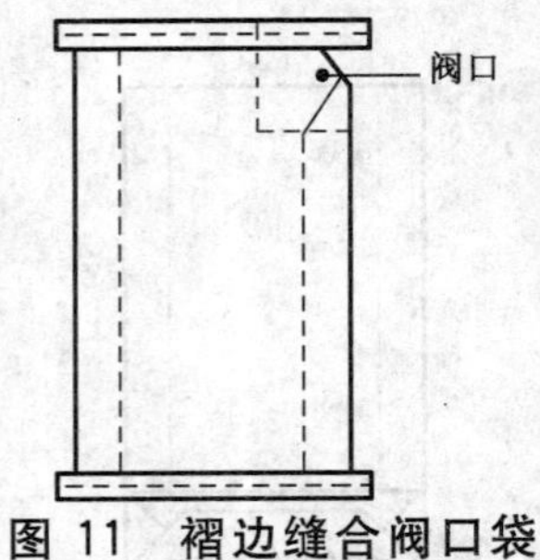

图 11　褶边缝合阀口袋

3.6.3

六角形端部平边糊合阀口袋　valved-pasted-flat hexagonal ends sack

经折叠成型、糊合，使两端封闭并呈六角形且其中一端配备阀口的平边袋，见图 12。

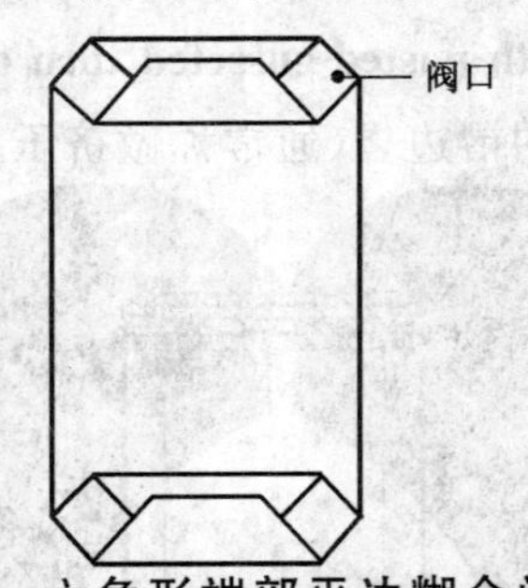

图 12　六角形端部平边糊合阀口袋

注：端部可以加工成由糊合与缝合组合的各种型式，例如，一端为六角形的平边糊合-缝合阀口袋(valved-pasted-sewn flat sack with one hexagonal end)：即用线连续横向缝合使一端封闭，而含有阀口的另一端经折叠成型、糊合呈六角形的平边袋，见图 13。

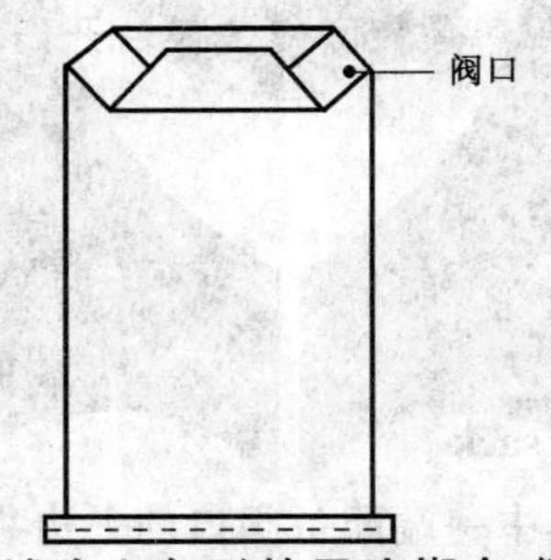

图 13　一端为六角形的平边糊合-缝合阀口袋

3.6.4

矩形端部褶边糊合阀口袋　valved-pasted-gusseted rectangular ends sack

经折叠成形、糊合，使两端封闭并呈矩形且其中一端配备阀口的褶边袋(通常称作自开启型)，见图 14。

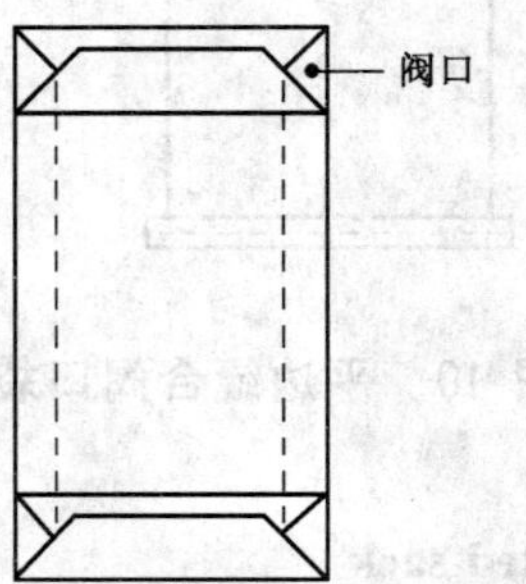

图 14　矩形端部褶边糊合阀口袋

4 结构说明术语

4.1 基本缝制型式

4.1.1

链缝合-单线缝合 chain stitch-single thread

用一根线缝合的方法。这种方法是使针穿过袋筒形成环圈，且每一个环圈被前一个环圈锁住，见图15。

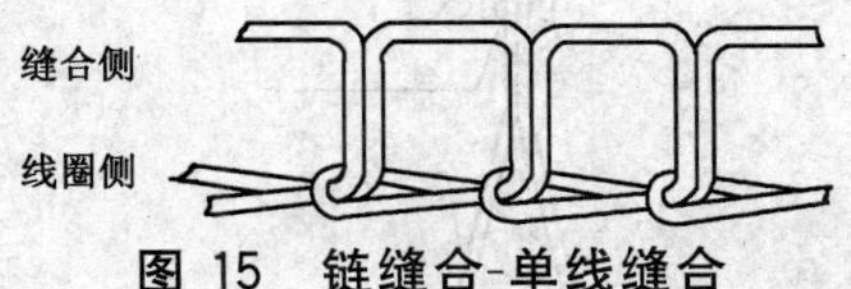

图 15 链缝合-单线缝合

4.1.2

双锁缝合-双线缝合 double locked stitch-double thread sewing

用两根线缝合的方法，这种方法是使针穿过袋筒形成环圈，每一个环圈被另一根线形成的横向环圈锁住，见图16。

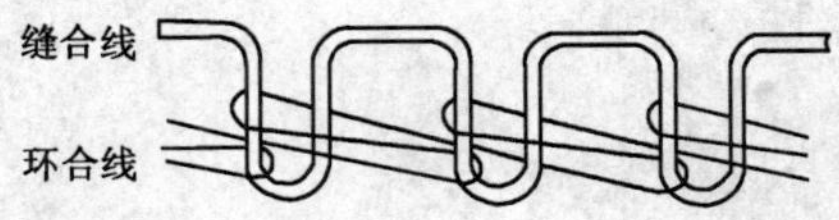

图 16 双锁缝合-双线缝合

4.2 缝合封闭及相应的辅助材料

4.2.1

衬(填充)绳 filter(filler)cord

诸如黄麻绳类的材料，结合缝合线使用以密封及保护针孔。

4.2.2

封底带条(用于缝合袋) capping tape(in sewn sacks)

用于保护袋筒横向边缘的由纸或其他韧性材料制成的带条，穿过其或在其之下进行缝合。

4.2.3

简单缝合封闭 simple sewn closure

袋筒仅以缝合线封闭，见图17。

注：图17～图23中，1为缝合，2为袋壁，3为带条，4为衬绳，5为粘合剂，6为热封合。

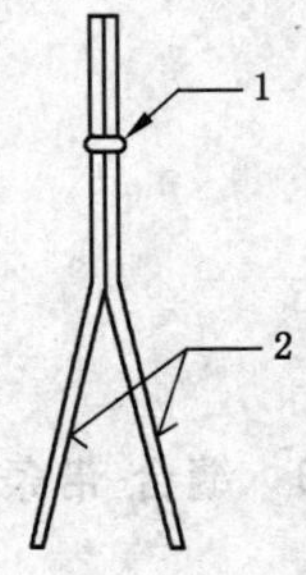

1——缝合；
2——袋壁。

图 17 简单缝合封闭

4.2.4

带条-缝合封闭(缝合线穿过带条)　taped and sewn closure(tape under sewing)

使用或不使用粘合剂将封底带条置于袋筒端部,再穿过该带条进行缝合,缝合可附带或不附带衬绳,见图 18。

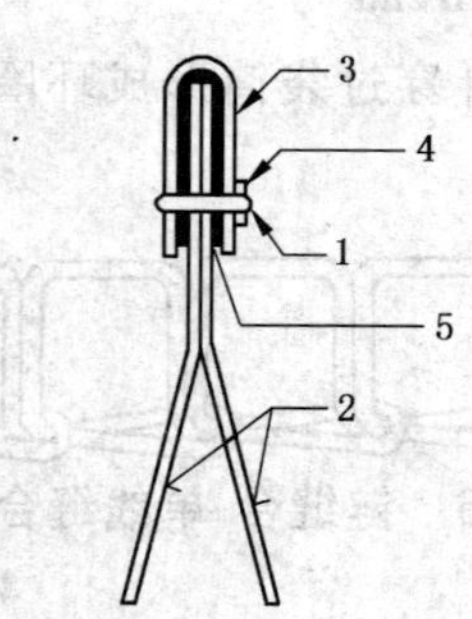

1——缝合;
2——袋壁;
3——带条;
4——衬绳;
5——粘合剂。

图 18　带条-缝合封闭

4.2.5

缝合-带条封闭(胶带位于缝合线之上)　sewn and taped closure(tape over sewing)

先将袋筒缝合,缝合可附带或不附带衬绳,然后以封底带条覆盖,并使用粘合剂或利用热封合使其固定,见图 19。

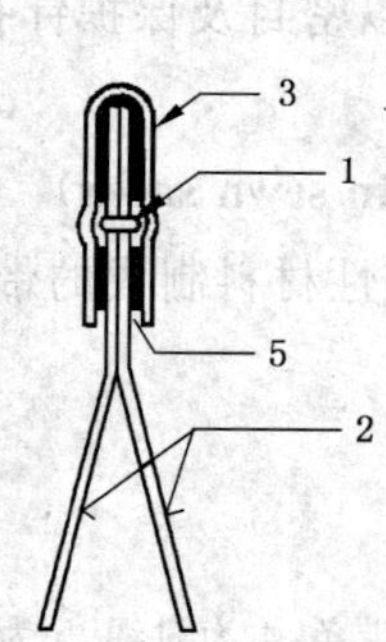

1——缝合;
2——袋壁;
3——带条;
5——粘合剂。

图 19　缝合-带条封闭

4.2.6

带条-缝合-带条封闭(增强型)　taped and sewll and taped closure(reinforced)

将封底带条置于袋筒端部,然后穿过带条进行缝合,缝合可以使用或不使用衬绳,再用另一张封底带条覆盖,并以粘合剂或利用热封合固定,见图 20。

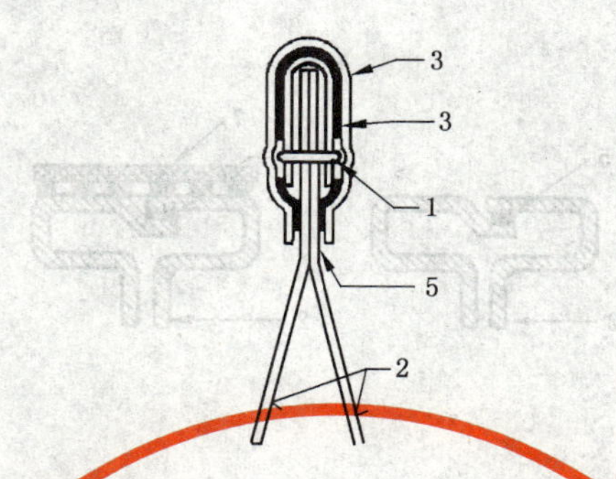

1——缝合；

2——袋壁；

3——带条；

5——粘合剂。

图 20 带条-缝合-带条封闭(增强型)

4.2.7

热封合-缝合-带条封闭 heat sealed and sewn and taped closure

利用热封合使袋筒内层的塑料薄膜封合在一起，然后在热封合处或热封合处外侧进行缝合，再用封底带条覆盖，并以粘合剂或利用热封合固定，见图 21。

1——缝合；

2——袋壁；

3——带条；

6——热封合。

图 21 热封合-缝合-带条封闭

4.3 糊合封闭及相应的辅助材料

4.3.1

底盖 bottom cap

粘贴在袋底外侧的纸条。

4.3.2

底衬 bottom patch

粘贴在袋底内侧的纸条。

4.3.3

糊合封闭 pasted closure

袋筒仅用粘合剂封闭。

4.3.4

带(不带)底盖的平切口袋底 flush cut bottom with or without bottom cap

将平边切口袋筒的一端或两端搭接后糊合，然后用或不用底盖覆盖，见图 22。

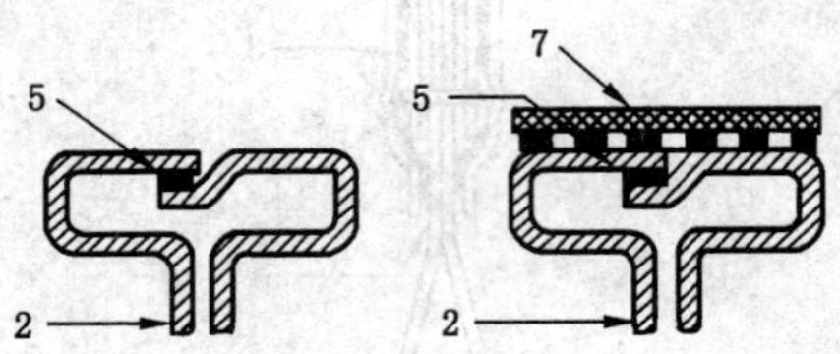

2——袋壁；
5——粘合剂；
7——底盖。

图 22　带(不带)底盖的平切底

4.3.5

带(不带)底盖的阶梯形切口袋底　stepped bottom with or without bottom cap

将阶梯形切口袋筒的一端或两端阶梯处各层搭接后糊合，然后用或不用底盖覆盖，见图 23。

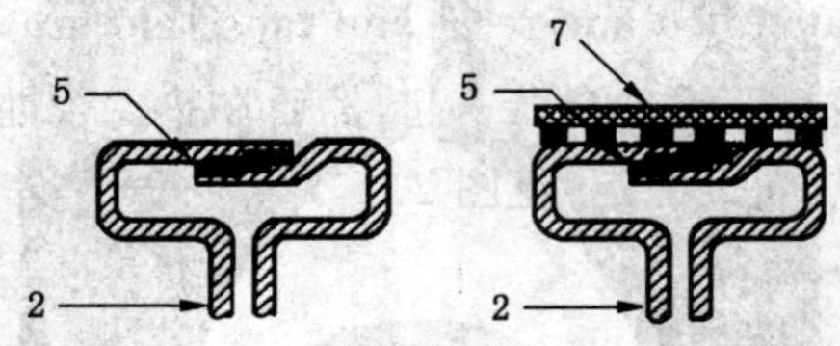

2——袋壁；
5——粘合剂；
7——底盖。

图 23　带(不带)底盖的阶梯形底

4.4　阀口类型

4.4.1

阀套　valve sleeve

由纸、其他韧性材料或者是这些材料的复合材料制成的衬套，加入阀口中可改善其性能。

4.4.2　缝合袋中的阀口

4.4.2.1

简单阀口　simple valve

将袋筒的一角折入袋中，使缝合后的包装袋形成一个阀口，见图 24。

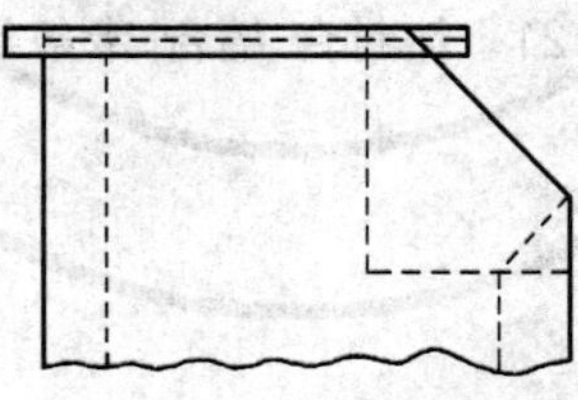

图 24　简单阀口

4.4.2.2

内套式阀口　internal sleeve valve

阀套加入包装袋里的阀口，见图 25。

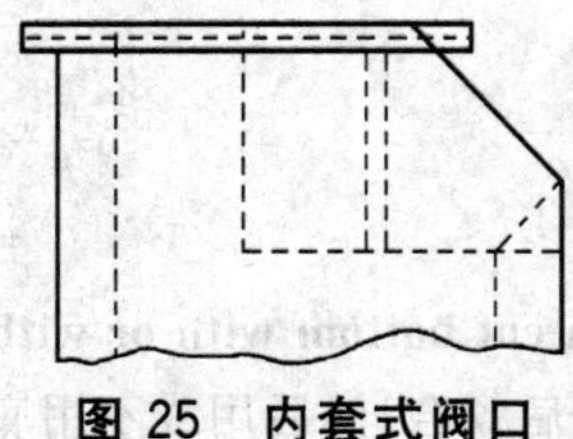

图 25　内套式阀口

4.4.2.3

外套式阀口　external sleeve valve

阀套向包装袋外凸出的阀口，见图26。

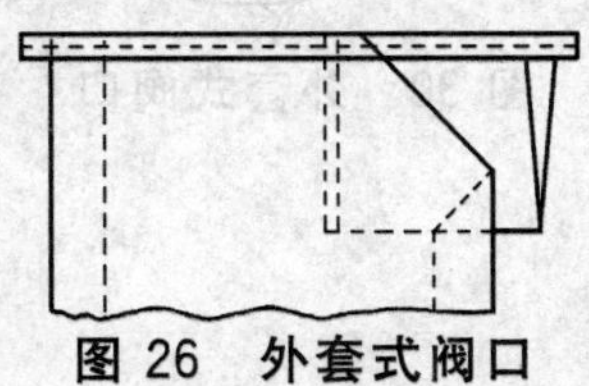

图26　外套式阀口

4.4.3　糊合袋中的阀口

注：在某些情况下，阀套的宽度应小于袋底宽度。

4.4.3.1

简单阀口　simple valve

没有阀套或增强结构的阀口，见图27。

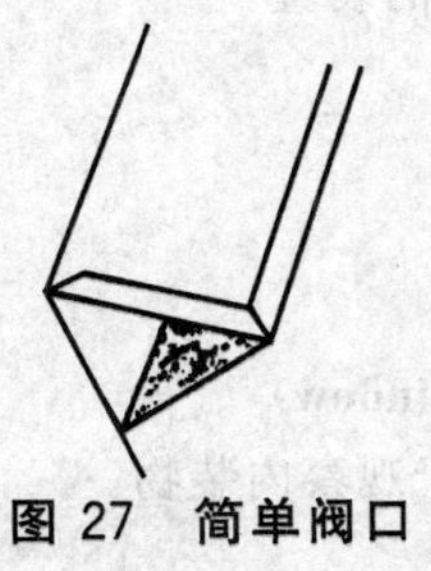

图27　简单阀口

4.4.3.2

增强型阀口　reinforced valve

在阀口的内侧上部粘合一块适合材料的板以增强其强度而形成的阀口，见图28。

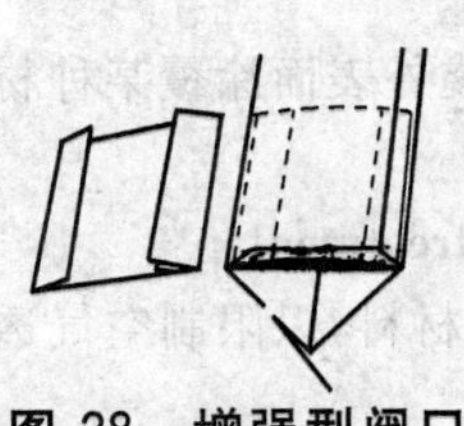

图28　增强型阀口

4.4.3.3

内套式阀口　internal sleeve valve

阀套加入包装袋里的阀口，见图29。

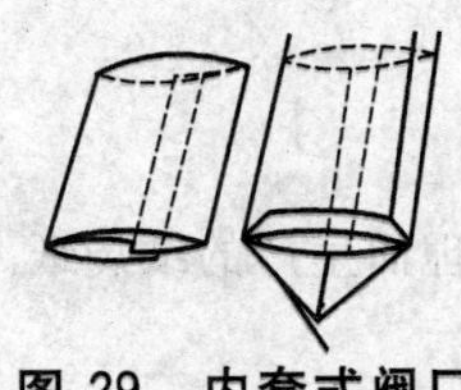

图29　内套式阀口

4.4.3.4

外套式阀口　external sleeve valve

阀套向包装袋外凸出的阀口，通常配备一小袋，见图30。

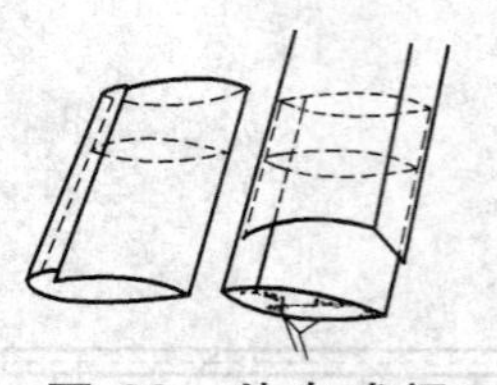

图 30 外套式阀口

4.5 其他结构说明

4.5.1

拇指口 thumb cut

在开口袋顶端一侧(或者在外部阀套内)穿透所有层的小口,有助于填装时打开包装袋。

4.5.2

关闭设置 closing device

包装袋上有助于填装后封闭的装置。

4.5.3

开启设置 opening device

包装袋上有助于填装及封闭后再开启的装置。

4.5.4

搬运设置 carrying device

包装袋上有助于搬运的装置。

4.5.5

观察设置(观察窗) viewing device(window)

在包装袋正面设置的透明区域,有助于观察内装物。

4.5.6

气孔 perforation

穿透袋壁或个别层的孔,有助于包装袋填装时空气由此逸出。

4.5.7

防滑处理 anti-slip treatment

为增加包装袋间的摩擦系数,在包装袋外表面涂覆某种材料的处理措施。

4.5.8

减少透气率处理 porosity reduction treatment

在包装袋外表面某指定部位涂覆某种材料,以限制空气透过的处理措施。

5 材料术语

5.1

纸袋纸 sack paper

在包装袋加工过程中作为基本原材料并具有较高机械强度的纸。

5.2 纸袋纸类型

5.2.1

普通纸袋纸 normal sack paper

未经任何有关改善伸缩性能的附加处理而生产的纸袋纸。

5.2.2

伸性纸袋纸 extensible sack paper

使用一些不同于制造皱纹纸的方法,通常在纸机干燥部应用伸性装置对纸袋纸进行微起皱处理,使纸张的纵向伸长率成倍增加,从而形成一种具有高吸收能量性质的可伸性纸。习惯上将纵向伸长率大于5.5%的称为伸性纸袋纸。

5.2.3

半伸性纸袋纸　half extensible sack paper

使用一些不同于制造皱纹纸的方法，通常在纸机干燥部应用伸性装置对纸袋纸进行微起皱处理，使纸张的纵向伸长率成倍增加，从而形成一种具有高吸收能量性质的可伸性纸。习惯上将纵向伸长率低于5.5%的称为半伸性纸袋纸。

5.2.4

皱纹纸袋纸　creped sack paper

将纸进行浸湿皱缩后的纸袋纸，该操作通常不在造纸机上进行。

5.2.5

埋纱纸袋纸　cotton strand added sack paper

抄纸连续作业中在纱线机上编网，同时将纱网埋入纸胎内部进行湿法复合以改善强度、透气性等制成的纸袋纸。

5.2.6

夹筋纸袋纸　yarn added sack paper

抄纸连续作业中，将预制的纱网夹入纸胎内部进行湿法复合以改善强度、透气性等制成的纸袋纸。

5.3

湿强度纸袋纸　wet strength sack paper

为减少纸张在浸湿时的强度损失而在其生产过程中通过加入一些化学助剂进行处理后所生产的纸袋纸。

5.4　纸袋纸颜色

纸袋纸的颜色随生产纸时所用的纸浆的色泽及加入的着色剂有如下变化：未漂白(unbleached)、半漂白(semi-bleached)、全漂白(fully bleached)、彩色(coloured)。

5.5　其他韧性材料

5.5.1

塑料薄膜　plastics films

薄片状或卷筒状的塑料。

5.5.2

其他材料　other materials

适于作为纸袋中某一层的纺织物、不织布、金属箔片或其他网状材料。

5.6

改性材料　converted materials

为获得所需要的特殊性能，经过诸如涂覆、层压等工艺使纸或其他韧性材料性能得以改善的材料。

5.6.1

阻隔性涂覆纸　barrier coated papers

一面或两面涂有阻隔材料(例如聚乙烯)的纸。

5.6.2

隔离涂覆纸　release coated papers

一面或两面涂有隔离材料(例如硅酮)的纸。

5.6.3

浸润纸　impregnated papers

以某种可被纸所吸收的材料(如石蜡)对其进行处理后所生产的纸。

5.6.4

层合材料　laminated materials

复合材料

两层或多层纸和(或)其他材料(如塑料)结合在一起,构成一连续层。

5.6.5

增强材料　reinforced materials

用于改善纸的机械强度的材料。

5.7　辅助材料

5.7.1

缝合线　sewing thread

缝合袋中用于封闭的线,这些线可由天然或合成纤维材料制成,亦可由两者的复合材料所制成。

5.7.2

粘合剂　adhesive

包装袋加工过程中使用的粘结材料。可由天然或合成材料制成,亦可以由两者混合制成。

示例:淀粉粘合剂、冷涂用的聚氨酯和热粘合用的以聚乙烯为基础的热熔材料。

6　包装袋各部位的名称术语

6.1

填装端　filling end

开口或带阀口的一端。

6.2

封闭端　closed end

封合在一起或无阀口的一端。

6.3

正面　face side

没有纵向合缝的一面。

6.4

背面　back side

有纵向合缝的一面。

6.5　袋的左侧和右侧

袋的左侧和右侧的规定是:背面朝下放置且填装端离观察者最远。

中 文 索 引

英 文 索 引

A

B

C

D

E

F

G

H

I

L

N

O

P

ICS 27.120.30
F 46

中华人民共和国国家标准

GB/T 17863—2008
代替 GB/T 17863—1999

钍矿石中钍的测定

Determination of thorium in thorium ores

2008-07-02 发布　　　2009-04-01 实施

中华人民共和国国家质量监督检验检疫总局
中国国家标准化管理委员会　发布

前 言

本标准代替 GB/T 17863—1999《钍矿石中钍的测定 N_{263} 分离 EDTA 滴定法》。

本标准与 GB/T 17863—1999 相比主要变化如下：

——在 N_{263} 分离 EDTA 滴定法主要技术内容不变的情况下，将 N_{263} 分离 EDTA 滴定法的测定范围由 0.02%～n%(1<n<10)改为 0.1%～10%，并对文字表述及结果计算进行了修改。

——对钍含量在 0.02%～0.2%的样品，增加了 N_{263} 萃取色层分离偶氮胂Ⅲ分光光度法。

本标准由中国核工业集团公司提出。

本标准由全国核能标准化技术委员会归口。

本标准起草单位：核工业北京地质研究院。

本标准主要起草人：裴玲云。

本标准所代替的标准历次版本发布情况为：

——GB/T 17863—1999。

钍矿石中钍的测定

1 范围

本标准规定了钍矿石中钍的 N_{263} 分离 EDTA 滴定法和 N_{263} 分离偶氮胂Ⅲ分光光度法的测定原理、步骤、试剂和仪器、结果计算和方法的精密度。

N_{263} 分离 EDTA 滴定法适用于花岗岩、火山岩、碱性岩类型钍矿石中钍含量的测定，也适用于氧化钍等钍化合物中钍含量的测定。测定范围 0.1%～10%。小于或等于 20 mg 锶(Ⅱ)、20 mg 锆(Ⅳ)、100 mg 镧(Ⅲ)、100 mg 铈(Ⅳ)、25 mg 镱(Ⅲ)、20 mg 钇(Ⅲ)、40 mg 铀(Ⅵ)、20 mg 锌(Ⅱ)、100 mg 镁(Ⅱ)、200 mg 钙(Ⅱ)、200 mg 铁(Ⅲ)、52 mg 钛(Ⅲ)、55 mg 钡(Ⅱ)、100 mg 铝(Ⅲ)不干扰测定。

N_{263} 分离偶氮胂Ⅲ分光光度法适用于花岗岩、火山岩、碱性岩类型钍矿石中钍含量的测定。测定范围 0.02%～0.2%。小于或等于 200 mg 的铀(Ⅵ)、铁(Ⅲ)，100 mg 的钛(Ⅲ)、锆(Ⅳ)、钙(Ⅱ)、镁(Ⅱ)、铝(Ⅲ)、锌(Ⅱ)、铜(Ⅱ)，50 mg 的镧(Ⅲ)、铈(Ⅳ)、镱(Ⅲ)、钇(Ⅲ)，20 mg 的钒(Ⅴ)不干扰测定。

2 N_{263} 分离 EDTA 滴定法

2.1 方法提要

试样用过氧化钠高温熔融分解，提取时加入适量的三氯化铁载体(遇杂质或磷酸盐多的试样改用三乙醇胺和 EDTA 进行粗分离)，试液通过 N_{263} 萃取色谱柱分离，除去绝大部分对钍测定干扰的元素。在 pH1.65～1.70 的酸性溶液中，EDTA 与钍的络合比为 1+1。用显示滴定终点突跃明显的二甲酚橙-半二甲酚橙-萘酚绿 B 三元复合指示剂，以 EDTA 标准溶液滴定至溶液由紫红或鲜桃红变成亮黄绿色为终点。

2.2 试剂

除非另有说明，在分析中仅使用确认为分析纯的试剂和蒸馏水或去离子水。

2.2.1 过氧化钠。

2.2.2 三氯化铁溶液，150 g/L。

2.2.3 三乙醇胺溶液，1+1。

2.2.4 EDTA 溶液，50 g/L。

2.2.5 盐酸溶液，1+1。

2.2.6 氢氧化钠溶液，10 g/L。

2.2.7 硝酸-酒石酸溶液

将 2 g 酒石酸溶解于水中，加入 30 mL 硝酸(ρ=1.42 g/cm^3)，用水稀释至 100 mL。

2.2.8 硝酸溶液

在 100 mL 容量瓶中加入 15 mL 硝酸(ρ=1.42 g/cm^3)，用水稀释至 100 mL。

2.2.9 硝酸-酒石酸溶液

将 2 g 酒石酸溶解于水中，加入 15 mL 硝酸(ρ=1.42 g/cm^3)，用水稀释至 100 mL。

2.2.10 盐酸溶液，1+3。

2.2.11 N_{263}(氯化甲基三烷基胺)。

2.2.12 汽油 200 号。

2.2.13 第二辛醇。

2.2.14 无水乙醇。

2.2.15 玻璃纤维，用盐酸(2.2.10)煮沸 0.5 h，用水洗净备用。

2.2.16 N_{263}萃取色谱柱

2.2.16.1 DA_{201}大孔吸附树脂(二乙烯苯-丙烯腈共聚物)

取0.177 mm～0.250 mm颗粒。使用前需预处理:用无水乙醇(2.2.14)浸泡DA_{201}吸附树脂后,装入一大交换柱(2.3.5)中,下垫适量玻璃纤维(2.2.15),用无水乙醇(2.2.14)淋洗除去残存的引发剂,洗至用表面皿收集5～6滴流出液,加1滴水无浑浊出现为止。沥干树脂后放入瓷盘中凉干,置于烘箱中于80 ℃恒温至无乙醇味,备用。

2.2.16.2 N_{263}萃取色谱柱的制备

取若干规格一致的色谱柱(2.3.6),将预先用水浸泡的填充料[称取30 g N_{263}(2.2.11)于500 mL干烧杯中,加汽油(2.2.12)45 g,加三滴第二辛醇(2.2.13),用玻璃棒充分搅匀后加30 g DA_{201}大孔吸附树脂(2.2.16.1)后,迅速充分搅匀,使其均匀吸附。盖上表面皿放置(10～15)min后再搅拌。放置(4～5)h至呈沙粒状后]用盐酸(2.2.10)浸泡2 h,用湿法装入柱底垫有适量玻璃纤维(2.2.15)的色层柱使无气泡,柱上面再用适量玻璃纤维(2.2.15)盖一层。控制流速为(1.3 ～1.5)mL/min。使用前,用20 mL硝酸(3.8)平衡色谱柱。

2.2.17 氯化钾-盐酸缓冲液

称取0.372 8 g氯化钾,加9 mL盐酸(2.2.10),用水稀释至1 L,用盐酸(3.5)和氨水(3.19)调至pH1.65～1.70。

2.2.18 尿素溶液,200 g/L。

2.2.19 氨水溶液,1+1。

2.2.20 二甲酚橙,5 g/L。

2.2.21 半二甲酚橙溶液,2 g/L。

2.2.22 萘酚绿B溶液,2 g/L。

2.2.23 标准EDTA滴定液

分别称取0.121 0 g、0.232 7 g、3.722 6 g的基准EDTA标准物质(GBW06102,络合量值99.979%)于150 mL烧杯中,用二次蒸馏水溶解后转入500 mL容量瓶中,用二次蒸馏水稀释至标线,摇匀。这些EDTA标准滴定溶液每毫升分别可滴定0.032 5 mg Th、0.062 5 mg Th、1.000 mg Th。

不同钍含量应配制相应浓度的EDTA滴定液,使标准EDTA滴定液消耗的体积,尽量是滴定管最大容量的80%～90%。

2.2.24 钍标准溶液

2.2.24.1 按以下步骤配制:称取一定量的硝酸钍[$Th(NO_3)_4 \cdot 4H_2O$]于烧杯中,加200 mL盐酸(2.2.10),溶解后转入1 000 mL容量瓶中,用水稀释至标线。根据不同要求,配制成钍含量为(0.1～10)mg/mL的钍标准溶液。

2.2.24.2 按以下方法标定:准确移取5份以上相应浓度的钍标准溶液于50 mL高腰烧杯中,用10 mL氯化钾-盐酸缓冲液(2.2.17)洗烧杯内壁,加1 mL尿素溶液(2.2.18)按测定步骤进行滴定,所得结果的极差小于3%～5%,以算术平均值为标定值。

2.3 仪器设备

2.3.1 酸度计,分度值为0.01 pH。

2.3.2 分析天平,分度值为0.000 1 g。

2.3.3 电磁搅拌器。

2.3.4 调压电炉,(0～220)V调压器串联1 000 W电炉。

2.3.5 玻璃交换柱,(35～40)mm×400 mm,下端带活塞。

2.3.6 玻璃色谱柱,(7～8)mm×(70～80)mm。

2.3.7 微量滴定管,5 mL、10 mL,一级,分度值为0.01 mL。

2.3.8 马弗炉,(0～1100)℃。

2.4 试样

2.4.1 试样粒度小于 0.097 mm,取样的分布应对总体有足够的代表性。

2.4.2 测定前试样应于 105 ℃～110 ℃干燥 2 h,试样厚度在(4～5)mm,干燥后置于干燥器中保存。试样如含有机物,称重后需在 600 ℃高温电炉中灼烧 30 min,再进行试样分解。

2.5 测定步骤

2.5.1 称取试样(0.1～0.5)g(精确至 0.000 1 g),放入预先已放有 3 g 过氧化钠(2.2.1)的(25～30)mL刚玉坩埚中,用小玻璃棒搅匀,用小块定量滤纸擦净玻璃棒后放在试样的混合物上,再用 1.5 g 左右的过氧化钠(2.2.1)覆盖一层。于 800 ℃马弗炉中熔融(5～6)min,取出冷却后,放入预先加有3 滴三氯化铁(2.2.2)的 150 mL 烧杯中,加 3 mL 三乙醇胺(2.2.3),再加 2 mL EDTA 溶液(2.2.4),加入 50 ℃～55 ℃热水 80 mL,待熔块从坩埚中脱离后,用 2～3 滴盐酸(2.2.5)和水洗净坩埚。

2.5.2 将盛有提取液的烧杯置于电热板上煮沸,取下冷却澄清后,用快速或中速定性滤纸过滤。用氢氧化钠(2.2.6)溶液洗涤烧杯、沉淀各 4～5 次。然后用热水洗烧杯,并将此洗烧杯水洗一下沉淀,再用热水洗一次沉淀,弃去滤出液。沉淀用(20～25)mL 的近沸热硝酸-酒石酸溶液(2.2.7)溶解于原烧杯中。溶解完全后用热水洗滤纸 1～2 次,滤出液并入原烧杯。冷至室温,待上柱。

2.5.3 试液分两次转入已平衡好的色谱柱(2.2.16)中,用硝酸-酒石酸溶液(2.2.9)(25～30)mL 分别洗烧杯、柱各 4～5 次(每次用量约 6 mL),弃去流出液。待柱上部杯子中的溶液流过后,加入 0.5 mL 盐酸(2.2.10),弃去流出液。再用 25 mL 盐酸(2.2.10)分 5 次解析钍,钍的解析液用 50 mL 高腰烧杯承接。将盛有钍解析液的烧杯放在调压电炉(2.3.4)上,使其在不沸腾的状态下加热浓缩体积至约 2.5 mL。

2.5.4 用(6～7)mL 水冲洗烧杯内壁后,再加 10 mL 氯化钾-盐酸缓冲液(2.2.17)、1 mL 尿素溶液(2.2.18),加入搅拌子,在电磁搅拌器(2.3.3)上充分搅匀。然后用氨水(2.2.19)和盐酸(2.2.5)调节酸度至 pH 为 1.65。保持溶液体积在(20～25)mL。在电磁搅拌器(2.3.3)上,边搅拌边滴加 1 滴二甲酚橙(2.2.20)、1 滴半二甲酚橙(2.2.21)、2 滴萘酚绿 B(2.2.22)。试液搅匀时呈鲜桃红或紫红色。继续边搅拌边用微量滴定管(2.3.7),以相应浓度的标准 EDTA 滴定液(2.2.23)滴定,至待测试液呈明显的亮黄绿色,30 s 内不退色即为终点。

2.5.5 空白试验是在不同时间里于刚玉坩埚中加约 2.5 g 过氧化钠(2.2.1),不加样品,于 800 ℃马弗炉熔融 5 min。冷却后按测定步骤用每毫升可滴定 0.032 5 mg Th 的标准 EDTA 滴定液(2.2.23)进行测定,其平均值即为空白值。由于实际空白值一般(少于 0.02 mL 滴定液)相当的钍含量小于 0.000 1%,故可以忽略不计。如空白值高时,应予扣除。

2.6 质量控制

使用本标准时,需要对方法的回收率进行控制(回收率应保持在 97%以上,否则应查明原因,解决后再进行)。准确移取若干份钍标准溶液(2.2.24),分别转入已平衡好的相应色谱柱(2.2.16)中,按测定步骤进行。将测定出的上柱与否的钍含量进行比较,即为该批柱平均的回收率。精确测量时,可将测定值除以实际回收率作为测定结果;亦可用相应的国家一级标准物质进行质量控制。

2.7 分析结果计算

钍的质量分数按式(1)计算,分析结果保留至小数点后三位小数:

$$w = \frac{V \times T_{\mathrm{Th/EDTA}}}{m} \times 100 \qquad \cdots\cdots(1)$$

式中:

w——钍矿石中钍的质量分数,%;

V——试样消耗 EDTA 滴定液体积,单位为毫升(mL);

$T_{\mathrm{Th/EDTA}}$——与 1.00 mL EDTA 基准滴定液相当的以克表示的钍的质量,单位为克每毫升(g/mL);

m——称取试样质量,单位为克(g)。

2.8 精密度

本方法精密度见表1。

表1 N_{263}分离EDTA滴定法的精密度 r、R

水平	1	2	3
钍含量平均值 $\bar{m}$/%	0.063 4	0.231 7	1.085 0
重复性临界差 r	0.004 2	0.009 5	0.031 7
再现性临界差 R	0.011 2	0.025 1	0.083 8

3 N_{263}萃取色层分离偶氮胂Ⅲ分光光度法

3.1 方法提要

试样用过氧化钠熔融，水浸取熔块，过滤。沉淀用含酒石酸的硝酸溶液溶解。将试液通过 N_{263}（氯化甲基三烷基胺）萃取色层柱，钍被定量吸附，以含酒石酸(2%)的硝酸(15%)溶液淋洗杂质，用盐酸(4 mol/L)洗脱钍，偶氮胂Ⅲ显色，于波长 660 nm 处测其吸光度。

3.2 试剂和材料

除非另有说明，在分析中仅使用确认为分析纯的试剂和蒸馏水或去离子水。

3.2.1 硝酸钍[$Th(NO_3)_4 \cdot 4H_2O$]。

3.2.2 过氧化钠。

3.2.3 酒石酸。

3.2.4 尿素溶液，200 g/L。

3.2.5 草酸溶液，50 g/L。

3.2.6 抗坏血酸。

3.2.7 DA_{201}吸附树脂，(0.177～0.250)mm。

3.2.8 N_{263}（氯化甲基三烷基胺）。

3.2.9 200号溶剂煤油。

3.2.10 第二辛醇。

3.2.11 硝酸，$\rho(HNO_3)=1.42\ g/cm^3$。

3.2.12 硝酸溶液：在100 mL容量瓶中加入15 mL硝酸(3.2.11)，用水稀释至100 mL。

3.2.13 盐酸，$\rho(HCl)=1.18\ g/cm^3$。

3.2.14 盐酸溶液：在100 mL容量瓶中加入33.3 mL盐酸(3.2.13)，用水稀释至100 mL。

3.2.15 氢氧化钠溶液，20 g/L。

3.2.16 硝酸-酒石酸溶液

将2 g酒石酸溶解于水中，加入15 mL硝酸(3.2.11)，用水稀释至100 mL。

3.2.17 三氯化铁溶液，150 g/L。

3.2.18 三乙醇胺溶液，1+1。

3.2.19 过氧化氢。

3.2.20 无水乙醇。

3.2.21 硝酸铵溶液。

将15 g硝酸铵溶解于水中，用水稀释至100 mL。

3.2.22 吡啶-硝酸溶液

将34 mL吡啶溶解于水中，加入15 mL硝酸(3.2.11)，用水稀释至100 mL。

3.2.23 吡啶-硝酸铵溶液

将3 g硝酸铵溶解于水中，加入5 mL吡啶，用水稀释至100 mL。

3.2.24 氨水，ρ=0.88 g/cm³，不含二氧化碳。

3.2.25 偶氮胂Ⅲ溶液，0.5 g/L。

3.2.26 玻璃纤维

用盐酸(3.2.14)煮沸 0.5 h，再用水洗净。

3.2.27 色层柱

3.2.27.1 DA_{201}吸附树脂预处理方法如下：将树脂装入交换柱中，用无水乙醇淋洗，洗至用表面皿收集5～6滴流出液，加1滴水无浑浊出现为止。将树脂取出，在(60～80)℃时烘干，装入磨口瓶中，备用。

3.2.27.2 色层柱的制备：称取 1 g N_{263}(3.2.8)于 100 mL 干烧杯中，加 1.5 mL 溶剂煤油(3.2.9)，加入3滴第二辛醇(3.2.10)，搅匀使溶液清亮，加入已处理的 1 g DA_{201}吸附树脂，搅匀，在水浴上蒸至湿盐状，用盐酸(3.2.14)浸泡 2 h 以上，装入柱底垫有玻璃纤维(3.2.26)的色层柱(ϕ7 mm×70 mm)中，使用前依次用 10 mL 盐酸(3.2.14)、20 mL 硝酸(3.2.12)洗柱，备用。

3.2.28 钍标准溶液

3.2.28.1 按以下步骤配制：称取硝酸钍(3.2.1)2.379 g 于 200 mL 烧杯中，用 20 mL 硝酸(3.2.11)加热溶解，转入 1 000 mL 容量瓶中，用水稀释至刻度，摇匀，此溶液 1 mL 约含 1 mg 钍。

3.2.28.2 按以下方法标定：准确移取 50.0 mL 钍标准溶液(3.2.28.1)5 份于 250 mL 烧杯中，加入 40 mL硝酸铵溶液(3.2.21)、50 mL 水，加热至约 80 ℃，用氨水(3.2.24)逐滴中和至溶液呈现浑浊，再加入 5～6 滴硝酸(3.2.11)，加热至沸，取下，缓慢加入 15 mL 吡啶-硝酸溶液(3.2.22)，重新加热至沸并保温 30 min，用中速定量滤纸过滤，用吡啶-硝酸铵溶液(3.2.23)洗烧杯一次，并用一小片滤纸擦净玻璃棒和烧杯，用吡啶-硝酸铵溶液(3.2.23)洗烧杯及沉淀 5～6 次。将沉淀连同滤纸移入已恒重的铂坩埚(3.3.3)中，灰化，移入马弗炉中，升温至 850 ℃～900 ℃灼烧 1.5 h 取出，置于干燥器中冷至室温，称重，并灼烧至恒重。由式(2)算出标准溶液浓度：

$$\rho_1 = \frac{m_2 - m_1}{V_1} \times 1\,000 \times 0.878\,8 \quad \cdots\cdots(2)$$

式中：

ρ_1——标准溶液中钍的浓度，单位为毫克每毫升(mg/mL)；

m_1——铂坩埚重，单位为克(g)；

m_2——铂坩埚加二氧化钍的质量，单位为克(g)；

V_1——移取钍标准溶液的体积，单位为毫升(mL)；

0.878 8——换算系数。

3.2.28.3 按以下步骤稀释：准确移取 10.0 mL 已标定的钍标准溶液(3.2.28)于 1 000 mL 容量瓶中，加入 143 mL 硝酸(3.2.11)，用水稀释至刻度，摇匀，备用。

3.3 主要仪器和设备

3.3.1 分光光度计，(360～800)nm。

3.3.2 玻璃色层柱(ϕ7 mm×70 mm)。

3.3.3 铂坩埚，(25～30)mL。

3.3.4 刚玉坩埚，(25～30)mL。

3.3.5 马弗炉，(0～1 100)℃。

3.4 测定步骤

3.4.1 工作曲线的绘制

于碱熔试剂的空白溶液中，分别准确加入 0 mL，0.50 mL，1.0 mL，1.5 mL，2.0 mL，2.5 mL，3.0 mL钍标准溶液(3.2.28.3)于 100 mL 烧杯中，将溶液转入已平衡好的色层柱(3.2.27)中，待溶液流过后，用 15 mL 硝酸(3.2.16)分 3 次洗涤烧杯，并将溶液转入色层柱中，待溶液全部流过色层柱后，用 10 mL 硝酸(3.2.16)分 2 次淋洗色层柱，弃去流出液。再用 1 mL 盐酸(3.2.14)淋洗色层柱，弃去流出液。用 20 mL 盐酸(3.2.14)分 4 次洗脱钍,洗脱液承接于预先加有 50 mg 抗坏血酸(3.2.6)和 0.5 mL 尿素(3.2.4)25 mL 容量瓶中,加入 2 mL 草酸(3.2.5)摇匀。加入 2 mL 偶氮胂Ⅲ(3.2.25),用盐酸(3.2.14)稀释至刻度,摇匀。在分光光度计上,用 1 cm 比色皿,以试剂空白做参比,于波长 660 nm 处测其吸光度,绘制工作曲线。

3.4.2 样品分析

3.4.2.1 称取试样 0.1 g(精确至 0.000 1 g),放入预先已放有 3 g 过氧化钠(3.2.2)的刚玉坩埚(3.3.4)中,用小玻璃棒搅匀,用小块定量滤纸擦净玻璃棒后放在试样的混合物上,再用 1.5 g 左右的过氧化钠(3.2.2)覆盖一层。于 800 ℃马弗炉中熔融(5~6)min,取出后小心摇匀,冷却。

3.4.2.2 将刚玉坩埚放入预先加有 2~3 滴三氯化铁(3.2.17)的 150 mL 烧杯中,加入 3 mL 三乙醇胺(3.2.18),加入(50~55)℃热水 80 mL,待熔块从坩埚中脱离后,用 2~3 滴盐酸(3.2.14)和水洗净坩埚。将盛有提取液的烧杯置于电热板上煮沸,取下冷却澄清后,用快速定性滤纸过滤。用氢氧化钠(3.2.15)溶液洗涤烧杯、沉淀各 4~5 次。然后用热水洗烧杯和沉淀各 1 次,再用热水洗 1 次沉淀,弃去滤出液。沉淀用 25 mL 近沸的热硝酸溶液(3.2.16)溶解于原烧杯中,冷至室温,试液分两次转入已平衡好的色层柱中,待溶液全部流过色层柱后,用 25~30 mL 硝酸溶液(3.2.16)分别洗烧杯、色层柱各 4~5 次,弃去流出液。用 1 mL 盐酸(3.2.14)淋洗色层柱,弃去流出液。用 24 mL 盐酸(3.2.14)分5 次洗脱钍,洗脱液承接于 25 mL 容量瓶中,用盐酸(3.2.14)稀释至刻度,摇匀。根据样品中钍含量的高低,稀释一定的倍数。

3.4.2.3 分取适当体积的试液于预先加有 50 mg 抗坏血酸(3.2.6)和 0.5 mL 尿素(3.2.4)25 mL 容量瓶中,加入 2 mL 草酸(3.2.5)摇匀。加入 2 mL 偶氮胂Ⅲ(3.2.25),用盐酸(3.2.14)稀释至刻度,摇匀。在分光光度计上,用 1 cm 比色皿,以试剂空白做参比,于波长 660 nm 处测其吸光度。

3.5 分析结果计算

按照式(3)计算试样中钍的质量分数:

$$w_2 = \frac{m_3}{m} \times 10^{-4} \times k \qquad \cdots\cdots(3)$$

式中:

w_2——样品中钍的质量分数,%;

m_3——从工作曲线中查得的钍量,单位为微克(μg);

m——称样量,单位为克(g);

k——稀释倍数。

3.6 精密度

本方法的相对标准偏差小于 3%。

ICS 13.110
J 09

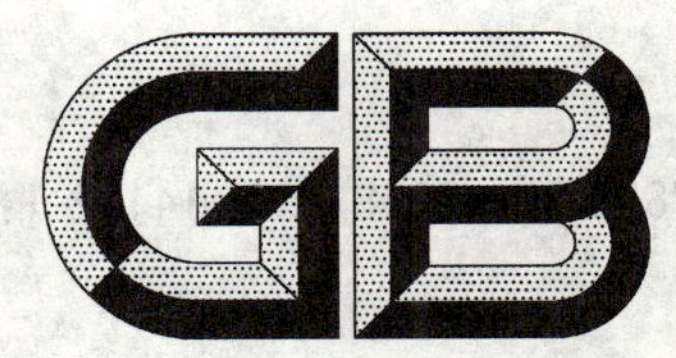

中华人民共和国国家标准

GB 17888.1—2008/ISO 14122-1:2001
代替 GB 17888.1—1999

机械安全　进入机械的固定设施　第1部分:进入两级平面之间的固定设施的选择

Safety of machinery—Permanent means of access to machinery—Part 1: Choice of a fixed means of access between two levels

(ISO 14122-1:2001,IDT)

2008-03-31 发布　　　　2008-10-01 实施

中华人民共和国国家质量监督检验检疫总局
中国国家标准化管理委员会　发布

前　言

GB 17888《机械安全　进入机械的固定设施》由以下四个部分组成：

——第1部分：进入两级平面之间的固定设施的选择

——第2部分：工作平台和通道

——第3部分：楼梯、阶梯和护栏

——第4部分：固定式直梯

本部分是GB 17888的第1部分，本部分为全文强制。

本部分等同采用ISO 14122-1:2001《机械安全　进入机械的固定设施　第1部分：进入两级平面之间的固定设施的选择》(英文版)。

本部分等同翻译ISO 14122-1:2001。为便于使用，本部分做了下列编辑性修改：

——将“国际标准的本部分”改为“本部分”；

——用小数点“.”代替作为小数点的逗号“,”；

——删除了国际标准的前言；

——对ISO 14122-1:2001中引用的其他国际标准，用已被等同采用为我国的标准代替对应的国际标准，未被等同采用为我国标准的直接引用国际标准；

——删除了对EN 1070的引用，该标准已经废止；

——将国际标准“引言”中“该标准依据EN 1070的定义为B类标准”，改为“本部分在GB/T 15706.1中的规定为B类标准”；

——将国际标准中“引言”中“本部分与EN 292-2:1991/A1:1995附录A的1.6.2‘进入工作位置和维修点’和1.5.15‘滑倒、绊倒和摔倒’中给出的基本安全要求一起理解。”删除，这部分内容已包含在GB/T 15706.2—2007中的5.5.6中；

——删除国际标准范围中的注(第1章)；

——将国际标准的图5提前至原图1之前，并改为图1。

本部分代替GB 17888.1—1999。与GB 17888.1—1999相比，主要技术内容修改如下：

——阶梯的倾角46°～74°改为45°～75°，坡道的倾角0°～10°改为0°～20°(第3章)；

——增加了直梯、阶梯、楼梯、坡道的倾角的图示；

——增加了装配说明书(第6章)；

——增加了参考文献。

本部分的附录A为资料性附录。

本部分由全国机械安全标准化技术委员会(SAC/TC 208)提出并归口。

本部分起草单位：机械科学研究总院中机生产力促进中心。

本部分主要起草人：富锐、李勤、宁燕、张晓飞、付大为、肖建民、王学智、居荣华、宋小宁。

本部分所代替标准的历次版本发布情况为：

——GB 17888.1—1999。

机械安全　进入机械的固定设施　第1部分:进入两级平面之间的固定设施的选择

1　范围

本部分规定了GB/T 15706.2中提及的安全进入机械的一般要求,给出了当需要进入且不能直接从地面或地板进入机械时,正确选择进入设施的建议。

本部分适用于具有固定进入设施的所有固定式和移动式机械。

本部分适用于作为机器部件的进入设施。

本部分也可适用于进入安装在建筑物内作为建筑物一部分的机械设施(例如:工作平台、通道、梯子),假设建筑物此部分的主要功能是提供进入机器的固定设施。

本部分也适用于没有永久固定在机器上,以及机器的某些操作可能要移除或移动到旁边(例如:更换大型压力机的工具)的进入设施。

本部分不适用于电梯、可移动升降平台或专门设计用于两级平面之间提升人员的其他装置。

2　规范性引用文件

下列文件中的条款,通过GB 17888的本部分的引用而成为本部分的条款。凡是注日期的引用文件,其随后所有的修改单(不包括勘误的内容)或修订版均不适用于本部分,然而,鼓励根据本部分达成协议的各方研究是否可使用这些文件的最新版本。凡是不注日期的引用文件,其最新版本适用于本部分。

GB/T 15706.1—2007　机械安全　基本概念与设计通则　第1部分:基本术语和方法(ISO 12100-1:2003,IDT)

GB/T 15706.2　机械安全　基本概念与设计通则　第2部分:技术原则与规范(GB/T 15706.2—2007,ISO 12100-2:2003,IDT)

GB/T 16856.1　机械安全　风险评价的原则(GB/T 16856.1—2008,ISO 14121-1:2007,IDT)

GB 17888.2　机械安全　进入机械的固定设施　第2部分:工作平台和通道(GB 17888.2—2008,ISO 14122-2:2001,IDT)

GB 17888.3　机械安全　进入机械的固定设施　第3部分:楼梯、阶梯和护栏(GB 17888.3—2008,ISO 14122-3:2001,IDT)

GB 17888.4　机械安全　进入机械的固定设施　第4部分:固定式直梯(GB 17888.4—2008,ISO 14122-4:2004,IDT)

3　术语和定义

GB/T 15706.1中确立的以及下列术语和定义适用于本部分(见图1)。

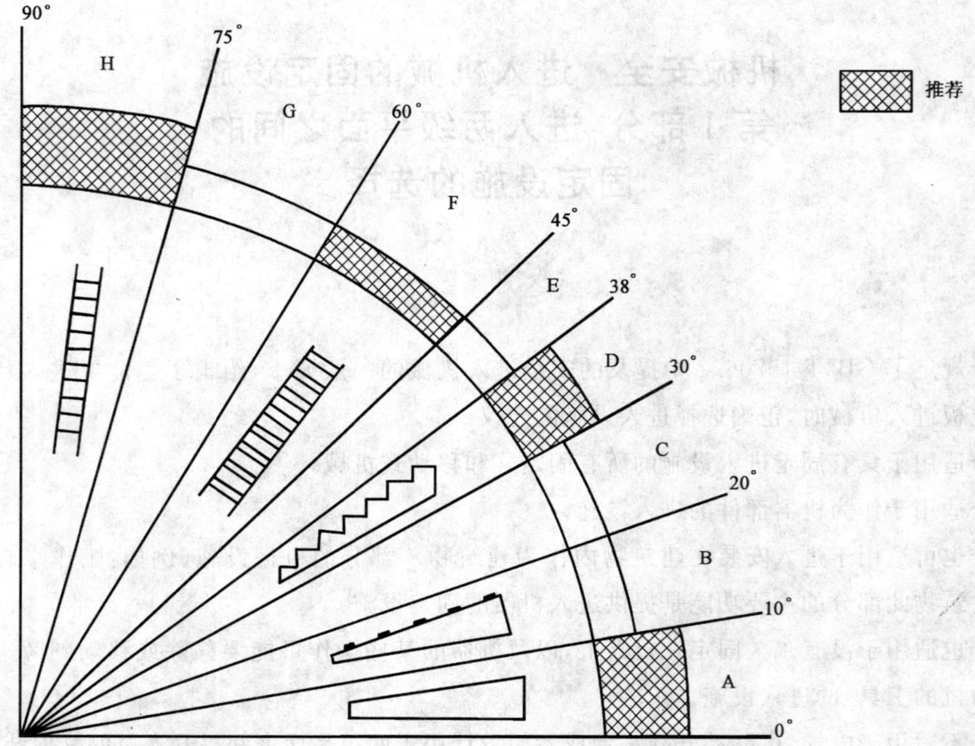

A ——坡道(推荐);

B ——防滑增强的坡道;

C ——楼梯;

D ——楼梯(推荐);

E ——楼梯;

F ——阶梯;

G ——阶梯;

H ——直梯(推荐)。

图 1 各种进入设施的范围

3.1

直梯 ladder

与水平面夹角大于75°且不大于90°的固定式进入设施,其水平构件为踏棍(见图2)。

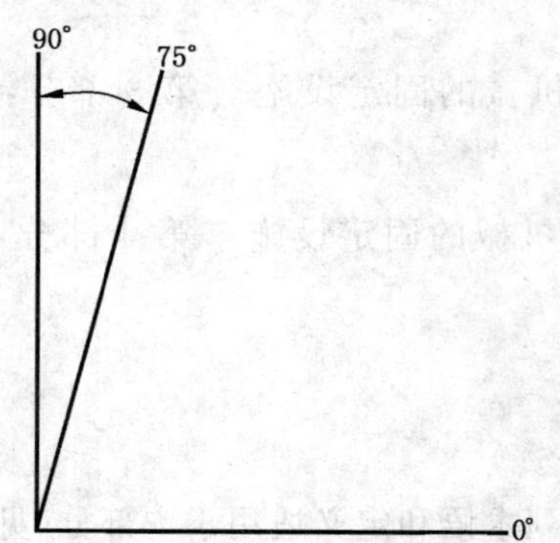

图 2 直梯倾角范围(75° <倾角 ≤ 90°)

3.2

阶梯 stepladder

具有 45°～75°倾角的固定式进入设施，其水平构件为踏板(见图 3)。

图 3 阶梯倾角范围(45° <斜度 ≤ 75°)

3.3

楼梯 stair

具有 20°～45°倾角的固定式进入设施，其水平元件为踏板(见图 4)。

图 4 楼梯倾角范围(20° <斜度 ≤ 45°)

3.4

坡道 ramp

由倾角为 0°～20°的连续倾斜平面组成的固定式进入设施(见图 5)。

图 5 坡道倾角范围(0° <斜度 ≤ 20°)

4 重大危险

在确定进入设施的形式和位置时应考虑以下的重大危险：

a） 坠落危险；

b） 滑倒危险；

c） 绊倒危险；

d） 过度耗费体力，例如连续爬梯子引起的危险；

e） 物料或物体坠落可能对人员造成的风险。

还应考虑本部分不包括的由机械产生的其他危险，如由机械功能引起的（机器的运动部件、移动式机器本身的运动、辐射、热表面、噪声、蒸汽、热流体）或者由机械周围环境（空气中的有害物质）引起的危险，但机器的设计者宜考虑这些危险，例如通过防止进入降低风险。

注：GB/T 16856 给出了风险评价的原则。

GB 17888 的本部分主要针对的是防止人员坠落和过度耗费体力。

5 选择固定式进入设施的要求

5.1 一般要求

在机械“寿命”期的各阶段（见 GB/T 15706.1—2007 中 5.3），在可预见的需要进入的机器的所有区域和部位应有安全而又方便的进入设施。

5.2 优选的进入设施

优选的机械进入设施应按以下顺序选择：

a） 直接由地面或地板进入（详见 5.3.1.1 和 GB/T 15706.2）；

b） 提升装置、坡道或楼梯（详见 5.4）；

c） 阶梯或直梯（详见 5.5）。

5.3 进入设施的选择

5.3.1 基本方案

5.3.1.1 机器的控制装置或其他部位的进入方式应尽可能优先选择由地面或地板进入。这对于需要频繁进入的场合尤为重要。

5.3.1.2 如果 5.3.1.1 的进入方式不可能实现时，通常应选择以下方案作为安全、合适的基本方案：

——提升装置；

——倾角小于 10°的适当坡道（见 5.4.b）；

——倾角在 30°～38°之间的楼梯（见 5.4.c）。

5.3.2 选择阶梯或直梯的条件

5.3.2.1 在设计机械时应尽量避免选用阶梯和直梯作为进入设施，采用这些方式会由于过度的体力消耗引起较高的坠落风险。

5.3.2.2 如果 5.3.1 的进入方式不可能实现时，可以考虑选用阶梯或直梯。应依据风险评价，并考虑人类工效学的特点来做出最终选择。

如果评价结果表明风险水平（见 GB/T 16856）过高，则应改变机器进入设施的基本结构，使用风险较低的进入通道。

应用风险较小的进入通道（见 5.3.1 和附录 A）。

5.3.2.3 下面列出了一些可以选用阶梯或直梯的典型示例。但这些仅仅是示例，最终的选择通常应根据风险评价来做出。在大多数情况下，选用阶梯或直梯应满足下列一种以上的条件：

a） 垂直距离短；

b） 预期很少使用的进入设施；

注：估计使用频率时，应考虑机械的整个寿命期。如果需要经常使用进入设施，例如机器的装配或安装期间，或周期性大修期间，采用阶梯或直梯并不是恰当的方案。

c) 使用进入设施时,使用者无需携带较大的工具或其他设备;

d) 预期同时使用进入设施的只有一个人;

e) 预期不用于受伤人员的撤离;

f) 机器的结构不能使用楼梯或其他基本设施(见5.3.1)。

注:例如塔式起重机和移动式机器。

5.3.2.4 阶梯和直梯之间的选择,见5.5。

5.4 提升装置、坡道或楼梯的选择

两级平面之间应优先考虑设置楼梯或坡道作为进入设施,而非阶梯或直梯。

在提升装置、坡道或楼梯之间选择时,应考虑以下内容:

a) 对于下列情况,提升装置可能是最佳方案:

——需要经常进入几个人;

——垂直距离长;

——运输重载荷;

使用提升装置时,通常需要有另外一条可替换的撤离路线。

b) 下列情况,坡道可能是最佳方案:

——垂直距离短;

——需要轮式车辆(叉车、手推车等)通过。

坡道的坡度取决于其使用情况:

——对于手推车或其他手动轮式车辆,最大倾角为3°(尤其是可能有残疾人使用时);

——对于机动车辆(例如叉车),最大倾角为7°;

——对于步行,最大倾角可到20°(推荐不超过10°)。

注1:楼梯只有一个或两个台阶时,优先采用坡道。

注2:坡道表面的性质对其安全性有很大的影响,该表面宜有非常好的防滑性,尤其对于倾角在10°～20°之间的坡道。

c) 楼梯(详见GB 17888.3)。

优选倾角在30°～38°之间。

5.5 阶梯和直梯之间的选择

在阶梯和直梯之间做出选择时,至少应考虑a)和b)的内容。对于这些进入设施的详细要求,见GB 17888.3和GB 17888.4。

a) 阶梯的选择对安全水平的影响:

——如果人员没有面向阶梯走下阶梯时,可能会增加坠落的风险;

——如果人员使用阶梯的同时携带小型物体时,可能会增加坠落的风险;

——根据GB 17888.3,没有休息平台的阶梯要限制其最大梯段长度;

——在空间限制或过程需要时,宜只选用倾角在60°～75°之间的阶梯。

b) 直梯的选择对安全水平的影响:

1) 人员需要面向直梯且用手扶住直梯。因此,使用者背向走下时选择直梯是非常不合理的;

2) 使用直梯更耗费体力;

3) 没有休息平台的直梯应根据GB 17888.4限制其最大梯段;

4) 防止固定式直梯的使用者从高处坠落的两种主要防护设施是安全护笼和防坠器:

——应优先选择护笼,因为这种设施一直能起到保护作用且其实际的安全水平与操作者的活动无关;

——对于不可能使用护笼的情况,应提供个人保护装置。防坠器只有在使用者选用时才有效。

如果与导轨式防坠器一起使用的安全带与滑动系统不配套，则存在风险。

防坠器应只设计用于很少进入或专门进入的地方(例如用于维修)。

注：合适的防坠器比护笼防止坠落的效果更好。

6 装配说明书

装配说明书应包含关于正确装配的所有信息。尤其应包括以下信息：

——固定的方法；

——当采用导轨式防坠器时，应给出在锚点上的安装方法。

附　录　A
（资料性附录）
为更适当进入而对机器或装置所作改变的示例

A.1　为使用按本部分设计的楼梯或其他更合适的进入设施，在立柱、横梁、管道、电缆架、平台和贮罐等处做些改变。

A.2　为了采用按照本部分设计的楼梯或其他可能的更合适的进入设施，改变进入设施的设计（例如：位置）。

例1：采取从另一侧进入，以使得按照本部分设计的楼梯有足够的空间。如有必要可增加水平平台。

例2：改变进入设施的设计，以便可能使用楼梯（例如：在方向上的改变）。

A.3　在机器上做些改变以消除对进入的需要，或能从地面或地板上进入。

例1：借助管道使润滑点接近地面。

例2：采用不同的润滑方式，例如：

——永久性润滑；

——利用油泵循环润滑。

例3：将电动机和传动装置设置在能从地面进入维修点或维护点的地方。

例4：将机器安装到可利用已有的平台进入的地方。

例5：改变管线和（或）阀的位置，以便能够在地面或地板上对阀进行操作。

参 考 文 献

[1] GB/T 17889.2—1999 梯子 第2部分:要求、试验和标志(eqv EN 131-2:1993[1] Ladders — Requirements, Tests, Markings)

[2] GB 12265.1 机械安全 防止上肢触及危险区的安全距离(eqv GB 12265.1—1997, EN 294:1992 (ISO 12852) Safety of machinery —Safety distances to prevent danger zones being reached by the upper limbs)

[3] GB 12265.3 机械安全 避免人体各部位挤压的最小距离(eqv GB 12265.3—1997, EN 349:1993 (ISO 13854) Safety of machinery —Minimum gaps to avoid crushing of parts of the human body)

[4] EN 353-1 Personal protective equipment against falls from a height —Guided type fall arresters on a rigid anchorage line

[5] EN 364 Personal protective equipment against falls from a height —Test methods

[6] EN 547-1 Safety of machinery —Human body dimensions —Part 1: Principles for determining the dimensions required for openings for whole body access into machinery

[7] EN 547-2 Safety of machinery —Human body dimensions —Part 2: Principles for determining the dimensions required for access openings

[8] EN 547-3 Safety of machinery —Human body dimensions —Part 3: Anthropometric data

[9] EN 795 Protection against falls from a height —Anchorage devices —Requirements and testing

[10] GB 12265.2 机械安全 防止下肢触及危险区的安全距离(eqv GB 12265.2—2000, EN 811:1994 (ISO 13853) Safety of machinery —Safety distances to prevent danger zones being reached by the lower limbs)

1) 正在修订。

ICS 13.110
J 09

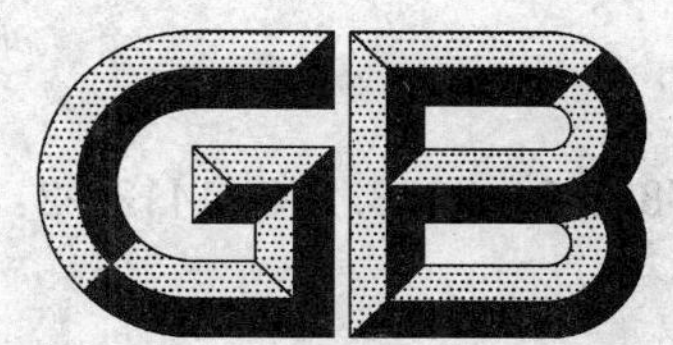

中华人民共和国国家标准

GB 17888.2—2008/ISO 14122-2:2001
代替 GB 17888.2—1999

机械安全 进入机械的固定设施 第2部分:工作平台和通道

Safety of machinery—Permanent means of access to machinery—Part 2: Working platforms and walkways

(ISO 14122-2:2001,IDT)

2008-03-31 发布　　2008-10-01 实施

中华人民共和国国家质量监督检验检疫总局
中国国家标准化管理委员会　发布

前言

GB 17888《机械安全　进入机械的固定设施》由以下四个部分组成：

——第1部分：进入两级平面之间的固定设施的选择

——第2部分：工作平台和通道

——第3部分：楼梯、阶梯和护栏

——第4部分：固定式直梯

本部分是GB 17888的第2部分，本部分为全文强制。

本部分等同采用ISO 14122-2:2001《机械安全　进入机械的固定设施　第2部分：工作平台和通道》(英文版)。

本部分等同翻译ISO 14122-2:2001。为便于使用，本部分做了下列编辑性修改：

——将“国际标准的本部分”改为“本部分”；

——用小数点“.”代替作为小数点的逗号“,”；

——删除了国际标准的前言，增加了我国标准的前言；

——对ISO 14121-2:2001中引用的其他国际标准，用已被等同采用为我国的标准代替对应的国际标准，未等同采用为我国标准的直接引用国际标准；

——删除了对EN 1070的引用，因为该标准已经废止；

——删除了附录A，因为该附录内容为介绍法国、德国和英国确定防滑水平的相关标准，删除后不影响本标准在我国的使用；

——将国际标准“引言”中“本部分与EN 292-2:1991/A1:1995附录A的1.6.2‘进入工作位置和维修点’和1.5.15‘滑倒、绊倒和摔倒’中给出的基本安全要求一起理解。”删除，因为这些内容已包含于GB/T 15706.2—2007中的5.5.6中；

——将原国际标准4.2.4.6中“具体方法参见附录A”删除，因为附录A已经被删除。

本部分代替GB 17888.2—1999。与GB 17888.2—1999相比，主要技术内容修改如下：

——增加了范围(第1章)；

——第3章中删除了坡道的定义；

——将一般要求细分为“构造和材料”和“操作者的安全”(4.1)；

——修改了通道的宽度(4.2)；

——增加了装配说明书(第5章)；

——删除了附录A；

——增加了参考文献。

本部分由全国机械安全标准化技术委员会(SAC/TC 208)提出并归口。

本部分起草单位：机械科学研究总院中机生产力促进中心。

本部分主要起草人：付大为、李勤、宁燕、张晓飞、富锐、肖建民、王学智、居荣华、涂桥安、张一宁。

本部分所代替标准的历次版本发布情况为：

——GB 17888.2—1999。

机械安全　进入机械的固定设施
第2部分：工作平台和通道

1　范围

本部分适用于具有固定进入设施的所有固定式和移动式机械。

本部分适用于作为机器部件的工作平台和通道。

本部分可能也适用于进入安装在建筑物内作为建筑物一部分的工作平台和通道，假设建筑物此部分的主要功能是提供进入机器的固定设施。

本部分也适用于没有永久固定在特定机器上，以及机器的某些操作可能要移除或移动到旁边（例如：更换大型压力机的工具）的工作平台和通道。

本部分不适用于电梯、可移动升降平台或专门设计用于两级平面之间提升人员的其他装置。

本部分包含的重大危险，见 GB 17888.1—2008 中的第4章。

2　规范性引用文件

下列文件中的条款，通过 GB 17888 的本部分的引用而成为本部分的条款。凡是注日期的引用文件，其随后所有的修改单（不包括勘误的内容）或修订版均不适用于本部分，然而，鼓励根据本部分达成协议的各方研究是否可使用这些文件的最新版本。凡是不注日期的引用文件，其最新版本适用于本部分。

GB 12265.1—1997　机械安全　防止上肢触及危险区的安全距离（eqv EN 294:1992）

GB/T 15706.1—2007　机械安全　基本概念与设计通则　第1部分：基本术语、方法学（ISO 12100-1:2003,IDT）

GB/T 15706.2—2007　机械安全　基本概念与设计通则　第2部分：技术原则与规范（ISO 12100-2:2003,IDT）

GB 17888.1　机械安全　进入机械的固定设施第1部分：进入两级平面之间的固定设施的选择（GB 17888.1—2008,ISO 14122-1:2001,IDT）

GB 17888.3　机械安全　进入机械的固定设施　第3部分：楼梯、阶梯和护栏（GB 17888.3—2008,ISO 14122-3:2001,IDT）

EN 547-1　机械安全　人体尺寸　第1部分：人员整个身体进入机器要求确定开口尺寸的原则

EN 547-2　机械安全　人体尺寸　第2部分：确定进入开口要求的尺寸的原则

EN 547-3　机械安全　人体尺寸　第3部分：人体测量数据

3　术语和定义

本部分使用了 GB 17888.1 中的术语和定义。

使用本部分还需以下的附加定义：

3.1

地板　flooring

构成通道或工作平台地面并且直接与脚接触的各构件的组合。

3.2

通道　walkway

由一个位置通向另一个位置的水平表面。

3.3

工作平台　working platform

为进行操作、维修、检验、修理、抽样和与机械有关的其他工作所用的水平表面。

3.4

防滑表面　slip resistant surface

为增加附着力而设计的地板表面。

4　要求

通道和工作平台应符合下述一般安全要求。

4.1　一般要求

工作平台和通道的设计、制造、定位和必要时的保护应使得操作者进入工作平台时和在其上进行操作、设置、监视、维修或与机器相关的其他工作时是安全的。

4.1.1　构造和材料

工作平台和通道的设计、构造和材料的选择应能承受可预见的使用条件。至少应考虑下列条件：

a)　部件(包括固定、连接、支撑和基础)的尺寸和选择要确保足够的刚性和稳定性；

b)　所有零件都应能耐受环境影响(如气候、化学制剂、腐蚀性气体)，例如使用防腐材料或借助适当的保护涂层；

c)　构件的布置，如在连接处，应确保不产生积水；

d)　相容材料的使用，例如：使电蚀作用或热膨胀差值最小化；

e)　通道和工作平台的尺寸应根据有效的人体测量数据(见本部分的4.2.2，也可见EN 547-1和EN 547-3)；

f)　通道和工作平台的设计和构造应能防止物体坠落的危险。对于防护栏和踢脚板的要求，见GB 17888.3—2008的第7章，对于地板开口的要求，见本部分的4.2.4.4；

g)　对机器任何部分的拆除，只要可行，应尽可能保留防护栏、地板或其他固定防护屏障。

4.1.2　操作者的安全

通道和工作平台的设计和构造应便于其安全使用。至少应考虑下列条件：

a)　所有可能与操作者接触的零件，其设计与构造应使得操作者免受伤害；

b)　通道和工作平台的设计和构造应使得行走表面具有持久的防滑性能；

c)　对操作者必须在上面行走或站立的机械部件，其设计和安装应能够防止发生人员坠落(见GB 17888.3)；

d)　工作平台和进入工作平台入口的设计和布置，应使得在发生危险时操作人员能快速离开工作地点，或必要时能快速得到帮助并容易疏散；

e)　扶手和其他支撑物的设计、构造和布置应使操作者能够本能地使用。

4.2　特殊要求

4.2.1　定位

应尽可能将通道和工作平台设置在远离有害材料或物质排放的地方。通道和工作平台的位置亦应远离由于如尘土等物质的聚积可能引起滑倒的地方。

对运动件、无防护热表面、未加防护带电设备等，应根据GB 12265.1提供足够的安全距离。

工作平台的定位应能使人员在符合人类工效学的位置上工作。如可能，应使人员的操作位置位于工作平台表面上方500 mm～1 700 mm之间。

4.2.2　尺寸

预定用于操作和维护的通道和工作平台净长和净宽应由以下因素决定：

a)　任务要求，例如运动的位置、性质和速度、施力等；

b） 是否携带工具、备件等；

c） 任务和使用的频次及持续时间；

d） 同时在通道或平台上的操作者数量；

e） 操作者相遇的可能性；

f） 是否附加装备，例如穿着的安全服装或携带的个人防护装备；

g） 存在的隔离障碍物；

h） 受伤人员的撤离；

i） 末端封闭的通道；

j） 墙壁可能损坏操作者的衣服或在其上留下印记；

k） 不使工作活动受限，以及使用可预见工具所需空间的需要。

根据 EN 547-1 和 EN 547-3 标准提到的值，一般情况下，工作平台和通道上的最小净高应为 2 100 mm，除非存在特殊情况。

注 1：由于机械或环境的限制且经过风险评价后，在以下情况下净高可以减小到不低于 1 900 mm：

——工作平台或通道只是偶尔使用；

——只是在工作平台或通道的一小段距离内减小净高。

除特殊情况外，通道的最小净宽应为 600 mm，但最佳为 800 mm。当通道经常有人通过或有多人同时交叉通过时，宽度应增加到 1 000 mm。如果通道用作撤离线路，其宽度应满足特定法规的要求。

注 2：由于机械或环境的限制且经风险评价判断可行时，净宽在以下情况下可以减小到不低于 500 mm：

——工作平台或通道只是偶尔使用，或

——只是在工作平台或通道的一小段距离内减小净宽。

如果在墙上或天花板下面的独立障碍物限制了所需的净宽和净高，则应采取防护措施。此外，应采取安全措施防止伤害，例如缓冲垫。还宜考虑警示标志。

4.2.3 设施或装备

如果存在从 500 mm 或更高的通道或工作平台跌落的风险，应根据 GB 17888.3 提供防护栏。

存在下沉或断裂风险的地方也应提供防护栏（例如：进入屋顶风机的通道）。

搬运没有滚轮的重型零（部）件或将它们放置在工作平台上时，应提供适当的设施。

4.2.4 地板

4.2.4.1 由于滞留和（或）积存液体引起的危险

地板的设计应使洒在上面的任何液体都能流走。如果由于某些特殊原因不能实现，应防止液体引起的滑倒和其他危险，或者采用其他一些合适方法将危险降到最小。

4.2.4.2 由于积存物质引起的危险

地板既不应积存油污、雪、冰等，也应不积存其他物质。因此，优先选用可渗透的地板，如格栅式地板或冷成形筛板。在不能用可渗透地板的场合，需要时应提供清除积存物的设施。

4.2.4.3 绊倒危险

为了避免绊倒危险，相邻地板构件之间的最大高度差应不超过 4 mm。

4.2.4.4 坠落物引起的危险

a） 地板

通常，风险评价会影响工作平台或通道的地板开口的选择：

——工作平台或通道的地板的最大开口应使直径 35 mm 的球不能穿过该开口；

——对下面有人工作的地方（不是临时通道），其地板最大开口不应使直径 20 mm 的球体穿过，否则应采用其他适当设施保证同等的安全水平。

如果风险评价判定由于通过地板的物体或其他材料的坠落或穿过引起的危险比滑倒、跌倒等危险更为严重,则地板不应有开口。

b) 接缝

如果地板和构件之间的距离超过 30 mm,相邻的构件或开口各边与地板的各边之间需要在开口内设置合适构件,如:导管、箱柜或支撑、踢脚板是必需的。

4.2.4.5 通过地板坠落的危险

如果地板是由可分开的(即可移动的)构件构成,例如:在需要维修安装于地板下的辅助设备的地方:

——应防止这些构件的任何危险运动,例如:通过紧固件;

——为了查明任何腐蚀或任何危险的松动或夹具位置的变化,应能对附件的紧固状态进行检查。

4.2.4.6 滑倒危险

应对地板进行表面处理以降低滑倒危险。

4.2.5 设计载荷

工作平台和通道的技术规范应规定其设计载荷。

梯段平台、通道和工作平台的最小工作载荷如下:

—— 结构承受均布载荷时,为 2 kN/m^2;

—— 在地板最不利的位置,200 mm×200 mm 区域内承受的集中载荷为 1.5 kN。

当用设计载荷加载时,地板的挠度应不超过跨距的 1/200,且已加载载荷和相邻未加载载荷的地板之间的高度差应不超过 4 mm。

通道和工作平台的安全强度设计应根据计算或试验来检验。

5 装配说明书

装配说明书中应包括所有正确的装配信息,特别应包括固定方法的信息。

参 考 文 献

[1] GB 12265.2 机械安全 防止下肢触及危险区的安全距离(GB 12265.2—2000, eqv EN 811:1994 (ISO 13853) Safety of machinery—Safety distances to prevent danger zones being reached by the lower limbs)

[2] GB 12265.3 机械安全 避免人体各部位挤压的最小距离(GB 12265.3—1997, eqv EN 349:1993 (ISO 13854) Safety of machinery—Minimum gaps to avoid crushing of parts of the human body)

[3] GB/T 16856 机械安全 风险评价的原则(GB/T 16856—1997,eqv EN 1050 (ISO 14121) Safety of machinery—Principles for risk assessment)

[4] GB 17888.4—1999 机械安全 进入机器和工业设备的固定设施 第4部分:固定式直梯(eqv prEN ISO 14122-4:1996 Safety of machinery—Permanent means of access to machinery—Part 4 : Fixed ladders)

[5] GB/T 17889.2—1999[1)] 梯子 第2部分:要求、试验和标志(eqv EN 131-2:1993 Ladders—Requirements, Tests, Markings)

[6] EN 353-1 Personal protective equipment against falls from a height—Guided type fall arresters on a rigid anchorage line

[7] EN 364 Personal protective equipment against falls from a height—Test methods

[8] EN 795 Protection against falls from a height—Anchorage devices—Requirements and testing

1) 正在修订。

ICS 13.110
J 09

中华人民共和国国家标准

GB 17888.3—2008/ISO 14122-3:2001
代替 GB 17888.3—1999

机械安全 进入机械的固定设施 第3部分:楼梯、阶梯和护栏

Safety of machinery—Permanent means of access to machinery—Part 3:Stairs,stepladders and guard-rails

(ISO 14122-3:2001,IDT)

2008-03-31 发布

2008-10-01 实施

中华人民共和国国家质量监督检验检疫总局
中国国家标准化管理委员会 发布

前　言

GB 17888《机械安全　进入机械的固定设施》由以下四个部分组成：

——第1部分：进入两级平面之间的固定设施的选择

——第2部分：工作平台和通道

——第3部分：楼梯、阶梯和护栏

——第4部分：固定式直梯

本部分是 GB 17888 的第3部分，本部分为全文强制。

本部分等同采用 ISO 14122-3:2001《机械安全　进入机械的固定设施　第3部分：楼梯、阶梯和护栏》（英文版）。

本部分等同翻译 ISO 14122-3:2001。为便于使用，本部分做了下列编辑性修改：

——将“国际标准的本部分”改为“本部分”；

——用小数点“.”代替作为小数点的逗号“,”；

——删除了对 EN 1070 的引用，因为该标准已经废止；

——将国际标准中引言部分中“本部分与 EN 292-2:1991/A1:1995 附录 A 的 1.6.2‘进入工作位置和维修点’和 1.5.15‘滑倒、绊倒和摔倒’中给出的基本安全要求一起理解。”删除，这些内容已包含于 GB/T 15706.2—2007 中的 5.5.6；

——删除了国际标准范围中的注（第1章）；

——根据图的顺序将国际标准中的图6与图7位置对调。

本部分代替 GB 17888.3—1999。与 GB 17888.3—1999 相比，主要技术内容修改如下：

——增加了范围（第1章）；

——第3章中增加了上升高度、楼梯走线、坡度线、踏板深度和净空的术语和定义；

——增加了净空的范围（第5章）；

——修改了的梯段平台长度并增加了单个梯段情况时的上升高度（5.8）；

——增加了 6.1、6.3、6.7（第6章）；

——增加了两段护栏间的净距（图5）；

——增加了阶梯坡度线到扶手中心线的间距示例（表1）；

——增加了装配说明书（第9章）；

——增加了使用信息—说明书手册（第10章）；

——增加了参考文献。

本部分由全国机械安全标准化技术委员会提出并归口。

本部分起草单位：机械科学研究总院中机生产力促进中心。

本部分主要起草人：张晓飞、李勤、宁燕、富锐、付大为、肖建民、王学智、居荣华、冯谦。

本部分所代替标准的历次版本发布情况为：

——GB 17888.3—1999。

引　言

按照 GB/T 15706.1 的规定，本部分属于 B1 类标准。

GB 17888 的本部分可与 GB/T 15706.2—2007 中的 5.5.6“安全进入机器的措施”一起理解。

本部分的条款可能会被 C 类标准补充或修改。

注 1：对于 C 类标准包含的机器，并且这些机器是按照 C 类标准设计和构造的，优先使用 C 类标准的条款。

本部分的目的是定义进入 GB/T 15706.2 中提及的机器的一般要求。GB 17888 的第 1 部分给出了当无法直接从地面或平台进入机器时如何正确选择设施的建议。

指定的尺寸与 EN 547-3“机械安全　人体尺寸　第 3 部分：人体测量数据”给出的人类工效学数据一致。

注 2：使用金属材料以外的材料（复合材料即所谓的“先进材料”等）不改变本部分的使用。

本部分包括参考文献。

机械安全　进入机械的固定设施
第3部分:楼梯、阶梯和护栏

1　范围

本部分适用于必须具有固定式进入设施的所有机械(固定式和移动式)。

本部分适用于作为机器部件的楼梯、阶梯和护栏。

本部分可能也适用于用于进入安装在建筑物内作为建筑物一部分的楼梯、阶梯和护栏,假设建筑物此部分的主要功能是提供进入机器的固定设施。

本部分也适用于没有永久固定在机器上,以及机器的某些操作时可能要移除或移动到旁边(例如:更换大型压力机的工具)的楼梯、阶梯和护栏。

本部分中的重大危险,见GB 17888.1的第4章。

2　规范性引用文件

下列文件中的条款,通过GB 17888的本部分的引用而成为本部分的条款。凡是注日期的引用文件,其随后所有的修改单(不包括勘误的内容)或修订版均不适用于本部分,然而,鼓励根据本部分达成协议的各方研究是否可使用这些文件的最新版本。凡是不注日期的引用文件,其最新版本适用于本部分。

GB/T 15706.1　机械安全　基本概念与设计通则　第1部分:基本术语和方法(GB/T 15706.1—2007, ISO 12100-1:2003,IDT)

GB/T 15706.2　机械安全　基本概念与设计通则　第2部分:技术原则与规范(GB/T 15706.2—2007, ISO 12100-2:2003,IDT)

GB 17888.1　机械安全　进入机械的固定设施　第1部分:进入两级平面之间的固定设施的选择(GB 17888.1—2008,ISO 14122-1:2001,IDT)

3　术语和定义

GB 17888的本部分使用了GB 17888.1中的术语和定义。

使用本部分还需以下的附加定义:

3.1

楼梯和阶梯　stairs and step ladders

GB 17888.1—2008的3.2和3.3给出了定义:

可以步行通过的一系列不同高度的连续的水平面(踏板或梯段平台)。其构成要素如图1所示,并在3.1.1～3.1.16中给出解释。

3.1.1

上升高度　climbing height

基面与梯段平台之间的垂直距离(图1中的 H)。

3.1.2

梯段　flight

两个梯段平台之间的不间断的部分。

3.1.3

级距　going

两个相邻踏板的前缘之间的水平距离(图1中的 g)。

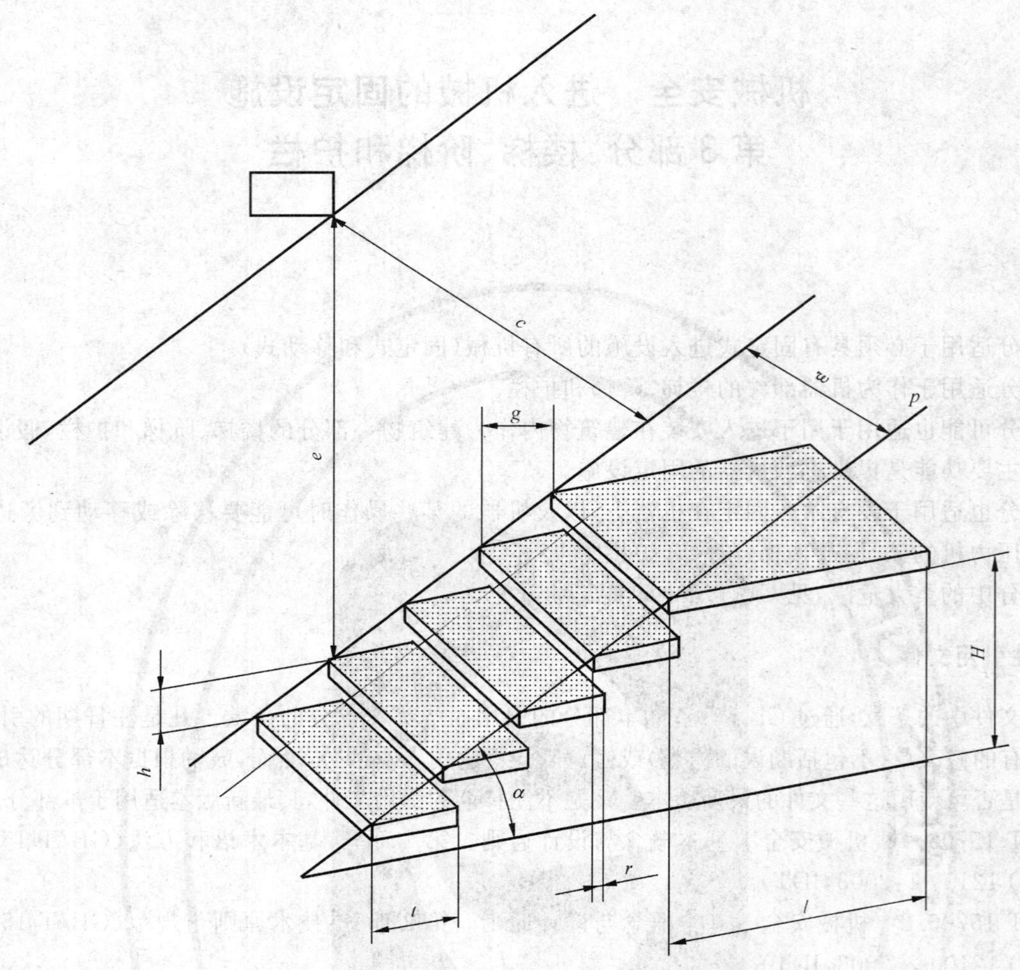

H——上升高度；
g——级距；
e——净空高度；
h——踏板间距；
l——平台长度；
r——搭接部分；
α——坡度；
w——宽度；
p——坡度线；
t——踏板深度；
c——净空。

图 1　楼梯和阶梯的各部分示意图

3.1.4

净空高度　headroom

坡度线上任意水平面与其上方所有障碍物(如:梁、管道等)的最小垂直距离(图 1 中的 *e*)。

3.1.5

梯段平台　landing

位于一个梯段端的水平休息区域(图 1 中的 *l*)。

3.1.6

走线　walking line

表示使用者使用楼梯或阶梯平均路线的理论直线。

3.1.7

搭接部分　overlap

可以水平伸出的遮盖前一平面的踏板部分(图 1 中的 r)。

3.1.8

坡度线　pitch line

一条假想的直线,此直线连接具有楼梯走线的连续踏板突沿的前缘,并且从梯段顶部的梯段平台前缘延伸至梯段底部的梯段平台(图 1 中的 p)。

3.1.9

楼梯或阶梯倾角　angle of pitch of the stair or step ladder

坡度线与其在水平面上投影之间的夹角(图 1 中的 α)。

3.1.10

踏板间距　rise

相邻两级踏板之间的垂直距离,此距离从一级踏板上表面至下一级踏板上表面(图 1 中的 h)。

3.1.11

踏板　step

上、下楼梯或阶梯时踩踏的水平构件。

3.1.12

前缘　nosing

踏板或梯段平台前面的顶边。

3.1.13

斜梁　string

支撑踏板的侧面框架构件。

3.1.14

宽度　width

踏板两侧边之间的距离(图 1 中的 w)。

3.1.15

踏板深度　depth of step

从踏板突沿或前缘至踏板后沿之间的净距(图 1 中的 t)。

3.1.16

净距　clearance

垂直于坡度线方向上,坡度线与上面任何障碍之间的绝对最小距离(图 1 中的 c)。

3.2

护栏　guard-rail

防止意外跌倒或意外进入危险区的装置。它可以安装于楼梯、阶梯或梯段平台、操作平台,也可装于通道。护栏的典型构件如图 2 所示,并在 3.2.1～3.2.5 中定义。

3.2.1

扶手　handrail

预定用手抓住支撑身体的顶部构件。它可单独使用或作为护栏的上部构件(图 2 中的 1)。

3.2.2

横杆　kneerail

用于防止身体通过的,与扶手平行安装的护栏构件(图 2 中的 2)。

3.2.3

支柱　stanchion

将护栏固定于平台、阶梯或楼梯的垂直构件(图 2 中的 4)。

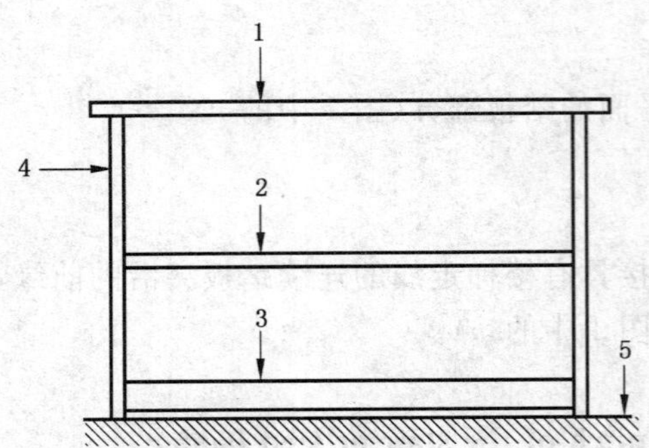

1——扶手；
2——横杆；
3——踢脚板；
4——支柱；
5——步行面。

图 2 典型护栏结构示意图

3.2.4

踢脚板 toe-plate

为避免物体由地板平面下落而设置的护栏下部的实体构件(图 2 中的 3)。

注：踢脚板也通过减小地板和横杆之间的自由空间来阻止人体通过。

3.2.5

自关门 self closing gate

便于打开的护栏部件。松开该门时，它会借助重力或弹簧等自动关闭。

4 材料和尺寸的一般安全要求

4.1 各组成元件的材料、尺寸以及所用结构形式应满足本部分的安全要求。

4.2 使用的材料性能或经处理后应能耐环境引起的腐蚀。

4.3 容易与使用者接触的部件的设计应不会伤害或妨碍使用者(如部件的尖角、焊接毛刺、粗糙边缘等)。

4.4 踏板和梯段平台应具有良好的防滑性以避免任何滑倒的风险。

4.5 打开或关闭活动部分(门)应不会对使用者或附近的其他人员产生附加危险(例如剪切或跌落)。

4.6 为了保证安全，装配用的配件、铰链、固定点、支承件和固定件都应有足够的刚性和稳定性。

4.7 构架和踏板设计得能很好的承受预期的载荷。

4.7.1 工业用构架，其标准载荷负载可在 1.5 kN/m^2(无负载偶然通过)到 5 kN/m^2(有负载偶然通过或频繁通过)之间变化。

4.7.2 踏板应能承受以下载荷：

——宽度 w<1 200 mm，1.5 kN 应分布在 100 mm×100 mm 的区域上，该区域的一条边线位于楼梯宽度中间前缘的边线；

——宽度 w≥1 200 mm，以最不利的点为基准，1.5 kN 应分别同时分布在按每 600 mm 的间隔分隔开来的 100 mm×100 mm 的区域上，该区域的一条边线位于前缘的边线。

在负载作用下，构架与踏板之间的挠度不应超过跨距的 1/300 或 6 mm 二者中的较小值。

5 楼梯的安全要求

5.1 级距 g 和踏板间距 h 应满足公式(1)：

$$600\ \text{mm} \leqslant g + 2h \leqslant 660\ \text{mm} \qquad \cdots\cdots(1)$$

5.2 踏板的搭接部分 r 应≥10 mm 并且该要求应同样适用于梯段平台和地板。

5.3 在同一梯段上，踏板间距应尽可能一致。在起始平面和第 1 级踏板之间不能维持这一高度的情况下，最多可以减少 15%。如果经证明是合理的，这一高度也可以增加，例如在某些可移动的机器的情况下。

5.4 最上一级踏板应与梯段平台平齐(见图 3)。

注：维持楼梯顶部踏板间距不变是很重要的原则，因为在作为最后一级踏板的梯段平台处的踏板间距改变是引起事故的一个主要原因。

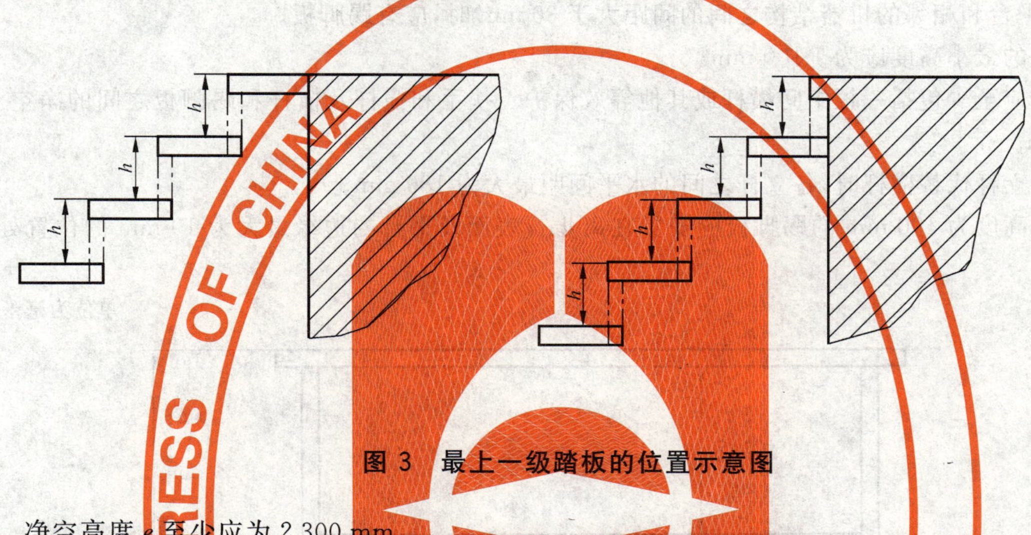

图 3 最上一级踏板的位置示意图

5.5 净空高度 e 至少应为 2 300 mm。

5.6 净距 c 至少应为 1 900 mm。

5.7 除非存在特殊情况，楼梯的净宽最小应为 600 mm，但是最佳为 800 mm，当楼梯经常有人通过或多人同时交叉通过时，宽度应增加到 1 000 mm。楼梯如果设计为撤离线路，其宽度应满足特定法规的要求。

注：由于机械或环境的限制且风险评价判断可行时，净宽在以下情况下可以减小到不低于 500 mm：

——工作平台或楼梯只是偶尔使用，和

——只是在工作平台或楼梯的一小段距离内减小净宽。

5.8 每一梯段的上升高度 H 不应超过 3 000 mm，否则，应增加一梯段平台。梯段平台长度 l 至少应为 800 mm，在任何情况下都应大于或等于楼梯的宽度。只有在单个梯段的情况下(见 3.1.2)，上升高度不应超过 4 000 mm。

5.9 有关楼梯护栏的要求见 7.2。

6 阶梯的安全要求

6.1 踏板深度 t 应不小于 80 mm。

6.2 踏板间距 h 应不大于 250 mm。

6.3 踏板或梯段平台的搭接部分 r 应不小于 10 mm。

6.4 两斜梁或护栏之间的净宽应在 450 mm～800 mm 之间，但最好为 600 mm。

6.5 对单个梯段，踏板间距应尽可能一致。在起始平面和第 1 级踏板之间不可能遵守这一高度的情况下，该高度最大可以减小 15%。如果经过证明是合理的，此高度可以增加，例如在某些移动式机器的情况下。

6.6 净空高度 e 至少应为 2 300 mm。

6.7 净空 c 至少应为 850 mm。

6.8 每一梯段的上升高度 H 不应超过 3 000 mm。

注：对于多级梯段，宜考虑附加安全措施。

7 护栏的安全要求

7.1 水平护栏

7.1.1 有坠落风险或要通过的危险区域就应安装护栏(例如：进入置于屋顶上的排风机的通道)。

7.1.2 当可能坠落的高度超过 500 mm 时，应安装护栏。

7.1.3 如果平台与机器或墙壁之间的间距大于 200 mm，或者机器的防护装置不能与护栏等效时，应安装护栏。当平台和相邻的机器结构之间的间距大于 30 mm 时，应有踢脚板。

7.1.4 护栏的最小高度应为 1 100 mm。

7.1.5 护栏应至少包括一根中间横杆或其他等效保护。扶手和横杆及横杆和踢脚板之间的净空不应超过 500 mm。

7.1.6 当用立杆代替横杆时，各立杆之间的水平间距最大为 180 mm。

7.1.7 最小高度为 100 mm 的踢脚板应安置在离步行表面及平台的边缘最大为 10 mm 的位置处(见图 4)。

单位为毫米

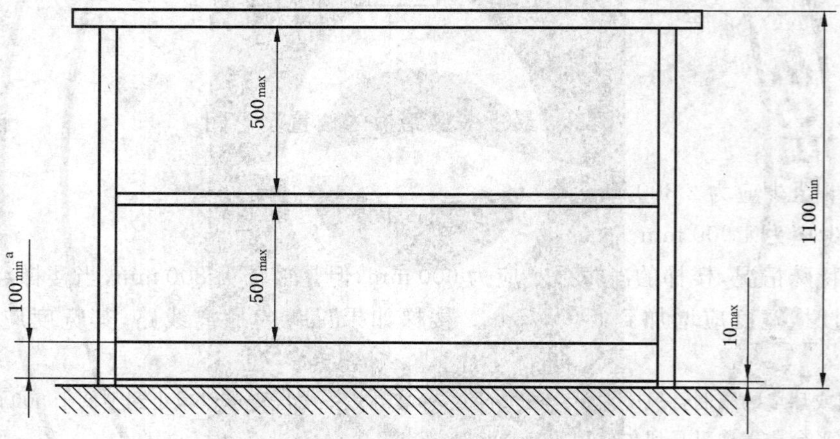

500_{max}
500_{max}
1100_{min}
100_{min} [a]
10_{max}

[a] 竖直构件

图 4 水平护栏示意图

7.1.8 各支柱轴线间的距离推荐限制在 1 500 mm 内。如果超过了这一距离，应特别注意支柱的固定强度和固定装置。

7.1.9 在扶手有中断的情况下，为了防止手陷入其中，两段护栏之间的距离宜在 75 mm 至 120 mm 之间(见图 5)。如有大开口，应采用自关门。

7.1.10 需要穿过护栏的地方应使用自关门。自关门应具有与护栏的扶手和横杆同样高度的扶手和横杆(对于梯子的出口段，见 GB 17888.4—2008)。

任何自关门应能自关，并且应设计成朝向平台内或地板上方打开，且关闭牢固以防止使用者推开而从开口处跌落。自关门应能承受和护栏相同的载荷。

7.1.11 护栏末端的设计应能消除由构件锐边或钩挂使用者衣服引起的任何伤害风险。

7.2 楼梯和阶梯的护栏

7.2.1 楼梯应至少包含一个扶手。宽度大于或等于 1 200 mm 的楼梯应有两个扶手。阶梯通常应有两个扶手。

7.2.2 只要楼梯的上升高度超过 500 mm 就应安装护栏。当斜梁外侧有大于 200 mm 的横向间隙时，为了提供保护，应在具有此间隙的楼梯侧面安装护栏。

单位为毫米

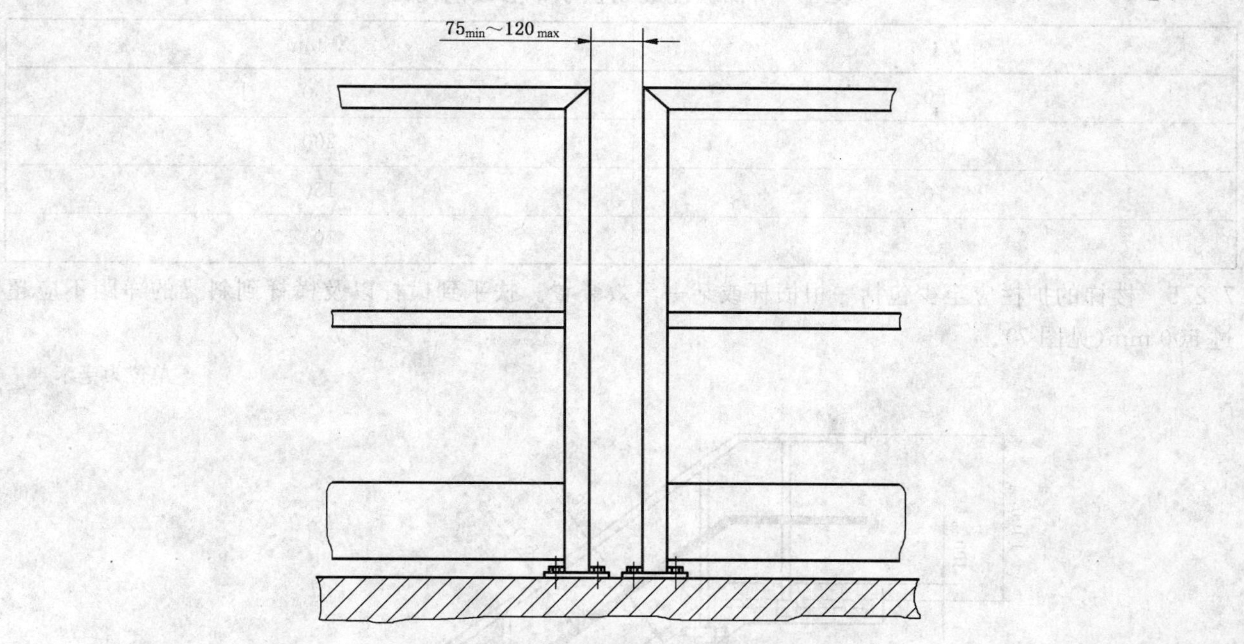

图 5　两段护栏间的距离示意图

7.2.3　楼梯上的扶手与梯段踏板前缘的垂直高度应在 900 mm 与 1 000 mm 之间，在梯段平台上的垂直高度最小应为 1 100 mm。扶手宜为直径 25 mm～50 mm 的圆形截面或便于用手抓握的等效截面。

7.2.4　从阶梯坡度线到扶手中心线的距离(尺寸 X)宜如图 6 所示，扶手应至少从距梯子底部的垂直距离为 1 000 mm 处开始。表 1 给出了推荐尺寸。

单位为毫米

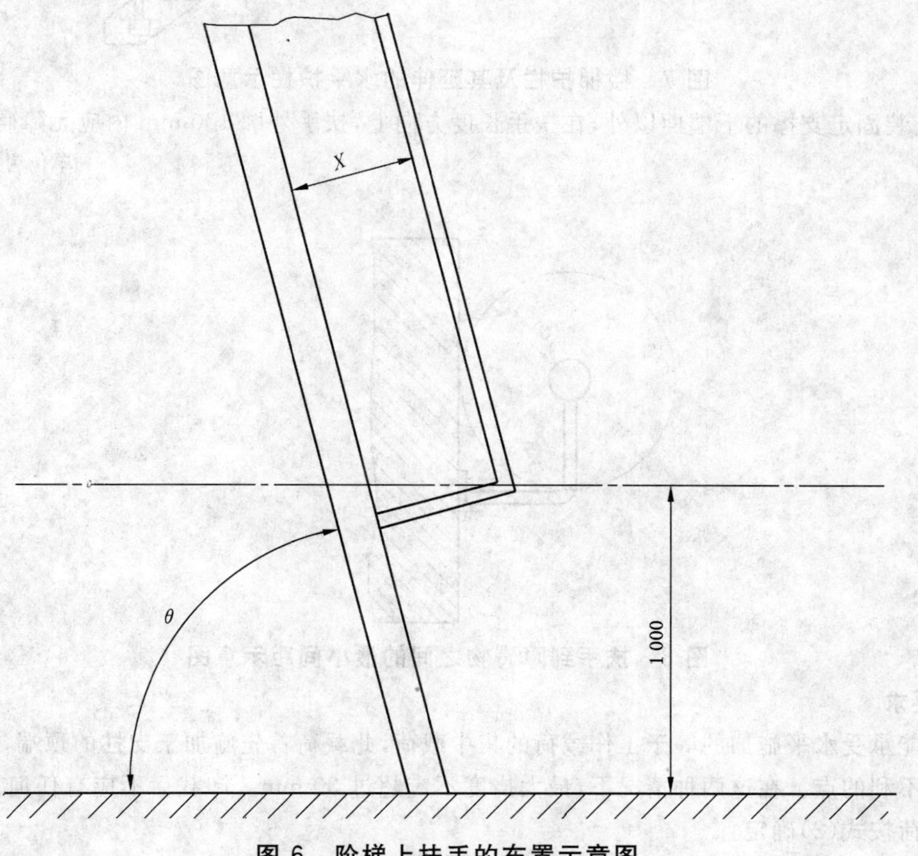

图 6　阶梯上扶手的布置示意图

表 1　阶梯坡度线到扶手中心线的间距

θ/(°)	X/mm
60	250
65	200
70	150
75	100

7.2.5　楼梯的护栏应至少包括一根横杆或某一等效装置。扶手到横杆以及横杆到斜梁的净距不应超过 500 mm(见图 7)。

单位为毫米

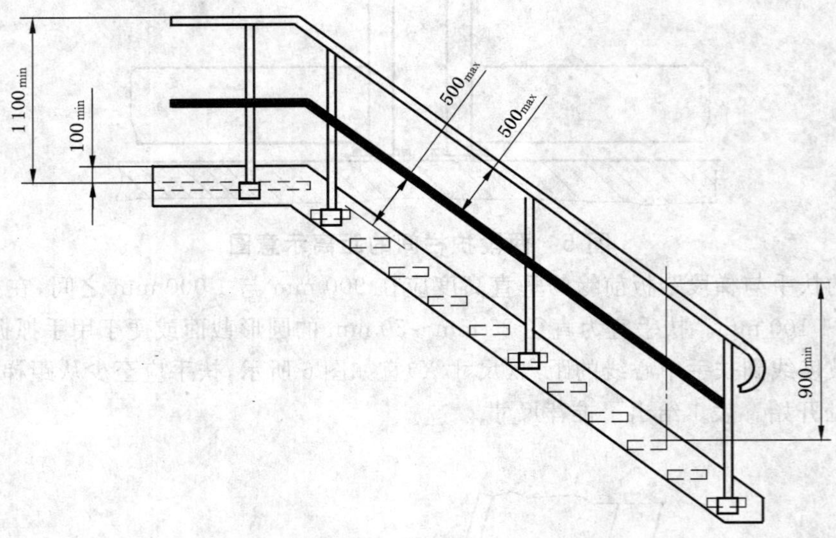

图 7　楼梯护栏及其延伸的水平护栏示意图

7.2.6　除安装固定支撑的下端面以外，在扶手长度方向上，扶手外廓 100 mm 内应无障碍物(见图 8)。

单位为毫米

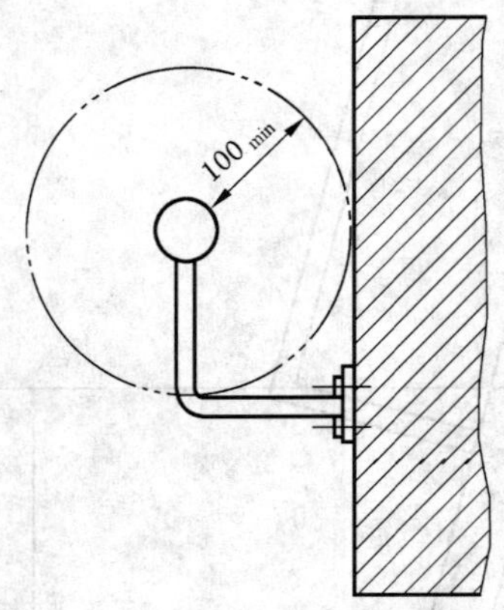

图 8　扶手到障碍物之间的最小间距示意图

7.3　结构要求

护栏应能承受水平施加的等于工作载荷的集中载荷，此载荷首先施加于支柱的顶端，然后至少沿扶手施加于最不利的点。在这两种情况下，最大挠度不应超过 30 mm。卸载后不应有任何可见的永久变形。工作载荷按式(2)确定：

$$F_{min} = 300\ \text{N/m} \times L \qquad \cdots\cdots(2)$$

式中：

F_{min}——最小工作载荷；

L——相邻两支柱轴线间的最大距离[图 9 中的 L，单位为米(m)]。

注 1：在不超过必须的挠度上限时，F_{min}宜根据使用条件增加。

注 2：必须测试护栏强度，但其加载宜不引起可察觉的永久变形。

8 安全要求的检验

8.1 一般要求

本部分的安全要求可以通过测量、检查、计算和(或)试验来检验。选定试验后，应使用本章中的试验程序。

8.2 护栏的试验

标准载荷 F 在扶手 1 100 mm 高度处水平的、逐步的、无冲击的施于扶手上。

通过如图 9 所示的水平放置的偏移测量表来测量沿中心线产生的偏移量(f_1，f_2)。

单位为毫米

图 9 挠度测量表的位置示意图

8.2.1 预加载

如图 9 所示，0.25×F 的标准载荷沿垂直于支柱方向施加于护栏上持续 1 min，卸载后测量表调零。

8.2.2 支柱测量

标准载荷 F 按图 10 所示加载 1 min。

在加载过程中测得的挠度 f_1 不应超过 30 mm。

卸载后，不应有可见的永久变形。

单位为毫米

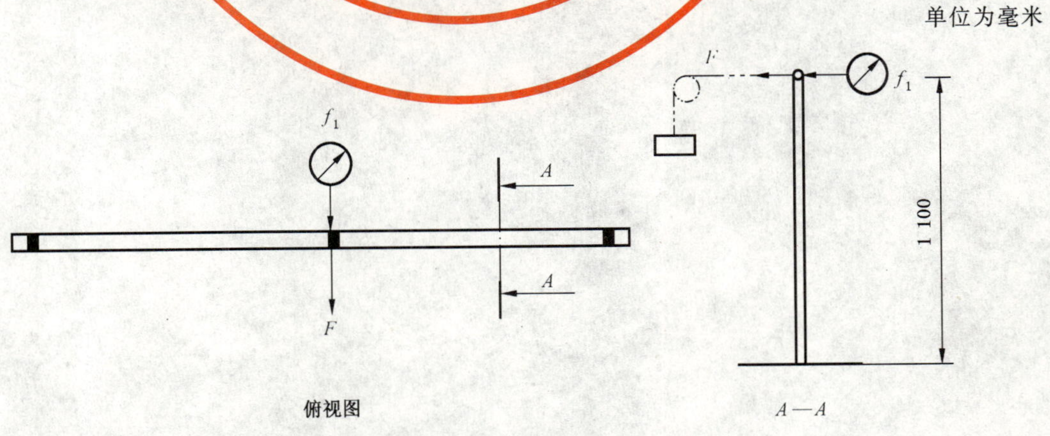

图 10 支柱测量示意图

8.2.3 **扶手测量**

载荷 F 按图 11 所示加载。

在加载过程中测得的挠度 f_2 不应超过 30 mm。

在承载载荷卸载后，不应有可见的永久变形。

单位为毫米

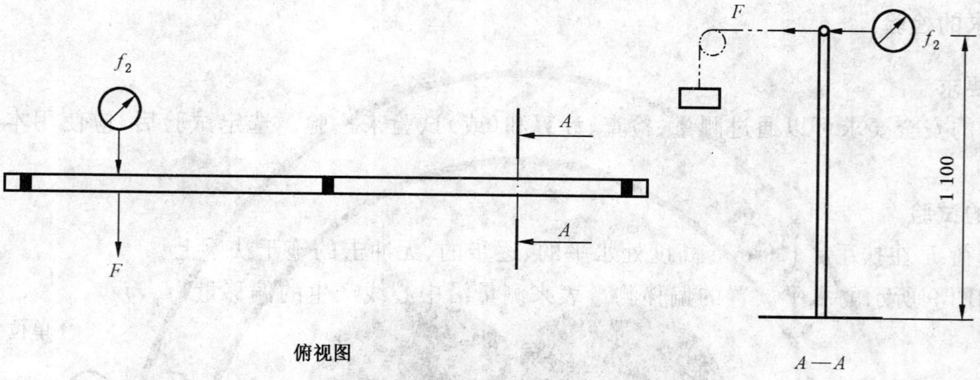

俯视图

A—A

图 11 扶手测量示意图

9 装配说明书

装配说明书应包含关于正确装配的所有信息，尤其是关于安装方法的信息。

10 说明书中的使用信息

机械的说明书手册应明确说明机械制造商按照 GB/T 15706.2—2007 的 6.5.1.c 提供的何种进入设施。

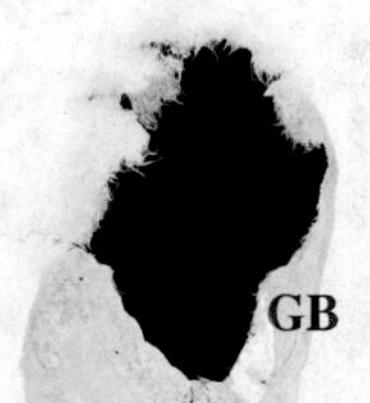

参 考 文 献

[1] GB 12265.1 机械安全 防止上肢触及危险区的安全距离(GB 12265.1—1997,eqv EN 294:1992 (ISO 13852) Safety of machinery—Safety distances to prevent danger zones being reached by the upper limbs)

[2] GB 12265.2 机械安全 防止下肢触及危险区的安全距离(GB 12265.2—2000,eqv EN 811:1994 (ISO 13853) Safety of machinery—Safety distances to prevent danger zones being reached by the lower limbs)

[3] GB 12265.3 机械安全 避免人体各部位挤压的最小距离(GB 12265.3—1997,eqv EN 349:1993 (ISO 13854) Safety of machinery—Minimum gaps to avoid crushing of parts of the human body)

[4] GB/T 16856 机械安全 风险评价的原则(GB/T 16856—1997,eqv EN 1050 (ISO 14121) Safety of machinery—Principles for risk assessment)

[5] GB 17888.2 机械安全 进入机械的固定设施 第2部分:工作平台和通道(GB 17888.2—2008,EN ISO 14122-2:2001 Safety of machinery—Permanent means of access to machinery—Part 2:Working platforms and walkways,IDT)

[6] GB 17888.4—1999 机械安全 进入机械的固定设施 第4部分:固定式直梯(eqv prEN ISO 14122-4:1996 Safety of machinery—Permanent means of access to machinery—Part 4: Fixed ladders)

[7] GB/T 17889.2—1999 梯子 第2部分:要求、试验和标志(eqv EN 131-2:1993[1)] Ladders—Requirements, Tests, Markings)

[8] EN 353-1 Personal protective equipment against falls from a height—Guided type fall arresters on a rigid anchorage line

[9] EN 364 Personal protective equipment against falls from a height—Test methods

[10] EN 547-1 Safety of machinery—Human body dimensions—Part 1: Principles for determining the dimensions required for openings for whole body access into machinery

[11] EN 547-2 Safety of machinery—Human body dimensions—Part 2: Principles for determining the dimensions required for access openings

[12] EN 547-3 Safety of machinery—Human body dimensions—Part 3: Anthropometric data

[13] EN 795 Protection against falls from a height—Anchorage devices—Requirements and testing

1) 正在修订。

ICS 13.110
J 09

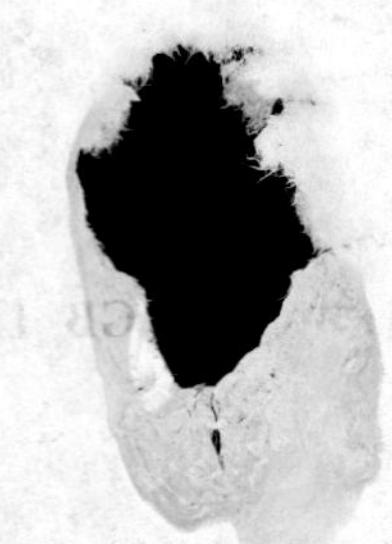

中华人民共和国国家标准

GB 17888.4—2008/ISO 14122-4:2004
代替 GB 17888.4—1999

机械安全　进入机械的固定设施
第4部分:固定式直梯

Safety of machinery—Permanent means of access to machinery—Part 4:Fixed ladders

(ISO 14122-4:2004,IDT)

2008-03-31 发布　　2008-10-01 实施

中华人民共和国国家质量监督检验检疫总局
中国国家标准化管理委员会　发布

前　言

GB 17888《机械安全　进入机械的固定设施》由以下四个部分组成：

——第1部分：进入两级平面之间的固定设施的选择

——第2部分：工作平台和通道

——第3部分：楼梯、阶梯和护栏

——第4部分：固定式直梯

本部分是GB 17888的第4部分，本部分为全文强制。

本部分等同采用ISO 14122-4:2004《机械安全　进入机械的固定设施　第4部分：固定式直梯》(英文版)。

本部分等同翻译ISO 14122-4:2004。为便于使用，本部分做了下列编辑性修改：

——将“国际标准的本部分”改为“本部分”；

——删除了国际标准的前言；

——将原国际标准中“引言”中“本部分与EN 292-2:1991/A1:1995附录A的1.6.2‘进入工作位置和维修点’和1.5.15‘滑倒、绊倒和摔倒’中给出的基本安全要求一起理解。”删除，因为这些内容已包含于GB/T 15706.2—2007中的5.5.6；

——删除了国际标准范围中的注(第1章)；

——将国际标准范围中的“本部分不适用于本部分出版之前制造的机械。”删除(第1章)。

本部分代替GB 17888.4—1999。与GB 17888.4—1999相比，主要技术内容修改如下：

——调整了第1章范围内容；

——第3章中删除了“固定式直梯”、“防坠落装置”和“闭锁”的术语和定义；

——将直梯元件的变形量最大值改为50 mm(4.2.1.1)；

——增加了防坠落装置类型的选择(4.3.2)；

——将踏棍的直径改为至少20 mm(4.4.2.3)；

——删除了闭锁一般要求；

——增加了装配和操作说明书(第6章)；

——删除了附录A；

——增加了参考文献。

本部分由全国机械安全标准化技术委员会提出并归口。

本部分起草单位：机械科学研究总院中机生产力促进中心。

本部分主要起草人：富锐、李勤、宁燕、张晓飞、付大为、肖建民、王学智、居荣华、郑梅生。

本部分所代替标准的历次版本发布情况为：

——GB 17888.4—1999。

引　　言

按照 GB/T 15706.1 的规定，本部分属于 B1 类标准。

GB 17888 的本部分可与 GB/T 15706.2—2007 中的 5.5.6“安全进入机器的措施”一起理解。

本部分的条款可能会被 C 类标准补充或修改。

注 1：对于 C 类标准包含的机器，并且这些机器是按照 C 类标准设计和构造的，优先使用 C 类标准的条款。

注 2：使用金属材料以外的材料（复合材料即所谓的“先进材料”等）不改变本部分的使用。

本部分包括参考文献。

机械安全 进入机械的固定设施 第4部分:固定式直梯

1 范围

本部分适用于必须具有固定式进入设施的所有机械(固定式和移动式)。

本部分的目的是定义安全进入 GB/T 15706.2 提到的机器的一般要求。GB 17888.1 给出了当需要进入机器而不能直接由地面或地板进入时,正确选择进入设施的建议。

本部分适用于作为机器部件的固定式直梯。

本部分可能也适用于用于进入安装在建筑物内作为建筑物一部分的机械设施,假设建筑物此部分的主要功能是提供进入机器的进入设施。

本部分也适用于没有永久固定在机器上,以及机器的某些操作时可能要移除或移动到旁边(例如:更换大型压力机的工具)的直梯。

本部分中的重大危险,见 GB 17888.1—2008 的第4章。

2 规范性引用文件

下列文件中的条款,通过 GB 17888 的本部分的引用而成为本部分的条款。凡是注日期的引用文件,其随后所有的修改单(不包括勘误的内容)或修订版均不适用于本部分。然而,鼓励根据本部分达成协议的各方研究是否可使用这些文件的最新版本。凡是不注日期的引用文件,其最新版本适用于本部分。

GB/T 15706.1 机械安全 基本概念与设计通则 第1部分:基本术语和方法(GB/T 15706.1—2007,ISO 12100-1:2003,IDT)

GB/T 15706.2—2007 机械安全 基本概念与设计通则 第2部分:技术原则(ISO 12100-2:2003,IDT)

GB 17888.1 机械安全 进入机械的固定设施 第1部分:进入两级平面之间的固定设施的选择(GB 17888.1—2008,ISO 14122-1:2001,IDT)

GB 17888.2 机械安全 进入机械的固定设施 第2部分:工作平台和通道(GB 17888.2—2008,ISO 14122-2:2001,IDT)

GB 17888.3 机械安全 进入机械的固定设施 第3部分:楼梯、阶梯和护栏(GB 17888.3—2008,ISO 14122-3:2001,IDT)

GB/T 17889.2—1999 梯子 第2部分:要求、试验和标志(eqv EN 131-2:1993)

EN 353-1 预防从高空坠落用的人员保护设备 第1部分:包括刚性锚轨的导向型防坠器

EN 363 预防从高空坠落用的人员保护设备 防止坠落装置

3 术语和定义

本部分中除使用 GB/T 15706.1—2007,GB 17888.1—2008 中的有关定义外,还采用下述定义

本部分中所用的主要术语的例子如图1、图2、图3、图4所示。

3.1

双立柱固定式直梯 fixded ladders with two stiles

依照 GB 17888.1 中的 3.1,各踏棍被固定于两立柱之间的固定式直梯。由两根立柱承担载荷(见图2)。

3.2

单立柱固定式直梯　fixded ladders with one stiles

依照 GB 17888.1 中的 3.1,各踏棍被固定于立柱两侧的固定式直梯,只有一根立柱承担载荷(见图 3)。

3.3

梯段　ladder flight

固定式直梯的连续部分(见图 1):

——对于无平台直梯,它位于起程面和到达面之间;

——分别位于起程面与最近的平台和到达面与最近的平台之间;

——位于各休息平台之间。

3.4

固定式直梯的上升高度 H　climbing height H of a fixed ladders

整个直梯顶部到达面的步行表面和直梯底部起程面的步行表面之间的垂直距离(见图 1)。

3.5

梯段高度 h　height h of the ladder flight

每一梯段的起始平面与末端平面之间的垂直距离(见图 1)。

3.6

坠落保护　fall protection

为防止或减小人员由固定式直梯上的坠落风险采取的技术措施。

注:常用的坠落保护装置定义在 3.6.1 和 3.6.2。

3.6.1

安全护笼　safety cage

用于限制人员由直梯上坠落风险的一种组合式框架(见图 2)。

3.6.2

刚性锚轨上的导轨式防坠器(防坠器)　guided type fall arresters on rigid anchorage line(fall arrester)

与使用直梯前每个人都必须配带的个人防护装备联合使用的、固定于直梯上的防护装备(参考 EN 353-1 和 EN 363 的定义)。下文中这种防坠装置简写为"防坠器"。

3.7

到达面　arrival level

直梯或中间平台上面的平面,上升到该平面后人员可以行走(见图 1)。

3.8

起程面　departure level

直梯或中间平台下面的平面,人员由该平面开始攀登固定式直梯(见图 1)。

3.9

中间平台　intermediate platform

直梯相邻梯段之间的水平结构(平台)(与有交错梯段的直梯一起使用)[见图 1 和图 4b)]。

3.10

休息平台　rest platform

设计的备有所要求的保护设施的区域,以便使用者休息。[见图 1b),图 10,图 11 和图 12]。

3.11

进入平台　access platform

安排在到达面或起程面供人员步行用的水平结构。

3.12

活门　trap door

常闭装置,可以在人员通过平台和其他类似的水平结构时打开使其进入。

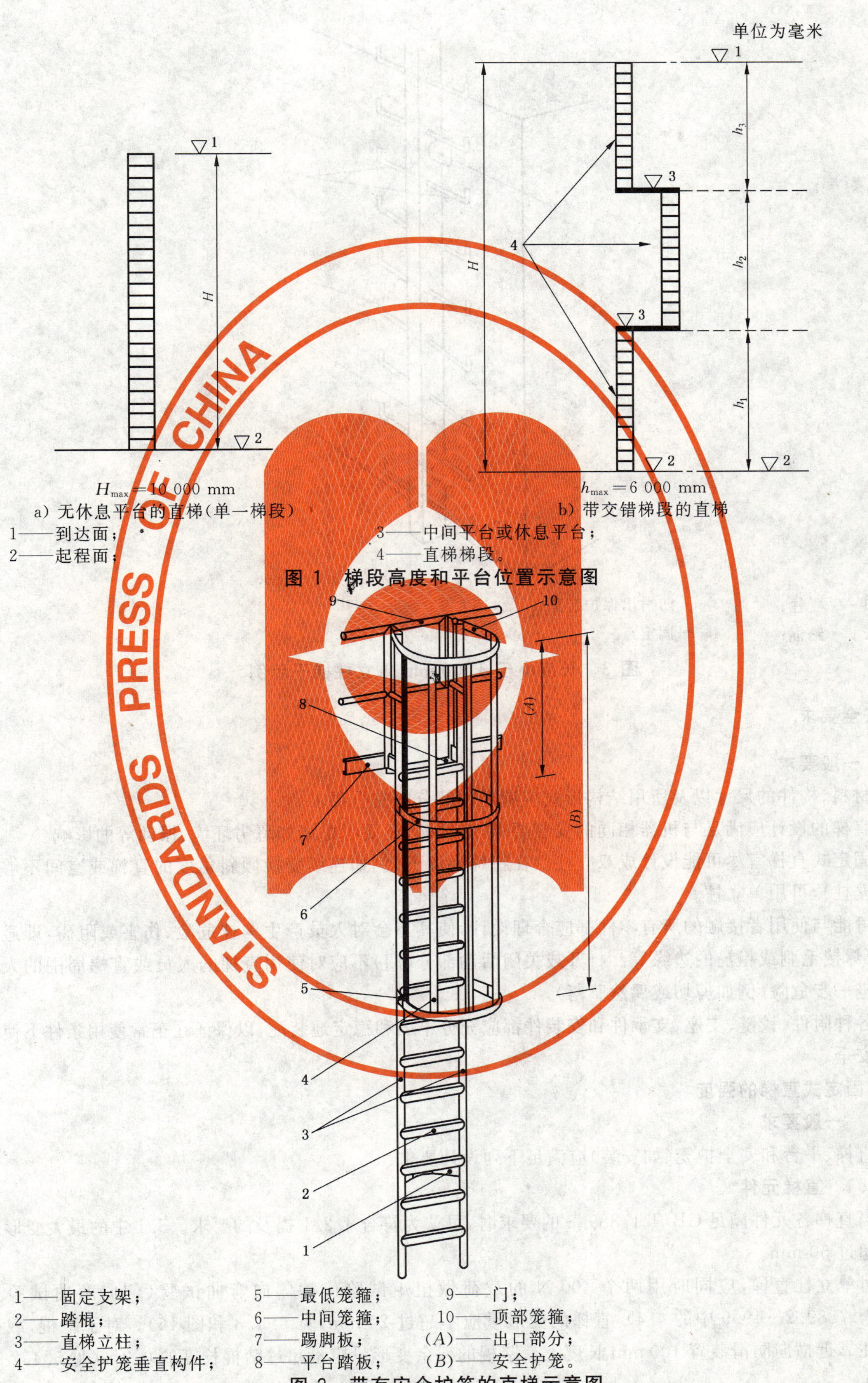

H_{max}＝10 000 mm

a）无休息平台的直梯（单一梯段）

h_{max}＝6 000 mm

b）带交错梯段的直梯

1——到达面；
2——起程面；
3——中间平台或休息平台；
4——直梯梯段。

图1 梯段高度和平台位置示意图

1——固定支架；
2——踏棍；
3——直梯立柱；
4——安全护笼垂直构件；
5——最低笼箍；
6——中间笼箍；
7——踢脚板；
8——平台踏板；
9——门；
10——顶部笼箍；
(A)——出口部分；
(B)——安全护笼。

图2 带有安全护笼的直梯示意图

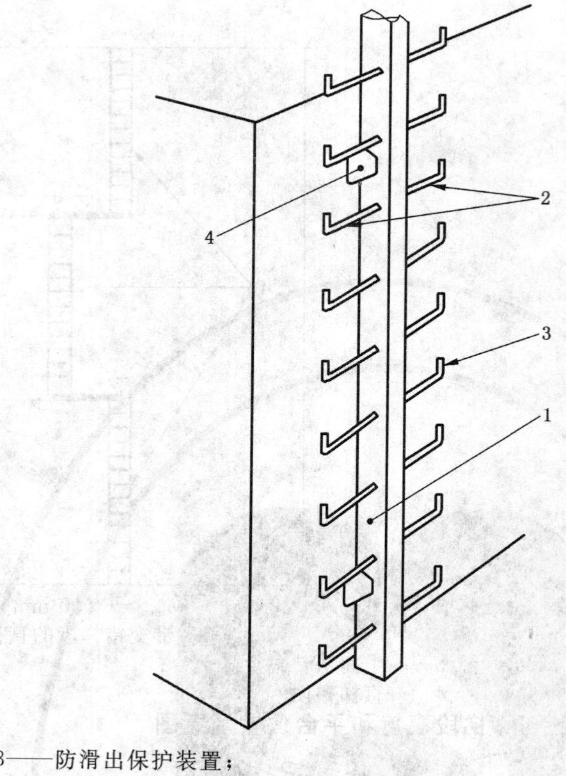

1——立柱；　　3——防滑出保护装置；

2——踏棍；　　4——固定点。

图 3　长度小于 3 000 mm 单立柱梯子示例

4　安全要求

4.1　一般要求

材料、构件的尺寸以及所用结构形式应满足本部分的安全要求。

直梯的设计应满足与机器相同的安装要求，必要时，还要考虑诸如恶劣环境、振动等的影响。

固定式直梯宜尽可能设计成双立柱。在特殊环境下(例如连续变换倾斜角度的直梯或空间不够用两个立柱)，可用单立柱。

可能与使用者接触的所有零件都应合理设计，使其不会对人员产生钩挂危险、伤害或阻碍，即避免尖角、焊接毛刺或粗糙的边缘等。打开或关闭活动部分(门)不应对使用直梯的人员或直梯周围的人员产生进一步危险(例如剪切或偶然坠落)。

各种附件、铰链、支座、支承件和安装件都应充分牢固和稳定地装配，以保证在正常使用条件下使用者的安全。

4.2　固定式直梯的强度

4.2.1　一般要求

直梯、平台和安全护笼(如安装)应满足下列设计要求：

4.2.1.1　直梯元件

当直梯各元件满足 GB/T 17889.2 的要求时，可认为符合 4.2.1 提及的要求。5.1 中的最大变形量应不超过 50 mm。

对单立柱直梯，应同时用两个 400 N 的载荷做扭矩试验代替侧向弯曲试验(侧向弯曲试验见 GB/T 17889.2—1999 中的 4.4)。直梯的变形量应不超过 20 mm(见 5.4.3 和图 16)。对于踏棍，载荷施加在靠近横向防滑装置 100 mm 长度上。踏棍的残余变形量应不超过踏棍长度的 0.3%(见 5.4.2 和图 15)。

单位为毫米

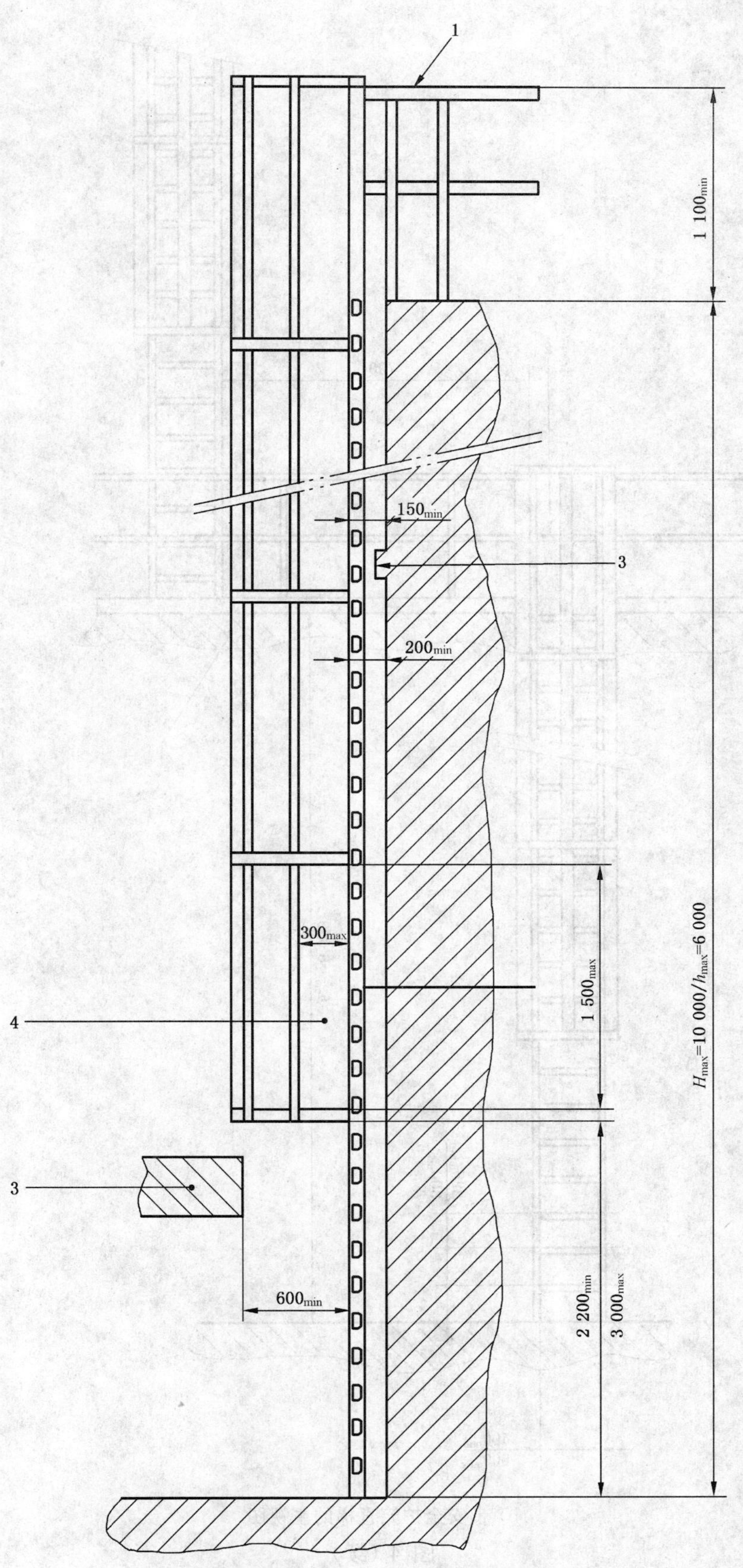

a）带安全护笼的直梯的侧视图

图 4 梯子和安全护笼的主要尺寸示意图

单位为毫米

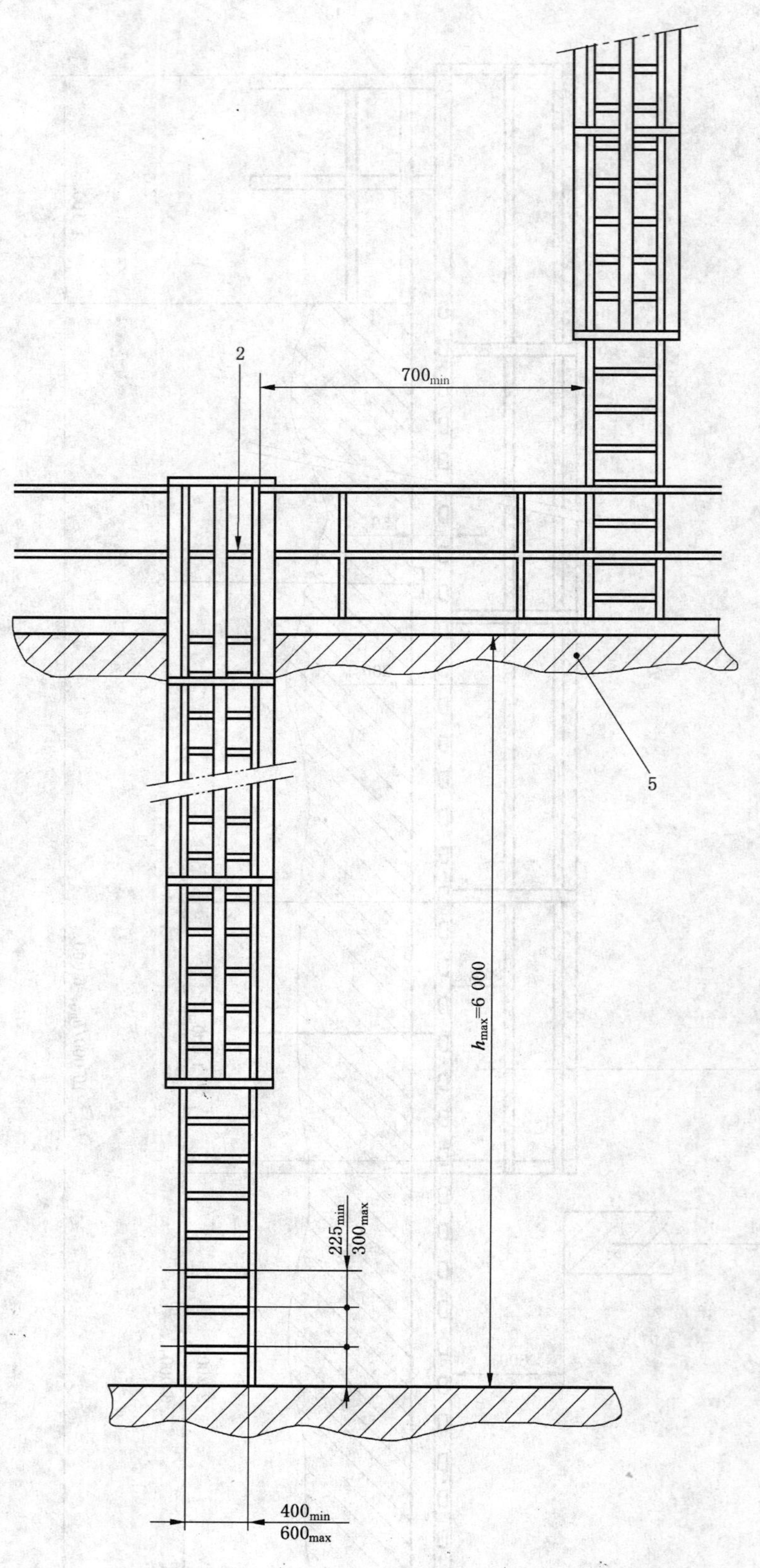

b）带安全护笼直梯的主视图

图 4（续）

单位为毫米

c）带安全护笼直梯的俯视图

d）无安全护笼直梯的俯视图

1——连接元件；

2——门；

3——非连续障碍物；

4——最大适宜开口面积＝0.4 m^2；

5——中间平台。

图 4（续）

单位为毫米

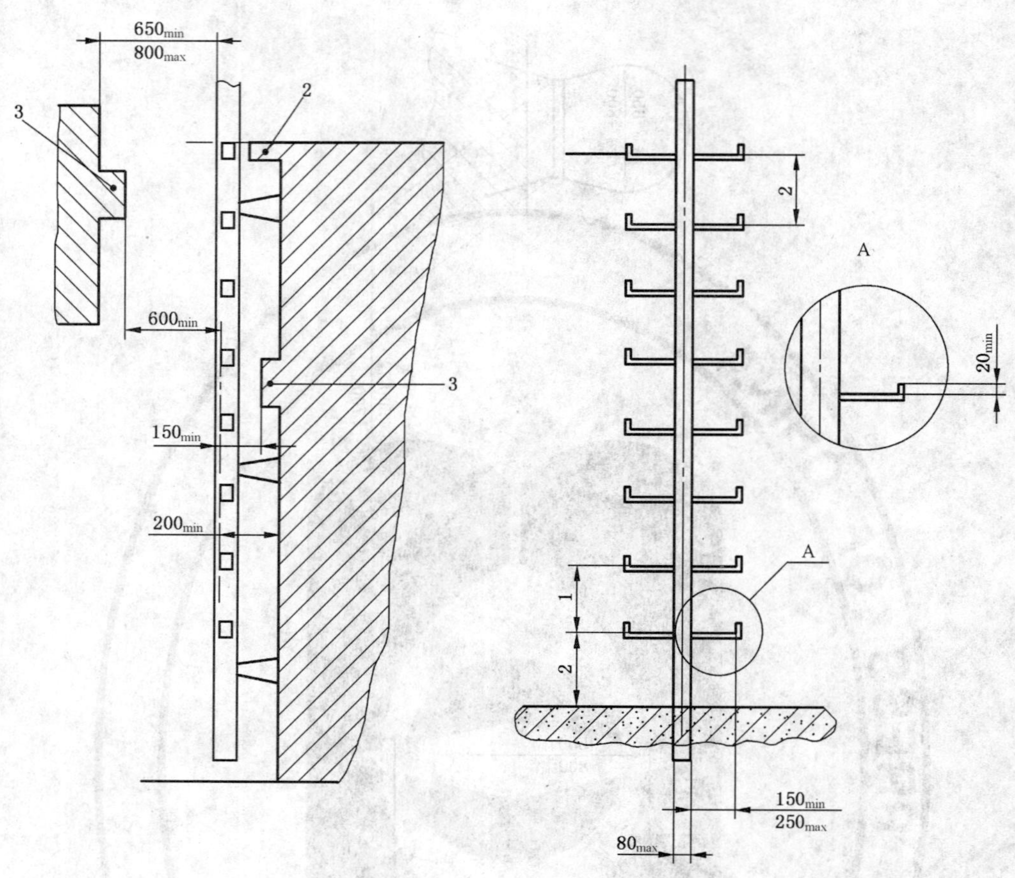

1——见 4.4.1.1；

2——见 4.4.1.2 和图 6a；

3——非连续障碍物。

图 5　单立柱固定式直梯的主要尺寸

4.2.1.2　安全护笼

在 1 000 N 垂直载荷作用下，安全护笼的永久变形不大于 10 mm，在 500 N 水平载荷作用下，安全护笼的永久变形不大于 10 mm，则认为该安全护笼满足要求（见 5.3 和图 13）。

4.2.1.3　装有防坠器的固定式直梯

除满足 4.2.1.1 的要求外，装有防坠器的固定式直梯应能防止使用者坠落（见第 5 章）。

4.2.2　固定元件

4.2.2.1　一般要求

各种附件、铰链、支座、支承件和安装件都应装配得充分牢固和稳定，以保证在正常使用条件下使用者的安全（试验见 5.5）。

装有防坠器的固定式直梯，各连接元件应能承受防坠器阻止人员坠落时产生的应力。

4.2.2.2　固定式直梯的固定点

固定点及其连接处应能承受每个立柱 3 000 N 的载荷。该载荷可考虑最多由四个固定点承受。试验方法见 5.5。

4.2.3　平台

平台应满足 GB 17888.2 的要求。

4.3 防坠落装置的安装

4.3.1 防坠落装置的安装条件

在以下情况时，直梯应装有防坠落装置：

a) 梯段的高度大于 3 000 mm；

b) 直梯的高度等于或小于 3 000 mm，但起程处有一段引起坠落风险的附加距离。在这种情况下，从直梯的顶部到坠落处的距离可能大于 3 000 mm。

注：当由直梯的中心到平台(或类似结构)的无保护措施边的距离小于 3 000 mm 时，则认为存在坠落风险。

4.3.2 防坠落装置类型的选择

固定式直梯的使用者从某一高度坠落的保护措施有两种选择，分别是安全护笼和防坠器：

——应首选安全护笼，因为它是一种固有装置，且其实际安全功能与操作者行为无关。

——如果直梯不可能使用护笼，应提供个体防护装备。只有使用者选择并使用防坠器才是有效的。如果与导轨式防坠器一起使用的安全带与滑轨装置不配套，则存在风险。(使用信息的要求见第 6 章)。

防坠器仅用于预期不经常进入和特殊进入(如维修)的情况。

注：适合的个体防护装置在防止跌落性能上优于防护笼。

4.4 直梯

直梯的主要尺寸应符合 4.4.1 到 4.4.4(见图 4 和图 5)。

4.4.1 踏棍的位置

4.4.1.1 两踏棍的间距

相邻两踏棍的间距应是一致的，并应为 225 mm～300 mm 之间。

4.4.1.2 踏棍和起程面、到达面之间的距离

起程面的步行表面和第 1 级踏棍间的距离不应超过相邻踏棍间的距离。

注：对于在不平坦地面上使用的可移动机械，起程面的步行表面和第 1 级踏棍之间的最大距离可为 400 mm。

顶部踏棍与到达面的步行表面应处于同一水平面[见图 6a)]。如果步行表面和直梯的间距超过 75 mm，应延伸到达面以减小该间距。

4.4.1.3 单立柱固定式直梯的踏棍位置

立柱两边的踏棍应处于同一水平面(见图 5)。

4.4.2 踏棍

4.4.2.1 多边形和 U 形踏棍的位置

多边形和 U 形踏棍的定位应使得踩踏面处于水平[见图 6b)、图 6c)和图 6d)]。

4.4.2.2 踏棍长度

a) 双立柱固定式直梯的踏棍长度

两立柱之间的净宽应在 400 mm～600 mm 之间(见图 4)。在不可能达到 400 mm 的环境下，允许采用 300 mm～400 mm 的净宽。在考虑采用较短净宽时，宜先检查是否能找到更有利位置以允许直梯的净宽＝400 mm。

b) 双立柱固定式直梯踏棍长度和防坠器

用于导轨式防坠器的刚性锚轨和立柱之间的净宽至少应为 150 mm，刚性锚轨的厚度应不超过 80 mm(见图 7)。

c) 单立柱固定式直梯的踏棍

立柱和防滑出装置之间的净宽应在 150 mm～250 mm 之间，并且立柱的厚度应不超过 80 mm (见图 5)。

4.4.2.3 踏棍的横截面

踏棍的直径应至少为 20 mm，多边形或 U 形踏棍的踩踏面的深度应至少为 20 mm。

踏棍的横截面应便于用手抓握，踏棍的直径应不超过 35 mm。

4.4.2.4 踏棍表面

踏棍表面应不引起损伤，尤其是对双手的损伤，例如无锐边[见图 6d)]。

踏棍应有防滑的踩踏面。当由于环境因素（油、冰等）使打滑风险增加时，需要提供专门的防滑措施。

4.4.3 防滑出装置

单立柱固定式直梯踏棍的末端应装有防止由踏棍侧向滑出的保护装置。这些防滑出的保护装置的高度应至少为 20 mm（详见图 5 中的 A）。

4.4.4 直梯和周围固定部分之间的距离

直梯和周围固定部分之间的距离：

——在直梯的前面：

至少应为 650 mm，在有不连续障碍物的情况下，应为 600 mm；

——在踏棍的后面：

至少应为 200 mm，在有不连续障碍物的情况下，应为 150 mm。

见图 4 和图 5。

单位为毫米

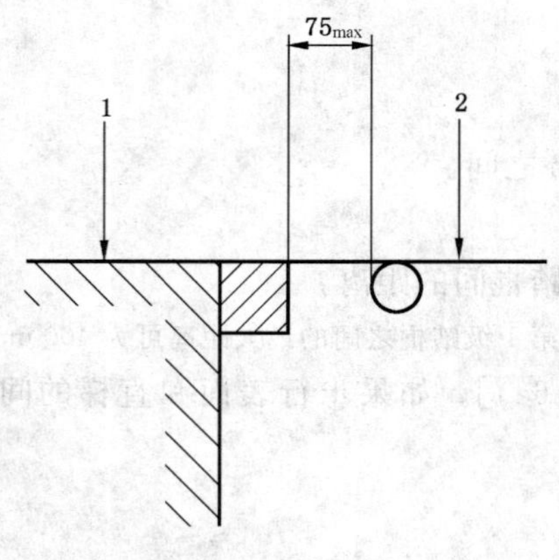

a）顶部踏棍的位置

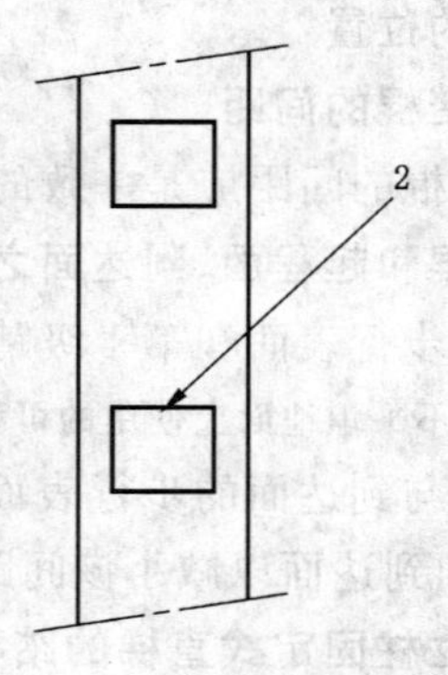

b）多边形踏棍的设计——推荐的安装

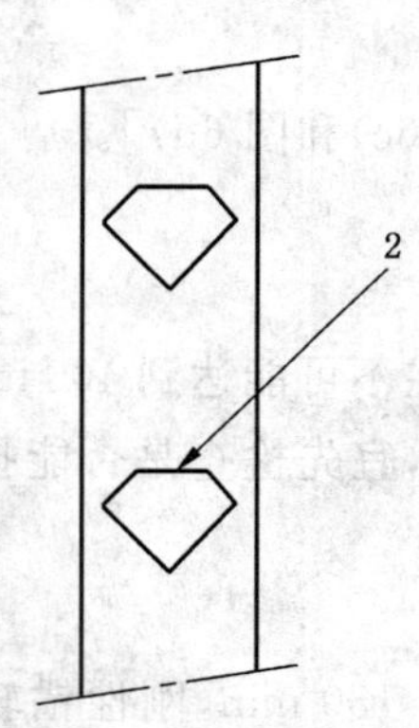

c）多边形踏棍的设计——仅供特殊使用的安装

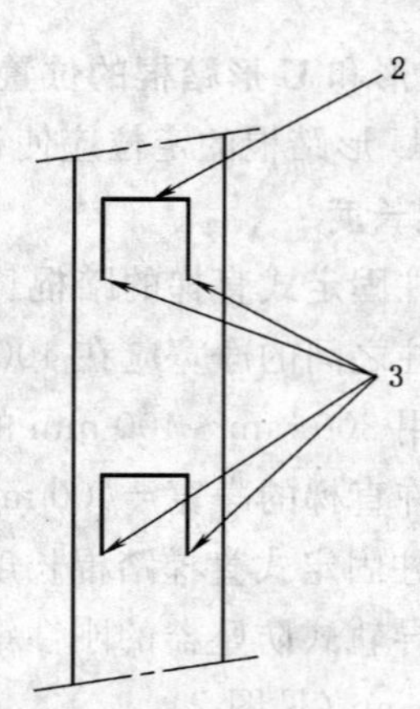

d）U 形踏棍的设计

1——到达面的步行表面；

2——踏棍/踩踏面；

3——无锐边。

图 6 踏棍的位置示意图

单位为毫米

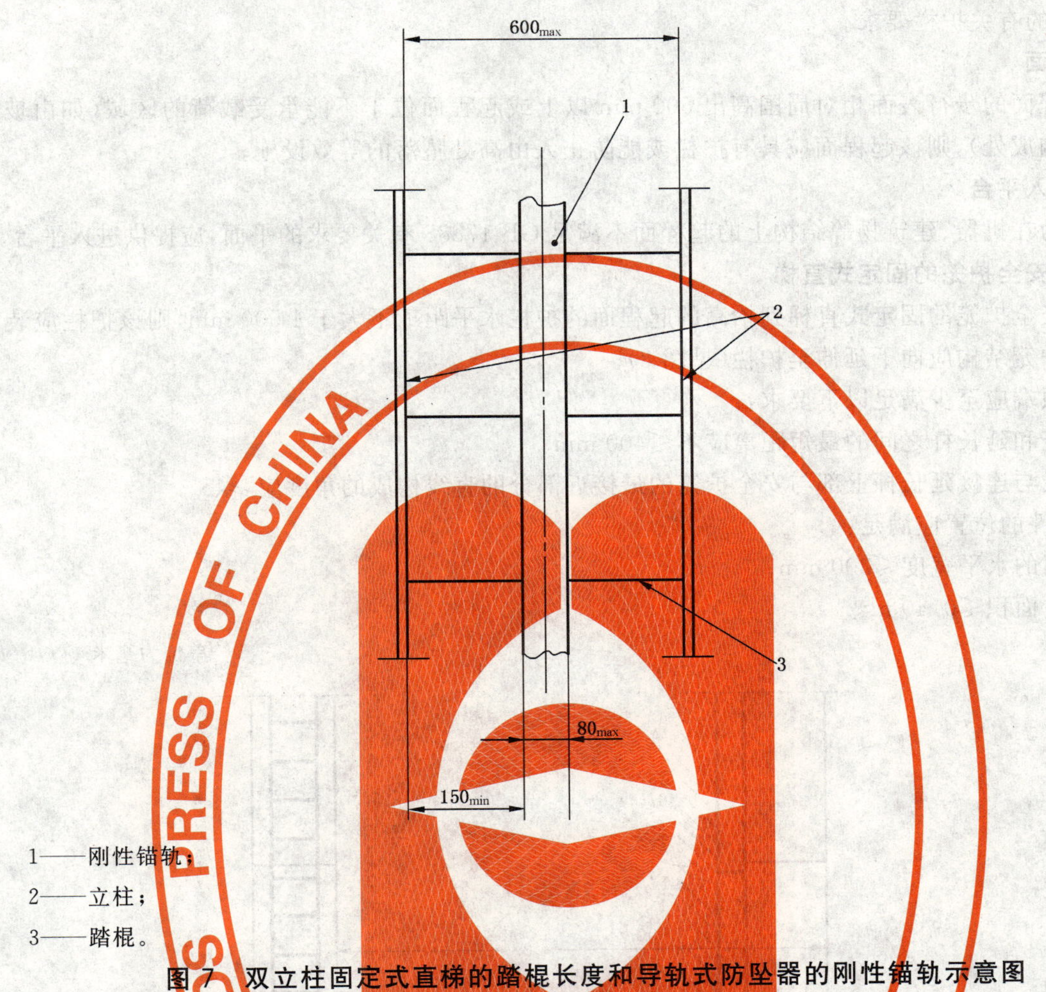

1——刚性锚轨；

2——立柱；

3——踏棍。

图7 双立柱固定式直梯的踏棍长度和导轨式防坠器的刚性锚轨示意图

4.5 安全护笼

安全护笼的最低部分，例如最低的笼箍，应起始于起程面以上 2 200 mm～3 000 mm 之间。在选定的进入边的下面，安全护笼不应有可能妨碍进入直梯的元件。在到达面，安全护笼应延伸至到达面护栏的高度(见图4)。

安全护笼的笼箍内径应在 650 mm～800 mm 之间[见图 4c)]，该要求既适用于非圆形安全护笼也适用于圆形安全护笼。由踏棍到安全护笼的距离应在 650 mm～800 mm 之间[见图 4d)]。无安全护笼时，直梯轴线到周围结构的距离应在 325 mm～400 mm 之间[见图 4d)]。

在到达面处护笼内的净距，即沿踏棍横轴线测量的护笼内侧面之间的距离，应在 500 mm～700 mm 之间[见图 4c)]。

两笼箍之间的距离不应超过 1 500 mm，护笼的两立杆之间的距离应不超过 300 mm。各笼箍应垂直于护笼的立杆。安全护笼的各立杆应等距离的固定于笼箍的内侧。

任何情况下，各安全护笼组件间的最大空隙面积都不应超过 0.40 m^2。

如果在直梯前面和侧面的周围结构(墙、机器部件等)能提供等效安全功能(如提供相同的尺寸)，则不需要护笼。

4.6 刚性锚轨上的导轨式防坠器

防坠器应符合 EN 353-1 的相关要求。

4.7 起程面和到达面的平台

与中间平台一样，起程面和到达面都应符合 GB 17888.2 的有关要求。

需要时，与中间平台的护栏一样，作为防止由起程面和到达面上坠落风险的防护装置的护栏应满足 GB 17888.3 的有关护栏要求。

4.7.1 起程面

如果起程面的步行表面相对周围高出 500 mm 以上或起程面位于不能承受载荷的区域(如由玻璃或合成材料构成处)，则该起程面应具有护栏或能防止人由高处坠落的等效设施。

4.7.1.1 进入平台

如果认为在机器、建筑物等结构上的起程面不满足 GB 17888 有关要求的平面，应提供进入平台。

4.7.1.2 带安全护笼的固定式直梯

如果带安全护笼的固定式直梯到抬高的起程面的护栏水平距离不大于 1 500 mm，则该护栏应装有延长杆或者护笼结构应向下延伸至护栏(见图 8)。

延长杆顶端应至少满足以下要求：

——护笼和延长杆之间的最短距离应不≤400 mm；

——垂线与连接延长杆上部与安全护笼的最接近部分的直线构成的角度应≥45°。

同时，组件的位置应满足：

——空间的水平宽度≤300 mm；

——净空面积≤0.40 m²。

单位为毫米

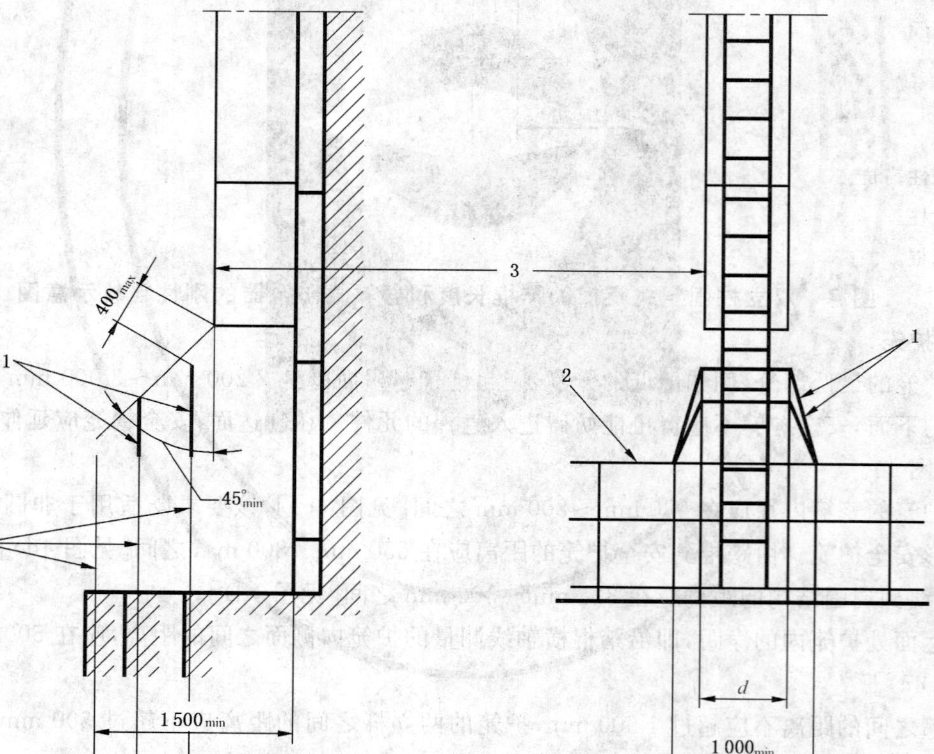

1——延长杆；

2——护栏；

3——安全护笼；

a——无延长杆的护栏；

b——由最小为 45°的角度确定的延伸高度；

c——由最大为 400 mm 的距离确定的延伸高度；

d——安全护笼的直径。

图 8 延长杆完善的起程面护栏防护功能示意图

4.7.2 到达面

4.7.2.1 进入平台

如果机器、建筑物等结构上的到达面为不满足GB 17888有关要求的平面，应提供进入平台。

4.7.2.2 由高处坠落

在到达面的下降边应提供防止人由高处坠落的适当设施，如护栏。直梯垂直轴线两边护栏的长度应至少为1 500 mm，或者当到达面的边长小于3 000 mm时，应覆盖整个边长。这与这一长度外安装的任何防坠落装置无关。

4.7.3 出口

4.7.3.1 前面或侧面出口

直梯可以从前面或侧面出口至到达面。

出口的宽度应在500 mm～700 mm之间。

4.7.3.2 门

为了防止由到达面的出口处坠落，该出口应安装门。

门应满足下列要求：

a) 该门的打开方向不应朝向坠落边(向外)；

b) 该门应设计得易于打开；

c) 该门应自动关闭，如借助弹簧或重力效应；

d) 根据GB 17888.3中的有关要求，该门应至少有扶手和横杆。

4.7.3.3 通过活板门进入平台

由于技术原因而需要时，平台可以有一个开口允许进入到该平台下面的直梯(和由此离开直梯)。

为了防止由这一开口产生的坠落风险，该开口处应装有活板门或提供带门的护栏。护栏应满足GB 17888.3的要求，门应符合本部分4.7.3.2的要求。

活板门应设计得：

a) 开口尺寸至少应等于直梯护笼所要求的尺寸(见4.5)。

b) 活板门应不能向下打开，应向上或水平方向移动。

c) 活板门应是手动的且易于打开。

d) 活板门打开时，应允许操作者安全通过。

e) 活板门应在操作者安全通过后关闭，关闭操作应不费力，例如借助弹簧或液压设施。

4.7.4 安全的上下固定式直梯

4.7.4.1 无防坠器的双立柱直梯(最大为3 000 mm)

在直梯立柱和护栏扶手之间应安装扶手。这些扶手应安装至到达面的护栏(见图9)。

也可见4.7.3.1和图4c)。

4.7.4.2 无防坠器的单立柱直梯(最大为3 000 mm)

在直梯的两边至到达面护栏的扶手之间应安装扶手，该扶手起始于倒数第二级踏棍的位置(见图9)。

4.7.4.3 安全的上下有导轨式防坠器直梯的措施

应提供适当的安全措施(如锁定装置)，以确保只有经过许可的、培训的和充分准备的操作者(也可见4.3.2)才能使用直梯。

注：视觉和听觉信号不是适当的安全措施。

另外，防坠器及其使用环境应使操作者只能在安全位置进行连接或断开，例如提供连续线或一个能自动关闭的可延长平台。

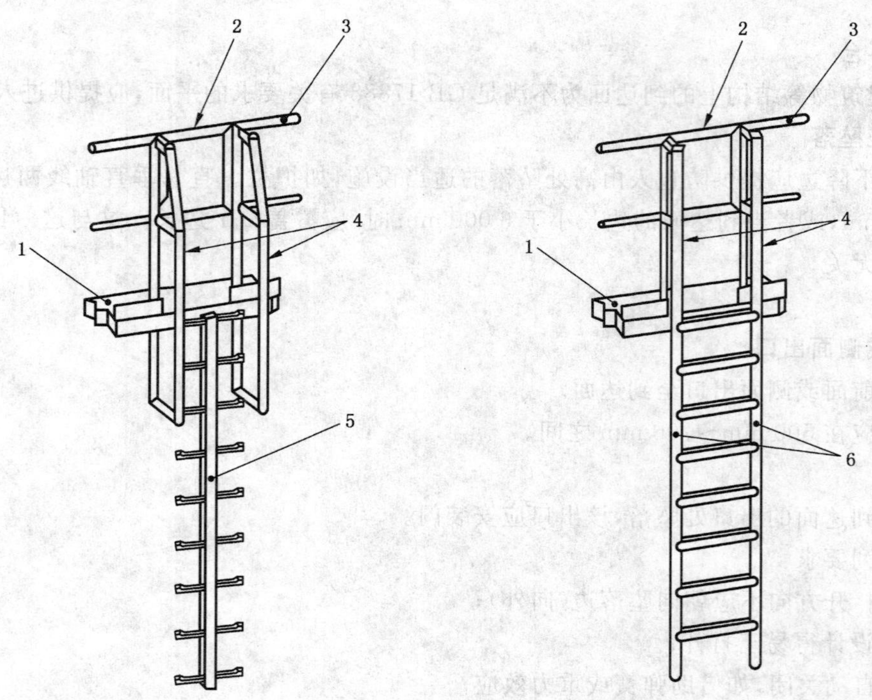

1——到达面的步行面;
2——门;
3——护栏;
4——扶手;
5——无防坠器的单立柱直梯;
6——无防坠器的双立柱直梯。

图 9 在到达面处的连接扶手示意图

4.7.5 平台

4.7.5.1 需要安装平台的场合

如果固定式直梯的上升高度 H 大于 6 000 mm,则该直梯通常应设有单个或多个平台。

当有几个梯段时,起程面与最接近的平台之间或相邻两休息平台之间的梯段高度 h 应不大于 6 000 mm。

但当只有单个梯段时(没有休息平台),起程面和到达面[见图 1a)和图 1b)]之间的高度 h 可延长至不超过 10 000 mm。

4.7.5.2 中间平台

安装在直梯的两梯段之间的中间平台的长度应≥700 mm[见图 4b)],这种情况下中间平台应符合 4.7.1 和 4.7.2 的要求。

这些平台应安装一个门,该门的尺寸应满足紧急情况的要求。

4.7.5.3 休息平台

休息平台的宽度应至少为 700 mm(见图 12)。

4.7.5.4 可动休息平台

单立柱直梯或有导轨式防坠器直梯的活动休息平台应至少 400 mm 宽、300 mm 长(见图 10)或两部分构成,每部分至少 130 mm 宽、300 mm 长(见图 11)。

单位为毫米

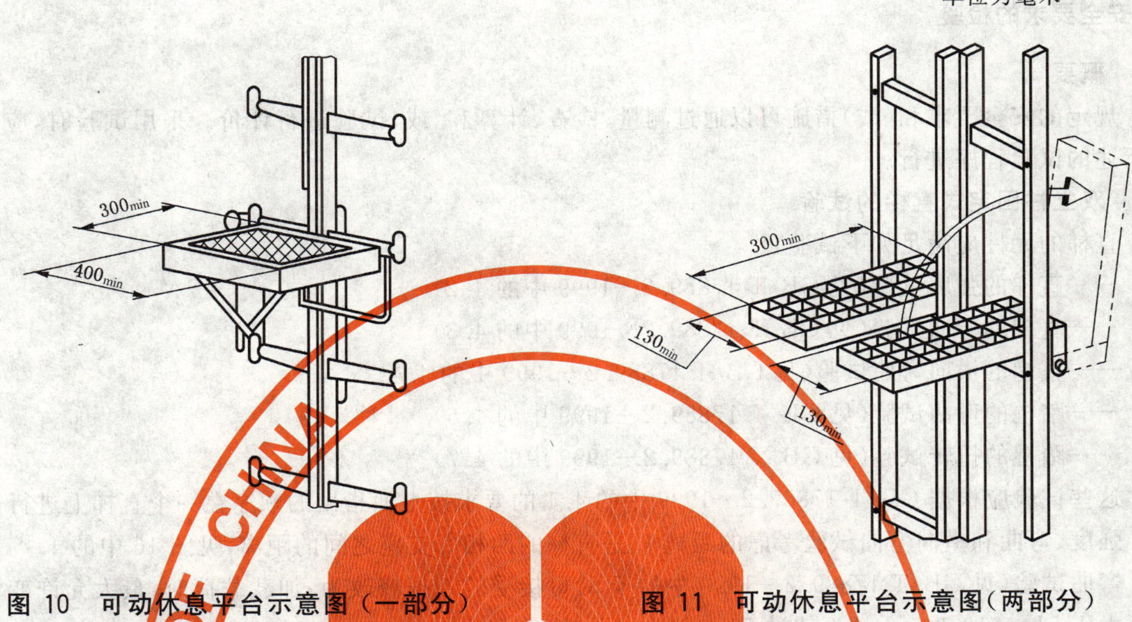

图 10　可动休息平台示意图（一部分）　　　　图 11　可动休息平台示意图(两部分)

4.7.5.5　交错梯段

如果机器的布局或周围环境使得不可能采取其他方式时，两梯段可以直接相邻，而无需分离平台。在这种情况下，下面的梯段应延伸至使最高踏棍在休息平台以上至少 1 680 mm，以便为使用者提供合适的扶手。平台上防护高度应至少为 1 600 mm(见图 12)。

平台和上面的梯段的安全护笼最底层完整笼箍之间的通道净高应在 2 200 mm～2 300 mm 之间。

单位为毫米

图 12　相邻交错梯段(包括休息平台)示意图

5 安全要求的检验

5.1 概要

规定的安全要求和(或)措施可以通过测量、检查、计算和(或)试验进行评价。采用试验时,应按本章所述的试验程序进行。

5.2 双立柱固定式直梯的试验

直梯的元件应满足如下试验:

——直梯的强度试验(见 GB/T 17889.2—1999 中的 4.2)

——直梯的弯曲试验(见 GB/T 17889.2—1999 中的 4.3)

——直梯的横向弯曲试验(见 GB/T 17889.2—1999 中的 4.4)

——踏棍的弯曲试验(见 GB/T 17889.2—1999 中的 4.6)

——踏棍的扭转试验(见 GB/T 17889.2—1999 中的 4.7)

这些试验应根据 GB/T 17889.2—1999 中的 4.1 的要求按上面指出的顺序在一个直梯上进行。

强度、弯曲和横向弯曲试验考虑的距离 L 是直梯的两相邻支座之间的距离,见图 16 中的 4。

弯曲试验(见 GB/T 17889.2—1999 中的 4.3)可接受的判据修改为:加载载荷时,最大允许变形量应不大于 $5L^2 \times 10^{-6}$ mm 且不超过 50 mm。

5.3 安全护笼的试验

5.3.1 试验应在与直梯类似的使用环境下进行。安全护笼固定于直梯上。应依照图 13 和图 14 进行两次试验。

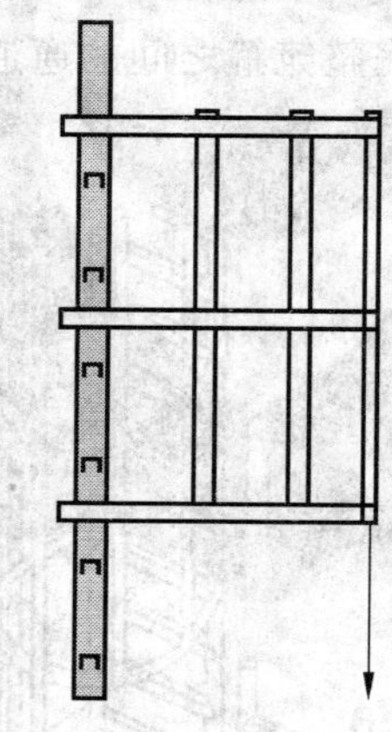

F_{PL}=预加载荷 200 N

F_T=试验载荷 1 000 N

图 13 安全护笼的试验(垂直方向)示意图

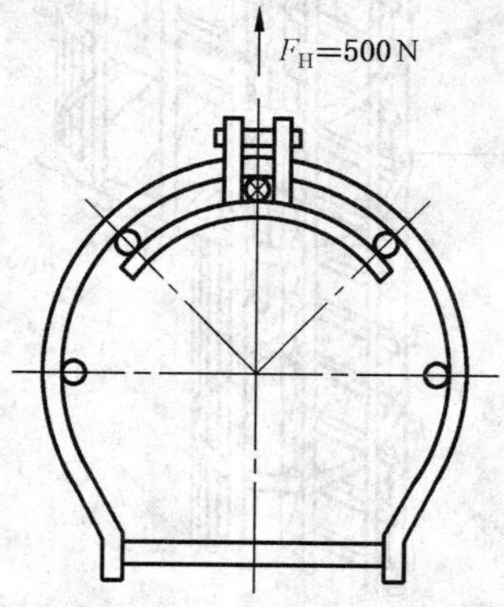

图 14 安全护笼的试验(水平方向)示意图

5.3.2 对于安全护笼的笼箍,在最不利的点垂直施加 200 N 的预加载荷(F_{PL})(见图 13)。对护笼的立杆和笼箍之间连接的拉力验证，可以将预加载荷分布加载于护笼的三个水平笼箍上 1 min。安全护笼最低层的笼箍撤去预加载荷后，其位置考虑当作一个参考位置来进行试验载荷(F_T)为 1 000 N 的试验。在载荷作用点测得的允许永久变形量不超过 10 mm。

5.3.3 将 500 N 的模拟载荷(F_H)水平的作用在立杆上最不利的点。模拟载荷(F_H)可分布在 3 个立杆上(见图 14)。在载荷作用点测得的允许永久变形量不超过 10 mm。有任何永久变形的试验护笼不应再投入使用。

5.4 单立柱固定式直梯的试验

5.4.1 直梯元件的强度和弯曲，踏棍的扭转

直梯的元件应满足 GB/T 17889.2—1999 中如下章条规定的试验：

——4.2 强度试验

——4.3 弯曲试验

——4.7 踏棍扭转试验

强度、弯曲试验考虑的距离 L 应为直梯的两相邻支座之间的最大距离，见图 16 中的 4。

弯曲试验(见 GB/T 17889.2—1999 中的 4.3)可接受的判据修改为：加载载荷时，最大允许变形量应$=5\times L^2\times10^{-6}$ mm 且不超过 30 mm。

5.4.2 踏棍的强度

单立柱直梯的踏棍弯曲试验应按图 15 所示进行。

单位为毫米

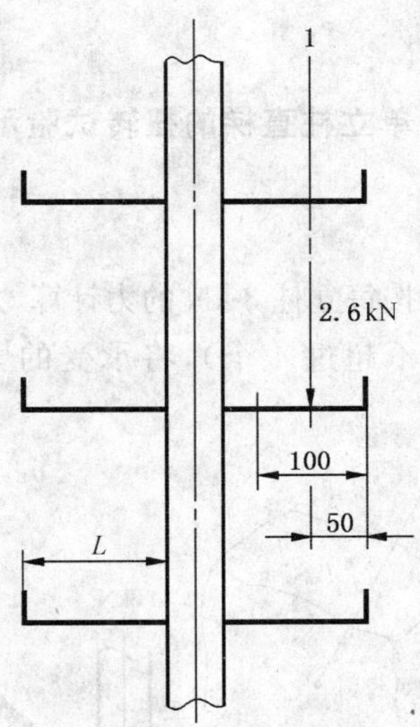

1——作用线。

图 15 单立柱直梯踏棍的试验示意图

将 200 N 的预加载荷垂直地施加于踏棍的踩踏面上 1 min。去除预加载荷后踏棍的位置考虑作为进行负荷试验的参考位置。

预加载荷和 2.6 kN 的试验载荷的方向均应垂直于踏棍的踩踏面。踏棍的末端有用于防滑的横向装置，则预加载荷和试验载荷均匀地分布在靠近该装置 100 mm 的踏棍长度上。

去除试验载荷后踏棍的残余变形量应不大于相应踏棍长度 L 的 0.3%。测量点在距踏棍末端的横向防滑出保护装置 50 mm 处；测量方向与试验载荷作用线的方向相同。踏棍变形量的测量应在去除试验载荷后 1 min 内进行。

5.4.3 立柱的强度

直梯应承受按图 16 施加的两个力。

两个 400 N 试验载荷的方向垂直于直梯的正面。直梯的长度至少为连续支座的间距的二倍。

试验载荷之间的距离应为踏棍间距的 4 倍。试验载荷作用于认为最不利的点。

在试验载荷的作用下直梯的变形量应不超过 20 mm。测量点是在承受试验载荷的踏棍上距横向防滑出保护装置 50 mm 处。测量方向应与测量载荷作用线方向一致。

单位为毫米

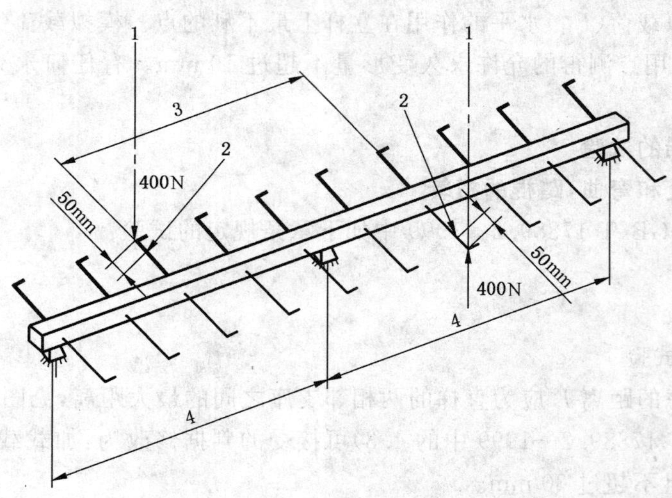

注：两个试验载荷每个 400 N。

1——作用线；

2——测量点；

3——踏棍间距的 4 倍；

4——两个连续支座的间距。

图 16　单立柱直梯的扭转试验示意图

5.5　支座试验

5.5.1　无防坠器的双立柱固定式直梯

双立柱固定式直梯支座的强度应考虑按每立柱 3 kN 的力计算，方向沿每个立柱的中心线（见图 17）。

对每个立柱，应考虑通过其固定点（不超过 4 个），将承受的力传递给周围的固定部分（例如墙、机壳等）。

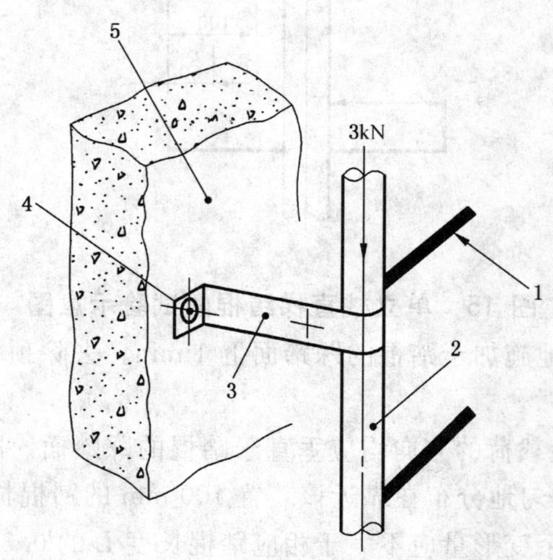

1——踏棍；

2——立柱；

3——支架；

4——支座；

5——固定的部分（如：墙）。

图 17　评价双立柱固定式直梯的支座和连接的布置试验示意图

5.5.2 单立柱固定式直梯

单立柱固定式直梯支座的强度应考虑按 6 kN 的力计算，方向沿立柱的中心线(见图 18)。

对每个立柱，应考虑通过其固定点(不超过 4 个)，将承受的力传递给周围的固定部分(例如墙、机壳等)。

5.5.3 有防坠器的固定式直梯

5.5.3.1 防坠器的试验应依照 EN 353-1 的条款进行。

5.5.3.2 固定式直梯的立柱和支座强度应考虑按 6 kN 力计算，方向沿立柱中心线。直梯在承载时不应产生断裂(见图 18)。

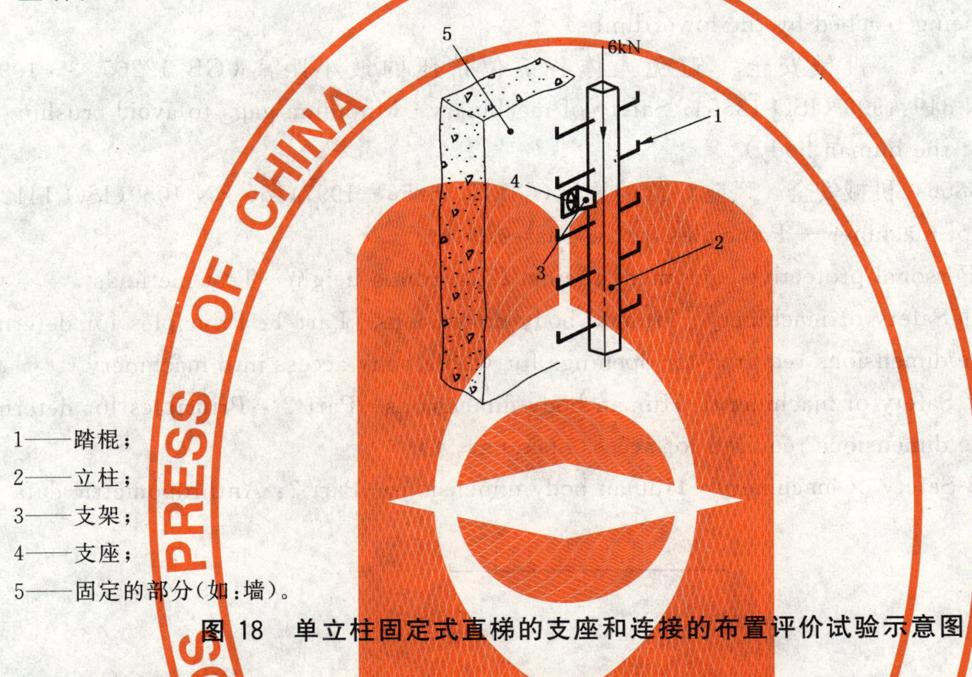

1——踏棍；
2——立柱；
3——支架；
4——支座；
5——固定的部分(如：墙)。

图 18 单立柱固定式直梯的支座和连接的布置评价试验示意图

6 装配和操作说明书

6.1 装配说明书

说明书应包括所有正确装配的信息，需要时也包括防坠器的固定和装配的方法。

6.2 有防坠器的直梯操作说明书

操作说明书应考虑 GB/T 15706.2 以及 EN 353-1 的条款。

6.3 入口和出口处的标志

有防坠器的直梯应永久地标记出下列信息：

——导轨式防坠器的类型和生产年份；

——注意："必须使用个人防护装置"。

标志只需放在可到达各个直梯的出口和入口处。

注：标志应考虑其永久性，例如凸显，标志的信息宜在有防坠器的直梯操作说明书中提到。

参 考 文 献

[1] GB 12265.1 机械安全 防止上肢触及危险区的安全距离(GB 12265.1—1997,eqv EN 294:1992 (ISO 13852) Safety of machinery—Safety distances to prevent danger zones being reached by the upper limbs)

[2] GB 12265.2 机械安全 防止下肢触及危险区的安全距离(GB 12265.2—2000,eqv EN 811:1994 (ISO 13853) Safety of machinery—Safety distances to prevent danger zones being reached by the lower limbs)

[3] GB 12265.3 机械安全 避免人体各部位挤压的最小距离(GB 12265.3—1997,eqv EN 349:1993 (ISO 13854) Safety of machinery—Minimum gaps to avoid crushing of parts of the human body)

[4] GB/T 16856 机械安全 风险评价的原则(GB/T 16856—1997,eqv EN 1050(ISO 14121) Safety of machinery—Principles for risk assessment)

[5] EN 364 Personal protective equipment against falls from a height—Test methods

[6] EN 547-1 Safety of machinery—Human body dimensions—Part 1: Principles for determining the dimensions required for openings for whole body access into machinery

[7] EN 547-2 Safety of machinery—Human body dimensions—Part 2 : Principles for determining the dimensions required for access openings

[8] EN 547-3 Safety of machinery—Human body dimensions—Part 3: Anthropometric data

ICS 65.120
B 46

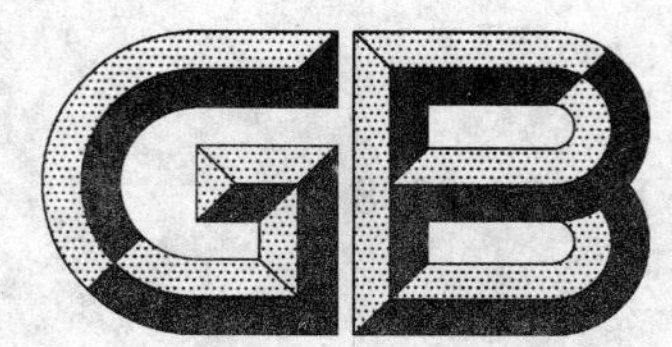

中华人民共和国国家标准

GB/T 17890—2008
代替 GB/T 17890—1999

饲料用玉米

Maize for feedstuffs

2008-02-01 发布 2008-04-01 实施

中华人民共和国国家质量监督检验检疫总局
中国国家标准化管理委员会 发布

前　言

本标准是对 GB/T 17890—1999《饲料用玉米》的修订。

本标准与 GB/T 17890—1999 的主要差异如下：

——要求中对一级玉米增加了脂肪酸值要求；粗蛋白质取消分级指标，均为≥8％（干基）。

本标准自实施之日起，代替 GB/T 17890—1999。

本标准由国家粮食局、中华人民共和国农业部提出。

本标准由全国饲料工业标准化技术委员会归口。

本标准起草单位：国家饲料质量监督检验中心（武汉）、湖南唐人神集团、广西壮族自治区粮油质量监督检验站。

本标准主要起草人：杨海鹏、刘大建、郭吉原、黄晓赞、杨林、刘晓敏。

本标准于 1989 年首次发布为国家标准 GB 10363—1989，1997 年调整为农业行业标准，编号为 NY/T 114—1989，1999 年重新制定为国家标准，编号为 GB/T 17890—1999。

饲 料 用 玉 米

1 范围

本标准规定了饲料用玉米的定义、要求、抽样、检验方法、检验规则、包装、运输和贮存。

本标准适用于收购、贮存、运输、加工、销售的商品饲料用玉米。

2 规范性引用文件

下列文件中的条款通过本标准的引用而成为本标准的条款。凡是注日期的引用文件，其随后所有的修改单(不包括勘误的内容)或修订版均不适用于本标准，然而，鼓励根据本标准达成协议的各方研究是否可使用这些文件的最新版本。凡是不注日期的引用文件，其最新版本适用于本标准。

GB 1353 玉米

GB/T 6432 饲料中粗蛋白测定方法

GB/T 6435 饲料中水分和其他挥发性物质含量的测定

GB/T 15684 谷物制品脂肪酸值测定法

3 术语和定义

下列术语和定义适用于本标准。

3.1

容重 test weight

玉米籽粒在单位容积内的质量，以克/升(g/L)表示。

3.2

不完善粒 imperfect kernel

不完善粒包括下列受到损伤但尚有饲用价值的玉米粒。

3.2.1

虫蚀粒 injured kernel

被虫蛀蚀，伤及胚或胚乳的颗粒。

3.2.2

病斑粒 spotted kernel

粒面带有病斑，伤及胚或胚乳的颗粒。

3.2.3

破损粒 broken kernel

籽粒破损达到该籽粒体积五分之一以上的籽粒。

3.2.4

生芽粒 sprouted kernel

芽或幼根突破表皮的颗粒。

3.2.5

生霉粒 moldy kernel

粒面生霉的颗粒。

3.2.6

热损伤粒 heat-damaged kernel

受热后胚或胚乳已经显著变色和损伤的颗粒。

3.3

杂质 foreign matter

能通过直径 3.0 mm 圆孔筛的物质;无饲用价值的玉米;玉米以外的其他物质。

4 要求

4.1 色泽、气味正常。

4.2 杂质含量≤1.0%。

4.3 生霉粒≤2.0%。

4.4 粗蛋白质(干基)≥8.0%。

4.5 水分含量≤14.0%。

4.6 以容重、不完善粒为定等级指标(见表1)。

表1 饲料用玉米等级质量指标

等级	容重/(g/L)	不完善粒/%
一级	≥710	≤5.0
二级	≥685	≤6.5
三级	≥660	≤8.0

4.7 一级饲料用玉米的脂肪酸值(KOH)≤60 mg/100 g。

4.8 卫生检验和动植物检疫按国家有关标准和规定执行。

5 抽样

抽样按照 GB 1353 执行。

6 检验方法

6.1 色泽、气味、容重、不完善粒、杂质测定按照 GB 1353 执行。

6.2 粗蛋白质测定按照 GB/T 6432 执行。

6.3 水分测定按照 GB/T 6435 执行。

6.4 脂肪酸值测定按照 GB/T 15684 执行。

7 检验规则

检验规则按照 GB 1353 执行。

8 包装、运输和贮存

包装、运输和贮存按照 GB 1353 执行。

ICS 35.040
L 80

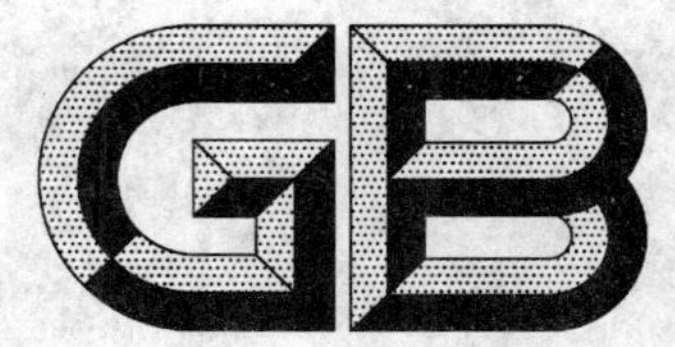

中华人民共和国国家标准

GB/T 17903.1—2008/ISO/IEC 13888-1:2004
代替 GB/T 17903.1—1999

信息技术 安全技术 抗抵赖 第1部分:概述

Information technology—Security techniques—Non-repudiation—Part 1:General

(ISO/IEC 13888-1:2004,IDT)

2008-06-26 发布 2008-11-01 实施

中华人民共和国国家质量监督检验检疫总局
中国国家标准化管理委员会 发布

前言

GB/T 17903 在总标题《信息技术 安全技术 抗抵赖》下,由以下几部分组成:

——第 1 部分:概述;

——第 2 部分:采用对称技术的机制;

——第 3 部分:采用非对称技术的机制。

本部分是 GB/T 17903 的第 1 部分,等同采用 ISO/IEC 13888-1:2004《信息技术 安全技术 抗抵赖 第 1 部分:概述》,仅有编辑性修改。

本部分代替 GB/T 17903.1—1999《信息技术 安全技术 抗抵赖 第 1 部分:概述》。本部分与 GB 17903.1—1999 相比,主要差别如下:

——本部分修订了第 3 章中的部分术语和定义。

——本部分对部分叙述进行了文字修订,并把第 11 章中的"NRDT"修正为"NROT"。

——本部分对第 5 章和第 6 章的顺序进行了调整。

——本部分删除了原附录 A。

本部分由全国信息安全标准化技术委员会提出并归口。

本部分主要起草单位:中国科学院软件研究所 信息安全国家重点实验室。

本部分主要起草人:张振峰、冯登国。

本部分所代替标准的历次版本发布情况为:

——GB/T 17903.1—1999。

引　言

本部分对应的国际标准ISO/IEC 13888-1:2004是由联合技术委员会ISO/IEC JTC1(信息技术)分技术委员会SC 27(IT安全技术)提出的。

第二版(ISO/IEC 13888-1:2004)撤销并替代了第一版(ISO/IEC 13888-1:1997),并在技术上进行了修改。

抗抵赖服务旨在生成、收集、维护、利用和验证有关已声称的事件或动作的证据,以解决关于此事件或动作的已发生或未发生的争议。本部分描述了抗抵赖机制的一种模型,所提供的证据是基于由对称密码或非对称密码技术而生成的密码校验值。首先描述各种抗抵赖服务通用的抗抵赖机制,然后将这一抗抵赖机制应用于一系列特定的抗抵赖服务,诸如:

——原发抗抵赖;

——交付抗抵赖;

——提交抗抵赖;

——传输抗抵赖。

抗抵赖服务生成证据,证据则用于确定某事件或动作的责任。就产生证据所针对的动作或事件而言,对该动作负责或与该事件相关的实体,称为证据主体。主要有两类证据,从本质上讲他们依赖于所使用的密码技术:

——安全信封,由证据生成机构使用对称密码技术生成;

——数字签名,由证据生成者或证据生成机构使用非对称密码技术生成。

抗抵赖机制提供的协议用于交换各种抗抵赖服务所规定的抗抵赖权标。抗抵赖权标由安全信封和(或)数字签名以及可选的附加数据组成。抗抵赖权标可作为抗抵赖信息予以存储,这些信息以后可以由争议双方或者仲裁者在仲裁争议时使用。

依据特定应用下所使用的抗抵赖策略以及该应用操作所处的法律环境,抗抵赖信息可能需要包括以下附加信息:

——包括时间戳机构提供的可信时间戳在内的证据;

——公证人提供的证据,以确保数据、行为或事件是由一个或多个实体所生成、执行或参与的。

抗抵赖只能在特定应用及其法律环境下、有明确定义的安全策略的范围内才可生效。

信息技术　安全技术　抗抵赖
第1部分:概述

1　范围

本部分可作为其他几部分中规定的使用密码技术的抗抵赖机制的一般模型。GB/T 17903 提供的抗抵赖机制可用于如下阶段的抗抵赖:

a)　证据生成;

b)　证据传输、存储和检索;

c)　证据验证。

争议仲裁不在本标准的范围之内。

2　规范性引用文件

下列文件中的条款通过 GB/T 17903 的本部分的引用而成为本部分的条款。凡是注明日期的引用文件,其随后所有的修改单(不包括勘误的内容)或修订版均不适用于本部分,然而,鼓励根据本部分达成协议的各方研究是否可使用这些文件的最新版本。凡是不注日期的引用文件,其最新版本适用于本部分。

GB 15851—1995　信息技术　安全技术　带消息恢复的数字签名方案(idt ISO/IEC 9796:1991)

GB/T 9387.2—1995　信息处理系统　开放系统互连　基本参考模型　第2部分:安全体系结构(idt ISO 7498-2:1989)

GB/T 15843.1—1999　信息技术　安全技术　实体鉴别　第1部分:概述(idt ISO/IEC 9798-1:1997)

GB/T 17902(所有部分)　信息技术　安全技术　带附录的数字签名(idt ISO/IEC 14888)

GB/T 18238(所有部分)　信息技术　安全技术　散列函数(idt ISO/IEC 10118)

GB/T 18794.1—2002　信息技术　开放系统互连　开放系统安全框架　第1部分:概述(idt ISO/IEC 10181-1:1996)

GB/T 18794.4—2003　信息技术　开放系统互连　开放系统安全框架　第4部分:抗抵赖框架(ISO/IEC 10181-4:1997,IDT)

GB/T 17903.2—2008　信息技术　安全技术　抗抵赖　第2部分:采用对称技术的机制(ISO/IEC 13888-2:1998,IDT)

GB/T 17903.3—2008　信息技术　安全技术　抗抵赖　第3部分:采用非对称技术的机制(ISO/IEC 13888-3:1997,IDT)

ISO/IEC 9594-8:2001　信息处理系统　开放系统互连　目录　第8部分:鉴别框架

ISO/IEC 9797(所有部分)　信息技术　安全技术　消息鉴别码

ISO/IEC 11770-3:1999　信息技术　安全技术　密钥管理　第3部分:使用非对称技术的机制

ISO/IEC 18014　信息技术　安全技术　时间戳服务

3　术语和定义

3.1　GB/T 9387.2—1995 中的定义

3.1.1

可核查性　accountability

确保一个实体的行为可唯一地追踪到该实体的性质。

3.1.2

数据完整性　data integrity

这一性质表明数据没有遭到非授权的篡改或破坏。

3.1.3

数据源鉴别　data origin authentication

确认接收到的数据的来源与其声明的一致。

3.1.4

数字签名　digital signature

附加在数据单元上的数据，或是对数据单元所作的密码变换，这种数据或变换允许数据单元的接收者用于确认数据单元的来源和完整性，并保护数据防止被人(例如接收者)伪造。

3.1.5

安全策略　security policy

为提供安全服务而制定的一套准则。

3.2　ISO/IEC 9594-8:2001 中的定义

3.2.1

认证机构　certification authority

受一个或多个用户信任的职能机构，负责创建和分发证书。认证机构也可创建用户密钥。

3.3　ISO/IEC 9797 中的定义

3.3.1

消息鉴别码(MAC)　message authentication code

MAC 算法输出的比特串。

注：MAC 有时也称作密码校验值(比如 GB/T 9387.2)。

3.4　GB/T 18238 中的定义

3.4.1

散列码　hash-code

散列函数输出的比特串。

3.4.2

散列函数　hash-function

将比特串映射成固定长度比特串的函数，它具有以下两个性质：

a)　对一个给定的输出，要找到可映射到该输出的一个输入，在计算上不可行；

b)　对一个给定的输入，要找到可映射到其输出的第二个输入，在计算上不可行。

3.5　GB/T 18794.1—2002 中的定义

3.5.1

安全机构　security authority

负责定义或者执行安全策略的实体。

3.5.2

安全证书　security certificate

由某一安全机构或可信第三方颁发的，其中带有用于提供完整性和数据源鉴别的安全信息数据集。

3.5.3

安全权标　security token

一种与安全有关的数据集合，受到完整性和数据源鉴别的保护，以防其来源于非安全机构。

3.5.4

信任　trust

两个元素之间的一种关系，在一组活动和一个安全策略中，元素 x 信任元素 y 当且仅当元素 x 确信元素 y 会以不违背安全策略的既定方式(相对于该活动)进行运行。

3.6 GB/T 18794.4—2003 中的定义

3.6.1

证据生成者 evidence generator

生成抗抵赖证据的实体。

3.6.2

证据用户 evidence user

使用抗抵赖证据的实体。

3.6.3

证据验证者 evidence verifier

验证抗抵赖证据的实体。

3.6.4

抗抵赖服务请求者 non-repudiation service requester

要求为某特定事件或动作生成抗抵赖证据的实体。

3.7 ISO/IEC 11770-3:1999 中的定义

3.7.1

密钥 key

用于控制密码变换操作(例如加密、解密、密码校验函数计算、签名生成或签名验证)的符号序列。

3.7.2

私有密钥/私钥 private key

在实体的非对称密钥对中,只应由该实体使用的密钥。

注:在非对称签名机制中,私钥定义签名变换。在非对称加密体制中,私钥定义解密变换。

3.7.3

公开密钥/公钥 public key

在实体的非对称密钥对中,可以公开的密钥。

注:在非对称签名机制中,公开密钥定义了验证变换。在非对称加密系统中,公开密钥定义了加密变换。一个可以"公开获知"的密钥并非任何人都可获得,可能只有事先指定的群体中的所有成员可以得到公开密钥。

3.7.4

公钥证书 public key certificate

实体的公开密钥信息,由证书权威机构签发从而确保是不可伪造的。

3.7.5

秘密密钥 secret key

一种密钥,用于对称密码技术,只能由一组规定的实体使用。

3.8 ISO/IEC 18014 中的定义

3.8.1

时间戳 time-stamp

时间变量参数,表示与通用时间参考相关的一个时间点。

3.8.2

时间戳机构 time stamping authority

能够可信地提供时间戳服务的可信第三方。

3.9 本标准中有关抗抵赖的专用定义

下列定义适用于本标准。

3.9.1

证书　certificate

关于实体的一种数据，由认证机构的私有密钥或秘密密钥签发，确保其不可伪造性。

3.9.2

交付机构　delivery authority

发送者所信任的机构，把发送者的数据交付给接收者，并且根据发送者的要求向发送者提供提交和传输数据的证据。

3.9.3

数据存储区　data storage

存储数据的一种方式，数据可以由此提交递送，交付机构也可以往该区域放置数据。

3.9.4

可区分标识符　distinguishing identifier

在抗抵赖过程中可以无歧义地识别一个实体的信息。

3.9.5

证据　evidence

用来证明一个事件或动作的信息，可单独使用或与其他信息一起使用。

注：证据本身未必证明了某事件的真实性或存在性，但它可用于提供证明。

3.9.6

证据请求者　evidence requester

请求另一个实体或可信第三方生成证据的实体。

3.9.7

证据主体　evidence subject

对某个动作负责或者与某事件相关的实体，证据即是针对该动作或事件而产生的。

3.9.8

印迹　imprint

一种比特串，或者是数据串的散列码，或者是该数据串本身。

3.9.9

监控者(监控机构)　monitor (monitor authority)

对动作或事件进行监控，并可信赖地对其所监控内容提供证据的可信第三方。

3.9.10

抗抵赖策略　non-repudiation policy

一组提供抗抵赖服务的准则，确切的说，用于生成和验证证据以及用于仲裁的一组规则。

3.9.11

抗抵赖信息　non-repudiation information

一组信息，包括证据的生成和验证所涉及的事件或动作的信息、证据本身以及有效的抗抵赖策略。

3.9.12

抗抵赖交换　non-repudiation exchange

以抗抵赖为目的、一次或多次传送抗抵赖信息(NRI)所组成序列。

3.9.13

创建抗抵赖　non-repudiation of creation

防止一个实体否认其已经创建的消息(即对消息内容负责)的服务。

3.9.14

交付抗抵赖　non-repudiation of delivery

防止接收者否认已经接收过消息并且认可消息内容的服务。

3.9.15

认知抗抵赖　non-repudiation of knowledge

防止接收者否认其已经注意到所接收消息的内容的服务。

3.9.16

原发抗抵赖　non-repudiation of origin

防止消息的原发者否认其创建了消息的内容并且已经发送了该消息的服务。

3.9.17

接收抗抵赖　non-repudiation of receipt

防止接收者否认其已经接收了消息的服务。

3.9.18

发送抗抵赖　non-repudiation of sending

防止发送者否认其已经发送了消息的服务。

3.9.19

提交抗抵赖　non-repudiation of submission

这一服务旨在提供证据以表明交付机构已经接收到了用于传送的消息。

3.9.20

传输抗抵赖　non-repudiation of transport

这一服务旨在向消息的原发者提供证据，以表明交付机构已经把消息递送给了指定的接收者。

3.9.21

抗抵赖权标　non-repudiation token

GB/T 18794.1—2002 中定义的一种特殊类型的安全权标，由证据和可选的附加数据组成。

3.9.22

公证　notarization

公证人提供的、关于一个活动或者事件所涉及实体以及存储或通信数据的性质的证据。

3.9.23

公证人（公证机构）　notary (notary authority)

可信第三方，为涉及到的实体以及存储或通信数据的性质提供证据，或者将现有权标的生命期延长到期满和撤消之后。

3.9.24

公证权标　notarization token

由公证人生成的抗抵赖权标。

3.9.25

NRD 权标　NRD token

交付抗抵赖权标。允许发送者为消息建立交付抗抵赖的数据项。

3.9.26

NRO 权标　NRO token

原发抗抵赖权标。允许接收者为消息建立原发抗抵赖的数据项。

3.9.27

NRS 权标　NRS token

提交抗抵赖权标。允许原发者（发送者）或交付机构为已提交的、待传输的消息建立提交抗抵赖的数据项。

3.9.28

NRT 权标　NRT token

传输抗抵赖权标。允许原发者或交付机构为消息建立传输抗抵赖的数据项。

3.9.29

原发者 originator

向接收者发送消息的实体,或者产生有待于对其提供抗抵赖服务的消息的实体。

3.9.30

证明 proof

按照有效的抗抵赖策略,能够证实证据的合法性的数据。

注:证明是用于证明某件事情真实性或者存在性的证据。

3.9.31

接收者 recipient

获得(收到或取得)消息的实体,抗抵赖服务针对该消息提供。

3.9.32

冗余 redundancy

已知并可以检验的任何消息。

3.9.33

安全信封(SENV) secure envelope

由某实体构造的一组数据项,其构造方式应使得任何持有秘密密钥的实体能够验证这些数据项的完整性和来源。为了生成证据,SENV 由可信第三方(TTP)使用仅为 TTP 所知的秘密密钥来构造和验证。

注:其他国际标准也常使用信封这一术语来表示加密的对象。在本标准中,安全信封一般不需要加密。

3.9.34

签名者 signer

生成数字签名的实体。

3.9.35

可信第三方 trusted third party(TTP)

在安全活动方面为其他实体所信任的安全机构或其代理(见 GB/T 18794.1—2002)。

注:在本标准中,为了实现抗抵赖的目的,可信第三方为原发者、接收者和(或)交付机构所信任,也可以为其他参与方(如仲裁者)信任。

3.9.36

可信时间戳 trusted time stamp

由时间戳机构担保的时间戳。

3.9.37

验证密钥 verification key

验证密码校验值时所需要的数值。

3.9.38

验证者 verifier

验证证据的实体。

4 符号和缩略语

4.1 符号

A	实体 A 的可区分标识符
B	实体 B 的可区分标识符
$CHK_X(y)$	使用实体 X 的密钥对数据 y 计算而得到的密码校验值
DA	交付机构的可区分标识符

f_i　标明有效的抗抵赖服务类型的数据项(标记)

$H(y)$　数据串 y 的散列码

$Imp(y)$　数据串 y 的印迹,或者是数据串 y 的散列码,或者是数据串 y

m　待生成证据的消息

MAC　消息鉴别码

Pol　适用于证据的抗抵赖策略的可区分标识符

$SENV$　安全信封

$SENV_X(y)$　使用实体 X 的私有密钥对数据 y 计算而得到的安全信封

SIG　已签名消息

$SIG_X(y)$　实体 X 使用其私有密钥对数据 y 生成的已签名消息

$S_X(y)$　使用签名算法和实体 X 的私有密钥对数据 y 计算的签名

$text$　可以构成权标一部分的数据项,包括密钥标识符和(或)消息标识符等附加信息

T_g　证据生成的日期和时间

T_i　事件或动作发生的日期和时间

$V_X(y)$　使用验证算法和实体 X 的验证密钥对数据 y(安全信封或者数字签名)进行的验证操作

$y \| z$　y 和 z 按顺序的连接

4.2 缩略语

CA　Certification Authority 认证机构

GNRT　Generic Non-Repudiation Token 通用抗抵赖权标

NA　Notary Authority 公证机构

NRDT　Non-Repudiation of Delivery Token 交付抗抵赖权标

NRI　Non-Repudiation Information 抗抵赖信息

NROT　Non-Repudiation of Origin Token 原发抗抵赖权标

NRST　Non-Repudiation of Submission Token 提交抗抵赖权标

NRTT　Non-Repudiation of Transport Token 传输抗抵赖权标

NT　Notarization Token 公证权标

OSI　Open Systems Interconnection 开放系统互连

TSA　Time-Stamping Authority 时间戳机构

TST　Time-Stamping Token 时间戳权标

TTP　Trusted Third Party 可信第三方

5 本部分各章的组织

首先在第 6 章规定抗抵赖服务的基本需求,在第 7 章描述证据的提供与验证所涉及实体的角色。第 8 章描述可信第三方在抗抵赖各阶段的参与情况,尤其是证据的提供和验证阶段。第 9 章描述了证据的生成和验证机制,包括基于对称密码技术的安全信封和基于非对称密码技术的数字签名。为了更好地表示抗抵赖权标,导出了两种基本机制中通用的密码校验函数。第 10 章定义了三种权标:第一种是适用于多种抗抵赖服务的通用抗抵赖权标;第二种是由可信时间戳机构生成的时间戳权标;第三种是公证机构生成的公证权标,可以提供有关涉及到的实体以及存储或通信数据的性质的证据。第 11 章描述了特定的抗抵赖服务和抗抵赖权标。第 12 章给出了消息发送环境中特定抗抵赖权标的应用实例。

6 要求

下列要求适用于抗抵赖交换所涉及的实体,这些要求与用于生成安全信封和数字签名的密码校验

值的导出方式有关,与抗抵赖机制所支持的抗抵赖服务无关。

6.1 抗抵赖交换的实体应信任一个可信第三方。

注:使用对称密码算法时总是需要 TTP;使用非对称密码算法时,或者需要离线 TTP 来生成公钥证书,或者需要 TTP 来创建用作证据的数字签名。

6.2 在证据生成之前,证据生成者必须清楚以下三件事情:验证者可以接受的抗抵赖策略、所要求的证据类型、以及验证者可以接受的机制集合。

6.3 特定抗抵赖交换中的实体必须可以得到用于生成或验证证据的机制;或者必须有一个可信机构来提供这些机制,并且代表证据请求者来执行必要的功能。

6.4 适用于这些机制的密钥(如非对称技术中的私有密钥,对称技术中的秘密密钥)只能由相关的实体拥有(必要时可以共享)。

6.5 证据的使用者和仲裁者必须能够验证证据。

6.6 证据中要求的时间信息包括事件发生的时间和证据生成的时间。

6.7 如果需要可信时间戳,或者证据生成者所提供的时钟不可信,那么证据生成者或证据验证者必须可以访问时间戳机构。

7 通用抗抵赖服务

7.1 证据提供与验证过程中涉及的实体

在提供抗抵赖服务时,要涉及到几个不同的实体。

证据生成过程涉及到三个实体:

a) 想要得到证据的证据请求者;

b) 执行某动作的或者某事件中涉及到的证据主体;

c) 生成证据的证据生成者。

证据验证过程涉及到两个实体:

a) 能够或者不能够直接验证证据的证据用户;

b) 应证据用户的要求,能够验证证据的证据验证者。

在证据生成过程中,事件或动作与证据主体相关。证据可以应证据请求者的请求而提供,也可以应证据主体自己的要求而提供。

如果证据主体和证据请求者都不能直接提供证据,那么证据由证据生成者产生。然后证据将返回给证据请求者,或者可以供其使用。证据可以传送给其他实体,或者可供其使用。

在证据验证阶段中,证据用户希望验证证据的正确性。如果证据用户不能直接验证证据的正确性,则证据由证据验证者应证据用户的请求而进行验证。

7.2 抗抵赖服务

通用模型适用于以下六种基本的抗抵赖服务:创建抗抵赖、发送抗抵赖、接收抗抵赖、认知抗抵赖、提交抗抵赖和传输抗抵赖。其他抗抵赖服务可由这些基本服务组合而成。结合创建抗抵赖和发送抗抵赖可以提供原发抗抵赖;结合接收抗抵赖和认知抗抵赖可以提供交付抗抵赖。抗抵赖服务只能在既定的时间周期内提供。有时可能需要在权标颁发之后修改其生命周期,比如,如果一个特定的签名方案发现了攻击,那么其生命周期就需要缩短。另一方面,如果一个抗抵赖权标在其过期之后仍然被看作是(密码意义下)安全的,那么抗抵赖策略就允许延长其生命周期。

8 可信第三方

抗抵赖服务可能需要可信第三方的参与,这依赖于所使用的抗抵赖机制和有效的抗抵赖策略。使用非对称密码技术时需要一个离线的可信第三方来保证密钥的真实性,可信第三方可以是 TTP 链中的一部分,只要他们同意在抗抵赖服务中履行义务。使用对称密码技术时,需要一个在线的可信第三方的参与，用于生成和验证安全信封(SENV)。有效的抗抵赖策略可要求部分或者全部证据由可信第三方生成。

有效的抗抵赖策略还可能要求：

a) 由可信时间戳机构提供的可信时间戳；

b) 公证机构(公证人)，以证实所涉及到的实体以及存储或传输数据的性质，或者将现有权标的生命期延长到期满和撤消之后；

c) 监控机构，提供有关涉及到的实体的性质和存储或传输数据的性质的证据。

可信第三方可以不同程度地参与到抗抵赖过程中。当交换证据时，双方必须知道、被通知到，或者同意适用于证据的抗抵赖策略。

根据抗抵赖策略的要求，可以有多个可信第三方参与并担当不同的角色，如公证、时间戳、监控、密钥证明、签名生成、签名验证、安全信封生成、安全信封验证、权标生成或交付等角色。一个可信第三方可能担当一个或多个上述角色。

8.1 证据生成过程

证据是用于解决争议的信息，由证据生成者代表证据主体、可信第三方生成，或者应证据请求者的请求而生成。在证据生成阶段，TTP 可以下述方式参与(关于在线、联线、离线机构的定义，参见 ISO TR 14516)：

a) 当作为在线机构参与每个抗抵赖服务实例时，可信第三方代表证据主体独立生成证据。当使用对称密码技术来提供证据时，可能要求在线产生密码校验值和抗抵赖权标，如生成 GB/T 17903 中定义的安全信封；

b) 当作为联线的证据生成机构时，可信第三方可以自己生成证据(如作为交付机构)；

c) 当作为离线机构时，可信第三方不参与每一个抗抵赖服务实例，而使用签名为生成证据的实体提供离线的公开密钥证书；

d) 如果担任权标生成机构，可信第三方可构造任何类型的抗抵赖权标，该权标由证据主体、一个或多个可信机构提供的一个或多个抗抵赖权标组成；

e) 如果担任数字签名生成机构，可信第三方代表证据主体或者应证据请求者的请求而生成数字签名；

f) 如果担任时间戳机构(见 ISO/IEC 18014)，可信第三方可信赖地提供包括时间戳权标生成的时间的证据；

g) 如果担任公证机构(公证人)，可信第三方可信赖地提供有关实体以及存储的或实体间通信数据的性质的证据，在现有权标期满或者撤销时公证人可信赖地延长其生命期；

h) 如果担任监控机构，可信第三方监控动作和事件，并且可信赖地提供其监控内容的证据。

8.2 证据传输、存储和检索过程

在这一过程中，证据在各参与方间传输，或者在数据存储区之间传输。根据有效的抗抵赖策略，这一阶段的活动未必在抗抵赖服务的所有情况中都进行。本阶段的活动可由可信第三方执行。

a) 作为交付机构时，可信第三方处于联线状态，完成提交抗抵赖和传输抗抵赖；

b) 作为证据记录保管机构时，可信第三方记录证据，可供证据用户或仲裁者之后进行检索。

8.3 证据验证过程

作为证据的验证机构，可信第三方是受证据用户信任的在线机构，用于验证抗抵赖权标提供的每一种抗抵赖信息。当使用对称密码技术生成证据时，证据只能由可信第三方验证；否则，可信第三方的参与是可选的。

抗抵赖权标的验证取决于所使用的技术：

a) 安全信封只能由可信第三方验证；

b) 数字签名可以使用一个或多个公开密钥证书和证书撤消列表验证(在证据生成时所有这些公

钥证书及撤销列表都是有效的)；

c) 公开密钥证书在证据生成时是有效的，这一点必须在出示证据时进行验证。有时可能在几年以后进行验证；

d) 公开密钥证书撤销列表在证据生成时是有效的，这一点必须在出示证据时进行验证，有时可能在几年以后进行验证；

e) 如果抗抵赖服务需要使用时间戳机构提供证据，应以下列方式进行：该证据(如时间戳权标)提供的时间必须与证据生成者、可信第三方或证据请求者产生的证据中所附时间进行比较。在验证这些时间充分接近(按安全策略)之后，证据生成实体、可信第三方或者证据请求者产生的证据才可以接受；

f) 附加的抗抵赖权标(如公证权标)按照其生成时所使用的技术进行验证。

9 证据生成与验证机制

在本阶段，证据由安全信封(SENV)或者数字签名(SIG)组成的抗抵赖权标表示，两者分别是基于对称密码与非对称密码技术生成的密码校验值(CHK)。对于基于证书的签名，抗抵赖权标基本上由已签名的消息(包括消息及签名)及其公开密钥证书组成。如果公开密钥没有与数字签名一起提供，那么相关实体必须可以得到它。对于基于身份的签名，抗抵赖权标由已签名的消息、签名实体的标识数据和为签名者提供密钥的机构的身份(即可区分标识符)组成。

9.1 安全信封

安全信封(SENV)要成为证据的一部分，就必须由可信第三方使用仅为可信第三方所知的秘密密钥来生成。

注：SENV 也可用于抗抵赖交换的实体与 TTP 之间的原发性或完整性通信保护。此时，SENV 由实体与 TTP 共知的密钥来生成与验证。

创建安全信封的方法是：利用实体 X 的秘密密钥，通过对称完整性技术作用对数据 y 进行计算而生成校验值 $CHK_X(y)$，并把它附在数据 y 的后面：

$SENV_X(y)=y \parallel CHK_X(y)$

函数 $CHK_X(y)$ 可由不同的数据完整性机制表示，例如 MAC。

注：MAC 是 ISO/IEC 9797 规定的消息鉴别码。

其他机制将在 GB/T 17903 的其他部分进行规定。

9.2 数字签名

某实体 X 可以使用其私有密钥和数字签名操作对消息 y 做变换从而进行签名，结果表示为 $SIG_X(y)$。只要持有实体 X 的公开密钥的可信拷贝，任何人都可以验证已签名的消息 $SIG_X(y)$ 的有效性。

如果数字签名操作不具有消息恢复功能，已签名的消息由消息 y 附加上签名 $S_X(y)$ 组成。

$SIG_X(y)=y \parallel S_X(y)$

如果数字签名操作具有消息恢复功能，消息 y 的一部分或者全部可以从 $S_X(y)$ 中恢复，那么已签名的消息 $SIG_X(y)$ 就由 y 中不能由签名 $S_X(y)$ 恢复的那一部分消息附加上 $S_X(y)$ 组成。

注 1：带消息恢复的数字签名在标准 GB 15851—1999 和 ISO/IEC 15946-4 中规定；

注 2：带附录的数字签名在标准 GB/T 17902 和 ISO/IEC 15946-2 中规定。

9.3 证据验证机制

使用证据生成实体 X 的验证密钥，利用验证操作 $V_X(SENV)$ 和 $V_X(SIG)$，可以分别对安全信封(SENV)和数字签名(SIG)进行验证。验证结果为肯定或否定。

安全信封只能由持有用于生成安全信封的秘密密钥的可信第三方进行验证。

注：如果 SENV 用于原发性或完整性通信保护，那么它可由任何持有对应的秘密密钥的实体验证。

持有签名者的公开密钥的任何实体都可以验证数字签名。向验证者提供公开密钥证书的方式依赖于生成数字签名的签名方案的类型。

a) 基于证书的签名使用签名者的公开密钥进行验证，该公开密钥可以从认证机构(CA)颁发的公开密钥证书中得到；

b) 对于基于身份的签名，持有签名实体的标识数据和可信机构(TA)的公开系统参数的任何实体都可以进行验证。这里，签名者的基于身份的私有密钥是由 TA 来提供的。

对于数字签名来说，必须对一个公开密钥证书链或身份标识符链顺序进行验证才可得到必要的保证。

10 抗抵赖权标

抗抵赖服务以抗抵赖信息为媒介。抗抵赖信息由一个或多个抗抵赖权标组成。证据生成者必须提供至少一个由通用抗抵赖权标(GNRT)导出的抗抵赖权标。验证证据时通常需要附加的权标。附加权标可以提供给验证者，也可以不提供给验证者。当不提供附加权标时，验证者必须可以得到它们(例如公开密钥证书和(或)证书撤消列表)或者请求它们(例如来自时间戳机构的时间戳)。本标准讨论三种通用权标：通用抗抵赖权标(GNRT)、时间戳权标(TST)和公证权标(NT)。根据 GNRT 导出的权标由证据生成者生成，而其他权标由可信第三方生成：时间戳权标由时间戳机构(TSA)生成，公正权标由公证机构(NA)生成。

10.1 通用抗抵赖权标

通用抗抵赖权标(GNRT)定义如下：

GNRT$=text \| z \| CHK_X(z)$，其中

$z=Pol \| f \| A \| B \| C \| D \| E \| Tg \| Ti \| Q \| Imp(m)$。

数据字段 z 包括以下数据项：

Pol	适用于证据的抗抵赖策略的可区分标识符
f	所提供的抗抵赖服务类型
A	证据主体的可区分标识符
B	证据生成者的可区分标识符，如果证据生成者与证据主体不同
C	与证据主体(包括消息发送者、消息的预定接收者或交付机构)进行交互的实体的可区分标识符
D	证据请求者的可区分标识符，如果证据请求者与证据主体不同
E	动作中涉及到的其他实体(如消息的预定接收者)的可区分标识符
T_g	证据生成的日期和时间
T_i	事件或动作发生的日期和时间
Q	需要原发性或完整性保护的可选数据
$Imp(m)$	与事件或动作有关的消息的印迹

注：根据有效的抗抵赖策略，有些数据项是可选的。

可区分标识符 A 是必不可少的，其他的可区分标识符 B,C,D,E 不一定出现。如果证据是由某机构代表证据主体产生的，证据生成者的可区分标识符 B 是必要的。在传输消息时，可区分标识符 C 是必要的。当证据请求者与证据主体不同时，证据请求者的可区分标识符 D 必须出现。对于提交给交付机构的抗抵赖情形和交付机构传输的抗抵赖情形，涉及的其他实体的可区分标识符 E 必须出现。

字段“*text*”包括一些不需要密码保护的附加数据，这些信息与所使用的技术有关：

a) 对于基于证书的签名，“*text*”字段包括一个或多个公开密钥证书，或者仅仅包括认证机构的可区分标识符和分配给公开密钥证书的证书序列号。

b) 对于基于身份的签名，“*text*”字段包含为签名者提供密钥的机构的可区分标识符。

10.2 时间戳权标

如果需要可信的时间,或者抗抵赖权标生成者所提供的时钟不可信,就需要依赖一个可信第三方,即时间戳机构(TSA)。TSA 的职责是建立另外的证据以证明权标生成的时间。

数据 y 由请求时间戳服务的实体提供。

时间戳权标(TST)定义如下:

TST=$text \| w \| CHK_{TSA}(w)$,其中

$w = Pol \| f \| TSA \| T_g \| Q \| Imp(y)$

数据元 w 包括以下数据项:

Pol	适用于证据的抗抵赖策略的可区分标识符
f	所提供的抗抵赖服务类型
TSA	时间戳机构的可区分标识符
T_g	时间戳操作执行的日期和时间
Q	需要原发性或完整性保护的可选数据
$Imp(y)$	待提供可信时间戳的数据 y 的印迹

10.3 公证权标

由公证机构(NA)提供的公证服务用于证实所涉及实体以及存储或通信数据的性质,或用于在现有抗抵赖权标期满或撤消时延长其生命期。

数据 y 由服务请求实体提供。

注:数据 y 可以是消息、抗抵赖权标、消息的散列码、权标的散列码,或者服务请求者希望得到公证人证实的任何数据。

公正权标(NT)定义如下:

NT=$text \| w \| CHK_{NA}(w)$,其中

$w = Pol \| f \| X \| NA \| T_g \| Q \| Imp(y)$

数据元 w 包括以下数据项:

Pol	适用于证据的抗抵赖策略的可区分标识符
f	标明公证服务的标记
X	请求公证服务的实体 X 的可区分标识符
NA	公证机构的可区分标识符
T_g	公证执行的日期和时间
Q	需要原发或完整性保护的可选数据
$Imp(y)$	待提供公证服务的数据 y 的印迹

监控机构可使用类似的权标来对证据主体提供的、或者监控机构自己生成的数据 y 生成证据。

11 特定的抗抵赖服务

抗抵赖生成的证据用于证明某事件或动作已经发生。证据是针对描述事实或事件的数据而生成的。数据和证据或者予以存储(在非 OSI 环境中)或者在抗抵赖交换的有关实体之间进行传递。证据作为抗抵赖协议的一部分在抗抵赖权标中传输。

下面讨论一组特定的活动,它们全部与实体 A 和实体 B 之间的数据传输有关。中介方(如交付机构)也在讨论之列。

实体 A 创建一条消息 m,按照自己的意愿、或者根据有效的抗抵赖策略的要求、或者应其他实体(如接收者)的请求,建立原发抗抵赖。原发抗抵赖由证据生成者(或者是证据生成者自己,或者是可信第三方)提供。

实体 A 将消息 m 和包含原发抗抵赖权标(NROT)的证据一起发送给接收者——实体 B(如图 1 所示)。

在某些情况下,存在一个或多个可信第三方来履行交付机构的职责。如果存在交付机构,本条款中

描述的所有抗抵赖服务都可以提供。

根据特定应用和有效的抗抵赖策略，交付系统可信赖地生成证据以表明其：

a) 接收到来自实体 A 待传送给实体 B 的消息 m 以及抗抵赖权标 NROT(若存在)——通过生成提交抗抵赖权标(NRST)；

b) 交付了消息 m 以及抗抵赖权标 NROT(若存在)给预定的接收者(实体 B)的数据存储区——通过生成传输抗抵赖权标(NRTT)。

根据有效的抗抵赖策略，可能需要时间戳权标(TST)或者公证权标(NT)为现有的抗抵赖权标提供(附加的)证据。

注：发送者或接收者否认发送或接收消息的情况可能是对发送或接收消息的时间有异议，而不是否认发送过或接收到了消息。

11.1 原发抗抵赖

原发抗抵赖服务包括如下情况：消息的发送者已经创建消息并且发送了该消息。

该服务旨在防止发送者否认自己是消息的创建者(消息的作者)以及该消息的发送者。

该服务可以由发送者自己提供，或者由一个代表发送者的机构来提供。

11.2 交付抗抵赖

交付抗抵赖服务是指：接收者承认已收到消息并且已经了解了消息的内容。

11.3 提交抗抵赖

该服务要求在发送者与一个或多个接收者之间的消息传输过程中存在交付机构。发送者信任交付机构接收自己的消息并尽力递送该消息。接收消息之后，交付机构提供有关发送者已提交该消息的证据。交付机构只承认消息已经提交这一事实，但并不关心消息的内容。

11.4 传输抗抵赖

该服务要求在发送者和接收者之间的消息传输过程中存在交付机构。发送者信任交付机构把消息递送到接收者可以得到的地方。在交付消息时，交付机构提供有关其把消息存放在接收者的数据存储区中的证据，交付机构承认消息已经存放的事实，但并不关心该消息的内容。交付机构不能保证消息被接收者按时接收。

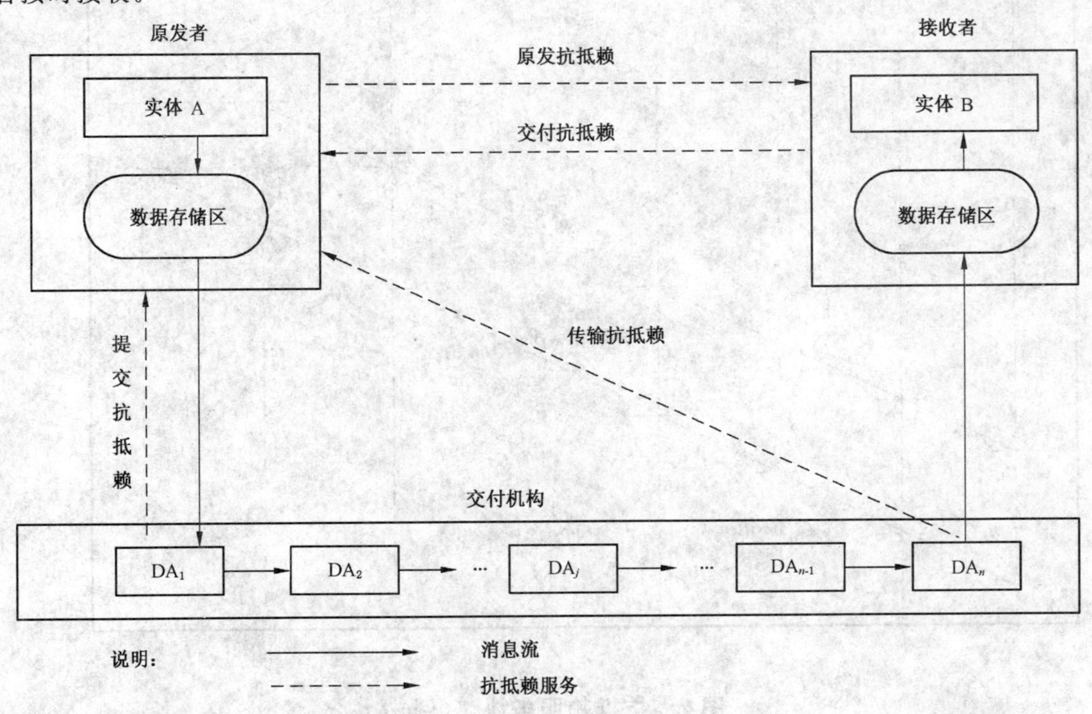

图 1 特定的抗抵赖服务

12 消息传输环境中特定抗抵赖权标的使用

在本标准的其他部分，对前面章条讨论的特定抗抵赖服务的抗抵赖权标(NROT，NRST，NRTT 和 NRDT)，使用 10.1 中给出的通用抗抵赖权标 GNRT 进行定义。特别是，如果交付机构系统由一串子交付机构 $DA_i(i=1,2,\cdots\cdots,n)$组成，这四种权标可以按照下列方式使用。

当接收到提交实体或者前一个交付机构的消息时，每一个子交付机构生成一个提交抗抵赖权标 $NRST_i$。这样就建立了一串的中间 $NRST_i$ 权标，各个接收者分别存储这些权标以作为证据。第一个 NRS 权标 $NRST_1$ 发送给原发者以作为提交抗抵赖权标。只有最后一个子交付机构 DA_n 在将消息存入预定接收者的数据存储区之后，才会生成传输抗抵赖权标 NRTT(见图 2)。

根据有效的抗抵赖策略的要求，或者应原发者的要求，实体 B 建立交付抗抵赖：在收到消息 m 后生成证据，并把交付抗抵赖权标 NRDT 发送给原发者 A，A 存储 NRDT 以作为发生争议时的证据。

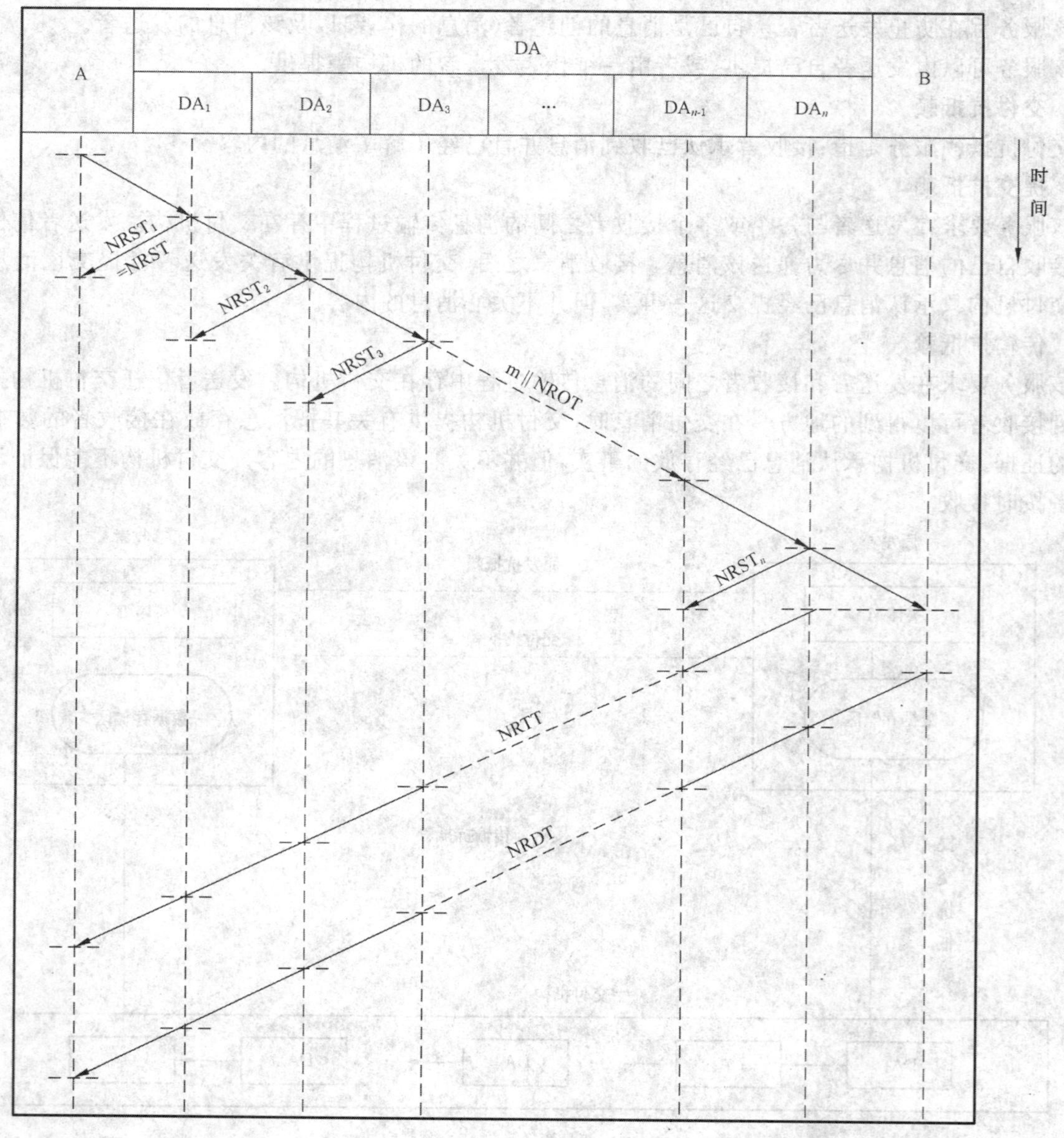

图 2 抗抵赖服务协议(例)

ICS 35.040
L 80

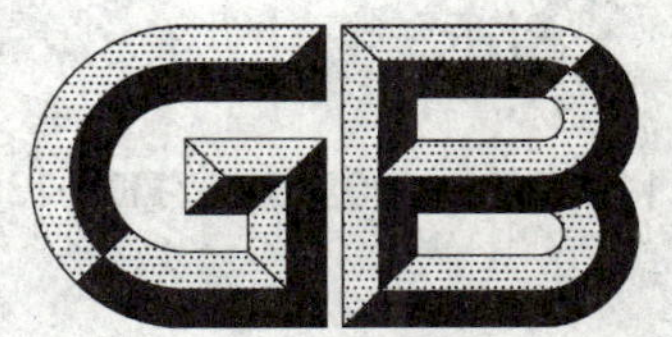

中华人民共和国国家标准

GB/T 17903.2—2008/ISO/IEC 13888-2:1998
代替 GB/T 17903.2—1999

信息技术 安全技术 抗抵赖 第2部分:采用对称技术的机制

Information technology—Security techniques—Non-repudiation—Part 2:Mechanisms using symmetric techniques

(ISO/IEC 13888-2:1998,IDT)

2008-06-26 发布 2008-11-01 实施

中华人民共和国国家质量监督检验检疫总局
中国国家标准化管理委员会 发布

前　言

GB/T 17903 在总标题《信息技术　安全技术　抗抵赖》下，由以下几部分组成：

——第 1 部分：概述；

——第 2 部分：采用对称技术的机制；

——第 3 部分：采用非对称技术的机制。

本部分是 GB/T 17903 的第 2 部分，等同采用 ISO/IEC 13888-2:1998《信息技术　安全技术　抗抵赖　第 2 部分：采用对称技术的机制》，仅有编辑性修改。ISO/IEC 13888-2:1998 是由联合技术委员会 ISO/IEC JTC 1(信息技术)分技术委员会 SC 27(IT 安全技术)提出的。

本部分代替 GB/T 17903.2—1999《信息技术　安全技术　抗抵赖　第 2 部分：采用对称技术的机制》。本部分与 GB/T 17903.2—1999 相比，主要差异如下：

——本部分根据第 1 部分的修订，更改部分术语。

——本部分对部分叙述进行了文字修订，并修正了第 10 章中的“NORT”。

本部分的附录 A 是资料性附录。

本部分由全国信息安全标准化技术委员会提出并归口。

本部分主要起草人：中国科学院软件研究所、信息安全国家重点实验室。

本部分主要起草人：张振峰、冯登国。

本部分所代替标准的历次版本发布情况为：

——GB/T 17903.2—1999。

信息技术　安全技术　抗抵赖
第2部分:采用对称技术的机制

1　范围

抗抵赖服务旨在生成、收集、维护、利用和验证有关已声称事件或动作的证据,以解决有关该事件或动作已发生或未发生的争议。本部分描述了用于抗抵赖服务的通用结构,以及一些特定的、与通信有关的机制,用于提供原发抗抵赖(NRO)、交付抗抵赖(NRD)、提交抗抵赖(NRS)和传输抗抵赖(NRT)等。其他抗抵赖服务可用第8章描述的通用结构来构建,以满足安全策略的要求。

本部分依赖于可信第三方来防止欺诈性的抵赖。一般需要在线的可信第三方。

抗抵赖机制提供的协议用于交换各种抗抵赖服务规定的抗抵赖权标。本部分中使用的抗抵赖权标由安全信封和附加数据组成。抗抵赖权标作为抗抵赖信息予以存储,以备之后发生争议时使用。

依据特定应用的有效抗抵赖策略以及该应用操作所处的法律环境,抗抵赖信息可能包括以下附加信息:

a)　包括时间戳机构提供的可信时间戳在内的证据;

b)　公证人提供的证据,以确保动作或事件是由一个或多个实体执行或参与的。

抗抵赖只能在特定应用及其法律环境下、有明确定义的安全策略的范围内才可生效。

2　规范性引用文件

下列文件中的条款通过GB/T 17903的本部分的引用而成为本部分的条款。凡是注明日期的引用文件,其随后所有的修改单(不包括勘误的内容)或修订版均不适用于本部分,然而,鼓励根据本部分达成协议的各方研究是否可使用这些文件的最新版本。凡是不注日期的引用文件,其最新版本适用于本部分。

GB 15852—1995　信息技术　安全技术　用块密码算法作密码校验函数的数据完整性机制(idt ISO/IEC 9797:1994)

GB/T 15843.4—1999　信息技术　安全技术　实体鉴别　第4部分:采用密码校验函数的机制(idt ISO/IEC 9798-4:1997)

GB/T 18238.1—2000　信息技术　安全技术　散列函数　第1部分:概述(idt ISO/IEC 10118-1:1994)

GB/T 17903.1—2008　信息技术　安全技术　抗抵赖　第1部分:概述(ISO/IEC 13888-1:2004,IDT)

3　术语和定义

GB/T 17903.1—2008中的术语和定义适用于本部分。

4　记法和缩略语

4.1　记法

4.1.1　GB/T 17903.1—2008中的记法

$Imp(y)$	数据串 y 的印迹,或者是数据串 y 的散列码,或者是数据串 y
$SENV_X$	使用实体X的秘密密钥 x 生成的安全信封

text	可构成一部分权标的数据项,包括密钥标识符和(或)消息标识符等附加信息
$y \| z$	y 和 z 按顺序的连接

4.1.2 本部分专用的记法

a	仅为实体 A 和可信第三方(TTP)所知的密钥
A	实体 A 的可区分标识符
b	仅为实体 B 和 TTP 所知的密钥
B	实体 B 的可区分标识符
d_a	交付机构(DA)的密钥
f, f_i	标明抗抵赖服务类型的数据项(标记)
$MAC_X(y)$	使用实体 X 的密钥对数据 y 计算而得到的密码校验值
m	待生成证据的消息
Pol	适用于证据的抗抵赖策略的可区分标识符
T_i	事件或动作发生的日期和时间
T_g	证据生成的日期和时间
ttp	仅为 TTP 所知的密钥,用于生成抗抵赖权标
x	为两个实体共知或者仅为 TTP 所知的密钥
z_1	由提供 NRO 权标的有关数据字段组成的数据字段
z_2	由提供 NRD 权标的有关数据字段组成的数据字段
z_3	由提供 NRS 权标的有关数据字段组成的数据字段
z_4	由提供 NRT 权标的有关数据字段组成的数据字段
z_5	由提供 TST 权标的有关数据字段组成的数据字段

4.2 缩略语

DA	Delivery Authority 交付机构
GNRT	Generic Non-Repudiation Token 通用抗抵赖权标
NRD	Non-Repudiation of Delivery 交付抗抵赖
NRDT	Non-Repudiation of Delivery Token 交付抗抵赖权标
NRO	Non-Repudiation of Origin 原发抗抵赖
NROT	Non-Repudiation of Origin Token 原发抗抵赖权标
NRS	Non-Repudiation of Submission 提交抗抵赖
NRST	Non-Repudiation of Submission Token 提交抗抵赖权标
NRT	Non-Repudiation of Transport 传输抗抵赖
NRTT	Non-Repudiation of Transport Token 传输抗抵赖权标
PON	Positive Or Negative 肯定或否定,验证过程的结果
TSA	Time-Stamping Authority 时间戳机构
TST	Time-Stamping Token 时间戳权标
TTP	Trusted Third Party 可信第三方

5 要求

5.1 如果两个实体使用本部分规定的某个机制,双方必须信任同一个第三方。

5.2 在使用这些机制之前,假定每个实体与可信第三方共享一个密钥。此外,可信第三方持有一个仅为自己所知的密钥。

注:密钥管理、密钥生成和密钥建立机制在 ISO/IEC 11770 中规定。

5.3 抗抵赖服务中的所有实体共享一个公共函数 *Imp*。函数 *Imp* 或者是恒等函数,或者是

GB/T 18238.1—2000 中定义的抗碰撞散列函数。

5.4 为创建安全信封而选取的 *MAC* 函数必须为抗抵赖服务的所有参与者所持有。

5.5 生成抗抵赖权标的 TTP 必须能够访问时间和日期。

5.6 本部分规定的机制的强度依赖于密钥的长度和保密性、依赖于函数 *MAC* 的性质以及校验值的长度。这些参数的选取应该满足安全策略规定的安全级别的需求。

6 本部分各章的组织

本部分描述的机制要求每一个相关实体都可以与 TTP 单独进行通信。他们需要使用第 7 章描述的安全信封。关于生成和验证抗抵赖权标的基本概念，以及证据的概念，在第 8 章描述。第 9 章描述的机制需要使用 TTP，每一个证据的生成与验证都需要 TTP 的参与。该机制的三种变型在第 10 章中作为例子进一步描述。

7 安全信封

共享一个秘密密钥的两个实体(该密钥仅为这两个实体所知)可以使用一种称为安全信封(SENV)的数据完整性校验方法来相互传递消息。SENV 使用秘密密钥来产生，用于保护输入数据项。SENV 也可由 TTP 使用仅为 TTP 持有的秘密密钥来生成和验证证据。

下面使用对称的完整性技术创建安全信封。实体 X 的秘密密钥 x 用于计算密码校验值 $MAC_X(y)$，该值附加在数据 y 的后面：

$SENV_X(y) = y \| MAC_X(y)$，

其中 $MAC_X(y)$ 可以是 GB 15852—1995 中规定的消息认证码。

函数 *MAC* 应满足 GB/T 15843.4—1999 中规定的下列要求：

——对任意密钥 x 和数据串 y，计算 $MAC_X(y)$ 是可行的；

——对任意固定的密钥 x，在预先不知道 x 的情况下，即使已知一组满足 $MAC_X(y_i) = z_i (i=1,2,\cdots)$ 的 (y_i, z_i)(其中 y_i 值可以在得到 $z_j (j=1,2,\cdots,i-1)$ 之后进行选择)，找到一对新的 (y', z) 使得 $MAC_X(y') = z$ 是计算上不可行的。

8 抗抵赖权标的生成和验证

在本章描述的抗抵赖机制中，TTP 担当证据生成和证据验证机构的角色。它可信赖地维护某些记录的完整性并直接参与解决争议。

8.1 TTP 创建权标

TTP 颁发与消息 m 相应的“权标”。权标是一种安全信封，由 TTP 使用其秘密密钥作用于该消息所确定的数据而形成。因为其他实体都不知道秘密密钥 ttp，TTP 是唯一可以创建或者验证权标的实体。在 GB/T 17903.1—2008 中，通用抗抵赖权标(GRNT)定义如下：

$\mathrm{GRNT} = text \| SENV_X(y)$。

此外，在发布权标之前，TTP 应该检查证据请求中的数据项。

8.2 抗抵赖机制使用的数据项

8.2.1 安全信封使用的数据项

安全信封

$SENV_X(z) = z \| MAC_X(z)$

将在本部分描述的抗抵赖机制中进行交换，下列数据字段构成了该安全信封的内容：

$z = Pol \| f_i \| A \| B \| C \| D \| E \| T_g \| T_i \| Q \| Imp(m)$。

数据字段 z 包括以下数据项：

Pol　　适用于证据的抗抵赖策略的可区分标识符

f_i	提供的抗抵赖服务的类型
A	原发实体的可区分标识符
B	与原发实体进行交互的实体的可区分标识符
C	证据生成者的可区分标识符
D	证据请求者的可区分标识符,如果证据请求者与原发实体不同
E	动作涉及到的其他实体的可区分标识符
T_g	证据生成的日期和时间
T_i	事件或动作发生的日期和时间
Q	需要保护的可选数据
$Imp(m)$	与动作有关的消息 m 的印迹(可能是消息 m 的散列码,也可能是消息 m 本身)。

注:根据抗抵赖策略的不同,有些数据项是可选的。

8.2.2 抗抵赖权标使用的数据项

抗抵赖权标包括一个文本域,记为 $text$:

抗抵赖权标 $= text \parallel SENV_{TTP}(z)$

$text$ 包括一些不需要密码保护但在计算完整性校验值 MAC 时要用到的、标识消息和密钥的附加数据(如消息标识符或密钥标识符)。本信息依赖于所使用的技术。

8.3 抗抵赖权标

证据由抗抵赖权标提供,如果策略要求,由附加权标提供,如时间戳权标(TST)、或者由另一个可信的第四方(如公证人)提供的、对事件和动作以及消息的存在性给予附加保证的权标。

如果可信第三方可以独自生成可信时间戳,则不需要增加时间戳权标(TST)作为证据。抗抵赖权标(NROT、NRDT、NRST 和 NRTT)中包含的时间可认为是安全可靠的,因为它是由可信机构提供的。

如果可信第三方(TTP、DA)不能够提供可信时间戳,那么抗抵赖信息集合中就需要增加由可信时间戳机构(TSA)提供的时间戳权标(TST)以完成证据。

8.3.1 原发抗抵赖权标

原发抗抵赖权标(NROT)由 TTP 应原发者的请求而创建。

$\text{NROT} = text \parallel z_1 \parallel MAC_{TTP}(z_1)$

其中

$z_1 = Pol \parallel f_1 \parallel A \parallel B \parallel C \parallel D \parallel T_g \parallel Q \parallel Imp(m)$。

NROT 所需信息 z_1 包括如下数据项:

Pol	适用于证据的抗抵赖策略的可区分标识符
f_1	原发抗抵赖的标记
A	原发者的可区分标识符
B	预定接收者的可区分标识符
C	生成证据的 TTP 的可区分标识符
D	观察者的可区分标识符,如果存在独立观察者
T_g	证据生成的日期和时间
Q	需要保护的附加数据
$Imp(m)$	消息 m 的印迹

8.3.2 交付抗抵赖权标

交付抗抵赖权标(NRDT)由 TTP 应接收者的请求而创建。

$\text{NRDT} = text \parallel z_2 \parallel MAC_{TTP}(z_2)$

其中

$z_2 = Pol \parallel f_2 \parallel A \parallel B \parallel C \parallel D \parallel T_g \parallel T_2 \parallel Q \parallel Imp(m)$。

NRDT 所需信息 z_2 包括如下数据项：

Pol	适用于证据的抗抵赖策略的可区分标识符
f_2	交付抗抵赖的标记
A	原发者的可区分标识符
B	接收者的可区分标识符
C	证据生成者的可区分标识符
D	观察者的可区分标识符，如果存在独立观察者
T_g	证据生成的日期和时间
T_2	消息交付的日期和时间
Q	需要保护的附加数据
$Imp(m)$	消息 m 的印迹

8.3.3 提交抗抵赖权标

提交抗抵赖权标(NRST)由交付机构(DA)创建。交付机构是一个可信第三方，可以与生成 NROT 或 NRDT 的是同一个机构。

$\mathrm{NRST} = text \parallel z_3 \parallel MAC_{DA}(z_3)$

其中

$z_3 = Pol \parallel f_3 \parallel A \parallel B \parallel C \parallel D \parallel E \parallel T_g \parallel T_3 \parallel Q \parallel Imp(m)$。

NRST 所需信息 z_3 包括如下数据项：

Pol	适用于证据的抗抵赖策略的可区分标识符
f_3	提交抗抵赖标记
A	原发者(提交实体)的可区分标识符
B	预定接收者的可区分标识符
C	交付机构(DA)的可区分标识符
D	观察者的可区分标识符，如果存在独立观察者
E	代表交付机构进行活动的机构的可区分标识符(可选的)
T_g	证据生成的日期和时间
T_3	消息提交的日期和时间
Q	需要保护的附加数据
$Imp(m)$	提交待传输的消息 m 的印迹

8.3.4 传输抗抵赖权标

传输抗抵赖权标(NRTT)由交付机构 DA 生成。

$\mathrm{NRTT} = text \parallel z_4 \parallel MAC_{DA}(z_4)$

其中

$z_4 = Pol \parallel f_4 \parallel A \parallel B \parallel C \parallel D \parallel E \parallel T_g \parallel T_4 \parallel Q \parallel Imp(m)$。

NRTT 所需信息 z_4 包括如下数据项：

Pol	适用于证据的抗抵赖策略的可区分标识符
f_4	传输抗抵赖的标记
A	原发者的可区分标识符
B	接收者的可区分标识符
C	交付机构的可区分标识符
D	观察者的可区分标识符，如果存在独立观察者
E	代表交付机构进行活动的机构的可区分标识符(可选的)
T_g	证据生成的日期和时间

T_4　　消息交付到接收者的数据存储区的日期和时间

Q　　需要保护的附加数据

$Imp(m)$　　消息 m 的印迹

8.3.5 时间戳权标

时间戳权标(TST)由时间戳机构创建,其定义如下:

$$\mathrm{TST} = text \parallel z_5 \parallel MAC_{TSA}(z_5)$$

其中

$$z_5 = Pol \parallel f_5 \parallel TSA \parallel T_g \parallel T_5 \parallel Q \parallel Imp(m)。$$

数据字段 z_5 包括如下数据项:

Pol　　适用于证据的抗抵赖策略的可区分标识符

f_5　　时间戳权标的标记

TSA　　时间戳机构的可区分标识符

T_g　　为特定消息生成证据(如 TST)的日期和时间

Q　　需要保护的附加数据

$Imp(m)$　　与时间戳相关的消息 m 的印迹

8.4 TTP 进行的权标验证

在抗抵赖交换过程的某个环节上,可能需要 TTP 对实体的权标(如上述定义所示)进行验证。在交换完成以后的某个时刻,也可能需要再次验证权标,或者向第四方提供证据以证明其真实性。

验证过程不仅要检验权标是否由 TTP 创建,而且要检验权标是否与消息的数据字段确切相关。为了验证权标是否为给定的消息而创建,实体把由消息计算而得的 $Imp(m)$ 与数据字段 z 中包括的 $Imp(m)$ 进行比较,然后要求 TTP 对权标及其数据字段进行验证。

为了验证由对称完整性技术生成的安全信封,进行如下操作:使用实体 X 的相应秘密密钥 x 对安全信封中包含的数据 y 重新计算密码校验值 $MAC_X(y)$,然后把结果与所提供的密码校验值进行比较。

TTP 提供了两种验证权标的方法。

8.4.1 在线权标验证

本方法中,TTP 使用包含秘密密钥 ttp 的安全模块来验证权标。安全模块将该权标与使用数据项 z_i 和秘密密钥 ttp 在其内部生成的值进行比较,并返回比较结果,该结果决定了权标是否有效。由于密钥 ttp 不为 TTP 之外的任何人所知,如果安全模块返回的结果表明该权标是有效的,那么所验证的权标也可以认为是真实可信的。

8.4.2 权标表

本方法中,TTP 发布的所有权标存储在一张表中。对每个已创建的权标,TTP 记录下权标和相关的数据字段(z_i)以及秘密密钥 ttp 的密钥标识符。要验证一个权标,TTP 把该权标作为索引在表中查找。如果在表中能够找到要验证的权标,而且该权标所带的数据字段(即权标的一部分)与表中对应的数据字段相符,则认为该权标是真实有效的。

9 特定抗抵赖机制

本章的抗抵赖机制支持生成下列抗抵赖证据:原发抗抵赖(NRO)、交付抗抵赖(NRD)、提交抗抵赖(NRS)和传输抗抵赖(NRT)。另外,本章定义了时间戳的生成机制。实体 A 想要向实体 B 发送消息,于是 A 就成为抗抵赖传输的原发者,实体 B 成为接收者。

本章所描述的某些机制中,请求的 z_i 数据字段不包含时间信息。时间信息由 TTP(或 DA)提供,或者由时间戳机构应 TTP(或 DA)的请求而提供。

注:当 $Imp(m)$ 与消息 m 相同时,不必将 m 与权标一起发送,并且验证 $Imp(m)$ 的步骤也可省略。

9.1 原发抗抵赖机制

原发者创建了一条消息并发送给特定的接收者。接收者使用 TTP 来验证与之相关的原发抗抵赖权标，从而检验该消息来源于其声称的发送者。

本机制的第一步，原发者构造数据并封装入 SENV 发送给 TTP。TTP 生成原发抗抵赖权标(NROT)并返回给 A。第二步，原发者 A 把 NROT 与消息 m 发送给接收者 B。第三步，接收者把安全信封中封装的 NROT 发给 TTP 进行验证。原发抗抵赖在第三步建立。

9.1.1 步骤 1:在原发者 A 和 TTP 之间

a) 实体 A 使用密钥 a 生成安全信封 $SENV_A(z'_1)$，其中 z'_1 同 8.3.1 规定的 z_1，但数据项 T_g 为空。实体 A 把安全信封发送给 TTP 以请求 NROT；

b) TTP 验证安全信封来自实体 A。如果验证通过，TTP 插入数据项 T_g 以完成 z_1，并使用密钥 ttp 计算：

$$\text{NROT} = text \parallel z_1 \parallel MAC_{TTP}(z_1),$$

然后将 $SENV_A$(NROT)返回给 A；

c) 实体 A 验证 $SENV_A$(NROT)来自 TTP。

9.1.2 步骤 2:从原发者 A 到接收者 B

原发者 A 向实体 B 发送：$m \parallel$ NROT。

9.1.3 步骤 3:接收者 B 与 TTP 之间

a) 实体 B 验证 z_1 中的 $Imp(m)$ 值，然后使用密钥 b 生成 $SENV_B$(NROT)并发送给 TTP，要求验证来自 A 的 NROT；

b) TTP 验证 $SENV_B$(NROT)来自 B，并验证 NROT 是合法的。如果 $SENV_B$(NROT)无效，机制终止。如果 $SENV_B$(NROT)是有效的，TTP 向 B 发送 $SENV_B$(PON $\parallel$ NROT)，其中：如果 NROT 是合法的，PON 为肯定，如果 NROT 不合法，则 PON 为否定；

c) 实体 B 检验 $SENV_B$(PON $\parallel$ NROT)来自 TTP；若检验通过，并且验证结果 PON 为肯定，则建立了原发抗抵赖；

d) 存储 NROT 以供将来原发抗抵赖使用。

9.2 交付抗抵赖机制

本机制的第一步，实体 B 在接收到消息 m 后，向 TTP 发送请求以要求生成交付抗抵赖权标，该请求封装在安全信封中。TTP 生成交付抗抵赖权标(NRDT)，并返回给接收者 B。第二步，接收者 B 发送 NRDT 给原发者 A。第三步，原发者将 NRDT 封装在安全信封中发送给 TTP 进行验证。交付抗抵赖在第三步建立。

9.2.1 步骤 1:在接收者 B 与 TTP 之间

a) 实体 B 使用密钥 b 生成安全信封 $SENV_B(z'_2)$，其中 z'_2 同 8.3.2 规定的 z_2，但 T_g 为空。实体 B 通过发送安全信封向 TTP 请求 NRDT；

b) TTP 检验安全信封是否来自实体 B。如果是，TTP 插入数据项 T_g 以完成 z_2，并利用密钥 ttp 计算：

$$\text{NRDT} = text \parallel z_2 \parallel MAC_{TTP}(z_2);$$

c) 实体 B 验证 $SENV_B$(NRDT)来自 TTP。

9.2.2 步骤 2:接收者 B 和原发者 A 之间

实体 B 向实体 A 发送：NRDT。

9.2.3 步骤 3:在原发者 A 和 TTP 之间

a) 实体 A 验证 z_2 中的 $Imp(m)$ 值，然后使用密钥 a 生成 $SENV_A$(NRDT)并发送给 TTP，要求验证来自 B 的 NRDT；

b) TTP 验证 $SENV_A$(NRDT)来自 A，并验证 NRDT 的合法性。如果 $SENV_A$(NRDT)无效，机

制终止。如果 $SENV_A$(NRDT)是有效的,TTP 向 A 发送 $SENV_A$(PON‖NRDT),其中:如果 NRDT 是合法的,PON 为肯定;若 NRDT 不合法,PON 为否定;

c) 实体 A 检验 $SENV_A$(PON‖NRDT)是否来自 TTP。如果是,并且验证结果 PON 是肯定的,则交付抗抵赖建立;

d) 存储 NRDT 以供将来的交付抗抵赖使用。

9.3 提交抗抵赖机制

本机制的第一步,提交实体 X 向交付机构 DA 发送消息 m 要求向前递送。第二步,交付机构 DA 发送提交抗抵赖权标(NRST)给实体 X。提交抗抵赖在第二步建立。

9.3.1 步骤 1:从提交实体 X 到交付机构 DA

a) 实体 X 使用密钥 x 生成安全信封 $SENV_X(z'_3)$,其中 z'_3 同 8.3.3 规定的 z_3,但 T_g 为空。实体 X 然后把安全信封和消息 m 一起发送给 DA 以请求 NRST;

b) DA 验证安全信封是否来自实体 X,并通过检查 $Imp(m)$来验证消息 m 的合法性,如果两者都是合法的,DA 插入数据项 T_g 以完成 z_3,并利用密钥 d_a 计算:

NRST $= text \parallel z_3 \parallel MAC_{DA}(z_3)$。

9.3.2 步骤 2:从交付机构 DA 到实体 X

a) DA 把 $SENV_X$(NRST)返回给提交实体 X;

b) 实体 X 验证 $SENV_X$(NRST)是来自 DA 的;

c) 如果验证通过,则存储 NRST 作为提交抗抵赖的证据(表明消息已经提交)。

9.4 传输抗抵赖机制

本机制的第一步,发送实体 X 向交付机构 DA 发送消息 m,要求向前递送。第二步,交付机构 DA 把消息 m 发送给接收实体 Y。第三步,交付机构生成传输抗抵赖权标(NRTT),并发送给消息 m 的原发实体 X。传输抗抵赖在第三步建立。

9.4.1 步骤 1:从实体 X 到交付机构

实体 X 向交付机构 DA 发送消息 m,并请求 NRTT 权标。

9.4.2 步骤 2:从交付机构到实体 Y

交付机构 DA 发送消息 m 给实体 Y。

9.4.3 步骤 3:从交付机构到实体 X

a) 交付机构 DA 利用密钥 d_a 生成 NRTT:

NRTT $= text \parallel z_4 \parallel MAC_{DA}(z_4)$,

其中 z_4 见 8.3.4 的规定;

b) 交付机构 DA 向实体 X 发送 $SENV_X$(NRTT);

c) 实体 X 检验 $SENV_X$(NRTT)及其内容。如果是有效的,则存储 NRTT 作为传输抗抵赖的证据(即消息已经交付给预定的接收者 Y)。

9.5 获取时间戳的机制

时间戳权标(TST)由一个可信的时间戳机构(TSA)应实体 X 的要求而生成。

第一步,请求实体 X 发送消息 z'_5,由 TSA 插入时间 T_g 使其完整。第二步,TSA 将时间戳权标(TST)返回给请求实体。

9.5.1 步骤 1:从实体 X 到时间戳机构 TSA

a) 实体 X 使用密钥 x 生成安全信封 $SENV_X(z'_5)$,其中 z'_5 同 8.3.5 规定的 z_5,但 T_g 为空。然后实体 X 向 TSA 发送安全信封以请求时间戳权标;

b) TSA 生成包含日期和时间的 T_g,把数据项 z'_5 完成为 z_5;

c) TSA 生成 TST:

TST $= text \parallel z_5 \parallel MAC_{TSA}(z_5)$。

9.5.2 步骤 2:从时间戳机构 TSA 到实体 X

a) 时间戳机构利用实体 A 和 TSA 共知的密钥 x 生成安全信封 $SENV_X$(TST),由此把时间戳权标返回给请求实体 X;

b) 实体 X 验证安全信封的有效性。

10 抗抵赖机制实例

本章所示的抗抵赖机制可在实体 A 和 B 之间提供原发抗抵赖和交付抗抵赖。实体 A 欲向实体 B 发送消息,于是成为抗抵赖交换的原发者。作为消息的接收方,实体 B 就是接收者。在使用本机制之前,假设实体 A 和实体 B 分别持有密钥 a 和 b,TTP 除了拥有自己的密钥 ttp 以外,还持有密钥 a 和 b。

下面给出了使用在线 TTP 的三种不同的抗抵赖机制(M1,M2 和 M3)。

注 1:通过在 $SENV$ 消息中包含时间戳或者序列号,可以防止未授权延迟或消息重放。通过在 NROT 和 NRDT 中包含时间戳,可进一步验证消息传输时的时间戳。

注 2:如果 $Imp(m)$ 与消息 m 相同,则不必把 m 与权标一起发送,并且可省略验证 $Imp(m)$ 的步骤。

10.1 机制 M1:强制 NRO,可选 NRD

在两个实体与 TTP 之间通过 3 个步骤可建立原发抗抵赖,如果继续可选的 NRD 步骤(根据接收者的决定),那么再进行 2 个步骤可建立交付抗抵赖(见图 1)。

注:尽管是否继续进行交付抗抵赖的步骤取决于接收者,但要注意的是,一旦建立了交付抗抵赖,这一可选的交付抗抵赖就完全绑定了。

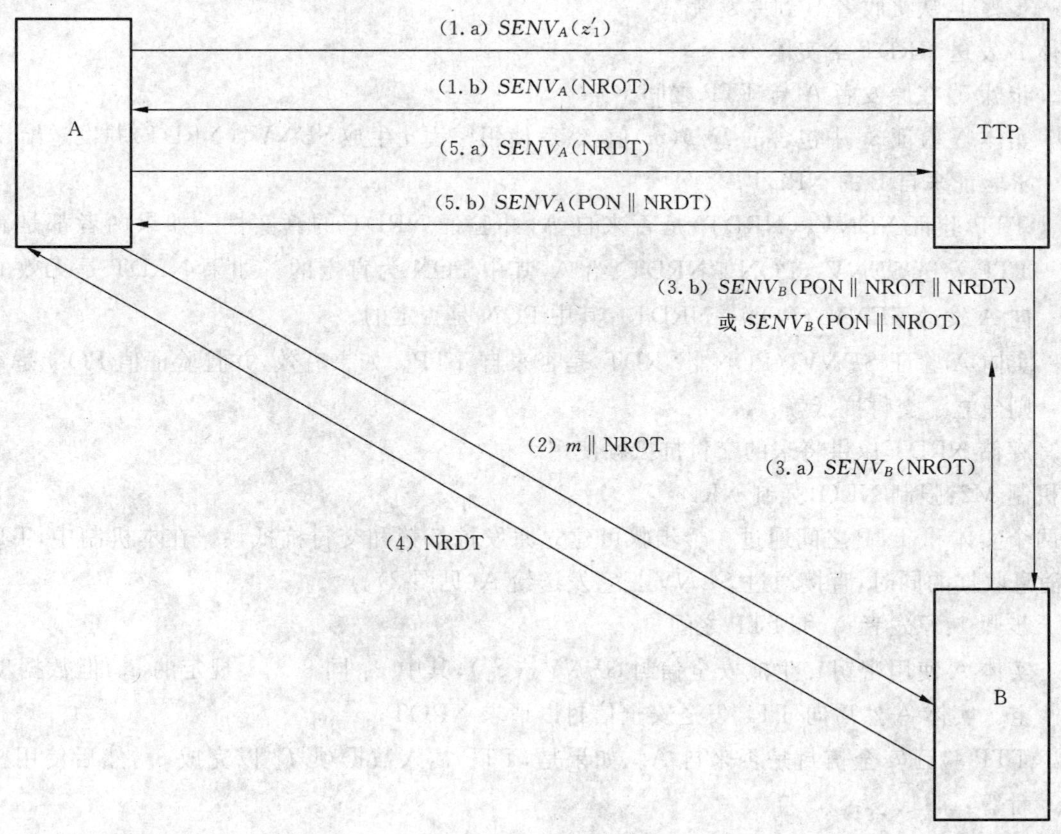

图 1 机制 M1

10.1.1 步骤 1:原发者 A 与 TTP 之间

a) 实体 A 使用密钥 a 生成安全信封 $SENV_A(z'_1)$,其中 z'_1 同 8.3.1 规定的 z_1,但数据项 T_g 为空。然后实体 A 把安全信封发送给 TTP 以请求 NROT;

b) TTP 检查安全信封是否来自 A。如果是,TTP 插入数据项 T_g 以完成 z_1,并使用密钥 ttp

计算：

NROT $= text \parallel z_1 \parallel MAC_{TTP}(z_1)$，

然后将 $SENV_A$(NROT)返回给 A；

c) 实体 A 验证 $SENV_A$(NROT)来自 TTP。

10.1.2 步骤 2:从原发者 A 到接收者 B

原发者 A 向实体 B 发送:$m \parallel$ NROT。

10.1.3 步骤 3:接收者 B 与 TTP 之间

a) 实体 B 验证 z_1 中包含的 $Imp(m)$值，然后使用密钥 b 生成 $SENV_B$(NROT)并发送给 TTP，要求验证来自 A 的 NROT；

b) TTP 检查 $SENV_B$(NROT)和 NROT。如果两者都是有效的，TTP 生成交付抗抵赖权标 NRDT，并发送 $SENV_B$(PON $\parallel$ NROT $\parallel$ NRDT)给实体 B，其中 PON 是肯定的。如果 $SENV_B$(NROT)是有效的，而 NROT 无效，TTP 发送 $SENV_B$(PON $\parallel$ NROT)给实体 B，其中 PON 是否定的；

c) 实体 B 验证 $SENV_B$(PON $\parallel$ NROT $\parallel$ NRDT)来自 TTP，如果是有效的，而且 PON 是肯定的，则创建了原发抗抵赖(即消息来自于 A)。如果 B 接收到的是 $SENV_B$(PON $\parallel$ NROT)并且 PON 是否定的，那么 NROT 是无效的，机制终止；

d) 存储 NROT 以供将来原发抗抵赖使用。

10.1.4 步骤 4:从接收者 B 到原发者 A

实体 B 发送 NRDT 给实体 A。

10.1.5 步骤 5:在原发者 A 与 TTP 之间

a) 实体 A 验证 z_2 中包含的 $Imp(m)$值，然后使用密钥 a 生成 $SENV_A$(NRDT)并发送给 TTP，要求验证来自 B 的 NRDT；

b) TTP 验证 $SENV_A$(NRDT)是否来自 A，并验证 NRDT 的真实性。如果两者都是有效的，TTP 发送 $SENV_A$(PON $\parallel$ NRDT)给 A，其中 PON 为肯定的。如果 NRDT 是无效的，TTP 向 A 发送 $SENV_A$(PON $\parallel$ NRDT)，其中 PON 是否定的；

c) 实体 A 验证 $SENV_A$(PON $\parallel$ NRDT)是否来自 TTP。如果有效，并且验证值 PON 是肯定的，则建立了交付抗抵赖；

d) 存储 NRDT 以供将来的交付抗抵赖使用。

10.2 机制 M2:强制 NRO，强制 NRD

在两个实体和 TTP 之间通过 4 个步骤可建立原发抗抵赖和交付抗抵赖。在本机制中，TTP 在向 B 发送消息收据的同时，直接通过 $SENV$ 把它发送给 A(见图 2)。

10.2.1 步骤 1:原发者 A 和 TTP 之间

a) 实体 A 使用密钥 a 生成安全信封 $SENV_A(z_1')$，其中 z_1' 同 8.3.1 规定的 z_1，但数据项 T_g 为空。实体 A 然后向 TTP 发送安全信封以请求 NROT；

b) TTP 验证安全信封是否来自 A。如果是，TTP 插入数据项 T_g 以完成 z_1，然后使用密钥 ttp 计算：

NROT $= text \parallel z_1 \parallel MAC_{TTP}(z_1)$，

进而利用密钥 a 生成 $SENV_A$(NROT)并返回给 A；

c) 实体 A 验证 $SENV_A$(NROT)来自 TTP。

10.2.2 步骤 2:从原发者 A 到接收者 B

实体 A 向实体 B 发送:$m \parallel$ NROT。

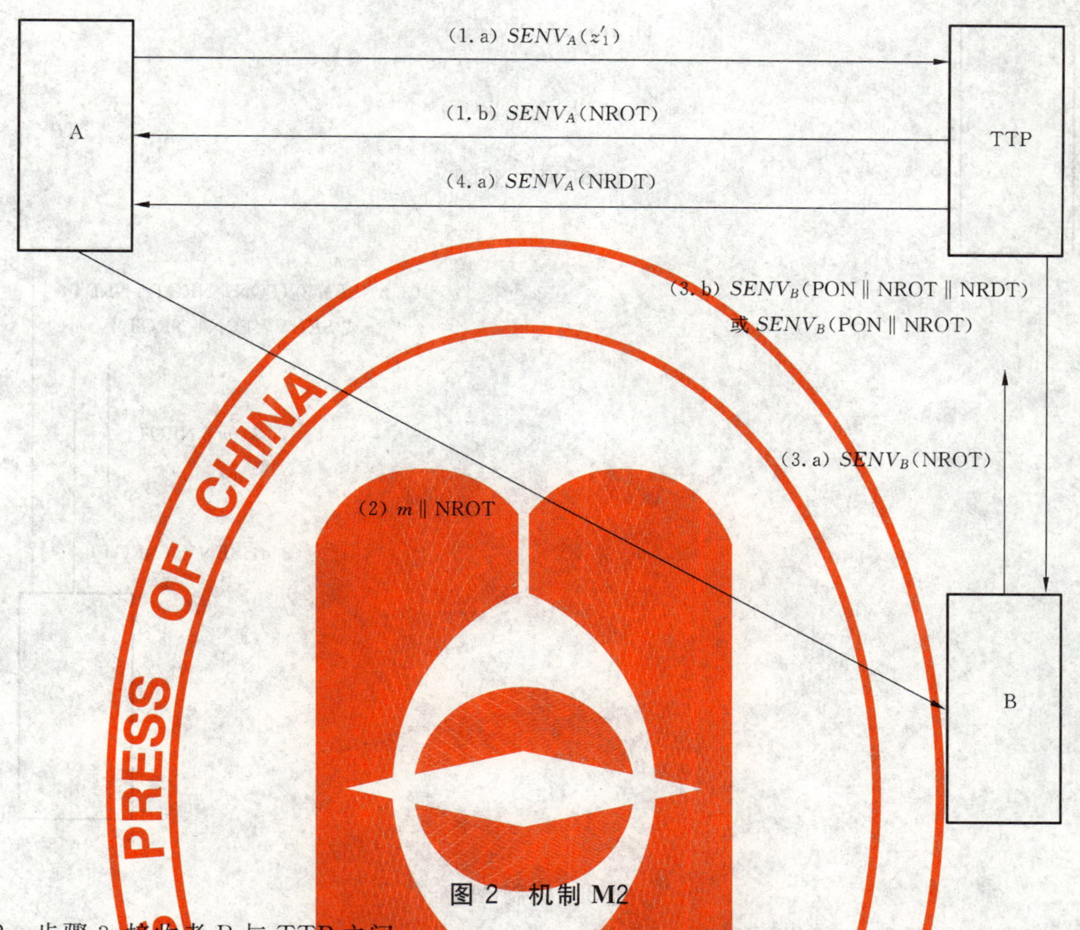

图 2 机制 M2

10.2.3 步骤 3:接收者 B 与 TTP 之间

a) 实体 B 验证 z_1 中包含的 $Imp(m)$ 值,然后使用密钥 b 生成 $SENV_B$(NROT)并发送给 TTP,要求验证来自 A 的 NROT;

b) TTP 检验 $SENV_B$(NROT)是否来自 B,并检验 NROT 是否真实的。如果两者都有效,TTP 生成 NRDT,并发送 $SENV_B$(PON ‖ NROT ‖ NRDT)给实体 B,其中 PON 是肯定的;如果 $SENV$ 是有效的,而 NROT 无效,TTP 发送 $SENV_B$(PON ‖ NROT)给 B,其中 PON 是否定的;

c) 实体 B 验证 $SENV_B$(PON ‖ NROT ‖ NRDT)是否来自 TTP;如果是,而且 PON 是肯定的,则创建了原发抗抵赖。相应的,如果 B 接收到了 $SENV_B$(PON ‖ NROT),而且 PON 是否定的,那么 NROT 无效,机制终止;

d) 存储 NROT 以供将来原发抗抵赖使用。

10.2.4 步骤 4:TTP 和实体 A 之间

a) 在步骤 3 中向 B 发送 NRDT 后,TTP 立即向 A 发送 $SENV_A$(NRDT);

b) 实体 A 检查 $SENV_A$(NRDT)和 NRDT,如果两者都有效,则建立了交付抗抵赖(即 B 收到了消息);

c) 存储 NRDT 以供将来交付抗抵赖使用。

10.3 机制 M3:带有中介 TTP 的强制 NRO 和 NRD

在两个实体和 TTP 之间通过 4 个步骤可建立原发抗抵赖和交付抗抵赖。在机制 M3 中,TTP 在原发者和接收者之间充当了中间人的角色,两个实体不再直接通信。为此,实体 A 发送消息给 TTP 作为步骤 1 中的一部分,TTP 将之传递给实体 B 作为步骤 2 的一部分(见图 3)。

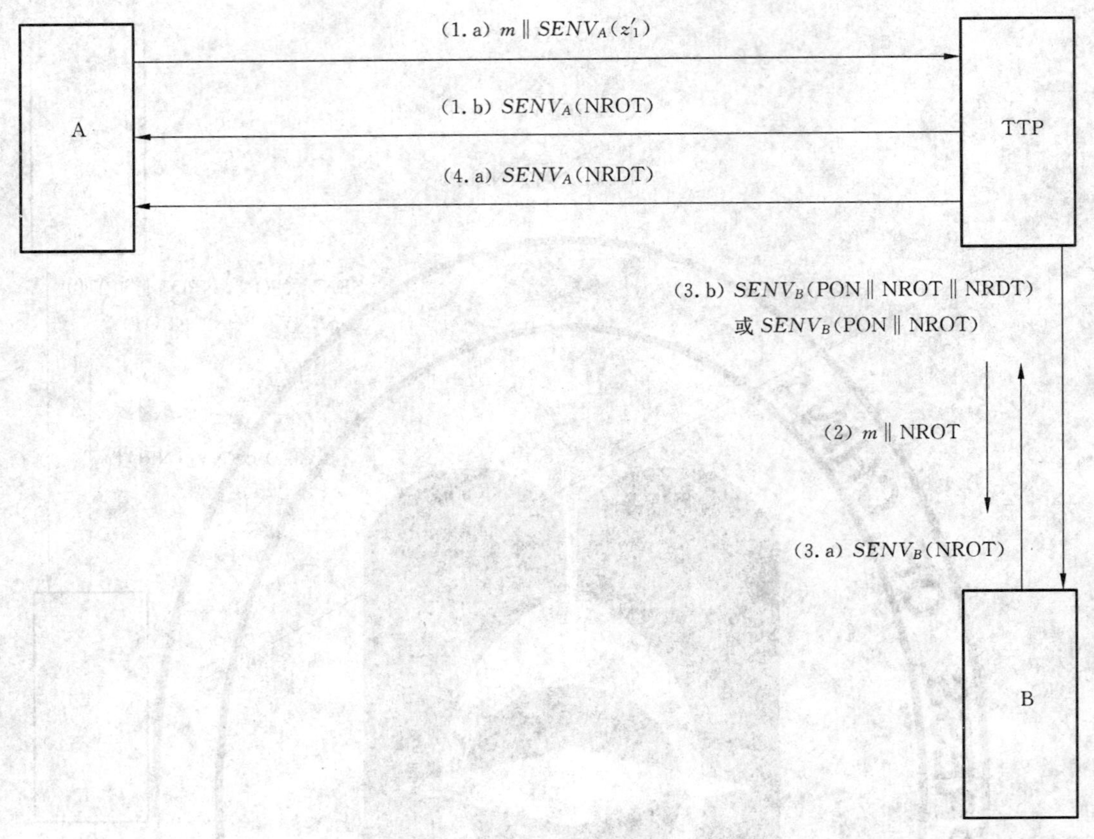

图 3 机制 M3

10.3.1 步骤 1:原发者 A 和 TTP 之间

a) 实体 A 使用密钥 a 生成安全信封 $SENV_A(z'_1)$,其中 z'_1 同 8.3.1 规定的 z_1,但数据项 T_g 为空。实体 A 把安全信封和消息 m 一起发送给 TTP 以请求 NROT;

b) TTP 检验安全信封是否来自 A。如果是,TTP 插入数据项 T_g 以完成 z_1,并使用密钥 ttp 计算:

NROT = $text \parallel z_1 \parallel MAC_{TTP}(z_1)$,

之后利用密钥 a 将 $SENV_A$(NROT)返回给 A;

c) 实体 A 验证 $SENV_A$(NROT)来自 TTP。

10.3.2 步骤 2:从 TTP 到接收者 B

TTP 将 m 和 NROT 发送给 B。

10.3.3 步骤 3:实体 B 与 TTP 之间

a) 由于 NROT 不是以安全信封的方式收到的,实体 B 必须与 TTP 一起来验证 NROT,所以 B 在验证 $Imp(m)$之后,向 TTP 发送 $SENV_B$(NROT);

b) TTP 验证 $SENV_B$(NROT)来自 B,并验证 NROT 的真实性。如果两者都是有效的,TTP 创建 NRDT,并向 B 发送 $SENV_B$(PON ‖ NROT ‖ NRDT),其中 PON 为肯定。如果 $SENV$ 是有效的,而 NROT 无效,TTP 向 B 发送 $SENV_B$(PON ‖ NROT),其中 PON 是否定的;

c) 实体 B 检验 $SENV$ 是否来自 TTP。如果是,而且 NROT 是肯定的,则创建了原发抗抵赖。相应地,如果 B 接收到的是 $SENV_B$(PON ‖ NROT),其中 PON 是否定的,那么 NROT 无效,机制终止;

d) 存储 NROT 以供将来原发抗抵赖使用。

10.3.4 步骤 4:TTP 和原发者 A 之间

a) 在步骤 3 中向 B 发送 NRDT 后,TTP 立即向 A 发送 $SENV_A$(NRDT);

b) 实体 A 在验证 $SENV_A$(NRDT)确实来自 TTP 后,建立交付抗抵赖;

c) 存储 NRDT 以供将来交付抗抵赖使用。

附 录 A
（资料性附录）
参 考 标 准

[1] GB 15843.2—1997 信息技术 安全技术 实体鉴别 第2部分:采用对称加密算法的机制(idt ISO/IEC 9798-2:1994)

[2] GB/T 17901.1—1999 信息技术 安全技术 密钥管理 第1部分:框架(idt ISO/IEC 11770-1:1996)

[3] ISO/IEC 11770-2:1996 信息技术 安全技术 密钥管理 第2部分:使用对称技术的机制

[4] ISO/IEC 11770-3:1999 信息技术 安全技术 密钥管理 第3部分:使用非对称技术的机制

ICS 35.040
L 80

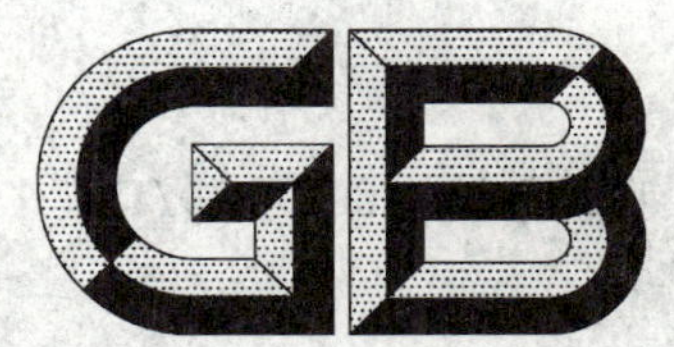

中华人民共和国国家标准

GB/T 17903.3—2008/ISO/IEC 13888-3:1997
代替 GB/T 17903.3—1999

信息技术　安全技术　抗抵赖 第3部分:采用非对称技术的机制

Information technology—Security techniques—Non-repudiation—Part 3: Mechanisms using asymmetric techniques

(ISO/IEC 13888-3:1997, IDT)

2008-07-02 发布　　　　2008-12-01 实施

中华人民共和国国家质量监督检验检疫总局
中国国家标准化管理委员会　发布

前　言

GB/T 17903 在总标题《信息技术　安全技术　抗抵赖》下，由以下几部分组成：

——第 1 部分：概述；

——第 2 部分：采用对称技术的机制；

——第 3 部分：采用非对称技术的机制。

本部分为 GB/T 17903 的第 3 部分，等同采用 ISO/IEC 13888-3:1997《信息技术　安全技术　抗抵赖　第 3 部分：采用非对称技术的机制》，仅有编辑性修改。ISO/IEC 13888-3:1997 是由联合技术委员会 ISO/IEC JTC1(信息技术)分技术委员会 SC 27 (IT 安全技术)提出的。

本部分代替 GB/T 17903.3—1999《信息技术　安全技术　抗抵赖　第 3 部分：采用非对称技术的机制》。本部分与 GB/T 17903.2—1999 相比，主要差异如下：

——本部分根据第 1 部分的修订，更改部分术语。

——本部分对部分叙述进行了文字修订，修正了 9.2 中的“NROT”。

本部分的附录 A 是资料性附录。

本部分由全国信息安全标准化技术委员会提出并归口。

本部分主要起草单位：中国科学院软件研究所、信息安全国家重点实验室。

本部分主要起草人：张振峰、冯登国。

本部分所代替标准的历次版本发布情况为：

——GB/T 17903.3—1999。

信息技术 安全技术 抗抵赖 第3部分:采用非对称技术的机制

1 范围

抗抵赖服务旨在生成、收集、维护、利用和验证有关已声称事件或动作的证据,以解决有关该事件或动作的已发生或未发生的争议。本部分使用非对称技术规定了用于提供一些特定的、与通信有关的抗抵赖服务机制。

抗抵赖机制可以提供以下四种抗抵赖服务:

a) 原发抗抵赖;

b) 交付抗抵赖;

c) 提交抗抵赖;

d) 传输抗抵赖。

抗抵赖机制涉及到各种抗抵赖服务所规定的抗抵赖权标的交换。抗抵赖权标由数字签名和附加数据组成。抗抵赖权标可作为抗抵赖信息予以存储,以备之后发生争议时使用。

依据特定应用下有效的抗抵赖策略以及该应用操作所处的法律环境,抗抵赖信息可能包括以下附加信息:

a) 包括时间戳机构提供的可信时间戳在内的证据;

b) 公证人提供的证据,以确保动作或事件是由一个或多个实体执行或参与的。

抗抵赖只能在特定应用及其法律环境下、有明确定义的安全策略的范围内才可生效。

2 规范性引用文件

下列文件中的条款通过GB/T 17903的本部分的引用而成为本部分的条款。凡是注日期的引用文件,其随后所有的修改单(不包括勘误的内容)或修订版均不适用于本部分,然而,鼓励根据本部分达成协议的各方研究是否可使用这些文件的最新版本。凡是不注日期的引用文件,其最新版本适用于本部分。

GB 15851—1995 信息技术 安全技术 带消息恢复的数字签名方案(idt ISO/IEC 9796:1991)

GB/T 9387.2—1995 信息处理系统 开放系统互连 基本参考模型 第2部分:安全体系结构(idt ISO 7498-2:1989)

GB/T 16264.8—2005 信息技术 开放系统互连 目录 第8部分:鉴别框架(ISO/IEC 9594-8:2001,IDT)

GB/T 17902(所有部分) 信息技术 安全技术 带附录的数字签名(idt ISO/IEC 14888)

GB/T 18794.1—2002 信息技术 开放系统互连 开放系统安全框架 第1部分:概述(idt ISO/IEC 10181-1:1996)

GB/T 18794.4—2003 信息技术 开放系统互连 开放系统安全框架 第4部分:抗抵赖框架(ISO/IEC 10181-4:1997,IDT)

GB/T 17903.1—2008 信息技术 安全技术 抗抵赖 第1部分:概述(ISO/IEC 13888-1:2004,IDT)

3 术语和定义

GB/T 17903.1—2008的术语和定义适用于本部分。

4 符号和缩略语

4.1 符号

A	消息原发者A的可区分标识符
B	消息接收者B的可区分标识符
f_i	标明抗抵赖服务类型的数据项(标记)
$Imp(y)$	数据串 y 的印迹,或者是数据串 y 的散列码,或者是数据串 y
m	实体A发送给实体B的消息,抗抵赖服务针对该消息提供
Pol	适用于证据的抗抵赖策略的可区分标识符
Q	包含附加信息的可选数据项,如消息 m、签名机制或散列函数的可区分标识符
S_X	使用签名算法和实体X的私有密钥的签名操作
T_i	事件或动作发生的日期和时间
T_g	证据生成的日期和时间
$text$	包含附加信息的可选数据项,例如密钥标识符和(或)消息标识符
$y \| z$	y 和 z 按顺序的连接

4.2 缩略语

DA	Delivery Authority 交付机构,一个可信第三方
NRD	Non-Repudiation of Delivery 交付抗抵赖
NRDT	Non-Repudiation of Delivery Token 交付抗抵赖权标
NRO	Non-Repudiation of Origin 原发抗抵赖
NROT	Non-Repudiation of Origin Token 原发抗抵赖权标
NRS	Non-Repudiation of Submission 提交抗抵赖
NRST	Non-Repudiation of Submission Token 提交抗抵赖权标
NRT	Non-Repudiation of Transport 传输抗抵赖
NRTT	Non-Repudiation of Transport Token 传输抗抵赖权标
TSA	Time-Stamping Authority 时间戳机构
TST	Time-Stamping Token 时间戳权标

5 要求

下列要求适用于本部分中抗抵赖交换所涉及的实体,这些要求与生成抗抵赖权标的基本机制有关,与抗抵赖机制所支持的抗抵赖服务无关。

5.1 抗抵赖交换中的实体应信任同一个可信第三方(TTP),在抗抵赖协议许可下,该TTP可以由若干独立的TTP组成。

5.2 实体的签名密钥必须由该实体秘密持有。

5.3 所用数字签名机制应该满足策略所规定的安全要求。

5.4 在生成证据之前,证据生成者必须知道证据的生成所应该遵循的抗抵赖策略、证据的类型以及证据的验证机制。

5.5 特定抗抵赖交换中的实体可得到生成或验证证据的机制,或者存在一个可信机构来提供这些机制。

5.6 证据生成者和证据验证者可能需要访问可信时间戳或者公证设施。

6 可信第三方的参与

根据所使用的机制和有效的抗抵赖策略,抗抵赖服务的提供可能需要可信第三方的参与。一个可信第三方可能会担当一个或多个角色。

a) 交付机构(DA)可信赖地将消息交付给预定的接收者,并提供提交抗抵赖权标或者传输抗抵赖权标;

b) 使用非对称密码技术时至少需要一个可信第三方的参与,以确保公开验证密钥的真实性,正如GB/T 16264.8—2005所指出的那样;

c) 有效的抗抵赖策略可能要求部分或全部证据由可信第三方生成;

d) 时间戳机构(TSA)用于提供可信时间戳。TSA也可用于保证抗抵赖权标在签署该权标的密钥泄漏或者撤消之后仍然是有效的;

e) 公证机构用于证实所涉及的实体、证实所传输的数据,或者用于将现有权标的生命期延长到期满和撤消之后;

f) 证据记录机构用于记录证据,供将来解决争议时进行证据提取。

可信第三方可以不同身份参与到抗抵赖的各个过程中。当交换证据时,双方必须都知道或者同意适用于证据的抗抵赖策略。

7 数字签名

抗抵赖权标是使用数字签名创建的。GB 15851—1995和GB/T 17902规定了两种数字签名,即:

a) 带消息恢复的签名,其中验证过程可以恢复消息以及特定的冗余信息。

b) 带附录的签名,其中验证过程需要把消息作为其输入的一部分。

签名机制的选取由采用的策略来决定,本部分不予考虑。

签名算法和密钥有事先定义的生命周期,在证书机构颁发的密钥证书中规定。因此,本部分所定义的权标也有明确的、由抗抵赖策略规定的生命周期。A.2中描述的机制可用于延长权标的生命期。

8 抗抵赖权标

各种抗抵赖权标的使用方法如图1中所示。

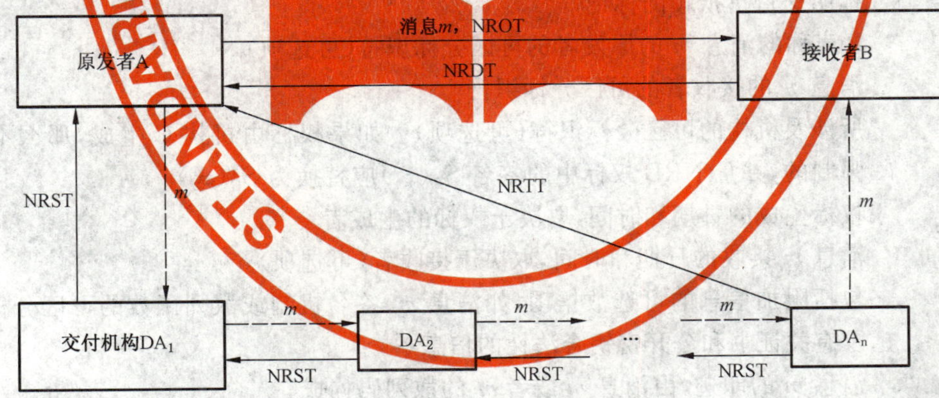

图1 抗抵赖权标及其应用

8.1 原发抗抵赖(NRO)权标

NRO权标用于防止原发者否认其已经发送的消息。

NRO权标:

a) 由消息m的原发者A或机构C生成;

b) 由A发送给接收者B;

c) 验证后由接收者B存储。

NRO权标的结构为:

$$NROT = text_1 \parallel z_1 \parallel S_A(z_1)$$,其中

$$z_1 = Pol \parallel f_1 \parallel A \parallel B \parallel C \parallel T_g \parallel T_1 \parallel Q \parallel Imp(m)。$$

NRO权标所需信息 z_1 包括以下数据项：

- Pol　适用于证据的抗抵赖策略的可区分标识符
- f_1　标明原发抗抵赖的标记
- A　消息 m 的原发者的可区分标识符
- B　消息 m 的预定接收者的可区分标识符(可选项)
- C　所涉及机构的可区分标识符(可选项)。如果权标由机构C生成，那么本数据项是强制的，而且NRO权标中的签名 $S_A(z_1)$ 应替换为 $S_C(z_1)$
- T_g　权标生成的日期和时间，取决于权标的生成者
- T_1　消息 m 发送的日期和时间，取决于原发者(可选项)
- Q　包括附加信息的可选数据项，如消息 m、签名机制或散列函数的可区分标识符，以及有关证书和公开密钥合法性的信息
- $Imp(m)$　消息 m 的印迹，由消息 m 或者 m 的散列码构成

8.2　交付抗抵赖(NRD)权标

NRD权标用于防止接收者否认其已经接收到消息 m 并认可消息的内容。

NRD权标：

a)　由接收者B(或机构C)生成；

b)　由B发送给包括消息的原发者A在内的一个或多个实体；

c)　验证后由这些实体存储。

NRD权标的结构为：

$$\mathrm{NRDT} = text_2 \parallel z_2 \parallel S_B(z_2)，其中$$

$$z_2 = Pol \parallel f_2 \parallel A \parallel B \parallel C \parallel T_g \parallel T_2 \parallel Q \parallel Imp(m)。$$

NRD权标所需信息 z_2 包括以下数据项：

- Pol　适用于证据的抗抵赖策略的可区分标识符
- f_2　标明交付抗抵赖的标记
- A　B声称的消息 m 的原发者的可区分标识符(可选项)
- B　消息 m 的接收者的可区分标识符
- C　所涉及机构的可区分标识符(可选项)。如果权标由机构C生成，那么本数据项是强制的，并且NRD权标中的签名 $S_B(z_2)$ 应替换为 $S_C(z_2)$
- T_g　权标生成的日期和时间，取决于权标的生成者
- T_2　消息 m 接收的日期和时间，取决于接收者(可选项)
- Q　包括附加信息的可选数据项，如消息 m、签名机制或散列函数的可区分标识符，以及有关证书和公开密钥合法性的信息
- $Imp(m)$　消息 m 的印迹，由消息 m 或者 m 的散列码构成

8.3　提交抗抵赖(NRS)权标

NRS权标由交付机构创建。此时证据生成者是交付机构DA。原发者A或前一个交付机构X发送消息 m 给交付机构DA。交付机构DA接收消息 m，并发送NRS权标给原发者A或前一个传输代理X，从而提供证据表明消息已经提交以向前递送。

NRS权标：

a)　由交付机构DA生成；

b)　由DA发送给消息的原发者A或前一个交付机构X；

c)　验证后由A或X存储。

NRS权标的结构为：

$$\mathrm{NRST} = text_3 \parallel z_3 \parallel S_{DA}(z_3)，其中$$
$$z_3 = Pol \parallel f_3 \parallel A \parallel B \parallel C \parallel D \parallel E \parallel T_g \parallel T_3 \parallel Q \parallel Imp(m)。$$

NRS 权标所需信息 z_3 包括以下数据项：

Pol	适用于证据的抗抵赖策略的可区分标识符
f_3	标明提交抗抵赖的标记
A	消息 m 的原发者的可区分标识符(可选项)，DA 可能验证过标识符 A 的合法性，也可能没有验证
B	消息 m 的预定接收者的可区分标识符
C	交付机构(DA)的可区分标识符
D	交付机构 X 的可区分标识符(如果存在)
E	交付机构 Y 的可区分标识符(如果存在)
T_g	权标生成的日期和时间，取决于权标的生成者
T_3	消息 m 提交的日期和时间，取决于权标的生成者
Q	包括附加信息的可选数据项，如消息 m、签名机制或散列函数的可区分标识符，以及有关证书和公开密钥合法性的信息
$Imp(m)$	消息 m 的印迹，由消息 m 或者 m 的散列码构成

8.4 传输抗抵赖(NRT)权标

NRT 权标是由消息的原发者使用的证据，以证明消息 m 已经由交付机构 DA 递送给 B。此时，证据的生成者是交付机构 DA。原发者 A 或前一个交付机构 X 发送消息 m 给交付机构 DA。交付机构 DA 把消息 m 递送给接收者 B 或下一个交付机构。将消息 m 递送给接收者 B 的交付机构 DA 发送 NRT 权标给消息 m 的原发者 A，从而提供证据以表明消息 m 已被递送给 B。

NRT 权标：

a) 由交付机构 DA 生成；

b) 由 DA 发送给消息的原发者 A；

c) 验证后由 A 存储。

NRT 权标的结构为：

$$\mathrm{NRTT} = text_4 \parallel z_4 \parallel S_{DA}(z_4)，其中$$
$$z_4 = Pol \parallel f_4 \parallel A \parallel B \parallel C \parallel D \parallel T_g \parallel T_4 \parallel Q \parallel Imp(m)$$

NRT 权标所需信息 z_4 包括以下数据项：

Pol	适用于证据的抗抵赖策略的可区分标识符
f_4	标明传输抗抵赖的标记
A	消息 m 的原发者的可区分标识符(可选项)，DA 可能验证过标识符 A 的合法性，也可能没有验证
B	消息 m 的预定接收者的可区分标识符
C	交付机构 DA 的可区分标识符
D	交付机构 X 的可区分标识符，如果存在(可选项)
T_g	权标生成的日期和时间，取决于权标的生成者
T_4	消息交付的日期和时间，取决于权标的生成者
Q	包括附加信息的可选数据项，如消息 m、签名机制或散列函数的可区分标识符，以及有关证书和公开密钥合法性的信息
$Imp(m)$	消息 m 的印迹，由消息 m 或者 m 的散列码构成

9 不使用交付机构的机制

本章的抗抵赖机制允许在没有交付机构参与的情况下生成原发抗抵赖(NRO)和交付抗抵赖

(NRD)证据。实体 A 欲发送消息 m 给实体 B,于是实体 A 就成为抗抵赖传输的原发者,实体 B 为接收者。

假定实体 A 知道自己的签名密钥,实体 B 也知道自己的签名密钥,并且所有相关实体都知道对应的验证密钥。

下面描述两种抗抵赖机制。

9.1 原发抗抵赖机制

原发抗抵赖(NRO)权标由消息的原发者 A 生成,并发送给消息的接收者 B。

步骤:从实体 A 到实体 B

a) 实体 A 生成 8.1 规定的 NRO 权标;

b) 实体 A 发送 NRO 权标(与消息 m 一起)给实体 B。

实体 B 检验 NRO 权标及其内容的有效性。如果是有效的,则存储 NRO 权标作为原发抗抵赖的证据;如果是无效的,实体 B 要求 A 重新发送 NRO 权标。

9.2 交付抗抵赖机制

交付抗抵赖(NRD)权标由消息的接收者 B 生成,B 在收到消息 m 后把 NRD 权标发送给原发者 A。

步骤 1:从消息的原发者 A 到消息的接收者 B

实体 A 向 B 发送消息 m 并请求 NRD 权标。

步骤 2:从实体 B 到实体 A

a) 实体 B 接收消息 m 并验证该 NRD 权标请求的有效性;

b) 实体 B 生成 8.2 规定的 NRD 权标;

c) 实体 B 发送 NRD 权标给实体 A;

d) 实体 A 检验 NRD 权标及其内容的有效性。如果是有效的,则存储 NRD 权标作为 B 已经接收到消息 m 的证据;如果是无效的,实体 A 要求 B 重新发送 NRD 权标。

10 使用交付机构的机制

在抗抵赖过程中有许多其他机制使用可信第三方。这些机制结合第 9 章的基本机制,可满足安全策略的要求。

交付机构在发布抗抵赖(NRS/NRT)权标时,使用术语“提交”或“传输”。

a) NRS 权标允许原发者或前一个交付机构得到证据,证明消息在一个存储与传送系统中已经提交以便进行传递;

b) NRT 权标允许原发者得到证据,证明消息已经由交付机构交付给了预定的接收者。

10.1 提交抗抵赖机制

本机制的第一步,发送实体 X 把消息发送给交付机构 DA 以向前传递。第二步,交付机构发送 NRS 权标给实体 X。提交抗抵赖在第二步建立。

步骤 1:从实体 X 到交付机构 DA

实体 X 发送消息 m 给 DA 并向 DA 请求 NRS 权标。

步骤 2:从 DA 到实体 X

a) DA 生成 8.3 规定的 NRS 权标;

b) DA 向实体 X 发送 NRS 权标;

c) 实体 X 检验 NRS 权标及其内容。如果是有效的,则存储 NRS 权标作为提交抗抵赖(即消息已经提交)的证据。

10.2 传输抗抵赖机制

本机制的第一步,发送实体 X 把消息发送给交付机构以向前传递。第二步,DA 发送消息给接收者 B。第三步,DA 生成 NRT 权标并发送给消息 m 的原发者,即实体 A。传输抗抵赖在第三步建立。

步骤 1:从实体 X 到交付机构 DA

实体 X 发送消息 m 给 DA。

步骤 2:从交付机构 DA 到实体 B

DA 发送消息 m 给实体 B。

步骤 3:从交付机构 DA 到实体 A

a) DA 生成 8.4 规定的 NRT 权标;

b) DA 发送 NRT 权标给实体 A;

c) 实体 A 验证 NRT 权标及其内容。如果是有效的,则存储 NRT 权标作为传输抗抵赖(即消息已经交付给预定的接收者 B)的证据。

附 录 A
(资料性附录)
其他抗抵赖服务机制

根据特定应用的有效抗抵赖策略和该应用操作所处的法律环境,可能需要以下机制来完成抗抵赖服务:

a) 时间戳服务机制,提供包含可信时间戳(由时间戳机构生成)在内的证据;

b) 公证服务机制,提供证据以确保所执行的事件或动作;

c) 证据记录服务机制,以维护某操作的记录,供将来解决争执时恢复证据。

A.1 时间戳服务机制

本章中,TTP 通过生成时间戳权标(TST)的方式提供时间戳服务。如果需要可信的时间参照,而权标生成者提供的时钟又不可信,就需要依赖一个可信第三方,即时间戳机构(TSA),其职责是对消息进行会签,建立进一步的证据以表明签名是何时生成的。

时间戳服务也可用于保证:即使用于签署权标的密钥已经泄漏或撤消,抗抵赖权标依然是有效的。

本机制的第一步,请求实体 X 发送数据 y 请求时间戳服务,希望对数据 y 和时间戳进行会签,其中数据 y 可以是消息、抗抵赖权标、消息的散列码、权标的散列码,或者用户希望与时间戳进行会签的任何数据。第二步,时间戳机构响应第一步的请求,发送对数据 y 的时间戳的会签。

步骤 1:从实体 X 到时间戳机构 TSA

a) 实体 X 形成请求 R:

$$R = text \parallel y,$$

其中 $text$ 包括:标明 R 为时间戳服务请求的标记、请求者 X 的可区分标识符、TSA 的可区分标识符、请求策略;

b) 实体 X 把该请求发送给 TSA。

步骤 2:从 TSA 到实体 X

a) TSA 生成时间戳权标(TST)

$$\mathrm{TST} = text \parallel w \parallel S_{\mathrm{TSA}}(w),$$

其中,

$$w = Pol \parallel f \parallel TSA \parallel T_g \parallel Q \parallel Imp(y)。$$

数据元 w 包括以下数据项:

Pol	适用于证据的抗抵赖策略的可区分标识符
f	标明时间戳权标的标记
TSA	时间戳机构的可区分标识符
T_g	证据生成的日期和时间
Q	需要保护的可选信息,如数据 y、签名机制或者散列函数的可区分标识符,以及有关证书和公开密钥有效性的信息
$Imp(y)$	数据 y 的印迹,由数据 y 或者 y 的散列码构成;

b) TSA 发送 TST 给实体 X;

c) 实体 X 验证 TST。

A.2 公证服务机制

公证服务是由公证机构提供的证据,以证实有关实体和通信数据的性质,并且将现有权标的生命期延长到期满和撤消之后。

本机制的第一步，请求实体 X 发送想要证实的数据 y，请求公证证明，其中数据 y 可以是消息、抗抵赖权标、消息的散列码、权标的散列码，或者用户希望得到公证机构证实的任何数据。第二步，公证机构响应第一步的请求，返回已证实的数据。

步骤 1：从实体 X 到公证机构

a) 实体 X 形成请求 R：

$$R = text \parallel y。$$

这里 $text$ 可包括：标明 R 为公证服务请求的标记、实体 X 的可区分标识符、公证机构的可区分标识符、以及请求生成的日期和时间；

b) 实体 X 向公证机构发送请求 R 和已签名的请求 $S_X(R)$。

步骤 2：从公证机构到实体 X

a) 公证机构检查该请求的有效性；

b) 公证机构向实体 X 发送已证实数据的公证权标(NT)

$$\mathrm{NT} = text \parallel w \parallel S_{NA}(w),$$

其中，

$$w = Pol \parallel f \parallel X \parallel NA \parallel T_g \parallel Q \parallel Imp(y)。$$

数据元 w 包括以下数据项：

Pol	适用于证据的抗抵赖策略的可区分标识符
f	标明公证服务的标记
X	实体 X 的可区分标识符
NA	公证机构的可区分标识符
T_g	证据生成的日期和时间
Q	需要保护的可选数据，如数据 y、签名机制或者散列函数的可区分标识符，以及有关证书和公开密钥有效性的信息
$Imp(y)$	数据 y 的印迹，由数据 y 或者数据 y 的散列码构成；

c) 实体 X 检查已证实的数据并存储这些数据。

A.3 证据记录服务机制

证据记录服务可保存操作的记录，用于将来解决争议时恢复数据。证据所有者信任证据记录机构能够记录并安全地保存数据。

本机制的第一步，请求实体 X 发送希望记录的证据 y(可以是消息或者抗抵赖权标)请求证据记录服务。第二步，证据记录机构响应第一步的请求，返回确认信息。

步骤 1：从实体 X 到证据记录机构

a) 实体 X 生成请求 R：

$$R = text \parallel y;$$

其中 $text$ 包括：R 为证据记录服务请求的标记、证据生成者的可区分标识符、请求者 X 的可区分标识符、证据记录机构的可区分标识符，以及请求生成的日期和时间；

b) 实体 X 向证据记录机构发送请求 R 和已签名的请求 $S_X(R)$。

步骤 2：从证据记录机构到实体 X

a) 证据记录机构检查请求的有效性，然后安全地保存正确的时间参照和 R；

b) 证据记录机构向实体 X 发送确认信息；

确认信息 = $text$ ‖ 记录号码；

其中 $text$ 包括：标明数据是证据记录服务的确认信息的数据项、请求 R 的全部或部分信息、适用于证据的策略、证据记录的日期和时间、证据记录机构的签名。

ICS 91.140.99
Q 82

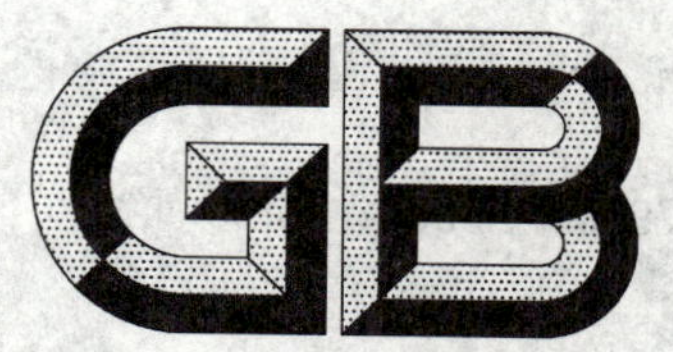

中华人民共和国国家标准

GB 17905—2008
代替 GB 17905—2004

家用燃气燃烧器具安全管理规则

Safety management regulation of gas-burning appliances for domestic use

2008-11-27 发布　　2009-11-01 实施

中华人民共和国国家质量监督检验检疫总局
中国国家标准化管理委员会　发布

前　言

本标准的7.3、8.3、8.4、8.5内容为强制性条款，其余为推荐性。

本标准代替GB 17905—2004《家用燃气燃烧器具安全管理规则》。

本标准与GB 17905—2004相比主要变化如下：

——增加了产品适配性试验的具体要求和限制（本标准第5章）；

——增加了产品控制器和切断阀的检查要求；液化石油气钢瓶、角阀、调压器、橡胶连接管的气密性和安全性检查要求；增加了产品没有明示的燃具的判废年限要求等（本标准第7章）；

——增加了产品电气检查要求（本标准第8章）。

本标准的附录A、附录B、附录C、附录D是规范性附录。

本标准由中华人民共和国住宅和城乡建设部提出。

本标准由住宅和城乡建设部城镇燃气标准技术归口单位中国市政工程华北设计研究院归口。

本标准起草单位：中国市政工程华北设计院、宁波方太厨具有限公司、广州迪森家用锅炉制造有限公司、广东万家乐燃气具有限公司、艾欧史密斯（中国）热水器有限公司、樱花卫厨（中国）有限公司、广东美的厨卫电器制造有限公司、博西华电器（江苏）有限公司、广东万和新电气有限公司、青岛经济技术开发区海尔热水器有限公司、国家燃气用具质量监督检验中心。

本标准起草人：张维华、毛中群、李祖芹、余少言、鞠平、黄国金、郑仪军、刘松辉、钟家淞、郑涛、杨小丰、渠艳红。

本标准替代标准的历次版本发布情况为：

——GB 17905—1999、GB 17905—2004。

家用燃气燃烧器具安全管理规则

1 范围

本标准规定了家用燃气燃烧器具和燃气燃烧器具配件(简称燃具和配件)的安全要求,燃具生产者、燃具销售者、燃气供应者、燃具安装者和燃具消费者的责任和义务,燃具和配件的检验,燃具的使用、保养、维修、判废及事故处理等。

本标准适用于使用城镇燃气的家用燃具和配件的安全管理。

2 规范性引用文件

下列文件中的条款通过本标准的引用而成为本标准的条款。凡是注日期的引用文件,其随后所有的修改单(不包括勘误的内容)或修订版均不适用于本标准,然而,鼓励根据本标准达成协议的各方研究是否可使用这些文件的最新版本。凡是不注日期的引用文件,其最新版本适用于本标准。

GB/T 13611 城镇燃气分类和基本特性

GB 50028 城镇燃气设计规范

CJJ 12 家用燃气燃烧器具安装及验收规程

3 燃具和配件的安全和环境要求

3.1 燃具和配件在正常的使用条件下,不应对消费者的生命和健康构成危害,不应对消费者的财产造成损失,不应对环境造成污染。

3.2 燃具和配件应符合相关标准中的安全性能和环境性能要求。

3.3 燃具和配件的安全性还应注意以下方面:

——燃具使用的燃气质量应稳定,燃具应正确安装和正确使用。

——燃具与另一种产品共同使用时,可能产生的危害。

——燃具适用于哪类消费者,特别是对儿童、老年人和残疾者的危险和危险的性质。

4 责任和义务

4.1 生产者的责任和义务

4.1.1 燃具和配件的生产者,在燃具和配件的设计、生产和销售中应遵守相关的安全要求,投放市场的产品应是安全的产品。

4.1.2 在产品的销售、安装和使用中,生产者对可能会影响产品安全的行为应采取保护措施,通过对产品的关键部位进行封印、打火漆或采用非常规螺栓连接等,以确保过程中的安全性能不受损害。

4.1.3 当燃具和配件是不安全的产品时,造成人身伤害、财产损失时,生产者应承担相关责任。

4.1.4 生产者有义务参加产品投放市场时的安全宣传活动,特别是应提供燃具和配件的危险信息,使消费者了解产品在安装和使用期间可能预见的危险。

4.2 销售者的责任和义务

4.2.1 销售者应承担在市场上销售安全燃具和安全配件的责任和义务。

4.2.2 销售进口燃具和配件的销售者,应对燃具和配件的安全负责。

4.2.3 销售者在销售过程中,应采取措施保证产品安全性能。销售者有义务告知消费者,在安装和使用燃具和配件时应采取哪些措施,必要时应会同生产者一起进行培训、调查和访问;对产品进行跟踪检测试验;研究对产品安全的投诉。

4.2.4 销售者应提供给消费者相关的信息，特别是应提供燃具和配件的危险信息，使消费者了解产品在安装和使用期间可能预见的危险。

4.3 燃气供应者责任和义务

4.3.1 燃气供应者所提供的燃气质量应符合相关的规定。

4.3.2 燃气供应者有义务向消费者宣传燃气安全使用的知识。

4.4 燃具安装者及维修者的责任和义务

4.4.1 燃具安装单位、维修单位必须经过资格认定。

4.4.2 燃具安装者、维修者必须经过培训，并获得资格认定。

4.4.3 燃具安装、维修必须符合相关标准的规定。

4.4.4 安装者、维修者应对安装和维修的燃具质量负责。

4.4.5 安装者、维修者有义务向消费者进行安全宣传。

4.5 消费者的责任和义务

4.5.1 消费者在购买燃具后，应认真阅读燃具产品安装、使用说明书，并按说明书中的有关规定正确的使用。

4.5.2 消费者应提供符合安装要求的安装场所，保证燃具能够正常使用。

4.5.3 消费者应按产品使用说明书中的规定，定期对燃具进行常规、简单、易行的清洁维护。

4.5.4 消费者在发现燃具使用时有异常现象，应立即停止使用，并及时与销售者或生产者联系，取得技术支持和保护。

4.5.5 消费者有责任对安装者和维修者的工作进行配合。

4.5.6 在出现事故时，消费者要保护好现场，并通知有关部门。

5 家用燃具和配件的检验

5.1 燃具和配件的型式试验，应按燃具和配件的相关标准进行，检验单位应是国家授权的燃具检验机构。

5.2 属于强制性产品管理的燃具和配件，其生产许可和产品市场监督检验工作，应按国家产品质量监督部门相关的规章进行。

5.3 燃具生产者和销售者应对使用当地人工煤气的燃具，进行燃气适配性检验，适配性检验应只做燃具的燃烧工况检验。

6 家用燃具的安装和维修的监管

燃具安装和维修的监管应符合国家相关部门规章的规定。

7 家用燃具的使用、保养、维修和判废

7.1 燃具的使用、保养、维修应符合国家相关部门规章的规定。

7.2 与燃具生产企业签约的维修单位和燃气供应企业，应接受用户委托，对燃具进行安全检查和安全宣传，并进行检查登记。对有问题的燃具，应提出书面检修意见并登记备案。检查内容如下：

a) 燃具各操作部件的功能，燃具的使用年限；

b) 燃烧器燃烧时火焰稳定性；

c) 控制器功能，安全阀正常关闭功能和故障安全关闭功能；

d) 烟道密封性和抽力、燃具连接管的气密性；

e) 烟道和给排气筒有无堵塞；给排气系统是否畅通；

f) 交流电安全检查和燃具安装环境、接地条件检查；

g) 液化石油气钢瓶、角阀、调压器、橡胶连接管的气密性和安全性；

h) 维修或易损件更换的记录。

7.3 家用燃具的判废

7.3.1 燃具从售出当日起：

a) 使用人工煤气的快速热水器、容积式热水器和采暖热水炉的判废年限应为6年；

b) 使用液化石油气和天然气的快速热水器、容积式热水器和采暖热水炉的判废年限应为8年；

c) 燃气灶具的判废年限应为8年；

d) 燃具的判废年限有明示的，应以企业产品明示为准，但是不应低于以上的规定年限；

e) 上述规定以外的其他燃具的判废年限应为10年。

7.3.2 燃气热水器等燃具，检修后仍发生如下故障之一时，即使没有达到判废年限，也应予以判废：

a) 燃烧工况严重恶化，检修后烟气中一氧化碳含量仍达不到相关标准规定；

b) 燃烧室、热交换器严重烧损或火焰外溢；

c) 检修后仍漏水、漏气或绝缘击穿漏电。

8 事故处理

8.1 燃具事故处理应按国家相关的规定进行。

8.2 第一见证人应保护好现场，并立即通知有关部门勘察现场、封存燃具。

8.3 重大事故处理应按有关规定进行；由有关部门组成事故调查组进行调查处理。

8.4 处理燃具事故时，应按与燃具有关的规章、标准，对事故做出四个技术鉴定证书：

——燃具安装现场的安全检查(见附录A)；

——燃具使用和维修(见附录B)；

——燃气供应质量(见附录C)；

——燃具质量(见附录D)。

8.5 事故燃具检验时，应将事故燃具清除异物后，按不同事故类型进行检测：

a) 一氧化碳中毒事故(以下性能应符合产品相关标准明示的规定)。

——燃具的气密性；

——火焰稳定性；

——烟气中一氧化碳含量。

b) 燃气泄漏引起的事故。

——燃具燃气入口在4.2 kPa空气压力下，泄漏量小于0.07 L/h；

——检查燃气管道和燃气具连接管道的气密性。

c) 交流电电击事故，按产品明示的相关标准的规定检查。

8.6 由于违反规定造成的伤害和财产损失，其责任和赔偿按国家有关规定执行。

附 录 A
（规范性附录）
燃具安装现场的安全检查

表 A.1 燃具安装现场安全检查的内容

<table>
<tr><td colspan="2">产品名称</td><td></td><td>型号</td><td></td><td>生产单位</td><td></td><td>生产日期</td><td></td></tr>
<tr><td>序号</td><td colspan="3">项 目</td><td colspan="4">内 容</td><td>结论</td></tr>
<tr><td rowspan="2">1</td><td colspan="3" rowspan="2">资质</td><td colspan="4">安装单位资格要求</td><td></td></tr>
<tr><td colspan="4">安装人员的培训要求</td><td></td></tr>
<tr><td>2</td><td colspan="3">燃具不允许安装的地点</td><td colspan="4">卧室、浴室、有易燃易爆物的房间和有腐蚀物质的房间</td><td></td></tr>
<tr><td rowspan="5">3</td><td colspan="2" rowspan="5">室内型燃具排烟通风要求</td><td>灶具等燃具</td><td colspan="3">具备自然排气烟罩、或强制排烟罩或换气扇</td><td>进气口面积 9.5 cm^2/kW 以上</td><td></td></tr>
<tr><td>自然排气燃具</td><td colspan="3">排气烟管接至室外</td><td>进气口面积大于排气筒面积</td><td></td></tr>
<tr><td>强制排气燃具</td><td colspan="4">排气筒、或排烟罩、或与排气扇联动</td><td></td></tr>
<tr><td>自然给排气燃具</td><td colspan="4">给排气筒接至室外</td><td></td></tr>
<tr><td>强制给排气燃具</td><td colspan="4">给排气筒接至室外</td><td></td></tr>
<tr><td>4</td><td colspan="3">燃气管道连接的气密性</td><td colspan="4">燃气管道应无泄漏</td><td></td></tr>
<tr><td>5</td><td colspan="7">使用交流电的燃具应检查燃具安装建筑的电气环境条件、燃具电气接地是否安全</td><td></td></tr>
<tr><td colspan="9">注 1：安装场地、排烟通风见 GB 50028 和 CJJ 12 的规定。
注 2：液化石油气钢瓶供气时，应检查其安装是否符合明示的相关标准的规定。</td></tr>
</table>

附 录 B
（规范性附录）
燃具使用和维修

B.1 按燃具产品使用说明书的规定，检查用户正确使用燃具的情况。

B.2 按燃具产品使用说明书的规定，检查燃具的维修情况。

B.3 检查维修人员的资质。

附 录 C
（规范性附录）
燃气供应质量

C.1 燃气类别和质量见表 C.1。

表 C.1 燃气类别和质量

项 目	燃气类别	华白数 W	燃烧势 C_P	结 论
人工煤气	3R、4R、5R 、6R、7R			
天然气	3T、4T、6T、10T、12T			
液化石油气	19Y、20Y、22Y			
注 1：燃气质量见 GB 50028 和 GB/T 13611。 注 2：特殊燃气按当地燃气公司规定的气质检查。				

C.2 燃气供应压力见表 C.2。

表 C.2 燃气供应压力

项 目	额定压力(P_n)/kPa	波动范围	结 论
人工煤气	1.0	(0.75～1.5)P_n	
天然气	3T、4T、6 T 1.0 10T、12T 2.0	(0.75～1.5)P_n	
瓶装液化石油气	2.8 5.0	±0.5 kPa ±1 kPa	
管道液化石油气压力为(0.75～1.5)P_n。			
注：液化石油气钢瓶供气时，应检查调压器和胶管等配件是否安全，是否符合明示的相关标准的规定。			

附 录 D
（规范性附录）
燃具质量

燃具质量要求见表 D.1

表 D.1 燃具质量要求

产品名称　　　　型号　　　　生产单位　　　　生产日期

<table>
<tr><th>序号</th><th colspan="2">试验项目</th><th>要　求</th><th>试验气质条件</th><th>结　论</th></tr>
<tr><td rowspan="3">1</td><td rowspan="3">火焰稳定性</td><td>回火</td><td>符合产品明示的相关标准的要求</td><td>0-2</td><td></td></tr>
<tr><td>黄焰</td><td>符合产品明示的相关标准的要求</td><td>0-2</td><td></td></tr>
<tr><td>离焰</td><td>符合产品明示的相关标准的要求</td><td>0-2</td><td></td></tr>
<tr><td rowspan="2">2</td><td rowspan="2">烟气中一氧化碳含量</td><td>灶具等燃具</td><td>售出之日起一年内符合产品明示的相关标准的要求；
售出之日起一年以上不得大于0.14%</td><td>0-2</td><td></td></tr>
<tr><td>室内型燃气热水器等</td><td>售出之日起一年内符合产品明示的相关标准的要求；
售出之日起一年以上不得大于0.14%</td><td>0-2</td><td></td></tr>
<tr><td rowspan="2">3</td><td colspan="2">气密性</td><td>燃气进口在 4.2 kPa 空气压力下泄漏量应小于 0.07 L/h；</td><td>空气</td><td></td></tr>
<tr><td colspan="2">交流电电击事故</td><td>交流电电击事故按产品明示的相关标准规定检查</td><td></td><td></td></tr>
<tr><td colspan="6">注：试验气质条件含义见 GB 50028 和 GB/T 13611 中的规定。</td></tr>
</table>

ICS 65.040.20
B 20

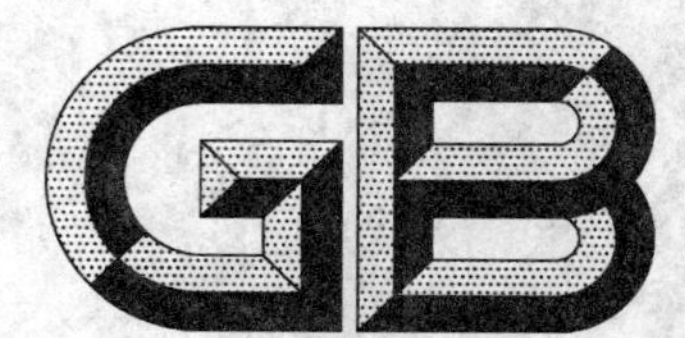

中华人民共和国国家标准

GB/T 17913—2008
代替 GB/T 17913—1999

粮油储藏　磷化氢环流熏蒸装备

Grain and oil storage—Furnishment of phosphine recirculation fumigation

2008-11-04 发布　　　　2009-01-01 实施

中华人民共和国国家质量监督检验检疫总局
中国国家标准化管理委员会　发布

前　言

本标准代替 GB/T 17913—1999《粮食仓库磷化氢环流熏蒸装备》。

本标准与 GB/T 17913—1999 相比主要变化如下：

——调整了术语和定义中的部分内容；

——增加了硬聚氯乙烯(PVC-U)管材、管件作为环流管道和管件；

——增加了熏蒸施药器具等要求。

本标准由国家粮食局提出。

本标准由全国粮油标准化技术委员会归口。

本标准起草单位：河南工业大学、河南未来机电工程有限公司、国家粮食局科学研究院、中谷集团科技总公司。

本标准主要起草人：王殿轩、徐永安、魏雷、白旭光、曹阳、吴存荣、张来林、王建业。

本标准所代替标准的历次版本发布情况为：

——GB/T 17913—1999。

粮油储藏　磷化氢环流熏蒸装备

1　范围

本标准规定了磷化氢环流熏蒸装备的术语和定义、技术要求、试验方法、检验规则、标志以及包装、运输和储存要求。

本标准适用于粮食仓库中采用的磷化氢环流熏蒸装备。

2　规范性引用文件

下列文件中的条款通过本标准的引用而成为本标准的条款。凡是注日期的引用文件，其随后所有的修改单(不包括勘误的内容)或修订版均不适用于本标准，然而，鼓励根据本标准达成协议的各方研究是否可使用这些文件的最新版本。凡是不注日期的引用文件，其最新版本适用于本标准。

GB/T 191　包装储运图示标志

GB 5099　钢质无缝气瓶

GB/T 5836.1　建筑排水用硬聚氯乙烯(PVC-U)管材

GB/T 5836.2　建筑排水用硬聚氯乙烯(PVC-U)管件

GB/T 6052　工业液体二氧化碳

GB/T 6388　运输包装收发货标志

GB/T 7899　焊接、切割及类似工艺用气瓶减压器

GB 9969.1　工业产品使用说明书　总则

GB/T 14436　工业产品保证文件　总则

GB/T 14525　波纹金属软管通用技术条件

GB/T 22495—2008　粮油储藏　磷化氢发生器

GB 50235—1997　工业金属管道工程施工及验收规范

LS/T 3502—1995　粮油饲料机械产品型号编制方法

3　术语和定义

下列术语和定义适用于本标准。

3.1

施药装置　fumigant application unit

向密闭环境或环流系统施放磷化氢进行熏蒸杀虫的装置或器具。包括钢瓶施药装置、磷化氢发生器、施药盘、施药探管等。

3.2

钢瓶施药装置　unit for cylinderized fumigant application

将钢瓶内的磷化氢和二氧化碳混合气体由高压状态转化成低压状态、由液态转换成气态的装置。一般由钢瓶、钢瓶运载工具、减压器、释温装置、计量器械、软(硬)连接管等组成。

3.3

磷化氢发生器　on-site phosphine generator

可控制磷化物生成磷化氢气体的机械装置。

3.4

环流装置　recirculation unit

将施放于密闭环境或环流管道的磷化氢气体，通过循环气流有效地分布于密闭环境内的装置。该装置由环流风机和相应管路组成。

3.5

固定式环流装置　fixed type recirculation unit

环流风机、管路等主体被固定安装于熏蒸场所的环流机械装置。包括仓外固定的环流管道、风机和设置于粮堆内的膜下环流管道。

3.6

移动式环流装置　portable type recirculation unit

环流风机、管路等主体可以被移动的环流机械装置。

3.7

磷化氢检测装置　phosphine monitoring unit

检测环境空气中磷化氢浓度的装置。由气体取样装置、磷化氢检测仪和磷化氢报警仪组成。

3.8

气体取样装置　gas sampling device

从密闭环境内抽取气体样品的装置。该装置由气体取样端头、取样管、取样阀门(或夹)、检测箱、取样泵等组成。

4　技术要求

4.1　一般要求

4.1.1　磷化氢环流熏蒸装备的施药装置、环流装置和取样装置，除应符合本标准外，必须按照国家有关规定和技术文件制造。

4.1.2　各装置的所有零部件须经检验合格，外购件应有合格证或质量保证书，方能进行装配。

4.1.3　环流熏蒸装备的固定式和移动式均以施药装置、环流装置和气体取样装置的型式和规格编制型号。型号编制方法应符合 LS/T 3502 的规定。

4.1.4　各装置的工作环境温度应为－10 ℃～45 ℃；其中环流风机、固定式环流管路和气体取样装置(露天安装)的工作环境温度，应适应当地极限温度条件。

4.1.5　各金属材质的装置除使用不锈钢材料的部件外，均应进行外表涂饰，涂饰应符合有关标准的规定。采用聚氯乙烯(PVC-U)材质的管道应符合 GB/T 5836.1 和 GB/T 5836.2 的要求。

4.1.6　各装置或成套装备的组(安)装配合应协调，各管件连接不允许强行对接，所有连接件连接应牢固、无泄漏。

4.2　施药装置

4.2.1　钢瓶施药装置

4.2.1.1　施药装置各部件采用防泄漏的方式连接。泄漏性应符合 GB 50235—1997 中 7.5.5 的规定。施药装置应配置减压释温装置。

4.2.1.2　钢瓶混合气中磷化氢气体纯度不小于 99.9%，二氧化碳应符合 GB/T 6052 要求。磷化氢气体与二氧化碳气体质量比为 2 比 98。

4.2.1.3　钢瓶瓶体质量应符合 GB 5099 的规定，瓶阀采用不锈钢材料。

4.2.1.4　钢瓶施药量和施药速度可控。

4.2.1.5　钢瓶施药装置中减压器、软(硬)连接管、截止阀等部件应采用不锈钢材料，性能和质量应分别符合 GB/T 7899、GB/T 14525 等标准的规定。

4.2.2 磷化氢发生器

磷化氢发生器各部件连接与减压释温要求同 4.2.1.1 规定。

环流熏蒸中使用的磷化氢发生器应符合 GB/T 22495 的要求。

4.2.3 粮面施药器具

进行粮面施药时，所用药盘应采用金属或塑料材质。

4.3 环流装置

4.3.1 固定式管路连接

固定式管路风机进、出口及每一竖向支管与水平管处的连接，应采用具有防震、温度补偿、消除位移和变形影响等功能的方式连接。置于粮堆用于膜下环流熏蒸的辅助管道做到连接可靠。

4.3.2 移动式管路连接

移动式管路均以可伸缩、截面固定的软管连接。

4.3.3 蝶阀

金属管路均应在合适部位配装开启方便、调节灵活的蝶阀，用于调节支管路风量。固定式金属管路蝶阀应设置在每一竖向支管上；移动式管路蝶阀应设置在每一根支管路上。

4.3.4 环流风机

4.3.4.1 环流风机采用具有防泄漏、防爆(不含电机)和抗磷化氢腐蚀的粮食熏蒸专用离心风机。

4.3.4.2 环流风机主要规格参数应满足如下条件：

——功率≤1 kW；

——风压≤1 000 Pa；

——风量≤1 000 m^3/h。

4.3.4.3 环流风机的工作效率应保证粮堆气体得到充分循环，对密封环境中的气体交换次数要达到2次/日以上。

4.3.4.4 环流风机叶片边缘线速度小于 40 m/s。

4.3.4.5 环流风机与固定环流管路配套使用时，其电机应采取防雨、防晒措施。

4.3.5 环流管路

4.3.5.1 设置于仓外的固定式环流管路应采用具有耐磷化氢腐蚀性能、防泄漏的金属材料，其厚度应不小于 1 mm。设置于仓内的金属环流管道材料要求同仓外管道。仓内采用 PVC-U 环流管道时，厚度不小于 2 mm。移动式环流管路应采用具有耐磷化氢腐蚀、防泄漏、移动方便、截面固定的材料。

4.3.5.2 环流管路设计压力为 1 000 Pa。

4.3.5.3 采用钢瓶施药装置或磷化氢发生器施药时，熏蒸剂进入管路的部位应在环流管路的正压端。采用通风道口施药时，施药点应确保在环流气流通过处，并在施药及药剂释放过程中保证产生的磷化氢立即进入循环气流中。

4.3.5.4 金属管路间的连接采用翻边法兰方式或焊接方式连接，并符合 GB 50235 的规定。PVC-U 管道的连接按 GB/T 5836.1 和 GB/T 5836.2 的有关要求。

4.3.5.5 金属管路法兰用的非金属垫片符合 GB 50235—1997 中 6.3.22 的规定。

4.3.5.6 金属管路法兰、管架及坚固件采用碳素钢材料时，表面进行镀锌或镀铬，镀层应均匀。

4.3.5.7 施药箱：环流管路上的施药箱应能容纳环流装置和施药装置的接口和阀门等部件，并使各部件免受日晒、雨淋。

4.3.5.8 气体取样口：环流管路上的仓外部分应设置气体取样口，并有相应的防泄漏措施。

固定式管路取样口一般设在靠近施药箱的支管路上，移动式管路取样口设在易于检测的部位。

4.3.5.9 固定式管路安装后平直度、铅垂度允许偏差应符合 GB 50235—1997 中 6.3.29 的规定。

4.3.5.10 环流管路泄漏性应符合 GB 50235—1997 中 7.5.5 的规定。

4.4 气体取样装置

4.4.1 平房仓每廒间设取样装置至少1套。每套取样装置设取样点不少于5个、并设检测回气管1根。

4.4.2 取样管应具有截面不变形的性能,内径不小于2 mm,管壁厚度不小于1 mm。

4.4.3 取样端头应防止尘屑堵塞。

4.4.4 取样泵的取样距离不小于45 m。

4.4.5 立筒仓和浅圆仓在环流管道上设置气体取样检测点。

4.4.6 取样管及回气管穿过仓墙时采用法兰或螺纹密封方式。取样管根数应与取样点一致,并对应编号。

4.4.7 取样管的护管采用抗腐蚀的材料。

4.4.8 检测箱固定在仓房外方便检测的墙壁上,并应对每根取样管单独设置阀门(或夹),阀门(或夹)的编号应与预留在仓内的取样管编号一致。

5 试验方法

环流熏蒸成套装备中的施药装置、环流装置和取样装置等由生产厂家或委托加工单位按国家有关标准检验。环流熏蒸成套装备安装后的试验按本章要求进行。

5.1 试验条件

5.1.1 试验物料

5.1.1.1 二氧化碳:符合GB/T 6052要求。

5.1.1.2 磷化氢和二氧化碳混合气。

5.1.1.3 空气。

5.1.1.4 发泡剂(可用肥皂或洗涤剂配制)。

5.1.2 试验仪器和器材

5.1.2.1 磷化氢报警仪:

测量范围:$0\sim20\times10^{-6}$ mL/m^3;

最小显示值:$\leqslant0.1\times10^{-6}$ mL/m^3;

响应时间:≤30 s;

测量误差:±5%。

5.1.2.2 压力计。

5.1.2.3 钢板尺。

5.1.2.4 游标卡尺。

5.1.2.5 线坠。

5.1.3 试验环境

5.1.3.1 施药装置、环流装置和取样装置安装到位,符合要求。

5.1.3.2 工作环境温度:常温。

5.1.4 试验人员

熟练操作的专业人员。

5.2 试验项目和程序

5.2.1 常规检验

5.2.1.1 各装置的零部件安装配合和外观质量用目测、手触摸等感官检验并记录。

5.2.1.2 环流装置与取样装置中所有的管径、壁厚用游标卡尺测量并记录。

5.2.1.3 平直度、铅垂度检验:水平管检验平直度,平直度用拉线方式检验。在水平管路的两端各找一个基准面,在基准面处各放置一个等高块,拉紧线绳,测量线绳与管路顶点纵向管壁轮廓线之间的距离,记录并计算平直度的水平偏差；调整基准面90°后拉紧线绳，测量线绳与管路左侧或右侧纵向轮廓线之间的距离，记录并计算平直度的左右偏差；垂直管检验铅垂度，铅垂度用线坠和钢板尺检验。在垂直安装的管路上端找一个基准面，在90°范围内测量垂线与管路之间的距离，记录并计算铅垂度偏差值。

5.2.2 气体流量检验

启动环流装置，测量各支管路内的风速计算支管路风量，各支管路风量之和即总风量，计算总风量是否达到设计要求。

5.2.3 空载泄漏性检验

5.2.3.1 环流管路泄漏性检验

启动环流装置，关闭各支路蝶阀阀门，使管路压力达到设计压力(1 000 Pa)，用发泡剂检查装置各连接处及管路接口，以检验无泄漏为合格。

5.2.3.2 钢瓶施药装置泄漏性检验

打开二氧化碳气瓶阀，将减压器出口压力调至设计压力(0.2 MPa)，用发泡剂检查装置各连接处，以检验无泄漏为合格。

5.2.3.3 磷化氢发生器泄漏性检验

采用磷化铝制剂液体水法磷化氢发生器时，打开二氧化碳气瓶阀，将减压器出口压力调至设计压力(0.2 MPa)，用发泡剂检查装置各连接处，以检验无泄漏为合格。采用其他型式的发生器时，利用风机加压到1 000 Pa，用发泡剂检查装置各连接处，以检验无泄漏为合格。

5.2.4 施药泄漏性检验

在空载检验合格后进行施药泄漏检验。施药泄漏检验用磷化氢报警仪法。启动或开启环流装置和施药装置，用磷化氢报警仪检测装置每个连接部位，以报警仪无显示为合格。

6 检验规则

环流熏蒸成套装备中的施药装置、环流装置和检测装置由生产厂家或委托加工厂出具检验报告和产品合格证方可在现场组装成套并进行安装，安装后应逐台(套)进行交收检验，检验合格提供质量保证书方可使用。

6.1 交收检验项目

交收检验项目按表1规定进行，试验方法按第5章的要求进行。

表1 环流熏蒸装备交验项目

检验项目	施药装置	固定环流装置	移动环流装置	取样装置
零部件装配	△	△	△	△
铅垂度	○	△	○	○
气体流量	○	△	△	○
泄漏性	△	△	△	○
平直度	○	△	○	○
外观	△	△	△	△
管道壁厚	○	△	○	△
注：△表示应进行检验；○表示不进行检验。				

6.2 检验结果判定

6.2.1 缺陷分类

被检验项目质量特性不符合第4章中相应技术要求的称为缺陷，按其对产品性能的影响程度，分为重度缺陷和轻度缺陷，缺陷分类见表2。

表 2　环流熏蒸装备质量特性缺陷分类

检验不合格项目	重度缺陷	轻度缺陷
零部件装配	√	
铅垂度	√	
气体流量	√	
泄漏性	√	
平直度		√
外观		√
管道壁厚		√

6.2.2　不合格判定

重度缺陷项目组中有一项不合格即判为不合格。

轻度缺陷项目组中有两项不合格即判为不合格。

6.3　各装置每次组装成套后均应进行泄漏性检验，泄漏性检验不合格不能进行熏蒸作业。

7　标志

7.1　产品标志

7.1.1　产品(施药装置、环流装置和检测装置)的明显处应固定有铭牌。铭牌大小与机体协调，字迹清晰。

7.1.2　铭牌内容应包括：产品名称、规格、型号、产品标准编号、制造商名称、地址和制造年月。

7.2　包装标志

7.2.1　包装箱应有包装储运图示标志，标志内容应符合 GB/T 191 的规定。

7.2.2　包装箱上应有：品名、规格、数量、质量、体积、收货地点和单位、发货单位等运输包装和收发标志，标志内容应符合 GB/T 6388 的规定。

8　包装、运输与储存

8.1　产品一般采用木箱包装，并适当定位，以避免运输途中的震动造成碰撞损伤。

8.2　专车直接运送时，可采用箱纸板等简易包装，但应有足够保护措施以免损伤。

8.3　紧固件分别包装，以保证不散失。

8.4　随机文件应包括：

a)　产品合格证，内容应符合 GB/T 14436 的规定；

b)　装箱单；

c)　使用说明书，内容应符合 GB 9969.1 的规定。

8.5　储存：各装置在安装前和安装后(除固定式环流装置和取样装置外)不使用时，应存放于室内，避免受潮、雨淋和水浸。

ICS 35.080
L 77

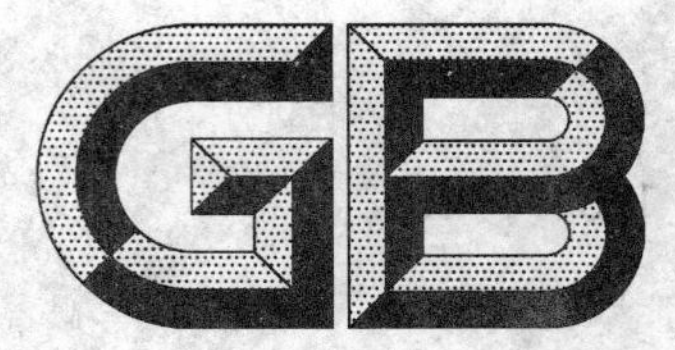

中华人民共和国国家标准

GB/T 17917—2008
代替 GB/T 17917—1999

零售企业管理信息系统基本功能要求

Basic functional requirements for management information system of retailers

2008-12-30 发布 2009-06-01 实施

中华人民共和国国家质量监督检验检疫总局
中国国家标准化管理委员会 发布

前　言

本标准代替 GB/T 17917—1999《商场管理信息系统基本功能要求》。

本标准与 GB/T 17917—1999 相比，主要变化如下：

——标准的名称由《商场管理信息系统基本功能要求》改为《零售企业管理信息系统基本功能要求》；

——章条顺序和内容按照管理信息系统的实施过程和功能重新进行了调整，修订后的标准共包含四部分内容，删除了原标准中第 2 章“引用标准”和第 3 章“定义”，并将原第 4 章和第 5 章内容重新整合，形成本标准第 2 章“总体要求”、第 3 章“基本功能要求”；

——新增了“3.1 基础信息管理系统功能”、“3.2 采购管理系统功能”、“3.3 价格管理系统功能”、“3.5 配送管理系统功能”、“3.7 收银管理系统功能”、“3.9 货款结算功能”、“3.11 卡管理功能”、“3.12 数据处理功能”和“3.13 辅助分析功能”；

——其余部分也都根据需要进行了调整和细化。

本标准自实施之日起，代替 GB/T 17917—1999。

本标准由中华人民共和国商务部提出并归口。

本标准主要起草单位：中商商业发展规划院。

本标准主要起草人：申冬华、牛宜斌、郭亮、毛红、李亚琼、王凤宏、孙美玉、王艺璇、金辉。

本标准所代替标准的历次版本发布情况为：

——GB/T 17917—1999。

零售企业管理信息系统基本功能要求

1 范围

本标准规定了零售企业管理信息系统基本功能的要求。

本标准适用于零售企业管理信息系统的开发、测试和验收。

2 总体要求

零售企业管理信息系统(以下称系统)应满足以下要求:适应零售企业多种管理模式、适应商品不同经营方式、适应多种业态并存方式、适应多种组织方式、具备指定参量比对分析功能、支持与财务系统接口、支持商品的多种核算方式、支持利用因特网进行信息交换的功能、支持电子支付功能、支持与其他电子设备及其接口的功能。

3 基本功能要求

3.1 基础信息管理系统功能

3.1.1 零售企业内部组织机构基础信息建立与维护功能

零售企业内部组织机构基础信息包括部门名称、级别、部门编码等。

组织机构级别应有可扩展性。

3.1.2 员工基础信息建立与维护功能

员工基础信息包括员工姓名、编码、岗位及岗位权限。

员工基础信息应允许修改,修改权限应控制。

员工岗位赋权应双重控制。

3.1.3 供应商基础信息建立与维护功能

供应商基础信息包括供应商自然状况、供应商资质、所提供商品的目录及供货条件及供应商店内编码等。

供应商基础信息维护包括修改供应商基础信息,确定供应商状态。

供应商基础信息修改权限应控制。

3.1.4 商品基础信息建立与维护功能

商品基础信息主要包括:商品的自然属性,商品的管理属性,商品店内编码,以及零售企业赋予商品的其他属性。

系统应支持一件商品多个编码、一个编码多件商品、一个编码一件商品的管理。

商品基础信息维护包括:商品基础信息修改;确定商品流转过程中的状态;冗余编码的处理。

商品基础信息修改权限应控制,修改内容可回溯。

3.1.5 重要顾客基础信息建立与维护功能

3.1.5.1 团体顾客基础信息的建立与维护

团体(企事业单位)顾客基础信息包括顾客名称、性质、地址、联系人、联系方式、开户银行及账号、顾客级别等。

团体顾客基础信息允许修改,修改权限应控制。

3.1.5.2 个人顾客基础信息的建立与维护

个人顾客基础信息包括顾客姓名、性别、年龄、职业、联系地址、联系方式、是否会员及会员级别等。

个人顾客基础信息允许修改,修改权限应控制。

3.1.6 合同存档与管理功能

系统应具备对购销合同、员工合同等的管理和维护功能。

3.2 采购管理系统功能

系统应具备商品采购的控制功能，包括引入新商品时提供同质(类)参数比对，已有商品补货时应能够提供价格、数量限制及辅助参考数据。

对连锁企业，系统应能支持总部统一采购和门店自行采购的管理。

对已确定采购的商品应具备按供应商(或部门)汇总采购单据功能。

允许退订货。

对采购单录入、修改、复核、审批、执行采购指令等操作权限应控制。

3.3 价格管理系统功能

3.3.1 建立商品价格台账功能

系统可根据零售企业确定的格式生成商品价格台账。

3.3.2 商品定、调价功能

系统可根据零售企业规定的进销差率生成商品售价；可根据供应商提供的商品售价及结算扣率生成商品进价；可根据供应商及零售企业的应税税率分离商品不含税价及税额。

系统对商品定价、调价的操作应有权限控制功能。

3.3.3 商品标价签打印功能

系统应能根据物价部门批准的格式生成、打印商品标价签。

3.4 库存管理系统功能

3.4.1 根据条码自动生成货品信息功能

系统应支持根据商品条码，查询商品是否存在及快速录入新增货品的功能。

3.4.2 商品库存移动管理功能

系统应支持商品移动(供应商—仓库、仓库—仓库、仓库—部门、部门—部门、部门—仓库、仓库—供应商)管理功能，并能及时、准确反映商品移动过程中的相关状态、数量及分布等参量，支持商品移动过程中验收差异处理。

3.4.3 货位管理功能

系统应能支持库存商品的货位管理。

3.4.4 库存预警功能

系统应能针对企业需要设置商品的最低库存量、最高库存量进行控制及超限提示功能。

3.4.5 自动补货功能

系统应能根据库存报警、商品日均销售检索需要补货的商品信息，自动按照不同的供应商生成采购订单；还应可手工输入需补货的商品信息，由系统自动按照不同的供应商生成采购订单。

3.4.6 商品拆零、再包装管理功能

系统应支持整件商品拆零及不同商品组合再包装库存管理。

3.4.7 赠品管理功能

系统应支持可售卖赠品和不可售卖赠品的库存管理。

3.4.8 商品盘点功能

系统应支持商品的多种盘点方式，支持盘点损溢的处理。

3.4.9 支持商品保质期查询功能

系统应支持商品保质期查询功能。

3.5 配送管理系统功能

3.5.1 支持多种配送方式

系统应支持总部统一采购、统一配送和总部统一采购、供应商就近配送等多种配送方式。

3.5.2 支持多种配送价格

系统应支持商品平价配送、加价配送方式管理。

3.5.3 支持不同包装配送

系统应支持商品的整包装或拆零配送。

3.5.4 支持运输管理

系统应支持配送商品运输过程的管理，包括具有按运输工具及装载的商品生成相应商品编码、商品损耗及验收差异处理等功能。

3.5.5 支持退配送管理

系统应支持商品退配送管理，包括门店退总部、门店退供应商等。

3.5.6 权限管理功能

系统应对配送单(退配送单)、入库验收单的审核、执行、差异处理权限应控制。

3.5.7 支持供货商接口功能

3.6 销售管理系统功能

3.6.1 支持多种促销方式

3.6.1.1 支持制定促销计划与规则

系统可按不同促销方式支持制定促销计划、促销规则、促销费用分摊比例等参量。

促销计划的制定、执行权限应控制。

3.6.1.2 支持商品变价促销

系统应支持商品折扣(让)价、件价、会员价、时段价、组包价等商品变价促销。

3.6.1.3 支持买赠促销

系统应支持赠品促销、返利促销、会员积分促销等买赠方式的促销。

3.6.1.4 支持全部商品和部分商品促销

系统应支持全部商品促销、分类商品促销、分部门(门店)促销、分品牌促销、分供应商促销等促销方式。

3.6.1.5 支持组合促销

系统应支持多种促销方式并行、多种促销方式嵌套的促销方式。

3.6.1.6 支持促销商品退货管理

系统应支持促销活动期间促销商品退货及促销活动后促销商品退货管理。

3.6.2 称量商品销售管理功能

系统应有称量商品(散装商品、拆分商品、现场加工商品)的销售管理功能，应支持外接电子计量设备(电子条码秤等)。

3.6.3 贵重商品销售管理功能

系统应有贵重商品(贵金属及珠宝饰品等)销售管理功能，支持贵重商品按成色、重量等属性编码计价，支持贵重饰品以旧换新业务管理。

3.6.4 批发业务管理功能

系统应具有对小型零售企业批发销售业务管理的功能，包括：支持对批发商品状态的管理；应具有对批发商信用额度的设定、超额提示并限制发货的功能。信用额度设定的权限应控制。

3.6.5 团购业务管理功能

系统应具有对顾客团购业务管理的功能，包括：支持对团购商品状态的管理；应具有对团购顾客信用额度的设定、超额提示并限制发货的功能。信用额度设定的权限应控制。

3.6.6 销售动态监控功能

系统应能通过显示终端对商品销售进行动态监控，主要包括：按零售企业确定的参量和表达方式对其所属销售部门销售情况的动态监控；按零售企业确定的参量和表达方式对收银系统的动态监控。

3.6.7 支持多种商品退货管理功能

系统应支持多种商品的退货管理。

3.7 收银管理系统功能

3.7.1 支持外接设备

系统应支持外接收款机、顾客显示器、钱箱、票据打印机、条码识别设备、读卡器、银行POS等设备。

3.7.2 支持多种付款方式

系统应支持本币、支票、银行卡、储值卡等多种付款方式，支持以上单独方式付款及混合方式付款，支持收银员自动结账功能。

3.7.3 支持商品变价

系统支持使用权限卡、密钥等方式授权收银前台对商品变价销售。

权限卡、密钥可控制。

3.7.4 暂停、取消销售功能

系统支持收银员暂停销售与暂停前笔销售、开始下一笔销售；暂停销售可恢复。

系统允许收银员在授权下中途取消销售。

3.7.5 票据打印功能

系统应支持定制票据、销售票据的打印与重打。

支持销售流水报表打印。

3.7.6 退(换)销售功能

系统支持收银处退(换)销售、指定地点退(换)销售管理。

退销售权限应控制。

3.7.7 收银安全保障功能

3.7.7.1 断电、断网销售功能

系统应支持断电、断网状态下收银正常进行，并具有恢复供电、联网后自动更新数据的功能。

3.7.7.2 收银员身份识别功能

系统应能通过密钥、员工卡等方式识别收银员身份。

3.7.7.3 收银限制功能

系统应有钱箱开启的限制功能。

系统应有取消销售的限制功能。

系统应有退(换)销售的限制功能。

3.8 商品核算功能

3.8.1 多级核算功能

3.8.1.1 系统应支持以商品品种、经营部门、供货商为关键字的商品总账核算。

3.8.1.2 系统应支持以商品品种或进货批次为关键字的批次核算。

3.8.1.3 系统应支持以商品品种或存放地为关键字的归属核算。

3.8.2 商品核算的事项要求

系统应支持商品成本核算、毛利核算和税金核算。

3.9 货款结算功能

3.9.1 支持多种结算方式

系统应支持按采购单结算、按销售金额结算、按期结算、按进货批次结算、保底结算、压批结算等多种结算方式，可根据设定的参量自动生成货款结算申请单。

3.9.2 付款限制功能

系统应允许修改货款结算申请单。

修改权限应控制。

3.9.3 票据打印功能

系统应支持结算单据和固定格式票据(支票、汇票)的打印。

对票据打印的次数、权限应控制。

3.10 财务子系统

财务子系统的提供者应符合国家财政主管部门有关资质要求,应能提供与零售管理信息系统的接口。

3.10.1 财务子系统的账套

根据企业管理需要建立财务子系统账套与科目。

账套应有可扩展性。

3.10.2 财务子系统的维护要求

财务子系统运行环境及财务数据的维护参见《中华人民共和国会计法》,并应符合国家会计制度的有关规定。

维护权限应控制。

3.10.3 报表功能

系统应有财务报表(资产负债表、损益表、现金流量表等)功能。

系统可按财务管理过程所涉及的基本要素单独或组合生成固定格式的报表。

允许零售企业根据需要自定义报表格式。

报表可查询、可打印。

查询、打印权限应控制。

3.11 卡管理功能

3.11.1 卡读写功能

系统允许外接卡读写设备;卡读写权限应控制。

3.11.2 支持读写的卡类别

a) 系统通过外接设备可读取的卡:银行卡、储值卡、重要顾客(会员)卡、积分卡、权限卡等;

b) 系统通过外接设备可写入的卡:储值卡、重要顾客(会员)卡、积分卡、权限卡等。

3.11.3 卡规则的定义与使用

系统应能分别定义除银行卡外的不同卡的使用规则、卡的优先级别。

系统应允许除银行卡外的卡规则分别和叠加使用。

3.12 数据处理功能

系统应能完整记录基础信息、商品价格管理、库存管理、配送管理、销售管理、收银管理、货款结算、卡管理过程中的相关数据、数据修改过程及修改后生成的新数据,修改数据可回溯。

系统应能按表、图、文等表达数据的处理结果。

系统允许零售企业根据需要导出各管理过程相关数据。

系统允许零售企业自定义各管理过程相关数据的处理方式。

数据可查询、可打印,查询、打印权限应控制。

系统应能通过计算机汇总数据,生成业务和财务报表。

系统应具备针对淘汰商品等情况下产生的冗余数据的清理功能。

3.13 辅助分析功能

3.13.1 辅助分析功能的内容

3.13.1.1 系统应支持用户通过建立分析模型对所记录数据的统计、比对分析。

3.13.1.2 系统应支持用户通过给定参量对所记录数据的统计、比对分析。

3.13.1.3 系统应支持用户通过所记录数据的变化规律对未来数据变化趋势的预测。

3.13.2　**辅助分析结果的表达方式**

系统应能以图、文、表等形式表达数据的分析结果。

3.13.3　**辅助分析功能的维护**

辅助分析功能可扩展。

辅助分析功能的使用、维护权限应控制。

3.14　**零售企业管理信息系统外部接口**

零售企业管理信息系统应包括外接设备接口、财务系统接口、银行接口、人力资源管理系统接口等外部接口。

3.15　**应用系统维护功能**

3.15.1　**数据备份功能**

系统应具备所记录数据的备份(热备份、冷备份、历史经营数据具备异地备份等)功能。

3.15.2　**网络安全防护功能**

系统应具备网络安全防护功能,保障信息安全。

3.15.3　**系统故障恢复**

系统应具备故障后自动或手动恢复功能。

3.15.4　**功能扩展**

系统功能应具备可扩展性。

3.15.5　**应用系统子系统功能**

连锁经营的零售企业各分店之间应建立网络信息资源的传输和共享功能,建立系统子系统。

参 考 文 献

[1] 《中华人民共和国会计法》1999年10月31日第九届全国人民代表大会常务委员会第十二次会议修订通过，2000年7月1日起施行。

ICS 13.230
C 67

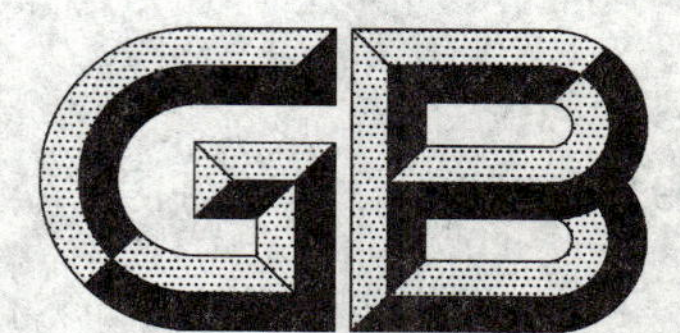

中华人民共和国国家标准

GB 17918—2008
代替 GB 17918—1999

港口散粮装卸系统粉尘防爆安全规程

Safety regulations for dust explosion protection in raw grain loading and unloading system in port

2008-12-11 发布　　2009-10-01 实施

中华人民共和国国家质量监督检验检疫总局
中国国家标准化管理委员会　发布

前　言

本标准修订并代替 GB 17918—1999《港口散粮装卸系统粉尘防爆安全规程》。

本标准 6.3.3、6.3.5、6.4.2、7.1.2、7.1.3、7.6.1、7.9.2、7.10.2、9.1、9.5 为推荐性的，其余均为强制性条款。

本标准与 GB 17918—1999 相比主要变化如下：

——增加了明火作业安全管理要求(见 5.1)；

——增加了波纹挡边胶带输送卸船机安全要求(见 7.5)；

——增加了埋刮板输送机安全要求(见 7.8)；

——增加了全密封带式输送机安全要求(见 7.11)；

本标准由国家安全生产监督管理总局提出。

本标准由全国安全生产标准化技术委员会粉尘防爆分技术委员会(SAC/TC 288/SC 5)归口。

本标准主要起草单位：中钢集团武汉安全环保研究院、大连港散粮码头公司、天津港二公司、广州港新港港务分公司、无锡威勒机电设备工程有限公司、九江市粮油机械厂(有限公司)、无锡市中良设备工程有限公司、江门振达机电工程成套公司、南方输送机械工程有限公司、武汉厚博安全技术研究所等。

本标准主要起草人：孙云翔、周豪、钟则都、刘青山、朱国伟、劳林安、王荀、李孔成、沙宪斌、谷庆红、吴笑。

本标准所代替标准的历次版本发布情况为：

——GB 17918—1999。

港口散粮装卸系统粉尘防爆安全规程

1 范围

本标准规定了港口散粮装卸系统粉尘防爆的基本要求。

本标准适用于港口散粮装卸系统粉尘防爆的设计、施工、运行和管理。

2 规范性引用文件

下列文件中的条款通过本标准的引用而成为本标准的条款。凡是注日期的引用文件,其随后所有的修改单(不包括勘误的内容)或修订版均不适用于本标准,然而,鼓励根据本标准达成协议的各方研究是否可使用这些文件的最新版本。凡是不注日期的引用文件,其最新版本适用于本标准。

GB 12476.1 可燃性粉尘环境用电器设备 第1部分:用外壳和限制表面温度保护的电气设备 第1节:电气设备的技术要求(GB 12476.1—2000,idt IEC 61241-1:1999)

GB 15577 粉尘防爆安全规程

GB/T 15604 粉尘防爆术语

GB/T 15605 粉尘爆炸泄压指南

GB/T 17919 粉尘爆炸危险场所用收尘器防爆导则

GB 50016 建筑设计防火规范

GB 50057 建筑物防雷设计规范

GB 50058 爆炸和火灾危险环境电力装置设计规范

3 术语和定义

GB/T 15604 确立的以及下列术语和定义适用于本标准。

3.1

港口散粮装卸系统 raw grain loading and unloading system in port

港口内进行散粮装卸作业的设备、设施及建(构)筑物的总称。

3.2

筒仓 silo

贮存散装物料的立式筒形封闭构筑物。

3.3

房仓 bulk cargos store house

贮存散装物料的房式构筑物。

3.4

工作楼 headhouse

装设输送、称重及除尘等设备(装置)的建(构)筑物。

3.5

廊道 galleries

装设散粮输送机械的长廊或栈桥。

4 一般规定

4.1 所有新建港口散粮装卸系统(以下简称"系统")应依据本标准进行粉尘防爆设计、施工、竣工验收;

已建系统应参照本标准进行防爆改造。

4.2 系统所在企业负责人应明确系统所包含的粉尘爆炸危险场所，同时应依据本标准并结合本单位实际情况制定粉尘防爆实施细则和安全检查表。

4.3 系统作业人员应先接受包含粉尘防爆安全的知识教育，经考试合格后方可上岗。

4.4 应对系统内测温、测尘的仪器、仪表及防火、防爆设施定期检查并使其处于良好的工作状态。

4.5 防止明火

4.5.1 系统内不应出现非生产性明火，使用生产性明火应按本标准第5章执行。

4.5.2 系统内不应存放易燃、易爆物品。

4.6 防止产生摩擦碰撞火花

4.6.1 应在系统的适当位置安装除去散粮中的铁质及其他杂物的装置。

4.6.2 进行检修维护作业时不应用铁器敲击墙壁、金属物等。

4.6.3 所有设备轴承应防尘密封。

4.6.4 进入系统内的人员不应穿带铁钉工作鞋。

4.7 防电火花

4.7.1 系统内电力设计应符合 GB 50058 中有关规定。

4.7.2 系统内电气设备设施应符合 GB 12476.1 中有关规定。

4.8 防静电

应按 GB 15577 的相关规定采取防静电措施。

4.9 积尘清扫

4.9.1 应建立定期清扫制度；对于传动、发热等部位应每天清扫。

4.9.2 应对除尘设施的积尘每船次检查一次(如散粮含尘量大，可缩短检查间隔)，并建立滤袋、滤芯定期更换制度及定期清扫制度。

4.9.3 不应采用压缩空气进行清扫作业。

4.10 各企业应根据现场实际情况按照粉尘防爆实施细则和安全检查表定期作防爆安全检查。

5 明火作业

5.1 企业应根据自身情况制定明火作业安全管理制度和操作规程。

5.2 明火作业安全技术措施

5.2.1 明火作业时，以明火作业点为中心 10 m 半径范围内的所有地面和墙壁应清扫并淋湿；不可移动的可燃材料或含粉尘的设备管、口及连接部位等应用难燃烧体材料进行覆盖保护。

5.2.2 作业现场在建筑物内时，明火作业点所处楼层 10 m 半径范围内的所有门窗均应打开。

5.2.3 在仓顶部进行明火作业，明火作业点 10 m 半径范围内的所有仓顶孔、通风除尘口等均应加盖并用难燃烧体材料覆盖。

5.2.4 在与密闭容器相连的管道上作业时应采取以下措施：

——有隔离闸门的应确保严密关闭；

——无隔离闸门的应拆除一段管道并封闭管口或用难燃烧体材料将管道隔离。

5.2.5 在斗提机、刮板机、除尘器、散料秤、储料斗等封闭式设备内进行明火作业前，应用水冲洗干净。

5.2.6 涂漆和焊接不应同时进行，工件冷却后才能涂漆。

5.2.7 明火作业现场应有专人监护并配备灭火器材。

5.2.8 电焊作业时，应选择同一部件作为回路，或者应遵循焊点与搭接点距离尽可能小的原则。

6 建(构)筑物的要求

6.1 筒仓

6.1.1 筒仓的耐火等级、与人员集中区的安全间距等应符合 GB 50016 的相关规定。

6.1.2 筒仓应按 GB 50057 有关规定采取防雷措施。

6.1.3 筒仓仓壁表面应平整、光滑，以减少粉尘积集。

6.1.4 筒仓之间不得留有结构性洞孔和连通的气孔。

6.1.5 筒仓仓顶应设置泄压设施。

6.1.6 筒仓的顶部应设置人孔和排气孔，人孔直径应不小于 0.6 m，但应能防止仓内粉尘逸出。

6.1.7 检查筒仓内部时应使用粉尘防爆灯具。

6.2 散粮房仓

6.2.1 房仓应为独立的建筑物。

6.2.2 房仓应符合 6.1.1、6.1.3、6.1.4 和 6.1.5 的要求。

6.2.3 房仓散粮进仓应顺序从一端向另一端进料以使粉尘有足够空间下沉。

6.2.4 房仓内照明应采用粉尘防爆照明灯具。

6.3 工作楼(塔)

6.3.1 工作楼(塔)的耐火等级、与人员集中区的安全距离应符合 GB 50016 的规定。

6.3.2 工作楼应按 GB 50057 中有关规定采取防雷措施。

6.3.3 工作楼宜采用金属结构或钢筋混凝土框架结构。

6.3.4 门窗均应向外开启。

6.3.5 斗式提升机宜安装在工作楼外部。

6.4 附属建筑物

6.4.1 廊道、灌包间的防火设计应符合 GB 50016 的有关规定。

6.4.2 廊道宜按 GB/T 15605 采取泄爆措施。

6.4.3 配电室、中控室的设置应符合 GB 50016 的规定。

7 散粮装卸机械和输送设备

7.1 总则

7.1.1 宜选用密封式的连续装(卸)船机、输送设备。

7.1.2 系统内的闸门、阀门宜选用气动式。

7.1.3 各类装卸机械、输送设备所用胶带宜采用抗静电、难燃烧体胶带；

7.1.4 胶带不应采用钢性结合。

7.1.5 装(卸)船机、输送设备应有急停装置。

7.1.6 所有装(卸)船机应有独立的通风除尘装置。

7.2 夹胶带卸船机

7.2.1 各部分卸料溜槽(管)应密封并使用非燃烧的材料制作，其上部应设泄爆口。

7.2.2 产生物料落差的部位应采取除尘措施。

7.2.3 提升部分及水平输送部分均应安装防止胶带打滑(失速)及跑偏的安全装置，超限时能自动报警、停车。

7.2.4 进行散粮卸船作业时应随时检查运转情况，防止由于侧密封及滑槽故障造成胶带过热。

7.3 螺旋卸船机

7.3.1 输送部分应为设有泄爆装置的全封闭外壳。

7.3.2 轴承应采用密封轴承。

7.4 链式输送卸船机

7.4.1 输送部分应有全封闭外壳且应采用非燃材料制作。

7.4.2 应采用耐磨、抗静电的塑料导板；导板接驳口应对齐，左右偏差不得大于 1.5 mm。

7.4.3 进、排料口应装设防尘罩。

7.4.4 所有接驳部位、观察孔、泄爆口及盖板等均应有良好密封。

7.4.5 内壁应平整光滑。

7.4.6 各部件工作时不得有渗油现象。

7.5 波纹挡边带式输送卸船机

7.5.1 喂料器与垂直提升转接处应设置除铁装置。

7.5.2 输送机上所有支承轴承、滚筒等转动部件宜配置集中润滑装置。

7.5.3 波纹挡边胶带和盖带应安装防止胶带打滑(失速)及跑偏装置,超限时能自动报警和停机。

7.5.4 波纹挡边带式输送卸船机上的埋刮板输送机应符合本标准7.8的规定。

7.5.5 作业中应随时检查波纹挡边胶带及盖带的运转情况,防止因胶带过热而引发故障或胶带燃烧;应定期检查喂料器的完好情况。

7.6 斗式提升机

7.6.1 宜采用2.5 m/s以下带速的低速斗式提升机。

7.6.2 应设有观察门(孔)以便随时观察、调整胶带张紧度及纠正跑偏。

7.6.3 下部和顶部应设置泄爆口。

7.6.4 与仓顶输送机之间应避免直接相通。

7.6.5 内壁应平整光滑。

7.6.6 转动部分的轴承均应设计在机体外部。

7.6.7 应配备有防驱动打滑及超限报警停车装置。

7.6.8 驱动装置电机功率大于15 kW·h时应采用液力耦合器连接。

7.7 夹胶带提升机

7.7.1 主带气室、盖带气室及水平段气室均应按GB/T 15605设有泄爆口。

7.7.2 水平段应有全封闭的外壳并应采用非燃材料制作。

7.7.3 应安装防止胶带打滑(失速)及跑偏的安全装置,超限时能自动报警停车。

7.7.4 遇重载停车后应慢转将胶带上的粮食清理干净后方可复位。

7.7.5 应采用滚动轴承,各轴承座宜安装在机壳外侧;安装在机壳内的轴承座周围应定期清扫。

7.7.6 进、出料口应安装吸尘罩。

7.7.7 作业时应随时检查胶带的运行情况,防止由于侧密封故障造成胶带过热。

7.8 埋刮板输送机

7.8.1 应配备断链保护装置。

7.8.2 应设置泄爆口。

7.8.3 在埋刮输送机的尾部和头部应设置防堵料检测装置,在发生堵料时能自动报警和停机。

7.8.4 如采用耐磨,抗静电的超高分子塑料导板,导板接口应对齐,左右偏差不得大于1.5 mm。

7.8.5 所有连接部位,观察孔,泄爆口及盖板等均应密封良好。机槽内部应平整光滑。

7.8.6 进(卸)料管的水平倾角应不小于45°。

7.8.7 进(卸)料闸阀应采用气动或手动闸阀,如使用电动闸阀则应选用防爆型。

7.8.8 按照设备管理和点检制的规定,对埋刮板输送机运转情况进行检查,如发现异响及异常情况,及时停机并排除故障。

7.9 托辊式胶带输送机

7.9.1 应配备有防止胶带打滑、跑偏的安全监控装置,超限时能自动报警和停车。

7.9.2 输送倾角宜不大于11°;为11°～15°时,宜采用托辊倾角为40°～45°的深槽型胶带输送机。

7.9.3 应进行运转情况检查,发现异声、异味应及时停车。

7.10 气垫式胶带输送机

7.10.1 物料入口应设有防止杂物混入粮食中的装置。

7.10.2 宜采用全封闭的外壳并应采用非燃材料制作。

7.10.3 应安装防止胶带打滑(失速)及跑偏的安全装置,超限时能自动报警停车。

7.10.4 遇重载停车后应慢转将胶带上的粮食清理干净后方可复位。

7.10.5 应采用滚动轴承,各轴承座宜安装在机壳外侧;安装在机壳内的轴承座周围应定期清扫。

7.10.6 进、出料口应安装吸尘罩。

7.11 全密封带式输送机

7.11.1 在确保密封的前提下,各部件应便于拆装。

7.11.2 托辊轴承应置于箱体之外。

7.11.3 应配备有防止胶带打滑、跑偏的安全装置,超限时能自动报警和停车。

7.12 附属设备

7.12.1 空气压缩机

——应安装在与粉尘隔离的、通风良好的环境中;

——在运转过程中各阀门应工作正常;

——控制柜及各电气元件应定期检查,确保工作正常。

7.12.2 气动操纵装置中的电磁阀应安装在密封箱内。

8 称重系统

8.1 称重系统的秤上料斗到秤下的卸料槽等有散粮经过的部位内壁均应平整光滑,秤上料斗、秤斗及秤下斗应有足够的自溜角。

8.2 秤上贮料斗及全密闭式秤应设置泄爆口。

8.3 所有贮料斗秤体均应密封良好不漏尘,宜选用粉尘防爆型秤。

8.4 对非密闭式称重系统应建立每船(班)次清扫制度。

8.5 全密闭式秤应设有吸尘罩,同时在秤上斗、秤斗及秤下斗之间应设置空气平衡装置。

8.6 称重系统的控制柜(屏)应设置在安全区域,秤体内电气装置应符合 GB 12476.1 要求。

9 除尘系统

9.1 宜按工况分片设置相对独立的除尘系统。

9.2 系统中所有散粮转载点(筒仓、房仓例外)均应装设吸尘罩。

9.3 管网设计应考虑防静电措施和泄爆;风管内壁应光滑,布局要简单、合理。

9.4 应严格核算风量,保证粉尘不沉降。

9.5 除尘器的选型、安装、使用及维修宜符合 GB/T 17919 的规定。

9.6 除尘系统应在作业前启动,作业停止后仍需继续运行一段时间。

ICS 13.230
C 67

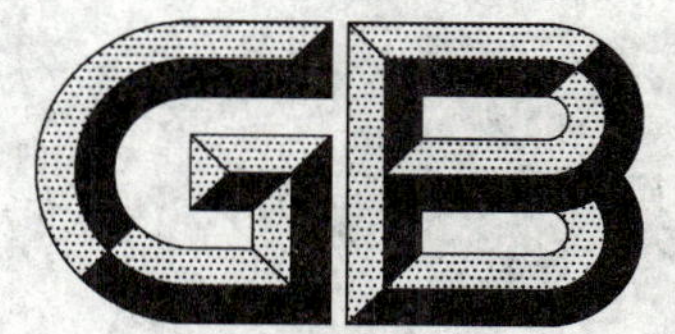

中华人民共和国国家标准

GB/T 17919—2008
代替 GB/T 17919—1999

粉尘爆炸危险场所用收尘器防爆导则

Directives for dust explosion protection for dust collectors in dust explosion hazardous area

2008-12-15 发布　　　　2009-10-01 实施

中华人民共和国国家质量监督检验检疫总局
中国国家标准化管理委员会　发布

前 言

本标准代替 GB/T 17919—1999《粉尘爆炸危险场所用收尘器防爆导则》。

本标准与 GB/T 17919—1999 相比，主要做了如下改变：

——替换了已经废除的引用标准；

——修改了一些相关技术参数(见 4.1.6)。

本标准由国家安全生产监督管理总局提出。

本标准由全国安全生产标准化技术委员会粉尘防爆分技术委员会(SAC/TC 288/SC 5)归口。

本标准起草单位：中钢集团武汉安全环保研究院、中钢集团天澄环保科技股份有限公司、中国冶金设备南京有限公司。

本标准主要起草人：王志、陈隆枢、赵丹力、胡东涛、朱炳安、陈强。

本标准于 1999 年 11 月首次发布，本次为第一次修订。

粉尘爆炸危险场所用收尘器
防爆导则

1 范围

本标准规定了粉尘爆炸危险场所用收尘器的防爆要求。

本标准适用于粉尘爆炸危险场所用收尘器的设计、安装、使用与维护。

本标准不适用于矿山井下、烟花爆竹及民用爆炸器材生产场所。

2 规范性引用文件

下列文件中的条款通过本标准的引用而成为本标准的条款。凡是注日期的引用文件,其随后所有的修改单(不包括勘误的内容)或修订版均不适用于本标准,然而,鼓励根据本标准达成协议的各方研究是否可使用这些文件的最新版本。凡是不注日期的引用文件,其最新版本适用于本标准。

GB 12476.1 可燃性粉尘环境用电气设备 第1部分:用外壳和限制表面温度保护的电气设备 第1节:电气设备的技术要求(idt GB 12476.1—2000,IEC 61241-1:1999)

GB 15577 粉尘防爆安全规程

GB/T 15604 粉尘防爆术语

GB/T 15605 粉尘爆炸泄压指南

3 术语和定义

GB/T 15604中确立的以及下列术语和定义适用于本标准。

3.1

粉尘爆炸危险场所 dust explosion hazardous area

存在可燃粉尘、助燃气体和点燃源的场所。

3.2

粉尘爆炸危险场所用收尘器 dust collectors in dust explosion hazardous area

在粉尘爆炸危险场所用于捕集气固两相流中固体颗粒物的设备。

4 设计

4.1 一般规定

4.1.1 粉尘爆炸危险场所用收尘器的设计人员,应熟知粉尘防爆知识及对收尘设备的性能要求。

4.1.2 收尘器应能在各种系统中实现一级收尘,其尾气中颗粒物浓度应符合国家和地方环保标准。

4.1.3 宜采用袋式收尘器并优先采用外滤型式。

4.1.4 袋式收尘器宜有较高的过滤风速,以减小过滤面积和箱体容积。

4.1.5 收尘器箱体内不应存在任何可能积灰的平台和死角;对于箱体和灰斗侧板或隔板形成的直角应采取圆弧化措施。

4.1.6 收尘器应有良好的气密性,在其额定工作压力下的漏风率应不高于3%。

4.1.7 应避免收尘器内部零件碰撞、摩擦。

4.1.8 收尘器宜安装于室外;如安装于室内,其泄爆管应直通室外,且长度小于3 m,并根据粉尘属性确定是否设立隔(阻)爆装置。

4.1.9 收尘器宜在负压下工作。

4.1.10 应避免收尘器进风口因流速降低而导致的粉尘沉降。

4.1.11 宜以抑爆性气体稀释粉尘与空气的混合物，使箱体内含氧浓度低于安全浓度限值。

4.1.12 收尘器应设有灭火用介质管道接口。

4.1.13 在收尘器进、出风口处宜设置隔离阀，并安装温度监控装置。

4.2 清灰和清灰装置

4.2.1 袋式收尘器宜采用脉冲喷吹等强力清灰方式。

4.2.2 清灰装置应工作可靠。

4.2.3 应根据收尘器类型、清灰方式、过滤风速、粉尘物性、入口含尘浓度等因素确定合理的清灰周期。

4.2.4 应有可靠的清灰自控系统。

4.3 清灰气源

4.3.1 脉冲喷吹类袋式收尘器宜采用 N_2、CO_2 或其他惰性气体作为清灰气源。

4.3.2 脉冲喷吹类袋式收尘器的供气系统应保证充足的供气量，并应采取脱油除水措施。

4.3.3 反吹清灰(差压清灰或风机反吹)类袋式收尘器宜采用经自身净化后的气体作为清灰气源。

4.4 滤袋

4.4.1 滤袋应采用消静电滤料制作，其抗静电特性应符合表 1 的规定。

表 1 滤袋抗静电特性最大限值

滤料抗静电特性	最大限值
摩擦荷电电荷密度/(μC/m^2)	<7
摩擦电位/V	<500
半衰期/s	<1.0
表面电阻/Ω	$<10^{10}$
体积电阻/Ω	$<10^{9}$

4.4.2 滤料应具备阻燃性能。

4.5 电弧和电火花的防止

4.5.1 同滤袋相连接的花板或短管、脉冲喷吹类袋式收尘器的滤袋框架应符合防静电要求。

4.5.2 收尘器应设防静电直接接地设施，接地电阻应不大于 100 Ω。

4.5.3 收尘器与进、出风管及卸灰装置的连接宜采用焊接；如采用法兰连接，应用导线跨接，其电阻应不大于 0.03 Ω。

4.5.4 配套的电气设备应符合 GB 12476.1 的规定。

4.6 卸灰装置

4.6.1 灰斗内壁应光滑，下料壁面与水平面夹角应根据粉尘的休止角确定，一般应不小于 65°。

4.6.2 矩形灰斗壁面之间的夹角应圆弧化处理。

4.6.3 灰斗下部应设锁气卸灰装置。

4.6.4 卸灰装置应同收尘器同步运转，不使粉尘在灰斗内积存。

4.7 自动控制与监测

4.7.1 应对收尘器实行清灰程序控制。

4.7.2 对收尘器的下列参数应进行监测：

——进、出风口压差；

——进、出风口和灰斗的温度；

——清灰参数(清灰周期、清灰间隔等)；

——脉冲喷吹类袋式收尘器的喷吹压力。

4.7.3 应对收尘器下列部件的工况进行监视：

——卸灰装置；

——清灰用阀门(停风阀、切换阀等)。

4.7.4 当收尘器出现下列故障时应予报警：

——进、出风口压差过高；

——温度异常升高；

——脉冲喷吹装置的压力过低；

——卸灰装置停止工作。

4.7.5 如采用抑爆气体，应对箱体内氧含量进行监测，当氧浓度超过警戒值时应予报警。

4.7.6 用于收尘器运行参数监测的电气装置应符合 GB 12476.1 的规定。

4.8 泄爆

4.8.1 收尘器箱体的强度应能承受系统最大负压。

4.8.2 收尘器应按 GB/T 15605 设置泄爆装置。

5 安装

5.1 当收尘器内部配件安装结束后应进行全面清理，确认设备内部无遗留物时方准许安装输灰、卸灰和锁风装置。

5.2 系统安装结束后应按设计将设备可靠接地。

5.3 构件及整机设备焊接后应对焊缝进行渗透检验，确认无漏方予验收。

6 使用与维护

6.1 系统启动时应先启动收尘器，再启动生产设备；系统停机时应先停生产设备，收尘器应再运行一段时间并将滤袋清灰数遍，将粉尘全部从灰斗内卸出。

6.2 收尘器启动后应定时检查，若有漏尘、漏风现象应立即停机处理。

6.3 应定时检查清灰装置，若脉冲阀或反吹切换阀门出现故障应及时修理。

6.4 检修收尘器时宜使用防爆工具，不应敲击收尘器各金属部件。

6.5 明火作业应按 GB 15577 中相关条款执行。

ICS 03.100.20
A 10

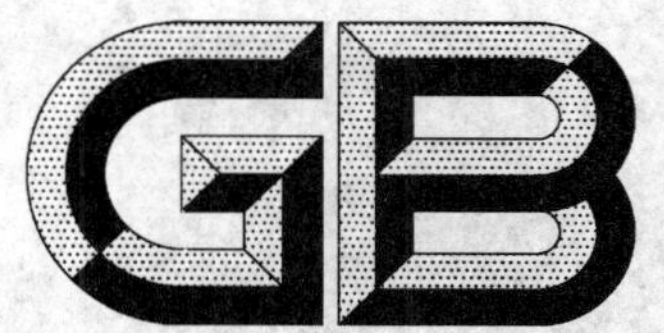

中华人民共和国国家标准

GB/T 17924—2008
代替 GB 17924—1999

地理标志产品标准通用要求

General requirements for standards on products of geographical indications

2008-06-27 发布　　2008-10-01 实施

中华人民共和国国家质量监督检验检疫总局
中国国家标准化管理委员会　发布

前　言

本标准是为了配合国家质量监督检验检疫总局发布的《地理标志产品保护规定》的实施，指导编写地理标志产品标准而制定。

本标准借鉴了世界贸易组织(WTO)《与贸易有关的知识产权协定》(TRIPS)和欧盟及法国等成员国制定的保护原产地命名及地理指示法规。

本标准代替 GB 17924—1999《原产地域产品通用要求》。

本标准与 GB 17924—1999 相比主要变化如下：

——将强制性标准修改为推荐性标准；

——根据国家质量监督检验检疫总局颁布的《地理标志产品保护规定》，修改相关定义和表述；

——将原标准的第 4 章的章名“确定原产地域产品的基本原则”改为“制定地理标志产品标准的基本原则”并对内容进行调整；

——将原标准的第 5 章、第 6 章、第 7 章进行合并改为“通用要求”并对内容进行调整；

——修改了对专用标志的规定。

本标准由全国原产地域产品标准化工作组提出并归口。

本标准起草单位：中国标准化协会、深圳市标准技术研究院。

本标准主要起草人：张伟、张雯、黄曼雪、张秀春。

地理标志产品标准通用要求

1 范围

本标准规定了地理标志产品的术语和定义、制定地理标志产品标准的基本原则、通用要求。

本标准适用于国家质量监督检验检疫行政主管部门根据《地理标志产品保护规定》批准保护的地理标志产品标准的制定。

2 规范性引用文件

下列文件中的条款通过本标准的引用而成为本标准的条款。凡是注日期的引用文件，其随后所有的修改单（不包括勘误的内容）或修订版均不适用于本标准，然而，鼓励根据本标准达成协议的各方研究是否可使用这些文件的最新版本。凡是不注日期的引用文件，其最新版本适用于本标准。

GB/T 1.2 标准化工作导则 第2部分：标准中规范性技术要素内容的确定方法

国家质量监督检验检疫总局令第78号 《地理标志产品保护规定》

国家质量监督检验检疫总局公告〔2006〕年第109号 《关于发布地理标志保护产品专用标志比例图的公告》

3 术语和定义

下列术语和定义适用于本标准。

3.1

地理标志产品 product of geographical indications

产自特定地域，所具有的质量、声誉或其他特性本质上取决于其产地的自然因素和人文因素，经审核批准以地理名称进行命名的产品。地理标志产品包括：

a) 来自本地区的种植、养殖产品。

b) 原材料全部来自本地区或部分来自其他地区，并在本地区按照特定工艺生产和加工的产品。

4 制定地理标志产品标准的基本原则

4.1 应是国家质量监督检验检疫行政主管部门根据《地理标志产品保护规定》批准的地理标志产品。

4.2 产品的品质、特色和声誉应能体现产地的自然属性和人文因素，并具有稳定的质量，历史悠久，风味独特，享有盛名。

4.3 地理标志产品标准除应符合GB/T 1.2的规定外，还应规定地理标志产品保护范围、自然环境、特定的品种、特定的种（养）植技术、特殊的加工工艺、产品技术指标等与地理标志产品独特品质有关的内容。

5 通用要求

5.1 标准名称

地理标志产品标准名称应由产地名称和反映真实属性的通用产品名称构成，并冠以地理标志产品前缀。

5.2 地理标志产品保护范围

应符合国家质量监督检验检疫行政主管部门批准的保护区域，并附相应地域图。

5.3 **自然环境**

应规定适宜产出具有特定品质产品的保护区域的自然环境，如独特的地理环境、气候、土壤、水质等。

5.4 **原料**

5.4.1 应规定适制地理标志产品的动、植物品种。

5.4.2 应规定与产品独特品质有关的特殊原料的来源，必要时应规定原料的产地、感官特性、理化指标和安全卫生指标。

5.5 **种植(养殖)技术**

应规定与产品独特品质有关的种植(养殖)技术要求，如选种、栽培、田间管理、施肥与农药、采摘、原材料处理和贮存等。

5.6 **工艺**

5.6.1 应规定产品独特的加工工艺，必要时应规定关键工艺和关键设备。

5.6.2 应规定生产过程的安全、卫生和环保要求，并应符合国家相关法律、法规的规定。

5.7 **产品质量**

5.7.1 应规定产品的感官特性、理化指标、安全卫生指标、试验方法及有关限制性条款。

5.7.2 可规定产品的特异性指标。

5.8 **标签**

地理标志产品标签的内容除应符合国家有关规定外，还应标注如地理标志产品名称、原料名称和产地，以及其他需要特殊标注的内容。

5.9 **标志**

地理标志产品专用标志应符合国家质量监督检验检疫总局公告[2006]年第109号的规定，使用应符合《地理标志产品保护规定》。

ICS 23.120
P 48

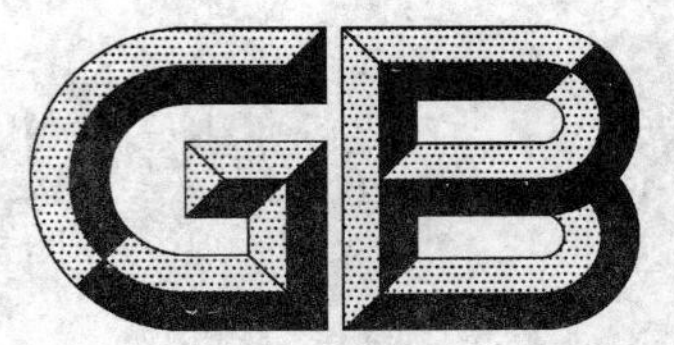

中华人民共和国国家标准

GB/T 17939—2008
代替 GB/T 17939—1999

核级高效空气过滤器

Nuclear grade high efficiency particulate air filter

2008-06-19 发布　　2009-04-01 实施

中华人民共和国国家质量监督检验检疫总局
中国国家标准化管理委员会　发布

前　言

本标准在修订过程中参照了美国机械工程师协会标准 ASME A G-1:2003《核空气和气体处理法规　FC部分:高效粒子空气过滤器》。

本标准代替 GB/T 17939—1999《核级高效空气过滤器》。

本标准与 GB/T 17939—1999 相比的主要变化如下:

——4.2 中增加了核级高效空气过滤器的标准规格和产品结构形式;

——增加了 5.3.6 ;

——修改第 2 章"引用标准"中的内容;

——修改了 5.1.2 中 d) 对垂直度的要求;

——修改了 5.2.4.1 中对密封胶的要求;

——修改了 5.2.5 中对密封垫的要求;

——修改了 5.2.6 中对防护网的要求;

——修改了 5.3.1.2 中对核级密褶高效空气过滤器滤芯的要求;

——修改了 9.1.1 中对包装的要求;

——修改了 9.3.2 中对贮存的要求;

本标准由中国核工业集团公司提出。

本标准由全国核能标准化技术委员会归口。

本标准的起草单位:河南核净洁净技术有限公司。

本标准主要起草人:冯朝阳、刘歌、古现华、李后军、孙广宇、李玉玲。

本标准所代替标准的历次版本发布情况为:

——GB/T 17939—1999。

核级高效空气过滤器

1 范围

本标准规定了核级高效空气过滤器的分类及规格、结构、材料、性能、试验、检验、标志、包装、运输和贮存等要求。

本标准适用于核设施空气净化系统中与核安全有关的高效空气过滤器的制造、检验、包装、运输和贮存。核设施空气净化系统中与核安全无关的高效空气过滤器可参照本标准执行。

2 规范性引用文件

下列文件中的条款通过本部分的引用而成为本部分的条款。凡是注日期的引用文件，其随后所有的修改单(不包含勘误的内容)或修订版均不适用于本标准，然而，鼓励根据本标准达成协议的各方研究是否可使用这些文件的最新版本。凡是不注日期的引用文件，其最新版本适用于本部分。

GB/T 531 橡胶袖珍硬度计压入硬度试验方法(GB/T 531—1999,idt ISO 7619:1986)

GB/T 2518 连续热镀锌钢板和钢带

GB/T 3198 铝及铝合金箔

GB/T 3280 不锈钢冷轧钢板和钢带

GB/T 6165 高效空气过滤器性能试验方法 透过率和阻力

GB/T 6669 软质泡沫聚合材料 压缩永久变形的测定

GB/T 9799 金属覆盖层 钢铁上的锌电镀层

GB/T 11253 碳素结构钢和低合金结构钢冷轧薄钢板及钢带

EJ/T 369 耐火高效空气过滤纸技术条件

3 术语和定义

下列术语和定义适用于本标准。

3.1

核级高效空气过滤器 nuclear grade high efficiency particulate air filter

由滤芯、边框、密封胶和密封垫组成，按本标准规定的试验方法检验，满足本标准所规定的参数和性能指标，用于核设施空气净化系统中与核安全有关的高效空气过滤器。

4 分类及规格

4.1 分类

4.1.1 核级有分隔板高效空气过滤器

按所需深度将滤料往返折叠，由不可燃波纹板状分隔物支撑被折叠的滤料制成滤芯，并用密封胶封于边框内的核级高效空气过滤器(见图1)。

4.1.2 核级密褶高效空气过滤器

按所需褶幅高度将滤料往返折叠，用细带状或线状分隔物支撑被折叠的滤料制成滤芯，滤芯装配形式为“V”型结构的核级高效空气过滤器(见图2)。

4.2 规格

核级高效空气过滤器常用规格及主要性能指标见表1。

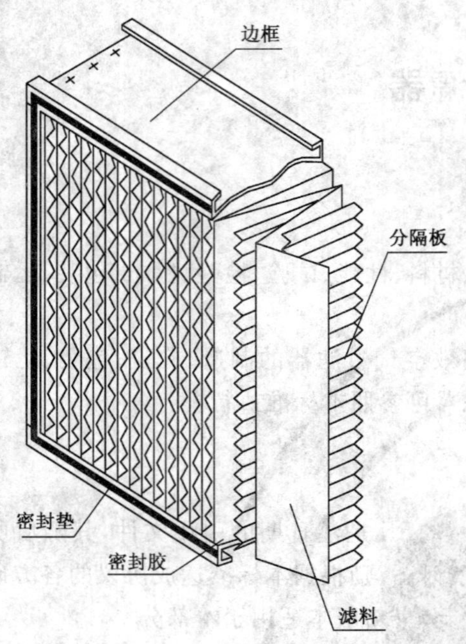

图 1　核级有分隔板高效空气过滤器

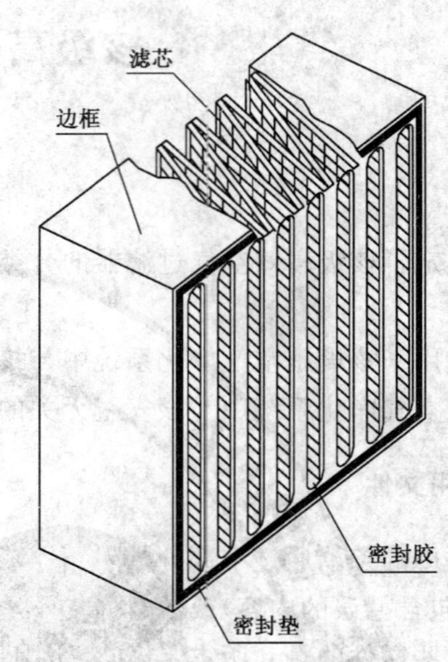

图 2　核级密褶高效空气过滤器

表 1　核级高效空气过滤器常用规格及主要性能指标

序号	外形尺寸 宽(mm)×高(mm)×深(mm)	结构形式	额定风量 m^3/h	阻力 Pa	透过率 %
1	203×203×78	有隔板	42	≤325	≤0.01 (钠焰法)
2	203×203×150		85	≤325	
3	305×305×150		212	≤325	
4	305×305×292		424	≤250	
5	610×610×150		850	≤250	
6	610×610×292		1 700	≤250	
7	610×610×292		2 125	≤250	
8	610×610×292		2 550	≤325	
9	610×610×292	密褶	3 400	≤325	
注：其他规格的核级高效空气过滤器，阻力应不大于 325 Pa，其他性能指标应满足本标准要求。					

5　要求

5.1　基本要求

5.1.1　外观要求

过滤器上不允许有明显的污染物(泥、油、粘性物)和损伤(壳体扭曲或破裂、防护网变形、密封胶裂纹、密封垫松脱等)。

5.1.2　外形尺寸偏差

a)　端面

端面尺寸等于 610 mm×610 mm 时，其任一边长允许偏差为 $_{-3}^{0}$ mm；

端面尺寸小于 610 mm×610 mm 时，其任一边长允许偏差为 $_{-1.6}^{0}$ mm。

b) 深度

深度允许偏差为$^{+1.6}_{0}$ mm。

c) 对角线

端面尺寸等于610 mm×610 mm时，过滤器每个端面的两条对角线长度差应不大于3 mm；端面尺寸小于610 mm×610 mm时，过滤器每个端面的两条对角线长度差应不大于2 mm。

d) 垂直度

过滤器的端面与侧面、底面均应垂直，垂直度偏差应不大于5 mm。

e) 平面度

过滤器的端面、侧面和底面平面度偏差应不大于1.6 mm；两端面应互相平行，平行度偏差应不大于1.6 mm。

上述尺寸偏差不包括密封垫。

5.2 材料要求

5.2.1 边框材料

5.2.1.1 核级有分隔板高效空气过滤器

核级有分隔板高效空气过滤器的边框，在符合本标准规定的产品性能要求的前提下，允许使用其他的金属或非金属材料。

a) 碳钢板

厚度应为1.8 mm～2 mm，材料应符合GB/T 11253的规定；碳钢板应在折边、焊接后镀锌，镀锌应符合GB/T 9799的规定。

b) 不锈钢板

厚度应为1.8 mm～2 mm，材料应符合GB/T 3280的规定。

5.2.1.2 核级密褶高效空气过滤器

a) 碳钢板

厚度应不小于1 mm，冲压成型后镀锌或用镀锌钢板直接冲压成型，材料和镀锌应符合GB/T 11253、GB/T 9799、GB/T 2518的规定。

b) 不锈钢板

厚度应不小于1 mm，冲压成型。材料应符合GB/T 3280的规定。

5.2.2 过滤材料

过滤材料应为超细玻璃纤维滤纸。材料应符合EJ/T 369的规定。

5.2.3 分隔物材料

5.2.3.1 核级有分隔板高效空气过滤器分隔物材料

a) 铝箔

厚度应为0.04 mm，材料应符合GB/T 3198中的规定。

b) 不锈钢箔

厚度应为0.02 mm～0.03 mm，材料应符合GB/T 3280的规定。

5.2.3.2 核级密褶高效空气过滤器分隔物材料

a) 滤纸条

用玻璃纤维滤纸条作分隔物，宽度应不大于4 mm。材料应符合EJ/T 369的规定。

b) 不可燃纤维线

用不可燃纤维线作分隔物，线的直径为1.0 mm～1.2 mm。

5.2.4 密封胶及粘接剂

5.2.4.1 密封胶

a) 密封胶用于滤芯与边框的密封；

b) 密封胶应有弹性、不产尘、耐老化,能在常温、常压下固化;

c) 按本标准6.2.4测试,具有自熄性;

d) 耐辐照:密封胶经吸收剂量率不大于2×10^{3} Gy/h,累积吸收剂量不小于8×10^{5} Gy的γ射线辐照后,密封胶不应开裂和脱壳。

5.2.4.2 粘接剂

a) 粘接剂用于过滤材料的拼接及密封垫与过滤器边框的粘接。

b) 粘接剂应使被粘接材料粘接牢固。

5.2.5 密封垫

密封垫可采用闭孔海绵氯丁橡胶、闭孔海绵硅橡胶或其他材料。但其性能应满足:

a) 参照GB/T 531,用邵尔W型硬度计测得硬度33±2;

b) 按GB/T 6669测试,压缩永久变形应小于60%(40%,130 ℃,24 h);

c) 按本标准6.2.4测试,具有自熄性;

d) 耐辐照:密封垫经过吸收剂量率不大于2×10^{3} Gy/h,累积吸收剂量不小于8×10^{5} Gy的γ辐照后,其物理性能应满足本条a)、b)的规定。

5.2.6 防护网

核级有分隔板高效空气过滤器进出风面均应装防护网,防护网用丝径为0.5 mm、6.35 mm正方形(4目)的点焊镀锌铁丝网或点焊不锈钢丝网制成。

核级密褶高效空气过滤器可以根据需要在出风面装镀锌钢板网或不锈钢板网作为防护网,防护网应张紧,且四周都应牢固地镶嵌在壳体内,不允许有金属丝头露在外面。

5.3 结构要求

5.3.1 滤芯

5.3.1.1 核级有分隔板高效空气过滤器滤芯

核级有分隔板高效空气过滤器的滤芯,其分隔板应露出滤料折线5 mm,当滤料固定在边框中时,分隔板距边框边缘至少5 mm。滤料在边框中不应松动和变形。滤料的褶纹和分隔板应垂直于壳体板,从任一褶或分隔板的一端引一铅垂线,该褶或分隔板另一端偏离铅垂线不应大于9 mm。褶纹和分隔板不应弯曲,从任一折或分隔板两端连一直线检查,弯曲造成的偏离应不大于6 mm。各偏差按本标准6.1.4进行测量。

5.3.1.2 核级密褶高效空气过滤器滤芯

核级密褶高效空气过滤器的滤芯,最大褶幅应不大于35 mm,相邻褶幅的高度偏差不应大于0.5 mm;在300 mm范围内分隔物的直线度偏差不应大于1 mm;分隔物应与褶痕垂直,每条分隔物形成的直线与褶痕垂直度偏差不应大于2 mm;分隔物的间距偏差不应大于3 mm。滤料在边框中不应松动和变形。各偏差按本标准6.1.5进行测量。

5.3.2 边框

5.3.2.1 边框的四个角和拼接处不应松动,边框上的粘接剂和密封胶不应出现脱胶开裂现象。核级有分隔板高效空气过滤器边框边宽为19 mm,核级密褶高效空气过滤器边框进风面边宽应不小于19 mm。

5.3.2.2 边框应具有足够的强度、刚性和稳定性。

5.3.3 密封垫

a) 密封垫断面采用长方形(宽度为17 mm±1 mm,厚度为7 mm)或半圆形(直径为15 mm)。长方形断面密封垫的粘接面和密封面应去皮。

b) 密封垫用整体或拼接成形,但拼接应在拐角处;拼接时应采用Ω型或燕尾型连接,连接处应粘接牢固;每台过滤器密封垫拼接不超过4处。

c) 密封垫与边框粘接应牢固,且密封垫的内、外边缘均不应超出边框的内外边缘。

5.3.4 滤料的拼接

核级有分隔板高效空气过滤器，额定风量小于 850 m^3/h 时，滤料不允许有拼接；额定风量大于或等于 850 m^3/h 时，只允许有一处拼接，但拼接缝应顺气流方向，且两块滤料搭接宽度至少 13 mm，两块滤料搭接面应全部涂胶。

核级密褶高效空气过滤器的滤料不允许有拼接。

5.3.5 滤速

不论核级有分隔板高效空气过滤器或核级密褶高效空气过滤器，通过滤料的滤速都不应超过 2.5 cm/s。

5.3.6 修补

不允许对滤料进行贴补修补。

5.4 性能要求

5.4.1 气流阻力

按 GB/T 6165 进行试验，气流阻力应符合本标准表 1 的规定。

5.4.2 透过率

按 GB/T 6165 进行试验，在 100% 和 20% 额定风量下，钠焰法透过率应不大于 0.01%。

5.4.3 耐超压

5.4.3.1 耐干超压

按本标准 6.2.2.1 的方法进行试验，试验结束后，额定风量下的钠焰法透过率应不大于 0.01%。

5.4.3.2 耐湿超压

按本标准 6.2.2.2 的方法进行试验，试验结束后，20% 额定风量下的钠焰法透过率应不大于 0.01%。

5.4.4 耐热气流

按本标准 6.2.3 进行试验，试验结束后额定风量下的钠焰法透过率应不大于 3%。

5.4.5 耐振动

按本标准 6.2.1 进行试验。试验结束后，外观应符合本标准 5.1.1 的规定；同时，气流阻力和额定风量下的钠焰法透过率应分别符合本标准 5.4.1、5.4.2 的规定。

5.4.6 耐明火

按本标准 6.2.4 进行。在灼烧过程中，过滤器出风面不应有火焰出现，被试面不应有火焰蔓延燃烧；当火焰从每个点上移去后，在过滤器进出风面上皆不应出现继续燃烧的现象。

5.4.7 耐辐照

按本标准 6.2.5 进行。试验结束后，测试额定风量下的透过率，其钠焰法透过率应不大于 0.01%。

5.4.8 抗震

核级高效空气过滤器，按其所处楼面要求的反应谱进行抗震分析计算或做抗震试验，应符合抗震要求。

6 试验方法

6.1 尺寸与装配公差测量

6.1.1 过滤器的端面、深度和端面对角线尺寸测量

用游标卡尺(最小刻度 0.1 mm)测量。

6.1.2 过滤器的平面度测量

用平板和塞尺检查，平板精度为 3 级，塞尺厚度范围为 0.02 mm～0.5 mm。

6.1.3 过滤器壳体板与密封端面的垂直度测量

用 3 级平台、3 级方箱和百分表检查。

6.1.4 有分隔板过滤器的滤芯技术参数的测量

a) 滤料褶和分隔板垂直于壳体板的测量：从褶（或分隔板）的一端引一铅垂线，用直尺测量垂线与该褶（或分隔板）另一端的偏离距离。

b) 滤料褶和分隔板的弯曲测量：从两端连一直线，用直尺检查弯曲造成的偏离，若是又弯曲又偏离者，取其中距直线的最大值。

6.1.5 密褶过滤器的滤芯技术参数的测量

a) 最大褶幅和相邻褶幅高度差测量：将密褶过滤器的滤芯进出风面中的任一面平放在平台上，用高度游标卡尺测量。

b) 分隔物垂直度偏差测量：将密褶过滤器的滤芯进出风面垂直于水平面、滤纸褶平行于水平面放置，从分隔物的一端引一铅垂线，用直尺测量垂线与该分隔物另一端的偏离距离。

c) 分隔物的直线度偏差测量：从分隔物两端连一直线，在 300 mm 范围内用直尺测量分隔物偏离直线的最大距离。

d) 分隔物间距偏差测量：用直尺测量分隔物的间距，用最大间距减去最小间距。

6.2 性能试验方法

6.2.1 过滤器耐振动试验

6.2.1.1 试验前的准备

按 GB/T 6165 进行额定风量下的阻力和透过率试验。

做耐振动试验的过滤器不应有包装，为防尘可装入透明的薄塑料袋内。过滤器放置时，有隔板过滤器使其进出风面和滤纸褶都垂直于振动台面，密褶过滤器使其进出风面垂直于振动台面、滤纸褶平行于振动台面，将过滤器牢固地固定在振动台面上，将振幅调至 19 mm，并保证在振动下落时过滤器以自由落体状态下落。

6.2.1.2 试验

振幅 19 mm，每分钟振动 200 次，振动 15 min。

振动后的过滤器采用目测方法进行外观检查；

按 GB/T 6165 进行额定风量下的阻力和透过率试验。

6.2.2 过滤器耐超压试验

6.2.2.1 耐干超压试验

过滤器应先按 GB/T 6165 进行额定风量下的阻力、透过率试验。然后在室温条件下，以达到 10 倍于过滤器初阻力的风量，试验 15 min，此后按 GB/T 6165 进行额定风量下的透过率试验。

6.2.2.2 耐湿超压试验

过滤器应先按 GB/T 6165 进行额定风量下的阻力、透过率试验。在做耐湿超压试验前，过滤器应放置在温度为 35 ℃±3 ℃和相对湿度为 95%±5%的恒温恒湿箱里至少 24 h，然后由恒温恒湿箱里取出过滤器，装入保温袋中，至开始试验不应超过 15 min。

通过被试过滤器的空气夹带水雾量为[(2.2 kg±0.6 kg)/min]/(1 700 m^3/h)，相当于 77.6 g/m^3±21.2 g/m^3。夹带水雾量的计算，应以喷头喷出的水量减去由喷头处到过滤器前 25mm 之间风管壁上排走的水量作为通过过滤器空气夹带的水雾量。试验应在通风状态下进行，从开始喷水 30 s 内压差应达到 2 490 Pa±50 Pa。运行风量要求是产生 2 490 Pa±50 Pa 压差时的风量，在连续喷水的情况下保持此压差运行至少 1 h。然后卸下过滤器，在 15 min 内按 GB/T 6165 测其 20%额定风量下的透过率。

6.2.3 过滤器耐热气流试验

过滤器耐热气流试验应包括密封垫在内。过滤器进气端的密封垫应与试验装置中的密封面压紧，热气流只允许通过过滤器芯子内部，其壳体压紧表面不应有热气流通过。试验风量为被试过滤器的额定风量。当试验系统空气温度加热到 370 ℃±25 ℃时，开始试验。试验至少进行 5 min。耐热气流试验后，过滤器再按 GB/T 6165 做包括密封垫在内的额定风量下的透过率试验。

6.2.4 过滤器耐明火试验

6.2.4.1 试验前的准备

用火管(或用喷灯),将其蓝色焰芯调至长约 63 mm,焰芯尖端温度为 955 ℃±25 ℃,风量调到被试过滤器的额定风量。

6.2.4.2 试验

在额定风量通过过滤器的条件下,明火火焰在过滤器进风方向以蓝色焰芯尖端接触过滤器端面,在距过滤器边框大于 51 mm 的范围内,分别在三个点上持续试验 5 min,然后再以蓝色焰芯端接触过滤器的两个顶角,各持续 5 min,焰芯尖端应与过滤器的边框、滤芯和密封胶接触。在试验过程中用目测方法进行检查。

6.2.5 过滤器耐辐照试验

先按 GB/T 6165 对参加试验的过滤器进行额定风量下的阻力和透过率以及 20%额定风量的透过率试验,然后进行辐照试验。吸收剂量率不大于 2×10^{3} Gy/h,累积吸收剂量不小于 8×10^{5} Gy。辐照后的过滤器再按 GB/T 6165 做包括密封垫在内的额定风量下的透过率试验。

注:试验所用到的测量仪表应经有关法定计量部门检定合格,且在有效期内。

7 检验规则

7.1 检验分类

核级高效空气过滤器的检验分为出厂检验、验收检验和型式检验。

出厂检验由生产厂质检部门负责,验收检验由用户到生产厂抽查检验,型式检验由国家或省部级质量技术监督部门认定的质量检验机构(包括试制单位和生产单位的试验室)负责。核级高效空气过滤器应符合本标准规定,并获得产品型式检验合格证及生产许可证后方可生产。

7.2 出厂检验

7.2.1 抽样方案与检验项目

成批生产的核级高效空气过滤器,每台均应按表 2 的规定进行检验。

表 2 出厂检验项目表

序号	检验分额	检验项目	验收标准
1	100%	外观检查	见 5.1.1
2	100%	外形尺寸偏差(端面、深度、对角线)	见 5.1.2[a)、b)、c)]
3	100%	额定风量下气流阻力	见 5.4.1
4	100%	额定风量和 20%额定风量下的透过率	见 5.4.2

7.2.2 合格或不合格判定规则

出厂检验中不符合本标准 7.2.1 中任何一项验收标准的过滤器均应判为不合格。

7.3 验收检验

7.3.1 抽样方案及检验项目

一般按照产品批量的 5%在出厂检验合格的产品中随机抽样(但最少不得少于 5 台,少于 5 台全部抽取),检验项目按本标准 7.2.1 执行。

7.3.2 合格或不合格判定规则

如抽样产品全部满足本标准 7.2.1 规定的各项要求,则整批产品判为合格;如有不合格品,则整批产品应做全部复检,合格品允许出厂,不合格品应返修或报废。

7.4 型式检验

7.4.1 检验条件

有下列情况之一时,应进行型式检验:

a) 新产品或老产品转厂生产的试制定型鉴定；

b) 正式生产后如结构、材料、工艺有较大改变，可能影响产品性能时；

c) 正常生产每 5 年检验一次；

d) 产品停产 2 年(含 2 年)以上后恢复生产时；

e) 阻力和透过率检验结果与上次型式检验结果有较大差异时；

f) 国家监管机构提出进行型式检验的要求时；

g) 合同规定要求时。

7.4.2 抽样方案与检验项目

用于型式检验生产的产品数量至少为需抽样品数量的两倍。型式检验样品应从近期(半年内)所生产产品中随机抽取，数量为 11 台。

型式检验除包括出厂检验的全部项目外，还应对表 3 所列各项进行检验。另外，还应根据合同要求，进行抗震试验或抗震分析计算。

7.4.3 合格或不合格判定规则

在型式检验中任何一台过滤器样品不符合本标准 7.4.2 中任何一项试验的任何一项要求，所有的过滤器均定为不合格。

表 3 型式检验试验程序表

分组	数量	检验项目	检验方法及验收标准章条号
Ⅰ	4	额定风量下阻力	见 5.4.1
		额定风量和 20%额定风量下透过率	见 5.4.2
		耐超压	见 6.2.2、5.4.3
Ⅱ	4	额定风量下阻力	见 5.4.1
		额定风量和 20%额定风量下透过率	见 5.4.2
		耐振动试验	见 6.2.1、5.4.5
		耐热气流试验	见 6.2.3、5.4.4
Ⅲ	1	耐明火试验	见 5.2.4、5.4.6
Ⅳ	2	额定风量下阻力	见 5.4.1
		额定风量和 20%额定风量下透过率	见 5.4.2
		耐辐照试验	见 6.2.5、5.4.7

8 标志

8.1 标志要求

每台过滤器都应有标志。标志应位于过滤器边框的上底面。标志上字迹清晰，不易擦洗掉。

8.2 标志内容

a) 产品名称；

b) 过滤器型号规格(应注明过滤器外形尺寸)；

c) 额定风量，m^3/h；

d) 额定风量下的阻力，Pa；

e) 额定风量下透过率(注明检验方法)；

f) 20%额定风量下透过率(注明检验方法)；

g) 气流方向；

h) 批号；

i) 制造厂名称、标志、出厂日期。

9 包装、运输和贮存

9.1 包装

9.1.1 包装应确实能保护出厂检验合格的过滤器在正常装卸、运输、搬运、贮存直到用户指定的交货验收地点免受外因引起的损伤和毁坏。

9.1.2 过滤器单台装入透明塑料袋内,袋口热压或用胶带封好。

9.1.3 把封装好的过滤器按标志在上装入瓦楞纸箱中,保证有隔板过滤器的进出风面和滤纸褶都垂直于水平面、密褶过滤器的进出风面垂直于水平面且滤纸褶平行水平面,然后在过滤器端面的纸箱与塑料袋之间插入保护板。

9.1.4 单台包装完的过滤器若以一定数量合装在一个包装箱内,数量则依运输情况定。包装箱用油毡衬里的木箱,箱体内不允许有突出的钉子。

9.1.5 合装箱应用钢带打好,箱体外应标明厂名、货名、箱内台数、运往地点、总重及勿倒置、易碎、小心轻放、防雨防潮等字样及尖端向上的箭头、箱子编号和购方需要的其他标志。

9.1.6 箱子应固定在垫木上,使箱子在运输过程中处于正确方位。

9.1.7 当采用集装箱运输或由生产厂直接运到使用单位、中间不再装卸时,可适当简化包装。省去9.1.4、9.1.5、9.1.6规定。

9.2 运输

9.2.1 过滤器在运输过程中应遵守包装箱上注明的各项标志,尽量采用集装箱运输;

9.2.2 过滤器在运输中堆放高度不应超过2 m,且不允许其他物品压在箱体上。

9.2.3 订货合同应根据上述要求对运输方式和细节作具体说明。

9.3 贮存

9.3.1 核级高效空气过滤器的贮存期为3年。贮存期超过3年如需继续使用,应按出厂检验的程序重新检验,合格后方可使用。

9.3.2 过滤器的贮存地点应清洁干燥且通风良好,不应存放在潮湿、过冷、过热或温度变化剧烈的地方,不允许漏天堆放。存放时应用垫仓板或托盘垫木把过滤器与地面隔开,按箱体上标志堆放,堆放高度不应超过2 m。

ICS 07.040
A 75

中华人民共和国国家标准

GB/T 17941—2008
代替 GB/T 17941.1—2000

数字测绘成果质量要求

Quality requirement for digital surveying and mapping achievements

2008-06-20 发布 2008-12-01 实施

中华人民共和国国家质量监督检验检疫总局
中国国家标准化管理委员会 发布

前　　言

本标准代替 GB/T 17941.1—2000《数字测绘产品质量要求　第1部分:数字线划地形图、数字高程模型质量要求》。

本标准与 GB/T 17941.1—2000 相比主要变化如下:

——按照 GB/T 1.1—2000《标准化工作导则　第1部分:标准的结构和编写规则》对标准进行修订;

——增加术语和定义章节;

——删除表1数字线划地形图数据说明内容;

——删除表2数字高程模型数据说明内容;

——补充细化了数字线划地形图、数字高程模型的质量元素与要求,并增加了数字栅格地图、数字正射影像图的质量元素与要求。

本标准的附录A是规范性附录。

本标准由国家测绘局提出。

本标准由全国地理信息标准化技术委员会归口。

本标准由国家测绘局测绘标准化研究所负责起草。

本标准主要起草人:马晓萍、邓国庆。

本标准所代替标准的历次版本发布情况为:

——GB/T 17941.1—2000。

数字测绘成果质量要求

1 范围

本标准规定了数字测绘成果的质量元素及其应达到的基本要求。

本标准适用于数字高程模型、数字正射影像图、数字栅格地图、数字线划图等数字测绘成果的检查验收与质量评定，也是对其进行技术设计与质量控制的基本依据。其他类型的数字测绘成果可参照使用。

2 规范性引用文件

下列文件中的条款通过本标准的引用而成为本标准的条款。凡是注日期的引用文件，其随后所有的修改单（不包括勘误的内容）或修订版均不适用于本标准，然而，鼓励根据本标准达成协议的各方研究是否可使用这些文件的最新版本。凡是不注日期的引用文件，其最新版本适用于本标准。

GB/T 13923 基础地理信息要素分类与代码

GB/T 13989 国家基本比例尺地形图分幅和编号

GB/T 18315 数字地形图系列和基本要求

CH/T 1007 基础地理信息数字产品元数据

3 术语和定义

下列术语和定义适用于本标准。

3.1

质量元素 quality element

说明质量的定量、定性组成部分。即成果满足规定要求和使用目的的基本特性。

注：质量元素的适用性取决于成果的内容及其成果规范，并非所有的质量元素适用于所有的成果。

3.2

质量子元素 quality subelement

质量元素的组成部分，描述质量元素的一个特定方面。

4 总则

4.1 数字测绘成果的质量要求是通过若干质量元素/质量子元素来描述的。数字测绘成果种类不同，其质量元素组成也不同。

4.2 数字测绘成果的质量元素见表 1。

表 1 数字测绘成果质量元素

质量元素	质量子元素	描述
空间参考系	大地基准	采用的大地基准
	高程基准	采用的高程基准
	深度基准	采用的深度基准
	地图投影	采用的地图投影及参数

表 1（续）

质量元素	质量子元素	描述
位置精度	平面精度	平面坐标值与真值的接近程度
	高程精度	高程值或高程属性与真值的接近程度
属性精度	属性项完整性	属性项完整、顺序正确、数据类型及小数位正确
	分类正确性	要素分类的正确一致程度
	属性正确性	要素属性的正确程度
完整性	数据层的完整性	含有多余的数据层或缺少数据层
	数据层内部文件的完整性	包括空间数据文件与属性数据文件，无多余或遗漏
	要素完整性	含有多余要素或缺少应包含的要素
逻辑一致性	概念一致性	对概念模式规则的遵循程度
	格式一致性	物理存储结构、格式的符合程度
	拓扑一致性	对拓扑关系反映的准确程度
时间准确度	数据更新	数据更新的时间
	数据采集	数据采集的时间
影像/栅格质量	影像分辨率	影像的分辨率
	格网参数	格网参数的正确性
	影像特性	影像特性与要求的符合程度
表征质量	几何表达	对几何形态反映的准确程度
	地理表达	对要素地理形态反映的准确程度
	符号正确性	符号使用的正确性
	注记正确性	注记使用的正确性
	图廓整饰准确性	图面整饰的正确性
元数据质量	元数据完整性	元数据的完整程度
	元数据准确性	元数据的准确程度
附件质量	图历簿质量	图历簿的完整性和准确性
	附属文档质量	各类附属文档的完整性

5 质量元素的一般规定

5.1 空间参考系与成果规格

数字测绘成果采用的坐标系统、高程及深度基准、地图投影及投影参数正确，地图分幅与编号符合 GB/T 13989 或相应比例尺地形图测图规范的规定。

国家基本比例尺地图的数字线划图、数字栅格地图规格见 GB/T 18315，数字高程模型、数字影像图图廓外展范围符合相应比例尺成果(产品)规范的规定。

5.2 位置精度

5.2.1 平面精度

数字测绘成果的平面精度要求如下：

a) 地图的内图廓点、公里格网或经纬网交点、控制点等的坐标值符合理论值和已测坐标值。影像数据其图廓角点、公里网线交点、图廓与公里网线交点等处像素的偏移符合相应比例尺测图规范的规定。

b) 地图上的实测数据(地面测量、摄影测量采集的数据),其地物点对邻近野外控制点位置中误差以及邻近地物点间的距离中误差不大于 GB/T 18315 的规定或相应比例尺地形图测图规范的规定。

c) 地图数字化采集的数字地图,其点位目标位移偏差不大于±0.1×M mm(M 为比例尺分母,下同),线状目标位移偏差不大于±0.2×M mm。

d) 相邻图幅接边无漏洞。

e) 矢量数据接边其图形平滑自然,几何位置在限差之内,属性一致。

f) 栅格数据同名地物点的坐标符合要求。

g) 输出的用于印刷的各分色版其套合误差不超过 0.2 mm。

5.2.2 高程精度

数字测绘成果的高程精度要求如下:

a) 各类控制点的高程值符合已测高程值。

b) 地图上的实测数据,其中高程注记点和等高线对邻近高程控制点的高程中误差符合 GB/T 18315的规定或不大于相应比例尺地形图测图规范的规定。

c) 地图数字化采集的数字地图,其高程点和等高线的高程值正确,无地理适应性矛盾。

d) 用摄影测量方法和用野外实测方法生成的数字高程模型,其格网点高程中误差不大于相应比例尺地形图测图规范或编绘规范中规定的等高线高程中误差;以地形图数字化方法生成的数字高程模型,其格网点高程中误差不大于相应比例尺地形图的 2/3 等高距。

e) 地图等高距符合 GB/T 18315 的规定或相应比例尺地形图测图规范的规定。

f) 栅格数据同名格网高程取值符合要求。

5.3 属性精度

数字测绘成果的属性精度要求如下:

a) 矢量数据代码采用 GB/T 13923 规定的代码或符合相关技术文件的规定;

b) 影像解译分类符合要求;

c) 描述地形要素的各种属性项名称、类型、长度、顺序、个数等属性项定义符合要求;

d) 描述地形要素的各种属性值正确无误。

5.4 完整性

数字测绘成果的完整性要求如下:

a) 各种地物要素完整,无遗漏或多余、重复现象;

b) 地物要素分层正确,无遗漏层或多余层、重复层现象;

c) 数据层内部各层应包括的文件完整,无遗漏或多余文件;

d) 各种名称及注记正确、完整,无遗漏或多余、重复现象。

5.5 逻辑一致性

数字测绘成果的逻辑一致性要求如下:

a) 描述地形要素类型(点、线、面等)定义符合要求;

b) 数据层、数据集定义符合要求,要素类在正确的层或数据集中;

c) 数据文件存储组织符合要求;

d) 数据文件格式符合要求;

e) 数据文件完整,无缺失;

f) 数据文件命名符合要求;

g) 要素间拓扑关系定义正确;

h) 重合要素(或应重合部分)只数字化一次,拷贝至相应数据层中;

i) 线段相交或相接,无悬挂或过头现象;

j) 连续地物保持连续,无错误的伪节点现象;

k) 闭合要素保持封闭,辅助线正确;

l) 应断开的要素处理符合要求。

5.6 时间准确度

数字测绘成果的时间准确度要求如下:

a) 数据源(如航空/航天像片、数字化原图等)生产日期符合要求;

b) 生产过程中按要求使用了现势资料,尤其是针对水库、渠道、公路、铁路、境界、地名等要素使用了现势性强的资料;

c) 按更新要求使用现势性资料对数据库进行了动态或定期更新。

5.7 影像/栅格质量

数字测绘成果的影像/栅格质量要求如下:

a) 影像地面分辨率符合要求。

b) 原始影像扫描分辨率符合要求。

c) 格网或像素实地尺寸符合要求。数字高程模型格网间距见附录 A 规定。

d) 格网或像素起始坐标、结束坐标符合要求。

e) 影像色彩模式符合要求。

f) 影像色调均匀程度符合要求。

g) 影像色彩符合要求。

h) 影像色彩反差符合要求。

i) 云影、影像模糊或其他原因导致的影像判读信息的丢失的程度符合要求。

j) 影像噪声、污点、划痕的影响程度符合要求。

k) 数据处理导致的影像裂缝、漏洞等现象符合要求。

l) 数字栅格地图 RGB 色值符合要求。

m) 数字栅格地图杂色程度符合要求。

5.8 元数据质量

元数据文件的内容及编排格式按 CH/T 1007 执行。其质量要求如下:

a) 元数据内容完整,无多余、重复或遗漏现象;

b) 元数据内容正确。

5.9 表征质量

数字测绘成果的图形质量要求如下:

a) 要素几何类型表达正确;

b) 线划光滑,自然,节点密度适中,形状保真度强,无折刺、回头线、粘连、自相交、抖动、变形扭曲等现象;

c) 有方向性的地物符号方向正确;

d) 要素综合取舍与图形概括符合相应比例尺地形图测图规范或编绘规范的要求,并能正确反映各要素的分布地理特点和密度特征;

e) 地图符号使用正确,其颜色、尺寸、定位等符合要求;

f) 地图符号配置合理,保持规定的间隔,清晰、易读;

g) 注记选取与配置密度符合要求;

h) 注记字体、字大、字向、字色符合要求,配置合理,清晰、易读,指向明确无歧义;

i) 图廓内外整饰符合要求,无错漏、重复现象。

5.10 附件质量

附件指应随数字测绘成果上交的资料，一般包括图历簿，制图过程中所使用的参考资料、控制点成果资料，数据图幅清单，专业设计书、检查验收报告等。附件应符合以下要求：

a) 图历簿填写正确、完整，无错漏、重复现象。能正确反映测绘成果的质量情况及测制过程。

b) 其他所要求上交的附件完整，无缺失。

6 各类数字测绘成果质量元素组成

6.1 一般规定

数字测绘成果的质量元素及质量子元素不局限于表2～表5的规定，可根据具体情况进行扩充或调整。

6.2 数字线划图

数字线划图分为建库数据与制图数据，其质量元素见表2。

表2 数字线划图质量元素

<table>
<tr><th>质量元素</th><th>建库数据质量子元素</th><th>制图数据质量子元素</th></tr>
<tr><td rowspan="3">空间参考系</td><td>大地基准</td><td>大地基准</td></tr>
<tr><td>高程基准</td><td>高程基准</td></tr>
<tr><td>地图投影</td><td>地图投影</td></tr>
<tr><td rowspan="2">位置精度</td><td>平面精度</td><td>平面精度</td></tr>
<tr><td>高程精度</td><td>高程精度</td></tr>
<tr><td rowspan="3">属性精度</td><td>属性项完整性</td><td></td></tr>
<tr><td>分类正确性</td><td>分类正确性</td></tr>
<tr><td>属性正确性</td><td>属性正确性</td></tr>
<tr><td rowspan="3">完整性</td><td>数据层的完整性</td><td rowspan="3">要素完整性</td></tr>
<tr><td>数据层内部文件的完整性</td></tr>
<tr><td>要素完整性</td></tr>
<tr><td rowspan="3">逻辑一致性</td><td>概念一致性</td><td>概念一致性</td></tr>
<tr><td>格式一致性</td><td>格式一致性</td></tr>
<tr><td>拓扑一致性</td><td>拓扑一致性</td></tr>
<tr><td rowspan="2">时间准确度</td><td>数据更新</td><td>数据更新</td></tr>
<tr><td>数据采集</td><td>数据采集</td></tr>
<tr><td rowspan="2">元数据质量</td><td>元数据完整性</td><td>元数据完整性</td></tr>
<tr><td>元数据准确性</td><td>元数据准确性</td></tr>
<tr><td rowspan="5">表征质量</td><td rowspan="2">几何表达</td><td>几何表达</td></tr>
<tr><td>符号正确性</td></tr>
<tr><td>地理表达</td><td>地理表达</td></tr>
<tr><td rowspan="2"></td><td>注记正确性</td></tr>
<tr><td>图廓整饰准确性</td></tr>
<tr><td rowspan="2">附件质量</td><td>图历簿质量</td><td>图历簿质量</td></tr>
<tr><td>附属文档质量</td><td>附属文档质量</td></tr>
</table>

6.3 数字高程模型

数字高程模型质量元素见表3。

表3 数字高程模型质量元素

质量元素	质量子元素
空间参考系	大地基准
	高程基准
	地图投影
位置精度	平面精度
	高程精度
逻辑一致性	格式一致性
时间准确度	数据更新
	数据采集
栅格质量	格网参数
元数据质量	元数据完整性
	元数据准确性
附件质量	图历簿质量
	附属文档质量

6.4 数字正射影像图

数字正射影像图质量元素见表4。

表4 数字正射影像图质量元素

质量元素	质量子元素
空间参考系	大地基准
	高程基准
	地图投影
位置精度	平面精度
逻辑一致性	格式一致性
时间准确度	数据更新
	数据采集
影像质量	影像分辨率
	影像特性
元数据质量	元数据完整性
	元数据准确性
表征质量	图廓整饰准确性
附件质量	图历簿质量
	附属文档质量

6.5 数字栅格地图

数字栅格地图质量元素见表5。

表5 数字栅格地图质量元素

质量元素	质量子元素
空间参考系	地图投影
逻辑一致性	格式一致性
栅格质量	影像分辨率
	影像特性
元数据质量	元数据完整性
	元数据准确性
附件质量	图历簿质量
	附属文档质量

附　录　A
（规范性附录）
数字高程模型格网间距

数字高程模型格网参数用格网间距表示，格网间距要求见表A.1。根据需要可从两种尺寸中选取一种。

表A.1　数字高程模型格网间距

比例尺	格网间距/m	格网间距/(″)
1∶1 000 000	1 000/500	30/15
1∶500 000	500/250	15/7.5
1∶250 000	250/100	7.5/3
1∶100 000	100/50	3/1.25
1∶50 000	50/25	1.25
1∶25 000	25/12.5	1.25/0.625
1∶10 000	12.5/6.25	0.625
1∶5 000	6.25/2.5	0.625
1∶2 000	2.5	
1∶1 000	2.5	
1∶500	2.5	

ICS 67.160.10
X 62

中华人民共和国国家标准

GB/T 17946—2008
代替 GB 17946—2000

地理标志产品　绍兴酒(绍兴黄酒)

Product of geographical indication—Shaoxing rice wine

2008-10-22 发布　　2009-01-01 实施

中华人民共和国国家质量监督检验检疫总局
中国国家标准化管理委员会　发布

前　言

本标准根据国家质量监督检验检疫总局颁布的《地理标志产品保护规定》和 GB/T 17924《地理标志产品标准通用要求》制定。

本标准与 GB/T 13662《黄酒》的主要差异为：

——本标准规定的酒精度、非糖固形物等主要技术指标高于《黄酒》国家标准的要求；

——增加了体现绍兴酒醇香的挥发酯指标及反映绍兴酒风格的独特的工艺要求，重点突出了感官要求；

——试验方法、检验规则、标志、包装、贮运规定与《黄酒》国家标准保持一致。

本标准代替 GB 17946—2000《绍兴酒(绍兴黄酒)》。

本标准与 GB 17946—2000 相比主要变化如下：

——由强制性国家标准改为推荐性国家标准；

——修改了标准的中英文名称；

——规定三年陈以上的陈酒应达到优等品，并在感官的香气要求上对陈年酒作了相应的规定；

——绍兴加饭(花雕)酒酒精度和挥发酯要求作了适当调整，并增加了酒龄大于十年的酒的挥发酯要求；

——绍兴香雪酒的非糖固形物要求也作了适当调整。

本标准由全国原产地域产品标准化工作组提出并归口。

本标准起草单位：绍兴市质量技术监督局、国家黄酒产品质量监督检验中心、中国绍兴黄酒集团有限公司、会稽山绍兴酒股份有限公司、浙江塔牌绍兴酒厂、中国食品发酵工业研究院。

本标准主要起草人：俞有灿、李博斌、邹慧君、陈宝良、潘兴祥、田栖静。

本标准所代替标准的历次版本发布情况为：

——GB 17946—2000。

地理标志产品　绍兴酒(绍兴黄酒)

1　范围

本标准规定了绍兴酒的术语和定义、地理标志产品保护范围、产品分类、技术要求、试验方法、检验规则及标志、包装、运输、贮存。

本标准适用于国家质量监督检验检疫行政主管部门根据《地理标志产品保护规定》批准的地理标志产品保护规定目录中的绍兴酒,又称绍兴黄酒(以下统一简称绍兴酒)。

2　规范性引用文件

下列文件中的条款通过本标准的引用而成为本标准的条款。凡是注日期的引用文件,其随后所有的修改单(不包括勘误的内容)或修订版均不适用于本标准。然而,鼓励根据本标准达成协议的各方研究是否可使用这些文件的最新版本。凡是不注日期的引用文件,其最新版本适用于本标准。

GB/T 601　化学试剂　标准滴定溶液的制备

GB/T 603　化学试剂　试验方法中所用制剂及制品的制备

GB 1351　小麦

GB 1354　大米

GB 2758　发酵酒卫生标准

GB 2760　食品添加剂使用卫生标准

GB 5749　生活饮用水卫生标准

GB 8817　食品添加剂 焦糖色(亚硫酸法、氨法、普通法)

GB 10344　预包装饮料酒标签通则

GB/T 12698　黄酒厂卫生规范

GB/T 13662　黄酒

国家质量监督检验检疫总局令[2005]第75号　《定量包装商品计量监督管理办法》

3　术语和定义

下列术语和定义适用于本标准。

3.1

绍兴酒(绍兴黄酒)　Shaoxing rice wine

以优质糯米、小麦和第4章保护范围内的鉴湖水为主要原料,经过独特工艺发酵酿造而成的优质黄酒。

3.2

聚集物　sediment

成品酒在贮存过程中产生的凝聚沉淀物。

3.3

酒龄　age

发酵后的原酒在酒坛、酒缸、酒池或酒罐中贮存陈酿的年龄。销售包装标注的酒龄,以勾兑酒的加权平均酒龄计算。

4　地理标志产品保护范围

限于国家质量监督检验检疫行政主管部门批准保护的范围。

5 产品分类

按发酵工艺及所含总糖不同主要分为：

a) 绍兴元红酒：属干黄酒，总糖小于或等于 15.0 g/L。

b) 绍兴加饭(花雕)酒：属半干黄酒，总糖 15.1 g/L～40.0 g/L。

c) 绍兴善酿酒：属半甜黄酒，总糖 40.1 g/L～100.0 g/L。

d) 绍兴香雪酒：属甜黄酒，总糖高于 100.0 g/L。

6 技术要求

6.1 原料要求

6.1.1 糯米

应符合 GB 1354 规定二等以上的要求。

6.1.2 小麦

应符合 GB 1351 规定二等以上的要求。

6.1.3 水

应采用第 4 章保护范围内并符合 GB 5749 的鉴湖水。

6.1.4 麦曲

在第 4 章保护范围内生产的麦曲。

6.2 传统工艺要求

6.2.1 酿造环境

应在第 4 章保护范围内且符合 GB/T 12698 要求的酿造环境内酿制。

6.2.2 工艺流程

采用特殊的传统工艺。

6.3 感官要求

应符合表 1 的要求。

表 1 感官要求

项目	品 种	优 等 品	一 等 品	合 格 品
色泽	绍兴加饭(花雕)酒，绍兴元红酒，绍兴善酿酒，绍兴香雪酒	橙黄色、清亮透明，有光泽。允许瓶(坛)底有微量聚集物	橙黄色、清亮透明，光泽较好。允许瓶(坛)底有微量聚集物	橙黄色、清亮透明，光泽尚好。允许瓶(坛)底有少量聚集物
香气	绍兴加饭(花雕)酒，绍兴元红酒，绍兴善酿酒，绍兴香雪酒	具有绍兴酒特有的香气，醇香浓郁，无异香、异气。三年陈以上的陈酒应具有与酒龄相符的陈酒香和酯香	具有绍兴酒特有的香气，醇香较浓郁。无异香、异气	具有绍兴酒特有的香气，醇香尚浓郁。无异香、异气
口味	绍兴加饭(花雕)酒	具有绍兴加饭(花雕)酒特有的口味，醇厚、柔和、鲜爽、无异味	具有绍兴加饭(花雕)酒特有的口味，醇厚、较柔和、较鲜爽、无异味	具有绍兴加饭(花雕)酒特有的口味，醇厚、尚柔和、尚鲜爽、无异味
	绍兴元红酒	具有绍兴元红酒特有的口味，醇和，爽口，无异味	具有绍兴元红酒特有的口味，醇和，较爽口，无异味	具有绍兴元红酒特有的口味，醇和，尚爽口，无异味

表 1（续）

项目	品　种	优　等　品	一　等　品	合　格　品
口味	绍兴善酿酒	具有绍兴善酿酒特有口味，醇厚，鲜甜爽口，无异味	具有绍兴善酿酒特有口味，醇厚，较鲜甜爽口，无异味	具有绍兴善酿酒特有口味，醇厚，尚鲜甜爽口，无异味
	绍兴香雪酒	具有绍兴香雪酒特有的口味，鲜甜，醇厚，无异味	具有绍兴香雪酒特有的口味，鲜甜，较醇厚，无异味	具有绍兴香雪酒特有的口味，鲜甜，尚醇厚，无异味
风格	绍兴加饭(花雕)酒，绍兴元红酒，绍兴善酿酒，绍兴香雪酒	酒体组分协调，具有绍兴酒的独特风格	酒体组分较协调，具有绍兴酒的独特风格	酒体组分尚协调，具有绍兴酒独特的风格

6.4　理化指标

6.4.1　绍兴加饭(花雕)酒应符合表 2 的要求。

表 2　绍兴加饭(花雕)酒理化指标

项　目			指　标		
			优等品	一等品	合格品
总糖(以葡萄糖计)/(g/L)			15.1～40.0		
非糖固形物/(g/L)		≥	30.0	25.0	22.0
酒精度(20 ℃)/%vol	酒龄 3a 以下(不含 3a)	≥	15.5		
	酒龄 3a～5a(不含 5a)	≥	15.0		
	酒龄 5a 以上	≥	14.0		
总酸(以乳酸计)/(g/L)			4.5～7.5		
氨基酸态氮/(g/L)		≥	0.60		
pH 值(25 ℃)			3.8～4.6		
氧化钙/(g/L)		≤	1.0		
挥发酯(以乙酸乙酯计)/(g/L)	酒龄 3a 以下(不含 3a)	≥	0.15		
	酒龄 3a～5a(不含 5a)	≥	0.18		
	酒龄 5a～10a(不含 10a)	≥	0.20		
	酒龄 10a 以上	≥	0.25		

6.4.2　绍兴元红酒应符合表 3 的要求。

表 3　绍兴元红酒理化指标

项　目		指　标		
		优等品	一等品	合格品
总糖(以葡萄糖计)/(g/L)	≤	15.0		
非糖固形物/(g/L)	≥	20.0	17.0	13.5
酒精度(20 ℃)/%vol	≥	13.0		
总酸(以乳酸计)/(g/L)		4.0～7.0		

表 3（续）

项　　目		指　　标		
		优等品	一等品	合格品
氨基酸态氮/(g/L)	≥	0.50		
pH 值(25 ℃)		3.8～4.5		
氧化钙/(g/L)	≤	1.0		
注：酒精度低于 14.0%vol 时，非糖固形物、氨基酸态氮的值按 14%vol 折算。				

6.4.3　绍兴善酿酒应符合表 4 的要求。

表 4　绍兴善酿酒理化指标

项　　目		指　　标		
		优等品	一等品	合格品
总糖(以葡萄糖计)/(g/L)		40.1～100.0		
非糖固形物/(g/L)	≥	30.0	25.0	22.0
酒精度/%vol	≥	12.0		
总酸(以乳酸计)/(g/L)		5.0～8.0		
氨基酸态氮/(g/L)	≥	0.50		
pH 值(25 ℃)		3.5～4.5		
氧化钙/(g/L)	≤	1.0		
注：酒精度低于 14.0%vol 时，非糖固形物、氨基酸态氮的值按 14%vol 折算。				

6.4.4　绍兴香雪酒应符合表 5 的要求。

表 5　绍兴香雪酒理化指标

项　　目		指　　标		
		优等品	一等品	合格品
总糖(以葡萄糖计)/(g/L)	>	100.0		
非糖固形物/(g/L)	≥	26.0	23.0	20.0
酒精度/%vol	≥	15.0		
总酸(以乳酸计)/(g/L)		4.0～8.0		
氨基酸态氮/(g/L)	≥	0.40		
pH 值(25 ℃)		3.5～4.5		
氧化钙/(g/L)	≤	1.0		

6.5　净含量

应符合国家质量监督检验检疫总局令[2005]第 75 号《定量包装商品计量监督管理办法》的要求。大坛黄酒净含量可以用质量[单位为千克(kg)]表示。

6.6　卫生要求

应符合 GB 2758 的规定。

6.7　其他要求

6.7.1　绍兴酒中可以按照 GB 2760 规定添加焦糖色(符合 GB 8817 要求)，但不应添加其他任何非自身发酵产生的物质。

6.7.2 标注酒龄三年陈以上的陈酒质量应达到优等品要求。

6.7.3 采用不同酒龄的酒进行勾兑的，其加权平均后的酒龄应大于或等于标注酒龄，其中所标注酒龄的基酒不得低于50%vol。

7 试验方法

7.1 原料、感官分析(感官评价)、净含量偏差、酒精度、总糖、非糖固形物、总酸、氨基酸态氮、pH值、氧化钙、卫生指标的检验

按GB/T 13662规定执行。

7.2 挥发酯的测定

7.2.1 原理

黄酒通过蒸馏，酒中的挥发酯收集在馏出液中。先用碱中和馏出液中的挥发酸，再加入一定的碱使酯皂化，过量的碱再用酸反滴定，其反应式为：

$$\mathrm{R{-}\overset{\overset{\displaystyle O}{\|}}{C}{-}OR + NaOH \longrightarrow R{-}\overset{\overset{\displaystyle O}{\|}}{C}{-}ONa + ROH}$$

$$\mathrm{2NaOH + H_2SO_4 \longrightarrow Na_2SO_4 + 2H_2O}$$

7.2.2 试验方法

7.2.2.1 试剂

a) 1%酚酞指示剂：按GB/T 603规定进行；

b) 0.1 mol/L硫酸标准溶液：按GB/T 601规定进行；

c) 0.1 mol/L氢氧化钠标准溶液：按GB/T 601规定进行。

7.2.2.2 仪器

250 mL全玻璃回流装置。

7.2.2.3 检测

吸取测定酒精度的馏出液50.0 mL于250 mL锥形瓶中，加入酚酞指示剂2滴，以0.1 mol/L氢氧化钠标准溶液滴至微红色，准确加入0.1 mol/L氢氧化钠标准溶液25.0 mL，摇匀，装上冷凝管，于沸水中回流半小时，取下加塞后，马上用流水冷却至室温。然后再准确加入0.1 mol/L硫酸标准溶液25.0 mL，摇匀，用0.1 mol/L氢氧化钠标准溶液滴定至微红色，半分钟内不消失为止，记录消耗氢氧化钠标准溶液的体积。

7.2.2.4 计算

挥发酯含量按式(1)计算：

$$A = \frac{[(25.0+V)\times c_1 - 25.0\times c_2]\times 0.088}{50.0}\times 1\,000 \quad \cdots\cdots(1)$$

式中：

A——挥发酯含量，单位为克每升(g/L)；

c_1——氢氧化钠标准溶液浓度，单位为摩尔每升(mol/L)；

c_2——硫酸标准溶液浓度，单位为摩尔每升(mol/L)；

V——滴定剩余硫酸所耗用的氢氧化钠标准溶液的体积，单位为毫升(mL)；

0.088——乙酸乙酯的摩尔质量。

7.2.2.5 结果的允差

同一样品两次测定值之差，不得超过0.01 g/L。

8 检验规则

按GB/T 13662标准规定执行。

9 标志、包装、运输、贮存

9.1 标志

9.1.1 产品标签标志应符合 GB 10344 规定，同时需标注地理标志产品标志，绍兴加饭(花雕)酒应标注酒龄。产品名称与净含量应同时排在同一主要展示面。

9.1.2 包装箱上除应标明产品名称、制造者的名称和地址外，还应标出单位包装的净含量和总数量以及“小心轻放”、“怕湿”等警示标志。

9.2 包装

9.2.1 包装材料应符合卫生要求。包装产品应封装严密、无漏。

9.2.2 灌装产品的包装物应直立、端正，体外清洁，标签封贴紧密。

9.2.3 包装箱应结实，与所装内容物尺寸匹配，胶封、捆扎牢固。

9.3 运输

9.3.1 运输工具应清洁、卫生。产品不得与有毒、有害、有腐蚀性、易挥发或有异味的物品混装混运。

9.3.2 搬运时应轻拿轻放，严禁扔摔、撞击、挤压。

9.3.3 运输过程中不得曝晒、雨淋、受潮。

9.4 贮存

9.4.1 产品不得与有毒、有害、有腐蚀性、易挥发或有异味的物品同库贮存。

9.4.2 产品应贮存在阴凉、干燥、通风的库房中；严禁露天堆放、日晒、雨淋或靠近热源；包装箱底部应垫有 100 mm 以上的间隔材料。

9.4.3 在 0 ℃以下运输与贮存时，应有防冻措施。

9.5 产品的保质期

瓶、坛装酒密封包装不少于一年，企业可根据自身的技术水平具体标注。

ICS 13.280
F 74

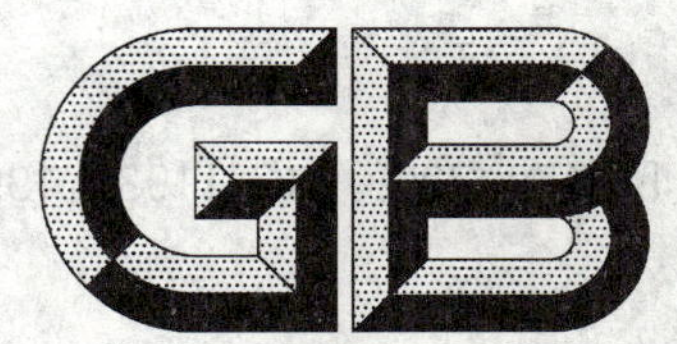

中华人民共和国国家标准

GB/T 17947—2008/ISO 11932:1996
代替 GB/T 17947—2000

拟再循环、再利用或作非放射性废物处置的固体物质的放射性活度测量

Activity measurements of solid materials considered for recycling re-use, or disposal as non-radioactive waste

(ISO 11932:1996, IDT)

2008-07-02 发布　　2009-04-01 实施

中华人民共和国国家质量监督检验检疫总局
中国国家标准化管理委员会　发布

前　　言

本标准等同采用ISO 11932:1996《拟再循环、再利用或作非放射性废物处置的固体物质的放射性活度测量》。

本标准做了下列编辑性修改:

——删除国际标准前言和引言;

——删去了部分术语和定义(例如:活度、比活度、表面污染和表面活度在GB/T 4960.5—1996《核科学技术术语　辐射防护与辐射安全》中已有规定)。

本标准代替GB/T 17947—2000《拟再循环、再利用或作非放射性废物处置的固体物质的放射性活度测量》。本标准与GB/T 17947—2000相比,主要变化是:

——删去了ISO"前言"和"引言";

——对引用标准进行了补充、更新。

本标准的附录A、附录B为规范性附录。

本标准由中国核工业集团公司提出。

本标准由全国核能标准化技术委员会归口。

本标准起草单位:核工业标准化研究所、中国辐射防护研究院。

本标准主要起草人:马如维、金月如、任宪文、夏晓彬。

本标准于2000年首次发布。

拟再循环、再利用或作非放射性废物处置的固体物质的放射性活度测量

1 范围

本标准规定了核设施运行和退役产生的，拟再循环、再利用或作非放射性废物处置的固体物质的放射性活度测量的原则和方法。

本标准适用于核设施运行和退役产生的，拟再循环、再利用或作非放射性废物处置的固体物质的放射性活度测量，以判明这些物质是否符合发布的清洁解控标准。

其他来源的，拟再循环、再利用或作非放射性废物处置的固体物质的放射性活度测量，可参照本标准执行。

本标准不适用于一般意义的放射性废物。

2 规范性引用文件

下列文件中的条款通过本标准的引用而成为本标准的条款。凡是注日期的引用文件，其随后所有的修改单(不包括勘误的内容)或修订版均不适用于本标准，然而，鼓励根据本标准达成协议的各方研究是否可使用这些文件的最新版本。凡是不注日期的引用文件，其最新版本适用于本标准。

GB/T 5202 辐射防护仪器 α、β和α/β(β能量大于60 keV)污染测量仪和监测仪(GB/T 5202—2008,IEC 60325:2002,IDT)

GB/T 12128 用于校准表面污染监测仪的参考源 β发射体和α发射体(GB/T 12128—1989,neq ISO 8769:1986)

GB/T 12162.1 用于校准剂量仪和剂量率仪及确定其能量响应的X和γ参考辐射 第1部分：辐射特性及产生方法(GB/T 12162.1—2000,idt ISO 4037:1996)

GB/T 12164 用于校准剂量(率)仪及确定其能量响应的β参考辐射(GB/T 12164—1999,eqv ISO 6980:1996)

GB/T 14056.1 表面污染测定 第一部分 β发射体($E_{\beta max}$＞0.15 MeV)和α发射体(GB/T 14056.1—2008,ISO 7503-1:1988,MOD)

GB/T 15222 表面污染测定 第二部分 氚表面污染(GB/T 15222—1994,eqv ISO 7503-2:1988)

GB 18871 电离辐射防护与辐射源安全基本标准

EJ/T 776 辐射防护用β、X和γ辐射剂量当量仪和剂量当量率仪

EJ/T 984 环境监测用X、γ辐射测量仪 第一部分 剂量率仪型

EJ/T 1204 电离辐射测量探测限和判断阈的确定

3 术语和定义

本标准采用下列术语和定义。

3.1

直接可测的表面污染 directly measurable surface contamination

可直接测量的那部分表面污染。

3.2

可去除的表面污染　removable surface contamination

在正常工作条件下可去除的或可能转移的那部分表面污染。

3.3

可去除的表面污染的间接测定　indirect evaluation of removable surface contamination

用擦拭法对表面可去除的放射性活度进行的测定。

3.4

擦拭法　smear test

用干的或湿的擦拭材料擦污染表面以取得可去除的放射性活度样品，随后测定转移到擦拭材料上的放射性活度。

3.5

去除因子 *F*　removal factor

某一擦拭样品从表面去除的放射性活度与该次取样前可去除的表面污染的放射性活度之比。

3.6

仪器效率 ε_i　instrument efficiency

在给定几何条件下仪器的净计数率和源的表面发射率之比。仪器效率依赖于源发射的辐射能量。

3.7

源的表面发射率　surface emission rate of a source

单位时间内从源的表面或从源窗发射出大于给定能量的给定类型的粒子或光子的数目。

3.8

污染源效率 ε_s　contamination source efficiency

源的表面发射率与单位时间内在源内产生或释放的相同类型的粒子或光子数之比。因粒子仅从前表面射出，所以污染源效率将低于0.5。但是，由于反散射粒子的贡献，该值可能略为增大。

4　清洁解控有关的放射性活度测量的要求

4.1　概述

本标准考虑的清洁解控的固体物质的放射性活度测量涉及到：

——表面污染测量；

——比活度测量；

——剂量率测量；

——总活度估算。

清洁解控标准可能是，例如：

——表面污染：对 β/γ 发射体 $0.4\ Bq \cdot cm^{-2}$ 至 $4.0\ Bq \cdot cm^{-2}$ 之间；对 α 发射体 $0.04\ Bq \cdot cm^{-2}$ 至 $0.4\ Bq \cdot cm^{-2}$ 之间（在 $100\ cm^2$ 至 $1\ m^2$ 面积的平均）；

——比活度：范围从 $0.1\ Bq \cdot g^{-1}$ 到 $10^4\ Bq \cdot g^{-1}$（有平均值的限值也有局部值的限值）；

——剂量率：从 $0.05\ \mu Gy \cdot h^{-1}$ 至 $1\ \mu Gy \cdot h^{-1}$（近表面附近高于该处本底的剂量率）。

4.2　表面污染测量

4.2.1　应考虑的放射性核素

在运行和退役期间所关心的放射性核素依赖于核设施的类型（例如：动力堆、浓缩厂、加速器、燃料制造厂等），且同类型中此核设施与彼核设施也可能不同。不管什么设施，在进行大规模表面污染监测前，应知道放射性核素的组成，因为测量仪的响应依赖于放射性核素的组成。因此，厂区每一部分的污染的放射性核素的组成都应确定，除非该厂涉及的设施都是已知的单一污染［例如，天然铀氧化物（UO_2）］。放射性核素组成的实验室测定是为现场测量提供“指纹”资料的重要先驱。

确定混合放射性核素的组成可以采用如下一种或二种方法：

——高分辨率X、γ能谱分析方法。例如：对γ辐射采用Ge(Li)或高纯锗探测器，对能量为5 keV至50 keV的X和软γ辐射采用Si(Li)或平面高纯锗探测器。

——放射化学分析方法。对低活度样品，特别是对不能用γ能谱法测量的那些放射性核素，采用诸如固定在"载体"上或其他放化分离等方法使其分离出来。

放射性核素组成的计算可以作为测量的补充，但仅当这种计算的准确度已被现场测量所证实，并且仅在由大量活化产生的放射性活度在放射性总活度中占主导的情况下，才可以采用这种计算结果。当表面污染显著时不能采用这种计算结果。

4.2.2 测定表面污染的方法

4.2.2.1 总则

表面污染能够通过直接或间接测量方法来测定(见GB/T 14056.1)。直接测量是采用表面污染测量仪和监测仪进行的，这类仪表测定的是可去除的与固定的表面污染之和。间接测量是采用擦拭法进行的，该方法只能测定可去除的表面污染。

直接测量有时是困难的甚至是不可能的。例如：在污染表面有非放射性的固体或液体沉积、表面污染测量受到被检测物质活化等引致的高本底辐射场的干扰或测量仪难以接近被检测表面等。

间接测量(擦拭法)仅能用于测定可去除的表面污染，并且去除因子带有不确定性。然而，某些清洁解控标准只推荐了易接近表面的可去除的表面污染的清洁解控水平。在这种情况下，直接测量可能引致高估，因此擦拭法是更合适的。在许多情况下，两种方法的结合将得到更可靠的结果。采用擦拭法测定氚表面污染可能是无效的(见GB/T 15222)。

4.2.2.2 表面污染的直接测量

4.2.2.2.1 测量仪器

测量仪器的特性和性能应符合GB/T 5202的要求。仪器应能测量低于国家规定的表面污染清洁解控水平的表面活度。有关探测限的指导可以见EJ/T 1204。

4.2.2.2.2 探测方法

探测器在表面上方移动，探测器应尽可能地接近被测表面。一旦探测到污染区，应把探测器定位在这个区域上方，并在足够长的时间内保持位置不变，以便确认测量值。探测器的移动速度应与污染限值和探测器的性能特性相适应。

4.2.2.2.3 测量程序

测量时应遵守所用测量仪器的有关操作规程和如下要求：

a) 应在检测区内有代表性的位置测定本底计数率；

b) 应定期检测仪器的本底计数率；

c) 宜用一个合适的检验源校验仪器是否正常(经常用的仪器每日校验一次)。仪器对检验源的读数与认可值的偏差超过25%时应重新校准仪器；

d) 为了保持探测器与表面间的距离尽可能地小，可能需要采用可移式定位架；

e) 探测器应在至少三倍仪器的响应时间(95%的指示值)内保持位置固定；

f) 应知道在预期的环境条件范围内对被测放射性核素的仪器频率；

g) 在被测表面不平整的情况下，应估计被测表面形状对仪器效率的影响(实例可参见参考文献[6])；

h) 在被测表面有明显可见的污物和(或)氧化层，且不能去除的情况下，应考虑这些吸收层对污染源效率(ε_s)的影响。在附录A中给出了对各种核素的修正因子，这些修正因子是吸收层面密度的函数。

按照GB/T 14056.1，被检测表面上固定和可去除的α或β污染的表面活度A_s(Bq·cm^{-2})由式(1)给出：

$$A_s = \frac{n - n_B}{\varepsilon_i \times \varepsilon_s \times W} \qquad \cdots\cdots(1)$$

式中：

n ——测得的总计数率，单位为每秒(s^{-1})；

n_B——本底计数率，单位为每秒(s^{-1})；

ε_i——对 α 或 β 辐射的仪器效率；

W——探测器窗的面积，单位为平方厘米(cm^2)；

ε_s——污染源的效率。

在缺少 ε_s 已知数值时，ε_s 可以取为：

ε_s=0.5[β 发射体($E_\beta \geq 0.4$ MeV)]

ε_s=0.25[β 发射体(0.15 MeV<E_β<0.4 MeV)和 α 发射体]

其中 E_β 是 β 粒子的最大能量。

低估 α 污染的可能性，见 GB/T 14056.1。

4.2.2.3 表面污染的间接测量

4.2.2.3.1 仪器

测量擦拭样品最好采用屏蔽良好的固定式计数装置，如 α/β 正比计数器、γ 能谱仪和液体闪烁计数器。若选用便携式表面污染测量仪或监测仪时，选用的仪器应符合 GB/T 5202 的要求。仪器应能测量足够低的活度，以便能很容易确定表面污染是否低于国家规定的清洁解控水平。

注：大多数仪器对 α 污染能够测量到小于 0.4 Bq，对 β 污染小于 4 Bq。若擦拭面积 100 cm^2，去除因子 F=0.1，则相当于能测量低于 0.04 Bq·cm^{-2} 的 α 发射体和低于 0.4 Bq·cm^{-2} 的 β 发射体的可去除的污染。这正好是 GB 18871 中建议的可回收再利用的钢材和设备的表面污染的清洁解控水平。

4.2.2.3.2 测量程序

按 GB/T 14056.1 的规定取擦拭样品并测量后，被测表面可去除的表面污染的表面活度 A_s(Bq·cm^{-2})按式(2)计算得到：

$$A_s = \frac{n - n_B}{\varepsilon_i \times \varepsilon_s \times F \times S} \qquad \cdots\cdots(2)$$

式中：

n——测得的总计数率，单位为每秒(s^{-1})；

n_B——本底计数率，单位为每秒(s^{-1})；

ε_i——对 α 或 β 辐射的仪器效率；

F——去除因子；

S——擦拭面积，单位为平方厘米(cm^2)；

ε_s——污染源的效率。

实际工作中遇到的各种表面，都应通过实验测定去除因子 F，否则应使用 F=0.1。

4.2.2.4 仪器效率的校准

表面污染测量所用的全部仪器应使用符合 GB/T 12164 和 GB/T 12128 规定的参考源，按照 GB/T 14056.1 规定的程序进行校准。

4.2.2.5 氚表面污染

氚是低放射毒性的核素。在核设施退役中，一般不涉及氚表面污染。但是某些情况下，例如在动力堆的钢筋混凝土中存在活化产物氚，在聚变堆中也存在氚。当涉到氚表面污染时，应按照 GB/T 15222 规定的程序进行测定。

4.2.2.6 表面污染测量结果的记录

对于拟解控的物质来说，表面污染测量报告应包括下述内容：

a) 测量日期；

b） 采用的清洁解控标准；

c） 场所和具体位置；

d） 间接测量的表面类型；

e） 擦拭材料（干或湿）；

f） 润湿剂；

g） 间接测量的去除因子（实测的或假设的）；

h） 使用的仪器；

i） 本底；

j） 表面活度（包括放射性核素的组成）；

k） 测量人的姓名和签名。

4.3 比活度测量

4.3.1 总则

比活度的测量需要知道放射性核素的组成。放射性核素的组成可以采用能谱分析和放射化学分析来确定。确定难于或不能用能谱方法测量的放射性核素（例如^{55}Fe、^{63}Ni或^{241}Pu）与那些易于测量的放射性核素（例如^{137}Cs或^{60}Co）之间的比值是很重要的。对拟再循环、再利用或作非放射性废物处置的每一类物质都应测定其放射性核素的组成。在这些物质去污后（假若去污）和运出核设施前都应进行这种测定。

4.3.2 测量技术

4.3.2.1 实验室测量

对每一个检测单元都应采用取芯样的办法进行能谱分析或放射化学分析，以测定其放射性核素的组成。选择的探测方法应能鉴别所有关心的核素。

采取的样品量应足够大，以便在样品的比活度为国家规定的清洁解控水平（例如 1 Bq·g^{-1}）时，使样品的总活度能在95%的置信水平情况下进行放射性核素组成的定量分析。另外应对样品的自吸收进行修正。

样品的几何条件和放射性活度的空间分布最好制备成与校准源一致，以使样品测量的条件与校准条件相同。

取样时应小心，以避免放射性核素的组成和活度发生改变（例如火焰切割时的表面蒸发）。对于表面污染，应在放射性核素已渗入到物质里面的那些位置进行取样（例如焊接处）。

能谱方法探测限的导出、γ和α能谱的测定方法和采用的探测器见EJ/T 1204。物质中放射性核素^{55}Fe和^{63}Ni的放射化学分析方法见附录B。

4.3.2.2 现场测量

现场或就地测量通常使用剂量率仪和（或）计数率仪。使用的便携式X、γ剂量率仪的量程范围应为10 nGy·h^{-1}g至10 μGy·h^{-1}。计数率仪的量程范围至少应覆盖4.1中给出的α和β/γ发射体各自的范围。使用的仪器应满足EJ/T 776或EJ/T 984规定的要求。

把在取样位置接触测量的剂量率（或计数率）减去本底得出的净剂量率（或计数率）与按4.3.2.1测得的比活度联系起来，可算得净剂量率（或计数率）与比活度的转换因子。应采用该换算因子，对足够多个测量点来判明是否符合比活度清洁解控标准（取测量点的统计基础见4.4）。

与比活度清洁解控标准不同，其他清洁解控标准可能规定在距物件给定距离处的剂量率限值。假若探测器的尺寸与该解控标准规定的距离相比小很多，则可采用测量比活度的仪器进行现场测量。

4.3.2.3 总γ活度测量

使用具有大面积的内置式（例如4π几何条件）液体闪烁计数器或塑料闪烁计数器的专用测量系统能在短的测量时间内对大量物质进行测量。在这种情况下测定的是总γ活度。该系统应能以足够高的探测几率测量被检测物质发射的γ射线。

被检测物质的形状，在测量体积中的位置，以及自屏蔽作用都可能影响测量的结果。因此应按物质的类型(例如具有相同壁厚的物质)进行分组。将具有类似的几何和自屏蔽特征的物质分成一组，并按该组的测量条件对仪器进行校准。测出这一组物质的总 γ 活度和质量后，就可算出其比活度。

由于被测物质在测量位置引起的屏蔽作用可以降低本底计数率。因此必须用与被测物质相同的非放射性物质去确定这种影响。

由于污染物质和污染位置的微小差异可能导致测量结果很大的不同——特别是涉及到低能发射体时，所以对测量数据的解释应谨慎。

4.3.2.4 本底要求

为判明是否符合清洁解控标准而进行的所有测量应在该现场中本底辐射尽可能低的区域进行，或在最小可探测比活度(置信度为 95%)低于清洁解控水平的区域进行。对于就地测量，例如混凝土构筑物的就地测量，若可利用运行前的剂量率则宜取此值作为本底剂量率，否则其本底剂量率宜取该设施中没有污染的类似构筑物处测得的剂量率。易移动的物件应拿到本底剂量率不超过 100 nGy・h^{-1} 的屏蔽区域进行测量。测量中可以应用 EJ/T 1204 规定的测量时间、阈值和本底间的相互关系。

4.3.2.5 仪器的校准

现场测量应使用经 X 和 γ 参考辐射校准过的便携式剂量率仪，所用的 X 和 γ 参考辐射应符合 GB/T 12162.1 的规定。4.3.2.3 所述的专用测量系统应使用参照组和 γ 参考源，对每一组类型物质分别校准。参照组可以由相同物质的非放射性物质或者由模拟体组成。

应利用一个合适的检验源定期校验仪器是否正常(经常使用的仪器每天校验一次)。

4.3.2.6 比活度测量结果的记录

对于拟解控的物质来说，比活度测量报告应包括如下内容：

a) 测量日期；

b) 采用的清洁解控标准；

c) 场所和具体位置；

d) 被测物质的类型；

e) 使用的仪器；

f) 探测限；

g) 校准日期和使用的参考源；

h) 本底(剂量率或计数率)；

i) 测量的总剂量率(计数率)；

j) 使用的剂量率(计数率)与比活度的转换因子；

k) 比活度(包括放射性核素的组成)；

l) 假若测量时的比活度高于采用的清洁解控水平，则应写明比活度降至低于清洁解控水平的日期；

m) 测量人的姓名和签名。

4.4 采样方法

为分析放射性核素而采集的样品应能代表被清洁解控的物质。小的物体，例如管道等，应全部进行检测，测定其比活度和(或)内、外表面的污染。对大的物体，如建筑物内的地板、墙壁、天花板，其样本数应具有足够的统计基础，以使采用最少的取样数所得的结果能达到足够的置信水平(95%)。

本标准采用分层随机采样方法(参见参考文献[7])。满足统计要求的样品数 n 可由式(3)计算：

$$n \geqslant 45 \frac{s^2}{\bar{X}^2} \qquad \cdots\cdots(3)$$

式中：

s——样本的标准差；

$\overline{X}$——n 个样品的测定量的平均值。

对于建筑物内的地板、墙壁和天花板，首先在它们上面按清洁解控标准要求的平均面积划出大小一致的网格，然后对各网格进行编号。从每一网格中至少随机选定 30 个初始样品进行接触测量，并在各个网格中心上方 1 m 距离处测量 γ 剂量率。α 表面活度、β-γ 剂量率和 γ 剂量率等接触测量的数量取决于与网格尺寸相比探头的大小及该网格内各处放射性强弱的差异。

30 个样品测量后，计算这 30 个样品测定量的平均值 $\overline{X}$ 和标准差 s。为了获得平均值的准确估计所要求的样品数 n 由式(4)计算：

$$n = 45\frac{s^2}{\overline{X}^2} \quad \cdots\cdots(4)$$

假若计算值 n 大于 30(初始样品数)，则需要增加样品数。

按照式(4)，若样品数已足够多，则计算出每个网格内的平均值 $\overline{X}$ 和平均值的标准差 $\bar{s}$。平均值的标准差 $\bar{s}$ 按式(5)计算：

$$\bar{s} = \frac{s}{\sqrt{n}} \quad \cdots\cdots(5)$$

若 $\overline{X}+2\bar{s}$ 的计算值低于规定的限值，则表示以 95% 的置信度符合清洁解控标准。假若去污过程已全部按同样的要求去除了放射性污染，则同样的方法可用于大体积的金属物体。

附 录 A
（规范性附录）
β表面污染测量图

物件表面上的吸收层、探测器与被测量表面的距离及被测物件表面的形状对测量结果的影响如图 A.1 和图 A.2 所示。

用窗厚为 0.9 mg·cm^{-2}，窗面积为 112 cm^2 的 Ar/CH_4 正比计数器去测量一个 100 cm^2 的薄表面污染源，其归一化计数率与吸收层面密度的关系如图 A.1 所示。

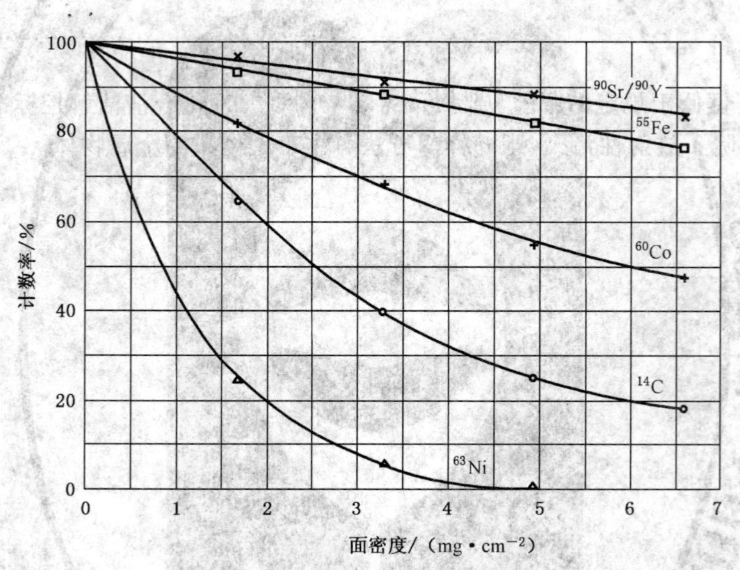

图 A.1 归一化计数率随吸收层面密度的变化

未磨光的金属表面的粗糙厚度大约是晶粒大小的一半，即最大值约为 50 μm。磨光的表面的粗糙厚度大约为几微米。假若油污和灰尘的面密度为 0.5 mg·cm^{-2}，则第一种情况导致的吸收层面密度为 2.5 mg·cm^{-2}，第二种情况为 0.7 mg·cm^{-2}。

从图 A.1 可以看出，若吸收层的面密度为 2.5 mg·cm^{-2}，则^{63}Ni 的计数率将降至 13%。

流气式正比计数器的计数率随探测器至源面的距离的变化如图 A.2 所示。

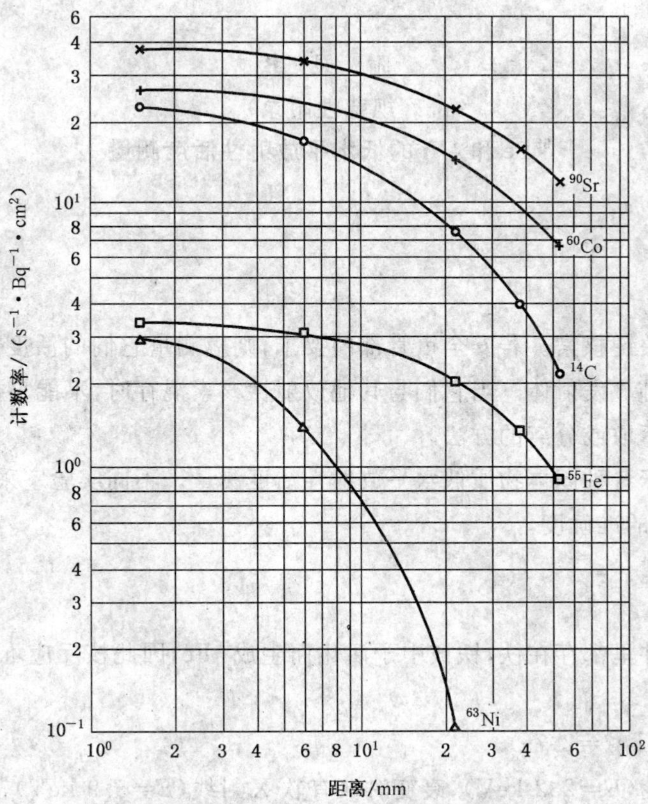

图 A.2 计数率随探测器至源面的距离的变化

(校准源面 8 cm×12.5 cm,探测器窗面 9.4 cm×16.6 cm,探测器窗厚 0.3 mg·cm^{-2},工作气体 Ar/CH_4)

附 录 B
（规范性附录）
^{55}Fe和^{63}Ni的低水平放射性活度测量

B.1 概述

本附录涉及到两个关键核素。若安全审管部门要求，则应测量它们的活度。^{55}Fe是低能X射线发射体(5.9 keV)，^{63}Ni是纯β发射体。当它们与其他放射性核素混存时，不能直接测量它们。因此，为了提高准确度应采用化学萃取或分离的方法。

所建议的方法可用于各种固体物质低水平放射性活度测量。不同实验室采用同样的方法其结果将可以比较，并将提高结果的准确度。

B.2 ^{55}Fe的测定

核反应堆不锈钢部件里都存在铁，铁被中子活化而生成^{55}Fe，因此核反应堆废物和废金属中通常存在^{55}Fe。

^{55}Fe的半衰期较长($T_{1/2}=2.7a$)。

^{55}Fe以电子俘获衰变($E=232$ keV)，衰变时伴有软X射线($E=5.9$ keV)辐射。

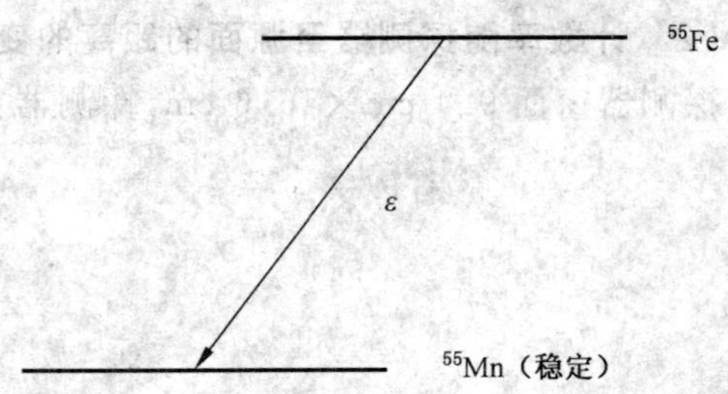

该软X射线用来定量测定^{55}Fe。

B.2.1 试剂

试剂包括：

a) Ni、Co、Ag、Cs的浓溶液(10 g·L^{-1})；

b) 铁溶液，用作载体；

c) 浓氨水和浓无机酸，例如：硫酸、硝酸、高氯酸等；

d) 硝酸，1 mol·L^{-1}；

e) 盐酸，5.0 mol·L^{-1}和0.5 mol·L^{-1}；

f) 有机阴离子交换树脂：季铵类1型，二乙烯苯(DVB)4%，74 μm～165 μm(筛分粒度100目～200目)。

B.2.2 仪器设备

仪器设施包括：

a) 实验室玻璃器皿：烧杯、滴定管、移液管等；

b) pH计；

c) 离心机和(或)实验室过滤系统；

d) 原子吸收分光光度计或电感耦合等离子体(ICP)发射光谱仪；

e) X 射线能谱仪或液体闪烁计数器；

f) γ 射线能谱仪。

B.2.3 ^{55}Fe 的测量

按^{55}Fe 的核性质，至少可以采用如下两种技术来测量，这两种测量技术都涉及到化学分离。

——X 射线能谱分析

对带色的样品或活度足够大，即大于 100 Bq·L^{-1}(简化法)的样品常采用这种技术。

——液体闪烁计数

类似弱 β 发射体，^{55}Fe 发射的 X 射线或俄歇电子与液体闪烁体作用而产生光子辐射。对于活度为 1 Bq·L^{-1}至 100 Bq·L^{-1}的铁样品，并且此样品中的超铀元素已被分离(通用方法)时，可采用这种技术。当样品中含有钴、镍、银、铯或氚时总采用这种技术。

B.2.3.1 简化法

图 B.1 给出了本方法的使用指南。

按固体样品的性质将其溶解。常采用浓无机酸溶解样品(见 B.2.1c))。

用原子吸收分光光度计或 ICP 发射光谱仪(见 B.2.2d))测量总铁浓度。溶液的铁浓度应大约为 25 mg·L^{-1}。若铁的浓度低于此值，应加入已知量的铁。

通过分离前后铁的测定来确定^{55}Fe 的分离率。在整个^{55}Fe 分离过程中，最终样品携带的放射性杂质可用 γ 射线能谱仪(见 B.2.2f))来检测。

添加镍、钴、银是为了提高这些元素的去污系数，这些元素在 pH10 时不产生沉淀。沉淀前应添加这些元素，直到它们的浓度达到 20 mg·L^{-1}为止。

第一、第二次添加采用离心分离沉淀，第三次添加采用离心和过滤分离沉淀。

然后用硝酸(见 B.2.1d))溶解氢氧化铁(Ⅲ)的沉淀。

该溶液被用于测定化学产额(>95%)和测定^{55}Fe 的活度(采用 X 射线能谱仪)。

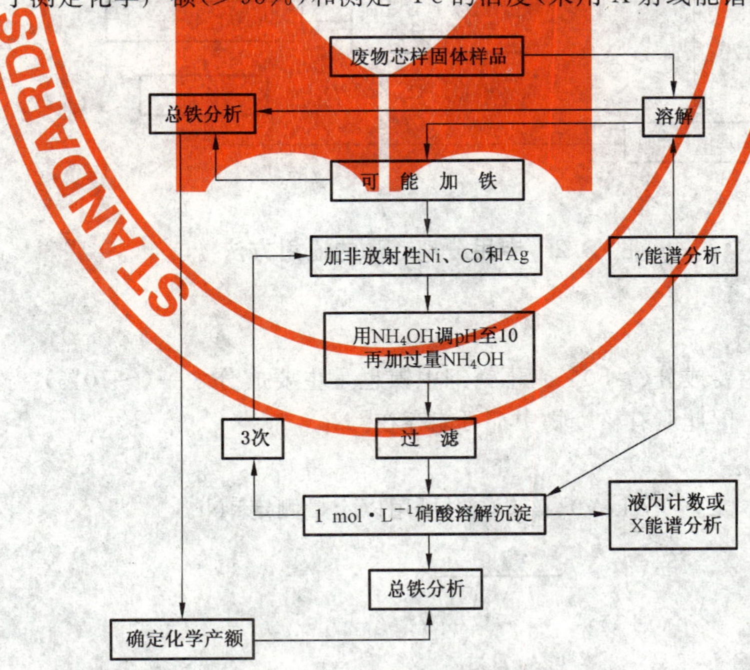

图 B.1 专用分离^{55}Fe 的简化法

B.2.3.2 通用方法

图 B.2 给出了本方法的使用指南。

开始的处理程序与简化法相同。只是第三次沉淀改用 5.0 mol·L^{-1}的盐酸(见 B.2.1e))溶解，而不用硝酸(见 B.2.1d)),其目的是为了获得阴离子络合物$[FeCl_4]^-$。

使溶液通过阴离子交换树脂,再用 5.0 mol·L^{-1}的盐酸洗涤阴离子交换柱。

用 0.5 mol·L^{-1}的盐酸(见 B.2.1e))将铁从树脂中洗提出来。溶液蒸干,并用硝酸(见 B.2.1d))溶解残渣。

测量该溶液中铁的分离产额(>95%),并用 X 射线能谱仪(见 B.2.2e))或液体闪烁计数器测定该溶液。用液体闪烁计数器测定时要求对装置进行校准。

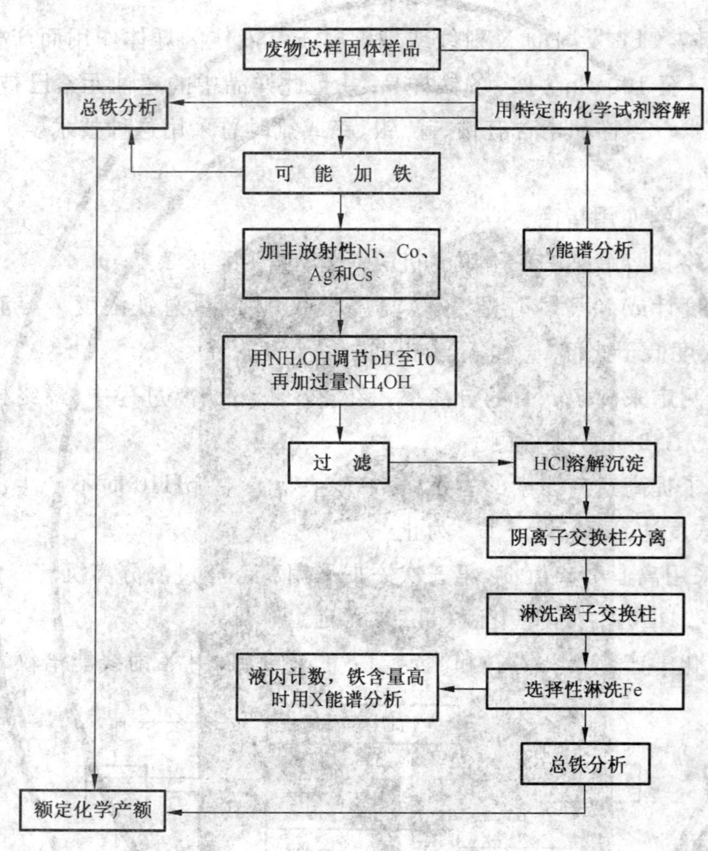

图 B.2 专用分离^{55}Fe的通用方法

B.3 ^{63}Ni 的测定

因科镍合金中镍是主要成分(>50%),不锈钢中镍也是主要成分之一(~10%)。这两种合金都在高热中子通量场中使用。因此所有核废物中都可能存在^{63}Ni。

^{63}Ni 的半衰期长($T_{1/2}$=100 a)。

^{63}Ni 是纯软 β 发射体($E_β$=67 keV),该 β 辐射可用以定量测定^{63}Ni。

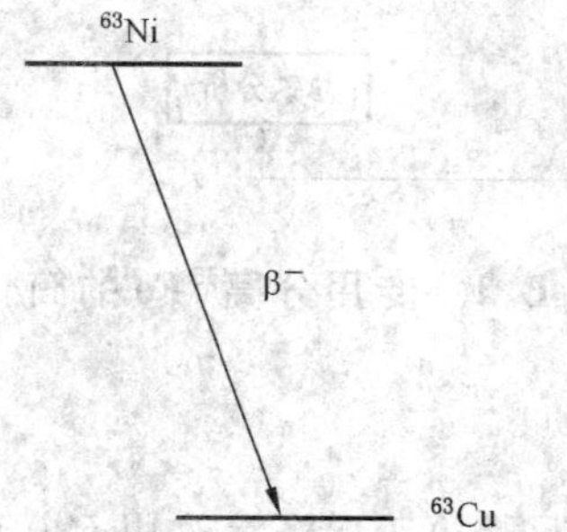

B.3.1 试剂

试剂包括：

a) 镍溶液(10 g·L^{-1})。用作载体；

b) 丁二酮肟；

c) 柠檬酸铵溶液(20 g·L^{-1})；

d) 三氯甲烷；

e) 硝酸:浓酸和稀酸。

B.3.2 仪器设备

仪器设备包括：

a) 实验室玻璃器皿:烧杯、滴定管、移液管等；

b) 蒸馏器和蒸馏瓶；

c) pH 计；

d) 原子吸收分光光度计；

e) β计数装置:液闪；

f) γ射线能谱仪。

B.3.3 ^{63}Ni 的测量

图 B.3 中给出了测量方法的程序，它包括如下步骤：

第1步

按固体样品的性质将其溶解。

第2步

用原子吸收分光光度计测量溶液中镍浓度，如有必要，加入已知量的镍，使溶液的镍浓度大约为 10 mg·L^{-1}。因为该元素有颜色，溶液的颜色对液闪计数的猝灭具有有害影响，因此应避免镍的浓度过高。

第3步

调整 pH 和添加柠檬酸铵(见 B.3.1c))后，用丁二酮肟(见 B.3.1b))萃取镍。为了获得高于 95% 的回收率，应重复萃取四次。

第4步

用分液漏斗分离三氯甲烷，并将四次萃取液收集在同一蒸馏瓶中。

第5步

采用蒸馏除去三氯甲烷，直到获得"丁二酮肟镍"(NiDMG)的干馏分。由于三氯甲烷对猝灭有负效应，因而这一步是非常必要的。

第6步

添加浓硝酸(见 B.3.1e))以便重新溶解镍并分解 NiDMG 络合物。用稀硝酸(见 B.3.1e))洗涤蒸馏瓶，并按要求调整最终体积。

第7步

一部分溶液用原子吸收分光光度计测量，以计算产额。

另一部分溶液用液体闪烁计数装置测量。该测量之前应确定液体闪烁计数装置的猝灭特性。

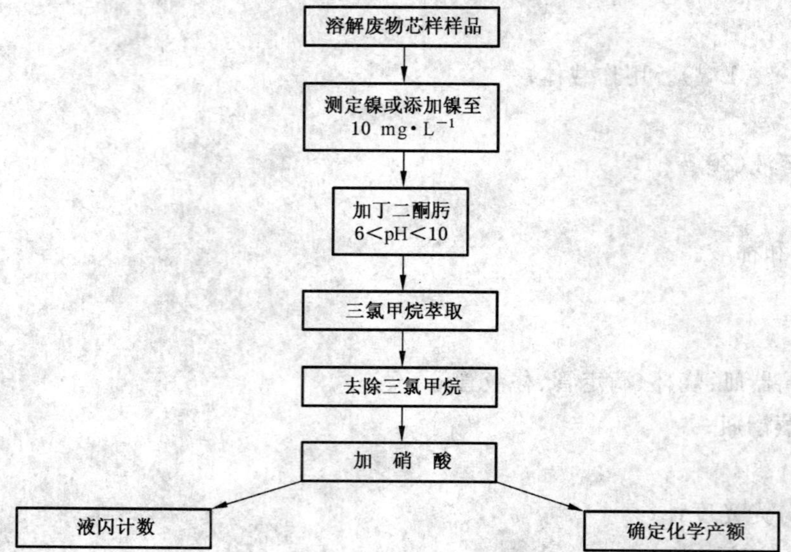

图 B.3 专用分离^{63}Ni的方法

参 考 文 献

[1] Factors relevant to the recycling or re-use of components arising from the decommissioning and refurbishment of nuclear facilities, IAEA Technical Reports Series No. 293, Vienna (1998).

[2] Radiological protection criteria for the recycling of materials from the dismantling of nuclear installations. Recommendations form the group of experts set up under the terms of Article 31 of the Euratom Treaty, Radiation Protection No. 43, Commission of the European Communities, Luxembourg (1988).

[3] Application of exemption principles to the recycling and reuse of materials from nuclear facilities, IAEA Safety No. 111-P-1. 1, Vienna (1993).

[4] IAEA 安全丛书 No. 115,国际电离辐射防护和辐射源安全的基本标准,国际原子能机构,维也纳,1997.

[5] Hulot M., et al. State of the art review on technology for measuring and controlling very low-level radioactivity in relation to the decommissioning of nuclear power plants, EUR 10643 EN (1996).

[6] HOFFMANN R. and L EIDENBERGER B., optimization of measurement techniques for very low level radioactive waste material, EC Research Contract FI1D-0048D(B).

[7] Monitoring Programmes for Unrestricted Release Related to Decommissioning of Nuclear Facilities, IAEA Technical Reports Series No. 334, Vienna (1992).

[8] ISO 11929-1, Determination of the lower limits of detection and decision for ionizing radiation measurements—Part 1: Fundamentals and applications to counting measurements without the influence of sample treatment.

[9] ISO 11929-2, Determination of the lower limits of detection and decision for ionizing radiation measurements—Part 2: Fundamentals and applications to counting measurements with the influence of sample treatment.

[10] ISO 11929-3, Determination of the lower limits of detection and decision for ionizing radiation measurements—Part 3: Fundamentals and applications to counting measurements by high-resolution gamma spectrometry without the influence of sample treatment.

ICS 35.040
L 80

中华人民共和国国家标准

GB/T 17964—2008
代替 GB/T 17964—2000

信息安全技术
分组密码算法的工作模式

Information technology—Security techniques—
Modes of operation for a block cipher

2008-06-26 发布　　　　2008-11-01 实施

中华人民共和国国家质量监督检验检疫总局
中国国家标准化管理委员会　发布

前　言

本标准代替 GB/T 17964—2000《信息技术　安全技术　n 位块密码算法的操作方式》。

本标准与 GB/T 17964—2000 相比主要变化如下：

——修改了标准的名称；

——修改了部分术语的定义；

——修改了加密解密的关系表达式；

——增加了分组算法的计数器(CTR)、分组链接(BC)和带非线性函数的输出反馈(OFBNLF)三种工作模式及其说明；

——在资料性附录 B 中增加了计数器(CTR)工作模式的加密解密实例说明；

——修改了部分描述性文字的语法。

本标准的附录 A 是规范性附录，附录 B 是资料性附录。

本标准由国家密码管理局提出。

本标准由全国信息安全标准化技术委员会归口。

本标准起草单位：无锡江南信息安全工程技术中心、卫士通信息产业股份有限公司、兴唐通信科技股份有限公司、济南得安计算机技术有限公司、上海格尔软件股份有限公司。

本标准主要起草人：徐强、李元正、谢永泉、李玉峰、高志权、谭武征。

本标准所代替标准的历次版本发布情况为：

——GB/T 17964—2000。

引　言

本标准中对于某些所描述的工作模式来说，可能需要对明文变量进行填充，具体填充技术不属于本标准的范围。

某些工作模式需要用到初始值 IV，IV 的定义不属于本标准范围。

当使用这些工作模式中的某一种时，所有通信方都要选择并使用同样的参数值。

本标准编制过程中得到了国家商用密码应用技术体系总体工作组的指导。

信息安全技术
分组密码算法的工作模式

1 范围

本标准描述了分组密码算法的七种工作模式，以便规范分组密码的使用。

2 规范性引用文件

下列文件中的条款通过本标准的引用而成为本标准的条款。凡是注日期的引用文件，其随后所有的修改单(不包括勘误的内容)或修订版均不适用于本标准，然而，鼓励根据本标准达成协议的各方研究是否可使用这些文件的最新版本。凡是不注日期的引用文件，其最新版本适用于本标准。

GB/T 1988—1998 信息技术 信息交换用七位编码字符集（eqv ISO/IEC 646:1991）

3 术语和定义

下列术语和定义适用于本标准。

3.1 术语

3.1.1

分组链接工作模式 block chaining（BC）operation mode

分组密码算法的一种工作模式，当前的明文分组与所有前面密文分组的异或值相异或运算后再进行加密得到当前的密文分组。

3.1.2

分组密码 block cipher

又称块密码算法，一种对称密码算法，将明文划分成固定长度的分组进行加密。

3.1.3

分组密码算法工作模式 block cipher operation mode

分组密码算法的使用方式，主要包括电码本模式(ECB)、密码分组链接模式(CBC)、密码反馈模式(CFB)、输出反馈模式(OFB)、计数器模式(CTR)等。

3.1.4

密码分组链接工作模式 cipher block chaining（CBC）operation mode

分组密码算法的一种工作模式，当前的明文分组与前一密文分组进行异或运算后再进行加密得到当前的密文分组。

3.1.5

密码反馈工作模式 cipher feedback（CFB）operation mode

分组密码算法用于构造序列密码的一种工作模式，用密文依次更新存储该密码算法启动变量的反馈缓冲器。

3.1.6

计数器工作模式 counter（CTR）operation mode

分组密码算法用于构造序列密码的一种工作模式，通过加密不断变化的计数器来产生密钥序列。

3.1.7

密文 ciphertext

加密后的数据。

3.1.8

密码同步 cryptographic synchronization

使密码系统正确处理而进行的协作机制。

3.1.9

解密 decipherment/decryption

加密过程对应的逆过程。

3.1.10

电码本工作模式 electronic codebook (ECB) operation mode

分组密码算法的一种工作模式,明文分组直接作为加密算法的输入,对应的输出作为密文分组。

3.1.11

加密 encipherment/encryption

对数据进行密码变换以产生密文的过程。

3.1.12

反馈缓存(FB) feedback buffer (FB)

用于为加密过程存储输入数据的变量。在启动点,FB 的值为 IV。

3.1.13

初始化向量/值 initialization vector/initialization value (IV)

在密码变换中,为增加安全性或使密码设备同步而引入的用于数据变换的起始数据。

3.1.14

密钥 key

控制密码变换操作的关键信息或参数。

3.1.15

带非线性函数的输出反馈模式 output feedback with a nonlinear function (OFBNLF) operation mode

分组密码算法的一种工作模式,是 OFB 和 ECB 的变体,它的密钥随着每一个分组而改变。

3.1.16

输出反馈工作模式 output feedback (OFB) operation mode

分组密码算法用于构造序列密码的一种工作模式,用该算法当前时刻的输出作为下一时刻的输入。

3.1.17

明文 plain text/clear text

待加密的数据。

3.2 定义

3.2.1 加密表达式

本标准中,由分组密码规定的函数关系记作:

$$C=E_K(P)$$

其中:P 是明文分组;

C 是密文分组;

K 是密钥;

E_K 是使用密钥 K 的加密运算。

3.2.2 解密表达式

对应的解密函数记作:

$$P=D_K(C)$$

D_K 是使用密钥 K 的解密运算。

3.2.3 位阵列表达式

由一个大写字母表示的变量，如上面的P和C，它表示一个一维的位阵列。例如：

$$A=(a_1,a_2,\cdots,a_m)\text{和}B=(b_1,b_2,\cdots,b_m)$$

便是两个 m 位阵列，其位从1到 m 编号。所有位阵列的记法都是以下标为1的位处于最左边。

3.2.4 模2加表达式

模2加操作，也称作"异或"运算，用符号⊕表示，应用到阵列A和B的运算定义为：

$$A\oplus B=(a_1\oplus b_1,a_2\oplus b_2,\cdots,a_m\oplus b_m)$$

3.2.5 位选择表达式

选择A的最左边 j 个位以产生一个 j 位阵列的操作记作：

$$A\sim j=(a_1,a_2,\cdots,a_j)$$

仅当 $1\leqslant j\leqslant m$（m 是A中的位数）时此操作才有定义。

3.2.6 移位运算表达式

移位函数 S_k 定义如下：

已知 m 位变量X和 k 位变量F，其中 $1\leqslant k\leqslant m$，移位函数 $S_k(X|F)$ 的作用是产生以下的 m 位变量（|是连接运算符，下同）：

$$S_k(X|F)=(X_{k+1},X_{k+2},\cdots,X_m,f_1,f_2,\cdots,f_k)\quad(k<m)$$

$$S_k(X|F)=(f_1,f_2,\cdots,f_k)\quad(k=m)$$

其作用是将阵列X的各位左移 k 个位置，舍弃 $X_1,X_2,\cdots,X_k$，并将阵列F放置在阵列X的最右边的 k 个位置上。当 $k=m$ 时，其作用是F完全取代X。

此函数的一个特例是以全"1"的 m 位变量 $I(m)$ 开始，并将 k 位变量F移到其中。结果为：

$$S_k(I(m)|F)=(1,1,\cdots,1,f_1,f_2,\cdots,f_k)\quad(k<m)$$

$$S_k(I(m)|F)=(f_1,f_2,\cdots,f_k)\quad(k=m)$$

其中最左边的 $m-k$ 位均为"1"。

4 缩略语和符号

AES	高级数据加密标准(advanced encryption standard)
BC	分组链接(block chaining)
CBC	密码分组链接(cipher block chaining)
CFB	密码反馈(cipher feedback)
CTR	计数器(counter)
DEA	数据加密算法(data encryption algorithm)
ECB	电码本(electronic codebook)
IV	初始值(initialization value)
OFB	输出反馈(output feedback)
OFBNLF	带非线性函数的输出反馈(output feedback with a nonlinear function)

5 电码本(ECB)模式

5.1 变量定义

a) q 个明文分组 $P_1,P_2,\cdots,P_q$ 所组成的序列，每个块都为 n 位。

b) 密钥K。

c) q 个密文分组 $C_1,C_2,\cdots,C_q$ 所组成的结果序列，每个块都为 n 位。

5.2 ECB的加密方式描述

$$C_i=E_K(P_i)\quad i=1,2,\cdots,q$$

5.3 ECB 的解密方式描述

$$P_i = D_K(C_i) \quad i=1,2,\cdots,q$$

注：ECB模式的工作性质见附录A。

示例：ECB模式的示例参考附录B。

6 密码分组链接(CBC)模式

6.1 变量定义

a) q 个明文分组 $P_1, P_2, \cdots, P_q$ 所组成的序列，每个块都为 n 位。

b) 密钥 K。

c) n 位初始值 IV。

d) q 个密文分组 $C_1, C_2, \cdots, C_q$ 所组成的结果序列，每个块都为 n 位。

6.2 CBC 的加密方式描述

对第一个明文分组进行加密：

$$C_1 = E_K(P_1 \oplus IV)$$

随后：

$$C_i = E_K(P_i \oplus C_{i-1}) \quad i=2,3,\cdots,q$$

此过程如图1的上半部分所示。初始值IV用于产生第1个密文输出。之后，在加密之前，这个密文与下一个明文进行模2加。

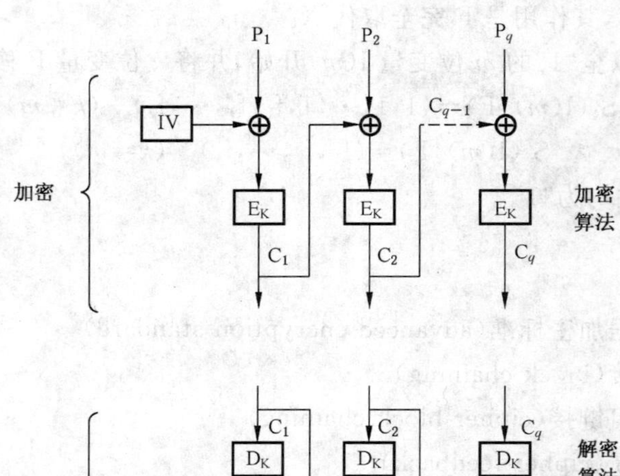

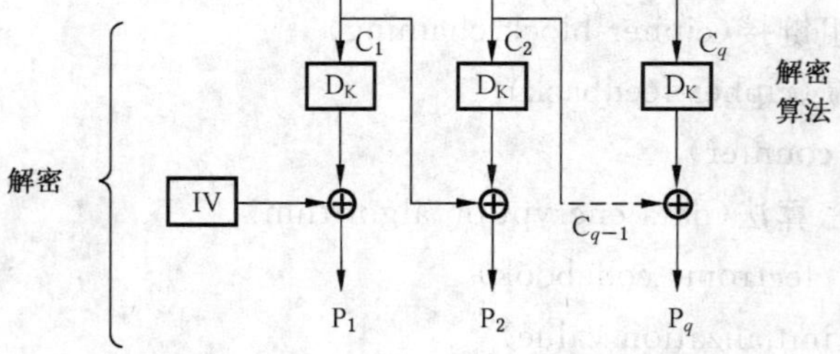

图1 密码分组链接(CBC)操作方式

6.3 CBC 的解密方式描述

对第1个密文分组进行解密：

$$P_1 = D_K(C_1) \oplus IV$$

随后：

$$P_i = D_K(C_i) \oplus C_{i-1} \quad i=2,3,\cdots,q$$

此过程如图1的下半部分所示。

注：CBC模式的工作性质见附录A。

示例：CBC模式的示例参考附录B。

7 密码反馈(CFB)模式

7.1 参数定义

- 反馈缓存的大小 $r(n \leqslant r \leqslant 2n)$;
- 反馈变量的大小 $k(1 \leqslant k \leqslant n)$;
- 明文变量的大小 $j(1 \leqslant j \leqslant k)$。

注：$r-k$ 可小于 n。图 2 示出了 $r-k>n$ 的特殊情形。

7.2 变量定义

a) 输入变量

1) q 个明文变量 $P_1, P_2, \cdots, P_q$ 所组成的序列，每个块都为 j 位。

2) 密钥 K。

3) r 位初始值 IV。

b) 中间结果

1) q 个密码输入块 $X_1, X_2, \cdots, X_q$ 所组成的序列，每个块都为 n 位。

2) q 个密码输出块 $Y_1, Y_2, \cdots, Y_q$ 所组成的序列，每个块都为 n 位。

3) q 个变量 $Z_1, Z_2, \cdots, Z_q$ 所组成的序列，每个变量都为 j 位。

4) $q-1$ 个反馈变量 $F_1, F_2, \cdots, F_{q-1}$ 所组成的序列，每个变量都为 k 位。

5) $q-1$ 个反馈缓存内容 $FB_1, FB_2, \cdots, FB_{q-1}$ 所组成的序列，每个块都为 n 位。

c) 输出变量

q 个密文变量 $C_1, C_2, \cdots, C_q$ 所组成的序列，每个块都为 j 位。

7.3 CFB 的加密方式描述

反馈缓存 FB 的初始值为：

$$FB_1 = IV$$

对每个明文变量进行加密的运算采用以下六个步骤：

a) 产生输入变量：

$$X_i = FB_i \sim n$$

b) 使用分组密码：

$$Y_i = E_K(X_i)$$

c) 选择最左边的 j 位：

$$Z_i = Y_i \sim j$$

d) 产生密文变量：

$$C_i = P_i \oplus Z_i$$

e) 产生反馈变量：

$$F_i = S_j(I(k) | C_i)$$

f) FB 移位运算：

$$FB_{i+1} = S_k(FB_i | F_i)$$

对 $i=1,2,\cdots,q$，重复上述步骤，最后一个循环结束于步骤 d)。此过程如图 2 左半部分所示。分组密码的输出块 Y 的最左边 j 位用来通过模 2 加来加密 j 位明文变量。Y 的其他位被舍弃。明文和密文变量的各位从 1 到 j 编号。

通过把 $k-j$ 个“1”位放到密文变量的最左边位置上，将密文变量扩展成 k 位反馈变量 F，然后将反馈缓存 FB 的各位左移 k 个位置，并将 F 插到最右边的 k 个位置上，就产生了新的反馈缓存 FB 值。在此移位操作中，FB 的最左边 k 位被舍弃。FB 最左边的新的 n 位用作加密过程的下一个输入 X。

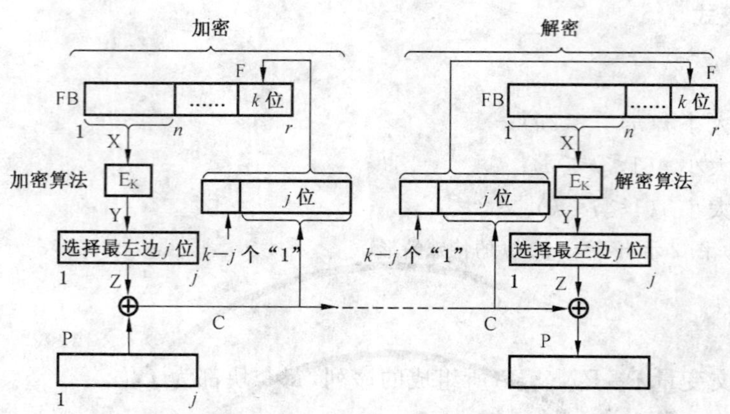

图 2　密码反馈(CFB)工作模式

7.4　CFB 的解密方式描述

用于解密变量与用于加密变量是相同的。

反馈缓存 FB 被置成初始值：

$$FB_1 = IV$$

对每个密文变量进行解密的操作采用以下六个步骤：

a)　产生输入变量：

$$X_i = FB_i \sim n$$

b)　使用分组密码：

$$Y_i = E_K(X_i)$$

c)　选择最左边的 j 位：

$$Z_i = Y_i \sim j$$

d)　产生明文变量：

$$P_i = C_i \oplus Z_i$$

e)　产生反馈变量：

$$F_i = S_j(I(k) | C_i)$$

f)　FB 移位运算：

$$FB_{i+1} = S_k(FB_i | F_i)$$

对 $i=1,2,\cdots,q$,重复上述步骤,最后一个循环结束于步骤 d)。此过程如图 2 右半部分所示。分组密码的输出块 Y 的最左边 j 位用来通过模 2 加来解密 j 位密文变量。Y 的其他位被舍弃。明文和密文变量的各位从 1 到 j 编号。

通过把 $k-j$ 个“1”位放到密文变量的最左边位置上,将密文变量扩展成 k 位反馈变量 F,然后将反馈缓存 FB 的各位左移 k 个位置,并将 F 放到最右边的 k 个位置上,就产生了新的反馈缓存 FB 值。在此移位操作中,FB 的最左边 k 位被舍弃。FB 最左边的新的 n 位用作加密过程的下一个输入 X。

注：CFB 模式的工作性质见附录 A。

示例：CFB 模式的示例参考附录 B。

7.5　建议

建议使用 j 和 k 的值相等的 CFB 方式。按照这种建议形式($j=k$),加密操作和解密操作的步骤 e)可以写成：

$$F_i = C_i \quad (\text{当 } j=k)$$

8 输出反馈(OFB)模式

8.1 参数定义

OFB 操作方式由一个参数来定义,该参数为明文变量的大小 $j(1 \leqslant j \leqslant n)$。

8.2 变量定义

a) 输入变量

1) q 个明文变量 $P_1, P_2, \cdots, P_q$ 所组成的序列,每个块都为 j 位。

2) 密钥 K。

3) n 位初始值 IV。

b) 中间结果

1) q 个密码输入块 $X_1, X_2, \cdots, X_q$ 所组成的序列,每个块都为 n 位。

2) q 个密码输出块 $Y_1, Y_2, \cdots, Y_q$ 所组成的序列,每个块都为 n 位。

3) q 个变量 $Z_1, Z_2, \cdots, Z_q$ 所组成的序列,每个块都为 j 位。

c) 输出变量

q 个密文变量 $C_1, C_2, \cdots, C_q$ 所组成的序列,每个块都为 j 位。

8.3 OFB 的加密方式描述

输入块 X 置成初始值:

$$X_1 = IV$$

对每个明文变量进行加密的运算采用以下四个步骤:

a) 使用分组密码:

$$Y_i = E_K(X_i)$$

b) 选择最左边的 j 位:

$$Z_i = Y_i \sim j$$

c) 产生密文变量:

$$C_i = P_i \oplus Z_i$$

d) 反馈操作:

$$X_{i+1} = Y_i$$

对 $i=1,2,\cdots,q$,重复上述步骤,最后一个循环结束于步骤 c)。此过程如图 3 的左半部分所示。每次使用分组密码所产生的结果 Y_i 被用来反馈并成为 X 的下一个值,即 X_{i+1}。Y_i 的最左边 j 位用来加密输入变量。

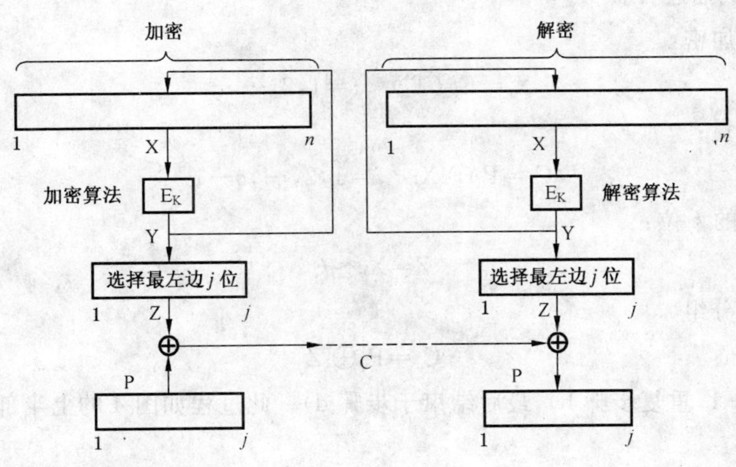

图 3 输出反馈(OFB)工作模式

8.4 OFB 的解密方式描述

用于解密的变量与用于加密的变量是相同的。输入块被置成初始值：

$$X_1 = IV$$

对每个密文变量进行解密的运算采用以下四个步骤：

a) 使用块密文：

$$Y_i = E_K(X_i)$$

b) 选择最左边的 j 位：

$$Z_i = Y_i \sim j$$

c) 产生明文变量：

$$P_i = C_i \oplus Z_i$$

d) 反馈操作：

$$X_{i+1} = Y_i$$

对 $i=1,2,\cdots,q$，重复上述步骤，最后一个循环结束于步骤 c)。此过程如图 3 的右半部分所示。值 X_i 和 Y_i 与加密过程中相应的值是相同的；仅有步骤 c)是不同的。

注：OFB 模式的工作性质见附录 A。

示例：OFB 模式的示例参考附录 B。

9 计数器(CTR)模式

9.1 变量定义

a) 输入变量

1) q 个明文变量 $P_1, P_2, \cdots, P_q$ 所组成的序列(其中，$P_1, P_2, \cdots P_{q-1}$ 都为 n 位，P_q 为 k 位)。

2) 密钥 K。

3) q 个计数序列 $T_1, \cdots, T_{q-1}, T_q$，每个块都为 n 位。

b) 中间结果

1) q 个密码输出块 $X_1, X_2, \cdots, X_q$ 所组成的序列，每个块都为 n 位。

2) k 位密码输出块 Z。

c) 输出变量

q 个密文变量 $C_1, C_2, \cdots, C_q$ 所组成的序列(其中，$C_1, C_2, \cdots C_{q-1}$ 都为 n 位，C_q 为 k 位)。

9.2 CTR 的加密方式描述

a) 对计数序列加密：

$$X_i = E_K(T_i) \quad i=1,2,\cdots,q$$

b) 产生密文变量：

$$C_i = P_i \oplus X_i \quad i=1,2,\cdots,q-1$$

c) 选择最左边的 k 位：

$$Z = X_q \sim k$$

d) 处理最后的分组

$$C_q = P_q \oplus Z$$

对 $i=1,2,\cdots,q-1$，重复步骤 b)，最后结束于步骤 d)。此过程如图 4 的上半部分所示。

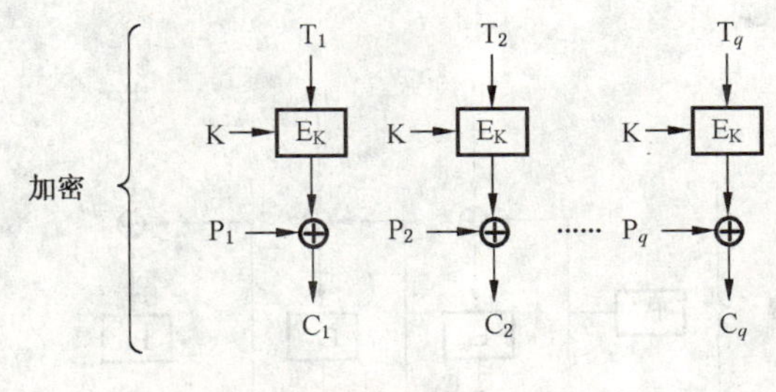

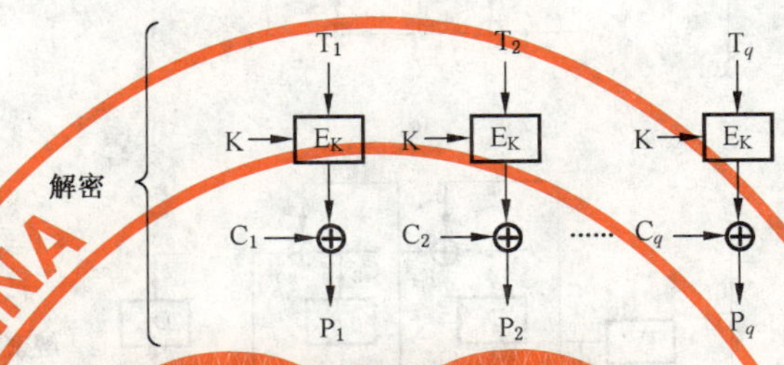

图 4 计数器(CTR)工作模式

9.3 CTR 的解密方式描述

a) 对计数序列加密：

$$X_i = E_K(T_i) \quad i=1,2,\cdots,q$$

b) 产生明文变量：

$$P_i = C_i \oplus X_i \quad i=1,2,\cdots,q-1$$

c) 选择最左边的 k 位：

$$Z = X_q \sim k$$

d) 处理最后的分组

$$P_q = C_q \oplus Z$$

对 $i=1,2,\cdots,q-1$，重复步骤 b)，最后结束于步骤 d)。此过程如图 4 的下半部分所示。

注：CTR 模式的工作性质见附录 A。

示例：CTR 模式的示例参考附录 B。

10 分组链接(BC)模式

10.1 变量定义

a) q 个明文分组 $P_1, P_2, \cdots, P_q$ 所组成的序列，每个块都为 n 位。

b) 密钥 K。

c) n 位初始值 IV。

d) q 个反馈变量 $F_1, F_2, \cdots, F_q$ 所组成的序列，每个块都为 n 位。

e) q 个密文分组 $C_1, C_2, \cdots, C_q$ 所组成的结果序列，每个块都为 n 位。

10.2 BC 的加密方式描述

a) 反馈变量初始值为：

$$F_1 = IV$$

b) 产生密文变量：

$$C_i = E_K(P_i \oplus F_i)$$

c) 产生反馈变量：

$$F_{i+1} = F_i \oplus C_i$$

对 $i=1,2,\cdots,q$，重复上述步骤，最后一个循环结束于步骤 b)。此过程如图 5 的上半部分所示。初始值 IV 用于产生第 1 个密文输出。之后，在加密之前，这个密文与当前反馈变量进行模 2 加，产生下一个反馈变量。

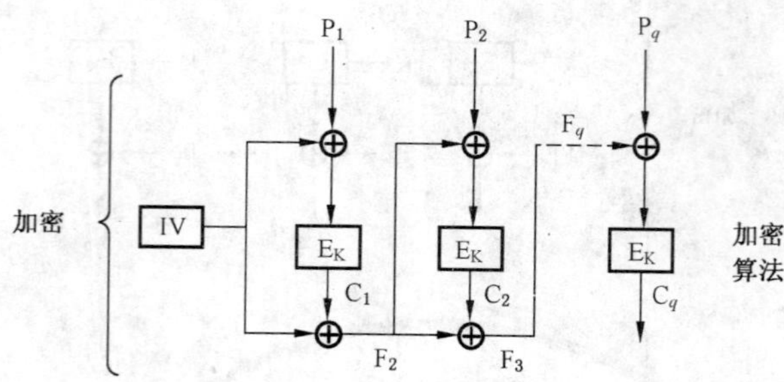

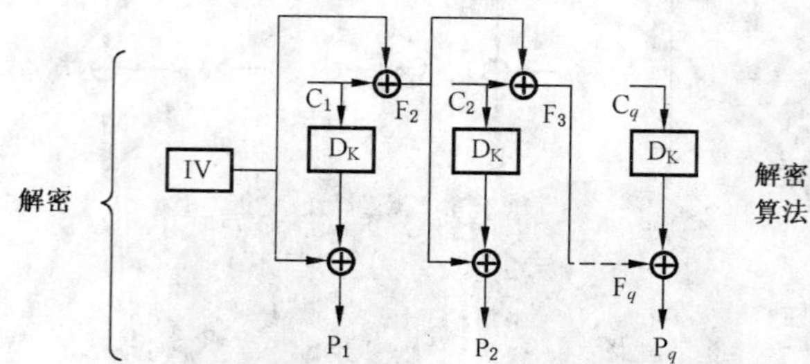

图 5　分组链接(BC)操作方式

10.3　BC 的解密方式描述

a)　反馈变量初始值为：

$$F_1 = IV$$

b)　产生明文变量：

$$P_i = F_i \oplus D_K(C_i)$$

c)　产生反馈变量：

$$F_{i+1} = F_i \oplus C_i$$

对 $i=1,2,\cdots,q$，重复上述步骤，最后一个循环结束于步骤 b)。此过程如图 5 的下半部分所示。

注：BC 模式的工作性质见附录 A。

11　带非线性函数的输出反馈(OFBNLF)模式

11.1　变量定义

a)　输入变量

1)　q 个明文变量 $P_1,P_2,\cdots,P_q$ 所组成的序列，每个块都为 n 位。

2)　密钥 K。

3)　n 位初始值 IV。

b)　中间结果

$q+1$ 个密钥输入块 $K_0,K_1,\cdots,K_q$ 所组成的序列，每个块都为 n 位。

c)　输出变量

q 个密文变量 $C_1,C_2,\cdots,C_q$ 所组成的序列，每个块都为 n 位。

11.2　OFBNLF 的加密方式描述

a)　输入变量置成初始值：

$$K_0 = IV$$

b)　产生密钥变量：

$$K_i = E_K(K_{i-1})$$

c)　产生密文变量：

$$C_i = E_{K_i}(P_i)$$

对 $i=1,2,\cdots,q$，重复上述步骤，最后一个循环结束于步骤 c)。此过程如图 6 的上半部分所示。每次使用的密钥 K_i 被密钥 K 加密并成为下一个分组的密钥，即 K_{i+1}。

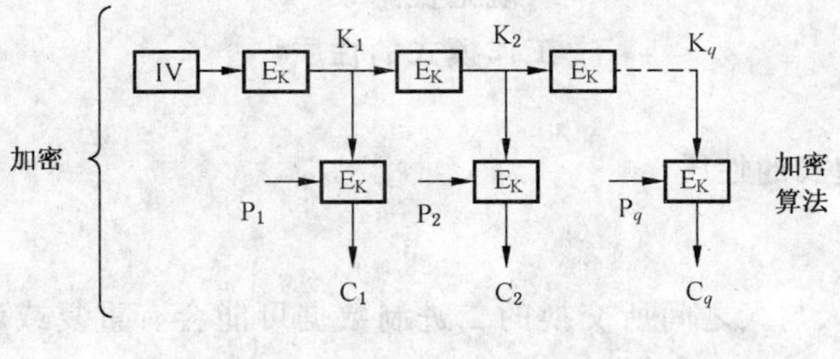

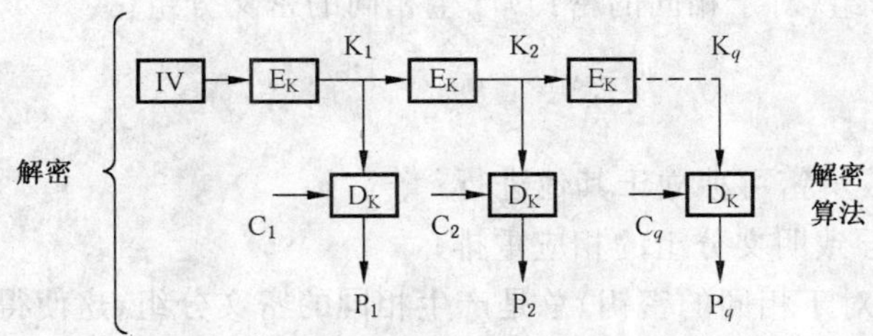

图 6 带非线性函数的输出反馈(OFBNLF)工作模式

11.3 OFBNLF 的解密方式描述

a) 输入变量置成初始值：

$$K_0 = IV$$

b) 产生密钥变量：

$$K_i = E_K(K_{i-1})$$

c) 产生明文变量：

$$P_i = D_{K_i}(C_i)$$

对 $i=1,2,\cdots,q$，重复上述步骤，最后一个循环结束于步骤 c)。此过程如图 6 的下半部分所示。每次使用的密钥 K_i 被密钥 K 加密并成为下一个分组的密钥，即 K_{i+1}。K_i 与加密过程中相应的值是相同的。

注：OFBNLF 模式的工作性质见附录 A。

附 录 A
（规范性附录）
工作模式的性质

A.1 电码本(ECB)工作模式的性质

A.1.1 环境

在各种计算机之间或人与人之间所交换的二进制数据可能会有重复或者是共同使用的序列。在ECB方式中，相同的明文分组(对于相同的密钥)产生相同的密文分组。

A.1.2 性质

ECB方式的性质有：

a) 对某一块的加密或解密可独立于其他进行；

b) 对密文的重排将导致明文分组的相应重排；

c) 相同的明文分组(对于相同的密钥)总是产生相同的密文分组，这使得它容易遭受一种"字典攻击"，这种字典是由对应的明文和密文分组构成的。

对于超过一个块的消息一般建议不使用ECB方式，对于可接受重复性或必须单独访问各个块的那些特殊使用情况，ECB的用法可以在未来的标准中规定。

A.1.3 填充要求

只有分组长度的倍数才能被加密或解密。其他长度需要被填充至分组长度边界。

A.1.4 差错扩散

在ECB方式中，在一个密文分组中的一个或多个位差错只会影响对发生差错的那一块的解密。对于有一个或多个错误位的密文分组的解密将导致对应的明文分组中每个明文位出错的概率为50%。

A.1.5 块边界

如果加密或解密之间的块边界丢失了(例如由于一个位的滑动)，则在重新建立正确的块边界之前，加密与解密之间将失去同步。如果块边界丢失，则所有解密操作的结果都是不正确的。

A.2 密码分组链接(CBC)工作模式的性质

A.2.1 环境

只要使用同样的密钥和初始值对相同的明文进行加密，CBC方式将产生相同的密文。关心这种性质的用户需要采用某种方法来改变明文的开始、密钥或初始值。一种可能的办法是将一个唯一的标识符(例如一个递增计数器)加到每个CBC消息的开始处。在对大小不能增加的记录进行加密时可采用另一种办法，它使用诸如初始值的某个值，这个值能从记录中计算出来且不用知道其内容(例如它的按随机访问存储方式的地址)。

A.2.2 性质

CBC方式的性质有：

a) 链接操作使得密文分组依赖于当前的和以前的明文分组，因此对密文分组的重新安排不会导致对相应明文分组的重新安排；

b) 使用不同的IV从而防止同一明文加密成同一密文。

A.2.3 填充要求

只有分组长度的倍数才能被加密或解密。其他长度需要被填充至分组长度边界。如果这是不可接受的，可以按一种特殊方式来处置最后一个变量。下面给出两个特殊处理的例子。

第一种处理一个不完整的变量(即：一个 $j<n$ 位的变量 P_q，其中 q 应大于1)的可能办法是按下面

的描述的 OFB 方式对它进行加密：

a) 加密

$$C_q = P_q \oplus (eK(C_{q-1}) \sim j) \quad \cdots\cdots(50)$$

b) 解密

$$P_q = C_q \oplus (eK(C_{q-1}) \sim j) \quad \cdots\cdots(51)$$

但是，如果 IV 不是秘密的或者与同一个密钥一起被多次使用(见 A.4)，那么最后的变量容易受到“选择明文攻击”。

第二种办法称作“密文窃取”。假设最后两个明文变量为 P_{q-1} 和 P_q，P_{q-1} 是一个 n 位分组，P_q 是一个 $j<n$ 位的变量，q 应大于 1。

a) 加密

设 C_{q-1} 为使用 5.2 所描述的方法由 P_{q-1} 导出的密文分组。令

$$C_q = eK(S_j(C_{q-1} \mid P_q)) \quad \cdots\cdots(52)$$

因此最后两个密文变量是 C_{q-1} 和 C_q

b) 解密

首先需要对 C_q 进行解密，从而产生变量 P_q 和 C_{q-1} 的右边 $n-j$ 位：

$$S_j(C_{q-1}) \mid P) = dK(C_q) \quad \cdots\cdots(53)$$

进而得到完整的块 C_{q-1}，并且使用 5.3 所描述的方法能导出 P_{q-1}。

两个紧随着的变量是按逆序进行解密的，这使得这种方法不太适合于硬件实现。

A.2.4 差错扩散

在 CBC 方式中，在一个密文分组中的一个或多个位差错会影响对两个块(即发生差错的块和随后的块)的解密。第 i 个密文分组中的一个差错对于所产生的明文有以下影响：第 i 个明文分组每位出错的概率为 50%。第 $i+1$ 个明文分组的差错模式与第 i 个密文分组相同。如果在一个不到 n 位的变量中出现差错，差错扩散取决于所选择的特殊处理方法。在第一个例子中，被解密的较短的块中与明文中出错的位直接对应的那些位也会出错。

A.2.5 块边界

如果解密或解密之间的块边界丢失了(例如由于一个位的滑动)，则在重新建立正确的块边界之前，加密与解密之间将失去同步。如果块边界丢失，所有解密操作的结果都是不正确的。

A.3 密码反馈(CFB)工作模式的性质

A.3.1 环境

只要使用同样的密钥和初始值对相同的明文进行加密，CFB 方式将产生相同的密文。关心这种特性的用户需要采用某种办法来改变明文的开始、密钥或初始值。一种可能的办法是将一个唯一的标识符(例如一个递增计数器)加到每个 CFB 消息的开始处。在对大小不能增加的记录进行加密时可采用另一种办法，它使用诸如初始值的某个值，这个值能从记录中计算出来且不用知道其内容(例如它的按随机访问存储方式的地址)。

A.3.2 性质

CFB 的性质有：

a) 链接操作使得密文变量依赖于当前的和除一确定数目以外的所有以前的明文变量，该数目取决于 r、k 和 j 的选择(见图 2)。因此对 j 位密文变量的重新安排不会导致对相应的 j 位明文变量的重新安排；

b) 使用不同的 IV 值从而防止同一明文加密成同一密文；

c) CFB 方式的加密和解密过程都使用块密码的加密操作；

d) CFB 方式的强度依赖于 k 的大小($j=k$ 时最大)以及 j、k、n 和 r 的相对大小；

注：$j<k$ 将导致输入块的值重复出现的概率增加。这种重复出现将会泄露明文位之间的线性关系。

e) 选择一个较小的 j 值对于每个明文单位将要求更多次的块密码操作，因而引起更大的处理开销；

f) 选择 $r \geq n+k$ 使得能对块密码进行流水线式连续操作。

A.3.3 填充要求

只有 j 位的倍数才能被加密或解密。其他长度需要填充至 j 位边界。但是，经常对 j 的大小的选择是要使得其无需进行填充，例如对于明文的最后部分，j 能被修改。

A.3.4 差错扩散

CFB 方式中，任一 j 位密文单位的差错都将影响对随后密文的解密，直到出错的位移出 CFB 反馈缓存为止。第 i 个密文变量中的差错对产生的明文有下列影响：第 i 个明文变量与第 i 个密文变量有相同的差错模式。在所以不正确接收的位被移出反馈缓存之前，随后的明文变量的每一位出错的概率为 50%。

A.3.5 同步

如果加密和解密之间的分组边界丢失了(例如由于一个位的滑动)，则在 j 位边界重新建立的 r 位之后，密码同步将被重新建立。如果丢失 j 位的倍数，则在 r 位之后将重新建立同步。

A.4 输出反馈(OFB)工作模式的性质

A.4.1 环境

只要使用同样的密钥和初始值对相同的明文进行加密，OFB 方式应将产生相同的密文。此外，当使用相同的密钥和 IV 时，OFB 方式中将会产生相同的密钥流，因此，为了保密起见，对于一个给定的密钥，一个特定的 IV 只能使用一次。

A.4.2 性质

OFB 的性质有：

a) 没有链接操作会使得 OFB 更容易受到主动的攻击；

b) 使用不同的 IV 值，通过产生不同的密钥流，从而防止同一明文加密成同一密文；

c) OFB 方式的加密和解密过程都使用分组密码的加密运算；

d) OFB 方式不依赖明文来产生用于对明文进行模 2 加的密钥流；

e) 选择一个较小的 j 值对于每个明文单位将要求更多次的分组密码操作，因而引起更大的处理开销。

A.4.3 填充要求

只有 j 位的倍数才能被加密或解密。其他长度需要填充至 j 位边界。但是，经常对 j 的大小的选择是要使得其无需进行填充，例如对于明文的最后部分，j 能被修改。

A.4.4 差错扩散

OFB 方式不在产生的明文输出扩散密文差错。密文中每一差错位只会引起被解密的明文中出现一个差错位。

A.4.5 同步

OFB 方式不是自动同步的。如果加密和解码两个操作不同步，系统需要重新初始化。这种同步丢失可能由于插入或丢失任何数目的密文所引起。

每次重新初始化应使用一个新的 IV 值，它不同于与同一个密钥一起使用的以前的 IV 值。其原因是对于相同的参数，每次都要产生相同的位流。这将易于受到“已知的明文攻击”。

A.5 计数器(CTR)工作模式的性质

A.5.1 环境

计数模式下的分组密码算法使用序列号作为算法的输入。不是用加密算法的输出填充寄存器，而是将一个计数器输入到寄存器中。每一个分组完成加密后,计数器都要增加某个常数,典型值是1。没有什么是专供计数器用的,它不必根据可能的输入计数。可以随机序列发生器作为分组算法的输入,而不必考虑其密码上是否安全。

A.5.2 性质

CTR 的性质有:

a) 加密运算可并行处理,吞吐量仅受可使用并行数量的限制;

b) 使用不同的计数器,通过产生不同的密钥流,从而防止同一明文加密成同一密文;

c) CTR 方式的加密和解密过程都使用分组密码的加密运算;

d) CTR 方式不依赖明文来产生用于对明文进行模2加的密钥流。

A.5.3 填充要求

计数模式解决了 OFB 模式小于分组长度的 n 比特输出问题,可以处理任意长度的信息,不需要填充。

A.5.4 差错扩散

CTR 方式不在产生的明文输出扩散密文差错。密文中每一差错位只会引起被解密的明文中出现一个差错位。

A.5.5 同步

CTR 方式不是自动同步的。如果加密和解码两个操作不同步,系统需要重新初始化。这种同步丢失可能由于插入或丢失任何数目的密文所引起。

每次重新初始化应使用一个新的计数器值,它不同于与同一个密钥一起使用的以前的计数器值。其原因是对于相同的参数,每次都要产生相同的密钥流。这将易于受到“已知的明文攻击”。

A.6 分组链接(BC)工作模式的性质

A.6.1 环境

为了在分组链接(BC)模式中使用分组算法,可以简单地将分组密码算法的输入跟所有前面密文分组的异或值相异或。就像 CBC 算法一样,过程要从一个初始向量 IV 开始。

只要使用同样的密钥和初始值对相同的明文进行加密,BC 方式将产生相同的密文。关心这种性质的用户需要采用某种方法来改变明文的开始、密钥或初始值。

A.6.2 性质

BC 方式的性质有:

a) 链接操作使得密文分组依赖于当前的和以前的明文分组,因此对密文分组的重新安排不会导致对相应明文分组的重新安排;

b) 使用不同的 IV 从而防止同一明文加密成同一密文。

A.6.3 填充要求

只有分组长度的倍数才能被加密或解密。其他长度需要被填充至分组长度边界。

A.6.4 差错扩散

BC 模式的反馈过程具有扩散明文错误的性质,这个问题是由于密文分组的解密依赖于所有前面的密文分组而引起的,密文中单一的错误都将导致所有后续密文分组在解密中出错。

A.6.5 同步

如果解密或解密之间的块边界丢失了(例如由于一个位的滑动),则在重新建立正确的块边界之前,加密与解密之间将失去同步。如果块边界丢失,所有解密操作的结果都是不正确的。

A.7 带非线性函数的输出反馈(OFBNLF)工作模式的性质

A.7.1 环境

带非线性函数的输出反馈(OFBNLF)是 OFB 和 ECB 的一个变体,它的密钥随每一个分组而改变。

只要使用同样的密钥和初始值对相同的明文进行加密，OFBNLF 方式应将产生相同的密文。此外，当使用相同的密钥和 IV 时，OFBNLF 方式中将会产生相同的密钥流，因此，为了保密起见，对于一个给定的密钥，一个特定的 IV 只能使用一次。

A.7.2 性质

OFBNLF 的性质有：

a) 使用不同的 IV 值，通过产生不同的密钥流，从而防止同一明文加密成同一密文；

b) OFBNLF 方式的加密和解密过程都使用分组密码的加密运算；

c) OFBNLF 方式不依赖明文来产生用于对明文进行加密的密钥流。

A.7.3 填充要求

只有分组长度的倍数才能被加密或解密。其他长度需要被填充至分组长度边界。

A.7.4 差错扩散

密文的一个比特错误扩散到一个明文分组。然而，如果一位丢失或增加，那就有无限的错误扩散。

A.7.5 同步

OFBNLF 方式不是自动同步的。如果加密和解码两个操作不同步，系统需要重新初始化。这种同步丢失可能由于插入或丢失任何数目的密文所引起。

每次重新初始化应使用一个新的 IV 值，它不同于与同一个密钥一起使用的以前的 IV 值。其原因是对于相同的参数，每次都要产生相同的位流。这将易于受到“已知的明文攻击”。

附 录 B
（资料性附录）
工作模式举例

B.1 概述

本附录举例说明使用本标准所规定的工作模式对消息的加密和解密。这些例子使用下列参数：

使用的分组密码是数据加密算法(DEA)，分组长度为 64。

密码密钥为 0123456789ABCDEF。

初始值为 1234567890ABCDEF。

明文是"Now is the time for all"的 7 位 GB1988/ASCII 代码(十六进制形式：4E6F772069732074 68652074696D6520 666F7220616C6C20)。对于 CFB 方式，明文是"Now"的 7 位 GB1988/ASCII 代码(十六进制形式：4E6F77)。

B.2 ECB 方式

表 B.1 和表 B.2 分别给出 ECB 方式加密和解密的例子。

表 B.1 ECB 方式加密

i	明文 P_i	分组密码输入分组	分组密码输出分组	密文 C_i
1	4E6F772069732074	4E6F772069732074	3FA40E8A984D4815	3FA40E8A984D4815
2	68652074696D6520	68652074696D6520	6A271787AB8883F9	6A271787AB8883F9
3	666F7220616C6C20	666F7220616C6C20	893D51EC4B563B53	893D51EC4B563B53

表 B.2 ECB 方式解密

i	密文 C_i	分组密码输入分组	分组密码输出分组	明文 P_i
1	3FA40E8A984D4815	3FA40E8A984D4815	4E6F772069732074	4E6F772069732074
2	6A271787AB8883F9	6A271787AB8883F9	68652074696D6520	68652074696D6520
3	893D51EC4B563B53	893D51EC4B563B53	666F7220616C6C20	666F7220616C6C20

B.3 CBC 方式

表 B.3 和表 B.4 分别给出 CBC 方式加密和解密的例子。

表 B.3 CBC 方式加密

i	明文 P_i	分组密码输入分组	分组密码输出分组	密文 C_i
1	4E6F772069732074	5C5B2158F9D8ED9B	E5C7CDDE872BF27C	E5C7CDDE872BF27C
2	68652074696D6520	8DA2EDAAEE46975C	43E934008C389C0F	43E934008C389C0F
3	666F7220616C6C20	25864620ED54F02F	683788499A7C05F6	683788499A7C05F6

表 B.4 CBC 方式解密

i	密文 C_i	分组密码输入分组	分组密码输出分组	明文 P_i
1	E5C7CDDE872BF27C	E5C7CDDE872BF27C	5C5B2158F9D8ED9B	4E6F772069732074
2	43E934008C389C0F	43E934008C389C0F	8DA2EDAAEE46975C	68652074696D6520
3	683788499A7C05F6	683788499A7C05F6	25864620ED54F02F	666F7220616C6C20

B.4 CFB 方式

表 B.5 和表 B.6 分别给出 CFB 方式加密和解密的例子。此例所选的参数为：$j=k=8$ 且 $r=n$。k 位反馈以斜体形式给出。

表 B.5 CFB 方式加密

i	明文 P_i	分组密码输入分组	分组密码输出分组	密文 C_i
1	4E	1234567890ABCDEF	BD661569AE874E25	F3
2	6F	34567890ABCDEF*F3*	7039546F9A0F6330	1F
3	77	567890ABCDEFF3*1F*	AD1B78B0BB371BE7	DA

表 B.6 表 C6 CFB 方式解密

i	密文 C_i	分组密码输入分组	分组密码输出分组	明文 P_i
1	F3	1234567890ABCDEF	BD661569AE874E25	4E
2	1F	34567890ABCDEF*F3*	7039546F9A0F6330	6F
3	DA	567890ABCDEFF3*1F*	AD1B78B0BB371BE7	77

B.5 OFB 方式

表 B.7 和表 B.8 分别给出 OFB 方式加密和解密的例子。此例所选的参数为：$j=64$。

表 B.7 OFB 方式加密

i	明文 P_i	分组密码输入分组	分组密码输出分组	密文 C_i
1	4E6F772069732074	1234567890ABCDEF	BD661569AE874E25	F3096249C7F46E51
2	68652074696D6520	8DA2EDAAEE46975C	5D976A504786581F	35F24A242EEB3D3F
3	666F7220616C6C20	25864620ED54F02F	5B0229C3443694E3	3D6D5BE3255AF8C3

表 B.8 OFB 方式解密

i	密文 C_i	分组密码输入分组	分组密码输出分组	明文 P_i
1	F3096249C7F46E51	1234567890ABCDEF	BD661569AE874E25	4E6F772069732074
2	35F24A242EEB3D3F	8DA2EDAAEE46975C	5D976A504786581F	68652074696D6520
3	3D6D5BE3255AF8C3	25864620ED54F02F	5B0229C3443694E3	666F7220616C6C20

B.6 CTR 方式

表 B.9 和表 B.10 分别给出 CTR 方式加密和解密的例子。此例所选的参数为：

使用的分组密码是高级数据加密标准(AES),密钥长度为 128 位。

密码密钥为(十六进制)2B7E151628AED2A6ABF7158809CF4F3C。

初始计数器为(十六进制)F0F1F2F3F4F5F6F7F8F9FAFBFCFDFEFF。

明文是(十六进制)6BC1BEE22E409F96E93D7E117393172A
AE2D8A571E03AC9C9EB76FAC45AF8E51
30C81C46A35CE411E5FBC1191A0A52EF
F69F2445DF4F9B17AD2B417BE66C3710

表 B.9 CTR 方式加密

i	明文 P_i	分组密码输入分组	分组密码输出分组	密文 C_i
1	6BC1BEE22E409F96 E93D7E117393172A	F0F1F2F3F4F5F6F7 F8F9FAFBFCFDFEFF	EC8CDF7398607CB0 F2D21675EA9EA1E4	874D6191B620E326 1BEF6864990DB6CE
2	AE2D8A571E03AC9C 9EB76FAC45AF8E51	F0F1F2F3F4F5F6F7 F8F9FAFBFCFDFF00	362B7C3C67735163 18A077D7FC5073AE	9806F66B7970FDFF 8617187BB9FFFDFF
3	30C81C46A35CE411 E5FBC1191A0A52EF	F0F1F2F3F4F5F6F7 F8F9FAFBFCFDFF01	6A2CC3787889374F BEB4C81B17BA6C44	5AE4DF3EDBD5D35E 5B4F09020DB03EAB
4	F69F2445DF4F9B17 AD2B417BE66C3710	F0F1F2F3F4F5F6F7 F8F9FAFBFCFDFF02	E89C399FF0F198C6 D40A31DB156CABFE	1E031DDA2FBE03D1 792170A0F3009CEE

表 B.10 CTR 方式解密

i	密文 C_i	分组密码输入分组	分组密码输出分组	明文 P_i
1	874D6191B620E326 1BEF6864990DB6CE	F0F1F2F3F4F5F6F7 F8F9FAFBFCFDFEFF	EC8CDF7398607CB0 F2D21675EA9EA1E4	6BC1BEE22E409F96 E93D7E117393172A
2	9806F66B7970FDFF 8617187BB9FFFDFF	F0F1F2F3F4F5F6F7 F8F9FAFBFCFDFF00	362B7C3C67735163 18A077D7FC5073AE	AE2D8A571E03AC9C 9EB76FAC45AF8E51
3	5AE4DF3EDBD5D35E 5B4F09020DB03EAB	F0F1F2F3F4F5F6F7 F8F9FAFBFCFDFF01	6A2CC3787889374F BEB4C81B17BA6C44	30C81C46A35CE411 E5FBC1191A0A52EF
4	1E031DDA2FBE03D1 792170A0F3009CEE	F0F1F2F3F4F5F6F7 F8F9FAFBFCFDFF02	E89C399FF0F198C6 D40A31DB156CABFE	F69F2445DF4F9B17 AD2B417BE66C3710

参 考 文 献

[1] ANSI X 3.92(1981)美国国家标准 信息系统 数据加密算法

[2] FIPS-197(2001)联邦信息处理标准 高级数据加密标准

ICS 35.100.60
L 79

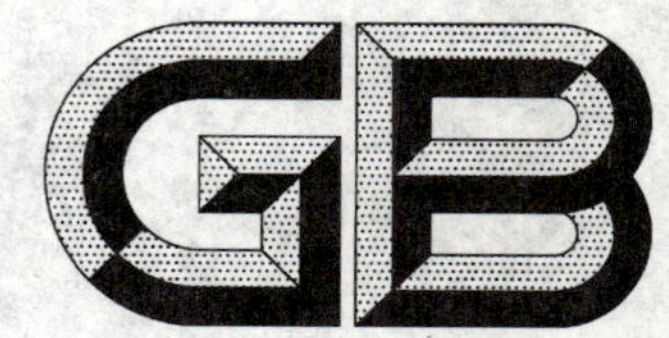

中华人民共和国国家标准

GB/T 17969.3—2008

信息技术 开放系统互连 OSI登记机构的操作规程 第3部分：ISO和ITU-T联合管理的顶级弧下的客体标识符弧的登记

Information technology—Open systems interconnection—Procedures for the operation of OSI registration authorities—Part 3: Registration of Object identifier arcs beneath the top-level arc jointly administered by ISO and ITU-T

(ISO/IEC 9834-3:2005, MOD)

2008-06-18 发布 2008-11-01 实施

中华人民共和国国家质量监督检验检疫总局
中国国家标准化管理委员会 发布

前 言

GB/T 17969 在《信息技术 开放系统互连 OSI 登记机构的操作规程》总标题下，目前包括以下几个部分：

——第 1 部分：一般规程；

——第 3 部分：ISO 和 ITU-T 联合管理的顶级弧下的客体标识符弧的登记；

——第 5 部分：VT 控制客体定义的登记表；

——第 6 部分：应用进程和应用实体。

本部分是 GB/T 17969 的第 3 部分。

本部分修改采用国际标准 ISO/IEC 9834-3：2005《信息技术 开放系统互连 OSI 登记机构的操作规程 第 3 部分：ISO 和 ITU-T 联合管理的顶级弧下的客体标识符弧的登记》(英文版)。

本部分根据我国具体情况，增加了第 8 章，对我国“2.16.156”下 OID 登记进行了规定；第 4 章增加了缩略语“OID”；对原文中的错误进行了如下编辑性修改：

2.1 中“ISO/IEC 9834-1：2004”修改为“ISO/IEC 9834-1：2005”。

本部分的附录 A 是资料性附录。

本部分由中华人民共和国信息产业部提出。

本部分由全国信息技术标准化技术委员会归口。

本部分起草单位：中国电子技术标准化研究所。

本部分主要起草人：徐冬梅、郑洪仁、吴东亚。

引　言

ISO/IEC 9834-1:2005 定义了登记规程，用来满足向客体(可辨别的实体)分配无歧义名称(例如，GB/T 16262.1—2006 规定的客体标识符，或者 GB/T 16264.2—1996 规定的辨别名)的要求。这些登记规程一般适用于与所涉及客体类型无关的登记。特别是，ISO/IEC 9834-1:2005 定义了登记分层名称树，其树的节点对应于所登记的客体，其非叶子节点可以是登记机构。ISO/IEC 9834-1:2005 还为授权的机构定义了分配节点名称的规程，以便确保名称是无歧义的。

ASN.1 客体标识符树的根是 ISO/IEC 9834-1:2005，有三个顶级弧：

主整数值	附加辅标识符
0	itu-t
1	iso
2	joint-iso-itu-t

注 1：按照 GB/T 16262.1—2006，附加辅标识符 ccitt 和 joint-iso-ccitt 可分别用作 itu-t 和 joint-iso-itu-t 的同义字。

注 2：itu-r 是顶级弧 0 的附加附加辅标识符。

由顶级弧 itu-t(0)和 iso(1)所标识的节点的登记机构由 ISO/IEC 9834-1:2005 附录 A 提供，进一步讨论超出 GB/T 17969 的本部分范围。

由{joint-iso-itu-t(2)}所标识的登记机构是“ISO 和 ITU-T 联合管理顶级弧下的向客体标识符分配值的国际登记机构”，该登记机构[1]的操作由本部分规定。

本部分涉及执行在 ISO/IEC 9834-1:2005 中定义的纯管理角色的登记机构。

---

1) ISO/IEC 和 ITU-T 联合弧分配的登记机构是美国国家标准所(ANSI)，http://www.ansi.org。

信息技术　开放系统互连
OSI 登记机构的操作规程
第 3 部分：ISO 和 ITU-T 联合管理的顶级弧下的客体标识符弧的登记

1　范围

GB/T 17969 的本部分规定了登记机构的操作规程，用于向 ISO 和 ITU-T 联合管理的顶级弧下的 ASN.1 客体标识符弧分配值，本部分同时规定了"2.16.156"弧下客体标识符值的分配。

2　规范性引用文件

下列文件中的条款通过 GB/T 17969 的本部分的引用而成为本部分的条款。凡是注日期的引用文件，其随后所有的修改单(不包括勘误的内容)或修订版均不适用于本部分，然而，鼓励根据本部分达成协议的各方研究是否可使用这些文件的最新版本。凡是不注日期的引用文件，其最新版本适用于本部分。

GB/T 2659—2000　世界各国和地区名称代码(eqv ISO 3166:1997)

GB/T 16262.1—2006　信息技术　抽象语法记法一(ASN.1)：基本记法规范(ISO/IEC 8824-1:2002,IDT)

GB/T 16264.2　信息技术　开放系统互连　目录　第 2 部分：模型(GB/T 16264.2—1996，idt ISO/IEC 9594-2:1990)

ITU-T 建议 X.660|ISO/IEC 9834-1:2005　信息技术　开放系统互连　OSI 登记机构的操作规程：一般规程及 ASN.1 客体标识符树的顶级弧

3　定义

下列术语和定义适用于 GB/T 17969 的本部分。

3.1　ASN.1 术语

本部分使用 GB/T 16262.1—2006 中定义的下列术语：

a)　客体　object;

b)　客体标识符　object identifier(OID)。

注：GB/T 16262.1—2006 中称为"客体"。

3.2　目录术语

本部分使用 GB/T 16264.2 中定义的下列术语：

a)　目录名　directory name;

b)　相关可辨别名　relative distinguished name。

3.3　RH 名称树和客体标识符树术语

本部分使用 ISO/IEC 9834-1:2005 中定义的下列术语：

a)　附加辅标识符　additional secondary identifier

b)　主整数值　primary integer value

c)　登记机构　Registration Authority

d)　登记分层名(称)　registration-hierarchical-name(RH-name)

e) 登记分层名称树 registration-hierarchical-name-tree(RH-name-tree)

f) 辅(助)值 secondary value

3.4 附加定义

3.4.1

登记表 register

由登记员登记的全部条目的汇集。

3.4.2

RH 名称树节点名称 RH-name-tree node name

标识 RH 名称树中节点的 RH 名称的一种类型。

4 缩略语

下列缩略语适用于 GB/T 17969 的本部分：

ASN.1 抽象语法记法一

RH 名称树 登记分层名称树

OID 客体标识符

5 一般信息

5.1 在记录由合适的 ITU-T 研究组|ISO/IEC 分技术委员会或 ISO 技术委员会做出的对登记表增加条目决策方面，登记机构执行的是纯管理角色。

5.2 当对一个国际组织或者联合工作区域分配节点名称时，负责分配的官员应保证登记机构树被合适地创建，以便记录全部后续分配。

6 登记表条目信息元素

6.1 登记表条目信息元素是：

a) RH 名称树中节点名称由主整数值和辅值(附加辅标识符组成，可选的)组成，辅值来自 GB/T 16262.1—2006中 11.3(主整数值和辅值一起为“ObjIdComponent”构成了“NameAndNumberForm”的实例——见 GB/T 16262.1—2006 中 31.3)中为“标识符”所规定的字符集，每个主整数值在登记表中是唯一的。

注：GB/T 16262.1—2006 中 11.3 规定“标识符”由任意数量(一个或多个)字母、数字和连字符组成，首字符是小写字母，最后字符不应是连字符，连字符后面不得直接紧跟连字符。

b) 下列二者之一：

1) 要应用客体标识符值的 ISO/IEC 和 ITU-T 的联合工作领域，由 ISO 工作项目号和规定 RH 名称树节点的国际标准编号、ITU-T 研究组、研究阶段和课题，规定 RH 名称树节点的 ITU-T 建议编号，以及简要标题进行规定；或者

2) 制定开放标准的国际组织。

例如万国邮政联盟(UPU)或者推进结构信息标准组织(OASIS)是这样的国际组织。

c) 指示条目状态是“有效的”或者“已删除的”；以及

d) 下列二者之一：

1) 由 ISO/IEC 指认的“责任官员”以及由 ITU-T 指认的“责任官员”，联合商定工作领域中 RH 名称树节点的分配；

2) 分配子节点的国际组织的“责任官员”。

6.2 按 ISO/IEC 9834-1:2005 附录 A 中规定，登记条目由 RH 名称树节点名称的客体标识符进行标识。

7 规程

7.1 登记表的维护

记录第 6 章规定的每个条目信息的将被维护的登记表。

7.2 记录条目

7.2.1 作为合适的 ISO/IEC 分委员会或者 ISO 技术委员会的简单决议结果，并由 ITU-T 研究组评估；或者作为 ITU-T 研究组的决策结果，并由 ISO/IEC 分委员会或者 ISO 技术委员会评估，对登记表增加新条目。

7.2.2 ISO/IEC 和 ITU-T 或者其他国际组织的责任官员申请顶级弧 2 下的附加辅标识符。如果附加辅标识符已经在登记表中分配，或者登记机构认为不合适，该申请将被登记机构拒绝，否则将分配附加辅标识符。

7.2.3 弧的主整数值将由国际登记机构分配，该值将顺序增加，即，在登记表中分配的最后一个主整数值加 1。

7.3 删除条目

7.3.1 条目状态应在条目有效或删除时进行更新。

7.3.2 作为合适的 ISO/IEC 分委员会或者 ISO 技术委员会的简单决议结果，并由 ITU-T 研究组评估；或者作为 ITU-T 研究组的决策结果，并由 ISO/IEC 分委员会或者 ISO 技术委员会评估，当在该工作领域内不期望进一步分配客体标识符时，条目将标记为删除(但仍保留)。标记为删除的弧的主整数值(和辅(助)值)应决不再用于新弧。

7.4 更改条目

7.4.1 条目不应被更改，除非替换 ISO/IEC“责任官员”或者项目号，或者 ITU-T“责任官员”或课题标识。

7.4.2 前者更改应要求涉及该工作的 ISO/IEC 分委员会或者 ISO 技术委员会的简单决议，以书面通知国际登记机构。

7.4.3 后者更改应要求涉及该工作的 ITU-T 研究组的决策，以书面通知国际登记机构。

7.5 解决争议

7.5.1 在登记表操作时出现争议，这种情况可能发生。例如，登记表中已经分配的附加辅标识符可能被请求。争议将以下列方式解决。

7.5.2 国际登记员应通知 ISO/IEC 责任官员和 ITU-T 责任官员已发生争议并要求解决。

7.5.3 责任官员将尽力加快解决争议。

7.5.4 如果责任官员不能解决争议，相关的 ISO/IEC 工作组召集人和 ITU-T 工作组主席将努力加速解决争议。

7.5.5 在召集人和主席不能解决争议的情况下，在弧 2 下负责向 RH 名称树弧分配值的国际登记机构不应分配指向 ISO/IEC 和 ITU-T 联合的 RH 名称树节点的弧。

8 弧 2.16.156 下的 OID 登记

根据 ISO/IEC 9834-1:2005 附录 A，ISO 和 ITU-T 联合管理的 OID 为“2”，ISO 和 ITU-T 联合管理的国家 OID 为“2.16”，各国家代码值为 GB/T 2659—2000 的数字代码。根据 GB/T 2659—2000，中国国家代码为“156”，因此，ISO 和 ITU-T 联合管理的中国 OID 值为“2.16.156”。负责弧“2.16.156”下登记的登记机构为中国电子技术标准化研究所(国家 OID 注册中心)。

附　录　A
（资料性附录）
登记形式表

A.1　登记表条目要点

i）分配给弧 2 下的 RH 名称树节点的主整数值和附加辅标识符值；
（在单个登记表条目中，通过向(i)中的条目提供标识符和弧号码列表，可以向联合工作领域的相同组织分配多个值。）

ii）工作的简要标题和领域；

iii）ISO 工作项目号（如果可用）；

iv）ISO 标准编号和日期（如果可用）；

v）ITU-T 课题标识（如果可用）；

vi）ITU-T 建议编号和日期（如果可用）；

vii）ISO"责任官员"或者国际组织中"责任官员"；

viii）ITU-T"责任官员"或者国际组织中"责任官员"；

ix）状态：有效的/已删除的。

A.2　ISO 和 ITU-T 联合工作的可能登记条目举例

<table>
<tr><td colspan="2">(i)
asn1(1)</td><td colspan="2">(ii)
ASN.1</td><td colspan="2">(ix)
有效的</td></tr>
<tr><td colspan="3">(iii)
97.21.17.3-4</td><td colspan="3">(v)
Q.12/17</td></tr>
<tr><td colspan="3">(iv)
ISO/IEC 8824-1:2002</td><td colspan="3">(vi)
X.680:2002</td></tr>
<tr><td colspan="3">(vii)
ISO ASN.1 报告起草人</td><td colspan="3">(viii)
ITU-T ASN.1 报告起草人</td></tr>
</table>

A.3　国际组织的可能登记条目举例

<table>
<tr><td colspan="2">(i)
tcs(400)
org-x-admin(401)
org-x-projects(402)
org-x-other(403)</td><td colspan="2">(ii)
org-x</td><td colspan="2">(ix)
有效的</td></tr>
<tr><td colspan="3">(iii)　N/A</td><td colspan="3">(v)　N/A</td></tr>
<tr><td colspan="3">(iv)　N/A</td><td colspan="3">(vi)　N/A</td></tr>
<tr><td colspan="3">(vii)　org-x 的标准联络官员</td><td colspan="3">(viii)　org-x 的标准联络官员</td></tr>
</table>

注：如果该例中的登记表条目被批准，则 org-x 有可能被批准为 joint-iso-itu-t 的附加附加辅标识符（参见 ITU-T 建议 X.660|ISO/IEC 9834-1 A.5）。

ICS 97.040.99
Y 63

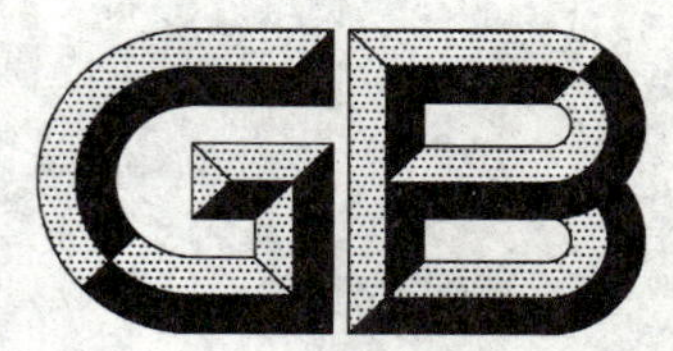

中华人民共和国国家标准

GB 17988—2008
代替 GB 17988—2004

食具消毒柜安全和卫生要求

Safety and sanitation requirements for disinfecting tableware cabinet

2008-12-31 发布　　2010-02-01 实施

中华人民共和国国家质量监督检验检疫总局
中国国家标准化管理委员会　发布

前　言

本标准附录 DD、附录 EE、附录 FF 为推荐性外，其余均为强制性条款。

本标准代替 GB 17988—2004《食具消毒柜安全和卫生要求》。

本标准的正文部分为食具消毒柜的安全要求，附录 AA、附录 BB、附录 CC 为食具消毒柜的卫生要求。附录 DD、附录 EE 为物理性能及测试方法，附录 FF 为食具消毒柜的命名方法。

本标准的安全要求应与 GB 4706.1—2005《家用和类似用途电器的安全　第一部分：通用要求》配合使用；卫生要求应与卫生部《消毒技术规范》2002 年版配合使用。

本标准与 GB 17988—2004 的主要差异如下：

1）　对整个标准的编写结构进行了调整；

2）　增加了“消毒柜最少应有一个室的消毒效果达到星级要求”的要求；

3）　增加必须的标志和说明的内容。

本标准的附录 AA、附录 BB、附录 CC 的试验方法参照中华人民共和国卫生部 2002 年版《消毒技术规范》。

本标准的附录 AA、附录 BB 和附录 CC 为规范性附录，附录 DD、附录 EE、附录 FF 为资料性附录。

本标准由中国轻工业联合会提出。

本标准由全国家用电器标准化技术委员会归口。

本标准起草单位：中国家用电器研究院、广东康宝电器有限公司、樱花卫厨（中国）有限公司、浙江德意厨具有限公司、博西华电器（江苏）有限公司、美的集团有限公司、广东万和集团有限公司、宁波方太厨具有限公司、广东万家乐燃气具有限公司、广东医疗器械质量检测中心。

本标准主要起草人：马德军、赖梓源、黄秀莲、蔡星明、廖金柱、高利见、黄国庆、李茂平、黄上武、陈松军、余少言、邓哲。

本标准于 2000 年首次发布，2004 年第一次修订。

引　言

近几年来，我国食具消毒柜无论在品种、数量、质量方面都得到迅猛发展，人们对消毒柜的质量要求越来越高。

GB 17988—2004《食具消毒柜安全和卫生要求》国家标准发布已三年多，现已不能完全满足食具消毒柜生产、发展的需要，为了促进该产品质量的提高，保障消费者的安全和健康，给相关企业、质量检验、技术监督和质量认证部门提供科学、可靠的质量技术依据，亟需修订食具消毒柜标准。

食具消毒柜安全和卫生要求

1 范围

GB 4706.1—2005 的该章用下述内容代替：

本标准适用于单相器具额定电压不超过 250 V、其他器具额定电压不超过 480 V 家用和类似用途以电能作为主要能源的电热方式、臭氧方式、紫外线辐射(只能作为辅助)方式以及上述这几种消毒方式相互组合的食具消毒柜(以下简称消毒柜)。

注：单独紫外线辐射消毒方式无法满足本标准中提及的消毒效果要求，不适用于单种方式的食具消毒。

本标准不适用于以下消毒柜：

——仅靠紫外线辐射方式消毒的消毒柜；

——不以食具消毒为主要用途的其他消毒柜，如毛巾消毒柜等；

——用于医疗用途的消毒柜。

2 规范性引用文件

下列文件中的条款通过本标准的引用而成为本标准的条款。凡是注日期的引用文件，其随后所有的修改单(不包括勘误的内容)或修订版均不适用于本标准，然而，鼓励根据本标准达成协议的各方研究是否可使用这些文件的最新版本。凡是不注日期的引用文件，其最新版本适用于本标准。

GB 4706.1—2005 家用和类似用途电器的安全 第 1 部分：通用要求(IEC 60335-1:2001，IDT)

GB/T 5433 日用玻璃透过率测定方法

GB 7000.1—2002 灯具一般安全要求与试验(IEC 60598-1:1999，IDT)

中华人民共和国卫生部《消毒技术规范》2002 年版

3 术语和定义

GB 4706.1—2005 的该章除下述内容外，均适用。

3.1.9

代替：

正常工作 normal operation

消毒柜不打开门且空载的工作。

3.5.8

代替：

组合型食具消毒柜 combined disinfecting tableware cabinet

由不同型式的消毒室组合而成的食具消毒柜。

增加：

3.101

食具消毒 disinfecting of tableware

杀灭或清除清洗过的自然食具上残留病原微生物，使其达到无害化的处理。

3.102

食具消毒柜 disinfecting tableware cabinet

有适当的容积和装备，用物理、化学或两者结合的原理来消毒食具的器具。它具有放置食具的一个或多个间室。

3.103

电热食具消毒柜(室)　electric-heating disinfecting tableware cabinet

以电热方式或电热方式为主的食具消毒柜(室)。

3.104

臭氧食具消毒柜(室)　ozone disinfecting tableware cabinet

以臭氧方式或以臭氧方式为主的食具消毒柜(室)。

3.105

组合型食具消毒柜　combined disinfecting tableware cabinet

由不同消毒方式的消毒室组合而成的食具消毒柜。

3.106

额定承载量　dynamic carrying capacity

制造厂规定的食具消毒质量或体积。

3.107

空载　no-loadynamic carrying capacity

消毒柜内不放置食具的状态。

3.108

满载　full-load

消毒柜内按说明书规定均匀摆放额定承载量的状态。制造厂声称按此状态放置食具,可达到本标准要求的消毒效果。

3.109

工作周期　operation period

消毒柜从开始工作至控制装置切断最后一个产生消毒物质电器部件(如加热管、臭氧发生器或紫外线管等)的电源时所需的时间。

3.110

消毒时间　time of disinfecting

消毒柜(室)内中心点温度或臭氧浓度达到规定的消毒温度或浓度值时开始计时,直至控装置切断电源时停止工作,柜内消毒温度或臭氧浓度下降到规定值以下时终止计时,这段时间为消毒时间。

3.111

消毒级数　class of disinfecting

对消毒柜(室)的不同消毒效果的一种等级划分(详见 AA.1)。

4　一般要求

GB 4706.1—2005 的该章适用。

5　试验的一般条件

GB 4706.1—2005 的该章除下述内容外,均适用。

增加:

5.101　测量臭氧泄漏量、臭氧排放量时应在温度 23 ℃±2 ℃,相对湿度为 50%±10%密闭房间内进行,若对测量结果有疑问时,则环境温度保持在 23 ℃±2 ℃,相对湿度保持在 50%±5%。

5.102　除特别注明外,臭氧消毒柜、紫外线消毒柜、组合型消毒柜按联合型器具进行试验。一个样品进行本标准规定的所有试验(本标准第 18 章除外),另一个样品进行本标准的第 18 章、第 20 章规定试验,本标准第 22～26 章和第 28 章,32.102 规定的试验可以在另外单独样品上进行。

6 分类

GB 4706.1—2005 的该章除下述内容外，均适用。

6.1 该条用下述内容代替：

消毒柜应该是Ⅰ类、Ⅱ类、Ⅲ类器具中的一种。

通过视检和有关试验来检查其合格性。

7 标志和说明

GB 4706.1—2005 的该章除下述内容外，均适用。

增加：

7.101 消毒柜正面位置应有消毒级数的星级符号“＊”的标志。

7.102 温升超过 60 K 的电热消毒柜的柜门上应标有：“高温，小心烫伤！”的标志或警告。

7.103 应有：“把食具上的水倒净后才能放进柜内”；“在消毒柜工作结束 20 min(臭氧、紫外线消毒柜 10 min)后才能把门打开，以免烫伤或臭氧泄漏”的警告。

7.104 消毒柜如果不借助工具能拆开某个盖子后，可直接看到紫外线管发出的光线，则在这个盖子上应标有警示：打开盖子时应注意紫外线辐射。若紫外线光管损坏必须更换相同功率和波长的紫外线光管。

7.105 说明书内容应包括：

a) 各个消毒室达到的消毒级数(星级“＊”)的说明，所适用的消毒食具的范围。未达到消毒级数的应明确其其他用途(如只适宜用作保洁室等)。

b) 消毒柜(室)的每层搁架(抽屉)能够放置食具的承载量和额定容积及偏差范围。

c) 温升超过 60 K 的电热消毒柜的柜门，应有注意高温、小心烫伤的警告；不适合用于塑料等不耐高温材料食具的消毒柜(室)，应在说明书中注明。

d) 放进消毒柜(室)内的食具应有下面相同意义的说明：食具上的水倒净后才能放入；禁止把洗碗毛巾等其他非食具放入消毒柜内。

e) 在消毒柜工作结束 20 min(臭氧、紫外线消毒柜 10 min)后才能打开柜门，以免臭氧泄漏或烫伤的警告。

f) 具有臭氧消毒功能的消毒柜应有如下警告：关好门后，才能使消毒柜工作，否则会有臭氧泄漏。

g) 如在使用过程中发现臭氧泄露，应马上停止使用，通知专业人员进行维修。

h) 具有紫外线消毒的柜(室)，应注明紫外线光管的功率，紫外线光的主波长。

i) 具有紫外线消毒功能的消毒柜应有如下警告：关好门后，才能使消毒柜工作，否则会有紫外线辐射。

有紫外线消毒功能的消毒柜应注明：如在使用过程中发现可以不经过任何透光物体(如玻璃等)直接看到紫外线光管发出的光线时，应马上停止使用，并通知专业人员进行维修。

8 对触及带电部件的防护

GB 4706.1—2005 的该章除下述内容外，均适用。

该条增加下述内容：

用不明显的力施加在图 101 中所示的长试验针上，通过在Ⅰ类或Ⅱ类食具消毒柜放置食具间室中的孔，应不能触及带电部件。

单位为毫米

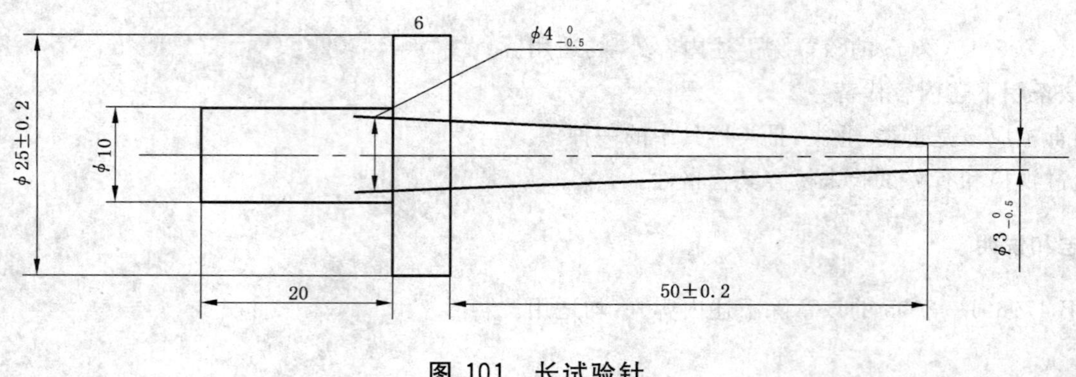

图 101 长试验针

9 电动器具的启动

GB 4706.1—2005 的该章不适合用。

10 输入功率和电流

GB 4706.1—2005 的该章除下述内容外，均适用。

增加：

带电热元件的消毒柜按电热器具的规定进行试验，其他消毒柜按电动器具的规定进行试验。

11 发热

GB 4706.1—2005 的该章除下述内容外，均适用。

11.7 该条用下述内容代替：

消毒柜空载连续工作二个工作周期，在第一个工作周期结束后，如果消毒柜不能马上开始下一个工作周期，可以打开柜门，待控制装置复位后立即按照正常工作状态开始下一个工作周期。

11.8 该条增加下述内容：

a) 用直径 75 mm 的圆柱形，一端是半球形的探棒（长度不作规定）可触及到的透光材料，温升不得超过 60 K。正常使用中握持的手柄除外。

b) 玻璃等易碎材料不应破裂。塑料食具不应软化、变形、变色或散发出刺激性气味。

12 空章

13 工作温度下的泄漏电流和电气强度

GB 4706.1—2005 的该章内容适用。

14 瞬态过电压

GB 4706.1—2005 的该章内容适用。

15 耐潮湿

GB 4706.1—2005 第 15 章除下述内容外，均适用。

15.2 该条中“将器具的液体容器……注入容器”用下述内容代替：

器具放在水平位置，断开电源，用一个图 102 所示滴水箱放置在消毒室承放食具的最上层的搁架上，滴水箱（长度和宽度均比消毒室的平面尺寸约小 50 mm）放入消毒室中，以每 100 cm^2 表面用 100 mL 的约含 1%氯化钠（NaCl）的水溶液在 1 min 内均匀地倾注在消毒室内的下表面上。

如果消毒柜内超过1个间室,则逐个轮流进行试验。

单位为毫米

图 102 滴水箱

16 泄漏电流和电气强度

GB 4706.1—2005 的该章内容适用。

17 变压器和相关电路的过载保护

GB 4706.1—2005 的该章内容适用。

18 耐久性

GB 4706.1—2005 的该章除下述内容外,均适用。

增加:

18.101 消毒柜在1.1倍额定电压下工作100个空载工作周期,每个工作周期之间应使消毒柜冷却到接近室温。可采用强迫冷却方法。试验结束后,消毒柜不应有危及安全的损坏,并能正常工作,消毒效果应符合本标准附录AA的要求。

18.102 臭氧、紫外线消毒柜的门系统,包括铰链、门开关、门缝压条和其他有关部件,必须能经受正常使用中的磨损。

通过10 000次的开门试验来检验臭氧、紫外线消毒柜的门系统是否合格。1次开门是把门关上再打开。

将门打开到最大行程,门上的搁架内应按厂方说明放上规定质量的食具,开门的速率应不大于6次/min,试验时消毒柜以额定电压供电,但消毒柜不工作。完成开门试验后,任何机械或电气方面的部件都不应有影响安全的失效,臭氧泄漏量不应超过本标准32.101的要求。

对有多个门的器具,在不对消毒柜造成额外不良影响的情况下,可以同时对多个门进行试验。

19 非正常工作

GB 4706.1—2005 的该章除下述内容外,均适用。

19.4 该条增加下列内容：

a) 紫外线消毒柜应符合 GB 7000.1—2002 中 12.5 的要求，试验时室温应在 15 ℃～25 ℃之间，消毒柜按本标准第 11 章要求放置。

b) 对在说明书中注明“不适用于塑料等不耐高温材料食具消毒柜(室)，应把聚乙烯碗、聚乙烯杯和聚乙烯汤匙各一个放在消毒柜(室)中最不利的位置上，柜中不放其他食具，然后按本标准第 11 章的规定进行试验，但在测试角的底板上铺上一层软的纸，试验中有烟或气味时，打开柜门，火焰不得引燃软纸和消毒柜的其他部件。

如果消毒柜内超过 1 个室，则依次轮流进行试验。

注 101：通常用来包装精致的艺术品的一种薄、软、轻又韧性强的包装纸，其单位质量在 12 g/m^2 和 80 g/m^2 之间。

注 102：此试验所用的食具制造材料为不加入阻燃材料，密度为 0.960±0.005 g/cm^3 的聚乙烯。

c) 对在说明书中没用注明“不适用于塑料等不耐高湿材料食具消毒柜(室)，应把聚乙烯碗、聚乙烯杯和聚乙烯汤匙各一个放在消毒柜(室)中最不利的位置上，柜中不放其他食具，然后按本标准 19.4 的规定进行试验，但在测试角的底板上铺上一层软的纸，试验中有烟或气味时，打开柜门，火焰不得引燃软纸和消毒柜的其他部件。

如果消毒柜内超过 1 个室，则依次轮流进行试验。

注 101：通常用来包装精致的艺术品的一种薄、软、轻又韧性强的包装纸，其单位质量在 12 g/m^2 和 80 g/m^2 之间。

注 102：此试验所用的食具制造材料为不加入阻燃材料，密度为 0.960±0.005 g/cm^3 的聚乙烯。

20 稳定性和机械危险

GB 4706.1—2005 的该章除下述内容外均适用。

20.1 增加：

a) 非固定安装的消毒柜应能经受下述试验：在倾斜平面进行 10°试验时，把门打开到最不利位置，消毒柜的间(室)空载或满载按最不利状态进行，对于装有几个门的消毒柜，最多同时打开 2 个门。

b) 倾斜平面试验结束后，把消毒柜放在水平支架上，把门打开到最不利位置，消毒柜的间(室)空载或满载按最不利状态进行，对于装有几个门的消毒柜，最多同时打开 2 个门，依次在离门铰链最远地方加一个力，力的大小为：

——垂直铰链 15 N。

——水平铰链 30 N。

试验中消毒柜不得翻倒。

c) 对带有抽屉的消毒柜，放在水平位置上，按产品说明书给出的标称承载量，使满载的抽屉或可移动拉出搁物架置于最不利的位置。试验时消毒柜的其他间室或搁物架空载或满载，按最不利状态进行，门打开约 90°，消毒柜不得翻倒。

d) 食具消毒柜在单室容积为 60 L～200 L 时，食具消毒柜的门应能从内部打开，所需打开门的力不应大于 70 N，是否合格，通过下面试验来检查：

——门关闭后，用拉力计在离铰链最远的门把手上施加一个 70 N 的力，其方向垂直于门正面，门应能打开。

食具消毒柜具有以下情形之一者不受此限：门上装有不小于 15 cm×10 cm 透明玻璃；或在进行 GB 4706.1—2005 第 21 章的冲击试验后破裂材料的消毒柜；或消毒柜的内部搁架不借助工具无法从柜体完全移出，且在外门体显著位置具有含有“在使用时内部搁架必须完好，搁架不得移出柜体”内容的警示标识。

附　录

GB 4706.1—2005 的附录均适用。

增加：

附 录 AA
（规范性附录）
消毒效果要求

AA.1 消毒效果要求

AA.1.1 消毒效果等级划分

消毒柜(室)消毒效果划分为二个等级,一星级和二星级,二个等级的消毒效果应符合表1的规定。

表 AA.1 消毒效果等级

消毒对象	评价规定	星级“*”	星级“**”
大肠杆菌	杀灭对数值各点≥3.00	+	+
脊髓灰质炎病毒	脊髓灰质炎病毒感染滴度($TCID_{50}$)≥10^5，灭活对数值≥4.00	−	+
注:“+”表示应进行试验,“−”表示不适用。			

AA.1.2 消毒效果等级划分的标志

消毒柜的正面位置应标有消毒柜消毒等级,用以提示不同的消毒效果。消毒柜最少应有一个室的消毒效果达到星级要求。一星级消毒柜(室)用消毒星级“*”标示;二星级消毒柜(室)用消毒星级“**”标示。“*”标志可按下图比例缩放,但使用时标志高度不得小于3.5 mm,见图AA.1所示。

达不到消毒柜消毒等级的消毒室不得使用“消毒星级”标志,并注明该室的使用功能。

单位为毫米

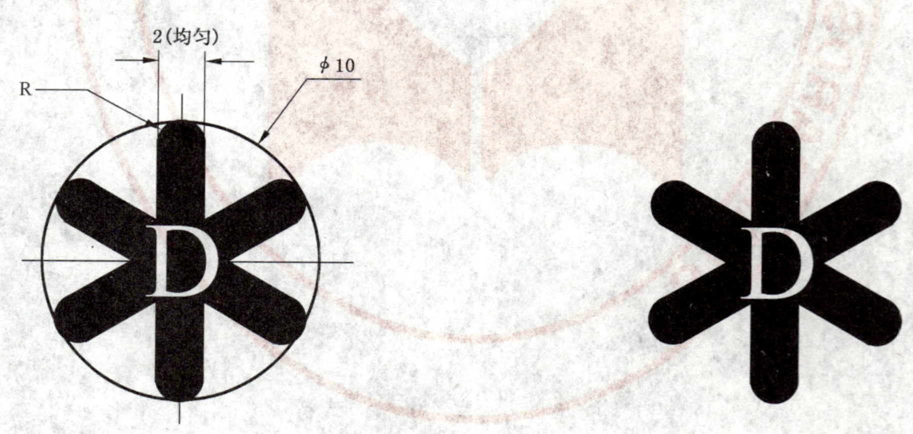

图 AA.1 消毒星级标志

AA.2 消毒效果的检验

消毒柜(室)的消毒效果通过附录BB《食具消毒柜的大肠杆菌消毒效果的试验方法》和附录CC《脊髓灰质病毒灭活试验方法》的试验来确定。

附 录 BB
（规范性附录）
食具消毒柜的大肠杆菌消毒效果的试验方法

BB.1 大肠杆菌杀灭试验

BB.1.1 按《消毒技术规范》2002 版中 2.1.1.2 所示方法制备大肠杆菌菌片（载体为玻璃片）。

BB.1.2 在食具消毒柜满载的情况下，将干燥大肠杆菌菌片置无菌平皿内，每平皿放 2 片，勿重叠。在食具消毒柜每层的内、外两个点各放一含菌片的平皿（大型碗柜可在内、中、外各放一平皿），打开平皿盖。

BB.1.3 关闭柜门，开启电源，按食具消毒柜原设计程序进行消毒。消毒完毕，按说明书规定的时间打开柜门取出平皿。将菌片移入含 5 mL PBS 试管内，按《消毒技术规范》2002 版中 2.1.1.3 所示方法进行活菌培养计数。

BB.1.4 在上述消毒试验时，将未消毒菌片，放置室温下，当消毒组试验完毕后，取该菌片进行活菌培养计数，作为阳性对照。另将同批培养基与 PBS 等培养，作为阴性对照。

BB.1.5 试验重复 3 次，基平均杀灭率应按《消毒技术规范》2002 版中 2.1.1.7 的规定进行计算和表达。

BB.1.6 在 3 次试验中，每次阳性对照回收菌数均达 5×10^{5} cfu/片～5×10^{6} cfu/片，阴性对照无菌生长，阳性和阴性对照组结果若不符合上述要求，试验作废，重新进行。

注：cfu：colony formine unit，菌落形成单位，将稀释后的一定量的菌液通过浇注或涂布的方法，让其内的微生物单细胞一一分散在琼脂平板上，待培养后，每一活细胞就形成一个菌落。

附　录　CC
（规范性附录）
食具消毒柜脊髓灰质炎病毒灭活试验方法

CC.1　材料

a)　脊髓灰质炎病毒Ⅰ型(Poliovirus-1,PV-1)疫苗株;

b)　脊髓灰质炎病毒悬液制备按《消毒技术规范》2002版中2.1.1.10.3所示方法制备脊髓灰质炎病毒悬液,若无特殊要求,用玻璃片为载体。

CC.2　灭活试验

CC.2.1　在食具消毒柜满载的情况下,将干燥的染有脊髓灰质炎病毒的载体置无菌平皿内,每平皿放2片,勿重叠。在食具消毒柜每层的内、外两个点各放一个含染有脊髓灰质炎病毒载体的平皿(大型柜可在内、中、外各放一平皿),并打开平皿盖。

CC.2.2　关闭柜门,开启电源,按说明书中要求进行消毒。消毒完毕,按说明书规定的时间,打开柜门,取出平皿。将载体移入含1 mL细胞维持液的试管中。振荡洗涤后,取样按《消毒技术规范》中2.1.1.10.4所示方法检测残留脊髓灰质炎病毒感染滴度。

CC.2.3　阳性对照,将未消毒的染有脊髓灰质炎病毒的载体2片,放置于消毒碗柜外室温下。待试验组消毒完毕后,立即将载体移入含1 mL细胞维持液的试管中。振打后,取样按《消毒技术规范》中2.1.1.10.4所示的方法检测残留脊髓灰质炎病毒的感染滴度。脊髓灰质炎病毒的感染滴度应$\geqslant 10^5$ $TCID_{50}$。

CC.2.4　阴性对照,用不含脊髓灰质炎病毒的完全培养基作为阴性对照,以观察培养基无污染,细胞是否生长良好。

CC.2.5　试验重复3次。

CC.2.6　根据各组的平均病毒感染滴度($TCID_{50}$),分别计算其对病毒的灭活指数,病毒的灭活指数应达4个对数值。阳性和阴性对照组结果不符合上述要求,试验作废,重新进行。

附　录　DD
（资料性附录）
食具消毒柜的物理、化学性能

DD.1　消毒柜的物理、化学性能

DD.1.1　电热型为主消毒柜（室）消毒温度和消毒时间，一星级消毒室内消毒温度应≥100 ℃，消毒时间应≥15 min。二星级消毒柜内消毒温度应≥120 ℃，消毒时间应≥15 min。是否合格，通过附录BB、附录CC的试验来确定。

注：生产厂应根据具体的产品设计，确定温度（含其他辅助方式参数）、时间控制与消毒效果的对应关系，在出厂检验时采用。

DD.1.2　臭氧为主消毒柜（室）的臭氧浓度和消毒时间，一星级臭氧消毒室内臭氧浓度应≥20 mg/m^3，消毒时间应≥30 min；二星级臭氧消毒柜内臭氧浓度应≥40 mg/m^3，消毒时间应≥60 min。是否合格，通过附录BB、附录CC的检验来确定。

注：生产厂应根据具体的产品设计，确定时间控制、臭氧浓度（含其他辅助方式参数）与消毒效果的对应关系，在出厂检验时采用。

DD.1.3　电热、臭氧和紫外线组合型消毒柜，消毒温度、臭氧浓度和消毒时间与DD.1.1、DD.1.2相同。是否合格，通过附录BB、附录CC的检验来确定。

DD.2　检验方法

DD.2.1　消毒温度、消毒时间检验：用误差≤2 s的计时仪表、误差≤1 K的温度仪表，参考附录EE《食具消毒柜的物理性能试验方法》EE.1.1，应满足要求。

DD.2.2　臭氧浓度、消毒时间检验：用误差≤2 s的计时仪表，臭氧浓度测试仪，参考附录EE的EE.1.2，应满足要求。

附　录　EE
（资料性附录）
食具消毒柜的物理性能试验方法

EE.1　电热食具消毒柜消毒温度与保持时间的试验

EE.1.1　消毒温度的试验

试验在满载状态下进行。柜内各层架按说明书规定的放置方法均匀放入洗净的食具，测量温度传感器置于消毒柜规定测试点上。测试点的分布以层架为基础，柜内只有一个层架的，测试点在层架的中央中间位置。50 L 以下在柜的中央中间位置设一个点。100 L 以内的设三个测试点，分别为最上层架后壁与两侧的中间位置；柜的中央层架中央位置；最下层架门与两侧的中间位置。大于 100 L 的设五个测试点，除上述三个测试点外，在最上层架与中央层架的门与两侧中间设一个点；在中央层架与最下层架的后壁与两侧的中间设一个点。测量温度传感器的放置离柜壁和门 30 mm，并不与其他物体接触。

电热食具消毒柜在额定电压下工作，通电至限制温度器动作为第一次，然后打开柜门，冷却至电源重新能接通，测 5 次；取第 3、4、5 次测试点的最低温度值，应符合产品说明书规定。测试点的分布如图 EE.1、图 EE.2 所示。

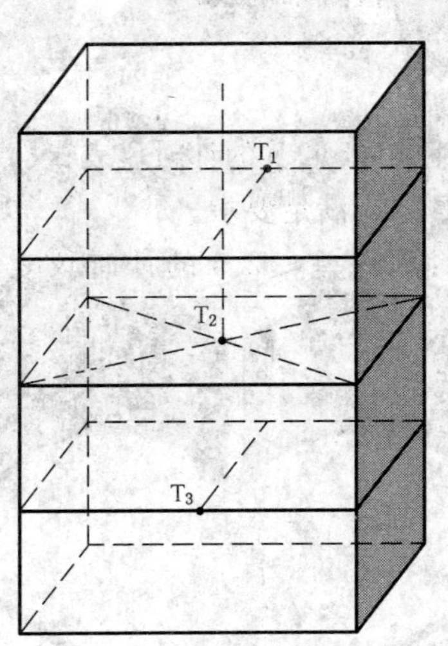

图 EE.1　100 L 以内测试点的分布

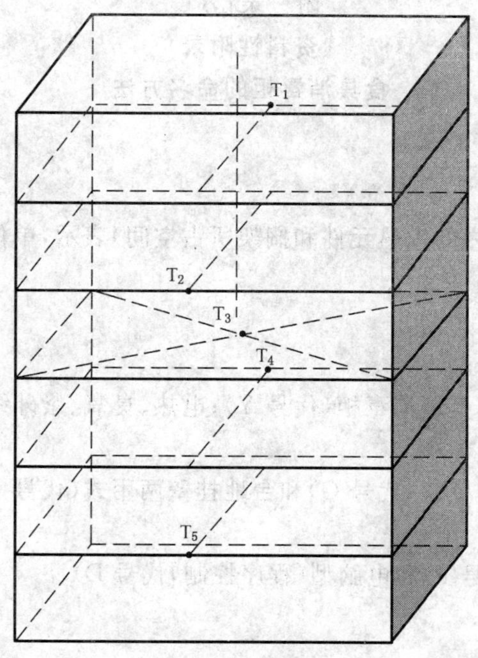

图 EE.2 大于 100 L 测试点的分布

EE.1.2 消毒时间的试验

按 EE.1.1 操作。当消毒柜内中心点温度达到规定消毒温度时开始计时，直至限制温度器动作后，工作指示灯熄灭，柜内中心点温度低于规定消毒温度时终止计时，其时间为消毒时间，应符合产品说明书的规定。

EE.2 臭氧食具消毒柜臭氧浓度与消毒时间的试验

试验在满载状态下进行。臭氧食具消毒柜或臭氧消毒室在额定电压下工作，用臭氧浓度测试仪测量柜内中心部分的臭氧浓度，当柜内中心部位臭氧浓度达到 20 mg/m³ 或 40 mg/m³ 时开始计时，直到臭氧发生器停止工作，柜内臭氧浓度低于 20 mg/m³ 或 40 mg/m³ 时终止计时，其时间为消毒时间。应符合产品说明书的规定。

附 录 FF
（资料性附录）
食具消毒柜的命名方法

FF.1 规格

以柜腔总容积（含放在柜腔内的发热元件和搁架所占空间）表示，单位为 L

FF.2 分类

FF.2.1 按消毒方式

分为：电热消毒柜（代号 R）；臭氧消毒柜（代号 Y）；电热、臭氧、紫外线组合型消毒柜（代号 Z）。

FF.2.2 按安放方式

分为：台地嵌式（代号 T）；挂壁式（代号 G）和台地挂壁两用式（代号 L）。

FF.2.3 按控制方式

分为：普通型（机电控制，代号 P）和电脑型（程序控制，代号 D）。

FF.3 型号命名

图 FF.1 给出型号命名。

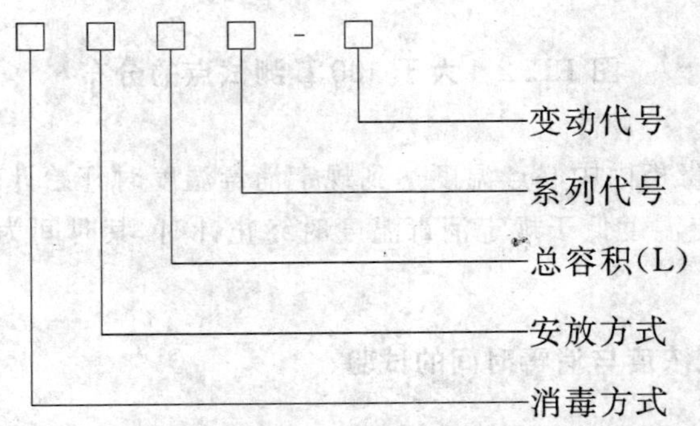

其中变动代号按各企业设计序号，用 1 位、2 位、3 位数字或字母表示。

图 FF.1 型号命名

示例：

序号	型 号	说 明
1	ZTP70A-73	组合消毒方式，台式安放，普通型，容积为 70 L，A 系列，改进号为 73
2	RLP60C-8	电热消毒方式，台地壁挂两用式安放，普通型，容积为 60 L，C 系列，改进号为 8
3	YTP300A-6Y	臭氧消毒方式，台式安放，普通型，容积为 300 L，A 系列，改进号为 6Y

ICS 03.220.40;53.020.20
R 46

中华人民共和国国家标准

GB/T 17992—2008
代替 GB 17992—1999

集装箱正面吊运起重机安全规程

Safety code for the container reach stacker

2008-05-27 发布　　2008-12-01 实施

中华人民共和国国家质量监督检验检疫总局
中国国家标准化管理委员会　发布

前　言

本标准代替 GB 17992—1999《集装箱正面吊运起重机安全规程》。

本标准与 GB 17992—1999 相比主要技术差异如下：

——取消了附录 A，并在规范性引用文件中去掉了 GB/T 699 等相关标准；

——取消了已废除的标准，如 JT/T 232—1995、JT 5020—1986 等；

——取消了 4.3、4.11、5.4、5.6、7 等章条；

——对制动器、司机室、臂架、液压系统、电气系统、安全保护装置等内容进行了修改与完善(见4.1、4.4、4.6、4.9、4.10、4.11)。

本标准由中华人民共和国交通部提出。

本标准由交通部港机标准归口单位归口。

本标准起草单位：交通部水运科学研究院。

本标准主要起草人：李海波、苏国萃、刘晋川。

本标准所代替标准的历次版本发布情况为：

——GB 17992—1999。

集装箱正面吊运起重机安全规程

1 范围

本标准规定了集装箱正面吊运起重机(以下简称正面吊运机)设计、制造、安装、使用与保养、检验与维修等方面的安全技术要求。

本标准适用于起重量不小于 24 000 kg 的正面吊运机,起重量小于 24 000 kg 的正面吊运机亦可参照使用。

2 规范性引用文件

下列文件中的条款通过本标准的引用而成为本标准的条款。凡是注日期的引用文件,其随后所有的修改单(不包括勘误的内容)或修订版均不适用于本标准,然而,鼓励根据本标准达成协议的各方研究是否可使用这些文件的最新版本。凡是不注日期的引用文件,其最新版本适用于本标准。

GB/T 1228 钢结构用高强度大六角头螺栓(GB/T 1228—2006,ISO 7412:1984,NEQ)

GB/T 1229 钢结构用高强度大六角螺母(GB/T 1229—2006,ISO 4775:1984,NEQ)

GB/T 1230 钢结构用高强度垫圈(GB/T 1230—2006,ISO 7416:1984,NEQ)

GB/T 1231 钢结构用高强度大六角头螺栓、大六角螺母、垫圈技术条件

GB 2893 安全色(GB 2893—2001,neq ISO 3864:1984)

GB 2894 安全标志(GB 2894—1996,neq ISO 3864:1984)

GB/T 3323 金属熔化焊焊接接头射线照相(GB/T 3323—2005,EN 1435:1997,MOD)

GB/T 3766 液压系统通用技术条件(GB/T 3766—2001,eqv ISO 4413:1998)

GB/T 3811 起重机设计规范

GB/T 6067 起重机械安全规程(GB/T 6067—1985,neq NF E52-122:1975)

GB/T 11345 钢焊缝手工超声波探伤方法和探伤结果分级

GB 20062 流动式起重机作业噪声限值及测量方法

GB/T 20303.2 起重机 司机室 第2部分:流动式起重机(GB/T 20303.2—2006,ISO 8566-2:1995,IDT)

GB 50150 电气装置安装工程 电气设备交接试验标准

GB 50254 电气装置安装工程 低压电器施工及验收规范

3 基本要求

3.1 正面吊运机的设计、制造和安装应按规定程序批准的图样和有关技术文件进行,并应符合 GB/T 3811 的相关规定。

3.2 正面吊运机的整机稳定性应符合 GB/T 3811 的相关规定。

3.3 正面吊运机作业及行驶的噪声应符合 GB 20062 的规定,座椅处司机耳边噪声应不大于 80 dB(A)。

3.4 正面吊运机明显位置处应设置产品标牌,标牌应注明制造厂、制造日期、额定起重量和安全使用的主要参数等内容。

3.5 正面吊运机应涂有与周围环境有明显区别的颜色,并设置安全标志,符合 GB 2893 和 GB 2894 的规定。

4 主要零部件

4.1 制动器

4.1.1 行走制动器应保持清洁，其工作压力应满足正常使用要求，工作时动作灵敏可靠，无卡阻现象。制动装置应保证发动机关闭后，能有连续5次以上的有效制动。

4.1.2 停车制动手柄拉紧后，应保证空载正面吊运机在不小于18%坡度上不发生移动。

4.1.3 应设置可将停车制动器释放并具有能有效进行转向操作的简便机械装置，以便于正面吊运机在无动力情况下被牵引。

4.1.4 制动器应能使在水平、平整、坚实、干燥和清洁的路面上行驶的正面吊运机产生一个相当于其总重(包括额定起重量)25%的制动力。

4.1.5 制动器修复或更换新件后，各铰点应转动灵活，符合有关技术文件的规定。

4.2 燃油箱

4.2.1 燃油箱容积应满足正面吊运机正常工作不少于10 h用量。

4.2.2 燃油箱和加油装置应置于受损可能性最小的部位，燃油箱不得置于发动机上方。

4.2.3 靠近发动机的燃油箱应用单独的封罩或挡板将燃油箱和加油装置与电气、废气排放系统隔离。

4.2.4 燃油箱和加油装置不应出现油溢或渗漏，一旦出现油溢或渗漏时，燃油只能直接流或滴至地面；在运转状态时严禁燃油外溢。

4.3 变速箱

4.3.1 换挡操纵杆应操纵灵活、无卡滞现象，换挡杆在前进、后退和空挡各位置应定位可靠准确，不允许出现脱挡、串挡现象。

4.3.2 输入轴和输出轴应转动灵活，无卡滞现象。

4.3.3 变速箱各连接处应密封，无渗漏现象。

4.3.4 加注油液时，油液的品种、型号以及油面高度应符合该种变速箱的规定。

4.3.5 变速箱工作时不得有异响。

4.3.6 油路应畅通。

4.4 司机室

4.4.1 司机室应符合GB/T 20303.2和GB/T 6067的规定。

4.4.2 司机室内部色调要柔和、有舒适感。

4.4.3 司机室的门、窗应有良好的密封性能。

4.4.4 司机室应保证在事故状态下司机能安全撤出，或避免事故对司机的危害。

4.5 吊具

4.5.1 吊具应具有完善的安全保护和信号显示装置，确保吊具与集装箱间联系可靠、联锁有效。

4.5.2 吊具应有可靠的联锁保护装置，一旦联锁有故障应有保护措施。

4.5.3 吊具的转锁按GB/T 6067的规定进行拉伸试验，并应定期检查和维护，如发现裂纹等缺陷应及时更换。

4.6 臂架

4.6.1 臂架安装时应保证结构件与滑块间润滑良好，臂架在伸缩全程中不得卡死。

4.6.2 油缸支轴应转动灵活，无卡滞现象。

4.6.3 减摇装置应有效、可靠。

4.6.4 吊具与臂架应连接可靠、拆装方便。

4.7 轮胎

4.7.1 轮胎的负载和充气压力应符合轮胎技术参数和超载限制。

4.7.2 轮胎的选用和更换应符合设计及制造商的相关规定。

4.8 **金属结构**

4.8.1 金属结构件材料的选用应符合 GB/T 3811 的相关规定。

4.8.2 结构件的设计应便于检查、维修和排水。

4.8.3 重要焊缝在外观检查后应进行无损检测，焊缝质量射线探伤不低于 GB/T 3323 中Ⅱ级要求，超声波探伤不低于 GB/T 11345 中Ⅰ级质量要求。

4.8.4 高强度螺栓、螺母和垫圈应符合 GB/T 1228～1231 的规定，采用高强度螺栓连接的金属结构件安装时螺栓预紧力应符合 GB/T 3811 的相关规定。

4.9 **液压系统**

4.9.1 液压系统应符合 GB/T 3766 的规定。

4.9.2 液压系统装配前，接头、管路及通道(包括铸造型芯孔、钻孔)应清洗干净，不许有任何污物(铁屑、毛刺、纤维状杂质等)存在。

4.9.3 液压系统应有防止过载和冲击的安全装置，溢流阀调整压力不得大于系统额定工作压力的 110%，并且应具有防松和防止擅自调整的措施。

4.9.4 软管、硬管和接头不得有渗漏现象。

4.9.5 管路及接头更换后应在系统压力试验时无渗漏现象。

4.9.6 伸缩油缸和变幅油缸宜设有限速安全阀。

4.10 **电气系统**

4.10.1 电气设备的设计及选择应符合 GB/T 3811 的相关规定。

4.10.2 电气设备安装应符合 GB 50150 和 GB 50254 的相关规定。

4.10.3 控制设备在设计、制造、安装、维修、调整和使用中，应保证传动及控制准确可靠。

4.10.4 蓄电池出线处应设有开关，在正面吊运机停机时间超过 2 h 的情况下，应将开关断开。

4.10.5 在臂架和吊具处应设置工作照明装置，并在车辆前后端设置行驶照明装置。

4.10.6 正面吊运机转向指示灯、刹车灯、工作警示灯和喇叭应工作正常。

4.11 **安全保护装置**

4.11.1 正面吊运机安全装置的设置应符合 GB/T 6067 的相关规定。

4.11.2 各种安全保护和报警装置应准确、灵敏、可靠。

4.11.3 应设置防倾覆保护装置，并具有显示、报警、停止动作等功能，其精度误差应不大于 5%。

4.11.4 应配备限制发动机冷却水温度过高、机油压力过低、转速过高的保护装置及报警、显示装置。变速箱应配备油压过低、油温过高保护装置及报警、显示装置。液压系统应配备油温过高保护装置及报警、显示装置。

4.11.5 应设置倒车报警装置。正面吊运机倒退运行时，倒退报警装置应发出清晰的报警音响信号和闪烁的灯光信号。

4.11.6 限制臂架最大仰角的装置应有效、可靠。

4.11.7 应设置停车制动未脱离制动位置前不能入挡的保护装置。

4.11.8 正面吊运机以大于 15 km/h 的速度带箱行驶时，警示装置应发出提示性报警信号。

4.11.9 吊具转锁到位保护装置应有效、可靠。

4.11.10 应设置有效的故障监视诊断装置。

4.11.11 应设置在紧急情况下能切断正面吊运机动力的紧急停止开关。

4.11.12 正面吊运机进行危险品集装箱作业时，应装有安全警示标识和安全防护装置。

5 使用与保养

5.1 正面吊运机的使用应符合 GB/T 6067 的相关规定。

5.2 司机应按安全操作规程规定进行操作。

5.3 工作结束时，正面吊运机应停放在车库或安全处。

5.4 应按规定进行检查和保养。

6 检验与维修

6.1 检验

在使用中应按设备管理有关规定进行检验，并应符合 GB/T 6067 的相关规定。

6.2 维修

6.2.1 正面吊运机的维修应符合相关的规定。

6.2.2 维修更换的零部件应满足正面吊运机原零部件的性能要求。

6.2.3 结构件焊补时，所用的材料、焊条等应符合设计的要求。

ICS 65.060.40
B 91

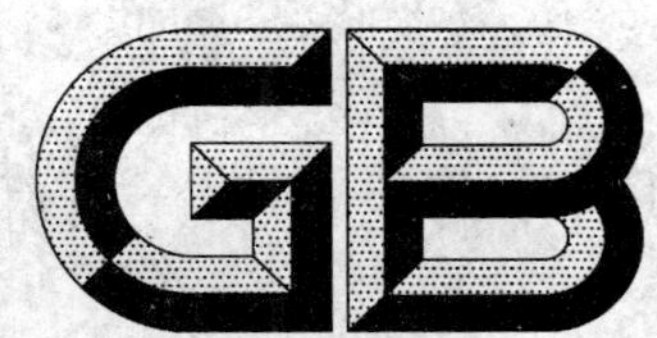

中华人民共和国国家标准

GB/T 17997—2008
代替 GB/T 17997—1999

农药喷雾机(器)田间操作规程及喷洒质量评定

Evaluating regulations for the operation and spraying quality of sprayers in the field

2008-06-03 发布　　　　2009-01-01 实施

中华人民共和国国家质量监督检验检疫总局
中国国家标准化管理委员会　发布

前言

本标准是对 GB/T 17997—1999《农药喷雾机(器)田间操作规程及喷洒质量评定》的修订。本标准与 GB/T 17997—1999 相比,主要技术内容修改如下:

——删除了定义内容;

——增加第 2 章规范性引用文件;

——增加第 5 章喷洒质量测定方法;

——增加附录 A 检测用仪器及工具;

——增加附录 B 评定用记录表格。

本标准自实施之日起代替 GB/T 17997—1999。

本标准的附录 A、附录 B 为资料性附录。

本标准由中国机械工业联合会提出。

本标准由全国农业机械标准化技术委员会归口。

本标准起草单位:农业部南京农业机械化研究所。

本标准主要起草人:陈长松、王忠群、薛新宇。

本标准所代替标准的历次版本发布情况为:

——GB/T 17997—1999。

农药喷雾机(器)田间操作规程及喷洒质量评定

1 范围

本标准规定了农药喷雾机(器)田间操作规程、喷洒质量要求、喷洒质量测定方法和喷洒质量评定。

本标准适用于风送式喷雾机、喷杆式喷雾机、担架式机动喷雾机、背负式机动喷雾机、手动喷雾器[以下简称喷雾机(器)]。

2 规范性引用文件

下列文件中的条款通过本标准的引用而成为本标准的条款。凡是注日期的引用文件,其随后所有的修改单(不包括勘误的内容)或修订版均不适用于本标准,然而,鼓励根据本标准达成协议的各方研究是否可使用这些文件的最新版本。凡是不注日期的引用文件,其最新版本适用于本标准。

JB/T 9782—1999 植保机械 通用试验方法

NY/T 650—2002 喷雾机(器)作业质量

NY/T 1225—2006 喷雾器安全施药技术规范

3 田间操作规程

3.1 喷洒前的准备

3.1.1 在需要喷药的田块划出测试区,测试区的长度根据前进速度、喷幅及施药液量来确定,但不得少于 30 m。测试时间不少于 15 s,且药液箱内液量不少于药液箱容量的 10%。使喷洒面积为 0.1 hm^2 整数倍。计算结果记录于表 B.1 中。

3.1.2 根据不同作物生长期和病虫害,选择合适的农药及喷洒方法。

3.1.3 按批准注册的农药的推荐用量结合田块条件,确定施药液量和机具前进速度。

3.1.4 施药液量与喷头喷量、喷幅和喷施作业前进速度关系式按公式(1);根据所选择的施药液量、前进速度和喷头数,按公式(2)计算出单个喷头所需的喷量。

3.1.5 喷洒除草剂的推荐工作压力不大于 0.3 MPa;喷洒杀虫剂、杀菌剂的推荐工作压力为 0.3 MPa~0.5 MPa。

3.1.6 喷洒杀虫剂、杀菌剂时使用推荐圆锥雾喷头;喷洒除草剂时推荐使用扇形雾喷头;行上或行间除草时推荐使用均匀型扇形雾喷头。

3.1.7 使用喷杆式喷雾机喷洒除草剂时必须选用装有防滴阀的喷头。

3.1.8 根据喷幅、前进速度和施药液量计算所需的喷头喷量,再根据所需的喷头喷量和推荐工作压力选择合适的喷头。

3.1.9 评定用仪器应经校准,并在有效周期内,见附录 A。

3.2 喷雾机(器)性能检查

喷雾机(器)应符合 NY/T 650—2002 中 4.1.1 的要求,并按 JB/T 9782 的有关方法及以下要求进行检查。

3.2.1 在喷雾机(器)中加入清水,使其在额定工况下工作,检查每个喷头的喷量、喷雾角和雾形是否符合标准要求。

3.2.2 检查喷头或喷孔有无明显的磨损和缺陷,选用的规格型号是否合适。

3.2.3 喷杆式喷雾机各喷头间喷量的差异不得大于喷量平均值的10%；在说明书规定的工作压力下工作时，喷杆上喷头的喷量分布均匀性变异系数不得大于15%。对喷雾角及雾形有明显差异，喷量大于喷头喷量平均值20%以上的单只喷头，应予以更换。

3.2.4 喷雾机(器)正常工作后，在0.3 MPa压力下关闭截流阀20 s后，在1 min内，允许2～3个喷头滴漏液总量不得大于10滴，单只喷头滴液量不得大于3滴。

3.2.5 调压安全阀应灵敏、可靠。

3.3 实际施药液量的校核与调整

实际施药液量的调整按5.1进行，如果不符合预定施药液量需进行调整。

3.3.1 施药液量的变动量在10%～25%变化时，用改变作业速度的方法来调整施药液量。

3.3.2 施药液量的变动量大于25%时，应更换喷头或喷嘴。

3.3.3 施药液量的变动量范围小于10%时，可在推荐的喷头压力范围内改变工作压力来调整施药液量，但喷头的喷雾角和雾形不应过分受到影响。

3.4 田间安全操作

3.4.1 应在顺风速低于8 km/h，温度低于32℃时进行喷洒作业。不允许逆风作业。

3.4.2 操作者应穿戴适用、安全的防护服和用具，使人体不接触药液。

3.4.3 喷洒作业结束后，将喷雾机(器)在田间生产用水区就地充分清洗后，将洗液喷洒在已用药地块方可带回存放。严禁将喷雾机(器)带回生活区清洗。

3.4.4 喷洒作业结束后的其他处理工作还应符合NY/T 1225—2006的有关要求。

4 喷洒质量要求

4.1 一般要求

4.1.1 施药液量误差率

喷雾机(器)在额定工作压力下喷雾时，施药液量误差率应不大于10%。

4.1.2 喷雾性能

机具在额定工作压力下工作时雾滴连续、均匀，雾形完整。

4.2 喷洒质量要求

4.2.1 药液附着率

a) 采用低容量喷雾治虫时，喷洒在作物叶面上的雾粒数应不小于25粒/cm^2；

b) 防病时，喷洒在作物上的雾粒数应不小于70粒/cm^2；

c) 采用超低容量喷雾防虫或治病时，喷洒在作物上的雾粒数应不小于10粒/cm^2；

d) 采用风送喷雾防虫或治病时，喷洒在作物上的雾粒数应不小于25粒/cm^2；

e) 采用常量喷雾防虫或治病时，喷洒在作物上的雾粒数应不小于30粒/cm^2。

4.2.2 雾化性能

喷雾机(器)在额定工作压力下喷雾时雾滴应连续、均匀，雾形完整。

5 喷洒质量测定方法

5.1 实际施药液量的测定

5.1.1 方法1(按作业要求速度)

a) 精确测定从一个或多个喷头的液体流量；

b) 测出在运行一段距离的总喷量，然后按公式(1)计算出实际施药液量。

5.1.2 方法2

按5.1.1 b)方法作业后，重新将药液箱装满到相同水平的位置上，由加入量测定实际施药液量。

施药液量与喷头喷量、喷幅和喷施作业前进速度的关系按公式(1)所示：

$$V = 600 \cdot \frac{Q}{SW} = 600 \cdot \frac{nq}{SW} \qquad \cdots\cdots(1)$$

式中：

V——施药液量，单位为升每公顷（L/hm^2）；

Q——在喷雾机（器）喷幅范围内各个喷头的总喷量，单位为升每分钟（L/min）；

S——前进速度，单位为千米每小时（km/h）；

W——喷雾机（器）喷幅，单位为米（m）；

n——喷头数；

q——每个喷头的喷量，单位为升每分钟（L/min）。

根据所选择的施药液量、前进速度和喷头数，计算出单个喷头所需的喷量：

$$q = \frac{VSW}{600n} \qquad \cdots\cdots(2)$$

5.2 施药液量误差率测定

施药液量的误差率按公式(3)计算。结果记入表 B.1。

$$u = \frac{q - q_0}{q_0} \times 100 \qquad \cdots\cdots(3)$$

式中：

u——施药液量误差率，%。

q——实际施药液量，单位为升每分钟（L/min）；

q_0——预定施药液量，单位为升每分钟（L/min）。

5.3 药液附着性能测定

5.3.1 取样方法

应按机具的施药方式及不同作物，采用如下取样方法：

a) 高大植株（如橡胶树、果树等），选取有代表性高度的三株，在每株树冠（上、中、下）的每等高平面内均布 10 个点进行观察。

b) 一般作物（如玉米、高粱、棉花、水稻、小麦等作物的中、后期），在喷幅范围内，每隔 1～2 行作为一个点，每点选取 10 株（连续或间隔选取）。每株在其最高处（上）、株高 3/4 处（中）、株高 1/4 处（下）进行观察。

c) 低矮作物（如各种作物的苗期、山芋、花生等），在喷幅范围内，每隔 1～2 行，作为一个点，每点选取 10 株（连续或间隔选取），每株随机观察一处。

5.3.2 测试方法

在药液喷洒后未干燥前，迅速观察取样点，记录药液附着分级情况如下。

0 级：无药液附着；

1 级：药液附着面积为观察面积的 1/4 以下（如是观察叶片，则为 1/4 的叶面积有药液附着）（以下同）；

2 级：药液附着面积为观察面积的 1/2 以下；

3 级：药液附着面积为观察面积的 3/4 以下；

4 级：全部附着药液。

5.3.3 药液附着率计算

按公式(4)分别计算叶面、叶背附着率。结果记入表 B.2。

$$\text{附着率} = \frac{(1\text{级叶片数} \times 1) + (2\text{级叶片数} \times 2) + (3\text{级叶片数} \times 3) + (4\text{级叶片数} \times 4)}{\text{观察叶片总数} \times 4} \times 100\% \qquad \cdots\cdots(4)$$

5.3.4 风送喷雾和低容量喷雾测定

采用纸卡法，即在每一观察处固定纸卡(2 cm×5 cm 毫米格纸)，在喷洒的药液中加 1%(质量比)黑色染料，在喷药后收回纸卡，以 5～10 倍手持放大镜观察，每纸卡上可根据雾滴多少，全部或部分读取，并计算平均每平方厘米面积上的雾滴数。结果记入表 B.3。

6 喷洒质量评定

6.1 评定项目及合格指标

6.1.1 施药液量误差率

喷雾机(器)在额定工作压力下喷雾时，施药液量误差率不大于 10%时判定为合格；施药液量误差率大于 10%时判定为不合格。

6.1.2 喷雾性能

机具在额定工作压力下工作时雾滴连续、均匀，雾形完整判定为合格；机具在额定工作压力下工作时雾滴不连续、均匀，雾形不完整判定为不合格。

6.1.3 药液附着率

a) 采用低容量喷雾治虫时，喷洒在作物叶面上的雾粒数不小于 25(粒/cm^2)时判定为合格；小于 25(粒/cm^2)时判定为不合格。

b) 防病时，喷洒在作物上的雾粒数不小于 70(粒/cm^2)时判定为合格；小于 70(粒/cm^2)时判定为不合格。

c) 采用超低容量喷雾防虫或治病时，喷洒在作物上的雾粒数不小于 10(粒/cm^2)时判定为合格；小于 10(粒/cm^2)时判定为不合格。

d) 采用风送喷雾防虫或治病时，喷洒在作物上的雾粒数不小于 25(粒/cm^2)时判定为合格；小于 25(粒/cm^2)时判定为不合格。

e) 采用常量喷雾防虫或治病时，喷洒在作物上的雾粒数不小于 30(粒/cm^2)时判定为合格；小于 30(粒/cm^2)时判定为不合格。

6.2 合格评定

施药液量误差率、雾化性能、药液附着率分别满足 6.1.1、6.1.2、6.1.3 中合格指标时，评定结果为合格。

6.3 不合格评定

施药液量误差率、雾化性能、药液附着率有一项或一项以上不满足 6.1.1、6.1.2、6.1.3 中合格指标时，评定结果为不合格。

6.4 喷洒质量的最终效果评价应结合防治的生物学效果确定。

附 录 A
（资料性附录）
检测用仪器及工具

A.1 主要检测仪器及工具

a) 卷尺：长度 25 m、50 m，分度值 0.01 m；

b) 标杆或旗子；

c) 显微镜或荧光分析仪；

d) 坐标纸；

e) 容量为 1 L、2 L、5 L 的容器，分度值为 10 mL；

f) 精密压力表，量程：(0～1.0)MPa；

g) 电子秒表。

附　录　B
（资料性附录）
评定用记录表格

B.1　施药液量误差率记录表

施药液量误差率记录表见表B.1。

表 B.1

机具型号：____________　　　　制造单位：____________
试验地点：____________　　　　试验日期：____________

次数	工作压力/MPa	施药液量/(L/min)		误差率/%
		预定施药液量/(L/min)	平均施药液量/(L/min)	
1				
2				
3				

试验地点____________　　　　记录____________

B.2　药液附着状况测定表

药液附着状况测定表见表B.2。

表 B.2

机具名称型号：____________　作物名称：____________　日　　期：____年____月____日
机组行进速度：________km/h　株　　高：________cm　环境温度：________℃
施药液量：________L/hm²　株(行)距：________cm　空气相对湿度：________%
药剂名称及浓度：____________　果枝层：________cm　风　　速：________m/s

级别	叶片数	作物检查部位					
		叶　面			叶　背		
		上	中	下	上	中	下
4级							
3级							
2级							
1级							
0级							
各部位附着率/%							
总附着率/%							
注：本表以测定药液在棉花叶片上附着状况为例。							

试验地点____________　　　　记录____________

B.3　雾滴附着状况测定表

雾滴附着状况测定表见表B.3。

表B.3

机具名称型号：________________　　作物名称：________________　　日　　期：____年____月____日

机组行进速度：____________ km/h　　株　　高：______________ cm　　环境温度：________________℃

施药液量：______________ L/hm^2　　株(行)距：______________ cm　　空气相对湿度：____________%

药剂名称及浓度：______________　　果枝层：________________ cm　　风　　速：______________ m/s

项　　目		植株检查部位		
		上	中	下
每平方厘米雾滴数	最高			
	最低			
	平均			
有效叶片占总叶片数[a]/%				
0个雾滴叶片占总叶片数/%				
[a] 有效叶片：喷洒在作物叶片上单位面积上的雾滴数。				

试验地点__________________　　　　　　　　记录__________________

ICS 11.220
B 41

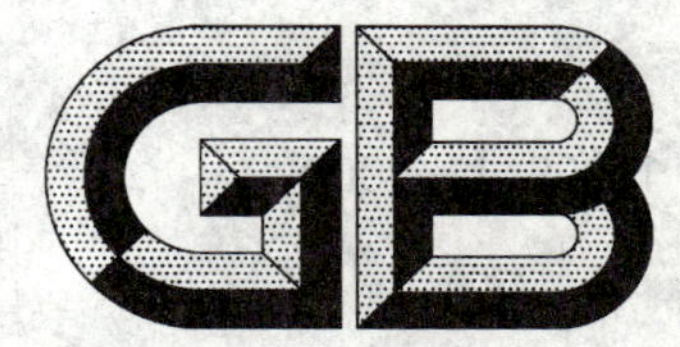

中华人民共和国国家标准

GB/T 17999.1—2008
代替 GB/T 17998—1999

SPF 鸡 微生物学监测
第1部分:SPF 鸡 微生物学监测总则

SPF chicken—Microbiological surveillance—
Part 1: General rules for the microbiological surveillance for SPF chicken

2008-12-31 发布　　　　2009-05-01 实施

中华人民共和国国家质量监督检验检疫总局
中国国家标准化管理委员会　发布

前　言

GB/T 17999《SPF 鸡　微生物学监测》分为 10 个部分：

——第 1 部分：SPF 鸡　微生物学监测总则；

——第 2 部分：SPF 鸡　红细胞凝集抑制试验；

——第 3 部分：SPF 鸡　血清中和试验；

——第 4 部分：SPF 鸡　血清平板凝集试验；

——第 5 部分：SPF 鸡　琼脂扩散试验；

——第 6 部分：SPF 鸡　酶联免疫吸附试验；

——第 7 部分：SPF 鸡　胚敏感试验；

——第 8 部分：SPF 鸡　鸡白痢沙门氏菌检验；

——第 9 部分：SPF 鸡　试管凝集试验；

——第 10 部分：SPF 鸡　间接免疫荧光试验。

本部分为 GB/T 17999 的第 1 部分。

本部分代替 GB/T 17998—1999《SPF 鸡　微生物学监测总则》。

本部分与 GB/T 17998—1999 相比主要变化如下：

——限定了 SPF 鸡的饲养环境；

——扩大了检测样品的种类；

——对副鸡嗜血杆菌、鸡毒支原体、滑液囊支原体、禽流感病毒、新城疫病毒、传染性支气管炎病毒、传染性喉气管炎病毒、传染性法氏囊病病毒、网状内皮增生症病毒、鸡传染性贫血病毒、禽呼肠孤病毒（病毒性关节炎）、禽脑脊髓炎病毒和禽腺病毒Ⅲ群（EDS）等多个病原微生物的监测增加了 ELISA 检测方法；

——增加了禽流感病毒和鸡传染性贫血病毒 PCR 检测方法；

——增加了副鸡嗜血杆菌、多杀性巴氏杆菌和禽痘病毒临床观察检测方法。

本部分的附录 A、附录 B 和附录 C 为规范性附录，附录 D 为资料性附录。

本部分由中华人民共和国农业部提出。

本部分由全国动物防疫标准化技术委员会（SAC/TC 181）归口。

本部分起草单位：中国农业科学院哈尔滨兽医研究所、中国动物卫生与流行病学中心、济南斯帕法斯家禽有限公司。

本部分主要起草人：曲连东、韩凌霞、邵卫星、朱果、单忠芳、姜骞、刘家森、郭东春、司昌德、于海波。

本部分所代替标准的历次版本发布情况为：

——GB/T 17998—1999。

SPF 鸡　微生物学监测
第1部分:SPF 鸡　微生物学监测总则

1　范围

GB/T 17999 的本部分规定了无特定病原体(specific pathogen free,SPF)鸡和 SPF 鸡蛋(胚)需要监测的微生物种类及相应微生物的监测方法。

本部分适用于 SPF 鸡和鸡蛋(胚)的微生物学控制。

2　规范性引用文件

下列文件中的条款通过 GB/T 17999 的本部分的引用而成为本部分的条款。凡是注日期的引用文件,其随后所有的修改单(不包括勘误的内容)或修订版均不适用于本部分,然而,鼓励根据本部分达成协议的各方研究是否可使用这些文件的最新版本。凡是不注日期的引用文件,其最新版本适用于本部分。

GB 14925—2001　实验动物　环境及设施

NY/T 538—2002　鸡传染性鼻炎诊断技术

NY/T 563—2002　禽霍乱(禽巴氏杆菌病)诊断技术

NY/T 772—2004　禽流感病毒 RT-PCR 试验方法

NY/T 1187—2006　鸡传染性贫血病毒聚合酶链反应试验方法

3　术语和定义

下列术语和定义适用于本部分。

3.1

无特定病原鸡　specific pathogen free chicken

SPF 鸡

在符合 GB 14925—2001 中规定的屏障环境或隔离环境的饲养条件下,符合本部分规定的微生物学监测要求的鸡。

3.2

饲养单元　raising unit

相同饲养环境内的最小鸡饲养设备,如一台鸡饲养隔离器或屏障环境内的一个饲养房间。

4　检测样品种类

根据所采用的监测方法,检测样品包括鸡血清、抗凝血、鸡蛋、羽髓、咽拭子或泄殖腔拭子等。

5　监测项目及其方法

5.1　监测项目的分类

5.1.1　必须检测项目:在进行实验动物质量评价时必须检测的项目。

5.1.2　必要检测项目:在下列情况下必须检测的项目,包括引进 SPF 种鸡(蛋)时、怀疑有本病流行时、申请实验动物生产/使用许可证和申请实验动物质量合格证时。

5.2 监测项目及其方法

SPF鸡微生物监测项目及其方法见表1,依据细菌、支原体和病毒顺序排列。

表1 SPF鸡的微生物学监测项目及其方法

序号	病原微生物	方　法	要求
1	鸡白痢沙门氏菌 *Salmonella pullorum*	SPA, IA, TA	●
2	副鸡嗜血杆菌 *Haemophilus paragallinarum*	CO, SPA, IA, ELISA	●
3	多杀性巴氏杆菌 *Pasteurella multocida*	CO, AGP, IA	○
4	鸡毒支原体 *Mycoplasma gallisepticum*	SPA, HI, ELISA	●
5	滑液囊支原体 *Mycoplasma synoviae*	SPA, HI, ELISA	●
6	禽流感病毒 Avian Influenza Virus	AGP, HI, ELISA, RT-PCR	●
7	新城疫病毒 Newcastle Disease Virus	HI, ELISA	●
8	传染性支气管炎病毒 Infectious Bronchitis Virus	ELISA, SN, AGP, HI	●
9	传染性喉气管炎病毒 Infectious Laryngotracheitis Virus	ELISA, AGP, SN	●
10	传染性法氏囊病病毒 Infectious Bursal Disease Virus	AGP, ELISA, SN	●
11	淋巴白血病病毒 Lymphoid Leukosis Virus	ELISA	●
12	网状内皮增生症病毒 Reticuloendotheliosis Virus	ELISA, AGP	●
13	马立克氏病毒 Marek's Disease Virus	AGP	●
14	鸡传染性贫血病毒 Chicken Infectious Anaemia Virus	ELISA, IFA, PCR	●
15	禽呼肠孤病毒(病毒性关节炎) Avian Reovirus	AGP, ELISA	●
16	禽脑脊髓炎病毒 Avian Encephalomyelitis Virus	ELISA, AGP, EST, SN	●
17	禽腺病毒Ⅰ群 Avian Adenovirus Group Ⅰ	AGP	●
18	禽腺病毒Ⅲ群(EDS) Avian Adenovirus Group Ⅲ	HI, ELISA	●
19	禽痘病毒 Fowl Pox Virus	CO, AGP	●

注1:表中排在第一位的检测方法为首选方法。

注2:"●"为必须检测项目,要求阴性;"○"为必要检测项目,要求阴性。

注3:SPA——血清平板凝集试验;EST——胚敏感试验;IA——病原体分离;SN——血清中和试验;AGP——琼脂扩散试验;HI——血凝抑制试验;IFA——间接免疫荧光试验;ELISA——酶联免疫吸附试验;TA——试管凝集试验;CO——临床观察;RT-PCR——反转录-聚合酶链式反应;PCR——聚合酶链式反应。

注4:副鸡嗜血杆菌的检测方法见NY/T 538—2002,多杀性巴氏杆菌的检测方法见NY/T 563—2002、禽流感病毒RT-PCR检测方法见NY/T 772—2004、鸡传染性贫血病毒的PCR检测方法见NY/T 1187—2006。

6 监测程序

具体监测程序见图1。

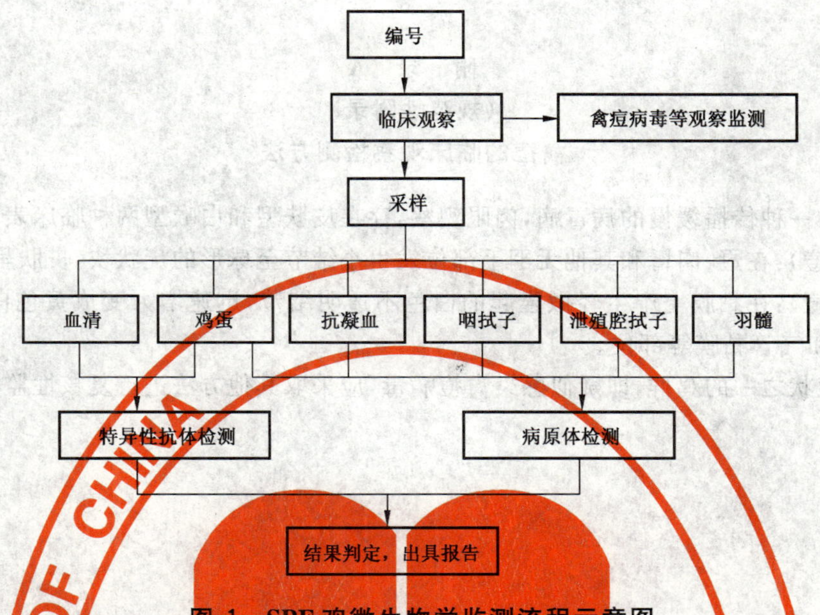

图 1 SPF 鸡微生物学监测流程示意图

6.1 监测前的准备

对被检鸡编号,临床观察监测是否感染禽痘、副鸡嗜血杆菌和多杀性巴氏杆菌(见附录 A、附录 B、附录 C)。

6.2 样品采集

6.2.1 开产后鸡的禽脑脊髓炎病毒抗体监测和淋巴白血病病毒监测可采集鸡蛋。

6.2.2 鸡白痢沙门氏菌、多杀性巴氏杆菌、禽流感病毒和新城疫病毒监测可采集肛拭子。

6.2.3 禽流感病毒、鸡毒支原体、滑液囊支原体和副鸡嗜血杆菌监测可采集咽拭子。

6.2.4 淋巴白血病病毒、网状内皮增生症病毒和鸡传染性贫血病毒监测可采集全血。

6.2.5 马立克氏病毒监测可采集羽髓。

6.2.6 所有病原微生物均可采集血清进行抗体监测(参见附录 D)。

6.3 取样比例

6.3.1 未开产鸡,对所有饲养单元进行全部项目的监测,每个饲养单元按 10%的比例抽样,每个隔离器至少抽检 1 羽。

6.3.2 利用胚敏感试验对开产鸡进行禽脑脊髓炎病毒监测时,每个饲养单元送检鸡蛋的个数占母鸡数的 10%。

6.3.3 采集鸡蛋对开产鸡进行淋巴白血病病毒感染监测时,每个饲养单元送检鸡蛋的个数占母鸡数的 30%。

6.4 监测频率

首次监测从 8 周～10 周龄开始。常规监测时,每隔 4 周～8 周,监测本部分规定的所有项目。有特定病原微生物感染危险时,随时进行相关项目的检测。

6.5 取/送方法

取/送检样品应编号标识、冰盒包装,低温送达检测单位,并附送检单,写明鸡群数量、样品名称、检测要求及样品数量等。

7 结果判定

所有监测项目均为阴性的,判为合格。监测结果如有一项以上(含一项)为阳性,则判为不合格。

附　录　A
（规范性附录）
禽痘的临床观察检测方法

A.1　禽痘是鸡的一种传播缓慢的病毒病，肉眼观察，存在皮肤型和白喉型两种临床表现型（症状）。

A.2　皮肤型（干痘）：在冠、肉髯和其他无羽毛部位发生小结节至球形的疣状块，皮肤呈增生性病变。

A.3　白喉型（湿痘）：在黏膜上产生轻微隆起的白色不透明结节，迅速增大变成黄色白喉膜病变，遍布于口腔、食道、喉和气管黏膜等部位。

A.4　出现上述症状之一的鸡群，即疑似感染禽痘病毒，应采取其他方法进行复核性监测。

附 录 B
（规范性附录）
鸡感染副鸡嗜血杆菌的临床观察检测方法

B.1 副鸡嗜血杆菌可以引起鸡呼吸道症状。

B.2 鼻道和鼻窦有粘液性或浆液性鼻分泌物流出，面部水肿，有结膜炎症状。肉髯可出现明显肿胀，特别是公鸡。下呼吸道感染的鸡可听到啰音。

B.3 产蛋鸡群产蛋率下降。

B.4 出现上述全部症状的鸡群，即判为疑似感染副鸡嗜血杆菌，应利用其他方法进行复核性监测。

附　录　C
（规范性附录）
鸡感染多杀性巴氏杆菌的临床观察检测方法

C.1　鸡感染多杀性巴氏杆菌有急性和慢性两种不同程度的临床症状。

C.2　急性型：表现为发热，厌食，羽毛松乱，口腔有黏液性流出物，腹泻，呼吸加快。临死前有发绀现象，以头部无毛处如冠和肉髯最明显。

C.3　慢性型：以局部感染为主。肉髯、鼻窦、腿或翅关节、足垫和胸骨囊出现肿胀。可见渗出性结膜炎和咽部病变。呼吸道感染可致气管啰音和呼吸困难。

C.4　出现上述症状之一的鸡群，即判为多杀性巴氏杆菌疑似感染，应利用其他方法进行复核性监测。

附　录　D
（资料性附录）
鸡血清的采集与制备

D.1　75%酒精棉球对鸡脚静脉或翅下静脉进行消毒。

D.2　无菌或一次性注射器，抽取鸡血 2 mL 以上。37 ℃静置 1 h，4 ℃静置 2 h。

D.3　将凝固的血块及析出的液体置离心管中，4 000 r/min 离心 15 min，取上清，即为鸡血清，可立即进行检测或－20 ℃贮存待检。

参 考 文 献

[1] GB/T 18643—2002 鸡马立克氏病诊断技术
[2] GB/T 19167—2003 传染性囊病诊断技术
[3] NY/T 536—2002 鸡伤寒和鸡白痢诊断技术
[4] NY/T 540—2002 鸡病毒性关节炎琼脂凝胶免疫扩散试验方法
[5] NY/T 551—2002 产蛋下降综合征诊断技术
[6] NY/T 553—2002 禽支原体病诊断技术
[7] NY/T 556—2002 鸡传染性喉气管炎诊断技术
[8] NY/T 680—2003 禽白血病病毒 p27 抗原酶联免疫吸附试验方法
[9] NY/T 681—2003 鸡传染性贫血诊断技术
[10] SN/T 1221—2003 鸡传染性支气管炎抗体检测方法 琼脂免疫扩散试验

ICS 11.220
B 41

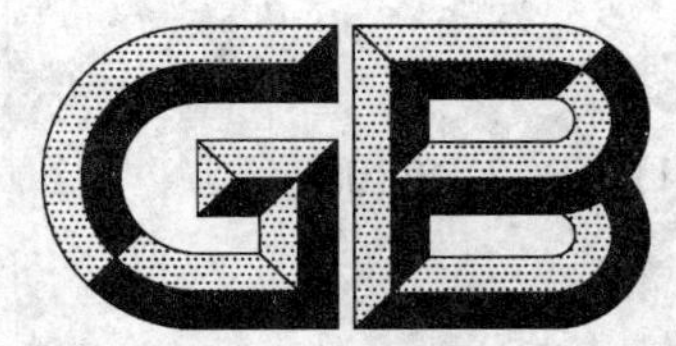

中华人民共和国国家标准

GB/T 17999.2—2008
代替 GB/T 17999.1—1999

SPF 鸡 微生物学监测 第 2 部分:SPF 鸡 红细胞凝集抑制试验

SPF chicken—Microbiological surveillance—
Part 2: Hemagglutination inhibition test for SPF chicken

2008-12-31 发布 2009-05-01 实施

中华人民共和国国家质量监督检验检疫总局
中国国家标准化管理委员会 发布

前 言

GB/T 17999《SPF 鸡　微生物学监测》分为10个部分：

——第1部分：SPF 鸡　微生物学监测总则；

——第2部分：SPF 鸡　红细胞凝集抑制试验；

——第3部分：SPF 鸡　血清中和试验；

——第4部分：SPF 鸡　血清平板凝集试验；

——第5部分：SPF 鸡　琼脂扩散试验；

——第6部分：SPF 鸡　酶联免疫吸附试验；

——第7部分：SPF 鸡　胚敏感试验；

——第8部分：SPF 鸡　鸡白痢沙门氏菌检验；

——第9部分：SPF 鸡　试管凝集试验；

——第10部分：SPF 鸡　间接免疫荧光试验。

本部分为 GB/T 17999 的第2部分。

本部分修订参照了 GB/T 18936—2003《高致病性禽流感诊断技术》、SN/T 1109—2002《新城疫微量红细胞凝集抑制　试验操作规程》、SN/T 1182.2—2004《禽流感微量红细胞凝集抑制试验》、NY/T 551—2002《产蛋下降综合征诊断技术》、OIE《陆生动物(哺乳动物、禽鸟和蜜蜂)诊断试验和疫苗手册》(第五版)中的有关规定。

本部分代替 GB/T 17999.1—1999《SPF 鸡　红细胞凝集抑制试验》。

本部分与 GB/T 17999.1—1999 相比主要变化如下：

——增加了规范性附录 A"试剂的配制"和资料性附录 B"1%鸡血红细胞悬液的制备"；

——增加了对 V 形孔微量血凝板进行试验的结果判定；

——对禽流感病毒、新城疫病毒、传染性支气管炎病毒、禽腺病毒Ⅲ群(EDS)鸡毒支原体和滑液囊支原血凝抑制抗体的判定标准进行了修改。

本部分的附录 A 为规范性附录，附录 B 为资料性附录。

本部分由中华人民共和国农业部提出。

本部分由全国动物防疫标准化技术委员会(SAC/TC 181)归口。

本部分起草单位：中国农业科学院哈尔滨兽医研究所、中国动物卫生与流行病学中心、济南斯帕法斯家禽有限公司。

本部分主要起草人：曲连东、刘家森、韩凌霞、邵卫星、朱果、单忠芳、姜骞、司昌德、于海波、孟庆文。

本部分所代替标准的历次版本发布情况为：

——GB/T 17999.1—1999。

SPF鸡　微生物学监测
第2部分:SPF鸡　红细胞凝集抑制试验

1　范围

GB/T 17999的本部分规定了红细胞凝集抑制试验的技术要求。

本部分适用于对SPF鸡进行以下病原微生物的血凝抑制抗体检测:禽流感病毒(Avian Influenza Virus),传染性支气管炎病毒(Infectious Bronchitis Virus),新城疫病毒(Newcastle Disease Virus),禽腺病毒Ⅲ群(减蛋综合征病毒)(Avian Adenovirus Group Ⅲ),鸡毒支原体(*Mycoplasma gallisepticum*),滑液囊支原体(*Mycoplasma synoviae*)。

2　原理

许多病原微生物具有凝集动物红细胞的能力,这种凝集红细胞的能力能被特异性抗体所抑制,因此可用已知病原微生物检测相应的血凝抑制性抗体。

3　试剂和器材

3.1　试剂

3.1.1　血凝抗原。

3.1.2　阴性、阳性血清。

3.1.3　被检血清。

3.1.4　鸡红细胞。

3.1.5　0.85%氯化钠(NaCl)(见附录A)。

3.1.6　阿氏液(见附录A)。

3.2　器材

3.2.1　96孔微量血凝板(U形孔或V形孔)。

3.2.2　微量移液器(量程为25 μL、50 μL、100 μL)或可调微量移液器(量程涵盖25 μL、50 μL、100 μL)及吸头。

3.2.3　水浴锅。

3.2.4　离心机与刻度离心管。

4　操作程序

4.1　红细胞悬液的制备和抗原血凝效价测定

4.1.1　1%鸡红细胞悬液的制备

参见附录B。

4.1.2　抗原血凝效价测定

4.1.2.1　于96孔微量血凝板的第1孔～第12孔加入生理盐水25 μL,共作2排。每排的第1孔加入抗原25 μL,用微量移液器,从第1孔～第11孔对抗原作系列倍比稀释:即将第1孔的抗原与生理盐水用移液器反复吹吸3次后,吸出25 μL移至第2孔,再反复吹吸3次后,吸出25 μL移至第3孔,依此类推,直至第11孔。从第11孔中吸出25 μL弃去,此孔抗原的最终稀释度为1∶2^{11}(即11 $\log_2$)。第12孔作为对照孔。

4.1.2.2　每孔中加入 25 μL 生理盐水，再加入 1%鸡红细胞悬液 25 μL。

4.1.2.3　将血凝板置振荡器上 500 r/min 振荡 1 min ～2 min。

4.1.2.4　在室温 18 ℃～25 ℃下静置 20 min～40 min，或 37 ℃静置 15 min～20 min，或 4 ℃静置 60 min。

4.1.2.5　抗原血凝效价判定：在反应时间内，对照孔的红细胞全部沉淀时，观察判读血凝结果。

对于使用 U 形孔微量血凝板进行的试验，可根据表 1 中列举的标准进行判读。

表 1　血凝试验结果判读标准

类　别	孔 底 所 见	结　果
1	红细胞全部凝集，均匀铺于孔底，即 100%红细胞凝集	＋＋＋＋
2	红细胞凝集基本同类别 1，但孔底有大圈	＋＋＋
3	红细胞于孔底形成中等大的圈，四周有小凝块	＋＋
4	红细胞于孔底形成小圆点，四周有少许凝集块	＋
5	红细胞于孔底呈小圆点，边缘光滑整齐，即红细胞完全不凝集	－

注：能使红细胞完全凝集（100%凝集，＋＋＋＋）的抗原最高稀释度为该抗原的血凝效价，此效价为 1 个血凝单位。注意对照孔应呈现完全不凝集（－），否则此次试验无效。

对于使用 V 形孔微量血凝板进行的试验，将血凝板倾斜 70°，观察沉淀于孔底的红细胞是否沿倾斜面向下呈线状流动。以出现全部凝集（红细胞无流动）的抗原最大稀释度为该抗原的血凝效价，该效价为 1 个血凝单位。

若血凝效价高于 11 $\log_2$ 时，可继续增加稀释孔数，进行血凝效价测定。

血凝试验举例说明见表 2。

表 2　微量血凝试验操作、结果判定举例

孔号	1	2	3	4	5	6	7	8	9	10	11	12
滴度($\log_2$)	1	2	3	4	5	6	7	8	9	10	11	对照
生理盐水/μL	25	25	25	25	25	25	25	25	25	25	25	25
倍比稀释的抗原/μL	25	25	25	25	25	25	25	25	25	25	25	
生理盐水/μL	25	25	25	25	25	25	25	25	25	25	25	25
1%鸡红细胞/μL	25	25	25	25	25	25	25	25	25	25	25	25
作用温度、时间	18 ℃～25 ℃，静置 20～40 min											
判定举例	++++	++++	++++	++++	++++	++++	++++	++++	++++	+++	++	－

弃去 25 μL

血凝价判定为 9 $\log_2$。

4.2　血清的处理和血凝抑制试验

4.2.1　被检血清样品准备

被检血清，包括阳性、阴性血清，置于 56 ℃水浴中 30 min～45 min，以破坏补体及血凝抑制因子。

4.2.2　抗原准备

进行血凝抑制试验时各种抗原所用血凝单位为 4 个血凝单位。

以 4 个血凝单位抗原的配制为例：如果某抗原的血凝效价为 9 $\log_2$，配制 4 个血凝单位则进行1∶2^7 稀释($2^9/2^2=2^7$)，取生理盐水 11.8 mL，加入 1∶10 稀释的抗原 1.0 mL，混合均匀即可。

4.2.3　抗原血凝效价的重测定

4.2.3.1　为了确证血凝抑制试验时使用抗原的活性，有必要对已配制的 4 个血凝单位抗原进行血凝效价的再测定，此项试验常与血凝抑制试验同时进行。

4.2.3.2 第1孔分别加入 50 μL 4个血凝单位抗原。

4.2.3.3 第2孔～第4孔各加生理盐水25 μL。

4.2.3.4 将抗原分别作系列倍比稀释至第4孔，从第4孔吸25 μL弃去。

4.2.3.5 每孔加1%鸡红细胞悬液25 μL。

4.2.3.6 将血凝板置微量振荡器上以500 r/min振荡1 min～2 min。

4.2.3.7 室温18 ℃～22 ℃感作20 min～40 min左右。

4.2.3.8 观察结果，4、2、1血凝单位孔红细胞出现完全凝集，0.5血凝单位孔红细胞出现50%凝集。若不相符，则应重新标定抗原的血凝单位，同时进行的血凝抑制试验也需重新进行。

4.2.4 血凝抑制试验

4.2.4.1 血凝板每排检测一份被检血清，设阳性血清与阴性血清对照。

4.2.4.2 第1孔～第12孔，每孔加入25 μL生理盐水。

4.2.4.3 吸取血清25 μL加入第1孔中，混匀后吸取25 μL加入第2孔中，依此类推倍比稀释到第11孔，弃去25 μL，第12孔作为空白对照孔。

4.2.4.4 第1孔～第11孔分别加入25 μL 4个血凝单位抗原。血凝板置微量振荡器上以500 r/min振荡1 min～2 min。

4.2.4.5 每孔加入1%鸡红细胞悬液25 μL，以500 r/min振荡1 min～2 min混匀，置室温(18 ℃～22 ℃)静置20 min～40 min或4 ℃静置60 min，此时对照孔(第12孔)的红细胞已沉淀为一个圆点。

4.2.4.6 静置完毕，对于使用U形孔微量血凝板进行的试验，根据表1中列举的标准进行判读。对于使用V形微量血凝板进行的试验，将血凝板倾斜70°，凡沉淀于孔底的红细胞沿倾斜面向下呈线状流动。呈现与红细胞对照孔(第12孔)一样者为完全不凝集孔。出现完全不凝集的血清最高稀释度为该被检血清血凝抑制效价。血凝抑制试验举例说明见表3。

表3 微量血凝抑制试验操作、结果判定举例

孔号	1	2	3	4	5	6	7	8	9	10	11	12
滴度(log_2)	1	2	3	4	5	6	7	8	9	10	11	对照
生理盐水/μL	25	25	25	25	25	25	25	25	25	25	25	25
倍比稀释的被检血清/μL	25	25	25	25	25	25	25	25	25	25	25	弃去25 μL
4个血凝单位抗原/μL	25	25	25	25	25	25	25	25	25	25	25	
作用温度、时间	18 ℃～25 ℃，静置20～40 min											
1%鸡红细胞/μL	25	25	25	25	25	25	25	25	25	25	25	25
作用温度、时间	18 ℃～25 ℃，静置20～40 min											
判定举例	—	—	—	—	—	+	++	+++	++++	++++	++++	—

被检血清血凝抑制价为1∶32(2^5)。

5 结果判定

5.1 检查各种对照。阴性血清血凝抑制滴度应≤1∶4(2^2)，阳性血清血凝抑制滴度与已知滴度不应相差一个滴度以上。红细胞对照无血凝现象。

5.2 禽流感病毒、新城疫病毒、传染性支气管炎病毒、禽腺病毒Ⅲ群(EDS)的血清血凝抑制效价≥1∶16(2^4)判为阳性；鸡毒支原体、滑液囊支原体的血清血凝抑制效价≥1∶64(2^6)判为阳性。

附 录 A
（规范性附录）
试剂的配制

A.1 阿氏液(Alsever's)

葡萄糖 2.05 g，氯化钠($NaCl$)0.42 g，柠檬酸钠（$Na_3C_6H_4O_7 \cdot 2H_2O$）0.8 g，柠檬酸（$C_6H_8O_5 \cdot H_2O$）0.055 g，加蒸馏水定容至 100 mL，过滤，121 ℃高压灭菌 15 min，4 ℃保存备用。

A.2 0.85%生理盐水(pH 7.4)

氯化钠 4.25 g，溶于 500 mL 蒸馏水，调 pH 至 7.4，121 ℃高压灭菌 15 min，4 ℃保存备用。

附　录　B
（资料性附录）
1%鸡血红细胞悬液的制备

B.1　鸡血采集

用注射器吸取阿氏液约 1 mL，取 3 周龄～10 周龄 SPF 鸡（最少两只），从胸骨尖下方约 1.3 cm 处将注射器针头刺入心脏，吸取心血约 2 mL～4 mL，与 10 mL 阿氏液轻轻混合并置于离心管中。

B.2　鸡红细胞洗涤

将离心管中的血液经 1 500 r/min～1 800 r/min 离心 8 min，弃上清液和沉淀红细胞上层的白细胞薄膜，再次加入阿氏液，再重复以上过程后，加入阿氏液 20 mL，重悬沉淀，轻轻混合成红细胞悬液。

B.3　红细胞体积（压积）

准确计算保存在阿氏液中的鸡红细胞悬液体积（V_1），经 1 500 r/min～1 800 r/min 离心 8 min，吸取上清液，计算其体积（V_2），计算红细胞体积 V_3（$V_3=V_1-V_2$）。

B.4　1%鸡红细胞悬液

1 倍体积（mL）的红细胞，加入 99 倍体积（mL）的生理盐水，用吸管反复吹吸使生理盐水与红细胞均匀混合。

参 考 文 献

［1］ GB/T 18936—2003 高致病性禽流感诊断技术
［2］ NY/T 551—2002 产蛋下降综合征诊断技术
［3］ SN/T 1109—2002 新城疫微量红细胞凝集抑制 试验操作规程
［4］ SN/T 1182.2—2004 禽流感微量红细胞凝集抑制试验

ICS 11.220
B 41

中华人民共和国国家标准

GB/T 17999.3—2008
代替 GB/T 17999.2—1999

SPF 鸡　微生物学监测 第3部分:SPF鸡　血清中和试验

SPF chicken—Microbiological surveillance—
Part 3: Serum neutralization test for SPF chicken

2008-12-31 发布　　　　2009-05-01 实施

中华人民共和国国家质量监督检验检疫总局
中国国家标准化管理委员会　发布

前　言

GB/T 17999《SPF 鸡　微生物学监测》分为 10 个部分：

——第 1 部分：SPF 鸡　微生物学监测总则；

——第 2 部分：SPF 鸡　红细胞凝集抑制试验；

——第 3 部分：SPF 鸡　血清中和试验；

——第 4 部分：SPF 鸡　血清平板凝集试验；

——第 5 部分：SPF 鸡　琼脂扩散试验；

——第 6 部分：SPF 鸡　酶联免疫吸附试验；

——第 7 部分：SPF 鸡　胚敏感试验；

——第 8 部分：SPF 鸡　鸡白痢沙门氏菌检验；

——第 9 部分：SPF 鸡　试管凝集试验；

——第 10 部分：SPF 鸡　间接免疫荧光试验。

本部分为 GB/T 17999 的第 3 部分。

本部分修订参照 OIE《陆生动物(哺乳动物、禽鸟和蜜蜂)诊断试验和疫苗手册》(第五版)中的有关规定。

本部分代替 GB/T 17999.2—1999《SPF 鸡　血清中和试验》。

本部分与 GB/T 17999.2—1999 相比主要变化如下：

——增加了规范性附录 A"试剂的配制"、资料性附录 B"病毒接种技术"以及资料性附录 C"鸡胚接种病毒后的病变特征"；

——在试验内容部分，增加了病毒的稀释梯度；

——对不同病毒致死鸡胚的时间重新确定。

本部分附录 A 为规范性附录，附录 B、附录 C 为资料性附录。

本部分由中华人民共和国农业部提出。

本部分由全国动物防疫标准化技术委员会(SAC/TC 181)归口。

本部分起草单位：中国农业科学院哈尔滨兽医研究所、中国动物卫生与流行病学中心、济南斯帕法斯家禽有限公司。

本部分主要起草人：曲连东、刘家森、韩凌霞、邵卫星、朱果、单忠芳、姜骞、司昌德、于海波、孟庆文。

本部分所代替标准的历次版本发布情况为：

——GB/T 17999.2—1999。

SPF 鸡　微生物学监测
第 3 部分：SPF 鸡　血清中和试验

1　范围

GB/T 17999 的本部分规定了血清中和试验的技术要求。

本部分适用于对 SPF 鸡进行以下病毒中和抗体的检测：禽脑脊髓炎病毒（Avian Encephalomyelitis Virus）、传染性支气管炎病毒（Infectious Bronchitis Virus）、传染性喉气管炎病毒（Infectious Laryngotracheitis Virus）、传染性法氏囊病病毒（Infectious Bursal Disease Virus）。

2　原理

中和试验系指有生物活性的病毒与相应的抗体结合后，失去原有的生物活性的中和反应。中和反应不仅有高度特异性，且具有严格的量的关系。因此可用中和试验鉴定病毒，也可用于相应抗体的定量检测。

3　试剂和器材

3.1　试剂

3.1.1　病毒：禽脑脊髓炎病毒 Van Roekel 株（CVCC AV35）、传染性支气管炎病毒 H52（CVCC AV1513）、传染性法氏囊病病毒 A80 株（CVCV AV2321）、传染性喉气管炎病毒 A96（CVCC AV200）。

3.1.2　病毒稀释液：胰蛋白胨磷酸盐肉汤（见附录 A）。

3.1.3　青霉素/链霉素（双抗）液（见附录 A）。

3.1.4　3%碘酊溶液。

3.1.5　SPF 胚蛋。

3.2　器材

3.2.1　蛋钻（打孔器）。

3.2.2　6 号针头。

3.2.3　7 号针头。

3.2.4　混合器。

3.2.5　照蛋器。

4　操作程序

4.1　试验准备

4.1.1　血清样品处理

被检血清和阳性对照血清经 56 ℃、30 min～45 min 灭活补体，保存于－20 ℃条件下备用。

4.1.2　SPF 胚蛋准备

照胚检查胚体活力，选取血管清晰、胚体规律摆动的健康胚蛋，每个检测项目需胚蛋 24 枚。

4.1.3　稀释病毒

4.1.3.1　取灭菌试管 4 支～9 支，每管加入稀释液 4 mL、青霉素/链霉素液 0.5 mL。

4.1.3.2　第 1 管加入病毒液 0.5 mL，作连续 10 倍稀释。各种病毒的稀释度参见表 1。

表 1 病毒稀释

病 毒	稀 释 度
禽脑脊髓炎病毒	$10^{-1} \sim 10^{-6}$
传染性支气管炎病毒	$10^{-1} \sim 10^{-9}$
传染性法氏囊病病毒	$10^{-1} \sim 10^{-6}$
传染性喉气管炎病毒	$10^{-1} \sim 10^{-6}$

4.2 中和试验

4.2.1 血清准备

每份被检血清需 1.5 mL。

4.2.2 病毒稀释度选择

根据具体情况决定，一般选择 6 个连续的病毒稀释度。检测 SPF 鸡血清样品时，病毒采用较高稀释度，如 $10^{-3} \sim 10^{-8}$。检测阳性对照血清样品时，病毒采用较低稀释度，如 $10^{-1} \sim 10^{-6}$。检测普通鸡血清样品时，病毒稀释度常采用 $10^{-3} \sim 10^{-7}$。

4.2.3 病毒与血清混合感作

将血清与不同稀释度的病毒等体积混合后，经 37 ℃感作，感作时间见表 2。

表 2 血清与病毒混合感作时间

病 毒	感作时间/min
禽脑脊髓炎病毒	60
传染性支气管炎病毒	30 或 60
传染性法氏囊病病毒	60
传染性喉气管炎病毒	45

4.2.4 接种鸡胚

4.2.4.1 病毒与血清混合感作后接种鸡胚，每个稀释度接种 4 枚鸡胚，每枚鸡胚接种 0.2 mL。

4.2.4.2 病毒对照：将不同稀释度的病毒液，分别接种鸡胚，每个稀释度接种 4 枚鸡胚，每枚鸡胚接 0.1 mL。

4.2.4.3 接种：根据病毒种类选择接种方法(见表 3)。

表 3 病毒接种胚龄与方法

病毒种类	胚龄/d	接种方法
禽脑脊髓炎病毒	5～7	YS
传染性支气管炎病毒	9～10	CAS
传染性法氏囊病病毒	10	CAM
传染性喉气管炎病毒	9～10	CAS
注：YS——卵黄囊；CAS——尿囊腔；CAM——绒毛尿囊膜(接种方法参见附录 B)。		

4.2.5 孵化

将接种后的鸡胚放入孵化器，继续孵化。根据病毒不同，选定不同的孵化时间(见表 4)。

表 4 接种鸡胚的孵化时间

病 毒	孵化时间/d
禽脑脊髓炎病毒	10～12
传染性支气管炎病毒	8
传染性法氏囊病病毒	7
传染性喉气管炎病毒	7

4.2.6 观察和记录

每日照胚，记录各组鸡胚的死亡数(24 h 内死亡的鸡胚忽略不计)；孵化期满，记录各组鸡胚的感染数(参照附录 C 中的描述进行判定)。

4.2.7 计算中和指数

4.2.7.1 统计原理

结果以中和指数表示，中和指数表示被检血清中有无中和抗体及中和病毒的能力。为求中和指数，应计算出病毒对照和被检血清/病毒的 ELD_{50}，此二者的差数即为中和指数(Reed 和 Muench 法)，参见示例。

示例：

病毒对照组及血清/病毒试验组死亡情况见表 5 和表 6。

表 5 病毒对照组死亡情况

病毒稀释度	死亡比例	死亡	存活	累计			
				死亡	存活	死亡比例	死亡百分率/%
10^{-5}	4/4	4	0	13 ↑	0	13/13	100.0
10^{-6}	4/4	4	0	9	0	9/9	100.0
10^{-7}	2/4	2	2	5	2	5/7	71.4
10^{-8}	2/4	2	2	3	4	3/7	42.8
10^{-9}	1/4	1	3	1	7	1/8	12.5
10^{-10}	0/4	0	4	0	11 ↓	0/11	0

注：分母表示接种鸡胚数，分子表示因病毒感染死亡鸡胚数(表 6 同)。

表 6 血清/病毒组死亡情况

病毒稀释度	死亡比例	死亡	存活	累计			
				死亡	存活	死亡比例	死亡百分率/%
10^{-4}	4/4	4	0	17 ↑	0	17/17	100
10^{-5}	4/4	4	0	13	0	13/13	100
10^{-6}	4/4	4	0	9	0	9/9	100
10^{-7}	3/4	3	1	5	1	5/6	83.3
10^{-8}	2/4	2	2	2	3	2/5	40
10^{-9}	0/4	0	0	0	3 ↓	0/5	0

4.2.7.2 中和指数计算

被检血清的中和指数为病毒对照组 ELD_{50} 效价与血清/病毒组 ELD_{50} 效价的差值。

ELD_{50} 效价为高于 50% 死亡的病毒稀释度倒数的对数与距离比之和，其中距离比按式(1)计算。

$$距离比 = \frac{高于50\%的死亡百分数 - 50\%}{高于50\%的死亡百分数 - 低于50\%的死亡百分数} \quad \cdots\cdots(1)$$

示例:

表5中,病毒对照组 ELD_{50} 效价在 $10^{-7} \sim 10^{-8}$ 之间,则:

病毒组对照组 ELD_{50} 效价 $=7+\frac{71.4-50}{71.4-42.8}=7+0.75=7.75$

表6中,血清/病毒组 ELD_{50} 效价在 $10^{-7} \sim 10^{-8}$ 之间,则:

血清/病毒组对照组 ELD_{50} 效价 $=7+\frac{83.3-50}{83.3-40}=7+0.76=7.76$

被检血清的中和指数 $=7.75-7.76=-0.01$

5 结果判定

被检血清的中和指数≥2.0为阳性。

附　录　A
（规范性附录）
试剂的配制

A.1　胰蛋白胨磷酸盐肉汤(tryptone phosphate broth)

胰蛋白胨	20.0 g
葡萄糖	2.0 g
氯化钠(NaCl)	5.0 g
磷酸氢二钠(Na_2HPO_4)	2.5 g
pH	7.3±0.2

加 1 L 双蒸水，完全溶解后分装，121 ℃灭菌 15 min，4 ℃保存备用，可放置 6 个月。

A.2　青霉素/链霉素(双抗)液

青霉素	100 000 U
链霉素	0.1 g

加双蒸水至 10 mL，经无菌 0.22 μm 滤器过滤除菌后，−20 ℃保存备用，可放置 12 个月。

附 录 B
（资料性附录）
病毒接种技术

B.1 卵黄囊(YS)接种

选5日龄～7日龄鸡胚经照蛋检查后，画出气室和胎位，对应气室中央的蛋壳先用2.5%碘酒消毒，再用75%酒精脱碘。用打孔器打一小孔，勿损伤壳膜。接种时针头迅速稳定地通过小孔，沿胚的纵轴深入约3 cm，此时注射器轻轻往回抽一下，如针头在卵黄囊中，可见卵黄被抽出，此时就可将注射物注入，用融化的石蜡封闭壳孔，置37 ℃培养。

B.2 尿囊腔(CAS)接种

选9日龄～11日龄鸡胚，照检后画出气室边界，在气室交界边缘以上约1 mm处并避开血管作一标记，此即为注射点。在点周围先用2.5%碘酒消毒，再用75%酒精脱碘。用打孔器在注射点处打一小孔，勿损伤壳膜。用注射器注入样品0.2 mL，然后用融化的石蜡封口，置37 ℃培养。

B.3 绒毛尿囊膜(CAM)接种

选10日龄鸡胚，在胚胎附近略近气室处，选择血管较少的部位，用记号笔在卵壳上标记出一个直径约3 mm～4 mm的圈，用2.5%碘酒消毒，再用75%酒精脱碘，小心用刀尖将圈内的卵壳撬起，造成卵窗，但不可损伤壳膜。在气室端也钻一个小孔。随后用针尖轻轻挑破卵窗中心的壳膜，切勿损伤其下的绒毛尿囊膜。滴加1滴灭菌生理盐水于刺破处。用橡皮乳头紧贴于气室中央小孔上吸气，造成气室内负压，使卵窗部位的绒毛尿囊膜下陷而形成人工气室，此时可见滴加于壳膜上的生理盐水迅速渗入。用14号针头器滴入2滴～3滴接种物于绒毛尿囊膜上。最后用透明胶纸封住卵窗，周围涂以融化的石蜡密封之。气室中央的小孔可用石蜡密封住。鸡胚在接种后，横卧于孵卵箱中，不许翻动，保持卵窗向上。置37 ℃培养。

附　录　C
（资料性附录）
鸡胚病变特征

C.1　禽脑脊髓炎病毒所致的特异病变

早期为胸腹部肌肉皮下水肿，当接种后 10 d～12 d，解剖活胚时，见腿肌萎缩、足趾卷曲。如出现此类特征，判为感染。

C.2　传染性支气管炎病毒所致的特异病变

鸡胚卷曲、矮小，脚变形压在头上，羊膜增厚、卵黄囊收缩、易破裂。如出现此类特征，判为感染。

C.3　传染性喉气管炎病毒所致的特异病变

感染传染性喉气管炎病毒的鸡胚，可在绒毛尿囊膜上形成痘斑。如出现痘斑，判为感染。

C.4　传染性法氏囊病毒所致的特异病变

鸡胚充血，在羽毛囊、趾关节和大脑有血斑性出血，肝脏多可见坏死，可见灰质肝体似熟肉样。如出现此类特征，判为感染。

参 考 文 献

[1] GB/T 19167—2003 传染性囊病诊断技术
[2] NY/T 556—2002 鸡传染性喉气管炎诊断技术

ICS 11.220
B 41

中华人民共和国国家标准

GB/T 17999.4—2008
代替 GB/T 17999.3—1999

SPF 鸡 微生物学监测 第 4 部分:SPF 鸡 血清平板凝集试验

SPF chicken—Microbiological surveillance—
Part 4: Serum plate agglutination test for SPF chicken

2008-12-31 发布　　　　2009-05-01 实施

中华人民共和国国家质量监督检验检疫总局
中国国家标准化管理委员会　发布

前　言

GB/T 17999《SPF 鸡　微生物学监测》分为 10 个部分：

——第 1 部分：SPF 鸡　微生物学监测总则；

——第 2 部分：SPF 鸡　红细胞凝集抑制试验；

——第 3 部分：SPF 鸡　血清中和试验；

——第 4 部分：SPF 鸡　血清平板凝集试验；

——第 5 部分：SPF 鸡　琼脂扩散试验；

——第 6 部分：SPF 鸡　酶联免疫吸附试验；

——第 7 部分：SPF 鸡　胚敏感试验；

——第 8 部分：SPF 鸡　鸡白痢沙门氏菌检验；

——第 9 部分：SPF 鸡　试管凝集试验；

——第 10 部分：SPF 鸡　间接免疫荧光试验。

本部分为 GB/T 17999 的第 4 部分。

本部分修订参照了 NY/T 553—2002《禽支原体病诊断技术》和 NY/T 536—2002《鸡伤寒和鸡白痢诊断技术》中的有关规定。

本部分代替 GB/T 17999.3—1999《SPF 鸡　血清平板凝集试验》。

本部分与 GB/T 17999.3—1999 相比主要变化如下：

——增加了生理盐水作为阴性对照。

本部分由中华人民共和国农业部提出。

本部分由全国动物防疫标准化技术委员会(SAC/TC 181)归口。

本部分起草单位：中国农业科学院哈尔滨兽医研究所、中国动物卫生与流行病学中心、济南斯帕法斯家禽有限公司。

本部分主要起草人：曲连东、姜骞、韩凌霞、邵卫星、朱果、单忠芳、刘家森、司昌德、郭东春、于海波、孟庆文。

本部分所代替标准的历次版本发布情况为：

——GB/T 17999.3—1999。

SPF鸡　微生物学监测
第4部分:SPF鸡　血清平板凝集试验

1　范围

GB/T 17999的本部分规定了鸡血清平板凝集试验的技术要求。

本部分适用于对SPF鸡进行以下病原微生物的血清抗体检测:鸡白痢沙门氏菌(*Salmonella pullorum*)、鸡毒支原体(*Mycoplasma gallisepticum*)、滑液囊支原体(*Mycoplasma synoviae*)、副鸡嗜血杆菌(*Haemophilus paragauinarum*)。

2　原理

血清平板凝集试验是细菌性抗原与相应的抗体结合后,在适量的电解质参与下,经过一段时间出现肉眼可见的凝集现象,常采用已知的标准细菌性抗原液检测相应的凝集抗体。

3　试剂和材料

3.1　试剂

3.1.1　凝集抗原。

3.1.2　阴性血清、阳性血清。

3.1.3　被检血清。

3.2　材料

玻璃板,移液器(TD 10 μL～200 μL)及吸头。

4　操作程序

4.1　使用前10 min～20 min自冰箱取出抗原、阴性标准血清、阳性标准血清及被检血清,使其达到室温。

4.2　用移液器吸取充分混匀的诊断抗原一滴(0.025 mL～0.05 mL),垂直滴于玻璃板上,然后迅速在抗原旁边滴加同量的被检血清一滴(0.025 mL～0.05 mL)。

4.3　用牙签使血清与抗原混合均匀,涂布成直径为1 cm～2 cm的片状,不断摇动玻璃板,2 min内观察结果。

4.4　试验应在20 ℃～25 ℃条件下进行。

4.5　每批试验应设阳性血清、阴性血清及生理盐水对照。

5　结果判定

在2 min内出现50%(++)以上凝集者为阳性。2 min内不凝集(-)者为阴性,介于上述两者之间为可疑,进行复核试验,如仍为可疑,判为阳性。凝集判读标准见表1。

表 1 血清平板凝集试验结果

类 别	平板所见	结 果	判 定
1	出现大的凝集块，底质清亮，即 100%凝集	++++	阳性
2	出现明显凝集块，底质稍有浑浊，即 75%凝集	+++	
3	出现可见的凝集颗粒，底质混浊，即 50%凝集	++	
4	出现轻微可见的凝集颗粒，底质极混浊，即 25%凝集	±	可疑
5	底质均匀一致极浑浊，无凝集现象，即不凝集	—	阴性

ICS 11.220
B 41

中华人民共和国国家标准

GB/T 17999.5—2008
代替 GB/T 17999.4—1999

SPF鸡　微生物学监测
第5部分:SPF鸡　琼脂扩散试验

SPF chicken—Microbiological surveillance—
Part 5: Agar gel precipitation test for SPF chicken

2008-12-31 发布　　　　2009-05-01 实施

中华人民共和国国家质量监督检验检疫总局
中国国家标准化管理委员会　发布

前　言

GB/T 17999《SPF 鸡　微生物学监测》分为 10 个部分：

——第 1 部分：SPF 鸡　微生物学监测总则；

——第 2 部分：SPF 鸡　红细胞凝集抑制试验；

——第 3 部分：SPF 鸡　血清中和试验；

——第 4 部分：SPF 鸡　血清平板凝集试验；

——第 5 部分：SPF 鸡　琼脂扩散试验；

——第 6 部分：SPF 鸡　酶联免疫吸附试验；

——第 7 部分：SPF 鸡　胚敏感试验；

——第 8 部分：SPF 鸡　鸡白痢沙门氏菌检验；

——第 9 部分：SPF 鸡　试管凝集试验；

——第 10 部分：SPF 鸡　间接免疫荧光试验。

本部分为 GB/T 17999 的第 5 部分。

本部分修订参照了 GB/T 18936—2003《高致病性禽流感诊断技术》、NY/T 540—2002《鸡病毒性关节炎琼脂凝胶免疫扩散试验方法》、NY/T 556—2002《鸡传染性喉气管炎诊断技术》、OIE《陆生动物(哺乳动物、禽鸟和蜜蜂)诊断试验和疫苗手册》(第五版)中的有关规定。

本部分代替 GB/T 17999.4—1999《SPF 鸡　琼脂扩散试验》。

本部分与 GB/T 17999.4—1999 相比主要变化如下：

——增加了加样示意图、结果判定示意图以示说明；

——增加了附录 A“马立克氏病病毒抗原琼脂扩散检验的程序”；

——增加了附录 B“试剂的配制”。

本部分的附录 A、附录 B 为规范性附录。

本部分由中华人民共和国农业部提出。

本部分由全国动物防疫标准化技术委员会(SAC/TC 181)归口。

本部分起草单位：中国农业科学院哈尔滨兽医研究所、中国动物卫生与流行病学中心、济南斯帕法斯家禽有限公司。

本部分主要起草人：曲连东、姜骞、韩凌霞、邵卫星、朱果、单忠芳、刘家森、司昌德、郭东春、于海波、孟庆文。

本部分所代替标准的历次版本发布情况为：

——GB/T 17999.4—1999。

SPF 鸡 微生物学监测
第5部分:SPF 鸡 琼脂扩散试验

1 范围

GB/T 17999 的本部分规定了琼脂扩散试验的技术要求。

本部分适用于对 SPF 鸡进行以下病原微生物的血清抗体检测:禽流感病毒(Avian Influeza Virus)、传染性支气管炎病毒(Infectious Bronchitis Virus)、传染性法氏囊病病毒(Infectious Bursa Disease Virus)、传染性喉气管炎病毒(Infectious Laryngotracheitis Virus)、禽痘病毒(Fowl Pox Virus)、禽脑脊髓炎病毒(Avian Encephalomyelitis Virus)、网状内皮增生症病毒(Retieuloendotheliosis Virus)、禽呼肠孤病毒(病毒性关节炎)(Avian Reovirus)、马立克氏病病毒(Marek's Disease Virus)、禽腺病毒Ⅰ群(Avian Adenovirus Group Ⅰ)、多杀性巴氏杆菌(*Pasteurella multocida*)。本部分同样适用于对 SPF 鸡进行马立克氏病病毒(Marek's Disease Virus)抗原的检测(见附录 A)。

2 原理

抗原、抗体在含有电解质的琼脂凝胶中,可以向四周自由扩散,二者互相结合,在最适比例处出现沉淀线。采用已知抗原检测相应的抗体,或已知抗体鉴定相应的抗原。

3 试剂和材料

3.1 试剂

3.1.1 琼扩抗原或抗体。

3.1.2 标准阳性血清。

3.1.3 被检血清或羽髓。

3.1.4 0.01 mol/L、pH7.2 的 8%氯化钠磷酸盐缓冲溶液(见附录 B)。

3.1.5 0.01 mol/L、pH6.4 的 8%氯化钠磷酸盐缓冲溶液(检测禽流感病毒抗体时使用,见附录 B)。

3.1.6 优质琼脂粉或琼脂糖。

3.2 材料

琼扩板,打孔器,移液器。

4 操作程序

4.1 琼脂板制备

将 1 g 优质琼脂粉或 0.8 g~1.0 g 琼脂糖加入 100 mL 的 0.01 mol/L、pH7.2 的 8%氯化钠磷酸缓冲液中(检测禽流感病毒抗体时使用),水浴加热融化,稍凉(60 ℃~65 ℃),倒入琼扩板内(厚度为 3 mm),待琼脂凝固后,4 ℃冰箱保存备用。

4.2 打孔

用打孔器在琼脂板上按 7 孔梅花图案打孔,孔径 3 mm~4 mm,孔距 3 mm。用 8 号针头挑出孔内琼脂,挑出时从孔一侧边缘插入针头,轻轻移动,等空气进入孔底后,再向上挑出。

4.3 封底

用酒精灯轻烤平皿底部至微融化,以防侧漏。

4.4 加样

用移液器吸取抗原悬液,滴入中间孔(图 1 中的⑦号孔),周围①、④号孔加阳性血清,其余孔加被检血清，每孔均以不溢出为度，每加一个样品应换一个枪头。

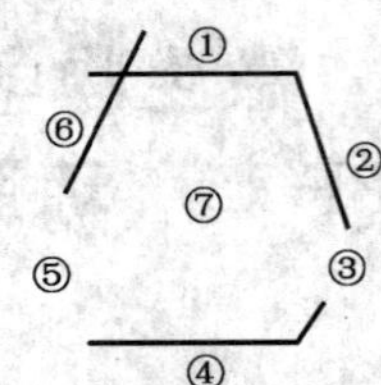

图 1　琼脂扩散结果

4.5　感作

将琼扩板加盖保湿，放于 37 ℃温箱内作用 24 h～72 h，观察沉淀线。

5　结果判定

5.1　判定方法

将琼脂板置于日光灯或侧强光下观察，若标准阳性血清（图 1 中的①和④号孔）与抗原孔之间出现一条清晰的白色沉淀线，则试验成立。

5.2　判定标准

5.2.1　阳性结果：被检血清孔与中心抗原孔之间出现清晰的沉淀线，且该线和抗原与标准阳性血清之间沉淀线的末端相吻合。

5.2.2　弱阳性结果：被检血清孔与中心孔之间不出现沉淀线，标准阳性血清（如图 1 中④号孔）的沉淀线一端向被检血清孔内侧弯曲，则此孔的被检样品判为弱阳性（凡弱阳性者应重复试验，仍为弱阳性者，判为阳性）。

5.2.3　阴性结果：被检血清（如图 1 中的⑤号孔）孔与中心孔之间不出现沉淀线，且标准阳性血清沉淀线直向被检血清孔，则被检血清判为阴性。被检血清孔（图 1 中的⑥号孔）与中心抗原孔之间的沉淀线粗而混浊或标准阳性血清孔与抗原孔之间的沉淀线交叉并直伸，则被检血清孔为非特异反应，应重做，若仍出现非特异反应则判为阴性。

5.2.4　介于阴性、阳性之间为可疑。可疑应重检，仍为可疑判为阳性。

附 录 A
（规范性附录）
马立克氏病病毒抗原琼脂扩散检验的程序

A.1 材料

A.1.1 抗原和标准阳性血清。

A.1.2 溶液：pH7.4、0.01 mol/L 磷酸盐缓冲液；1%硫柳汞溶液；生理盐水。

A.1.3 琼脂板。

A.2 操作方法

A.2.1 打孔

A.2.1.1 在已制备的琼脂板上，用直径 4 mm 或 3 mm 的打孔器按六角形图案打孔，或用梅花形打孔器打孔。中心孔与外周孔距离为 3 mm。

A.2.1.2 将孔中的琼脂用 8 号针头斜面向上从右侧边缘插入，轻轻向左侧方向挑出，勿损坏孔的边缘，避免琼脂层脱离平皿底部。

A.2.1.3 用酒精灯火焰轻烤平皿底部至琼脂轻微融化为止，封闭孔的底部，以防样品溶液侧漏。

A.2.2 加样

用微量移液器吸取用灭菌生理盐水稀释的标准阳性血清(按产品使用说明书的要求稀释)滴入中央孔，标准阳性抗原悬液分别加入外周的第 1 孔、第 4 孔中，在外周的第 2、3、5、6 孔处按顺序分别插入被检鸡的羽毛髓质端(长度约 0.5 cm)；或在第 2、3、5、6 孔中加入被检的羽髓浸出液，每孔均以加满不溢出为度，每加一个样品应换一个吸头。

A.2.3 感作

加样完毕后，静止 5 min～10 min，将平皿轻轻倒置，放入湿盒内，置于 37 ℃温箱中反应，分别在 24 h 和48 h 观察结果。

A.3 结果判定及判定标准

A.3.1 将琼脂板置于日光灯或侧强光下进行观察，当标准阳性血清孔与标准抗原孔间有明显沉淀线，而标准阳性血清孔与待检抗原孔之间也有明显沉淀线，且此沉淀线与标准抗原孔和标准血清孔间的沉淀线末端相融合，则待检样品为阳性。

A.3.2 当标准阳性血清孔与标准抗原孔的沉淀线的末端在比邻的待检抗原孔处的末端向中央孔方向弯曲时，待检样品为弱阳性。

A.3.3 当标准阳性血清孔与标准抗原孔间有明显沉淀线，而待检抗原孔与标准阳性血清孔之间无沉淀线，或标准阳性血清孔与抗原孔间的沉淀线末端向比邻的待检抗原孔直伸或向外侧偏弯曲时，该待检血清为阴性。

A.3.4 介于阴性、阳性之间为可疑。可疑应重检，仍为可疑判为阳性。

附 录 B
(规范性附录)
试剂的配制

B.1 0.01 mol/L、pH7.2(pH6.4)的磷酸盐缓冲溶液

氯化钠	8 g
磷酸二氢钠	0.2 g
磷酸氢二钠($Na_2HPO_4 \cdot 12H_2O$)	2.9 g
氯化钾	0.2 g
调 pH 至	7.2(pH6.4)
加蒸馏水至	1 000 mL

112 kPa、20 min 高压灭菌,4 ℃保存备用。

B.2 0.01 mol/L、pH7.2(pH6.4)的 8%氯化钠磷酸盐缓冲溶液

向 100 mL 0.01 mol/L、pH7.2(pH6.4)的磷酸盐缓冲溶液中加入 8 g 氯化钠。

参 考 文 献

[1] GB/T 18643—2002 鸡马立克氏病诊断技术

ICS 11.220
B 41

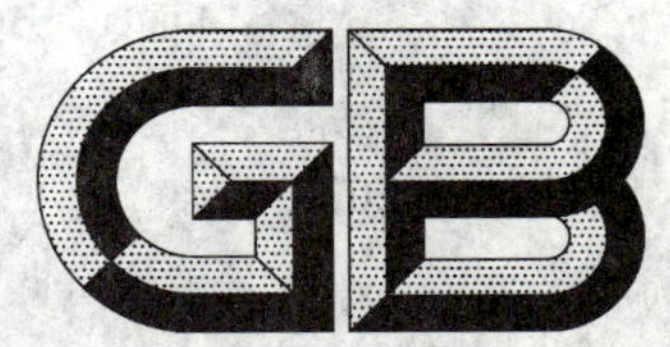

中华人民共和国国家标准

GB/T 17999.6—2008
代替 GB/T 17999.5—1999

SPF 鸡 微生物学监测 第6部分:SPF鸡 酶联免疫吸附试验

SPF chicken—Microbiological surveillance—
Part 6:Enzyme-linked immunosorbent assay for SPF chicken

2008-12-31 发布 2009-05-01 实施

中华人民共和国国家质量监督检验检疫总局
中国国家标准化管理委员会 发布

前　言

GB/T 17999《SPF 鸡　微生物学监测》分为 10 个部分：

——第 1 部分：SPF 鸡　微生物学监测总则；

——第 2 部分：SPF 鸡　红细胞凝集抑制试验；

——第 3 部分：SPF 鸡　血清中和试验；

——第 4 部分：SPF 鸡　血清平板凝集试验；

——第 5 部分：SPF 鸡　琼脂扩散试验；

——第 6 部分：SPF 鸡　酶联免疫吸附试验；

——第 7 部分：SPF 鸡　胚敏感试验；

——第 8 部分：SPF 鸡　鸡白痢沙门氏菌检验；

——第 9 部分：SPF 鸡　试管凝集试验；

——第 10 部分：SPF 鸡　间接免疫荧光试验。

本部分为 GB/T 17999 的第 6 部分。

本部分修订参照了 GB/T 18936—2003《高致病性禽流感诊断技术》、GB/T 19167—2003《传染性囊病诊断技术》、NY/T 538—2002《鸡传染性鼻炎诊断技术》、OIE《陆生动物(哺乳动物、禽鸟和蜜蜂)诊断试验和疫苗手册》(第五版)中的有关规定。

本部分代替 GB/T 17999.5—1999《SPF 鸡　酶联免疫吸附试验》。

本部分与 GB/T 17999.5—1999 相比主要变化如下：

——增加了间接酶联免疫吸附试验；

——增加了附录 A“试剂的配制”。

本部分的附录 A 为规范性附录。

本部分由中华人民共和国农业部提出。

本部分由全国动物防疫标准化技术委员会(SAC/TC 181)归口。

本部分起草单位：中国农业科学院哈尔滨兽医研究所、中国动物卫生与流行病学中心、济南斯帕法斯家禽有限公司。

本部分主要起草人：曲连东、姜骞、韩凌霞、邵卫星、朱果、单忠芳、刘家森、司昌德、郭东春、于海波、孟庆文。

本部分所代替标准的历次版本发布情况为：

——GB/T 17999.5—1999。

SPF鸡　微生物学监测
第6部分:SPF鸡　酶联免疫吸附试验

1　范围

GB/T 17999的本部分规定了酶联免疫吸附试验的技术要求。

本部分间接酶联免疫吸附试验适用于对SPF鸡进行以下病原微生物的血清抗体检测:副鸡嗜血杆菌(*Haemophilus*)、鸡毒支原体(*Mycoplasma gallisepticum*)、滑液囊支原体(*Mycoplasma synoviae*)、禽流感病毒(Avian Influeza Virus)、新城疫病毒(Newcastle Disease Virus)、传染性支气管炎病毒(Infectious Bronchitis Virus)、传染性法氏囊病病毒(Infectious Bursal Disease Virus)、网状内皮增生症病毒(Reticuloendotheliosis Virus)、鸡传染性贫血病毒(Chicken Infectious Anaemia Virus)、禽呼肠孤病毒(病毒性关节炎)(Avian Reovirus)、禽脑脊髓炎病毒(Avian Encephalomyelitis Virus)、传染性喉气管炎病毒(Infectious Laryngotracheitis Virus)、禽腺病毒Ⅲ群(EDS)(Avian Adenovirus Group Ⅲ)、淋巴细胞白血病病毒(Lymphoid Leukosis Virus)。

本部分双抗体夹心酶联免疫吸附试验适用于对SPF鸡进行淋巴细胞白血病病毒P27抗原检测。

2　原理

间接酶联免疫吸附试验采用已知微生物抗原检测未知抗体,双抗体夹心酶联免疫吸附试验采用已知抗体检测未知抗原。

3　间接酶联免疫吸附试验

3.1　试剂

3.1.1　包被抗原,阴性、阳性对照血清,羊抗鸡LgG酶标抗体,按说明书保存和使用。

3.1.2　包被液、稀释液、底物液、终止液配制方法见附录A。

3.2　器材

酶标板,移液器,37 ℃恒温培养箱,酶标仪。

3.3　操作程序

3.3.1　抗原包被:将禽流感病毒、传染性支气管炎病毒、传染性法氏囊病病毒、传染性喉气管炎病毒、新城疫病毒、副鸡嗜血杆菌、禽腺病毒Ⅲ群(EDS)、鸡毒支原体、滑液囊支原体、禽脑脊髓炎病毒、淋巴细胞白血病病毒、网状内皮增生症病毒、禽呼肠孤病毒(病毒性关节炎)、鸡传染性贫血病毒抗原用包被液稀释至工作浓度,加入酶标板各孔中,每孔100 μL,置4 ℃冰箱过夜。

3.3.2　洗涤:甩净孔内抗原溶液,用洗涤液加满各孔,放置5 min,然后甩净,如此重复3次。

3.3.3　加被检血清:用稀释液将被检血清以1∶100稀释,每孔加入100 μL,每次操作均设置阴性对照孔两个,阳性对照孔、空白对照孔各一个,分别加入同样稀释的阴性血清、阳性血清和稀释液各100 μL,加不同的血清样品时应换吸头,37 ℃温箱中作用30 min。

3.3.4　洗涤:同3.3.2。

3.3.5　加羊抗鸡IgG酶标抗体:用稀释液将酶标抗体稀释至工作浓度,每孔加入100 μL,37 ℃温箱中作用30 min。

3.3.6　洗涤:同3.3.2。

3.3.7　显色:加入底物液100 μL,室温避光反应5 min左右(至阴性对照孔开始产生颜色时)。

3.3.8 终止及读数：每孔加 50 μL 终止液终止显色，然后用酶标仪读取每孔在 490 nm 处的吸光度（*OD*）值。

3.4 结果判定与表示方法

将样品的 *OD* 值代入式(1)计算。

$$S/N = \frac{\text{被检血清样品 } OD \text{ 值}}{\text{阴性对照平均 } OD \text{ 值}} \qquad \cdots\cdots(1)$$

式中：

S——被检血清样品 *OD* 值；

N——阴性对照平均 *OD* 值。

若 $S/N \geqslant 2$ 则结果判为阳性，记为"＋"，否则判为阴性，记为"－"。

4 双抗体夹心酶联免疫吸附试验

4.1 试剂

4.1.1 包被抗体（兔抗 P27 IgG）、阳性抗原（P27）、阴性抗原、被检血清、被检蛋清、HRP-兔抗 P27、羊抗鸡 IgG 酶标抗体按说明书保存和使用。

4.1.2 包被液、稀释液、底物液、终止液配制方法见附录 A。

4.2 器材

见 3.2。

4.3 操作程序

4.3.1 抗体包被：用包被液将兔抗 P27 IgG 作适当稀释，每孔 100 μL，4 ℃过夜。

4.3.2 洗涤：甩去包被液，每孔加满洗涤液（约 300 μL），静置 3 min，甩干，如此重复 3 次。

4.3.3 加样：每孔加 100 μL 被检蛋清，设阳性、阴性对照孔，每个样品加两孔，37 ℃作用 60 min 甩去样品，洗涤同 4.3.2。

4.3.4 每孔加 HRP-兔抗 P27 液（工作浓度）100 μL，37 ℃作用 45 min～60 min，甩去 HRP-兔抗 P27 液，洗涤同 4.3.2。

4.3.5 加底物溶液：每孔加 100 μL 新配制的底物溶液，避光作用 15 min。

4.3.6 终止及读数：每孔加 50 μL 终止液终止显色，然后用酶标仪读取每孔在 490 nm 处的吸光度（*OD*）值。

5 结果判定

5.1 当阳性对照 *OD* 值与阴性对照 *OD* 值之差大于或等于 0.3 时，试验结果可靠。

5.2 按式(2)计算被检样品的 *S/P* 比值。

$$S/P = \frac{\text{样品 } OD \text{ 值均数} - \text{阴性对照 } OD \text{ 值均数}}{\text{阳性对照 } OD \text{ 值均数} - \text{阴性对照 } OD \text{ 值均数}} \qquad \cdots\cdots(2)$$

式中：

S——样品 *OD* 值；

P——阳性对照 *OD* 值。

5.3 判定：$S/P \geqslant 0.2$，判为阳性；$S/P < 0.2$，判为阴性。

附　录　A
（规范性附录）
试剂的配制

A.1　包被液

碳酸盐缓冲液(0.05 mol/L、pH9.6,CBS)：

碳酸钠	1.59 g
碳酸氢钠	2.93 g

用双蒸水溶解至 1 000 mL,于 4 ℃保存,不超过 1 个月。

A.2　稀释液

磷酸盐缓冲液(0.01 mol/L、pH7.4,PBS)：

氯化钠	8 g
磷酸二氢钠	0.2 g
磷酸氢二钠($Na_2HPO_4 \cdot 12H_2O$)	2.9 g
氯化钾	0.2 g
加蒸馏水至	1 000 mL

A.3　洗涤液

含 0.05% Tween-20 的 0.01 mol/L、pH7.4 的 PBS：

Tween-20	50 mL
加 0.01 mol/L、pH7.4 的 PBS 至	1 000 mL

A.4　底物溶液

pH5.0,磷酸盐-柠檬酸缓冲液-OPD-H_2O_2：

磷酸氢二钠溶液($Na_2HPO_4 \cdot 12H_2O$)	1.84 g
柠檬酸	0.51 g
蒸馏水	100 mL

106.4 Pa、30 min 灭菌,4 ℃保存备用。

使用时每 100 mL 中加入 40 mg 邻苯二胺(OPD),溶解后加 30% H_2O_2 0.15 mL,混匀后使用。本试剂现用现配。

A.5　终止液

2 mol/L 硫酸：

硫酸(95%～98%)	11.1 mL
蒸馏水	88.9 mL

参 考 文 献

［1］ GB/T 18936—2003 高致病性禽流感诊断技术
［2］ GB/T 19167—2003 传染性囊病诊断技术
［3］ NY/T 538—2002 鸡传染性鼻炎诊断技术

ICS 11.220
B 41

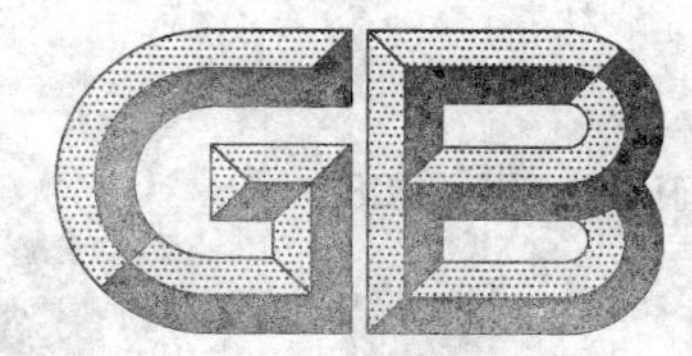

中华人民共和国国家标准

GB/T 17999.7—2008
代替 GB/T 17999.6—1999

SPF 鸡 微生物学监测
第 7 部分:SPF 鸡 胚敏感试验

SPF chicken—Microbiological surveillance—
Part 7:Embryo susceptibility test for SPF chicken

2008-12-31 发布 2009-05-01 实施

中华人民共和国国家质量监督检验检疫总局
中国国家标准化管理委员会 发布

前 言

GB/T 17999《SPF 鸡 微生物学监测》分为 10 个部分：

——第 1 部分：SPF 鸡 微生物学监测总则；

——第 2 部分：SPF 鸡 红细胞凝集抑制试验；

——第 3 部分：SPF 鸡 血清中和试验；

——第 4 部分：SPF 鸡 血清平板凝集试验；

——第 5 部分：SPF 鸡 琼脂扩散试验；

——第 6 部分：SPF 鸡 酶联免疫吸附试验；

——第 7 部分：SPF 鸡 胚敏感试验；

——第 8 部分：SPF 鸡 鸡白痢沙门氏菌检验；

——第 9 部分：SPF 鸡 试管凝集试验；

——第 10 部分：SPF 鸡 间接免疫荧光试验。

本部分为 GB/T 17999 的第 7 部分。

本部分代替 GB/T 17999.6—1999《SPF 鸡 胚敏感试验》。

本部分与 GB/T 17999.6—1999 相比主要变化如下：

——增加了资料性附录 A"卵黄囊接种技术和 EID_{50} 测定方法"；

——重新制定了试验成立条件和结果判定标准。

本部分的附录 A 为资料性附录。

本部分由中华人民共和国农业部提出。

本部分由全国动物防疫标准化技术委员会(SAC/TC 181)归口。

本部分起草单位：中国农业科学院哈尔滨兽医研究所、中国动物卫生与流行病学中心、济南斯帕法斯家禽有限公司。

本部分主要起草人：曲连东、刘家森、韩凌霞、邵卫星、朱果、单忠芳、姜骞、司昌德、于海波、孟庆文。

本部分所代替标准的历次版本发布情况为：

——GB/T 17999.6—1999。

SPF鸡　微生物学监测
第7部分:SPF鸡　胚敏感试验

1　范围

GB/T 17999的本部分规定了胚敏感试验的技术要求。

本部分适用于对SPF鸡进行禽脑脊髓炎病毒抗体的检测。

2　规范性引用文件

下列文件中的条款通过GB/T 17999的本部分的引用而成为本部分的条款。凡是注日期的引用文件,其随后所有的修改单(不包括勘误的内容)或修订版均不适用于本部分,然而,鼓励根据本部分达成协议的各方研究是否可使用这些文件的最新版本。凡是不注日期的引用文件,其最新版本适用于本部分。

GB/T 17999.1—2008　SPF鸡　微生物学监测　第1部分:SPF鸡　微生物学监测总则

3　原理

Van Roekel(CVCC AV35)毒株是禽脑脊髓炎病毒的一株胚适应毒株,具有高度嗜神经性。对无抗体鸡群的鸡胚有致病性,引起肌肉营养不良、运动性降低、足趾卷曲等特征性病变。免疫或感染鸡群的鸡胚对经卵黄囊接种的病毒有抵抗力。

4　试剂和器材

4.1　试剂

4.1.1　AE-Van Roekel病毒(EID_{50}的测定参见附录A)。

4.1.2　SPF鸡蛋。

4.1.3　被检蛋(取样比例见GB/T 17999.1—2008)。

4.2　器材

4.2.1　1 mL注射器。

4.2.2　7号针头。

4.2.3　恒温培养箱。

4.2.4　超净工作台。

4.2.5　小型孵化器。

5　操作程序

5.1　取被检蛋、标准SPF蛋孵至6日龄。

5.2　取6日龄被检鸡胚,每胚经卵黄囊接种(接种方法参见附录A)0.2 mL含100 EID_{50}的AE-Van Roekel病毒液,接种完毕用蜡封孔,同时设6日龄SPF鸡胚接种病毒与不接种病毒分别作为标准阳性、阴性对照。

5.3　接种后的鸡胚,置于37 ℃～37.5 ℃孵化器中孵化,每天照胚一次,取出死亡鸡胚,接种后第12 d取出全部鸡胚待检。

6 结果判定

6.1 阴性、阳性对照

当接种 SPF 对照鸡胚均呈禽脑脊髓炎病毒所致的特异病变(早期为胸腹部肌肉皮下水肿,当接种后 10 d～12 d 解剖活胚时,见腿肌萎缩、足趾卷曲),不接种 SPF 对照鸡胚无特异病变时,试验成立。

6.2 被检结果判定

100%鸡胚有特征性病变,表明此鸡群未感染禽脑脊髓炎病毒;鸡胚无特征性病变,表明此鸡群已感染禽脑脊髓炎病毒。

附 录 A
（资料性附录）
卵黄囊接种技术和 EID_{50} 测定方法

A.1 卵黄囊(YS)接种

选 5 日龄～7 日龄鸡胚经照蛋检查后，画出气室和胎位，对应气室中央的蛋壳先用 2.5％碘酒消毒，再用 75％酒精脱碘。用打孔器打一小孔，勿损伤壳膜。接种时针头迅速稳定地通过小孔，沿胚的纵轴深入约 3 cm，此时注射器轻轻往回抽一下，如针头在卵黄囊中，可见卵黄被抽出，此时就可将注射物注入，用融化的石蜡封闭壳孔，置 37 ℃培养。

A.2 EID_{50} 的测定

A.2.1 将 AE-Van Roekel 病毒悬液作 10 倍系列稀释，取适宜稀释度的病毒 0.2 mL 接种 6 日龄 SPF 鸡胚，由最高稀释度开始，每一稀释度接种 4 枚～6 枚。接种后的鸡胚，置 37 ℃～37.5 ℃孵化器中孵化，每天照蛋一次，取出死亡鸡胚，至接种后第 12 d，统计鸡胚的死亡和感染数量。

A.2.2 对于接种后 24 h 内死亡的鸡胚忽略不计。与正常 SPF 鸡胚对比，感染 AE-Van Roekel 病毒的鸡胚出现特征性病变(早期为胸腹部肌肉皮下水肿，晚期表现为腿肌萎缩、足趾卷曲)的判为感染。

A.2.3 计算各稀释度接种鸡胚后死亡及感染个体的百分率。按 Reed 和 Muench 法计算病毒胚半数感染量(EID_{50})。

A.2.4 试验举例：病毒稀释及鸡胚死亡情况见表 A.1。

表 A.1

病毒稀释度	观察结果			累计结果		
	感染及死亡数	未感染数	百分率/％	感染及死亡数	未感染数	百分率/％
10^{-4}	6	0	100	13 ↑	0 ↓	100
10^{-5}	5	1	83	7	1	88
10^{-6}	2	4	33	2	5	29
10^{-7}	0	6	0	0	11	0

$$距离比例=\frac{88\%-50\%}{88\%-29\%}=0.64$$

$$LgEID_{50}=高于50\%的病毒稀释度的对数+距离比例\times稀释系数的对数$$
$$=-5+0.64\times(-1)=-5.64$$

则：$EID_{50}=10^{-5.64}/0.2\ mL$。

即：将病毒悬液作 $10^{-5.64}$ 稀释后，接种鸡胚 0.2 mL，可以造成 50％的鸡胚感染。将病毒悬液作 $10^{-3.64}$ 稀释后，即为 $100EID_{50}/0.2\ mL$。

ICS 11.220
B 41

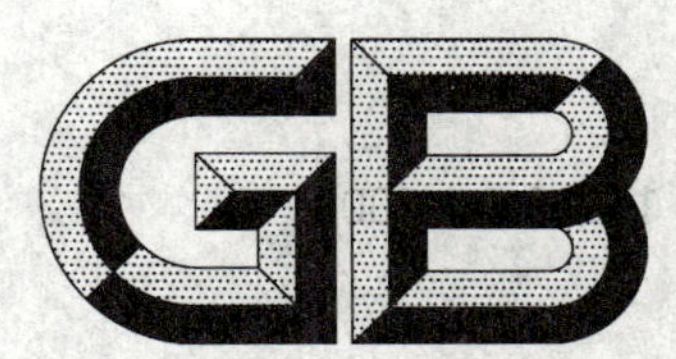

中华人民共和国国家标准

GB/T 17999.8—2008
代替 GB/T 17999.7—1999

SPF 鸡 微生物学监测 第 8 部分:SPF 鸡 鸡白痢沙门氏菌检验

SPF chicken—Microbiological surveillance—
Part 8: Examination of *Salmonella pullorum* for SPF chicken

2008-12-31 发布 2009-05-01 实施

中华人民共和国国家质量监督检验检疫总局
中国国家标准化管理委员会 发布

前言

GB/T 17999《SPF 鸡　微生物学监测》分为 10 个部分：

——第 1 部分：SPF 鸡　微生物学监测总则；

——第 2 部分：SPF 鸡　红细胞凝集抑制试验；

——第 3 部分：SPF 鸡　血清中和试验；

——第 4 部分：SPF 鸡　血清平板凝集试验；

——第 5 部分：SPF 鸡　琼脂扩散试验；

——第 6 部分：SPF 鸡　酶联免疫吸附试验；

——第 7 部分：SPF 鸡　胚敏感试验；

——第 8 部分：SPF 鸡　鸡白痢沙门氏菌检验；

——第 9 部分：SPF 鸡　试管凝集试验；

——第 10 部分：SPF 鸡　间接免疫荧光试验。

本部分为 GB/T 17999 的第 8 部分。

本部分修订参照了 NY/T 556—2002《鸡传染性喉气管炎诊断技术》和 OIE《陆生动物（哺乳动物、禽鸟和蜜蜂）诊断试验和疫苗手册》（第五版）中的有关规定。

本部分代替 GB/T 17999.7—1999《SPF 鸡　鸡白痢沙门氏菌检验》。

本部分与 GB/T 17999.7—1999 相比主要变化如下：

——增加了活禽泄殖腔拭子检测样品；

——增加了沙门氏菌菌体抗原血清学检测方法；

——增加了附录 A“革兰氏染色方法及生化试验结果判定”；

——对试验操作程序进行了修订，将细菌镜检程序提前；

——在范围中进一步明确了本部分使用的情况；

——删除了引用标准；

——修订了试验操作程序。

本部分的附录 A 为规范性附录。

本部分由中华人民共和国农业部提出。

本部分由全国动物防疫标准化技术委员会（SAC/TC 181）归口。

本部分起草单位：中国农业科学院哈尔滨兽医研究所、中国动物卫生与流行病学中心、济南斯帕法斯家禽有限公司。

本部分主要起草人：曲连东、姜骞、韩凌霞、邵卫星、朱果、单忠芳、刘家森、司昌德、郭东春、于海波、孟庆文。

本部分所代替标准的历次版本发布情况为：

——GB/T 17999.7—1999。

SPF 鸡　微生物学监测
第 8 部分:SPF 鸡　鸡白痢沙门氏菌检验

1　范围

GB/T 17999 的本部分规定了鸡白痢沙门氏菌检验的技术要求。

本部分适用于对 SPF 鸡进行鸡白痢沙门氏菌的分离和鉴定。

用血清平板凝集试验进行鸡白痢沙门氏菌的抗体检测,结果难以判断时,可采用本部分进行复检。

2　原理

取待检样品(肠内容物、有关脏器匀浆、活禽泄殖腔拭子)接种于增菌培养基中进行增菌,然后将培养物转移到选择、鉴别培养基上培养,挑选可疑菌落接种于营养琼脂培养基上,取培养物进行生化试验与血清学试验,以确定鸡白痢沙门氏菌。

3　试剂和器材

3.1　材料

3.1.1　培养基

营养肉汤培养基、DHL 琼脂、SS 琼脂、亚硫酸铋琼脂(BS)、三糖铁培养基(TSI)、营养琼脂、半固体琼脂。

3.1.2　生化反应试剂

糖发酵培养基、蛋白胨水、硝酸盐培养基、氧化酶试剂、氨基酸脱羧酶试验培养基、尿素培养基(结果判定见附录 A)。

3.1.3　沙门氏菌诊断血清

A-F 多价 O 血清、O9 因子血清、O12 因子血清、H-a 因子血清、H-d 因子血清、H-g. m 因子血清和 H-g. p 因子血清。

3.2　器材

37 ℃恒温培养箱。

4　操作步骤

4.1　采样

无菌采取卵巢、肝、脾以及小肠和盲肠,活禽泄殖腔拭子。

4.2　分离培养

将采集样品放入灭菌乳钵或均浆器中研磨成匀浆,加入少量营养肉汤稀释。取培养物或活禽泄殖腔拭子分别在 SS 或 BS 和 DHL 琼脂平板培养基上划线接种,置(36±1)℃培养 24 h～48 h。在 DHL 培养基上若出现黄褐色透明小菌落;或在 SS 琼脂平板上出现无色半透明圆形小菌落;或在 BS 琼脂平板上出现黑色或黑绿色小菌落,则为可疑菌落。如果经 24 h～48 h 培养后未发现可疑菌落,再取增菌培养物重复划线分离培养 1 次。

4.3　病原鉴定

4.3.1　镜检

取可疑菌落,涂片作革兰氏染色,具体操作见附录 A。镜检可见革兰氏阴性杆菌,大小为

(0.3 μm～0.5 μm)×(1 μm～2.5 μm)，无芽胞，多单个散在。

4.3.2 生化鉴定及运动性检查

4.3.2.1 生化鉴定

接种 TSI，斜面划线，底部穿刺，置(36±1)℃培养 24 h。其生化反应为斜面呈红色，底层变黄，有或无气体，不产生硫化氢(H_2S)。如果符合则进行其他项目的检测及血清学鉴定，不符合则判为阴性。

4.3.2.2 运动性试验

将可疑菌落穿刺接种半固体培养基，(36±1)℃培养 24 h 后，观察结果。鸡白痢沙门氏菌无运动性。

4.3.3 生化项目

发酵葡萄糖产酸或产气，不发酵乳糖和蔗糖。触酶、赖氨酸脱羧酶、硝酸盐还原试验阳性。氧化酶、尿素酶、吲哚试验、卫矛醇、麦芽糖阴性。鸟氨酸脱羧作用阳性。

4.4 沙门氏菌 A～F 群多价 O 血清玻片凝集试验

取可疑培养物接种三糖铁琼脂斜面，37 ℃培养 18 h～24 h，先用 A～F 多价 O 血清与培养物作平板凝集反应，若呈阳性，再分别用 O9、O12、H-a、H-d、H-g.m 和 H-g.p 单价因子血清作平板凝集反应，如果培养物与 O9、O12 因子血清呈阳性反应，而与 H-a、H-d、H-g.m 和 H-g.p 因子血清呈阴性反应时，则鉴定为鸡白痢沙门氏菌。

5 结果判定

符合上述各项实验结果，为鸡白痢沙门氏菌阳性，否则结果为阴性。生化试验和血清学试验不一致时，以血清学试验为主。

附 录 A
（规范性附录）
革兰氏染色方法及生化试验结果判定

A.1 革兰氏染色法

A.1.1 涂片，在火焰上固定。
A.1.2 滴加结晶紫染色液，染色 1 min，流水冲洗，甩干。
A.1.3 滴加碘液，媒染 1 min，流水冲洗，甩干。
A.1.4 滴加 95%乙醇脱色约 15 s～30 s，流水冲洗，甩干。
A.1.5 滴加沙黄复红染液，染色 10 s～20 s，流水冲洗，甩干、风干或滤纸吸干后镜检。
A.1.6 结果：使用油镜放大 1 000 倍观察，革兰氏阳性菌呈蓝紫色，革兰氏阴性菌呈红色。

A.2 三糖铁琼脂培养基（TSI）结果观察

斜面和高层均变黄者为分解葡萄糖、蔗糖和乳糖；高层破碎者为产气；高层变黄而斜面不变或变红者为分解葡萄糖，不分解蔗糖和乳糖；高层沿接种线变黑者为硫化氢阳性。

A.3 靛基质试剂结果观察

培养物中加入柯凡克试剂者，在两种溶液交界处呈红色为阳性；加入欧-波试剂者，在两种溶液交界处呈玫瑰红为阳性。对弱阳性者可先在培养物中加入少量二甲苯，充分混匀后再加入靛基质试剂。

A.4 甲基红试验结果观察

向培养物中加入甲基红试剂一滴，立即变为鲜红色为阳性，黄色为阴性。

A.5 V-P 试验结果观察

向培养物中加入 6%α-萘酚-乙醇溶液 0.5 mL，40%氢氧化钾溶液 0.2 mL，数分钟内出现红色者为阳性，不变色为阴性。

A.6 硝酸盐培养基结果观察

培养物中先加入甲液 3 滴～5 滴，再加入乙液 3 滴～5 滴，出现红色者为阳性。

A.7 氧化酶试验结果观察

取滤纸条粘取菌落，加氧化酶试剂一滴，30 s 内呈现红色至紫红色为阳性，于 2 min 内不变色为阴性；对弱阳性者应同时用绿脓杆菌做阳性对照，用大肠杆菌做阴性对照。

注：不能用接种针挑取菌落，只能用玻棒或竹签。

A.8 氨基酸脱羧酶试验结果观察

从琼脂斜面上挑取培养基接种，于(36±1)℃培养 18 h～24 h，观察结果。氨基酸脱羧酶阳性者由于产碱，培养基应呈紫色，阴性者无碱性，但因葡萄糖产酸而使培养基变为黄色。对照管为黄色。

A.9 尿素试验结果观察

培养基由黄变红者为阳性。

ICS 11.220
B 41

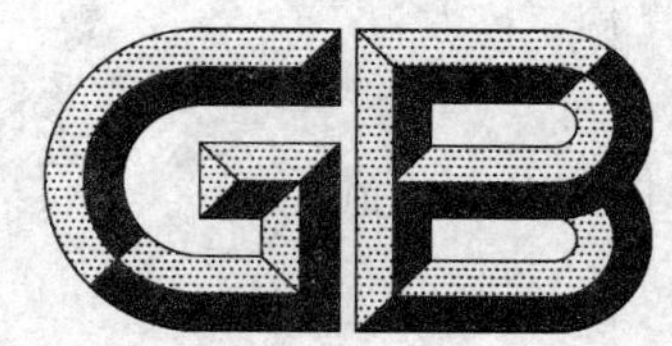

中华人民共和国国家标准

GB/T 17999.9—2008
代替 GB/T 17999.8—1999

SPF 鸡　微生物学监测
第 9 部分：SPF 鸡　试管凝集试验

SPF chicken—Microbiological surveillance—
Part 9: Tube agglutination test for SPF chicken

2008-12-31 发布　　　　2009-05-01 实施

中华人民共和国国家质量监督检验检疫总局
中国国家标准化管理委员会　发布

前 言

GB/T 17999《SPF鸡　微生物学监测》分为10个部分：

——第1部分：SPF鸡　微生物学监测总则；

——第2部分：SPF鸡　红细胞凝集抑制试验；

——第3部分：SPF鸡　血清中和试验；

——第4部分：SPF鸡　血清平板凝集试验；

——第5部分：SPF鸡　琼脂扩散试验；

——第6部分：SPF鸡　酶联免疫吸附试验；

——第7部分：SPF鸡　胚敏感试验；

——第8部分：SPF鸡　鸡白痢沙门氏菌检验；

——第9部分：SPF鸡　试管凝集试验；

——第10部分：SPF鸡　间接免疫荧光试验。

本部分为GB/T 17999的第9部分。

本部分代替GB/T 17999.8—1999《SPF鸡　试管凝集试验》。

本部分与GB/T 17999.8—1999相比主要变化如下：

——增加了附录A“试剂的配制”；

——修改了凝集试验结果的判定；

——删除了鸡伤寒沙门氏菌检测内容；

——在范围中进一步明确了本部分使用的情况。

本部分的附录A为规范性附录。

本部分由中华人民共和国农业部提出。

本部分由全国动物防疫标准化技术委员会(SAC/TC 181)归口。

本部分起草单位：中国农业科学院哈尔滨兽医研究所、中国动物卫生与流行病学中心、济南斯帕法斯家禽有限公司。

本部分主要起草人：曲连东、姜骞、韩凌霞、邵卫星、朱果、单忠芳、刘家森、司昌德、郭东春、于海波、孟庆文。

本部分所代替标准的历次版本发布情况为：

——GB/T 17999.8—1999。

SPF鸡 微生物学监测
第9部分：SPF鸡 试管凝集试验

1 范围

GB/T 17999的本部分规定了试管凝集试验的技术要求。

本部分适用于对SPF鸡进行鸡白痢沙门氏菌血清抗体检测。

用血清平板凝集试验进行鸡白痢沙门氏菌的抗体检测，结果难以判断时，可采用本部分进行复检。

2 原理

细菌性抗原与相应的抗体结合后，在适量电解质参与下，经过一段时间出现肉眼可见的凝集现象，结果判定以凝集价表示。

3 试剂和器材

3.1 试剂

鸡白痢抗原(含菌 10^9 CFU)，标准阳性、阴性血清，被检血清，0.5%石炭酸生理盐水(配制方法见附录A)。

3.2 器材

试管(口径8 mm～10 mm)。

4 操作程序

4.1 取5支试管，第1管加石炭酸生理盐水1.8 mL，其余各管加1 mL，第1管加被检血清0.2 mL，与石炭酸生理盐水混匀(1∶10稀释)，取1 mL移至第2管，连续倍比稀释至第4管，从第4管吸出1 mL弃去，各管血清最后稀释度依次为1∶20，1∶40，1∶80，1∶160，1∶320。

4.2 每管加入抗原液1 mL。

4.3 抗原对照：在试管中加抗原液1 mL，加0.5%石炭酸生理盐水1 mL。

4.4 阳性血清对照：将阳性血清稀释至工作浓度(按说明使用)。在试管中加抗原液1 mL，加稀释的阳性血清1 mL。

4.5 阴性血清对照：同阳性血清稀释度使用。

4.6 试管振荡后，置37 ℃温箱中孵育，24 h后移入4 ℃～8 ℃冰箱过夜。

4.7 结果观察：抗原对照结果与阴性血清对照，均呈"－"，阳性血清对照呈不同程度凝集，表明试验成立。凝集结果判定见表1。凝集效价以呈现"＋＋"凝集试管的血清最高稀释倍数作为该血清的凝集效价。

表1 凝集试验结果判定

类别	试管所见	结果	判定
1	出现大的凝集块，上层液体完全透明	＋＋＋＋	阳性
2	出现明显凝集块，上层液透明度达75%	＋＋＋	
3	出现可见的凝集颗粒，上层液透明度达50%	＋＋	
4	出现轻微可见的凝集颗粒，上层液透明度达25%	±	可疑
5	无凝集块，液体均匀混浊	－	阴性

5 结果判定

5.1 阳性：凝集效价≥1∶80。

5.2 阴性：凝集效价≤1∶20。

5.3 可疑：凝集效价=1∶40；判为可疑的需要复检，复检仍为可疑的样品判为阳性。

附　录　A
（规范性附录）
试剂的配制

A.1　0.5%石炭酸生理盐水

石炭酸：5 g；

氯化钠：8.5 g；

蒸馏水：1 000 mL；

混合溶化，6.897 Pa、20 min 消毒备用。

ICS 11.220
B 41

中华人民共和国国家标准

GB/T 17999.10—2008
代替 GB/T 17999.9—1999

SPF鸡 微生物学监测 第10部分:SPF鸡 间接免疫荧光试验

SPF chicken—Microbiological surveillance—
Part 10:Indirect immunofluorescent assay for SPF chicken

2008-12-31 发布 2009-05-01 实施

中华人民共和国国家质量监督检验检疫总局
中国国家标准化管理委员会 发布

前　言

GB/T 17999《SPF 鸡　微生物学监测》分为 10 个部分：

——第 1 部分：SPF 鸡　微生物学监测总则；

——第 2 部分：SPF 鸡　红细胞凝集抑制试验；

——第 3 部分：SPF 鸡　血清中和试验；

——第 4 部分：SPF 鸡　血清平板凝集试验；

——第 5 部分：SPF 鸡　琼脂扩散试验；

——第 6 部分：SPF 鸡　酶联免疫吸附试验；

——第 7 部分：SPF 鸡　胚敏感试验；

——第 8 部分：SPF 鸡　鸡白痢沙门氏菌检验；

——第 9 部分：SPF 鸡　试管凝集试验；

——第 10 部分：SPF 鸡　间接免疫荧光试验。

本部分为 GB/T 17999 的第 10 部分。

本部分代替 GB/T 17999.9—1999《SPF 鸡　间接免疫荧光试验》。

本部分与 GB/T 17999.9—1999 相比主要变化如下：

——增加了规范性附录 A“试剂的配制”和资料性附录 B“细胞计数方法”；

——详细界定了试验成立条件和待检样品的判定标准。

本部分的附录 A 为规范性附录，附录 B 为资料性附录。

本部分由中华人民共和国农业部提出。

本部分由全国动物防疫标准化技术委员会(SAC/TC 181)归口。

本部分起草单位：中国农业科学院哈尔滨兽医研究所、中国动物卫生与流行病学中心、济南斯帕法斯家禽有限公司。

本部分主要起草人：曲连东、刘家森、韩凌霞、邵卫星、朱果、单忠芳、姜骞、司昌德、于海波、孟庆文。

本部分所代替标准的历次版本发布情况为：

——GB/T 17999.9—1999。

SPF 鸡　微生物学监测
第 10 部分:SPF 鸡　间接免疫荧光试验

1　范围

GB/T 17999 的本部分规定了间接免疫荧光试验的技术要求等。

本部分适用于对 SPF 鸡进行鸡传染性贫血病毒(Chicken Infectious Anaemia Virus,CIAV)抗体的检测。

2　原理

间接免疫荧光试验,以病毒感染细胞作抗原,与待检血清中的特异抗体结合,再与荧光色素标记的抗抗体结合,形成抗原—抗体—抗抗体复合物。荧光色素在紫外光或蓝紫光的作用下,激发出可见的荧光,因此出现荧光就说明标记物的存在,同时也反映了特异性抗体的存在。常采用已知抗原及荧光色素标记的抗抗体检测相应的抗体。

3　试剂和器材

3.1　试剂

3.1.1　CIAV 病毒 DELROSE 株。

3.1.2　阴性、阳性血清。

3.1.3　被检血清。

3.1.4　磷酸盐缓冲液(PBS)(见附录 A)。

3.1.5　异硫氰荧光素(FITC)标记抗鸡 IgG(按说明稀释使用)。

3.1.6　缓冲甘油或封片剂(见附录 A)。

3.1.7　丙酮。

3.2　器材

3.2.1　抗原片。

3.2.2　湿盒。

3.2.3　37 ℃培养箱。

3.2.4　荧光显微镜。

4　操作程序

4.1　感染细胞的制备

用含 15%新生牛血清的 DMEM 培养基在 39 ℃和 5%二氧化碳环境中培养 MDCC-MSB1 细胞。细胞长至每毫升 5×10^6 个时(细胞计数参见附录 B),接种 CIAV,并换成含 5%新生牛血清的 DMEM 培养基,继续培养 36 h～48 h。

4.2　抗原片的制备

4.2.1　细胞病变(细胞体积增大 2 倍～3 倍)约达 50%～75%时,收集细胞培养物,以 1 500 r/min 离心 10 min,弃上清液,用 PBS 洗涤细胞沉淀物 3 次,并细胞计数,用 PBS 重悬细胞浓度。

4.2.2　取 10 μL 细胞悬液(约含细胞 10^5 个),滴加于抗原片各孔中,同时制备正常细胞对照片。

4.2.3　吹干滴好的抗原片,用 4 ℃预冷的丙酮固定 10 min,保存于－20 ℃,一周内使用。

4.3 间接荧光抗体染色

4.3.1 取出抗原片室温放置 10 min 待用。

4.3.2 用 PBS 将被检血清、阴性血清、阳性血清分别稀释成 1∶100、1∶500 两个稀释度，分别取 10 μL 滴加于抗原片各孔中。

4.3.3 将加样抗原片置于湿盒内，37 ℃孵育 30 min。

4.3.4 用 PBS 浸洗 3 次，每次 10 min。

4.3.5 取 20 μL FITC 标记抗鸡 IgG 滴加于上述处理过的抗原片各孔中，孵育、洗涤同前。

4.3.6 用缓冲甘油封片，置于荧光显微镜下观察。

5 结果判定

5.1 试验成立条件

CIAV 感染细胞制备的抗原片中，加入阳性血清，细胞核内可见清晰的黄绿色荧光颗粒；加入阴性血清，细胞核内无荧光颗粒。正常细胞制备的抗原片中，加入阳性血清，细胞核内无荧光颗粒。在以上条件成立的基础上，进行待检血清判定。

5.2 待检血清的判定

CIAV 感染细胞制备的抗原片中，加入待检血清，细胞核内可见清晰的荧光颗粒，则待检血清判为阳性。

附 录 A
（规范性附录）
试剂的配制

A.1 缓冲甘油

9份分析纯无荧光的甘油加1份0.2 mol/L碳酸盐缓冲液(pH9.2)配制而成。

A.2 0.2 mol/L碳酸盐缓冲液(pH9.2)

0.17 g碳酸钠(Na_2CO_3)和1.545 g碳酸氢钠($NaHCO_3$)溶于100 mL去离子水中，4 ℃保存3个月。

A.3 PBS(0.01 mol/L PBS，pH7.4)

8 g氯化钠(NaCl)、0.2 g氯化钾(KCl)、2.9 g磷酸氢二钠($Na_2HPO_4 \cdot 12H_2O$)、0.2 g磷酸二氢钾(KH_2PO_4)，重蒸水加至1 000 mL；保存于4 ℃备用。

A.4 DMEM(高糖)培养液

10 g DMEM粉，3.7 g碳酸氢钠($NaHCO_3$)溶解于950 mL去离子水中，边加边搅拌。用1 mol/L的氢氧化钠或盐酸将培养液pH值调至6.9～7.0，加去离子水定容至1 000 mL，尽快用孔径0.22 μm的微孔滤膜过滤除菌，4 ℃冰箱保存备用。

附 录 B
（资料性附录）
细胞计数方法

B.1 对细胞进行系列稀释，滴加到细胞计数板上，初步观察，若细胞密集，进一步稀释后，重新滴加到干净的细胞计数板上计数。

B.2 细胞计数板在5×物镜下可见9个大方格，于10×物镜下计数位于4个角的大方格内的细胞数量（若细胞位于大方格边线，仅计数位于上边线和左边线的细胞）；并依据式(B.1)计算细胞浓度。

$$\text{起始细胞浓度(个/mL)} = \frac{\text{4个大方格内细胞总和}}{4} \times \text{稀释倍数} \times 10^4 \quad \cdots\cdots(\text{B.1})$$

示例：

若4个大方格内的细胞总数为25个，细胞稀释度为1∶10^3，则：

起始细胞浓度$=\frac{25}{4}\times10^3\times10^4=6.25\times10^7$(个/mL)

参 考 文 献

[1] NY/T 681—2003 鸡传染性贫血诊断技术

ICS 83.060
B 72

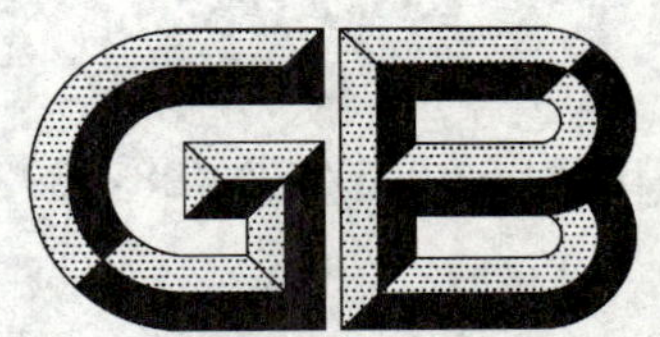

中华人民共和国国家标准

GB/T 18011—2008/ISO 498:1992
代替 GB/T 18011—1999

浓缩天然胶乳　干胶膜制备

Natural rubber latex concentrate—Preparation of dry films

(ISO 498:1992,IDT)

2008-05-15 发布　　2008-11-01 实施

中华人民共和国国家质量监督检验检疫总局
中国国家标准化管理委员会　发布

前　言

本标准等同翻译 ISO 498:1992《浓缩天然胶乳　干胶膜制备》(英文版)。

为了便于使用，本标准作了如下编辑性修改：

——“本国际标准”一词改为“本标准”；

——删除国际标准的前言。

——在第 2 章规范性引用文件引用了 GB/T 8290、GB/T 8298，这两项标准与 ISO 498:1992 的相应部分没有技术性差异。

本标准代替 GB/T 18011—1999《浓缩天然胶乳　干胶膜制备》。

本标准与 GB/T 18011—1999 相比主要差异如下：

——删去了 ISO 前言；

——按 GB/T 1.1—2000 和 GB/T 20001.4—2001 的规定作了编辑性修改。

本标准由中国石油和化学工业协会提出。

本标准由全国橡胶与橡胶标准化技术委员会天然橡胶分技术委员会归口。

本标准起草单位：中国热带农业科学院农产品加工研究所、农业部食品质量监督检验测试中心(湛江)。

本标准主要起草人：卢光，黄茂芳，陈成海，余和平。

本标准于 1999 年 11 月首次发布。

浓缩天然胶乳　干胶膜制备

警告:使用本标准的人员应有正规实验室工作的实践经验。本标准并未指出所有可能的安全问题。使用者有责任采取适当的安全和卫生措施,并保证符合国家有关法规规定的条件。

1　范围

本标准规定了由浓缩天然胶乳制备没有气泡的均质干胶膜的方法。

本标准适用于巴西橡胶树胶乳。不一定适用其他天然胶乳、配料胶乳、硫化胶乳、水胶浆和合成胶乳。

2　规范性引用文件

下列文件中的条款通过本标准的引用而成为本标准的条款。凡是注日期的引用文件,其随后所有的修改单(不包括勘误的内容)或修订版均不适用于本标准,然而,鼓励根据本标准达成协议的各方研究是否可使用这些文件的最新版本。凡是不注日期的引用文件,其最新版本适用于本标准。

GB/T 8290　天然浓缩胶乳　取样(GB/T 8290—1987,eqv ISO 123:1985)

GB/T 8298　浓缩天然胶乳　总固体含量的测定(GB/T 8298—2008,ISO 124:1997,MOD)

3　设备

3.1　模具:可用宽 6 mm、厚 1.5 mm 的玻璃或硬质塑料片粘结在玻璃板上制成。粘结剂采用环氧树脂或聚醋酸乙烯酯的丁酮溶液。模腔大小视试验样品要求而定,例如长为 150 mm～200 mm,宽为 110 mm～120 mm。当用总固体含量为 62%(质量分数)的胶乳充满模具时,所制备的干胶膜厚度约为 1 mm。

注:由于表面张力的原因,胶膜周边会比中间的厚些。

3.2　方孔筛网:过滤胶乳用,用聚酰胺或不锈钢制成,平均孔径为 180 μm±10 μm。

3.3　直尺:木、塑料或不锈钢制成。

3.4　橱柜或有遮盖的地方:清洁、干燥、没有灰尘,放置模具的表面要水平。

3.5　烘箱:能保持 35℃±2℃。

3.6　纤维素薄膜:透明薄膜。

3.7　干燥器或密闭容器。

3.8　烧杯:容积为 50 mL。

4　取样

按 GB/T 8290 规定的方法取样。

5　操作步骤

按 GB/T 8298 规定的方法测定胶乳的总固体含量。如果胶乳的总固体含量低于或等于 62%(质量分数),制备胶膜时可不必稀释。若总固体含量高于 62%(质量分数)时,应加入蒸馏水稀释至 61.5%(质量分数)。

将胶乳样品轻轻地混合均匀,并静置 5 min。小心地把 35 mL～40 mL 胶乳用方孔筛网(3.2)过滤,滤入一只 50 mL 玻璃烧杯内,静置 5 min。为尽量地减少胶乳表面干燥,在静置期间烧杯应加盖。可用一片滤纸刮除烧杯内胶乳表面的泡沫。

将模具(3.1)放在橱柜或有遮盖的地方(3.4),然后把胶乳徐徐不断注入模具内,使形成的胶膜在该地方干燥。注模时,烧杯应靠近模板往复移动,避免气泡形成。注入的胶乳量应比完全充满模具所需的稍多一些。让模具内的胶乳静置 1 min,然后用干净的直尺(3.3)横过模框均匀地刮去多余的胶乳,直尺的移动速度可为 25 mm/s,只可刮一次。

将铸成的胶膜在正常的、没有灰尘的大气中干燥不少于 16 h(即隔夜)。室温干燥后,把胶膜放进烘箱(3.5),在 35℃±2℃的温度下继续干燥。当胶膜手感足够干时,小心地将它从模具里剥下,尽可能少触及胶膜的表面。把胶膜翻转,再平放在一块清洁而透明的纤维素薄膜(3.6)上,在 35℃±2℃的温度下至少再放置 24 h。胶膜干燥后,用同样的纤维素薄膜盖上尚未覆盖的表面。

胶膜的干燥程度有时可以用它的透明度来判断。当胶膜变干时,其透明度增加。如果不能目测判断胶膜的干燥程度,就应将胶膜放在 35℃±2℃的干燥空气中至恒重。

将干胶膜放在干燥器或密闭容器(3.7)内,以防胶膜吸潮并置于阴凉处备用。

ICS 83.060
B 72

中华人民共和国国家标准

GB/T 18012—2008
代替 GB/T 18012—1999

天然胶乳　pH 值的测定

Natural Rubber latex—Determination of pH

(ISO 976:1996, Rubber and plastics—Polymer dispersions and rubber latices—Determination of pH, MOD)

2008-05-15 发布　　2008-11-01 实施

中华人民共和国国家质量监督检验检疫总局
中国国家标准化管理委员会　发布

前 言

本标准修改采用 ISO 976:1996《橡胶和塑料——聚合物分散体和胶乳——pH 值的测定》(英文版)及其修改单 ISO 976/Amd.1:2006(英文版)。

本标准根据 ISO 976:1996 及其修改单 ISO 976/Amd.1:2006 重新起草。

本标准与 ISO 976:1996 及 ISO 976:1996/Amd.1:2006 相比,主要差异如下:

——删去 ISO 976:1996 及 ISO 976:1996/Amd.1:2006 中有关聚合物分散体和合成胶乳 pH 值的测定部分,只保留天然胶乳 pH 值的测定部分,名称也作了相应的修改,因为本标准仅适用于天然胶乳 pH 值的测定方法;

——在第 2 章规范性引用文件中引用了 GB/T 6682 与 ISO 3696:1987 的相应部分没有技术性差异。

本标准代替 GB/T 18012—1999《天然胶乳　pH 值的测定》。

本标准与 GB/T 18012—1999 相比,主要差异如下:

——增加第 8 章:精密度说明;

——原第 8 章改为第 9 章;

——删去附录 A:试验方法的精密度。

本标准由中国石油和化学工业协会提出。

本标准由全国橡胶与橡胶制品标准化技术委员会天然橡胶分技术委员会归口。

本标准负责起草单位:中国热带农业科学院农产品加工研究所、农业部食品质量监督检验测试中心(湛江)。

本标准主要起草人:张北龙、邓维用、陈成海。

本标准于 1999 年 11 月首次发布。

天然胶乳　pH 值的测定

警告：使用本标准的人员应有正规实验室的实践经验。本标准并未指出所有可能的安全问题。使用者有责任采取适当的安全和健康措施，并保证符合国家有关法规规定的条件。

1　范围

本标准规定了采用装有玻璃和银参比电极的 pH 计进行天然胶乳 pH 值测定的方法。

本标准也适用于预硫化胶乳或配合胶乳 pH 值的测定。

注：pH 值 11 以上时本方法的精确度降低。

2　规范性引用文件

下列文件中的条款通过本标准的引用而成为本标准的条款。凡是注日期的引用文件，其随后所有的修改单(不包括勘误的内容)或修订版均不适用于本标准，然而，鼓励根据本标准达成协议的各方研究是否可使用这些文件的最新版本。凡是不注日期的引用文件，其最新版本适用于本标准。

GB/T 6682　分析实验室用水规格和试验方法(GB/T 6682—1992，neq ISO 3696：1987)

GB/T 8290　天然浓缩胶乳　取样(GB/T 8290—1987，eqv ISO 123：1985)

ISO/TR 9272　橡胶与橡胶制品试验方法标准——精密度的确定(ISO/TR 9272：2004，rubber and rubber products-Determination of precision for test method stamdards)

3　试剂

使用已知 pH 值的商品化分析纯缓冲溶液或者在无商品化缓冲溶液时，仅使用确认的分析级试剂、无二氧化碳的蒸馏水或纯度与之相当的水(符合 GB/T 6682 中规定的等级 3)，制备需要的标准缓冲溶液(3.1、3.2 和 3.3)。

3.1　pH 值为 7 的标准缓冲溶液

把 3.40 g 磷酸二氢钾(KH_2PO_4)和 3.55 g 磷酸氢二钠(Na_2HPO_4)溶于水中，用容量瓶稀释至1 000 mL。

此溶液在 23℃时 pH 值为 6.87。

将此溶液存放在玻璃瓶中或耐化学药品的聚乙烯瓶中。

3.2　pH 值为 4 的标准缓冲溶液

把 10.21 g 邻苯二甲酸氢钾($KOOC \cdot C_6H_4 \cdot COOH$)溶于水中，用容量瓶稀释至 1 000 mL。

此溶液在 23℃时 pH 值为 4.00。

将此溶液存放在玻璃瓶中或耐化学药品的聚乙烯瓶中。

3.3　pH 值为 9 的标准缓冲溶液

把 3.814 g 十水合四硼酸钠($Na_2B_4O_7 \cdot 10H_2O$)溶于水中，用容量瓶稀释至1 000 mL。

此溶液在 23℃时，刚配好的新鲜溶液的 pH 值为 9.20。

将此溶液存放在玻璃瓶中或耐化学药品的聚乙烯瓶中，并配有脱除二氧化碳气体的碱石灰管。一个月后应更换溶液。

注：碱性缓冲溶液不稳定，易于吸收大气中的二氧化碳。当用作滴定试验的碱性缓冲溶液时，其准确度可以用 pH 值为 4 的缓冲溶液进行检验。

3.4　参比电解溶液

用氯化银饱和的 3 mol/L 氯化钾溶液。

4 仪器

实验室常规仪器以及如下仪器、设备。

4.1 pH 计

输入电阻至少为 10^{12} Ω，备有温度补偿，精度为 0.01 单位。

4.2 复合电极

在复合电极中，银参比电极同心地包围着玻璃电极。参比电解溶液(3.4)使用一个化学惰性隔膜与试样保持电联接，例如由聚四氟乙烯或玻璃制成的可伸缩的套管。

一种典型的复合电极如图 1。

1——滑动帽；
2——注入孔；
3——接头；
4——参比电极；
5——内电极；
6——参比电解溶液(用氯化银饱和的 3 mol/L 氯化钾溶液)；
7——PTFE 或玻璃隔膜套管；
8——内缓冲溶液；
9——隔膜。

图 1　典型的复合电极

玻璃电极的使用应按生产厂家给定的合适的 pH 值范围。

注 1：电解溶液与试样之间的电联接是通过套管与电极之间的电解溶液的隔膜来维持的。

注 2：电极的作用在 pH 值为 0 和出现的碱性误差之间呈线性关系。碱性误差取决于钠离子的浓度，碱性误差通常不出现，只有当 pH 值超过 11 以上时才有。

4.3 磁力搅拌器和磁棒

4.4 电极夹

5 取样

按 GB/T 8290 规定的方法进行的取样。

6 操作程序

为了减少温度和电的滞后影响，要确保试样、电极、软水或蒸馏水和缓冲溶液的温度尽可能地相互接近。试样和缓冲溶液的温度差不应超过 1℃。测定温度应为 23℃ ± 3℃（在热带地区应为 27℃±3℃）。

注：温度在 20℃～30℃范围之内，pH 值的变化可忽略不计。另外，温度补偿器应设定在真实温度上。

6.1 电极的维护

复合电极(4.2)应按照生产厂的说明书进行维护，特别注意如下事项。

6.1.1 如果注入孔上帽，首先将其取下，通过注入孔将参比电解溶液(3.4)再注满电极。

轻轻取下底部的套管以便清除胶乳沉积物，并在再装上套管之前允许出现一滴电解质溶液。

在校准和测量之前，取下电解质溶液注入孔上的帽盖，使参比电解溶液处在环境压力下。

6.1.2 不使用时，将带有接头的电极浸泡在电解溶液中。

6.2 pH 计的校准

6.2.1 启动 pH 计(4.1)，使电流稳定。根据生产商的说明书，校准 pH 计。如不适用，按如下步骤进行。

6.2.2 选择两种商品化的缓冲溶液(见第 3 章)一种是 pH 值为 7 的缓冲溶液(即接近电极的零点)，另一种同第一种相差大约 3 个 pH 单位，稍高于或低于相应被试验样品的 pH 值。如果没有适用的商品缓冲溶液，可根据需要选用制备的标准缓冲溶液(3.1 和 3.2 或 3.3)。

6.2.3 使缓冲溶液、试验样品和电极的温度在规定的温度下达到平衡(见本章开头)。记录温度并调节 pH 计上的温度校正值使之相吻合。

6.2.4 先用蒸馏水或软水(见第 3 章)沿电极流下清洗电极，然后在用 pH 值为 7 的标准缓冲溶液清洗。

6.2.5 把足量的同样缓冲溶液注入一个清洁的干玻璃杯或不起化学作用的塑料容器内，并把电极浸入其中，注意使电极中参比电解溶液的高度比缓冲溶液的高度高出 5 cm(以防止电极受到污染)。

用磁力搅拌器轻轻搅拌，使读数稳定下来。用零点控制调节 pH 计，读数即为缓冲溶液的 pH 值。取出电极，废弃缓冲溶液。

6.2.6 用水清洗电极，然后按 6.2.4 所述在选定标准缓冲溶液[pH 4(3.2)或 pH 9(3.3)]进行清洗。

注：如果方便的话，也可以采用 pH 值为 9～11 的商品化缓冲溶液代替制备的 pH 值为 9(3.3)的标准缓冲溶液。

6.2.7 按 6.2.5 所述，将电极浸入到一些选定的缓冲溶液中。在调节 pH 计的读数到缓冲溶液的 pH 值之前，调节压差控制，而不动零点控制，使读数稳定。

确保电极的压差在－55.6 mV/pH 单位至－61.56 mV/pH 单位范围内，即理论值的 95%～103%之间(23℃时为－58.57 mV/pH 单位)。

如果电极超出该范围，按 6.1 的规定进行维护。废弃该部分缓冲溶液。

6.3 试样 pH 值的测定

6.3.1 充分搅拌试样，确保使其均匀。

6.3.2 按照 6.2.4 的规定，首先用蒸馏水或软水清洗电极和测量容器，然后用一些被测试样进行清洗。再按 6.2.5 的规定，把足量的被测试样移入容器中（可用另外一个清洁干燥的容器），然后把电极浸入其中，并轻轻摇动。

使 pH 计读数稳定，然后记录 pH 值。

用蒸馏水或软水清洗电极，使其在未干之前除去胶乳。

6.3.3 用一部分新鲜试样，重复 6.3.2 规定的操作。

如果新的读数与第一次读数之差不超过 0.1pH 单位，则测定完成。

如果两次读数相差超过 0.1pH 单位，则再进行两次测定，并对先前进行的两次测定进行必要的检查，以确定误差来源。

如果要连续进行一系列的测定，则应按 6.2 之规定，根据逐次检查发现的变化，每隔 30 min 或更频繁地校准 pH 计。

7 结果表示

计算认为正确的两次读数的平均值，并四舍五入精确到 0.1pH 单位。

如果测量是在 23℃进行，用 23℃的 pH 单位表示测量结果。否则，应标明测量的温度。

8 精密度说明

8.1 本标准的精密度按 ISO/TR 9272 确定。术语和统计定义可参考该标准。

8.2 精密度细节在精密度说明中给出了如下描述的使用特定材料和特定试验方案对这种试验方法的评估，在没有说明参数所适用的特定组别的材料及其特定的试验方案时，就不应使用这些精密度参数。

8.3 表 1 列出了精密度的结果。重复性 r 和再现性 R 的值精密度应达到 95%置信水平。

8.4 表 1 的结果是平均值，并给出本试验方法精密度的统计值。这些数值是由 2001 年进行的一项实验室间试验计划（ITP）所确定的。13 间实验室对用高氨胶乳制备的 A 和 B 两个样品进行了重复三次的测定。在对待测胶乳进行两次取样装入贴有 A 和 B 标记的 1 L 瓶子之前，先将其过滤，再充分混合和搅拌使其均匀化。因此，样品 A 和 B 基本上是相同的，并且在统计计算时将两者视作相同处理。每个参加的实验室应按 ITP 给出的日期，用这两个样品进行测定。

8.5 在 ITP 中，1 型精密度用于实验室间试验程序评估。

8.6 重复性：本试验方法的重复性 r（按测定单位）已被确定为合适的值列于表 1 中。在确定的试验条件下，同一实验室获得的两个单独的试验结果之差大于中所列的 r 值（对于任何给定的水平）应视为来自不同（非同一的）样品源。

8.7 再现性：本试验方法的再现性 R（按测定单位）已被确定为合适的值列于表 1 中。在确定的试验条件下，于两个不同实验室获得的两个单独的试验结果之差大于中所列的 R 值（对于任何给定的水平）应视为来自不同（非同一的）样品源。

8.8 偏差：在试验方法术语中，偏差是在试验结果平均值和认定参照值之差。

本试验方法不存在参照值，因为该参照值只能由试验方法来确定，所以不能确定本试验方法的偏差。

表 1　pH 值测定方法的精密度估计

平均值	试验室内		试验室间	
	S_r	r	S_R	R
10.56	0.021	0.06	0.174	0.49

$r=2.83\times S_r$

r——重复性(在测试单元)；

S_r——实验室内的标准偏差；

$R=2.83\times S_R$；

R——再现性；

S_R——试验室之间的标准偏差。

注：只有在相关各方对测定结果产生争议需要仲裁时，才按表 1 的规定进行估计。

9　试验报告

试验报告应包括下列各项内容：

a)　本标准编号；

b)　识别样品所需的全部细节；

c)　胶乳的 pH 值，精确到 0.1pH 单位，以及测量温度；

d)　试验中观察到的异常现象；

e)　在本标准或引用文件中不包括的，而被认为可以采用的任何操作；

f)　试验日期和地点。

ICS 83.060
B 72

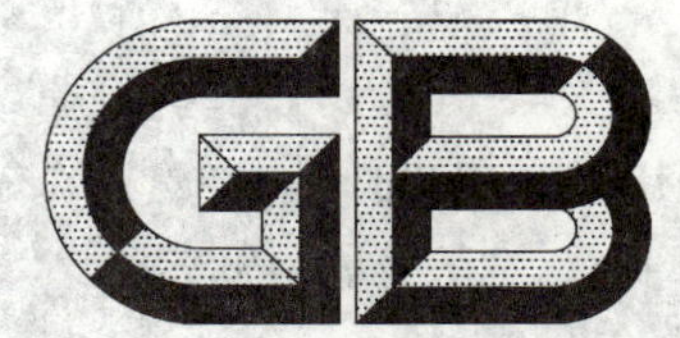

中华人民共和国国家标准

GB/T 18013—2008
代替 GB/T 18013—1999

天然生胶　加速贮存硬化值的测定

Raw natural rubber—Determination of accelerated storage-hardening number

2008-05-15 发布　　2008-11-01 实施

中华人民共和国国家质量监督检验检疫总局
中国国家标准化管理委员会　发布

前　言

本标准代替 GB/T 18013—1999《天然生胶　加速贮存硬化值的测定》。

本标准与 GB/T 18013—1999 相比主要差异如下：

——增加了第二法：门尼黏度计法；

——本标准作了编辑性修改。

本标准由中国石油和化学工业协会提出。

本标准由全国橡胶与橡胶制品标准化技术委员会天然橡胶分技术委员会归口。

本标准起草单位：中国热带农业科学院农产品加工研究所。

本标准主要起草人：陈成海、邓维用、黄茂芳。

本标准于 1999 年 11 月首次发布。

天然生胶　加速贮存硬化值的测定

警告:使用本标准的人员应有正规实验室工作的实践经验。本标准并未指出所有可能的安全问题。使用者有责任采取适当的安全和健康措施,并保证符合国家有关法规规定的条件。

1　范围

本标准规定了用快速塑性计和门尼黏度计测定天然生胶加速贮存硬化值的方法。

本标准适用于具有恒黏特性的天然生胶品种性能的评价。

注:加速贮存硬化值的测定,可以探知固体天然生胶在贮存期间,因分子交联而使黏度增加的程度。这种交联的形成,主要是由于橡胶分子中天然存在的醛基所促成的某些缩合反应。

2　规范性引用文件

下列文件中的条款通过本标准的引用而成为本标准的条款。凡是注日期的引用文件,其随后所有的修改单(不包括勘误的内容)或修订版均不适用于本标准,然而,鼓励根据本标准达成协议的各方研究是否可使用这些文件的最新版本。凡是不注日期的引用文件,其最新版本适用于本标准。

GB/T 1232.1　未硫化橡胶　用圆剪切粘度度计进行测定　第1部分:门尼粘度的测定(GB/T 1232.1—2000,idt ISO 289.1:1994)

GB/T 3510　未硫化胶　塑性的测定　快速塑性计法(GB/T 3510—2006,ISO 2007:1991,IDT)

GB/T 15340　天然、合成生胶取样及制样方法(GB/T 15340—1994,idt ISO 1795:1992)

3　快速塑性计法

3.1　原理

将试样放在五氧化二磷为干燥剂的容器中,在大气压和60℃±1℃的温度下贮存24 h±0.1 h;将经过加速贮存硬化的试样和未经加速贮存硬化的试样进行快速塑性值的测定,两者之差(ΔP)称为加速贮存硬化值。

3.2　仪器和材料

3.2.1　快速塑性计,使用直径为10.0 mm的上压板。

3.2.2　切片机,应符合GB/T 3510的规定。

3.2.3　实验室开放式炼胶机,辊筒直径(外径)为150 mm～155 mm,辊筒长度(两档板间)为250 mm～280 mm,前辊转速为24 r/min±1 r/min,前辊与后辊的速比为1.0∶1.4。

3.2.4　电热恒温干燥箱,整个有效空间的温差在±1℃以内,装满称瓶后10 min内应能回复到规定温度的±1℃以内。

3.2.5　测厚计,具有分度值为0.01 mm的百分表,测头接触平面的直径为4 mm,工作压力为22 kPa±5 kPa。

3.2.6　称瓶,采用图1所示的结构和尺寸。

单位为毫米

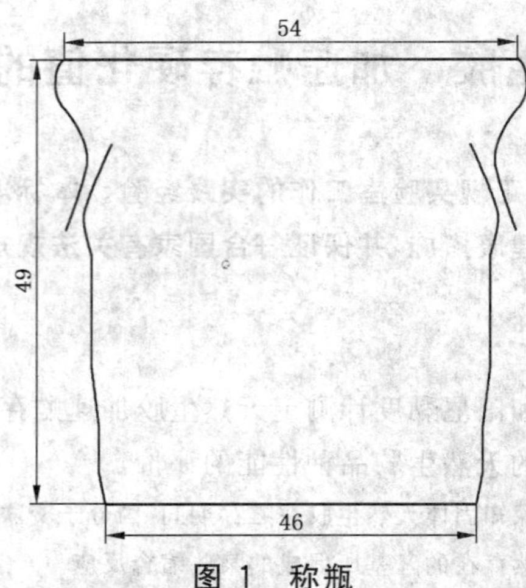

图 1 称瓶

3.2.7 试样架，用公称孔径为 355 μm(40 目)的不锈钢网制成，恰好能放入称瓶中(如图 2、图 3 所示)。

单位为毫米

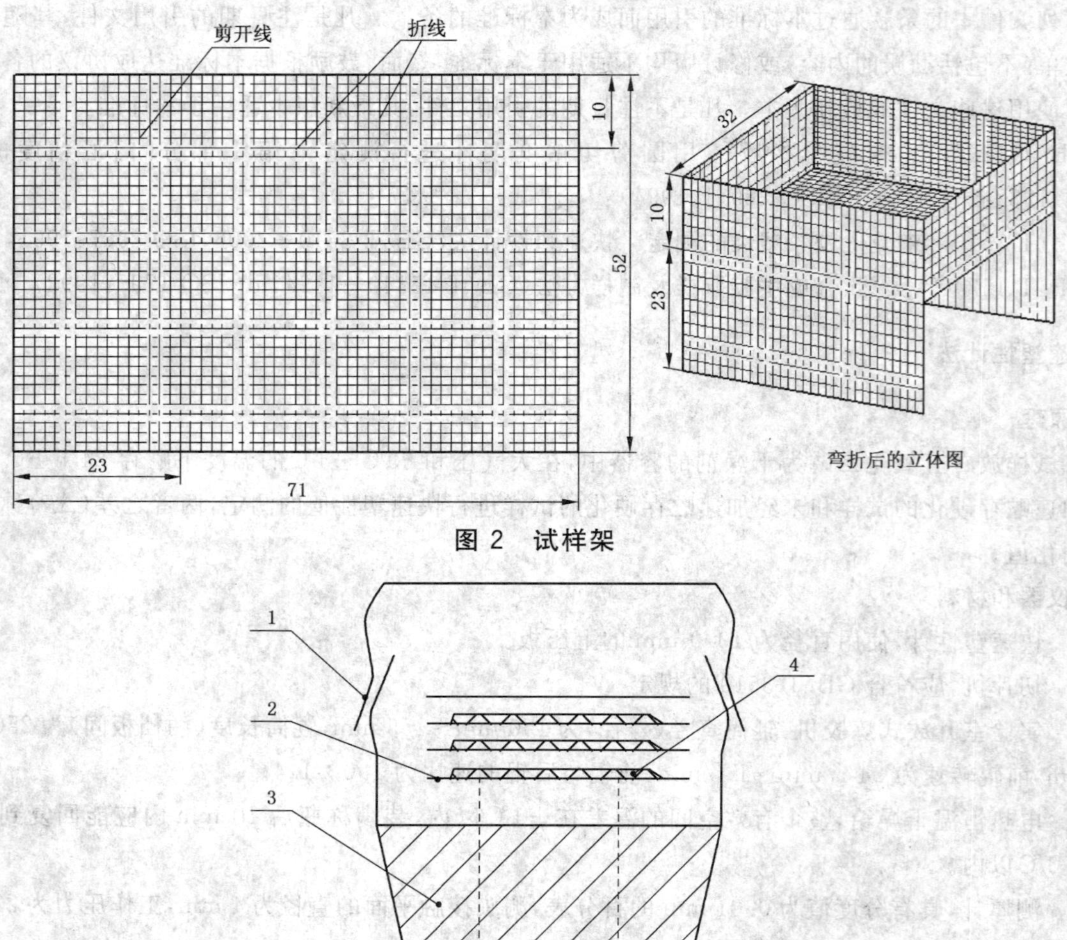

图 2 试样架

1——密封剂；
2——试样架；
3——五氧化二磷；
4——试样。

图 3 装好试样准备进行加速贮存硬化的称瓶

3.2.8 不锈钢镊子。

3.2.9 小勺，取五氧化二磷用，须耐磷酸腐蚀。

3.2.10 五氧化二磷(P_2O_5)。取用贮存时应戴护目镜和橡胶手套。应贮于密闭的玻璃瓶内，存放在阴凉干燥处，以防潮解，保持白色无定形粉末状态。

3.2.11 密封剂，可用医用白凡士林。

3.3 操作程序

3.3.1 试样的制备

样品按 GB/T 15340 规定的方法进行均匀化，从均匀化的样品中取 20 g±2 g 试样。试样在 27℃±3℃下通过炼胶机辊筒 2 次(两次之间将胶片重叠)，调节辊筒间隙，使胶片最后厚度约为1.7 mm(为了使陈年胶得到平滑的胶片，应过辊 3 次，如果是这种情况，应在试验报告里写明)。立即将质地均匀没有孔洞的胶片对折，并用手轻轻地将胶片的两半部分压在一起，避免形成气泡。

用切片机(3.2.2)从对折的胶片上切取如同 GB/T 3510 所规定的试样，用测厚计(3.2.5)测量它们的厚度，直到获得 6 个厚度为 3.4 mm±0.4 mm 的试样，随机将试样分为两组，每组 3 个，这两组试样分别作未经加速贮存硬化和经加速贮存硬化后测定快速塑性值之用。

因为测定结果受试样厚度的影响，所以应小心按上述规定制备试片。所要求的辊距应根据预先试验去确定，它随着橡胶和炼胶机的不同而改变。如果取不到 6 个符合上述要求厚度的试样，应重新制备一块对折的试片。

3.3.2 试样的加速贮存硬化

取一清洁、干燥的称瓶(3.2.6)，先用小勺(3.2.9)加入 6 g~8 g 五氧化二磷(3.2.10)，再将试样架(3.2.7)置于其内。随机取一组试样放置在试样架上，试样不应互相接触。称瓶的磨口均匀地涂上一层密封剂(3.2.11)，盖上瓶盖并轻轻转动，以确保密封良好。

将称瓶放入温度稳定在 60℃±1℃的电热恒温干燥箱(3.2.4)内，约 30 min 后检查瓶盖的密封性，并开始计时。24 h±0.1 h 后，打开干燥箱取出称瓶，并立即从称瓶内取出试样冷却至室温。

3.3.3 快速塑性值的测定

将经过加速贮存硬化的一组试样和未经加速贮存硬化的一组试样，按 GB/T 3510 规定的方法进行快速塑性值的测定。

3.4 加速贮存硬化值的计算

加速贮存硬化值(ΔP)按式(1)计算：

$$\Delta P = P_H - P_0 \qquad (1)$$

式中：

P_H——经过加速贮存硬化的一组试样快速塑性值的中值；

P_0——未经过加速贮存硬化的一组试样快速塑性值的中值。

4 门尼黏度计法

4.1 原理

将试样存放在五氧化二磷为干燥剂的容器中，在 60℃±1℃条件下贮存 48 h±0.1 h，将经过加速贮存硬化的试样和未经过加速贮存硬化的试样进行门尼黏度值的测定，两者之差(ΔV)称为加速贮存硬化值。

4.2 仪器和材料

4.2.1 门尼黏度计。

4.2.2 实验室烘箱，带有风扇的通用型，容积应足以容纳一个或更多的真空干燥器。整个工作空间的温度波动为±1℃。

4.2.3 高真空度真空泵。

4.2.4 干燥器，设计作真空用，有盖、颈圈旋塞阀、瓷板和玻璃容器。

4.2.5　温度计,0℃～100℃。

4.2.6　保温瓶。

4.2.7　全玻璃制的除水单元,如图 4 所示。

4.2.8　工业变性酒精。

4.2.9　五氧化二磷(P_2O_5),见 3.2.10。

4.2.10　高真空润滑脂。

4.2.11　干冰或用食盐(氯化钠)饱和的冰。

4.2.12　刮勺,应耐五氧化二磷腐蚀。

4.3　操作程序

样品按 GB/T 15340 规定的方法进行均匀化,从均匀化样品中称取约 50 g 试样,并随机将其分为两组,每组 25 g,这两组试样作未经加速贮存硬化和经加速贮存硬化后测定门尼值之用。用作加速贮存硬化的试样不应折叠。确保干燥器的清洁和干燥。将约 180 g 五氧化二磷移入玻璃容器内。将试样(每个干燥器放 12～15 块)放在瓷板上。在盖和旋塞上涂上润滑脂。检查确认润滑脂并不阻塞空气进入干燥器。将工业变性酒精倒入保温瓶并加入碎成小块的干冰(参见图 4)。待酒精被干冰饱和后,停止加干冰,这种混合物将使流经玻璃管的空气充分冷却而没有湿气进入真空泵,致使降低其效率。

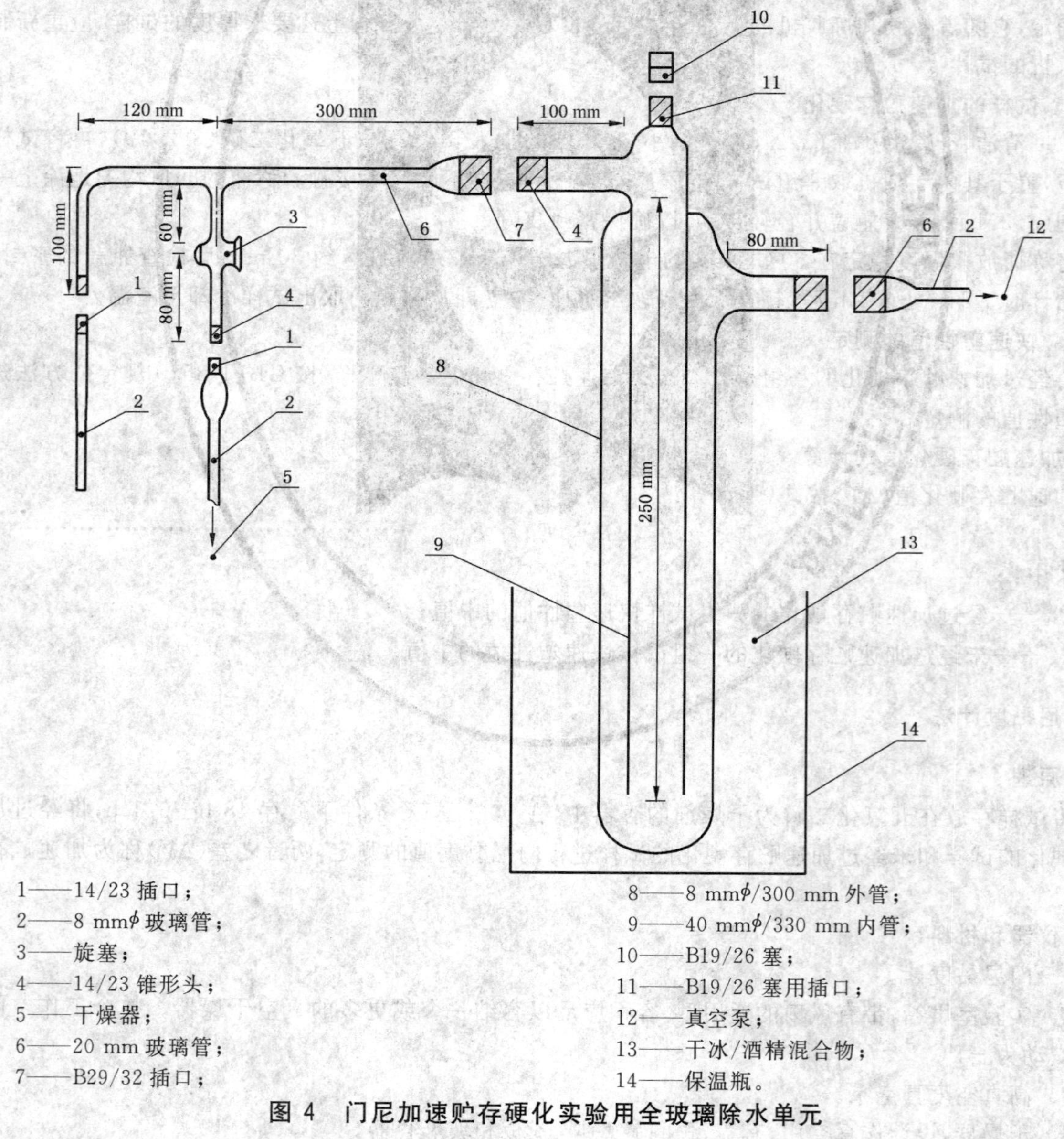

1——14/23 插口;
2——8 mmϕ 玻璃管;
3——旋塞;
4——14/23 锥形头;
5——干燥器;
6——20 mm 玻璃管;
7——B29/32 插口;
8——8 mmϕ/300 mm 外管;
9——40 mmϕ/330 mm 内管;
10——B19/26 塞;
11——B19/26 塞用插口;
12——真空泵;
13——干冰/酒精混合物;
14——保温瓶。

图 4　门尼加速贮存硬化实验用全玻璃除水单元

将真空胶管的一端接到干燥器的旋塞上，并将另一端与一玻璃接头套进真空设备的14/23接头。启动泵，并让其运转1 h。

然后关闭旋塞，移去胶管。将干燥器移入60℃±1℃烘箱内，保留48 h±0.1 h。从烘箱内移出干燥器。缓缓打开旋塞使空气进入。从干燥器内取出经硬化的试样，放在空气疏通的平板上让其冷却。冷却(至少4 h，但不超过24 h)之后，按GB/T 1232.1规定的方法对未经加速贮存硬化和经加速贮存硬化的试样作门尼黏度试验。

如试样在烘箱内老化48 h±0.1 h时，电源发生故障不超过0.5 h，且不是发生老化起初10 h内时，试验可继续进行，试验结果可予以接受和应用。在别的情况下，该试验应重做。

4.4 结果的表示

加速贮存硬化值(ΔV)按式(2)计算：

$$\Delta V = V_{H} - V_{0} \qquad \cdots\cdots(2)$$

式中：

V_{H}——经加速贮存硬化后试样的门尼黏度值；

V_{0}——未经加速贮存硬化试样的门尼黏度值。

5 试验报告

试验报告应包括以下内容：

a) 本标准号；

b) 样品标记的详细内容；

c) 加速贮存硬化值的测定结果；

d) 测定过程中注意到的任何异常现象；

e) 不包括在本标准或引用标准中的任何操作，以及认为是可任选的操作；

f) 试验日期。

ICS 29.060.20
K 13

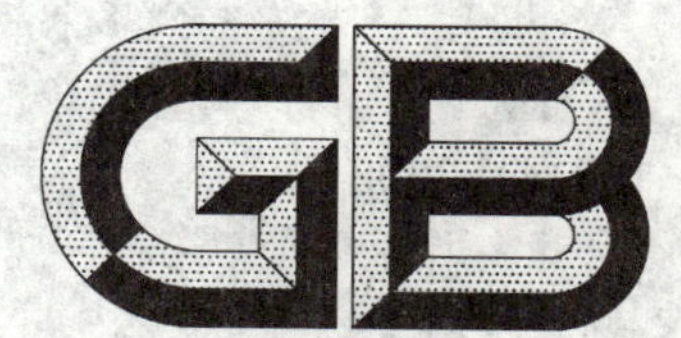

中华人民共和国国家标准

GB/T 18014—2008
代替 GB 18014—1999

电雷管引爆用聚氯乙烯绝缘电线

PVC insulated wire for ignition of electric detonators

2008-06-18 发布　　2009-03-01 实施

中华人民共和国国家质量监督检验检疫总局
中国国家标准化管理委员会　发布

前言

本标准代替 GB 18014—1999《电雷管引爆用聚氯乙烯绝缘电线》。

本标准与 GB 18014—1999 相比主要变化如下：

——取消 GB 18014—1999 中 6.1.1、6.1.2、6.1.3 条，将其内容并入本标准的第 3 章；

——修改成品引爆线的耐压试验文字描述（前版 4.4.3，本版 5.4.3）；

——将 GB/T 18014—1999 中 6.3、6.4、6.5 条归入本标准的 6.4 条；

——增加了成圈线内径的误差要求（本版 8）；

——“质量”改为“质量（重量）”（前版 7.1，本版 8）；

——明确附录 A 为规范性附录（前版附录 A，本版附录 A）；

——增加了“外观”要求（本版表 A.2）；

——增加了读数及测量值的相关内容（本版 A.2.1）。

本标准的附录 A 为规范性附录。

本标准由中国电器工业协会提出。

本标准由全国电线电缆标准化技术委员会（SAC/TC 213）归口。

本标准主要起草单位：上海电缆研究所。

本标准参加起草单位：煤炭科学研究总院抚顺分院、沈阳二三厂、温州振华电子有限公司、杭州威鑫电子有限公司、成都市鑫牛线缆有限公司。

本标准主要起草人：陆燕红、段赟、刘立山、杨枫、李晓东、魏英、张贤灵。

本标准所代替的标准历次版本发布情况为：

——GB/T 18014—1999。

电雷管引爆用聚氯乙烯绝缘电线

1 范围

本标准规定了工程爆破电雷管引爆用聚氯乙烯绝缘电线(以下简称引爆线)的产品分类、代号、型号、技术要求、试验方法和检验规则、包装、标志及贮存。

本标准适用于电雷管引爆用铜芯和镀锌钢芯聚氯乙烯绝缘电线。

2 规范性引用文件

下列文件中的条款通过本标准的引用而成为本标准的条款。凡是注日期的引用文件,其随后所有的修改单(不包括勘误的内容)或修订版均不适用于本标准,然而,鼓励根据本标准达成协议的各方研究是否可使用这些文件的最新版本。凡是不注日期的引用文件,其最新版本适用于本标准。

GB/T 2951.11—2008 电缆绝缘和护套材料通用试验方法 第11部分:通用试验方法——厚度和外形尺寸测量——机械性能试验(IEC 60811-1-1:2001,IDT)

GB/T 3048.4—2007 电线电缆电性能试验方法 第4部分:导体直流电阻试验

GB/T 3048.8—2007 电线电缆电性能试验方法 第8部分:交流电压试验 (IEC 60060-1:1989,NEQ)

GB/T 3048.9—2007 电线电缆电性能试验方法 第9部分:绝缘线芯火花试验

GB/T 3953—1983 电工圆铜线

GB/T 4909.2—1985 裸电线试验方法 尺寸测量(neq IEC 251:1978)

GB/T 4909.3—1985 裸电线试验方法 拉力试验(neq IEC 207:1966)

GB/T 8815—2002 电线电缆用软聚氯乙烯塑料(IEC 60227-1:1993,NEQ)

3 定义

下列定义适用于本标准。

3.1

例行试验 routine test

由制造厂在所有成品引爆线制造长度上进行的用以验证引爆线完好性的试验。

3.2

抽样试验 sample test

由制造厂按规定的频度在成品引爆线试样上或在取自成品引爆线的试样上进行的用以验证成品引爆线符合规定要求的试验。

3.3

型式试验 type test

在批量提供本标准中的一种型号的引爆线之前,为了验证其符合指定用途时具有满意的性能特性而进行的试验。完成型式检验后,一般不需重复进行试验,但当对引爆线的性能特性有影响的原材料、设计和制造工艺有改变时才需重复进行试验。

4 分类、代号、型号及产品表示方法

4.1 分类

4.1.1 按导体材料特征分为铜芯和镀锌钢芯导体。

4.1.2 按绝缘厚度分为薄型和厚型聚氯乙烯绝缘。

4.2 代号

4.2.1 系列代号

电雷管引爆用电线 …… DB

4.2.2 材料代号

铜芯导体 …… 省略

镀锌钢芯导体 …… G

聚氯乙烯绝缘 …… V

4.2.3 绝缘厚度代号

薄型绝缘 …… —1

厚型绝缘 …… —2

4.3 型号

引爆线的型号如表1。

表1 引爆线的型号

型号	名称
DBV-1	电雷管引爆用铜芯薄型聚氯乙烯绝缘电线
DBV-2	电雷管引爆用铜芯厚型聚氯乙烯绝缘电线
DBGV-1	电雷管引爆用镀锌钢芯薄型聚氯乙烯绝缘电线
BDGV-2	电雷管引爆用镀锌钢芯厚型聚氯乙烯绝缘电线

4.4 产品表示方法

4.4.1 产品用型号、导体标称直径、绝缘颜色及本标准编号表示。

4.4.2 示例

电雷管引爆用直径0.40 mm 铜芯薄型聚氯乙烯绝缘电线,红色,表示为:

DBV-1 0.40 红 GB/T 18014—2008

电雷管引爆用直径0.52 mm 镀锌钢芯厚型聚氯乙烯绝缘电线,灰色,表示为:

DBGV-2 0.52 灰 GB/T 18014—2008

5 技术要求

5.1 规格

引爆线的规格、结构尺寸及导体直流电阻如表2规定

表2 引爆线的综合数据

型号	导体标称直径/mm	绝缘最薄厚度/mm 不小于	平均外径/mm		20℃时导体直流电阻/Ω/m 不大于
			下限	上限	
DBV-1	0.40	0.15	0.85	0.95	0.150
	0.45	0.15	0.85	0.95	0.119
	0.50	0.15	0.90	1.00	0.090
	0.60	0.17	1.00	1.10	0.067
DBV-2	0.40	0.20	0.90	1.00	0.150
	0.45	0.20	0.90	1.00	0.119
	0.50	0.25	1.20	1.30	0.090
	0.60	0.25	1.20	1.30	0.067

表 2（续）

型号	导体标称直径/mm	绝缘最薄厚度/mm 不小于	平均外径/mm		20℃时导体直流电阻/Ω/m 不大于
			下限	上限	
DBGV-1	0.44	0.15	0.85	0.95	0.838
	0.47	0.15	0.85	0.95	0.734
	0.52	0.15	0.90	1.00	0.600
	0.59	0.17	1.00	1.10	0.466
BDGV-2	0.44	0.20	0.90	1.00	0.838
	0.47	0.20	0.90	1.00	0.734
	0.52	0.25	1.20	1.30	0.600
	0.59	0.25	1.20	1.30	0.466

5.2 导体

5.2.1 铜芯导体应符合 GB/T 3953—1983 中对于 TR 型圆铜单线的规定，其标称直径应符合表 2 规定。

5.2.2 镀锌钢芯导体应符合本标准附录 A 的规定，其标称直径应符合表 2 规定。

5.3 绝缘

5.3.1 绝缘聚氯乙烯应选用符合 GB/T 8815—2002 中规定的 J-70 或 JR-70 型塑料。

5.3.2 绝缘应紧密地挤包在导体上，且应容易剥离而不损伤导体，绝缘表面应光洁、色泽均匀。

5.3.3 绝缘任一点的厚度应符合表 2 规定。

5.3.4 绝缘的颜色为灰、红、黄、蓝、绿及白色。

5.4 成品引爆线

5.4.1 成品引爆线的平均外径应符合表 2 的规定。

5.4.2 成品引爆线的导体直流电阻应符合表 2 的规定。

5.4.3 成品引爆线应经受交流 500 V、1 min 的浸水电压例行试验而不击穿。浸水电压例行试验允许用火花试验代替，薄型绝缘电线的火花试验电压为工频 1 000 V 或直流 1 500 V；厚型绝缘电线的火花试验电压为工频 1 500 V 或直流 2 000 V。

5.4.4 成品引爆线应经受交流 1 000 V，1 min 的浸水电压型式试验而不击穿。

5.4.5 DBGV 型成品引爆线应进行柔软度试验，柔软度用卷绕回弹角的度数表示，其值应不超过 85°。

6 试验方法

6.1 结构尺寸检查

6.1.1 导体直径检查

铜芯导体的直径应按 GB/T 4909.2—1985 规定的方法检查。

镀锌钢芯导体的直径应按本标准附录 A 规定检查。

6.1.2 绝缘厚度测量

绝缘最薄点厚度应按 GB/T 2951.11—2008 规定测量。

在引爆线上至少相隔 1 m 的三处各取一段引爆线试样作为测试样品。

读数应测量到三位小数(以 mm 计)，测量值应修约至两位小数。

绝缘最薄点厚度应取全部测量值的最小值。

6.1.3 引爆线平均外径测量

引爆线平均外径应按 GB/T 2951.11—2008 规定测量，在引爆线上至少相隔 1 m 的三处各在互相垂直的两个方向上分别测量。

读数应测量到三位小数(以 mm 计),将六个测量值的算术平均值修约至两位小数作为引爆线平均外径。

6.2 电性能试验

6.2.1 导体直流电阻测量

铜芯导体和镀锌钢芯导体的直流电阻应按 GB/T 3048.4—2007 和本标准附录 A 规定测量。

试样的有效长度应不少于 1 m。

6.2.2 绝缘浸水耐电压试验

6.2.2.1 500 V 交流电压试验

6.2.2.1.1 500 V 交流电压试验应按照 GB/T 3048.8—2007 的规定试验。

——试样:全部成圈或成盘的成品引爆线;

——水的组分:普通自来水;

——浸水温度:室温;

——浸水时间:1 h。

6.2.2.1.2 绝缘火花试验应按照 GB/T 3048.9—2007 的规定试验。

6.2.2.2 1 000 V 交流电压试验

1 000 V 交流电压试验应按照 GB/T 3048.8—2007 的规定试验。

——试样:长度为 5 m 的一根成品引爆线;

——水的组分:含 3%(质量分数)NaCl 的水溶液;

——浸水温度:(20±5)℃;

——浸水时间:1 h。

6.3 DBGV 型成品引爆线的柔软度试验

6.3.1 试验装置

回弹角的试验装置如图 1 所示,回弹角试验装置允许采用动力卷绕。

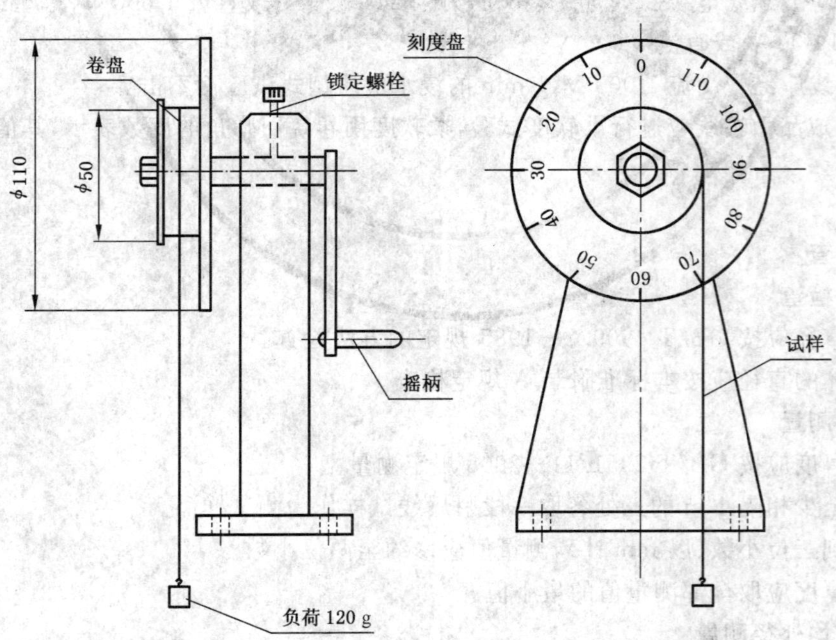

图 1 回弹角试验装置

6.3.2 试样制备

从成品引爆线中相隔至少1 m,取长约800 mm的试样3个。取下的试样应保持原来状态,不应受到拉伸或弯曲。

6.3.3 试验步骤

6.3.3.1 将试样一端插入回弹角试验装置上卷盘圆周"0°"角标志处的孔内,另一端挂上重120 g的负荷。

6.3.3.2 按照试样原来成圈时卷绕的方向,以约6匝/min的速度,逆时针方向在卷盘上密绕3匝。

6.3.3.3 将锁定螺栓锁住摇柄,用手将试样紧按在卷盘圆周面上,拆除线端的负荷,在第三匝"0°"点位置沿圆筒径向将试样弯成直角,作为指针,指针长约20 mm,将多余的线剪去。

6.3.3.4 用手指挡住指针,并以约1匝/min的速度让线圈缓慢地回弹,当指针不再随手指回弹时,指针所指的刻度盘读数即为回弹角。

6.3.4 试验结果及评定

3个试样的试验结果均不超过85°为试验合格。

6.4 外观检查

产品的外观用目力逐件检查。

7 检验规则

7.1 检验

产品检验项目、试验类型和试验方法按表3规定。

7.2 验收规则

产品应由制造厂质量检验部门检验合格后方能出厂。出厂产品应附有产品检验合格证明。

产品应按规定的试验项目和试验类型进行验收。

每批抽样数目由双方协议规定,如用户不提出要求,由制造厂规定。抽样试验项目的试验结果不合格时,应加倍抽样进行第二次试验;仍不合格时,判为不合格品批。

8 包装、标志及贮存

引爆线应成卷或成盘交货。每卷或每盘的质量(重量)为8 kg~12 kg,允许质量(重量)不小于0.5 kg的线段交货,但线段数量应不多于5个。每卷或每盘中的电线绝缘应为相同颜色。成卷线的内径应为(200±20)mm。

成卷或成盘的引爆线应缠绕整齐,端头明显、易找。成圈电线用同种颜色引爆线捆扎牢固,并用合适材料的包装带均匀卷绕包覆。成盘电线用包装材料卷绕覆盖于电线外表。

每卷或每盘成品引爆线上应附有标签标明:

a) 制造厂名称;
b) 产品名称、型号及规格;
c) 净重,kg;
d) 制造日期:年、月;
e) 质检员签章;
f) 本标准编号。

装箱时箱体外表面上应标明:

a) 制造厂名称;
b) 产品名称、型号规格及颜色;
c) 箱体尺寸及质量(重量),mm×mm×mm,kg;
d) 防潮、防掷标志。

出口产品的包装与标志应按有关规定执行。

产品应贮存在通风良好的库房内。

表3 检验

序号	检验项目	技术要求	检验类型	试验方法
1	结构和尺寸检查		T,S	
1.1	绝缘最薄点厚度	本标准的5.3.3条		GB/T 2951.11—2008
1.2	成品外径	本标准的5.4.1条		GB/T 2951.11—2008
1.3	导体直径	本标准的5.2.1和5.2.2条		GB/T 4909.2—1985和本标准附录A
2	导体性能检验	本标准的5.2.1条	T	
2.1	铜芯导体			
2.1.1	断裂伸长率	本标准的5.2.2条		GB/T 4909.3—1985
2.2	镀锌钢芯			
2.2.1	抗拉强度			GB/T 4909.3—1985和本标准附录A
2.2.2	断裂伸长率			GB/T 4909.3—1985和本标准附录A
2.2.3	镀锌层均匀性			本标准附录A
2.2.4	镀锌层牢固性			本标准附录A
3	导体直流电阻试验	本标准的5.4.2条	T,S	GB/T 3048.4—2007和本标准附录A
4	浸水电压试验	本标准的5.4.3条		
4.1	500 V交流电压试验(允许以火花试验代替)		R	GB/T 3048.9—2007
4.2	1 000 V交流电压试验		T	GB/T 3048.8—2007
5	DBGV型成品引爆线柔软度试验	本标准的5.4.4条	T,S	本标准6.3条
6	外观检查	本标准的5.2.1、5.2.2、5.3.2和5.3.4条	T,R	本标准6.4条
注:T——型式试验,S——抽样试验,R——例行试验。				

附 录 A
（规范性附录）
镀锌钢芯导体

A.1 技术要求

镀锌钢芯导体标称直径及偏差应符合表 A.1 规定。

镀锌钢芯导体各项性能应符合表 A.2 的规定。

表 A.1

标称直径/mm	偏差/mm
0.44 0.47 0.52 0.59	±0.02

表 A.2

序号	项目名称	单位	指标	试验方法
1	抗拉强度	MPa	≥295	A.2.2
2	断裂伸长率	%	≥12	A.2.2
3	20℃时直流电阻	Ω/m	本标准表 2 规定值	A.2.3
4	镀锌层均匀性		不附有金属铜迹	A.2.4
5	镀锌层牢固度		镀层不裂不脱落	A.2.5
6	外观		光洁无锈蚀	A.2.6

A.2 试验方法

A.2.1 直径测量

镀锌钢芯导体直径应采用分度为 0.01 mm 的量具测量。按照 GB/T 4909.2—1985 规定测量，在至少相隔 1 m 的三处各在互相垂直的两个方向上分别测量。

A.2.2 抗张强度及断裂伸长率试验

镀锌钢芯导体的抗张强度及断裂伸长率试验应按 GB/T 4909.3—1985 规定试验。拉伸速度为 50 mm/min，试样有效长度为 100 mm，试样数量为 3 个，试验结果取 3 个试样计算数据的算术平均值。

A.2.3 直流电阻试验

镀锌钢芯导体的直流电阻应按 GB/T 3048.4—2007 规定试验。不同环境温度下测量的直流电阻应换算为 20℃的直流电阻。

20℃时的导体电阻温度系数 a_{20} 为 (4.55×10^{-8}) 1/℃。

A.2.4 镀锌层均匀性试验

从成圈镀锌钢芯上相隔至少 1 m 取长约 250 mm 的试样 3 个，分别弯成半径为 50 mm 的“U”型，浸入温度为(18±2) ℃，密度为 1.114 g/cm³～1.116 g/cm³ 的化学纯硫酸铜溶液中，浸入部分的长度应不小于 150 mm，时间为 45 s，取出后立即在清水中洗净，再用脱脂棉轻擦干净，然后用目力检查，试样表面不应附有铜迹。

A.2.5 镀锌层牢固性试验

从成圈镀锌钢芯上相隔至少1 m取长约200 mm的试样3个，分别以约18匝/mim的速度，在直径为4.2 mm的圆棒上密绕6匝，然后用目力检查试样的表面，应不出现镀层断裂和脱落现象。

A.2.6 外观

用目力检查试样的表面，应光洁无锈蚀。

ICS 11.040.40
C 45

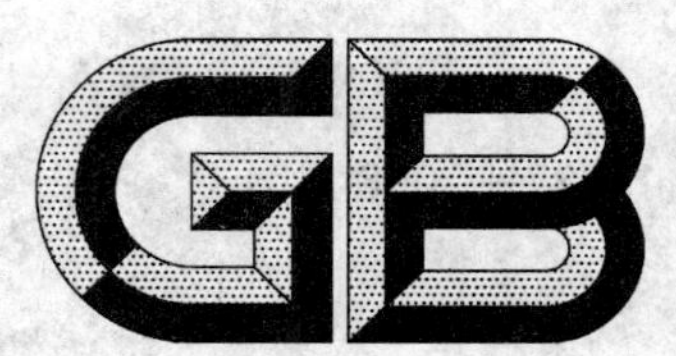

中华人民共和国国家标准

GB/T 18027—2008
代替 GB/T 18027—2000

电动上肢假肢部件

Components of electric upper limb

2008-09-19 发布　　2009-03-01 实施

中华人民共和国国家质量监督检验检疫总局
中国国家标准化管理委员会　发布

前　言

本标准代替 GB/T 18027—2000《电动上肢假肢通用件》。

本标准与原 GB/T 18027—2000 相比，主要差异有：

本标准中，修订了性能指标，完善了试验方法，更方便和容易操作，所有的测试都是在有载荷的情况下进行，更符合实际。

a) 将原标准名称《电动上肢假肢通用件》修订为《电动上肢假肢部件》；

b) 修订了性能指标，如：指端捏力 29.4 N(3 kg×9.8)修订为 30 N；指端自锁阻力 58.8 N(6 kg×9.8)修订为 60 N；腕关节自锁力矩 0.98 N·m(0.1 kg·m×9.8)修订为 1 N·m；肘关节自锁力矩 5.88 N·m(0.6 kg·m×9.8)修订为 6 N·m；

c) 对主要技术性能测试方法进行了具体限定。如：完善了肘关节初载角速度测试，腕关节额定负载角速度测试，肘关节额定负载角速度测试等试验方法；

d) 肘关节、腕关节空载修订为初载；

e) 删除了分类与型号一章；

f) 增加了电动假手手套的试验场地条件；

g) 删除了电动假手、腕关节、肘关节质量；

h) 删除了手套尺寸序号及其尺寸要求，修订为分男女、左右，分为大、中、小规格，并要与厂家的电动假手尺寸相匹配。

本标准由中华人民共和国民政部提出。

本标准由全国残疾人康复和专用设备标准化技术委员会(SAC/TC 148)归口。

本标准主要起草单位：国家康复辅具研究中心、上海科生假肢有限公司、丹阳精博假肢矫形器技术有限公司、北京奥托博克假肢矫形器工业有限公司。

本标准主要起草人：闫和平、杨成瑞、罗永昭、王强宝、高铁成。

本标准 2000 年首次发布。

本标准为第一次修订。

电动上肢假肢部件

1 范围

本标准规定了成年人电动上肢假肢主要部件的型号、尺寸、技术要求、试验方法、检验规则、标志、包装、运输和储存。

本标准适用于电动上肢假肢的假手、腕关节、肘关节和手套等部件。

2 规范性引用文件

下列文件中的条款通过本标准的引用而成为本标准的条款。凡是注日期的引用文件，其随后所有的修改单(不包括勘误的内容)或修订版均不适用于本标准，然而，鼓励根据本标准达成协议的各方研究是否可使用这些文件的最新版本。凡是不注日期的引用文件，其最新版本适用于本标准。

GB/T 528—1998 硫化橡胶或热塑性橡胶拉伸应力应变性能的测定

GB/T 2423.1—2001 电工电子产品环境试验 第二部分:试验方法 实验A:低温

GB/T 2423.2—2001 电工电子产品环境试验 第二部分:试验方法 实验B:高温

GB/T 3768 声学 声压法测定噪声源声功率级 反射面上方包络法测量表面的简易法

GB/T 9174 一般货物包装通用技术条件

GB/T 14191 假肢和矫形器术语

3 术语和定义

GB/T 14191中确立的以及下列术语和定义适用于本标准。

3.1

电动上肢假肢 electric arm

采用微型电动机驱动假肢关节及手部装置的上肢假肢。

3.2

肌电控制上肢电动假肢 myoelectric controlled electric arm

利用人体的肌电信号进行控制的电动上肢假肢。

3.3

开关控制电动上肢假肢 switch controlled electric arm

利用开关进行控制的电动上肢假肢。

3.4

拉伸负荷 tensile load

试片在拉伸断裂时，在测试部位上，单位宽度所承受的力。

4 技术要求

4.1 一般要求

电动上肢假肢部件应按设计图纸进行加工制作。

4.2 主要技术性能要求

4.2.1 电动假手主要技术性能应符合表1的规定。

表 1

序　号	项　目　名　称	性能指标	检验方法
1	最大开手距离/mm	≥95	5.1.1
2	指端平均运动速度/(mm/s)	≥80	5.1.2
3	指端捏力/N	≥30	5.1.3
4	开手 95 mm 能耗/J	≤1.3	5.1.4
5	噪声/dB	≤45	5.1.6
6	指端自锁阻力/N	≥60	5.1.8

4.2.2　电动腕关节主要技术性能应符合表 2 的规定。

表 2

序　号	项　目　名　称	性能指标	检验方法
1	旋转范围/(°)	≥200	5.1.1
2	初载角速度/(rad/s)	≥0.70	5.1.2
3	额定负载角速度/(rad/s)	≥0.60	5.1.2
4	最大负载力矩/(N·m)	≥0.80	5.1.3
5	初载输入功率/W	≤1.5	5.1.4
6	额定负载输入功率/W	≤3.7	5.1.5
7	噪声/dB	≤45	5.1.6
8	自锁力矩/(N·m)	≥1	5.1.8

4.2.3　电动肘关节主要技术性能应符合表 3 的规定。

表 3

序　号	项　目　名　称	性能指标	检验方法
1	屈肘范围不小于/(°)	5～130	5.1.1
2	初载运动角速度/(rad/s)	≥0.6	5.1.2
3	额定负载角速度/(rad/s)	≥0.52	5.1.2
4	最大负载力矩/(N·m)	≥5	5.1.3
5	初载输入功率/W	≤4.2	5.1.4
6	额定负载输入功率/W	≤7.2	5.1.5
7	噪声/dB	≤55	5.1.6
8	自锁力矩/(N·m)	≥6	5.1.8

4.3　可靠性要求

4.3.1　电动上肢假肢的部件，应能在温度为－10 ℃～＋40 ℃，湿度为 0～85%的环境下正常使用。按 5.2.1 规定的方法进行低温实验后，应能正常动作。

4.3.2　电动上肢假肢的部件，按 5.2.2 规定的方法进行高温试验后，应能正常动作。

4.3.3　电动上肢假肢的电池一次性充足电量后，连续开机 12 h 内，应能连续开闭手指或者连续旋转腕关节或者连续屈肘 1 000 次，并能保持正常工作。

4.4　结构强度要求

4.4.1　电动上肢假肢部件，按 5.3.1 规定的方法进行静态强度试验后，不得有任何损坏，能正常动作。

4.4.2 电动上肢假肢部件，按 5.3.2 规定的方法进行动态强度测试后，不得发生裂纹、损坏及明显的永久变形。

4.5 外观要求

4.5.1 金属件应有防锈处理，且表面光滑无毛刺等。

4.5.2 电镀件表面应色泽均匀，不许有鼓泡、剥落、麻点、漏底等缺陷。

4.5.3 塑料件表面应平滑、色泽均匀，无明显划伤。

4.6 电动假手手套要求

4.6.1 手套应采用对人体无害的材料制作。

4.6.2 手套应分男女、左右，分为大、中、小规格，并要与厂家的电动假手尺寸相匹配。

4.6.3 手套的性能按 5.5 规定的方法进行试验时，应符合下列要求：

1） 拉伸负荷≥80 N/cm；

2） 扯断伸长率≥150％；

3） 不允许漏水。

4.6.4 外观应纹络清晰，无明显缺陷，手感柔软，薄厚均匀，颜色近于肤色。

4.7 试验场地条件

温度 20 ℃～25 ℃，相对湿度 40％～70％。

5 试验方法

5.1 主要技术性能测试

5.1.1 运动范围测试

5.1.1.1 假手最大开手距离测试

用测量范围为 0 mm～150 mm 的游标卡尺测量开手极限位食指端和拇指端间的内侧距离，测量三次，取平均值(不戴手套)。

5.1.1.2 腕关节旋转范围测试

腕关节应水平放置(转动轴水平，下同)，用量角器测量其旋转角度。

5.1.1.3 屈肘范围测试

在初载的情况下，测量肘关节最大伸、屈的角度。测量三次，取平均值。

5.1.2 运动速度测试

5.1.2.1 假手指端平均运动速度测试

测量时不戴手套，分别测量手指张开最大位置到闭合所需时间和从闭合到张开最大位置所需时间，计算运动速度。测量三次，取平均值。

5.1.2.2 腕关节初载角速度测试

腕关节水平放置，装上假手(手头)，测量腕关节旋转角度及所用时间，然后计算出角速度。测量三次，取平均值。

5.1.2.3 肘关节初载角速度测试

垂直固定上臂，装上模拟前臂，当前臂在 90°状态时，对肘关节产生的最大力矩为 1.9 N·m，肘关节在矢状面伸屈，测量前臂从 5°～130°屈曲和从 130°～5°伸展的运动时间，计算出角速度。测量三次，取平均值。

5.1.2.4 腕关节额定负载角速度测试

装上假手，腕关节水平放置，在额状面上加模拟载荷，当腕旋转时其最大载荷力矩为 0.5 N·m，按前述 5.1.2.2 的方法测试。

5.1.2.5 肘关节额定负载角速度测试

垂直固定上臂，使前臂假肢在矢状面伸屈，在矢状面加模拟载荷，当屈肘时，其最大载荷力矩为

4 N·m,按前述5.1.2.3的方法测试。

5.1.3 负载能力测试

5.1.3.1 指端捏力测试

在额定电压下,用测量范围为0 N～50 N、示值误差为±2.5 N的捏力计,在驱动装置使假手处于作用指完全捏紧的状态时,测量食指和拇指间的捏力。测量三次,取平均值。

5.1.3.2 腕关节负载力矩测试

腕关节水平放置,在额状面上加模拟载荷,当腕旋转时其最大载荷力矩为0.8 N·m,腕关节应能正常转动。

5.1.3.3 肘关节负载力矩测试

假手持重,在屈肘时,在前臂假肢和持重对肘关节产生的最大负载力矩为5 N·m时,应能实现5°～130°屈肘。

5.1.4 初载能耗测试

用稳压电源1.5级以上的电压表和毫安表,按图1的方式连接后,测量电压和电流值。测量三次,取平均值。

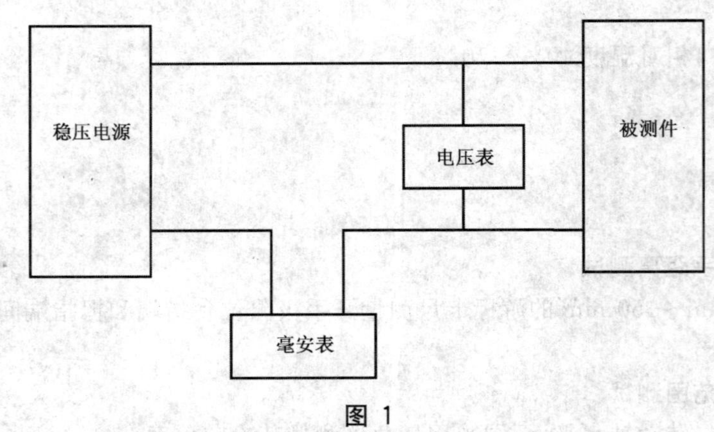

图 1

5.1.4.1 开手全行程能耗测试

测量手指从全闭合到张开最大位置所需时间、电压、工作电流值及最大开距,计算出开手达95 mm的时间,并按式(1)和式(2)计算开手全行程能耗(不带手套)。

$$E = Pt \quad \cdots\cdots(1)$$

$$E = IUt \quad \cdots\cdots(2)$$

式中:

E——能耗,单位为焦耳(J);

U——电压,单位为伏特(V);

I——电流,单位为安培(A);

t——开手95 mm所需时间,单位为秒(s)。

5.1.4.2 腕关节初载输入功率测试

腕关节水平放置,装上假手(手头),测量腕关节空转时最大电流及电压值,计算其功率。

5.1.4.3 肘关节初载输入功率测试

垂直固定上臂,装上模拟前臂,使前臂对肘关节的最大力矩为1.9 N·m,上臂固定并与水平面垂直,肘关节在矢状面伸屈,测量最大电流及电压值,计算其功率。

5.1.4.4 额定负载功率测试

按5.1.4的同样方法,测定在下述条件的电流(取最大值)和电压值,计算其功率。

5.1.4.5 腕关节额定负载输入功率测试

腕关节水平放置,在额状面上施加载荷,当腕旋转时,其最大载荷力矩为0.5 N·m,测量电流(取最大值)和电压值,计算其输入功率。

5.1.4.6 肘关节额定负载输入功率测试

上臂固定并与水平面垂直,使肘关节在矢状面伸屈,使前臂和持重在屈肘时产生的最大载荷力矩为4 N·m,测量电流(取最大值)和电压值,计算其输入功率。

5.1.4.7 噪声的测试

按照GB/T 3768的规定,在专用消声室里,用精密声级计测量初载噪声。测量仪器与被测产品的水平距离为50 cm;仪器应分别放在产品的正面和侧面两个方向进行测试。

5.1.4.8 自锁阻力测试

5.1.4.9 假手自锁阻力测试

使假手握紧,在食指上施加60 N的力,应当保持自锁30 s以上。

5.1.4.10 腕关节自锁阻力测试

腕关节水平放置,在腕关节输出端垂直于腕关节旋转轴固定一轻质力臂,施加1 N·m的力矩,应当保持自锁30 s以上。

5.1.4.11 肘关节自锁阻力测试

肘关节输出杆处于水平位置,并与肘关节体成垂直,沿输出杆固定一轻质力臂,施加6 N·m的力矩,应当保持自锁30 s以上。

5.2 可靠性测试

5.2.1 电动上肢假肢带有电子器件的部件,按GB 2423.1—2001中试验Ab规定的方法进行低温试验,在温度为−10 ℃±3 ℃条件下保持2 h后,能正常动作。

5.2.2 电动上肢假肢带有电子器件的部件,按GB 2423.2—2001中试验Bb规定的方法进行高温试验,在温度为+40 ℃±3 ℃条件下保持2 h后,能正常动作。

5.3 结构强度测试

5.3.1 静态结构强度测试中的静载荷值如表4所示,根据规定值施加载荷30 s,然后去掉载荷进行检查并记录有无损坏。

表4

指端捏力/N	腕部总负载力矩/(N·m)	肘部总负载力矩/(N·m)
60±0.5	1.0±0.1	6±0.1

5.3.2 动态结构强度测试中的外加载荷值如表5所示,循环次数不少于10万次。测试后记录有无损坏。

表5

指端捏力/N	腕部总负载力矩/(N·m)	肘部总负载力矩/(N·m)
≥30	0.25±0.05	2.9±0.15

5.4 外观要求

外观要求用目测法检验。

5.5 手套性能的测试

5.5.1 试样

试样用GB/T 528—1998中7.1所规定的Ⅰ型(狭小平行部分宽度D=6.0 mm)哑铃状式裁刀从手套背部、腕部及掌部平滑面沿中指尖方向截取。试样的厚度应为2.0 mm±0.2 mm。

5.5.2 拉伸负荷的测试

手套拉伸负荷按GB/T 528—1998中规定的有关方法进行试验,然后按式(3)计算拉伸负荷。

$$L = \frac{F}{B} \qquad \cdots\cdots(3)$$

式中：

L——拉伸负荷，单位为牛顿每厘米(N/cm)；

F——最大负荷，单位为牛顿(N)；

B——试样工作部分宽度，单位为厘米(cm)。

5.5.3 **手套扯断伸长率的测试**

手套扯断伸长率按 GB/T 528—1998 规定的方法进行试验，然后按式(4)计算扯断伸长率。

$$E_b = \frac{L_b - L_\varepsilon}{L_\varepsilon} \times 100 \qquad \cdots\cdots(4)$$

式中：

E_b——扯断伸长率，单位为百分之(%)；

L_ε——标线间长度，单位为毫米(mm)；

L_b——扯断时标线间长度，单位为毫米(mm)。

5.5.4 **漏水试验**

规定手套的边部，保持垂直，在室温下向手套内注满水并立即计时。手套充水后悬挂时间不少于 2 min，观察手套各部位有无漏水现象。

6 检验规则

6.1 出厂检验

6.1.1 电动上肢假肢部件必须经生产厂质检部门进行检验合格并附合格证，方能出厂。

6.1.2 出厂检验项目按企业检验规范进行。

6.2 型式检验

6.2.1 提交型式检验的电动上肢假肢部件必须是经生产厂质检部门检验合格的产品。

6.2.2 有下列情况之一时，应进行型式检验：

a) 新产品或老产品转厂生产时；

b) 正常生产后，如结构、材料或工艺有重大改变可能影响产品性能时；

c) 产品停产一年后，恢复生产时；

d) 合同规定进行型式检验时；

e) 质量监督部门提出进行型式检验时。

6.2.3 检验项目

按第 5 章所列全部内容。

6.3 抽样及判定规则

6.3.1 当进行上述 d)和 e)项时，作型式检验的样品应从出厂检验合格的产品中随机抽取。

6.3.2 进行型式检验的样品不应少于三件，抽样基数不应低于 20 件。

6.3.3 进行型式检验的三件样品中，如有一件不合格，允许抽取不合格样品数的两倍重新进行不合格项目的检验，若重复检验仍有一件不合格时，则本批视为不合格。

6.3.4 进行型式检验的三件样品中，如有两件不合格时，则本批视为不合格。

7 标志、包装、运输和储存

7.1 作为单件出厂的电动上肢假肢部件，应有产品型号的标记。

7.2 作为假肢部件出厂时，应密封性软包装。在包装袋内应有产品合格证、使用说明书和保修单。

7.3 产品合格证至少包含下列内容：

a) 产品名称和型号；

b) 制造厂名称、地址、电话等；

c) 出厂编号；

d) 出厂日期；

e) 质量保修期。

7.4 产品包装应符合 GB/T 9174 的规定。

7.5 产品在运输中，应轻拿轻放，避免摔、碰、挤压。

7.6 包装完整的电动上肢假肢部件，应存储于通风、干燥的库房内，并与易燃品和化学腐蚀品等有害物质隔开。

ICS 11.180
Y 14

中华人民共和国国家标准

GB/T 18029.1—2008/ISO 7176-1:1999

轮椅车
第1部分:静态稳定性的测定

Wheelchairs—Part 1:Determination of static stability

(ISO 7176-1:1999,IDT)

2008-12-31 发布　　2009-09-01 实施

中华人民共和国国家质量监督检验检疫总局
中国国家标准化管理委员会　发布

前　言

GB/T 18029《轮椅车》由以下部分组成：

——第1部分：静态稳定性的测定

——第2部分：电动轮椅车动态稳定性的测定

——第3部分：制动器的测定

——第4部分：能耗的测定

——第5部分：外形尺寸、质量和转向空间的测定

——第6部分：电动轮椅车最大速度、加速度和减速度的测定

——第7部分：座位和车轮尺寸的测量方法

——第8部分：静态强度、冲击强度及疲劳强度的要求和测试方法

——第9部分：电动轮椅车的气候试验方法

——第10部分：电动轮椅车越障能力的测定

——第11部分：测试用假人

——第13部分：测试表面摩擦系数的测定

——第14部分：电动轮椅车动力和控制系统——要求和测试方法

——第15部分：信息发布、文件出具和标识的要求

——第16部分：座(靠)垫阻燃性的要求和测试方法

——第17部分：电动轮椅车控制器的界面

——第18部分：上下楼装置

——第19部分：用于机动车的轮式移动装置

——第20部分：站立式轮椅车性能的测定

——第21部分：电磁兼容性的要求和测试方法

——第22部分：调节程序

——第23部分：护理者操作的爬楼梯装置的要求和测试方法

——第24部分：乘坐者操纵的爬楼梯装置的要求和测试方法

——第25部分：电池和充电器的要求和测试方法

——第26部分：术语

本部分等同采用ISO 7176-1:1999《轮椅车　第1部分：静态稳定性的测定》(英文版)。

本部分的附录A和附录B为资料性附录。

本部分由中华人民共和国民政部提出。

本部分由全国残疾人康复和专用设备标准化技术委员会(SAC/TC 148)归口。

本部分主要起草单位：国家康复辅具研究中心、上海互邦医疗器械有限公司、佛山市东方医疗设备厂有限公司、上海轮椅车厂。

本部分主要起草人：闫和平、赵次舜、赵键荣、谷慧茹。

轮椅车
第1部分:静态稳定性的测定

1 范围

GB/T 18029的本部分规定了轮椅车(包括电动代步车)静态倾翻稳定性的测试方法。

本部分适用于GB/T 16432分类中第12 21中所包括的用于室内和室外移动的轮椅车和运载工具(使用者质量不超过GB/T 18029.11所给出测试用假人最大质量)。

2 规范性引用文件

下列文件中的条款通过GB/T 18029的本部分的引用而成为本部分的条款。凡是注日期的引用文件,其随后所有的修改单(不包括勘误内容)或修订版均不适用于本部分,然而,鼓励根据本部分达成协议的各方研究是否可使用这些文件的最新版本。凡是不注日期的引用文件,其最新版本适用于本部分。

GB/T 14729　轮椅车　术语(GB/T 14729—2000,eqv ISO 6440:2000)

GB/T 16432　残疾人辅助器具　分类和术语(GB/T 16432—2004,ISO 9999:2002,IDT)

GB/T 18029.11　轮椅车　第11部分:测试用假人(GB/T 18029.11—2008,ISO 7176-11:1992,IDT)

GB/T 18029.15　轮椅车　第15部分:信息发布、文件出具和标识的要求(GB/T 18029.15—2008,ISO 7176-15:1996,IDT)

ISO 7176-7　轮椅车　第7部分:座位和车轮尺寸的测量方法

ISO 7176-22　轮椅车　第22部分:调节程序

3 术语和定义

GB/T 14729确立的以及下列术语和定义适用于本部分。

3.1

制动轮　lockable wheels

有制动器的轮子或可通过某些方法(如用手,杆,电机)限制转动的轮子。

3.2

倾翻角　tipping angle

使测试平台的一端从水平上升,当平台上升端所有轮子对平台的压力变为零时的角度。

注:有若干种测定轮子对平台压力(图1~图6中的P)变为零的方法。它们包括(但不限于)下列方法:可抽出轮子下一片纸,肉眼观察轮子离开平台或使用力传感器。

3.3

防翻装置　antitip device

轮椅车上限制倾翻部件。

3.4

后防翻装置的倾翻角　rear antitip device tipping angle

使测试平台的一端从水平上升,当后轮对平台的压力变为零时的角度。

4 原理　principle

按照倾翻的方向,轮椅车在轮子锁定时可绕着与地面接触点旋转而倾翻,轮子不制动(见3.1)时可绕着轮轴旋转而倾翻。在测试平台上可测得轮椅车绕着最不稳定的轴倾翻的斜面角度。此测试平台应可调节角度直至达到倾翻角。

5 设施

5.1 硬质测试平台：能放下一辆测试用轮椅车的平台，平面度误差不大于5 mm。

注：在测试平台上标一些平行于和垂直于平台旋转轴的直线，将有助于轮椅车在平台上定位。

5.2 调节装置：用来调节测试平台斜面角度的装置。

注：如果测试平台斜度的增加是无级的，当接近倾翻角时，斜度的增量应不大于1°/s。如果测试平台斜度的增加是级进的，每一级不应过大，以免影响所测得倾翻角的准确性。

5.3 防滚动装置：在测试时用来防止轮椅车或防翻装置在斜面上滚动，但不影响轮椅车绕着相应的轴自由地旋转倾翻的装置。

5.4 防滑动装置：在测试时用以防止轮椅车在斜面上滑动，但不影响轮椅车绕着轮子与测试表面的接触点自由地旋转倾翻的装置。

注1：见附录A。

注2：当斜面下端的轮子被制动时，在这些轮子下面安放挡块的方法是不妥当的，因为这样会改变倾翻旋转点。

5.5 限制倾翻程度的装置：用来限制轮椅车在测试平台上倾斜程度的装置，此装置不影响轮椅车的稳定性，仅限制轮椅车过度倾斜或变形。

5.6 测量角度的装置：用来测量测试平台与水平面夹角的装置，测量精度为±0.2°。

5.7 测试用假人：符合GB/T 18029.11的要求。

6 测试用轮椅车的准备

6.1 备测轮椅车应：

a) 调整到生产商规定的配置；或

b) 如果生产商无规定，调整到轮椅车的正常使用状态，包括安装上扶手、腿托架和脚托等配件。

6.2 如果轮椅车是充气式轮胎，则：

a) 将轮胎气压充至轮椅车生产商提供的压力；或

b) 如果轮椅车生产商未提供充气压力，按轮胎生产商提供的充气范围充至最大值。

6.3 按生产商的说明调节驻车制动器。

6.4 取掉所有未固定的垫子。

6.5 如果在测试中电池有流出液体的可能，则用相同质量和质心的配重块代替电池。

7 轮椅车的调节

每一项测试(除防翻测试，此项测试在第11章另有规定)轮椅车应按倾翻方向作最稳定和最不稳定状态的调节。调节应按表1～表3的内容执行。其他配置的最稳定和最不稳定的状态需要靠经验来确定。除特殊规定，所有调节应按照ISO 7176-22的规定或按生产商的要求进行。

注：除了最稳定和最不稳定状态，其他状态(如中间位置)也可测试。

8 测试用假人的安放

8.1 按生产商所规定的轮椅车最大载荷，选择一个GB/T 18029.11所规定的测试用假人。若无相同质量的假人，则选一个质量稍大的假人。

8.2 按ISO 7176-7规定的方法测定轮椅车靠背参考平面的角度。

8.3 当测试用假人放在轮椅车上时，确保其躯干部分和大腿部分之间的铰链能自由转动。

8.4 将测试用假人放在轮椅车坐垫的中间。

8.5 调节测试用假人的前后位置，直到测试用假人背板尽可能的接近已确定角度的轮椅车靠背(按8.2

所测得的角度)。

8.6 将测试用假人固定在轮椅车上,使其在测试过程中在座位上的位置固定不变(除非另外有规定),其躯干和大腿的角度无变化。确保将假人固定在轮椅车上的装置(如螺栓、捆绑带、锁住假人关节的机构)不损坏轮椅车的任何部件或影响其稳定性。

9 前倾静态稳定性测试

9.1 一般要求

如果轮椅车装有两个前轮,按如下方法测量向前倾翻角:

a) 前轮无制动装置的轮椅车,仅按 9.2 和 9.4 的规定进行;或

b) 前轮带制动装置的轮椅车,按 9.2~9.5 的规定进行。

注 1:如果轮椅车仅有一个前轮或两个前轮靠得很近,它将绕着前轮和一只后轮的连线倾翻。在这样情况下,不进行第 9 章的测试,这一稳定性按第 12 章进行测试。

注 2:第 9 章~第 12 章所规定的测试方法可按任何顺序进行。

注意:本项测试可能伤及人身,应做好适当的安全措施以保护测试人员。

9.2 轮子不制动、轮椅车在最不稳定状态

9.2.1 按前倾稳定性的最不稳定状态调节轮椅车的可调部件。表 1 给出了典型的调节方法。

表 1 向前稳定性

可调节轮椅车部件	最不稳定状态	最稳定状态
后轮位置 前-后	向前	向后
小脚轮装在车架上位置 前-后	向后	向前
座位位置 前-后	向前	向后
座位位置 垂直	向上	向下
靠背位置 前-后	向前	向后
靠背位置 向后倾斜	垂直	向后
座位位置 倾斜	水平	向后倾斜
提升腿托	升起	放下

9.2.2 将轮椅车放在处于水平位置的测试平台上。轮椅车应面向平台倾斜时下坡的方向,并使其两个前轮轴的连线与测试平台的倾斜轴线平行(误差±3°)。

9.2.3 使所有斜面下端的小脚轮或转向轮处于斜面上方,使所有斜面上端的小脚轮或转向轮处于斜面下方。

9.2.4 安装并调节防止轮椅车在斜面上滚动的装置(见 5.3 和图 1)。

注:关于图的解释可参见附录 B。

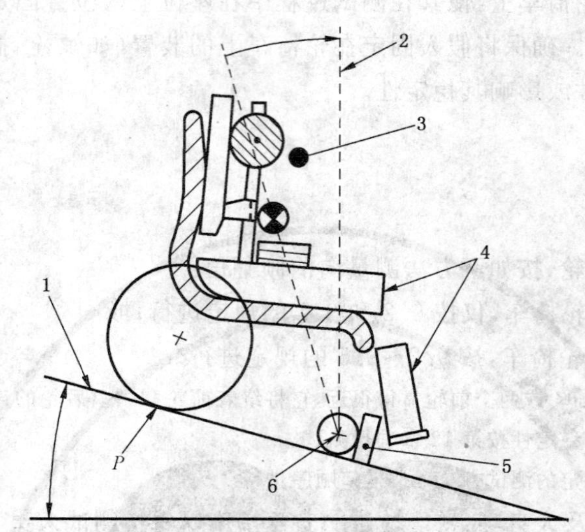

1——测试平台；

2——垂直线；

3——倾翻约束；

4——测试用假人；

5——滚动约束；

6——旋转轴。

图 1　向前稳定性，前轮不制动

9.2.5　增加测试平台的倾斜角度，直至达到倾翻角(按 3.2 的定义)。

注：如果斜度增加得太快，测得的倾翻角可能比实际斜翻角大或小。

确保测试结果不受轮椅车与测试设备或平台有意或无意接触的影响。

9.2.6　重新检查轮椅车和测试用假人的位置，确保未发生因疏忽而造成的移动(确保没有发生无意中的移动)。如果在测试中轮椅车的配置(结构)发生重复的或不可逆的变化(如轮胎脱离轮圈或轮椅车部分折起)，则：

a)　在测试报告的评估栏中[第 13 章 j)]记录下发生的情况和发生这些情况时测试平台的角度；

b)　结束本项测试。

9.2.7　测量并记录倾翻角，取整到 1°。

9.2.8　将测试平台降低到水平位置。

9.3　轮子制动，轮椅车处在最不稳定状态

9.3.1　按照 9.2.1～9.2.3 规定的步骤进行。

9.3.2　锁住斜面下端的轮子。

9.3.3　安装并调节防止轮椅车在测试平台上滑动的装置(见 5.4 和图 2)。

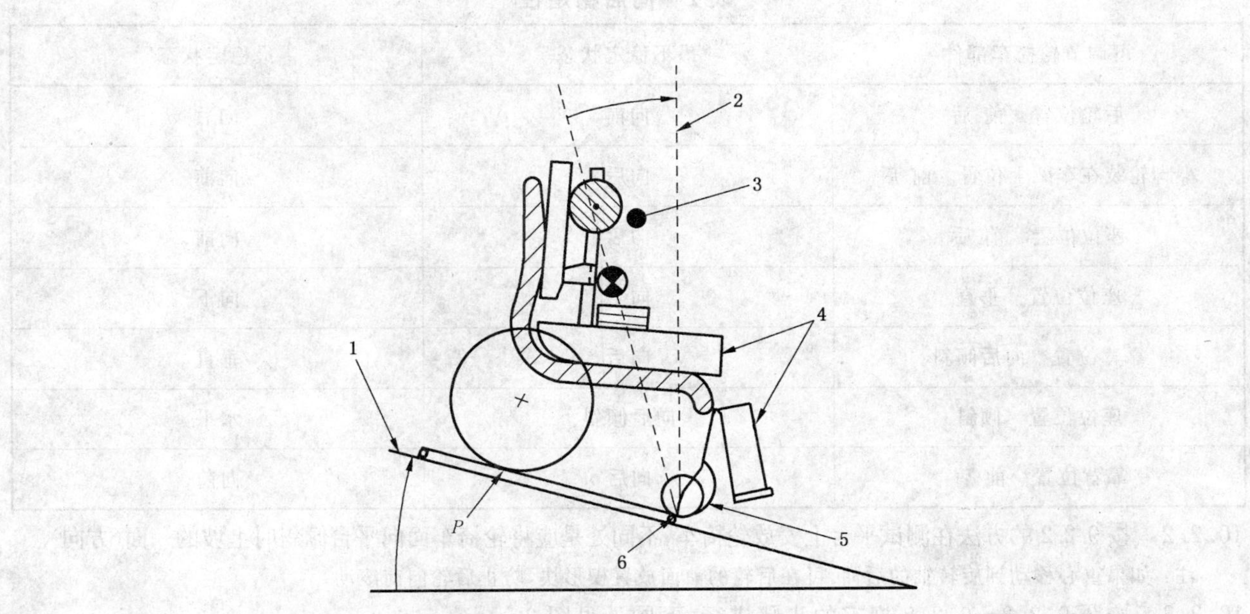

1——测试平台；

2——垂直线；

3——倾翻约束；

4——测试用假人；

5——柔性装置；

6——旋转轴。

图2 向前稳定性，前轮制动

9.3.4 遵照9.2.5～9.2.8规定的步骤进行。

9.4 轮子不制动，轮椅车在最稳定状态

9.4.1 按向前稳定性的最稳定状态调节轮椅车的可调部件。表1说明了典型的调节方法。

9.4.2 按照9.2.2～9.2.8规定的步骤进行。

9.5 轮子制动，轮椅车在最稳定状态

按照9.4.1，9.2.2，9.2.3，9.3.2，9.3.3和9.2.5～9.2.8规定的步骤进行。

10 后倾静态稳定性测试

10.1 一般要求

如果轮椅车装有两个后轮，按如下方法测量向后倾翻角：

a) 后轮无制动装置的轮椅车(按3.1的定义)，仅按10.2和10.4的规定进行；或

b) 后轮带制动装置的轮椅车，按10.2～10.5的规定进行。

注：如果轮椅车仅有一个后轮或两个后轮靠得很近，它将绕着后轮和一只前轮的连线倾翻。在这样情况下，不进行第10章的测试，这一稳定性按第12章进行测试。

注意：本项测试可能伤及人身，应做好适当的安全措施以保护检测人员。

10.2 轮子不制动，轮椅车在最不稳定状态

10.2.1 按后倾稳定性的最不稳定状态调节轮椅车的可调部件。表2给出了典型的调节方法。

表 2 向后稳定性

可调节轮椅车部件	最不稳定状态	最稳定状态
后轮位置 前-后	向前	向后
小脚轮装在车架上位置 前-后	向后	向前
座位位置 前-后	向后	向前
座位位置 垂直	向上	向下
靠背位置 向后倾斜	向后	垂直
座位位置 倾斜	向后倾斜	水平
靠背位置 前-后	向后	向前

10.2.2 按 9.2.2 的方法在测试平台上安放轮椅车，不同处是应将轮椅车面向平台倾斜时上坡的一面(方向)。

注：如果重心移动到旋转轴的后面，可在后轮的前面放置楔形块，防止后轮向前滚动。

10.2.3 按照 9.2.3～9.2.8 规定的步骤进行(不同处见图 3)。

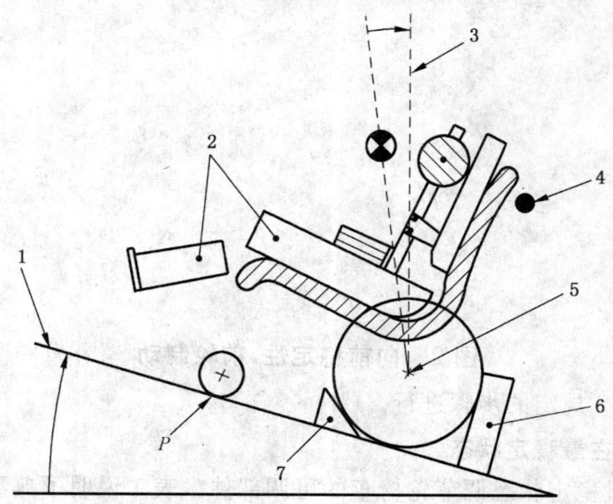

1——测试平台；
2——测试用假人；
3——垂直线；
4——倾翻约束；
5——旋转轴；
6——滚动约束；
7——楔形块。

图 3 向后稳定性，后轮不制动

10.3 轮子制动，轮椅车在最不稳定状态

按照 10.2.1，10.2.2，9.2.3，9.3.2，9.3.3 和 9.2.5～9.2.8 规定的步骤进行(不同处见图 4)。

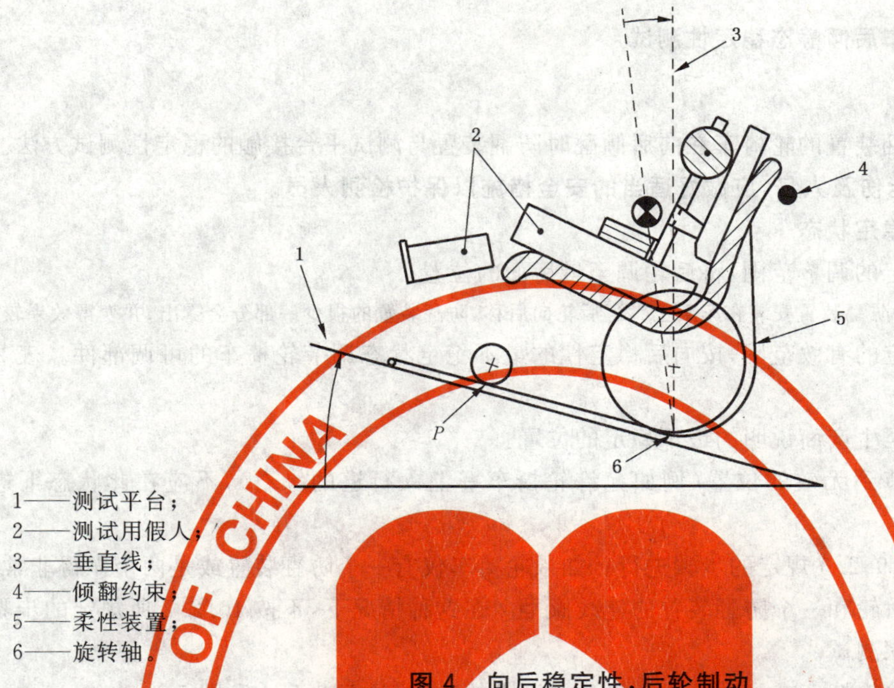

1——测试平台；
2——测试用假人；
3——垂直线；
4——倾翻约束；
5——柔性装置；
6——旋转轴。

图4 向后稳定性，后轮制动

10.4 轮子不制动，轮椅车在最稳定状态

10.4.1 按后倾稳定性的最稳定状态调节轮椅车的可调部件。表2给出了典型的调节方法。

10.4.2 按照10.2.2和9.2.3～9.2.8规定的步骤进行(不同处见图3)。

10.5 轮子制动，轮椅车在最稳定状态

按照10.4.1,10.2.2,9.2.3,9.3.2,9.3.3和9.2.5～9.2.8规定的步骤进行(不同处见图5)。

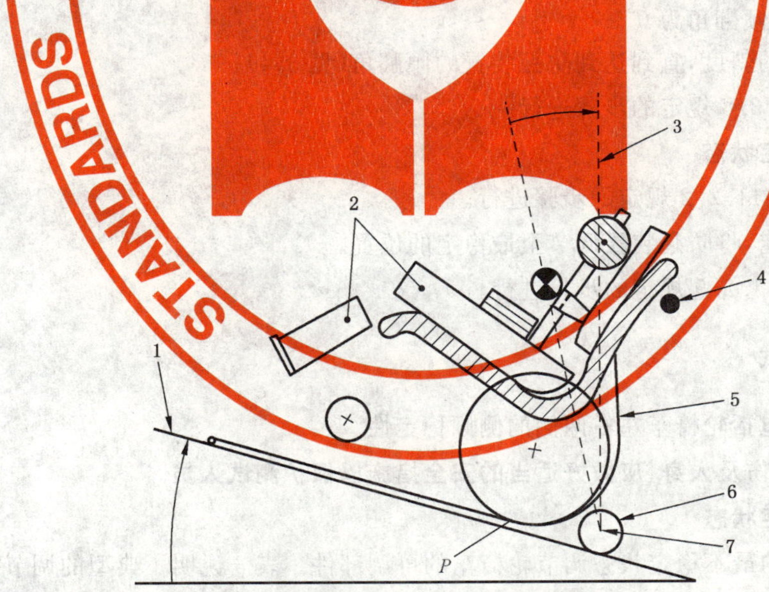

1——测试平台；
2——测试用假人；
3——垂直线；
4——倾翻约束；
5——柔性装置；
6——防翻装置；
7——旋转轴。

图5 后防翻装置稳定性

11 装有防翻装置轮椅车后倾静态稳定性测试

11.1 一般要求

本章规定了装有防翻装置的轮椅车在向后倾翻时防翻装置与测试平台接触的稳定性测试方法。

注意：本项测试可能伤及人身，应做好适当的安全措施以保护检测人员。

11.2 防翻装置在最不稳定状态

11.2.1 根据生产商规定的调节范围，将后轮调至最后面的位置。

注：在大多数情况下，后防翻装置安装在车架上。当后轮向后移，防翻装置的很少一部分会露出，并变得效果较差。

11.2.2 根据生产商规定的有效范围，按向后稳定性的最不稳定状态调节轮椅车的可调部件。表2给出了典型的调节方法。

11.2.3 将防翻装置调至生产商说明的最不稳定的位置。

许多防翻装置可调节到无效的位置(例如允许轮椅车登上人行道的缘石)，不应在此状态下进行11.2所规定的测试。

11.2.4 按照10.2.2和9.2.3规定的步骤进行。如果轮椅车仅有一个防翻装置或是两个靠得非常近，轮椅车将绕着其中一个后轮和一个防翻装置的连线倾翻。在这种情况下，不按10.2.2所规定的步骤测试，按12.1.2规定的步骤测试。

11.2.5 安装并调节防止轮椅车在测试平台上滑动或滚动的装置(见5.3，5.4和图5)。

注：如果防翻装置的端部装有不带制动的轮子，应在斜面下方安装滚动约束，而不是用环绕后轮的柔性防滑约束。

11.2.6 按照9.2.5规定的步骤进行。

11.2.7 使轮椅车逐渐向后倾斜，直到防翻装置稳固的贴在测试平台上。如果防翻装置在此位置不能支撑轮椅车(因为当轮椅车的轮子被制动时，防翻装置的倾翻角小于轮椅车的静态倾翻角)，则将测试平台降到水平，将小脚轮升高(例如塞入薄片)，直到防翻装置能接触到测试平台。如果防翻装置仍不能触及平台，则记录防翻装置倾翻角为0°。

11.2.8 增加测试平台的斜度，直到达到防翻装置的倾翻角(见3.4)。

11.2.9 按照9.2.6～9.2.8规定的步骤进行。

11.3 防翻装置在最稳定状态

11.3.1 按照11.2.1和11.2.2规定的步骤进行。

11.3.2 按生产商的规定，将防翻装置调节至最稳定的位置。

11.3.3 按照11.2.4～11.2.9规定的步骤进行。

12 侧倾静态稳定性测试

本章的测试内容应包括轮椅车左右两侧的侧倾稳定性。

注意：本项测试可能伤及人身，应做好适当的安全措施以保护测试人员。

12.1 轮椅车在最不稳定状态

12.1.1 按侧倾稳定性的最不稳定状态调节轮椅车的可调部件。表3说明了典型的调节方法。

如果座位可以绕垂直轴旋转而定位在不只一个位置(如电动代步车)，应将座位处于向前位置进行所有测试。

表3 侧倾稳定性

可调节轮椅车部件	最不稳定状态	最稳定状态
后轮位置　外倾角	最小轮距	最大轮距
小脚轮装在车架上位置　前-后	向后	向前

表 3(续)

可调节轮椅车部件	最不稳定状态	最稳定状态
小脚轮装在车架上位置　内-外	向内	向外
座位位置　前-后	向前	向后
座位位置　垂直	向上	向下
座位位置　倾斜	水平	向后倾斜
靠背位置　倾斜	垂直	向后

12.1.2　将轮椅车调整到侧倾最不稳定位置,并横向放置在测试平台上。调节轮椅车,使其旋转轴与测试平台的旋转轴平行,误差为±3°。如果小脚轮是可制动的(按 3.1 的定义),轮椅车的旋转轴则是斜面下端的前后轮与测试板接触点的连线。如果小脚轮是不可制动的,轮椅车的旋转轴则是驱动轮与测试板的接触点和小脚轮轴的连线(见 12.1.3)。

12.1.3　调节斜面下端的小脚轮或转向轮,使其处于斜面的上方,并使其轮轴平行于测试平台的旋转轴。若有可能,单独调节斜面上端的小脚轮或转向轮,使其处于斜面的下方,并使其轮轴平行于测试平台的旋转轴。

12.1.4　制动所有可制动的轮子(按 3.1 的定义)。

12.1.5　安装并调节防止轮椅车在测试平台上滑动或斜向滚动的装置,但不限制轮椅车的倾翻(见5.3,5.4 和图 6)。

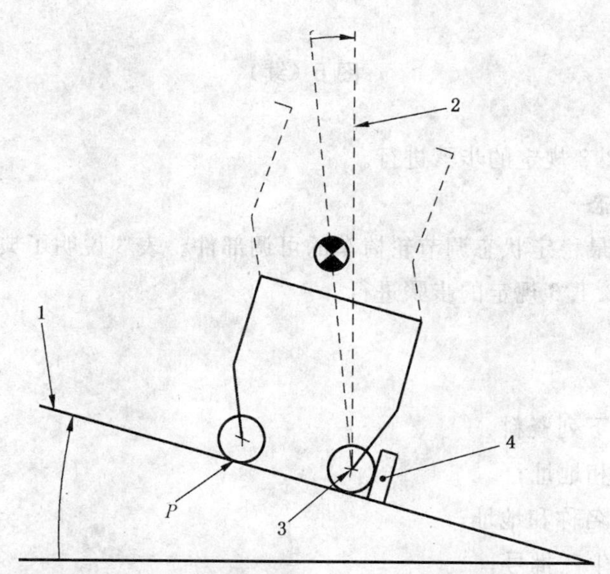

a)　前轮不制动　前视

图 6　侧倾稳定性

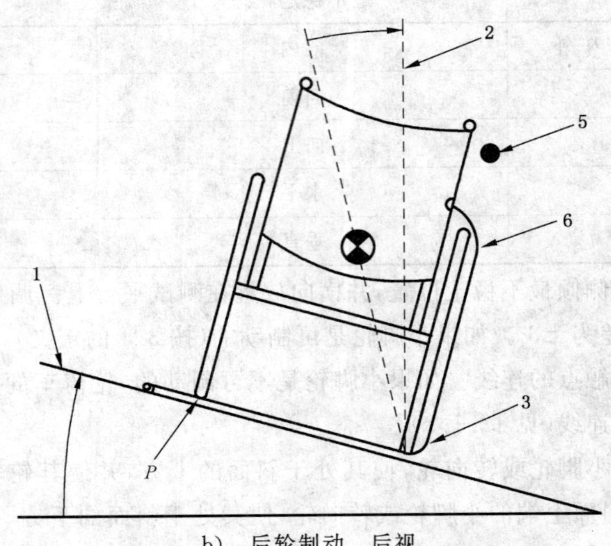

b） 后轮制动 后视

1——测试平台；
2——垂直线；
3——旋转轴；
4——滚动约束；
5——倾翻约束；
6——柔性装置。

图6（续）

12.1.6 按照9.2.5～9.2.8规定的步骤进行。

12.2 轮椅车在最稳定状态

12.2.1 按侧倾稳定性的最稳定状态调节轮椅车的可调部件。表3说明了典型的调节方法。

12.2.2 遵照12.1.2～12.1.6规定的步骤进行。

13 检验报告

检验报告至少应包括下列资料：

a） 检验机构的名称和地址；
b） 轮椅车生产商的名称和地址；
c） 轮椅车的型号和生产批号；
d） 轮椅车部件的描述；
e） 可调部件的设置细节；
f） 测试用假人的质量；
g） 测试结果(见表4)；
h） 测试日期；
i） 测试方法的描述；
j） 评价和意见。

表 4 静态稳定性测试结果

静态方向		倾翻角	
		最不稳定状态	最稳定状态
前倾	前轮制动		
	前轮不制动		
后倾	后轮制动		
	后轮不制动		
	防翻装置*		
侧倾	左侧		
	右侧		

*"最不稳定"和"最稳定"取决于防翻装置的位置(见 11.2.3 和 11.3.2)。

14 公布结果

生产商应在说明书中按 GB/T 18029.15 中规定的方式和顺序,公布下列最稳定和最不稳定的倾翻角[以(°)为单位]:

a) 后倾稳定性(轮可制动按 10.3,轮不可制动按 10.2);

b) 前倾稳定性(轮可制动按 9.3,轮不可制动按 9.2);

c) 侧倾稳定性(按 12.1 和 12.2,如果两侧差别大于 1°,则公布两侧);

d) 后防翻装置稳定性。

附 录 A
(资料性附录)
防止轮椅车在测试平台上滑动的方法

A.1 概述

A.2 和 A.3 概略说明了防止轮椅车在轮子制动时从倾斜的测试平台上滑下,同时又允许其绕着轮子与平台的接触点倾翻(如 5.4 的要求)的方法。

A.2 高摩擦力表面

使用高摩擦力的表面,使轮椅车在平台上滑动前就开始倾翻。如果轮椅车在倾翻前就滑动,或制动器失效,此方法无效。

A.3 柔性装置

如图 2、图 4、图 5 或图 6 所示,在测试平台和车架上固定柔性但无弹性的装置(例如羊皮纸,布带或钢缆)。这样的柔性装置形式和质量应不影响轮椅车的倾翻特性。

附　录　B
（资料性附录）
示图的解释

本部分正文给出的示图所用的例子是驱动后轮的手动轮椅车。然而，本部分适用于各种式样的手动和电动轮椅车。图1～图6列举了防止轮椅车测试过程中在测试平台上滑动，滚动或倾翻过快的方法的例子。在这些例子中，倾翻角的定义是，在测试过程中，轮椅车绕旋转轴旋转使斜面上端的轮子被检测到压力为零时的角度。当重心(⊗)到达轮椅车的旋转轴垂直上方时，斜面上端轮子的压力即为零。

a) 图1：前轮不制动时的前倾稳定性；

b) 图2：前轮制动时的前倾稳定性。将柔性装置的一端固定在斜面的上端，并绕在前轮上，其另一端固定在轮椅车的车架上。这样就能制动前轮并防止轮椅车滑动；

c) 图3：后轮不制动时的后倾稳定性；

d) 图4：后轮制动时的后倾稳定性；

e) 图5：后防翻装置稳定性。后防翻装置的倾翻角是后轮（不是斜面上端的小脚轮）对平台的压力为零时测试平台的角度。图示防翻装置的外端装一只轮子，柔性装置应制动后轮而不是防翻轮。在此例子中，旋转轴就是两防翻轮轴的连线。如果防翻装置的外端是垂直固定支撑而不是轮子，或柔性装置绕在防翻轮上（防止滑动），旋转轴则是防翻装置与测试平台接触点的连线；

f) 图6：侧倾稳定性。a)图所示为前轮不制动但用一挡块限制小脚轮滚动，b)图为后轮用一柔性装置制动以限制其滑动。注意，此时轮椅车稍有一些偏转，这是因为需要确保轮椅车的旋转轴与测试平台的旋转轴平行。简言之，在此图上，测试用假人和脚托板等已省略，但测试时应放着这些装置。

ICS 11.180
Y 14

中华人民共和国国家标准

GB/T 18029.3—2008/ISO 7176-3:2003

轮椅车　第3部分:制动器的测定

Wheelchairs—Part 3:Determination of effectiveness of brakes

(ISO 7176-3:2003,IDT)

2008-12-31 发布　　　　2009-09-01 实施

中华人民共和国国家质量监督检验检疫总局
中国国家标准化管理委员会　发布

前言

GB/T 18029《轮椅车》由以下部分组成:

——第1部分:静态稳定性的测定

——第2部分:电动轮椅车动态稳定性的测定

——第3部分:制动器的测定

——第4部分:能耗的测定

——第5部分:外形尺寸、质量和转向空间的测定

——第6部分:电动轮椅车最大速度、加速度和减速度的测定

——第7部分:座位和车轮尺寸的测量方法

——第8部分:静态强度、冲击强度及疲劳强度的要求和测试方法

——第9部分:电动轮椅车的气候试验方法

——第10部分:电动轮椅车越障能力的测定

——第11部分:测试用假人

——第13部分:测试表面摩擦系数的测定

——第14部分:电动轮椅车动力和控制系统——要求和测试方法

——第15部分:信息发布、文件出具和标识的要求

——第16部分:座(靠)垫阻燃性的要求和测试方法

——第17部分:电动轮椅车控制器的界面

——第18部分:上下楼装置

——第19部分:用于机动车的轮式移动装置

——第20部分:站立式轮椅车性能的测定

——第21部分:电磁兼容性的要求和测试方法

——第22部分:调节程序

——第23部分:护理者操作的爬楼梯装置的要求和测试方法

——第24部分:乘坐者操纵的爬楼梯装置的要求和测试方法

——第25部分:电池和充电器的要求和测试方法

——第26部分:术语

本部分等同采用ISO 7176-3:2003《轮椅车　第3部分:制动器的测定》(英文版)。

本部分的附录A和附录B为资料性附录。

本部分由中华人民共和国民政部提出。

本部分由全国残疾人康复和专用设备标准化技术委员会(SAC/TC 148)归口。

本部分主要起草单位:国家康复辅具研究中心、上海互邦医疗器械有限公司、佛山市东方医疗设备厂有限公司、上海轮椅车厂。

本部分主要起草人:闫和平、赵次舜、赵键荣、谷慧茹。

轮椅车　第3部分:制动器的测定

1　范围

GB/T 18029的本部分规定了手动轮椅车和一人使用的、最大速度不超过15 km/h的电动轮椅车(包括电动代步车)制动器的测试方法。本部分还规定了生产商信息发布的要求。

2　规范性引用文件

下列文件中的条款通过GB/T 18029的本部分的引用而成为本部分的条款。凡是注日期的引用文件,其随后所有的修改单(不包括勘误内容)或修订版均不适用于本部分,然而,鼓励根据本部分达成协议的各方研究是否可使用这些文件的最新版本。凡是不注日期的引用文件,其最新版本适用于本部分。

GB/T 14729　轮椅车　术语(GB/T 14729—2000,eqv ISO 6440:2000)

GB/T 18029.11　轮椅车　第11部分:测试用假人(GB/T 18029.11—2008, ISO 7176-11:1992, IDT)

GB/T 18029.13　轮椅车　第13部分:测试表面摩擦系数的测定(GB/T 18029.13—2008, ISO 7176-13:1989,IDT)

GB/T 18029.15　轮椅车　第15部分:信息发布、文件出具和标识的要求(GB/T 18029.15—2008, ISO 7176-15:1996,IDT)

ISO 7176-6　轮椅车　第6部分:电动轮椅车最大速度、加速度和减速度的测定

ISO 7176-22　轮椅车　第22部分:调节程序

3　术语和定义

GB/T 14729确立的以及下列术语和定义适用于本部分。

3.1

行驶制动器　running brake

使行驶中的轮椅车停止或速度减慢的装置。

3.2

控制装置　control device

使用者用来控制电动轮椅车速度和方向的装置。

3.3

驻车制动器　parking brake

使轮椅车保持静止状态的装置。

3.4

倾翻　tipping

当轮椅车通过测试表面时其斜面上端轮子对斜面的压力为零的运动,或当轮椅车在水平测试表面时其从动轮对表面的压力为零的运动。

3.5

滑移　sliding

在被制动的轮子不转动的状态下,轮椅车在测试平面上的移动。

4　原理

对轮椅车实施一系列制动操作,测量并观察其灵敏度。

5 设施

5.1 硬质水平测试平台:在测试温度为 20 ℃±10 ℃的环境中,表面摩擦系数符合 GB/T 18029.13.的规定,且有足够的尺寸实施测试的平板。

注 1:尺寸约 10 m×3 m 的面积通常能满足测试要求。

注 2:制造车间或室内休闲场所等大型建筑的木质、水泥或沥青地面均能满足测试要求。

5.2 可调节测试平台:在温度为 20 ℃±10 ℃的环境中,满足下列要求的硬质、平整的测试平台:

a) 有足够的尺寸容纳被测试的轮椅车;

b) 平板的平面度为 5 mm,表面摩擦系数符合 GB/T 18029.13 的规定;

c) 斜度可从零度(水平位置)绕某一转轴调节;

——如果测试平台斜度是无级调节的,当轮椅车接近不稳定状态时,平台斜度的变化率不应大于 1°/s;

——如果测试平台斜度是有级调节的,每一级的角度变化应平稳,不应过大,以免影响测试结果。

注:对大部分轮椅车而言,0°~25°的角度调节范围足够了。

5.3 硬质平整测试斜面:该斜面在温度为 20 ℃±10 ℃的环境中表面摩擦系数符合 GB/T 18029.13 的规定,其与水平面的夹角分别为 3°±0.5°,6°±0.5°和 10°±0.5°。

注 1:此斜面可做成三个固定角度的斜面,也可是一个角度可调节的斜面。

注 2:每一个斜面的尺寸约 10 m×3 m 通常能满足测试要求,但测试较大尺寸的轮椅车时则需要较大尺寸的斜面。

5.4 测试用假人:假人应符合 GB/T 18029.11 的规定,也可用测试人员代替假人。

注 1:如果用测试用假人,应用遥控装置操作轮椅车的控制器。

注 2:如果用测试操作者代替测试用假人,应注意尽量减少坐在轮椅车中测试操作者的移动或坐姿的变化,因为这些变化会影响测试结果。

5.5 配重块:当用测试人员代替测试用假人时,用来增加重量,使轮椅车的总载荷和载荷分配与相应的假人一致。

5.6 制动距离测量设备:用来测量轮椅车制动距离,精度为±50 mm。

5.7 角度仪:用来测量测试平台与水平面之间角度,精度为±0.2°。

5.8 测力仪:用来测量力的大小,测量范围为 10 N~250 N,精度为 5%。

5.9 驻车制动重复操作装置:该装置用来操作驻车制动器,使其以不大于 0.5 Hz 的频率和不大于要求 1.5 倍的操作力,重复制动—松开 60 000 次。

6 测试用轮椅车的准备

在开始测试之前要按照下列要求准备好轮椅:

a) 按 ISO 7176-22 的要求调节轮椅车和测试用假人,并增加约束装置减少假人的移动。如果用测试操作者代替假人,则应按 ISO 7176-22 的要求调节轮椅车,并使测试操作者的位置接近测试用假人规定摆放的位置;

b) 如果轮椅车的制动器是可调的,则应按生产商在用户手册中规定调节,若生产商未对调节作出规定,则调节到按表 1 的最大制动力(测量方法见附录 A)。

表 1 最大操作力

操作方式	操作力/N
手	60±5
脚(压)	100±10
脚(拉)	60±5
手指	13.5±2

有些形式的制动器可能超过上表的操作力，则应尽可能调至接近上表的值。

如果操作力超过表 1 的值，生产商应按第 10 章的规定公布实际制动器操作力。

7 制动性能

注意：本项测试可能伤及测试人员，应做好适当的安全措施。

7.1 一般要求

按 7.2～7.5 的规定进行测试。第 7 章的测试项目的测试顺序不限，但应在第 8 章的测试之前进行。

7.2 驻车制动器

本项测试适用于安装在各种形式轮椅车上的驻车制动器。

a) 确保电气传动系统和制动系统处于工作温度；

注 1：要使轮椅达到工作温度可按正常使用的方式驱动轮椅车 10 min，包括起动和停车。

b) 完成 a)后，在 5 min 内完成 c)～g)的操作；

c) 断开所有电机驱动系统；

d) 关闭轮椅车驱动系统的电源；

e) 将轮椅车放在可调测试平台上(平台的角度调至 2°)，并使其处于正面下坡状态，小脚轮调至跟随下坡位置，两个在下坡位置的轮子中心的连线与平板倾斜轴平行(误差为±3°)，然后用驻车制动器将轮椅车制动，此时切勿将电机传动系统啮合；

注 2：有些轮椅车的轮子数是奇数(例如有些电动代步车仅有 3 个轮子)，因此不可能用上述方法调整轮椅车在斜坡上的位置，这时，任何一对中心连线垂直于行驶方向的轮子均可用来按上述方法调整轮椅车在斜坡上的位置。

f) 增加测试平台的角度，直至轮椅车开始向下移动。如果轮椅车在向下滑移(见 3.5)或滚动前开始倾翻(见 3.4)，则向轮椅车施加垂直于测试平台防止轮椅车倾翻的最小力，并确保所施加的力对轮椅车的滑动或滚动的影响最小；

g) 当轮椅车开始移动时，记录下平板的角度和移动的类型；

注 3：典型的移动类型有轮子转动、轮子滑动、轮胎打滑。

h) 使轮椅车处于正面上坡状态，重复 a)～g)的步骤。

7.3 行驶制动器：正常操作

本项测试仅适用于电动轮椅车的行驶制动器。

注 1：附录 B 提供了安装在手动轮椅车上的行驶制动器测试方法。

a) 将电机驱动系统啮合；

b) 确保电气传动系统和制动系统处于工作温度；

注 2：要使轮椅达到工作温度可按正常使用的方式驱动轮椅车 10 min，包括起动和停车。

c) 完成 b)后，在 5 min 内完成 d)～g)的操作；

d) 驱动轮椅车在水平测试平台上以最大速度向前行驶，并按 ISO 7176-6 的规定测量和记录最大速度值；

e) 通过操作控制装置使轮椅车迅速达到零速并停止；

注 3：大部分轮椅车通过松开操纵杆即可实现这样的停车方式。手动操作的行驶制动器可能需要特殊操作使轮椅车停车。

f) 测量并记录轮椅车按 e)开始操作驻车制动器到最终停车之间的距离，取整到 100 mm；

g) 记录轮椅车在制动过程中所有不正常的运动，如倾翻(见 3.4)、滑移(见 3.5)、制动失效、方向改变等；

h) 重复 a)～g)三次，从这三次结果的平均值得出轮椅车的制动距离，记录此值并在测试报告和表 2 中发布；

i) 在水平测试平台上，驱动轮椅车倒车行驶，重复 a)～h)的步骤；

j) 分别在 3°、6°和 10°的测试斜面上，重复 a)～h)的步骤，驱动轮椅车向前下坡和向后(倒车)下坡。

注 4：如果轮椅车在较平坦的斜面上无法停车，则不必要在较陡的斜面上继续测试。

7.4 行驶制动器：通过反向行驶命令制动

本项测试仅适用于电动轮椅车的行驶制动器。

重复 7.3 的测试步骤，通过操纵控制装置发出反向行驶命令的方式使轮椅车停车。

7.5 行驶制动器：紧急停车

本项测试仅适用于电动轮椅车的行驶制动器。

重复 7.3 的测试步骤，按用户手册规定的紧急停车方法。如果用户手册未提供紧急停车方法，则通过关闭电源紧急停车。

8 驻车制动器疲劳强度

完成第 7 章所规定的所有测试内容后，对安装在轮椅车上的驻车制动器进行下列测试：

a) 按 5.9 的规定设置驻车制动重复操作装置；

b) 记录或标出制动器部件安装在轮椅车架上的相对位置；

c) 用此装置操作驻车制动器啮合—松开 60 000 次，并确保制动器的每一次啮合—松开后轮子有一定量的转动；

注 1：测试电动轮椅车时，可将传动系统脱开，使轮子自由转动。

d) 检查制动器部件与被制动轮部件之间有否移动，若有肉眼可见的移动，记录移动的距离；

e) 对安装在轮椅车上所有形式的驻车制动器重复 a)～d)的操作；

注 2：如果轮椅车装有两个对称且式样相同的制动器(例如左侧和右侧)，则不必对两个制动器都进行测试。

f) 重复 7.2 的操作。

9 检验报告

检验报告应包括下列资料：

a) 本部分的参考值；

b) 检验机构的名称和地址；

c) 轮椅车生产商的名称和地址；

d) 检验报告发布的日期；

e) 轮椅车的型号和生产批号；

f) 所用测试用假人的质量，如果用测试操作者代替假人，测试操作者和配重的质量；

g) 按 ISO 7176-22 的规定设置的详细情况，包括配置类型和可调节的参数；

h) 测试过程中所配置的轮椅车的照片；

i) 所测驻车制动器的描述，包括控制方法，如手指控制、手掌控制还是脚控制，手动的、电动的还是自动的等；

j) 如果测试用轮椅车要求按第 6 章 b)的规定测量制动操作力准备，则应记录此力，单位：N；

k) 按 7.2 的规定测试驻车制动器的结果；

l) 按 7.3～7.5 的规定测试行驶制动器的结果，包括每一种情况下最大速度时相应的最小制动距离；

注：表 2 给出了这些结果的表述形式。

m) 驻车制动器的疲劳测试按第 8 章规定，应包括：

1) 制动器部件的移动[见第 8 章 d)]；

2) 按第 8 章 f)的要求重复 7.2 的操作后，制动性能的变化；

n) 在行驶制动测试时,轮椅车任何 7.3g)所定义的不正常运动。

10 公布结果

生产商应按 GB/T 18029.15 所规定的方式公布下列结果:

a) 驻车制动器(若安装):

——最大上坡坡度;

——最大下坡坡度;

——如果制动操作力超过表 1 规定的值,标明实际操作力。

b) 轮椅车在水平测试平台上向前最大速度时行驶制动器(若安装)最小制动距离:

——正常操作;

——紧急停车操作。

表 2 行驶制动器测试结果

测试平台斜度	行驶方向	最大速度时的最小制动距离						备 注
		正常操作		反向命令		紧急断电		
		最大速度/(m/s)	最小制动距离/m	最大速度/(m/s)	最小制动距离/m	最大速度/(m/s)	最小制动距离/m	
水平	向前							
	倒车							
3°	向前下坡							
	倒车下坡							
6°	向前下坡							
	倒车下坡							
10°	向前下坡							
	倒车下坡							

附 录 A
（资料性附录）
测定制动杆操作力的方法

A.1 测试方法

a) 从图 A.1 所给的方式中按下列顺序确定施加在操作杆上力的位置：
——如果操作杆是普通的球形把手，施加的力应通过球形把手的中心；
——如果操作杆是圆锥形把手，施加的力应通过最大横截面积的中心；
——如果操作杆是用手握住的杠杆形式，施加的力中心线应通过距杆后端 15 mm 处；
——如果制动操作是通过推或拉-杆或板来进行，施加的力应在杆或板的中心；
——如果操作杆是上述几种形式外的直杆状把手，施加的力应通过顶部向下 15 mm 处的中心线；
——如果操作杆是伸缩式或加长把手，施加的力应距操作杆完全伸长后的一端 15 mm 处。

b) 用 5.8 规定的力测量装置向操作杆施加力，使力(F)的方向与图 A.1 一致，推动制动器。

c) 通过力测量装置将制动器全部推上，记录最大操作力。

d) 重复 c)的操作三次，每一次制动松开后将被制动的轮子转动一个角度，计算这三次所测得力的平均值，单位：N。

单位为毫米

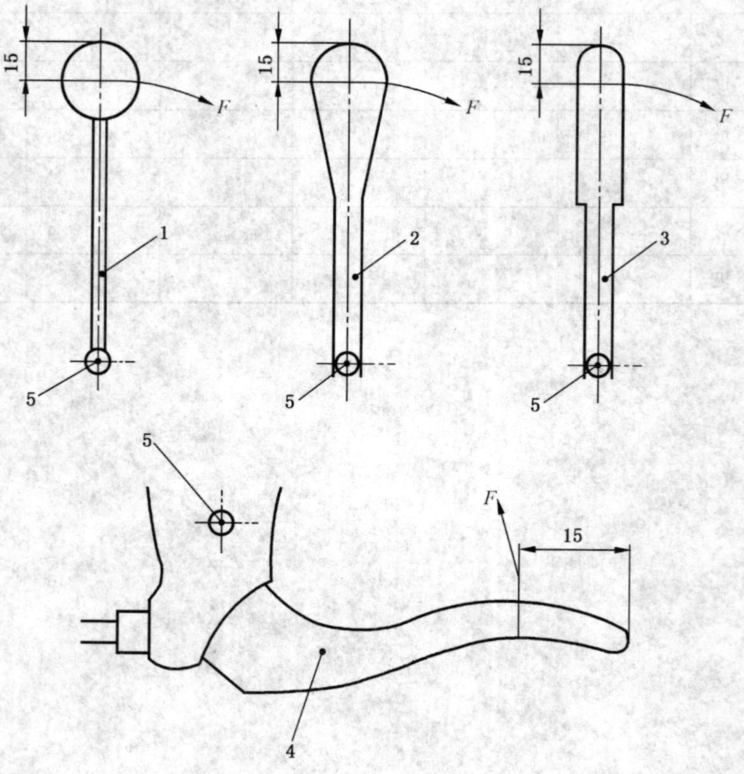

1——球形把手操作杆；
2——圆锥形把手操作杆；
3——直杆状把手操作杆；
4——手握杠杆式操作杆；
5——转轴点(轴心点)。

图 A.1 手操作制动器所施加的力

附　录　B
（资料性附录）
测定手动轮椅车行驶制动器性能的测试方法

B.1　总则

注意：下列测试可能伤及测试者，应特别引起注意。

本项测试仅适用于手动轮椅车的行驶制动器。

注：本测试方法仍在研究中，因此作为资料性附录发表。

B.2　推荐

手动轮椅车的行驶制动器应能按B.3的规定使轮椅车停车而没有不正常的运动，如倾翻（见3.4）、滑移（见3.5）、制动失效、方向改变等。

B.3　测试方法

a）　按第6章的规定将被试轮椅车准备好。

b）　将传动系统啮合。

c）　确保制动系统处于工作温度。

注：要使轮椅车达到工作温度可按正常使用的方式推动轮椅车10 min，包括起动和停车。

d）　完成b)后5 min内完成e)～i)的操作。

e）　推动轮椅车以6 km/h±1 km的速度向前行驶在水平测试平台，按ISO 7176-6的规定测量并记录所达到的速度。

f）　以表1所规定的力，按附录A给出的操作力方法，使轮椅车尽可能快达到停止。

g）　测量并记录开始启动制动器到最终停车之间，轮椅车走过的距离，精确到100 mm。

h）　记录轮椅车在制动过程中所有不正常运动，如倾翻（见3.4）、滑移（见3.5）、制动失效、方向改变等。

i）　重复a)～h)三次，从这三次结果的平均值得出轮椅车的制动距离。

j）　在与水平面的夹角为3°、6°和10°的测试斜面上分别重复a)～i)的操作。

B.4　检验报告

检验报告应包括表B.1所给出的内容。

表B.1　行驶制动器测试结果

测试平台斜度	行驶方向	最小制动距离/m			结　论
		正常操作	反向命令	紧急断电	
水平	向前		不适用	不适用	

B.5　信息发布

生产商在其装有行驶制动器的手动轮椅车的规格说明中应公布：

行驶制动器（手动轮椅车）：速度为6 km/h时在水平面上的最小制动距离：m。

ICS 11.180
Y 14

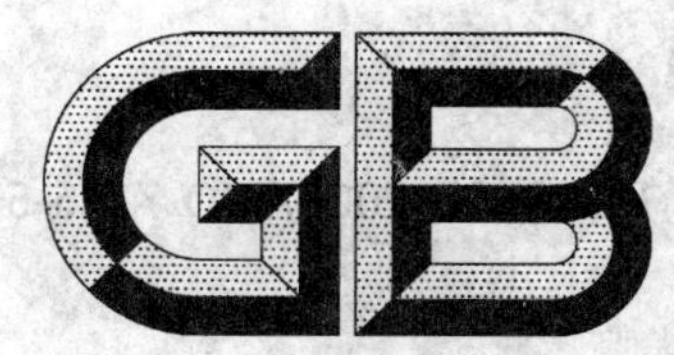

中华人民共和国国家标准

GB/T 18029.5—2008/ISO 7176-5:1986

轮椅车　第5部分:外形尺寸、质量和转向空间的测定

Wheelchairs—Part 5:Determination of overall dimension, mass and turning space

(ISO 7176-5:1986,IDT)

2008-12-31 发布　　2009-09-01 实施

中华人民共和国国家质量监督检验检疫总局
中国国家标准化管理委员会　发布

前　言

GB/T 18029《轮椅车》由以下部分组成：

——第 1 部分：静态稳定性的测定

——第 2 部分：电动轮椅车动态稳定性的测定

——第 3 部分：制动器的测定

——第 4 部分：能耗的测定

——第 5 部分：外形尺寸、质量和转向空间的测定

——第 6 部分：电动轮椅车最大速度、加速度和减速度的测定

——第 7 部分：座位和车轮尺寸的测量方法

——第 8 部分：静态强度、冲击强度及疲劳强度的要求和测试方法

——第 9 部分：电动轮椅车的气候试验方法

——第 10 部分：电动轮椅车越障能力的测定

——第 11 部分：测试用假人

——第 13 部分：测试表面摩擦系数的测定

——第 14 部分：电动轮椅车动力和控制系统—要求和测试方法

——第 15 部分：信息发布、文件出具和标识的要求

——第 16 部分：座(靠)垫阻燃性的要求和测试方法

——第 17 部分：电动轮椅车控制器的界面

——第 18 部分：上下楼装置

——第 19 部分：用于机动车的轮式移动装置

——第 20 部分：站立式轮椅车性能的测定

——第 21 部分：电磁兼容性的要求和测试方法

——第 22 部分：调节程序

——第 23 部分：护理者操作的爬楼梯装置的要求和测试方法

——第 24 部分：乘坐者操纵的爬楼梯装置的要求和测试方法

——第 25 部分：电池和充电器的要求和测试方法

——第 26 部分：术语

本部分等同采用 ISO 7176-5:1986《轮椅车　第 5 部分：外形尺寸、质量和转向空间的测定》(英文版)。

本部分由中华人民共和国民政部提出。

本部分由全国残疾人康复和专用设备标准化技术委员会(SAC/TC 148)归口。

本部分起草单位：国家康复辅具研究中心、上海互邦医疗器械有限公司、佛山市东方医疗设备厂有限公司、上海轮椅车厂。

本部分主要起草人：闫和平、赵次舜、赵键荣、谷慧茹。

轮椅车　第5部分:外形尺寸、质量和转向空间的测定

1　范围

GB/T 18029的本部分规定了轮椅(手动和电动)外形尺寸(使用状态和折叠状态)、质量和最小转向空间的测试方法。

2　规范性引用文件

下列文件中的条款通过GB/T 18029的本部分的引用而成为本部分的条款。凡是注日期的引用文件,其随后所有的修改单(不包括勘误内容)或修订版均不适用于本部分,然而,鼓励根据本部分达成协议的各方研究是否可使用这些文件的最新版本。凡是不注日期的引用文件,其最新版本适用于本部分。

GB/T 14729　轮椅车　术语(GB/T 14729—2000,eqv ISO 6440:1985)

ISO 7193　轮椅车　最大外形尺寸

3　术语和定义

GB/T 14729确立的术语和定义适用于本部分。

4　测试用轮椅车

4.1　轮椅车应按制造厂的规定安装好所有的附件(如靠枕,靠背加长部分),使轮椅车处于乘坐前的准备状态,但测量时不需要乘坐。

4.2　特殊用途的轮椅车应按其规定的用途测量。

4.3　如果轮椅车的前后轮轮轴距是可变的,则应按最大和最小尺寸测量。

5　外形尺寸

5.1　轮椅车使用状态的尺寸

5.1.1　总长度(包括腿托架和脚托)

调节腿托架和脚托,使脚托的最低点距离地面50 mm,腿托架与座位平面的夹角尽可能地接近90°。调节小脚轮至向前移动状态,靠背处于垂直位置。

测量轮椅车最前端和最后端之间的水平距离。

5.1.2　总长度(不包括腿托架和脚托)

调节小脚轮至向前移动状态,靠背处于垂直位置。

测量轮椅车最前端和最后端之间的水平距离。

5.1.3　总宽度

调节小脚轮至向前移动状态。

将轮椅车打开,使座垫全部伸展开,然后测量轮椅车横向最大宽度。

5.1.4　靠背在垂直位置时的总高度

靠背处于垂直或尽可能垂直的位置。

测量轮椅车从地面到最高点的垂直距离。

5.2 轮椅车折叠尺寸

5.2.1 最小折叠长度 $l_{f\,min}$

测量轮椅车完全折叠时最前端和最后端之间的水平距离。

5.2.2 最小折叠宽度 $b_{f\,min}$

测量轮椅车完全折叠时的总宽度。

5.2.3 最小折叠高度 $h_{f\,min}$

测量轮椅车完全折叠时从地面到最高点的垂直距离。

5.2.4 最小折叠体积 $V_{f\,min}$

将所有不借助于工具就可以拆卸的部件取下，在下列乘积的容积内，容纳下折叠的轮椅车及这些部件：

$$l_{f\,min} \times b_{f\,min} \times h_{f\,min}$$

测量此尺寸，得出最小值。

此值即最小折叠体积 $V_{f\,min}$

6 质量

测量轮椅车和所有附件的质量，取整至千克。

7 转向空间

进行本章项目的测量前先调节腿托架和脚托，使脚托的最低点在地面上方并离地面 50 mm，腿托与座位平面的夹角尽可能的接近 90°，靠背至垂直位置。

7.1 最小回转半径 $r_{t\,min}$

测量轮椅车能转 360°的最小圆柱体半径(见图 1)。

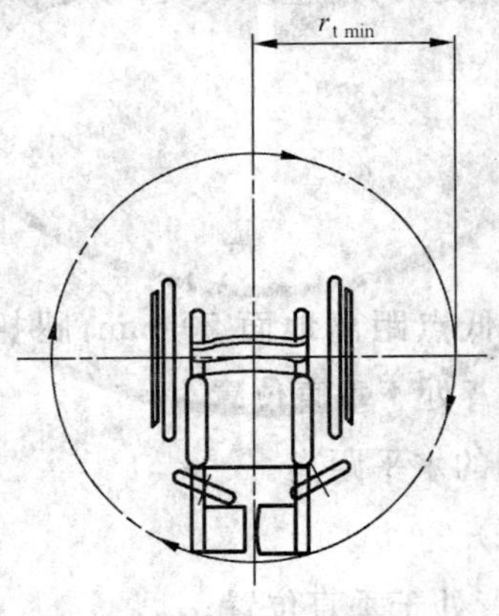

图 1 最小回转半径

7.2 最小换向宽度 $b_{t\,min}$

测量轮椅车仅用一次倒车能 180°换向的“走廊”的最小宽度。

制作一个宽度能调节的通道。

沿着通道以最合适的方式在通道内将轮椅车换向，但仅能进行一次倒车(见图 2)。

逐渐减小通道的宽度，测量轮椅车能换向但并不碰到通道壁的最小通道宽度。